Cancun's Tequila Sunrise 坎昆的特奎拉日出

President's Margarita 总统的玛格丽塔

Strawberry Daiqiri 草莓代基里

Tampa Seebreeze 坦帕海上微风

Phantom of Strawberry Colada 草莓椰乳魅影

Crystal Blue Lagoon 水晶蓝珊瑚礁

Sex On The Beach 沙滩欢爱

Lopez Coco Loco 罗珮兹的可口可乐

Acapulco Sunset Strip
阿卡普尔科日落大道

Phantom of Strawberry Colada
草莓椰乳魅影

Cool Cool Kiss 酷酷的吻

Cape Codder 鳕岬捕鱼人

Midori Colada 蜜多里卡拉达

Grasshopper Freeze 雪泥中的绿蚱蜢

K.G.B.俄罗斯谍报员

酒吧工作站部分实景

AHMC调酒教室的三槽式标准水槽及置酒架

沉水式洗杯机是专业酒吧中必备的洗杯设备

酒吧工作站部分实景

碎冰机　　搅拌机　　拌匀机

国际调酒学

周文伟 著

International Bartending

苏州大学出版社

图书在版编目(CIP)数据

国际调酒学/周文伟著.—苏州：苏州大学出版社，2007.5
ISBN 978-7-81090-838-2

Ⅰ.国… Ⅱ.周… Ⅲ.鸡尾酒-配制 Ⅳ.TS972.19

中国版本图书馆 CIP 数据核字(2007)第 069581 号

国际调酒学
周文伟 著
责任编辑 谢永明

苏州大学出版社出版发行
（地址：苏州市干将东路 200 号 邮编：215021）
丹阳市教育印刷厂印装
（地址：丹阳市西门外 邮编：212300）

开本 787mm×960mm 1/16 印张 43 插页 4 字数 731 千
2007 年 5 月第 1 版 2007 年 5 月第 1 次印刷
ISBN 978-7-81090-838-2 定价：58.00 元

苏州大学版图书若有印装错误，本社负责调换
苏州大学出版社营销部 电话：0512-67258835

序一

作为美籍华人，周文伟先生给我最深的印象是其时时惦念祖国的一颗拳拳之心。在谈到祖国的强盛与繁荣时，他会喜形于色；而在提到祖国遭受的磨难和所走的弯路时，他又会扼腕叹息。

周先生曾在高档餐厅做过服务员、厨师、领班、经理、总经理等，积累了丰富的餐饮酒店行业的实践经验。在美国做餐饮经理时，曾经常为美国前总统老布什、克林顿服务。

作为学者，周先生担任过台湾多所大学餐饮、观光学专业的教授，创办了台湾省国际知名的美国餐旅管理学院，被台湾特聘为《饮料与调酒》学科教材主审专家，是台湾旅游、餐饮及酒店管理等领域的学科带头人与开创者之一。

《国际调酒学》是周先生集28年从事餐饮、酒店业实践与教学经验而精心编写的力作。内容涉及如何成为国际专业调酒师、酒吧设计、各种鸡尾酒最新配方等餐饮和酒店行业的各个方面，具有很强的实用性和系统性。本书既是酒吧等餐饮与酒店业界最好的一本工具书，又是各高校旅游与酒店管理专业很好的教科书和参考书。

中国的酒吧行业起步较晚，较西方国家还有较大差距。2008年中国将举办奥运会，此书的出版恰逢其时，意义深远。

韩方希（青岛滨海学院董事长、院长）

2006年12月19日于青岛

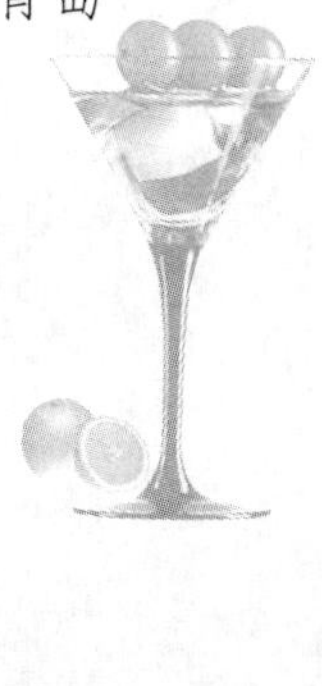

序二

周文伟先生的专著《国际调酒学》即将由苏州大学出版社出版,嘱我作序。作为从事酿酒科学与技术教学和研究的学者,借着江南大学酿酒学科的历史和影响,我欣然从命。

调酒学不仅是一门汇集了酿酒科学、风味化学、营养科学等多门科学的实用技术,而且还是一门充满了美学、心理学、人文历史等元素的艺术。周先生的《国际调酒学》总结了他近30年的调酒教学实践和作为国际调酒师在餐饮业的调酒经验,系统性、科学性很强,丰富了国内这一领域的知识,是酒店业、餐饮业、酒类销售业等诸多行业专业人士以及相关旅游、酒店管理专业难得的一本工具书和教科书。

酒在历史的长河中伴随着人类已走过了几千年。它在酿酒师手中不断地创新和完善的同时,在调酒师的手中充满魅力而奇妙。酒的色调能够奏出华彩的乐章,香味口味可以神奇地融合,变幻无穷。周先生的《国际调酒学》介绍的正是如何操纵这种“魔力”艺术的秘籍,可读性、欣赏性颇强,是国内外饮酒爱好者和酒业专家不可多得的佳作。

随着我国经济逐步融入世界经济大潮,我国人民生活水平全面实现小康,相信周先生的这部著作在您品味丰富多彩调酒魅力,体味各种调酒技巧,在生活中体现您的酒类知识方面,均将使您受益匪浅。

徐　岩(江南大学生物工程学院院长、教授)
2006年末于无锡江南大学青山湾校区

序三

周文伟先生是美籍华人学者，常年在美国、祖国大陆及台湾等地的旅游院校教授餐饮管理等课程。今年十月来黄山，我们有幸相识，他给我的印象是儒雅、勤奋。其新作《国际调酒学》即将问世，邀我代为做序，盛情难却，但又勉为其难。我对调酒学是一个门外汉，但当读完这本书时，似乎已经入门，即兴写下这段文字，是以为序。

说起调酒，人们便会很自然地想起美丽的玻璃杯里流翠溢红的鸡尾酒，以及调酒师们手中上下翻飞令人眼花缭乱的调酒瓶。调酒是一项赏心悦目的职业，无论是动态的过程还是最终静态的结果。调酒更是一项艺术，调酒师们带着浓郁的情感、生命的历练，用灵巧的手和玲珑的心将平平淡淡的酒水最终练化成为一杯杯各具生命的鸡尾酒。不同的人在不同的时间选择不同的鸡尾酒，因为不同的颜色、不同的味道代表了不同的情感，与其说是在喝酒，不如说是在品尝此时的人生感悟。作为一个外行，我只能用情感上的理解来阐述自己对调酒的无限向往。实际上，调酒学是一门高深的学问，以至于你必须从书的第一页开始便认真地去阅读，体味在字里行间带着的满腔热情。

说起来，调酒应该是一门外来的学问。中国传统饮酒的最高境界莫过于“对影成三人”，讲究的是人、景与心境的相互统一。一样的酒水，不一样的环境，品出不一样的味道，不在乎酒的质量、装酒的器皿。一个人，一杯酒，一轮明月，就是一种风流。当然，除此之外，历史上还是不乏做工精致、身价不凡的酒水器具，但这大多是为了彰显自己的地位，与真正的品酒倒是没有多大的关系。

当我们的国家开始伸手接纳世界上一切流行事物的时候，我们也开始接纳起一切与众不同的东西，比如鸡尾酒，比如调酒师这个职业。西方人的豪爽和挑剔在调酒中体现得淋漓尽致，调酒过程中极其夸张的动作和花哨的技巧，从开始起便让人充满了期待。当一层层的酒水悄然落入晶莹剔透的玻璃杯，伴着调酒师们小心翼翼的点缀，一切都如人们期待的那样完美。第一次接触鸡尾酒的人，大多舍不得去品尝，因为太过美丽，犹如一件艺术品，叫人饮之不忍。

相继在台湾出版了《调酒师的圣经》和《心灵调酒学》之后，周文伟先生以自身28年实践与教学经验倾力写成《国际调酒学》一书，以此献给祖国的餐饮管理业和酒店业，这是一本具有务实精神、应用管理价值而且与市场及国际接轨的专业著作。全书涵盖了如何成为一位国际调酒师、酒吧设计、玻璃杯皿的认识、国际美酒的认识、调酒师工作须知与团队合作等内容，全方位展开介绍了鸡尾酒的调制方法。

作为一名美籍华人，周文伟先生十多年来长期免费协助祖国各地大小旅游学校、职高或大专院校改进课程规划，并协助提高硬件设施，曾经赠送了400套每套价值约为800元人民币的美国进口专业调酒器材，向祖国各地的教育主管单位和大专院校展现了拳拳的爱国之心。此书也是周文伟先生集毕生的知识积累、文化沉淀和管理经验，献给祖国的最宝贵的礼物。

汪良发（黄山学院党委书记）

2006年12月30日于黄山

目录

第一章

如何成为一位专业的国际调酒师

How to Become a Professional and International Certified Bartender

☞学习目的

了解：1. 台湾地区酒吧业(Pub)的起源与演变

2. 北京酒吧业(Bar)的现状暨加入 WTO 后的迅猛发展

3. 美国专业调酒师学校的训练要求

4. 专业酒吧清理工作流程

5. 如何成为一位专业的国际调酒师(International Bartender)

6. 对国际知名美酒的认识

近 15 年来，沉寂多时的小酒吧（Pub）、小酒馆（Bistro）及酒吧（Bar）在中国台湾、上海及北京等大城市又开始风行。它们为身处水泥都市丛林中的单身贵族们提供了心灵休憩的小站，偶尔确实也可使寂寞者飘泊的感情得以靠岸而小泊片刻。酒吧已成为今日夜生活里最耀眼、最明亮与最璀璨的新星。许许多多的企业商讯、形形色色的异国文化、奇特怪异的人文事物，都在觥筹交错中透出人们对生活的无奈追寻，对人生的省思与探索及对未来的期许！

1992 年 9 月台湾地区开放烈酒进口市场，与此同时，祖国大陆的改革开放亦加速了经济的迅猛发展，高消费行为日益盛行，尤其台胞对高价位烈酒的消费始终名列国际前茅，并早已震惊海内外。在消费者资金富裕但又郁闷的情况下，需找一处可静思或放纵一下感官的地方以刺激麻木的神经并释放心理压力。这就使得酒吧一间又一间地迅速遍及这繁华世界的大街小巷，北京三里屯的“酒吧一条街”即为 20 世纪末酒吧兴盛的一个明证！

1~1　台湾地区酒吧业(Pub)的起源与演变

台湾地区 Pub（小酒吧）虽再度兴起，但在经营风格与方式上与往昔已有所不同。80 年代的 Pub 多直接从欧美引进，出入者多属雅痞族人士，或是有心学习英语的学生、上班族，客流也以外国人士为主。90 年代的 Pub 则较多元化，从内部装潢到经营管理、营业项目、风格都千变万化，客流以“新新人类”、留美学生、职业经理人、上班族为主。

其实早在六七十年代，台湾地区已普见 Pub。当时美军驻扎台湾，Pub 以美军为主要消费群，都集中在台北市林森北路、中山北路、德惠街及台中市大雅路一带。尔后美军撤离，于是 Pub 为卡拉 OK 娱乐场所取代，但多以日本客为主，其中林森北路的“七条通”更是远近驰名。那儿白天是很安静的住宅区，一到晚上却变成灯红酒绿的世界。那儿的商业形态也与别的地区有所不同，大多集中于洋酒、服饰、艺术品及珠宝，很多“恩客”买洋酒给“红粉知己”，所以洋酒卖得挺贵，但是各式各样的进口糖果与洋酒，却形成了很特别的消费市场。

近年来，台湾地区努力推动金融国际化，很多国际企业的进入带来许多外国人士，尤其是欧洲共同体的形成，使欧洲人士来台人数亦大量增加。在外国文化、生活习惯的冲击之下，Pub 继 70 年代走向衰败后再度崛起，但是 90 年代的 Pub 则已另有一番国际风情了。

Pub 的求新求变速度快得令人惊奇，稍不留神就会落伍淘汰。经营 Pub 相当辛苦，投资成本若搞得太大，相对利润就会减少，因为没多久，就需要把赚的钱再投资整修装潢，变换 Pub 风格，否则客户就会慢慢流失。一位朋友原先在台北市杭州南路经营 Pub，内部设有舞池供客人一边听音乐一边喝酒聊天，兴起时亦可下场跳舞玩乐。为了凸显经营方式与众不同，他还曾和合伙人与好友“粉墨登场”表演“黄梅调”，而且很慎重地租戏服、编剧并现场表演，以求在西方风格的Pub中掺入“中国风味”的东西。中西合璧的风格确实招引了很多顾客，不过也因此惹来纠纷。房东老是到警察局、营建处“告状”，这间Pub因此开不下去了，只好转移地点。很多经营Pub的人都曾面临过这个问题，因Pub被台湾警方定位于“餐饮业”与“八大特种行业”之间，不同的人对Pub有不同的定义与解读。

音乐及室内气氛的营造是Pub的“灵魂”，不同风格的音乐可带来不同的气氛。因为一般Pub卖的东西很相似，酒或食品其实都差不多，各家Pub的独特之处就在“软性”的追求上，例如音乐、内部设计和服务等。尤其是调酒师的角色相当重要。很多消费者到Pub就是因为寂寞无聊，期望在Pub喝酒之余能有个人聊聊天。因而主控吧台服务的掌柜——调酒师(Bartender)必须有倾听的耐心与“心灵剖析”的功夫，更重要的是还要有一手很棒的调酒功夫。酒吧调酒师偶尔表演一下调酒花招，若架式多变且动作迅猛、诡异，更能吸引顾客流连忘返，久饮不归！

由于洋酒进口的开放、外籍人士源源不断到台湾投资或工作、夜猫族日益增加以及夜间休闲活动观念的改变等因素，Pub愈开愈多。目前较流行的个性化Pub，是由不少演艺人士投资的。台北市敦化商圈、大安路、复兴南路的Pub，其幕后老板就有许多是“转投资”的演艺圈知名人士。

个性化的Pub有中国式的Pub，例如，台北市和平东路上的“鲁蛋茶酒馆”以展示中式风情、不收信用卡为特色。另外，专卖葡萄酒的Pub(Wine Bar)，则以服务独特口味的消费群为卖点。在形形色色的经营方式中，较能长久吸引顾客的Pub，则是以有乐团或歌手现场演奏的经营方式为主。不少酒吧附属于四星或五星级饭店，例如凯悦、晶华、西华等饭店皆分别有美式、英式或意大利式等不同风格的Pub。

综合性Pub有台北的“生活方程式”、“异尘”、“Hard Rock”、“红唇”。这些Pub混合着卡拉OK、KTV，或播放古典乐、爵士乐，或提供专属乐团现场表演，还有展示明星纪念品、现场点歌等等，经营手法力求“同中有异”。Pub的竞争很激烈，投资者、经营者要有敏锐的“观察趋势”的能力，只有开创不同风格，才能“永续经营”。

许多台湾人对Pub的印象不好，因为很多人一直以为Pub与台湾早期的“酒家”是一样的！然而事实上，Pub和“酒家”并不一样。Pub是一个可以享受音乐、交换商业资讯的社交场所。现在开车回家只要是碰到塞车或是工作太疲惫的时候，许多人就会到临近常去的Pub小坐片刻，过了交通尖峰期或缓和一下烦燥的工作情绪后再回家。

许多人认为，台湾Pub现在大有市场是由企业国际化导致的过度竞争的工作压力所致。未来台湾Pub的经营趋势将愈来愈“人性化、差异化、多元化”，使得Pub成为上班族工作之余的“生活休憩小站”,而不同经营风格的 Pub 将更能满足不同品味的高、中、低档各类消费者的需求。

在商业激烈竞争的压力之下,台湾人可能会愈来愈像美国人或日本人,下班后不是马上回家,而是先打个电话回家报告一下,然后就到 Pub 喝一小杯酒。最终,工作压力、生活品味、时代风潮、忧郁苦闷、男女情缘,就可能全在 Pub 里融合成了一个璀璨的新人生或瑰丽的新世界。

1~2 北京酒吧业(Bar)的现状暨加入 WTO 后的迅猛发展

2000 年 4 月 5 日,在北京国际旅游专修学院副院长余家权老友的引领下,我到访了久闻多年的北京三里屯酒吧一条街。许多人到三里屯酒吧一条街并非是买醉的,而可能是追寻一份短暂的自我解放。但也有部分高品位人士则想藉此展现一下北京人的从容与优雅!

从 Tiger Beer 的五彩广告牌一路走来,可见“王画咖啡屋”、“兰桂坊”、“男孩女孩”、“地平线 Skyline”、“棕榈海滩”、“米兰 Club”等等店家。望着路两旁形形色色的店家与舒适的室外休闲场所,你可能会遐想到北京也是有地中海蔚蓝海岸的舒适与自在吧!这条榆树夹道的酒吧一条街大约有五六十家风情各异的 Bar 或 Coffee Shop,在盛夏午后阳光轻洒绿荫之际,更是显得风情万种,柔美无比。

每个酒吧各有其独特的装潢,不论是美国西部式的、法式的、英式的或香港式的甚至台湾式的,三里屯几乎已成为新北京的新派与洋派的代表区域。她的情调与故都老北平是截然不同的,许多国际学生与年轻朋友因此都乐于在此举杯畅饮,夜夜欢歌,年轻的游客也在口耳相传之下情不自禁地前往一探究竟!但在一个高密度的同质酒吧竞争环境里,去芜存菁的淘汰速度也真可谓迅猛异常且绝对无情!

值得喜悦且开心的事情是祖国已加入世界贸易组织(WTO),新一轮经济的多元开放与广角冲击,更将扩大休闲游憩与酒馆休憩的市场空间。在使馆区愈来愈多的酒馆里,如 Xanadu Bar Grill(多伦西餐厅)与大型的迪斯科(Disco)Pub,如北京捷捷滚石等店家,将会有愈来愈多的国内外消费者步入令人开心的小酒馆(Bistro)及 Pub 里欢愉消费!但遗憾的是,在这飙升的市场里,却很难见到优质、专业的国际调酒师(Bartender)。到哪儿才能学习调酒技艺并最终成为一位专业的调酒师呢?是到北京旅游学院学习?还是到北京大学的城市与环境学系进修?还是来笔者 David Chou 将为您创办的美国希尔顿调酒师学校(Hilton Bartender School)呢?

1~3 美国专业调酒师学校的训练要求

在国际多元化的脚步与时代的消费浪潮冲击下,Bar 一定会成为未来社交联谊、商业洽谈、男女约会、舞会酒会、节日庆典等形形色色欢娱活动的重要场所。

现在仅大台北地区已有大小的 Bar 600 余家,且正以相当快的速度急剧发展。因此投入餐饮业中的小酒馆(Bistro)或 Pub(小酒吧),不但有着无数任您挑选的就业机会,并且有许多创业开店的机会。选择投入此行业绝对是个正确的抉择,而接受具有国际水平的专业训练,则更是一件可喜可贺的必胜必成的学习作为!

1. 学费支付方法。

(1) 学费请于正式上课前付清,所有费用可以现金人民币或台币、信用卡(Visa, Mastercard, American Express)、保付支票(Certified Check)、现金提单(Money Order)、银行本票(Cashier Check)及邮局汇票等有效方式支付。

(2) 如果无法依照协订的日期支付学费,请立即与行政主管协商可行的解决方案。

(3) 对于未付清学费者,校方既订的政策是"谢绝参加上课"。

(4) 高品质的国际调酒师训练需要学员的专注学习与财力资助。

(5) 情况特殊的有志学员,若需"分期付款"等方面的财务协助时,请约时与行政主管商讨。

2. 牢记上课时间并提早 10 分钟进入教室准备上课。

3. 请勿缺课,万一缺课,准予免费补课,但应主动与主管洽商时间。

4. 杯皿破损的赔偿规定。

(1) 打破一般型号鸡尾酒杯则赔偿新台币 180 元。

(2) 打破特殊的或大型鸡尾酒杯则赔偿新台币 250 元。

5. 禁止使用办公室电话,有事请打公用电话。上课中手机须关机,违者罚款新台币 100 元(人民币 25 元)。

6. 请勿让外人打电话来学校,校方无法为学员提供接电话或留言的私人服务。

7. 学习时若有任何问题,请不要害羞或不好意思提出,培训师乐于诚心诚意地解决所有的问题。帮助学员"快乐地学习"、"喜悦地成长"是我们的职责!

8. 上课期间严禁吃、喝及吸烟等行为。吃槟榔(Beetlenut)更是绝对禁止的!

9. 请提早 15 ~ 30 分钟到校,严禁迟到。

10. 每天上课到校步入教室后,要立即签到(Signing In)或打卡。

11. 遇有要事不得不请假或缺席时,请告知主管。

12. 不可携带酒类或食品进入教室。来空空、去空空,绝对清爽进出!

13. 不可身怀刀、枪等武器进入教室。

14. 绝不可浪费原材料,并要细心爱护设施与器材。

15. 严禁窃盗,一经发现除退学外并将移送公安部门。

16. 做好课前预习工作,以达事半功倍之学习效果。

17. 禁止室内大声喧哗、追逐嬉戏及其他任何妨碍公共宁静或安全的行为。

18. 分配或指定的清洁工作应在完成并经检查后方可离开教室。

1~4 专业酒吧清理工作流程

每当上课或实际操作完毕,必须立即清理酒吧。酒吧区域必须保持干净,耗尽的酒应补换,并且有条理、有秩序地将酒吧整理妥当后才可离开。许多调酒师失去工作,就是因其邋遢不洁的工作习惯。必须养成好的工作习惯,因此清理酒吧及盘补酒吧等事,必须务实地去做。下列一份清理工作表,将大大有助于酒吧清理工作。同时,在讲师未检查完酒吧站(Bar Station)或酒吧工作区域前,不可离去。记住:走到哪清到哪(Clean As You Go)!

酒吧清理工作流程表:

(1) 清理并擦干酒吧台面及溅溢的轨道(Spill Rail)。

(2) 擦拭整个酒吧(由远而近、由上而下)及前后置酒的酒架轨道(Bar Rail),同时也要将后头酒吧(Back Bar)整理妥当。

(3) 清洗所有杯子并晾干(Air Dry)。

(4) 晾干后的所有杯皿应放回定位。

(5) 清洗所有调酒设备、器材与杯皿并晾干。

(6) 将洗清后的果汁机(Blender)、搅拌器(Mixer)倒置并擦拭外表。

(7) 整理不锈钢水槽工作台面,擦拭干净。

(8) 清理并擦干水槽内部,排水管要留置于槽内。

(9) 更换前后酒架已用尽的酒,酒瓶标签上的编码要刮掉。

(10) 清理并擦干快速置酒架(Speed Rack,又叫快速取酒架)。

(11) 确定所有酒瓶放回定位。

(12) 擦拭酒吧前后方所有酒瓶,尤其是后方酒架上的酒瓶应保持干净。

(13) 所有快速倒酒的酒嘴(Speed Pourers)应朝向同一方向。

(14) 冰剂应放在制冰机机体外壳上方顺手处。

(15) 清理装饰物品盒(Garnish Tray)及吸管杯(Sip-Stick Glasses)等器皿。

(16) 清理烟灰缸并倒置晾干,打火机或火柴应收回定位或放入裤袋内。

(17) 清理地面,扫除垃圾再以拖把拖干净(Mopping)地面。

(18) 将碳酸饮料及果汁等放回冰箱(Refrigerator)中定位。

(19) 清理擦拭收银机(Cash Register Machine)。

(20) 清理咖啡机及杯皿等相关器物。

(21) 凡不使用的电器要将插头拔掉,不用的灯、空调要关掉。

(22) 酒吧前的酒吧椅应排列整齐,桌椅也要整理并擦拭干净。

(23) 小心倒清垃圾。

(24) 在酒吧站等待检查。

(25) 检查合格后才可离去。

1~5 如何成为一位专业的国际调酒师(International Bartender)

您知道怎么做才能成为一位专业且

获认证的极品的国际调酒师(Super Professional Bartender)吗？为了促使您早日顺利地在此领域学习成功，现就把如何成为一位顶级且获认证的极品专业国际调酒师的秘诀归纳如下：

(1) 要有健康的身体(Health)。

(2) 要有开朗活泼、乐于与人打交道、喜欢为人服务的积极外向个性(Positive Outgoing Personality)。

(3) 辛勤、努力地学习与实在地工作(Hardworking)。

(4) 拥有柔性的思维、灵敏的反应(Be A Happy Sponge)。

(5) 拥有"解读来宾"(Read Your Guest)及"分析客人"(Analysis Your Guest)的基本心理学与行为语言学方面的常识或修养。

(6) 拥有丰厚且实用的工作与生活常识(Pragmatic Commonsense)。

(7) 接受专业训练并全程投入，专心地吸收与消化新知的能力。

(8) 严格要求、强化自我的组织能力与记忆能力，培育"快速、精准"的调酒实力。

(9) 潜移默化地培育自我"定"与"静"的功夫，以及在极端忙碌中忙而不乱地同时处理许多事务的能力。换言之，就是要修得有"三头六臂兼一脑十用"的沉稳与思维清晰之功力。

(10) 在稳定中"学习与成长"。做事要稳！要定！要令人有坚固感(Solid)与可信赖感(Reliable)！

(11) 建立广阔的人脉网，努力营造人际关系与公关网脉(Public Relations)。

(12) 全方位搜集就业资讯，并告知亲朋好友及外界朋友您已准备投入就业市场，恳请乡亲前辈多加引荐、介绍，以求迅速获得工作。

(13) 觅得工作后应持谦卑与再学习的心态，并立即全心全意投入新学习与新成长的环境中。

(14) 认识您的主管与老板，深刻地了解您的主管与老板，并卖力踏实地做事，务必使主管与老板对您能安心、放心与开心(Keeping the Boss Happy)。

(15) "顾客至上，服务第一"。永远使来宾开心与喜悦。

(16) 以迅速、温馨的服务来款待客人，努力赚取小费(Tips: To Insure Prompt Service)。

(17) 人生如戏，在酒吧的世界里，调酒师是舞台上的主角，您必须以耐力(Stamina)和平和的心态来演出奇异、独特、和谐且精彩的醉人好戏。

(18) 稳定地工作，努力地"交叉学习"，经历一阵岁月的磨练后，您就可独立门户自创伟业(Be Your Own Boss and Create Your Own Business)!

(19) 让您的思想自由地飞翔，让您的点子自由地激发与延展，您才会有创意！您才会有新产品！您才会有迷倒万人的极品鸡尾酒！

(20) 营造个人独特风格(Unique Characteristics)，多加激荡您无穷的脑力，如此您很快就会成为一位有特色的国际专业调酒师！

1~6 对国际知名美酒的认识

1. Absolut Vodkas：产于瑞典的奥胡斯(Ahus)，使用100%的小麦面制造，产品线包括有枸橼/香橼(Citron)、胡椒(Pepper)、黑醋栗(Kurant)及柑橘(Mandarin)等风味，酒精度(Proof)为80度，即酒精浓度为40%。

2. Alizé de France：一种开胃酒(Aperitif)，产于法国科尼亚克(Cognac)地区，由百香果汁和爱丽丝干邑白兰地(Alizé Cognac)调合而成，酒精度为32度，即酒精浓度为16%。

3. Alizé Red Passion：一种开胃酒，产于法国科尼亚克(Cognac)地区，由百香果汁、蔓越莓/蔓越橘汁、爱丽丝干邑白兰地(Alizé Cognac)及自然风味剂调制而成，酒精度为32度，即酒精浓度为16%(32度除以2即得酒精浓度为16%)。

4. Amer Picon：一种苦味的法国香甜酒，以白兰地(Brandy)为基酒加上橘子、根茎、树皮、药草及葡萄酒调制而成，酒精度为78度，即酒精浓度为39%。

5. Angostura Bitters：一种产于特立尼达(Trinidad)的芳香苦精，是以朗姆酒(Rum)为底加入根茎、树皮、药草和种子等调制而成，酒精浓度为45%。

6. Anisette：一种甜的、芳香的并带有甘草风味(Licorice-flavored)的茴香酒，酒精度在50~60度。

7. Appleton Special Jamaica Rum：产于牙买加(Jamaica)的一种朗姆酒(Rum)。是由连续蒸馏及单锅蒸馏的烈酒混合后，装入美国橡木大酒桶中陈年而成。酒精度为86度，即酒精浓度为43%。

8. Aquavrt：产于斯堪的纳维亚半岛国家(Scandinavia)，是由谷类或马铃薯，加入葛缕子籽(Caraway Seeds)，经再次蒸馏而制成的烈酒，酒精度在84~90度。

9. Armagnac：产于法国加斯科涅(Gascony)省，是一种芳香的、酒体浓郁的白兰地，并带有显著的雄浑的酒香(bouquet)，酒精度在80~86度。

10. Arctic Vodka & Peach Liqueur：产自意大利萨龙诺(Saronno)的Illva Saronno蒸馏酒厂，由一种意大利谷物伏特加酒(Vòdka)和一种桃子风味的香甜酒调制而成，酒精度是50度。

11. Bacardi Rums：产于波多黎各(Puerto Rico)及巴哈马(Bahamas)，是一种高度知名与成功的朗姆酒。巴卡迪淡色朗姆酒(Bacardi Light)是世界销售最好的朗姆酒，经木炭过滤并在美国白橡木大酒桶中陈存至少一年。Bacardi Rum家族的酒类有Bacardi Gold(陈存2年)，Bacardi Select(陈存1~4年)，Bacardi 8(陈存8年)，Bacardi Limó(加入柑橘)，Bacardi 151度(即酒精浓度为75.5%)和Bacardi Spice(酒精度为70度)。

12. Baileys Original Irish Cream Liqueur：一种灰色乳状香甜酒，产于爱尔兰，由咖啡、巧克力、爱尔兰威士忌(Irish Whisky)与新鲜牛奶或奶油混合制成，酒精度为34度。

13. Artic Vodka & Melon Liqueur：一

种用意大利谷物伏特加酒(Vodka)调和以香瓜风味剂而制成的香甜酒,由萨龙诺(Saronno)的Illva Saronno蒸馏酒厂制造,酒精度为50度。

14. Alizé V. S. O. P. Cognac:一种法国L L House酒厂所产的最佳陈年佳酿(陈存20~30年)白兰地,由五大香槟产区的水果白兰地(Eaux-de-vie)调拌而成,酒精度为80度。

15. Artic Vodka & Strawberry Liqueur:一种产于意大利的草莓伏特加香甜酒,酒精度为50度。

问题探讨

1. 你认为美国希尔顿调酒师学校的训练要求中最重要的5项是什么?

2. 酒吧清洁工作流程中重要的事项有哪些?

3. 你认为成为一位专业的国际调酒师最需做到的十大事项是什么?

4. 你对北京酒吧业的未来发展有何看法? 2008年的奥运将带来哪些商机?

5. 你认为中国四星级或五星级酒店中的Lobby Bar(大厅酒吧)的专业度表现怎样? 你有什么值得惊喜且独特的(Unique)好经验吗?

6. 上海正在为2010年的世界博览会而努力建设,世博会又将为上海的酒吧业带来何种商机?

7. 中国国家工商总局在2006年3月调查了北京、广州、成都、杭州四大城市的洋酒销售情况,发现有近六成洋酒是假货,19家经销商中只有4家销售的洋酒全是真品,请问你如何区别真假洋酒? 又该如何辨识真假土酒(本国酒)呢?

8. 销售假酒,或以伪劣洋酒来调制鸡尾酒,是违法犯罪行为吗? 应负"刑事"责任吗?

9. 中国最大的酒类展销会议(Convention)每年举办几次? 一般在何处举行?

10. 你喜欢看中国特技团的"掷瓶"杂耍表演吗? 杂耍(Juggling)与调酒有何关联? 国际调酒(Mixology)的正规手法是什么?

11. 考取台湾丙级调酒师证照就是一位专业国际调酒师吗?

12. 中国的调酒师证照考试分为几级? 其专业水平又是如何?

第二章

对酒吧工作站与玻璃杯皿的全方位认识

Full Recognition of Bar Stations and Glasswares

学习目的

了解：1. 对酒吧工作站的全方位认识
2. 快速取酒架中常置放的基本烈酒
3. 酒吧烈酒的排列与放置
4. 国际上各种烈酒的备置
5. 对酒吧枪的认识
6. 电动烈酒分配器的优缺点(Advantages and Disadvantages of ELD Machines)
7. 快速倒酒(Speed Pouring)手法的注意事项
8. 酒吧中常见的玻璃酒杯
9. 商业性酒吧采购玻璃杯皿时应遵从简单化的原则
10. 玻璃杯的清洁处理与防碎维护方法
11. 对国际知名美酒的认识

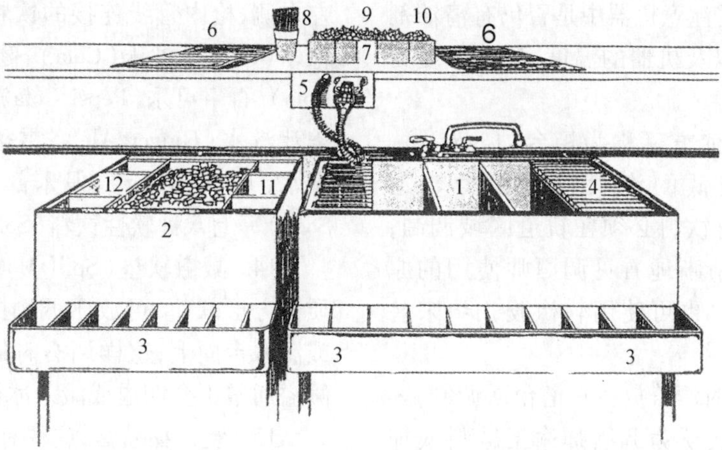

图 2-1 酒吧工作站（实体设备请参照前美国餐旅管理学院的彩色相片）

2~1 对酒吧工作站的全方位认识

每个酒吧工作站（Bar Station）通常有下述设施或器材：

1. 三槽式水槽：有涮洗（Wash）、浸润（Rinse）、杀菌（Sanitize）三大功能。

2. 冰槽柜（Jockey Box）。

3. 快速取酒架（Speed Rack）或快速取放井孔（Speed Wells）。

4. 滴水台面（Drain Board）。

5. 酒吧枪（Bar Gun or Speed Gun），眼镜蛇头状的软性饮料枪。

6. 溅撒软胶垫（Spill Mats），放置于吧台前方的为小长条形，放置于酒杯下的则为网状且可随意剪切。

7. 装饰物品盒，有五格、六格等各种款式。

8. 搅拌棒（Stir Stick），有千奇百怪的各种新颖造形。

9. 切成条状的黄柠檬皮（Lemon Twist），供拧挤柠檬皮香油之用。

10. 橄榄（Olive）。

11. 置瓶井（Bottle Inserts）。

酒吧工作站与周围设备之解说：

1. 制冰机（Ice Machine），小的制冰能量有 200 磅，大的则高达 800 磅甚至 1 000 磅。一台性能良好的制冰机，是酒吧必备的重要生财设备。

2. 酒吧工作站。

3. 酒吧后面陈列区域（Back Bar）。

4. 酒吧前方柜台（Front Bar）。

5. 主要水槽（Main Sink），通常分为三大槽：

（1）第一水槽放热水和清洁剂作涮洗（Wash）之用。

（2）第二水槽装满冷水作浸润（Rinse）之用。

（3）第三水槽放热水和杀菌剂（Disinfectant）作消毒杀菌之用。

6. 自动洗杯机（Automatic Glasswash-

er)，使用时需注意机器中是否仍有清洁剂(Detergent)以及机器的温度，最佳温度为120～160℉。

7. 酒吧前方又称为柜台(Counter)，柜台后方较低的沟状轨道称为轨道(Rail)。所有饮料必须在轨道区域调制，以便让来宾清晰地看见调酒师使用的原材料是什么。也可使用软橡胶长垫来替代沟状轨道。

8. 调酒时酒若放在水槽台面调制，客人看不到酒会认为调酒师偷工减料或加入的是其他原材料。

9. 冰槽柜，包括冰柜(Ice Bin)和置瓶井，它们的空格里用来冰存果汁、糖浆、葡萄酒、预拌汁(Mixes)或烈酒。

10. 如果没有装置烈酒枪(Liquor Gun)，则基酒可放置于不锈钢工作台前方的置瓶架内，置冰槽左右侧的空格(置瓶井)，则可放置罗斯青柠檬汁(Rose's Lime Juice)，红石榴糖浆(Grenadine)或甜苦艾酒、辛辣苦艾酒，三干酒/柑橘香甜酒(Triple Sec)以及甜酸汁(Sweet & Sour Juice)等饮料。

11. 快速取酒架(Speed Rack)，可放置一般品牌的调酒用基酒，或中级的点叫品牌酒类(Call Brand)，此酒架一般都设一排，但也可设两排。

12. 烈酒分配器(Liquor Dispenser)，又叫酒吧枪或烈酒枪(Liquor Gun)，这种自动装置具有眼镜蛇头的外形(Cobra Head)，常装设于冰槽右侧中央处。

13. 苏打分配器(Soda Dispenser)，又叫苏打水枪(Soda Gun)，常装置于冰柜的左右侧，枪内管线连接的饮料通常是七喜汽水(7-up)、可乐(Cola)、健怡可乐(Diet Cola)、百事可乐(Pepsi Cola)、水(Water)、姜汁汽水(Ginger Ale)、雪碧(Sprite)、奎宁水(Tonic Water)、俱乐部苏打水(Club Soda)等七八种软性饮料(Soft Drinks)。

14. 溅撒软垫(Spill Mats)，这种橡胶质长方形软垫，可放于调酒的轨道(Rail)或滴水台面上，这样调酒时的意外翻倒或溅溢通常不会四溢或溅入冰槽中。

15. 装饰物品盒，这种有盖的盒子，一则可以防止灰尘，再则可以防止装饰物的干化。通常放在调酒师吧台左右前方或放在服务工作站(Service Station)，并由服务员自行取用。但后者做法较不妥，应避免。盒里常放有挤汁用的青柠檬小块(lime squeeze)、橘子片、橄榄、红樱桃等。

16. 调拌杯(Mixing Cup or Mixing Glass)，通常容量是16 oz.(盎司)，杯子甚厚且重，杯外有的加印调酒酒方，以利生手调制，印有容量刻度横线者最为实用。

17. 金属调酒罐(Metal Mixing Tin)，加上调拌杯，二者合二为一使用，即成为震荡器(Shaker)，震荡器即摇酒器，是酒吧中必备的器皿，金属调酒罐有时也被称为金属套筒(Metal Sleeve)。

18. 滤酒器(Strainer)，用来过滤冰块，防止冰块随饮料倒入杯中。

19. 搅拌器即果汁机(Blender)。另一种称为混合机(Mixer)的则只能混合饮料，不能搅碎水果或打成雪泥。

20. 酒吧长匙(Bar Spoon)，作为搅拌及计量之用。

21. 软木起子(Corkscrew),即葡萄酒开瓶器。

22. 酒嘴(Pour Spout),有多种种类与式样,有的用于加速倒酒(Speed Pouring),有的则用于节制倒酒量(Budget Pours)。

23. 盛装盐、糖容器(Salt and Sugar Container),是3层可转动的容器,一层放盐,另一层放糖,当要将杯缘沾糖或盐时,先将杯子沾一下已加入饮用水或青柠檬汁的海绵。

24. 削皮刀(Paring Knife)及砧板(Cutting Board)。

25. 冰、冰桶、冰铲(Ice Scoop),冰块常用3种形式:冰块(Cubed Ice)、碎冰(Crushed Ice)和刨冰(Shaved Ice)。刨冰是冰块经再次加工处理形成的绵密细冰。因冰块是一粒粒的,很像小石子,故又叫"岩石"(Rocks)。

26. 拿冰时一定要用冰铲或冰夹(Ice Tongs)。

27. 绝对不可使用"破璃杯"来铲冰。

28. 若有碎玻璃不慎掉入冰槽或制冰机里,要把所有冰块全部倒掉,然后加热水冲洗,直到把玻璃碎片清出或由排水管中排出。

29. 吸管(Straws)、纸巾(Napkins)、搅拌杆(Stir Rods)及牙签(Picks)或小塑胶剑签(Plastic Swords)等物。

30. 各式各样的鸡尾酒杯(Cocktail Glasses)。

31. 服务人员专用的软木塞起子(Waiter's Corkscrew)。

32. 木制挤压棒(Wooden Muddler)、捣碎棒。

33. 大水壶(Large Pitcher)及干净棉毛巾(Cotton Towels)。

34. 新鲜水果榨汁器(Fruit Extractor)。

35. 量杯(Jigger)及一套量匙(Measuring Spoons)。

36. 快速取酒架(Speed Rack)中基酒的放置亦应有确定位置,各家酒吧基酒摆放的顺序可能有所不同,然而常见的顺序(由右而左)是:

(1) Bourbon Whisky(波旁威士忌)

(2) Scotch Whisky(苏格兰威士忌)

(3) Vodka(伏特加酒)

(4) Gin(杜松子酒/金酒)

(5) Rum:有两种,A是深色朗姆酒(Dark Rum),B是淡色朗姆酒(Light Rum)

(6) Tequila(墨西哥龙舌兰酒/特奎拉酒):有两种,A是Golden(金黄色),B是White(White指无色,不是指白色)

(7) Brandy(白兰地)

(8) Sweet Vermouth(甜苦艾酒)

(9) Dry Vermouth(辛辣的/无甜味的苦艾酒)

(10) Sweet & Sour Juice(事前调拌好或工厂批量生产的甜酸汁)

37. 鸡尾酒叉(Cocktail Spears)。

38. 厚质杯垫(Coasters)、打蛋器(Egg Beater)。

39. 混合酒缸(Punch Bowls)。

40. 挤柠檬器(Lemon Squeezer)。

41. 摇酒器/摇酒杯(Cocktail Shaker)。

2~2　快速取酒架中常置放的基本烈酒

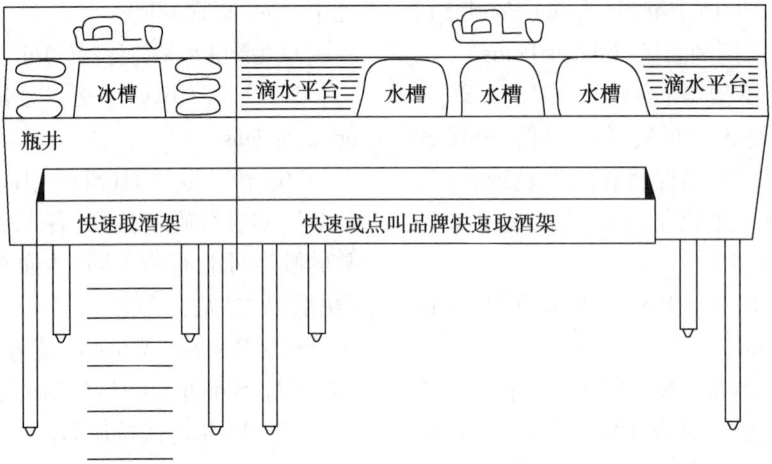

图 2-2　另款酒吧工作站不锈钢工作台之简图说明

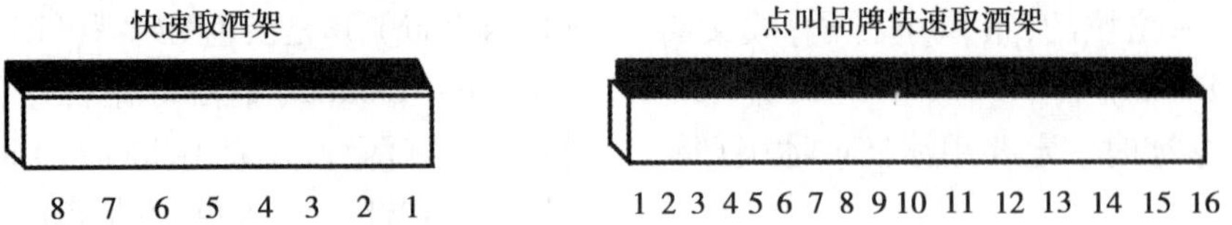

图 2-3　快速取酒架及点叫品牌快速取酒架中应备置之酒类

（一）快速取酒架应备置的酒类

（1）Vodka（伏特加酒）

（2）Gin（杜松子酒/金酒）

（3）Rum（朗姆酒）

（4）Tequila（龙舌兰/特奎拉酒）

（5）Triple Sec（三干酒/柑橘香甜酒）

（6）Scotch Whisky（苏格兰威士忌酒）

（7）Bourbon Whisky（波旁威士忌酒）

（8）Vermouth（苦艾酒/味美思酒）

（二）点叫品牌快速取酒架应备置的酒类

（1）Absolut Vodka（亚伯索露特伏特加酒）

（2）Stolichnaya Vodka（斯托莉奇娜娅伏特加酒）

（3）Smirnoff Vodka（斯米尔诺夫伏特加酒）

（4）Tanqueray Gin（坦克瑞杜松子酒）

（5）Bacardi（Light & Dark）Rum（巴卡迪（淡色和深色）朗姆酒）

（6）Captain Morgan Rum（摩根船长朗姆酒）

（7）Cuervo Gold Tequila（苦威欧金牌龙舌兰酒）

(8) Finlandia Vodka(芬兰伏特加酒)

(9) Dewar's Scotch Whisky(迪尤尔公司产的苏格兰威士忌)

(10) Chivas Regal(奇瓦斯·雷加尔)

(11) Johnnie Walker(约翰·尼沃克)

(12) Crown Royal(皇家王冠)

(13) Seagram's Seven Crown(施格兰公司产的七皇冠)

(14) Jack Daniels(杰克·丹尼尔斯)

(15) Peach Schnapps(桃子斯内普无色烈酒)

(16) Kahlúa(墨西哥咖啡香甜酒)

2~3 酒吧烈酒的排列与放置

酒吧烈酒的排列与放置如表2-1所示。

表2-1 酒吧烈酒的排列与放置

快速取酒架	点叫品牌取酒架	酒吧后置酒区域
Vodka	Absolut Stolichnaya Smirnoff	Absolut Citron/Pepper/Kurant Finlandia Cranberry Tanqueray Sterling Vodka
Gin	Tanqueray Beefeater	Bombay Saphire Grant's Special Dry Gin
Rum (Light & Dark)	Bacardi Captain Morgan	Bacardi Amber Bacardi Anejo Appleton Gold Bacardi 151 Bacardi Gold Reserve Bacardi Black Malibu Mt. Gay Myers's
Tequila (White)	Cuervo Gold	Sauza Commertivo Cuervo 1800
Tripel Sec	Cointreau	Grand Marnier
Scotch Whisky	Dewar's	Cutty Sark
Scotch Whisky	Chivas Regal Johnnie Walker Black	Glenlivet J & B Johnnie Walker Red Pinch

（续表）

快速取酒架	点叫品牌取酒架	酒吧后置酒区域
Whisky	Crown Royal Johnnie Walker Black Jack Daniels	Seagram's V. O. Canadian Club Remy Martin Louis XIII
Bourbon Whisky	Four Roses Old Heaven Hill Maker's Mark	Early Time Jim Beam Wild Turkey 101
Liqueurs	Peach Schnapps Kahlúa	Tia Maria Chambord, Midori

除上表所述应备置之基本酒品外，一家商业餐厅或酒吧，往往需再强化下述4项酒品，以为食客或酒客提供全方位的服务。

2~4 国际上各种烈酒的备置

（一）常见的杂项烈酒（Miscellaneous Liquors）

Christian Brothers
Harveys
Old Bushmill
Courvoisier VS/VSOP
Hennessey VS
Remy Martin VSOP
Crown Royal Special Reserve
Martell Cordon Bleu
Martell Napoléon

（二）常备用的香甜酒（Cordials/Liqueurs of Back Bar）

Amaretto di Saronno
Anisette
Banana
Bénédictiné
Blackberry
Blue Curaçao
Cacao（Dark）
Cacao（Light）
Cherry Brandy
Cointreau
Drambuie
Frangelico
Galliano
Licor 43
Menthe（Green）
Menthe（White/Colorless）
Ouzo
Sambuca（White）
Sambuca（Black）
Tia Maria
Wild Turkey Liqueur
Chartreuse Yellow（40%，80度）
Chartreuse Green（55%，110度）
Grand Marnier

Heering Cherry Brandy

Kirsch

Sabra

（三）高使用率的香甜酒(High Usage of Cordials/Liqueurs)

Amaretto

Baileys Irish Cream

Chambord

Grand Marnier

Melon

Midori

Sloe Gin

Southern Comfort

Yukon Jack

Cherry Brandy

（四）清淡性质的香甜酒(Cooler Cordials)

Agurdiente

Apple Schnapps

Barenjeger

Cinnamon Schnapps

Jägermeister

Rumple Mintz

Goldschläger

Goldwasser

2~5　对酒吧枪的认识

酒吧枪有两种：酒吧烈酒枪和酒吧苏打枪。它们分别如图 2-4 和图 2-5 所示。

标准苏打枪通常有 7 条饮料管线与 7 个按钮：

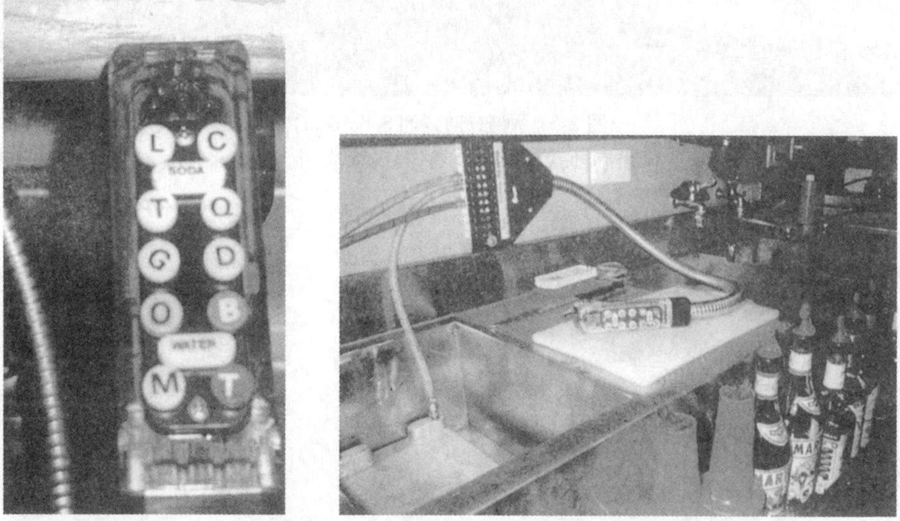

图 2-4　酒吧烈酒枪(Bar Gun)

注：美国酒吧枪制造厂商甚多，其中以 Wunder-Bar 分配系统的品质最佳。

1. C(Cola 即可乐)

2. L(7-up 即七喜汽水或 Sprite 即雪碧)

3. Q(Quinine 即奎宁或 Tonic Water 即奎宁水)

4. T(Tab 或 Diet Cola 即健怡可乐)

5. G(Ginger Ale 即姜汁汽水)

6. S(Soda Water 即苏打水)

7. W(Water 即饮用水)

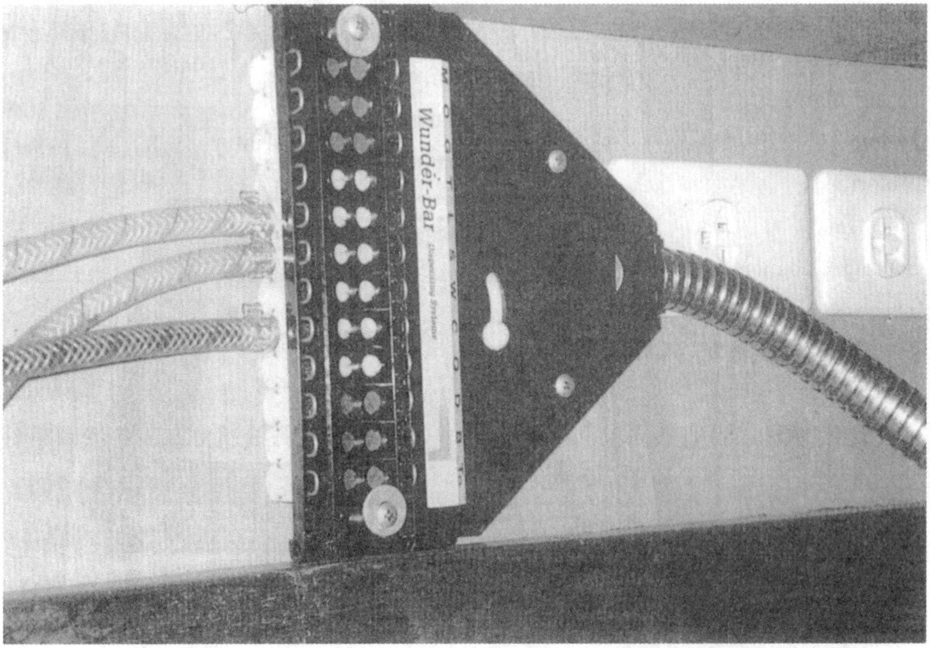

图 2-5　酒吧苏打枪(Soda Gun)

注：一条管线代表一种饮料,但其中有一条管线为二氧化碳或碳酸气。

2~6　电动烈酒分配器的优缺点(Advantages and Disadvantages of ELD Machines)

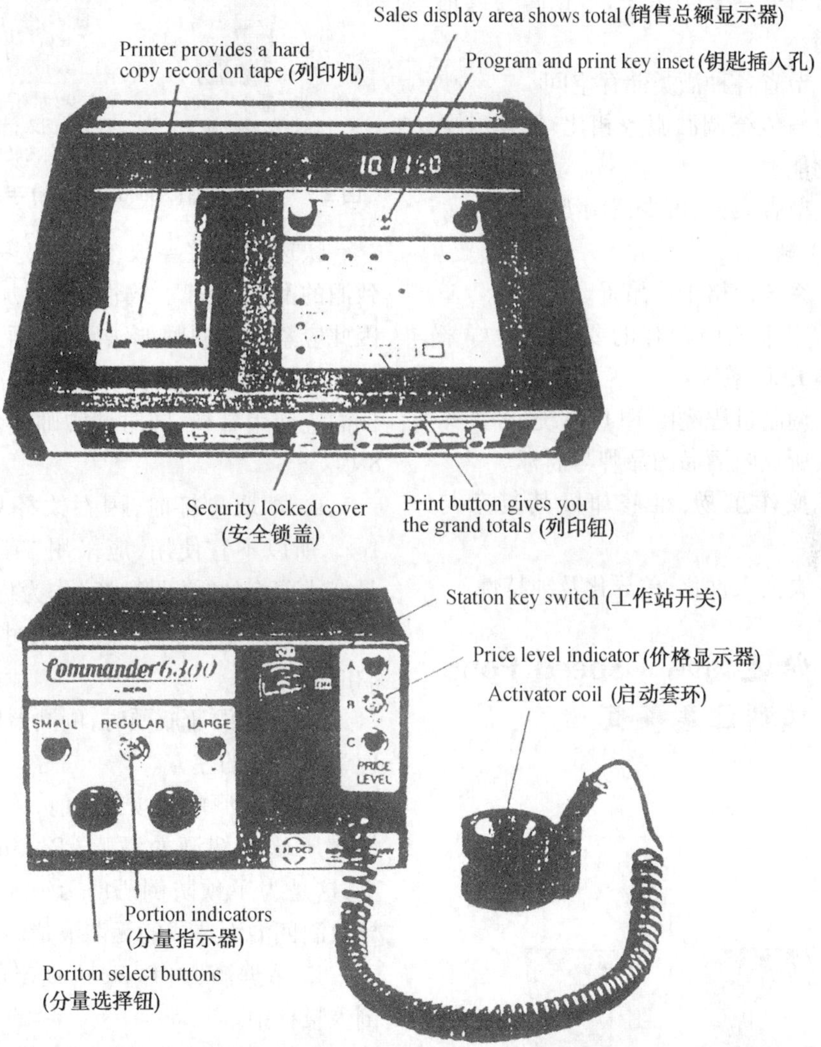

图 2-6　电动烈酒分配系统(An Electronic Liquor Dispensing System/ELDS)

注：资料来源于美国国家餐厅协会。

电动烈酒分配(ELD)系统的优缺点可简述如下：

(一)优点：

(1)可定量控制。

(2)有一定安全水平,可预防与其他系统混淆。

(3)节省各种酒类储存空间。

(4)与传统调酒服务相比,经理有更大的控制能力。

(5)节省人力,可少请调酒师。

(二)缺点：

(1)系统价格十分昂贵。

(2)很难依照顾客的要求或爱好来迅速调整ELD系统。

(3)调制过程经由ELD系统,客人无法看到其所点叫酒品的品牌与商标。

(4)操作虽易,维修却极其复杂与昂贵。

(5)失去人性化、差异化及独特性。

2~7 快速倒酒(Speed Pouring)手法的注意事项

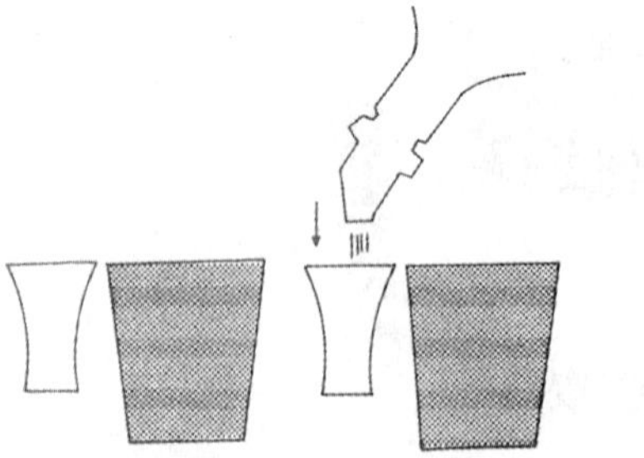

第1步：量杯(Jigger)置于调酒杯旁

第2步：烈酒倒入量杯,量杯位置要稍高过调酒杯

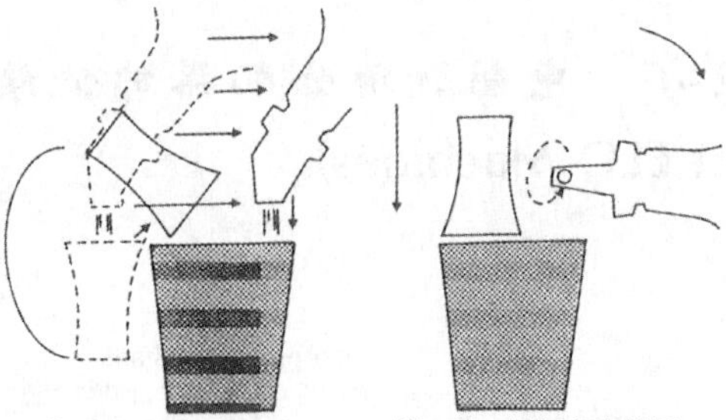

第3步：量杯与酒瓶同步水平移动

第4步：量杯完全倒置,酒完全倒入；酒瓶由下往上向内转收瓶

图2-7 快速倒酒(Speed Pouring)手法之图解

快速倒酒常导致多给酒、多倒酒,以致酒的品质没有一致性,并增加了成本,因此应禁止调酒师如法调制,而且要求调酒师一定要依据酒方调制。调酒师正确倒酒应使用量杯,同时调酒师应注意下列8项：

1. 举取量杯时,因吞饮杯只能计量1oz.,所以不宜使用,应采用“有刻度”的量杯或更好的“透明量杯”作为标准量杯,使用时其位置应稍高于(半英寸)即将倒酒的调拌杯。

2. 抓住酒瓶瓶颈时,倒酒器的酒嘴口应朝向酒杯的左方。

3. 拿起酒瓶瓶颈倒酒前,食指一定要始终压放在倒酒的酒嘴(Pouring Spout)上,这是为了预防倒酒时万一酒嘴松落,导致酒四溢而造成的无谓浪费。

4. 依据酒方(Recipe)规定的量将酒倒入量杯中。

5. 将量杯中的酒、果汁或糖浆倒入(Dump)调拌杯(Mixing Cup,16 oz.)中。

6. 倒完后把量杯放回轨道(Rail)或小长条状的橡胶软垫位置上。

7. 将烈酒酒瓶放回酒井(Speed Well)或酒吧后(Back Bar)的位置上。

8. 因酒瓶瓶身与瓶头的造形设计各异,有些质地的酒瓶不易抓住瓶颈,例如方形瓶身的 Tanqueray、Crown Royal、Cointreau 及 Amaretto di Saronno 等,皆有一了短而粗的瓶颈(Stubby)。因此,若已装上酒嘴(Pourer or Pour Spout),则一定要先检查酒嘴是否装得牢固,然后以右手握住瓶身侧面来倒酒。东西是死的,但人是活的,所以在调制过程中调酒师要灵活、安全、优雅地来调酒与倒酒。

2~8 酒吧中常见的玻璃酒杯

	(1) 高脚杯形香槟酒杯(Champagne Goblet)	8 oz.~12 oz.	用以盛装香槟或汽泡葡萄酒或以香槟为基酒的鸡尾酒
	(2) 白兰地狭口酒杯(Brandy Snifter),又名白兰地吸入器(Brandy Inhaler)	6 oz.~48 oz.	盛装纯饮白兰地(Neat Brandy)或作为招牌酒杯之用。杯子的使用要灵活大胆,以抓住经济效益为原则
	(3) 微风酒杯(Breeze) 大风酒杯(Squall) 飓风酒杯(Hurricane)	8 oz. 15 oz. 22 oz.	此 3 款同形但大小不一,此类杯子常作为招牌酒杯之用,小杯可盛装雪泥饮料,中、大杯可盛放有冰块(Rocks)的饮料
	(4) 英式马克酒杯(Britannia Mug),又名英式小酒馆马克杯(English Pub Mug)	12 oz.~22 oz.	盛装生啤酒(Draft Beer)或瓶装啤酒之用,通常杯子须冰过(Chilled)后才可使用

	(5) 笛状香槟酒杯 (Flute Champagne)	6 oz. ~ 9 oz.	盛装香槟(Champagne)及气泡葡萄酒或以香槟为基酒调制出来的鸡尾酒
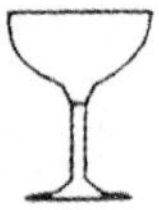	(6) 碟形香槟酒杯 (Champagne Saucer)	6 oz. ~ 9 oz.	盛装香槟、汽酒或鸡尾酒
	(7) 郁金香花形香槟酒杯 (Champagne Tulip)	6 oz. ~ 9 oz.	盛装香槟、汽酒或以香槟为基酒调制出来的鸡尾酒
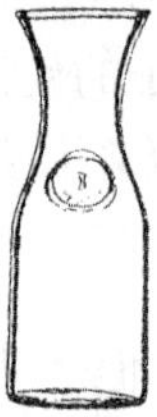	(8) 葡萄酒盛酒器 (Wine Decanter) 鸡尾酒盛酒器 (Cocktail Decanter)	½Liter 或 1 Liter	常用来盛装红、白葡萄酒,但在某些高档私人俱乐部里,也用来盛装桌旁现场调制的未加冰块的鸡尾酒
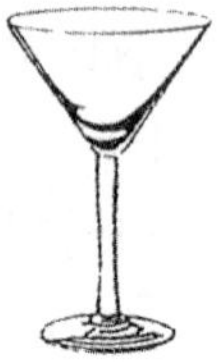	(9) 鸡尾酒杯 (Cocktail Glass)	$4\frac{1}{2}$ oz. ~ 6 oz.	盛装不加冰块的鸡尾酒饮料,杯子须冰后使用,也可作为盛装调制碎冰(Frappés)饮料的标准杯
	(10) 大号鸡尾酒杯 (Cocktail Glass King-Sized)	6 oz. ~ 48 oz.	盛装加倍量或特大量的无冰块纯饮(Straight Up)或雪泥状的招牌饮料

	(11) 有把咖啡酒杯 (Handled Coffee Mug)	$8\frac{1}{2}$ oz.~12 oz.	可盛装任何热饮料
	(12) 柯林斯酒杯(Collins),又名烟囱杯(Chimney Glass)	10 oz.~14 oz.	可盛装任何量较多的调拌饮料
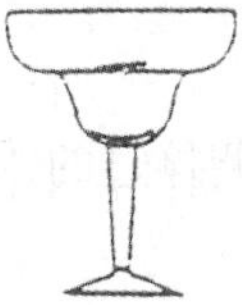	(13) 双层大圆形酒杯 (Coupette)	6 oz.~24 oz.	盛装店选特别饮料或雪泥状饮料,如雪泥黛克瑞、马格丽塔及冰淇淋调拌的饮料
	(14) 可盛装双份酒量的加入冰块的酒杯(Double Rocks),又名双份老式酒杯(Double Old Fashion),又名英式高球杯(English Highball Glass),又名水桶(Bucket)	$12\frac{1}{2}$ oz.	盛装加入双份酒及冰块的饮料
	(15) 荷兰香甜酒杯 (Dutch Cordial)	1 oz.~2 oz.	盛装纯香甜酒(Liqueurs Neat)或彩虹酒等有多层颜色与层次的酒
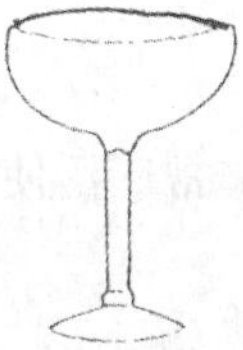	(16) 伟大祭典酒杯 (Fiesta Grande),又名玛格丽塔杯(Margarita Glass)	12 oz.~48 oz.	盛装玛格丽塔、雪泥及加冰块的各种鸡尾酒

	(17) 牵牛花形啤酒杯 (Flare)	12 oz. ~ 16 oz.	盛装生啤酒或瓶装啤酒,须冰后才可使用
	(18) 有脚啤酒杯 (Footed Ale)	12 oz.	杯子冰后盛装生啤酒或瓶装啤酒
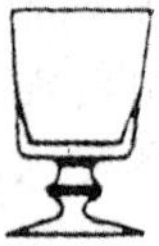	(19) 有脚高圆酒杯 (Footed Highball Glass)	10 oz. ~ 12 oz.	盛装各类调拌过的饮料
	(20) 有脚啤酒杯 (Footed Pilsner)	12 oz. ~ 16 oz.	盛装生啤酒或啤酒,杯子须冰过后方可使用
	(21) 有脚贝壳形啤酒杯 (Footed Shell)	12 oz. ~ 16 oz.	冰冻后盛装生啤酒或瓶装啤酒
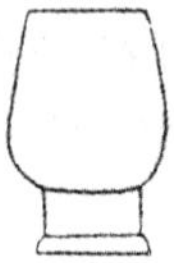	(22) 加菲猫形高脚酒杯 (Garfield Goblet)	12 oz. ~ 16 oz.	与上述各款啤酒杯有同样的功能
	(23) 沉重底部啤酒杯 (Heavy Base Pilsner), 又名比尔森形高脚啤酒杯(Sham Pilsner)	12 oz. ~ 16 oz.	这是一款非常广泛使用的啤酒杯

	(24) 高圆酒杯(Highball)	10 oz. ~ 16 oz.	盛装软性饮料(Soft Drinks)、果汁及各种调拌饮料
	(25) 酸味酒杯形啤酒杯(Sourglass Pilsner)	12 oz. ~ 16 oz.	需冰过后使用,一种类似沉重底部啤酒杯(Heavy Base Pilsner)的啤酒杯
	(26) 飓风酒杯(Hurricane)	22 oz. ~ $23\frac{1}{2}$ oz.	招牌酒杯中最大的款式,用于装盛量特大的热带鸡尾酒
	(27) 大风酒杯(Squall)	15 oz.	盛装店选招牌酒或各种怪异的热带饮料(Exotic Tropical Drinks)
	(28) 爱尔兰咖啡酒杯(Irish Coffee Cup)	8 oz. ~ 12 oz.	盛装热咖啡或爱尔兰咖啡等热饮
	(29) 泥水匠用的有盖或无盖大口瓮(Mason Jar)	10 oz. ~ 60 oz.	盛装各类招牌酒,在调制沼泽水(Swamp Water)这类饮料时,常用此种瓮盛放。沼泽水是 $1\frac{1}{2}$ oz. 绿色法国察吐士蜂蜜香甜酒(Green Chartreuse)再加入 8 oz. 红葡萄柚汁(Grapefruit Juice)调制而成

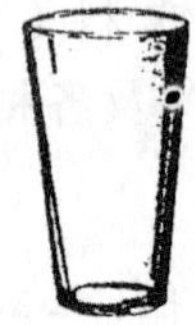	(30) 调拌杯(Mixing Cup)	16 oz.	调酒时用的透明调拌杯,套上不锈钢套筒后即可拿起来摇晃激荡,它是酒吧必备之物
	(31) 马克杯(Mug),又名啤酒马克杯(Beer Mug)	12 oz. ~ 16 oz..	冰过后盛装生啤酒或啤酒
	(32) 老式酒杯(Old-Fashioned)(Heavy and Faceted Base)	7 oz. ~ $10\frac{1}{2}$ oz.	盛装有冰块的饮料,如老式的鸡尾酒
	(33) 冰冻甜点酒杯(Parfait)	$4\frac{1}{2}$ oz. ~ 10 oz.	盛装形形色色的冷冰饮料、冰淇淋调拌饮料及本店的招牌美饮
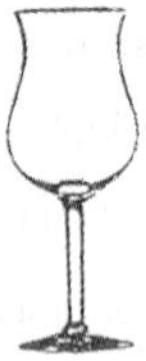	(34) 伟大的波可酒杯(Poco Grande)	8 oz. ~ $13\frac{1}{4}$ oz.	盛装各类雪泥调拌饮料(Blended Concoctions)及本店的招牌美酒
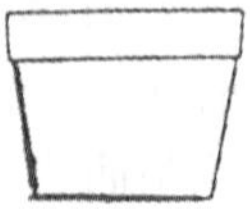	(35) 缸形大酒杯(Pots)	10 oz. ~ 48 oz.	盛装本店的特选饮料或加冰块的招牌饮料

	(36) 彩虹酒杯(Pousse Café)	2 oz.~3 oz.	调制彩虹酒、香甜酒及纯饮香甜酒的专用小酒杯
	(37) 表演吞饮酒杯(Presentation Shot Glass)	1 oz.~2 oz.	盛装纯饮烈酒(Liquor Neat)或多层次的香甜酒，如 Slammers 及 Shooters 等鸡尾酒
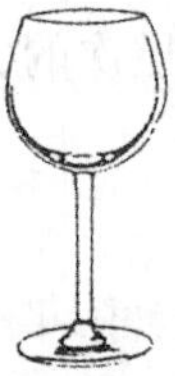	(38) 碗状红葡萄酒杯(Red Wine Bowl),又名汽球杯(Balloon Glass)或大碗杯(Bowl Glass)	9 oz.~12 oz.	这款呈显著大球形的圆杯摇晃后可激荡出红葡萄酒的酒香
	(39) 加入冰块的酒杯(Rocks)	7 oz.~$12\frac{1}{2}$ oz.	盛装加有冰块的各种鸡尾酒
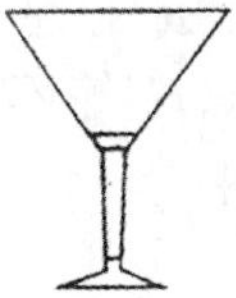	(40) 伟大的干杯酒杯(Salud Grande)	9 oz.~48 oz.	盛装纯饮、加冰块饮料或雪泥及本店的招牌饮料
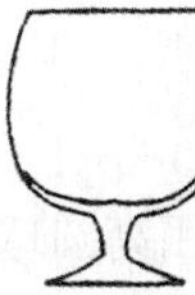	(41) 大圆球形的啤酒杯(Schooner)	12 oz.~16 oz.	冰过后使用的啤酒杯

	(42) 爱尔兰国花形咖啡酒杯 (Shamrock Café)	6 oz.	这款老式的爱尔兰咖啡酒杯几乎已从市场上绝迹,现都使用有握把的杯子来盛装热饮
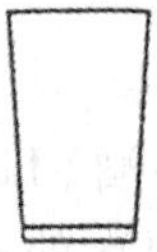	(43) 贝壳形啤酒杯 (Shell Beer Glass)	12 oz. ~ 16 oz.	冰过后盛装啤酒的酒杯
	(44) 雪利酒杯(Sherry)	2 oz. ~ $4\frac{3}{4}$ oz.	盛装雪利酒(Sherry)、波尔图酒(Port)及纯开胃酒(Aperitifs),也可用来盛装多层次的香甜彩虹酒
	(45) 吞饮酒杯(Shot)	1 oz. ~ 2 oz.	盛装纯烈酒,也可作为量杯之用
	(46) 小白葡萄酒酒杯 (Small White Wine Glass)	4 oz. ~ 6 oz.	盛装白葡萄酒或粉红葡萄酒
	(47) 酸饮小酒杯 (Sour Glass)	$4\frac{1}{2}$ oz. ~ 6 oz.	盛装柠檬威士忌酒(Whisky Sour)等不加冰块的饮料
	(48) 陶制啤酒杯 (Stein Glass)	12 oz. ~ 33.8 oz.	陶土烧制的杯子,须冰过后才可盛装啤酒,但易碎不实用
	(49) 长形高圆球酒杯 (Tall Highball)	10 oz. ~ 12 oz.	盛装各种使用高圆球杯的饮料

	（50）有把手及杯盖的大啤酒杯（Tankard）	12 oz.~16 oz.	盛装生啤或瓶装啤酒
	（51）蓟花形酒杯（Thistle）	21 oz.	蓟花是苏格兰的国花，此杯一般用来盛装本店的招牌美酒，如好莱坞星球餐厅（Hollywood Planet），销售印有其店商标（Logo）的此款酒杯
	（52）郁金香花形高脚酒杯（Tulip Goblet）	8 oz.~2 oz.	冰后盛装啤酒
	（53）白葡萄酒酒杯（White Wine Glass）	9 oz.~18 oz.	盛装白、粉红色葡萄酒和以葡萄酒为基酒调制出来的清凉饮料
	（54）香甜酒酒杯（Cordial Glass） 小酒杯（Pony Glass 1oz.）	1 oz.~3 oz.	盛装纯香甜酒或多层次的彩虹酒
	（55）怪异酒杯（Zombie）	12 oz.~20 oz.	盛装热带饮料及所有高杯的怪异饮料，此杯直径窄且杯高，重心十分不稳，服务时要倍加小心，否则极易打翻；实际操作时应尽量采用其他较稳的杯子来替代

2~9 商业性酒吧采购玻璃杯皿时应遵从简单化的原则

酒杯种类及造型甚多,但经营酒吧必须简化使用玻璃酒杯,原因是:一则可减少开销;二则可节省管理时间;三则有利于工作的单纯化;四则有利于员工提高效率;五则避免无谓的耗损与遗失。精选并简化后的酒杯款式应以下列几款为限:

(1)柯林斯杯(Collins)(12 oz.)。

(2)高圆杯(Highball)(10 oz.)。

(3)吞饮杯(Shot)(1 oz.)。

(4)"岩石"杯或老式酒杯(Rocks or Old-Fashioned)(7 oz.),(Double Rocks or Double Old-Fashioned)($12\frac{1}{2}$ oz.),"岩石"指的是冰块!

(5)啤酒杯(Beer Mug)(16 oz.)。

(6)比尔森形高脚啤酒杯(Beer Pilsner)(12 oz.)。

(7)爱尔兰咖啡杯(Irish Coffee Cup)($8\frac{1}{2}$ oz.)。

(8)彩虹酒杯(Pousse Café)(3 oz. or 2 oz.)。

(9)冰冻甜点酒杯(Parfait)(8 oz.)。

(10)红葡萄酒杯(Red Wine)(12 oz. or 11 oz. or 9 oz. or 6 oz.)。

(11)白葡萄酒杯(White Wine)(12 oz.),(House Wine)(9 oz. or 6 oz.)。

(12)雪利酒杯(Sherry)(3 oz.)。

(13)郁金香花形香槟杯(Tulip Champagne)(9 oz.)。

(14)白兰地酒杯(Brandy Snifter)(6 oz. and 12 oz.)。

(15)鸡尾酒杯(Cocktail)($4\frac{1}{2}$ oz. and $6\frac{1}{2}$ oz.)。

(16)香甜酒杯(Cordial)(2 oz. or 3 oz.)。

(17)酸饮酒杯(Sour)($6\frac{1}{2}$ oz.)。

(18)调拌杯(Mixing Cup)(16 oz.)。

(19)盛酒瓶(Decanter)(1 liter and ½ liter)或盛酒器。

(20)大风杯(Squall)(15 oz.)。

(21)飓风杯(Hurricane)(22 oz.)。

(22)大波可杯(Poco Grande)($13\frac{1}{4}$ oz.)。

(23)小酒杯 Pony(1 oz.)。

如果对上述杯型仍无明确的认识,请查对图 2-8 即可一目了然。而当客人点叫纯烈酒(Straight Liquor)饮料时,应掌握 5 种常见的调酒专业名词的意义与操作手法:

图 2-8　商业酒吧应精选的玻璃杯皿

注：选择时务必简单化而不要复杂化。

1. 含有冰块(On the Rocks):是指在Rocks杯中(“岩石”杯/老式酒杯)加入冰块(Ice Cubes)。

2. 玻璃迷雾(Mist):是指在Rocks杯中加入碎冰(Crushed Ice)。碎冰可用碎冰机搅碎,或将冰块装入PVC袋中以槌子敲碎。

3. 碎冰圆丘(Frappé):Frappé(法文)原意为“经过冷藏”、“冰冻过”,在调酒领域里指把碎冰放入长脚的鸡尾酒杯(Stemmed Cocktail Glass)中并将之压挤成一个小碎冰圆丘(Mound),然后加入美酒。

4. 不加冰不加水的纯酒(Neat):是指倒入吞饮杯或“岩石”杯中的纯酒绝对没有加入冰块、果汁或矿泉水等东西。

5. 摇荡后倒入杯中(On and Over):是指在摇荡器(Shaker)或搅拌机(Mixer)中摇荡与混合后,用滤冰器(Strainer)将冰块隔留在不锈钢套筒内,同时将酒倒入鸡尾酒杯(Cocktail Glass)里。

2~10 玻璃杯的清洁处理与防碎维护方法

清洗玻璃的人都必须知道,再好的玻璃杯,再高级的玻璃杯,若不加以小心处理,就必然会造成破损、意外伤害。这同时也降低了团队的生产效率。造成玻璃杯破损的两大主要原因是:(1)机械性或无意识的撞击(Mechanical Impact);(2)温差冲击(Thermal Shock)。

为了避免无谓的耗损与无尽的增补与采购,餐饮服务人员(Waiter, Waitress, Bartender, Cocktail Waitress)、服务助手(Busboy, Busgirl, Busperson)及洗盘碗人员(Dishwasher)必须牢记以下12项工作要点:

1. 处理玻璃杯时动作要轻柔小心,已有裂痕缺口或磨损擦伤(Abraded)的杯子不可再给客人使用。

2. 保证有足够数量的杯皿来供应高峰时段(Rush Periods)顾客的多方面需求。

3. 绝对不可用任何玻璃杯来铲冰块,始终使用塑胶铲(Plastic Scoop)或金属铲来铲取冰块。由于冰块是食物,所以绝不可用手去抓。因为杯子很易碰裂,所以使用铁铲或不锈钢铲时要小心,不要碰到杯口。

4. 调制热饮时始终要先以热水预热(Preheat)玻璃杯,避免因温差冲击而导致杯子炸掉。

5. 收杯盘时动作要轻,除了应把杯中残留的冰块倒掉外,还应随即把杯子分别放入洗碗机专用的塑胶洗杯架中。其他刀叉盘碗应于收桌时在现场立即分类,分别放入不同的塑胶盆(Plastic Tray)内,以避免冲击后产生碎裂。

6. 倒掉冰块后的杯子应先放入洗杯架中,置放一段时间使其达到室温后再送入洗杯机或洗碗机中清洗。

7. 鸡尾酒杯种类繁多,高档昂贵的花式酒杯应立即送交调酒师清洗。一般的常用杯皿须分类后再正确地放入洗杯架中待洗,洗碗(杯)机温度每日要检查两次,耗损的刷子要换新。

8. 杯子洗妥放回挂杯架或其他地方

时要避免碰撞,当心千万不要碰到生啤酒的酒嘴,因为一般酒杯通常是一撞即裂。

9. 精致的杯子绝对不可以一个一个地层层堆置(Stack),绝对不可以一手抓三四个杯子(Never Pick Up Glasses in Bouquets)。放置杯子时以有色洗杯架来区分,将不同杯子放置于固定架中。

10. 收拾脏盘与碗的大塑胶盆不可堆积太多(Overloading),不可把刀、叉、汤匙等扁平餐具(Flatware)放入玻璃杯中。收拾桌面时首先清理杯子,然后清理刀、叉等扁平餐具,最后清理瓷器(Chinaware)。

11. 所有餐饮服务人员工作时要专注、细心与冷静(Be Quiet),这样才可能降低杯皿的破损率,同时强化用餐氛围(Atmosphere)。

12. 绝对不可以把冰水或冰块倒入温杯子或热杯子里,这样杯子会炸裂掉。应保存足够的杯子,避免把刚洗出的热杯子立即加入冰水或倒入极冰的鸡尾酒,力求避免无谓的温差炸裂(Thermal Shock)。

2-11 对国际知名美酒的认识

1. B & B Liqueur:早在公元1510年产制于法国费康(Fécamp)的本笃(Bénédictiné)修道院中,由本尼迪克特香甜酒(Bénédictiné)和科尼亚克地区产的陈年的干邑白兰地(Cognac Brandy)调和而成,酒精度为80度。

2. Beefeater London Dry Gin:一种在19世纪早期产于伦敦(London)的辛辣杜松子酒,此酒由House of Burrough酒厂所产制,酒精度为94度。

3. Belvedere Polish Vodka:一种经3次蒸馏而成的伏特加烈酒,原产于波兰的Polmos Zyrardów,该酒以裸麦为原料,经单独及连续蒸馏器蒸馏而成,酒精度为80度。

4. Bénédictiné:一种由法国本笃修道院研制成的香甜酒,含有27种芳香药草、香料、植物、茶和水果,每项原料分别蒸馏后在橡木酒桶中至少存放3个月以上,然后再调合而成。此香甜酒是以陈年的干邑白兰地(Cognac Brandy)为基酒封存于橡木酒桶中至熟成,酒精度为80度。

5. Blavod Black Vodka:产于伦敦的Hayman蒸馏酒厂,是一种以谷物为原料经过3次蒸馏并带有黑色色调的伏特加酒,酒精度为80度,即浓度为40%。

6. Blue Curaçao:一种蓝色橘子风味的库拉索香甜酒,较三干酒/柑橘香甜酒(Triple Sec)稍微甜些。该酒使用干燥的橘子皮产制而成,酒精度为60度。

7. Bombay Sapphire London Dry Gin:孟买蓝宝石伦敦杜松子酒,即一种使用特制的独立蒸馏器注入10种植物后再经3次蒸馏而制成的辛辣杜松子酒,酒精度为80度。

8. Bourbon Whisky:一种酒体浓郁、风味醇厚的美国纯威士忌酒,由发酵的玉米酒浆或裸麦、小麦、大麦等酒浆蒸馏而成。该酒必须封存于新的且经火烤过的橡木酒桶中至少2年才可享用,酒精度为80~126度。

9. Brandy:一种使用葡萄或发酵水果

酒浆(Mash)蒸馏而成的烈酒,多数置于橡木桶中陈年熟成,但也有许多没有经过陈年放置而保存清澈的,如格拉巴葡萄酒渣白兰地(Grappa)冰酒及瑞士产的水果白兰地(eaux-de-vie)等。

10. Brilliant Vodka:一种产于苏格兰高地的伏特加酒,是以小麦为原料在圆柱状蒸馏器中经 5 次蒸馏而成,酒精度为 80 度。

11. Briottet Crème de Cassis de Dijon:一种产于法国第戎(Dijon)的香甜酒,完全以产于勃艮第的黑醋栗/黑茶藨子(Black Currants)为原料,再溶化于特级葡萄烈酒中。该酒由 Edmond Briottet 公司产制,酒精度只有 40 度,即浓度为 20%。

12. Calvados:一种产于法国诺曼底(Normandy)地区的卡尔瓦多斯(Calvados)的苹果白兰地,由发酵的苹果打成酒浆后经蒸馏陈存于橡木酒桶中陈年熟成,取出后再调合与装瓶。

13. D. J. Dotson Triple Sec:一种带有甜酸与橘子风味的无色、无酒精柑橘汁。

14. Crown Royal Whisky:一款调和的威士忌,最初是为庆祝英国女皇伊丽莎白及国王乔治六世史无前例地访问加拿大而推出的一种极品美酒,酒精度为 80 度。

15. Crater Lake Vodka:一种产于美国俄勒冈本德州(Bend)的、以当地所产谷物为原料、小批量生产出来的伏特加酒,酒精度为 80 度。

问题探讨

1. 酒吧工作站的核心设备有哪些?

2. 快速取酒架中常置备的基酒有哪些?

3. 一间五星级酒店的酒吧里常见置备的香甜酒(Liqueurs)有哪些?

4. 商业酒吧在采购玻璃杯皿时应遵从什么基本原则?

5. 清洗玻璃杯皿时必须牢记并灵活运用哪几项要点?

6. 不当或错误的酒吧工作站设计会产生什么样的后果?

7. 1994 年台中市中港路口的卫尔康西餐厅(Welcome Restaurant)发生大火并导致 64 人丧身火窟的原因为何?

8. 创下世界单一餐厅火灾死亡人数最高纪录的是哪家餐厅?其死亡人数是多少?受伤人数又是多少?发生在何地、何国?原因为何?

9. 酒吧里可装设或放置瓦斯桶与瓦斯炉吗?请说明你的看法。

10. 酒吧里可使用酒精灯或酒精炉吗?可使用或放置虹吸式的咖啡烧煮器吗?使用这些器具安全吗?现在的餐饮及酒吧业中是否仍在使用?

第三章

对形形色色国际知名美酒的基本认识

Basic Recognition of Various Internationally Known Alcoholic Beverages

学习目的

了解：1. 对酿造酒应有的基本认识
2. 对蒸馏酒应有的基本认识
3. 对调制酒应有的基本认识
4. 酒吧常用烈酒的八大分类(Popular Liquors Grouped by Type)
5. 对酒吧常用烈酒的基本认识
6. 对酒吧常用香甜酒的基本认识
7. 鸡尾酒的起源传说
8. 鸡尾酒的调制方法
9. 鸡尾酒的调制类型
10. 酒吧国际专业术语

酒精饮料按酿造方式可分成酿造酒、蒸馏酒与调制酒3种：

1. 酿造酒：将制酒原料先用酵母菌进行发酵，再经过特定的制造过程而酿造成的酒。例如：啤酒、米酒、日本清酒、红白葡萄酒等。

2. 蒸馏酒：将制酒原料先用酵母菌进行发酵，再经过蒸馏及其他特定的制造过程而制成的酒。例如：威士忌、白兰地、伏特加酒、杜松子酒等。

3. 调制酒：以蒸馏酒或酿造酒为基酒作为酒底子，再加上特定的动植物或香料调配而成的酒。例如：蛋黄酒、奶酒、蜂蜜酒、药草酒等。

3-1 对酿造酒应有的基本认识

酿造(Fermented)酒使用酵母催化糖使原料产生酒精与二氧化碳。一般酵母的活动与生存活力只能在酒精浓度15%以下，所以自然发酵酒的酒精浓度都在15%以下。依据酿造时所使用原材料的不同酿造酒可分为四大类。

1. 以葡萄为原料的：

(1) 开胃酒(Aperitif)；

(2) 苦艾酒(Vermouth)；

(3) 甜点酒(Dessert Wine)；

(4) 气泡葡萄酒(Sparkling Wine)；

(5) 葡萄酒(Wine)。

2. 以谷物为原料的：

(1) 麦酒(Ale)；

(2) 啤酒(Beer)；

(3) 黑啤酒(Porter)；

(4) 黑麦酒(Stout)；

(5) 日本清酒(Saké)；

(6) 其他谷物酒(Others)。

3. 以水果为原料的：

(1) 苹果西打(Apple Cider)；

(2) 柑橘酒(Citrus)；

(3) 梨子酒(Perry)；

(4) 其他水果酒(Others)。

4. 以杂项材料为原料的：

(1) 乳酒(Koumiss or Kumiss)；

(2) 棕榈树浆酒(Palm)；

(3) 龙舌兰酒(Tequila)；

(4) 其他杂项材料酒(Others)。

葡萄酒依据酿造方法的不同又可细分为以下4种：

1. 常态不起泡的葡萄酒(Still Wine)：以新鲜葡萄汁发酵的红葡萄酒、白葡萄酒及粉红葡萄酒等。

2. 气泡葡萄酒(Sparkling Wine)：经过两次发酵后含有气泡的葡萄酒，如香槟酒等。

3. 强化酒精的葡萄酒(Fortified Wine)：葡萄酒发酵期间加上白兰地酒，使其中止发酵并增强其酒精浓度，如西班牙产的雪利酒(Sherry)。

4. 调合葡萄酒(Blended Wine)：葡萄酒中添加香料、药草或植物的根茎等，如意大利的苦艾酒。

啤酒因使用原料的不同，可产制出6种不同的酒品：麦酒、啤酒、黑啤酒、黑麦酒、日本清酒(Saké)及其他谷物酒。

啤酒是将大麦或小麦的麦芽磨碎后

加上极品好水，再加入酵母及啤酒花酿造而成的。其制造过程如下：大麦经泡水发芽形成绿色麦芽，经烤干、研磨，加水煮成麦芽汁，然后加入啤酒花、酵母发酵成为啤酒，再经过滤、储存、加温杀菌等程序即告完成。

麦芽在烘烤时若温度在80～85℃，产品的颜色会较淡，这样可酿成一般的啤酒；麦芽在烘烤时若温度在100～105℃，产品的颜色则为深褐色，这样可酿成一般常见的黑啤酒。有些制造商会在装瓶或装罐之前将啤酒加温杀菌，但这样相对会破坏其风味，所以也有制造商不经过这道工序以保有原始风味，但其储存保质期则较短。

3～2　对蒸馏酒应有的基本认识

蒸馏酒是以水果、谷类、甘蔗或龙舌兰为原料，经发酵后将酒液再蒸馏而制成的。这类酒的特性是酒精浓度高，因此一般皆被称为烈酒。最普通的蒸馏酒按原料可分为谷物、水果、龙舌兰和甘蔗酒4种：

（一）以谷物为原料的蒸馏酒

这种酒是将大麦、小麦、玉米、裸麦发酵后经过蒸馏的程序，将酒液醇熟于橡木桶中。一般来说，酒陈年的时间越长越香醇，如威士忌和伏特加酒。

1. 威士忌。最有名的是苏格兰、爱尔兰、美国波旁及加拿大威士忌等酒。

2. 伏特加酒。伏特加酒是用马铃薯及谷类蒸馏，最好的则是以裸麦蒸馏而制成。伏特加酒酒液无色无臭，这是因其蒸馏后经过活性碳或石英砂滤去其颜色和味道的缘故。当酒的陈年超越其品质最佳期后，这种酒是越陈越糟，越陈越坏。

（二）以水果为原料的蒸馏酒

这种酒主要原料有葡萄、苹果、樱桃、杏桃等。白兰地（Brandy）这个词从前是泛指以水果蒸馏的酒，但现在这个词是指以葡萄为原料蒸馏的酒。其他水果蒸馏的酒一般会将水果名称冠在白兰地之前，如Peach Brandy等。

1. 葡萄酒：这种酒由经过发酵的葡萄酒液再加以蒸馏而制成。世界上最具有知名度的白兰地要属产自法国科尼亚克地区（Cognac）的白兰地（亦称科涅克白兰地或干邑），但其他地区也有杰出产品。例如法国的阿马尼亚克地区（Armagnac）、马克地区（Marc）以及德国、意大利及希腊等国家。希腊产的迈塔克瑟白兰地（Metaxa）非常受欧美人士欢迎，酒精浓度为42%，酒质香甜，类似一般的香甜酒。

2. 苹果酒：用苹果汁发酵酿造后经过蒸馏的酒。最有名的是法国卡尔瓦多斯产的苹果白兰地（Calvados）。这种酒虽较涩，但有苹果香味，酒呈淡褐色。蒸馏后的酒需储存在橡木桶中至少2年，一般酒精浓度在40%～50%。

3. 樱桃酒：用樱桃发酵酿造后经过蒸馏的酒。最有名的是德国产的樱桃酒（Kirschwasser或简称Kirsch，Kirsch即德文的樱桃）。这类酒通常作为西餐菜肴调味用，但也有许多人喜欢冰过当餐后酒享用。

4. 梨子酒：用梨子发酵酿造后经过蒸馏的酒。最著名的是瑞士的 Pear William，这是用 William 品种的梨子酿制而成的梨子蒸馏酒，是一种无色透明的餐后酒。

（三）以龙舌兰（Tequila）为原料的蒸馏酒

用龙舌兰这种植物的根茎球果的汁液发酵后经过蒸馏的酒，主要产地是墨西哥。其饮用方式非常特殊，喝时先将盐撒在握拳成球状的拇指与食指间，将盐舔入口中，然后将半个柠檬的汁挤入口中，最后将龙舌兰酒一口与盐、柠檬汁一起喝下去。这种喝法是墨西哥人传统的粗犷豪爽的做法，他们认为只有将酸、咸、辣的滋味混在一道入口才够味，但一般酒客可真无法接受墨西哥人这种粗犷且原始的喝法。

（四）以甘蔗酒（Sugar Cane）为原料的蒸馏酒

这种酒是利用甘蔗制糖后剩下的糖蜜经发酵蒸馏的程序而制成的。朗姆酒须储存在橡木桶中，一般分为淡色朗姆酒（Light Rum）及深色朗姆酒（Dark Rum）两种。

1. 淡色朗姆酒（Light Rum）。较有名的皆产自古巴、波多黎各、牙买加等地区，只存在橡木桶中一年，所以颜色较淡。

2. 深色朗姆酒（Dark Rum）。最有名的当属产自牙买加岛的迈尔斯深色朗姆酒（Myers's Dark Rum）。因存在于橡木桶的时间较长且添加焦糖的缘故，这种朗姆酒味道较浓郁，色泽金黄。

3~3 对调制酒应有的基本认识

调制酒又称为调合酒（Blended Liquors），是以烈酒为基酒，添加各式水果、香料、植物或糖分而制成的酒。这类酒中以杜松子酒（Gin）及利口酒（Liqueurs）最为著名。

（一）杜松子酒/金酒（Gin）

杜松子酒的调制过程是用谷类蒸馏成酒，然后加入各种香料、植物根茎如杜松莓浆果（Juniper Berry）、胡荽（Coriander）、柠檬皮（Lemon Peel）、甘草（Licorice）、杏仁（Almond）等再加以蒸馏而成。其中最主要的原料是"杜松莓"，因此称为杜松子酒。杜松子酒是调制鸡尾酒时非常重要的基酒，市面常见的杜松子酒可分为下列几种：

1. 伦敦辛辣杜松子酒（London Dry Gin）：这种杜松子酒最早在伦敦附近制造，因此称为 London Dry Gin，主要原料是谷物，但现在美国及其他国家也制造。Dry 的字意指辛辣，而非干之意。

2. 荷兰杜松子酒（Dutch Gin）：其味道略带淡甜味，主要原料是大麦。

3. 黑刺李香甜酒（Sloe Gin）：是用黑刺李的浆果加入野莓浆果（Sloe Berry）制造而成的，属甜香酒类，酒名中虽有 Gin 字，但与杜松子酒毫无关系。

（二）香甜酒或利口酒（Cordials）

这是一类含有甜味且酒精成分高的烈酒。这类酒系饭后饮用或作为调制鸡尾酒之用，其基酒可能含白兰地、威士忌、朗姆酒或其他的蒸馏酒，然后加入水果、植物、药材或花瓣等并添加糖分。有些甜酒的颜色是由于添加了食用色素，但有些是天然的色泽，也有些是透明无色的。这些香甜酒色泽鲜艳、酒味醇浓，常会使人在三四十分钟后醉得不省人事，消费者或调酒师必须有所警觉。

3~4 酒吧常用烈酒的八大分类(Popular Liquors Grouped by Type)

（一）威士忌酒(Whisky)

1. 苏格兰威士忌(Scotch Whisky)

① Glen Grarnt

② Ghivas Regal 12 yrs

③ Cutty Sark

④ Dewar's (White Lable)

⑤ Glenlivet 21 yrs

⑥ J & B(Justerini & Brooks)

⑦ Johnnie Walker (Black) 12 yrs

⑧ Johnnie Walker (Red) 8 yrs

⑨ Passport

⑩ Teacher's

⑪ White Horse

⑫ Glenfiddich 12 yrs

⑬ Ballantines

⑭ Macallan 12

⑮ Pinch

⑯ Singleton

2. 爱尔兰威士忌(Irish Whisky)

① Jameson

② Tullamore Rew

③ Old Bushmills

④ Power's

3. 加拿大威士忌(Canadian Whisky)

① McGuinners

② Canadian Club

③ Crown Royal

④ Forty Creek Three Grain

⑤ Kennedy's

4. 美国波旁威士忌(Bourbon Whisky)

① Cabin Still

② Early Times

③ I. W. Harper

④ Jack Daniel's

⑤ Jim Beam

⑥ Heaven Hill

⑦ Old Grand Dad

⑧ Old Taylor

⑨ Four Roses

⑩ Wild Turkey

⑪ Wild Turkey 101

⑫ Maker's Mark

⑬ Ancient Age

⑭ J. W. Dant

⑮ Ten High

⑯ Hiram Walker

5. 裸麦威士忌(Rye Whisky)

① Jim Beam Rye

② Very Olde St. Nick

③ Old Overholt

④ Wild Turkey

⑤ Old Thompsons

⑥ Fleishmans

6. 调和威士忌(Blended Whisky)

① Calvert

② McAdams

③ Kessler

④ Seagram's 7 Crown (USA)

7. 陈年波旁威士忌(Bonded Bourbon Whisky)

① J. W. Dant

② I. W. Harper

③ Old Fitzgerald's

④ Old Grand Dad

(二) 杜松子酒/金酒(Gin)

① Beefeater

② Gilbey's

③ Gordon's

④ House of Lords

⑤ Seagram's

⑥ Tanqueray

⑦ Bombay

⑧ Bolsgenever

⑨ Boodles

⑩ Heaven Hill

⑪ London Hill

⑫ Arctica

(三) 朗姆酒(Rum)

① Bacardi Light

② Bacardi Dark

③ Bacardi 151

④ Myers's Dark Rum

⑤ Ronrico

⑥ St. Thomas

⑦ Don Q

⑧ Fernandes

⑨ Captain Morgan (Puerto Rico)

⑩ Lemon Hart (Guyana)

⑪ Mount Gay (Barbados)

⑫ Cruzan (Virgin Islands)

⑬ Malibu (Barbados)

(四) 伏特加酒(Vodka)

① Absolut

② Finlandia

③ Smirnoff

④ Stolichnaya

⑤ Danzka

⑥ Gorbatschow

⑦ Gilbeys

⑧ Luksusowa

⑨ Gordons

⑩ Silhouette

(五) 龙舌兰酒/特奎拉酒(Tequila)

① La Paz

② José Cuervo Gold/Light

③ José Cuervo 1800

④ Montezuma

⑤ Olé

⑥ Sauza

⑦ Two Fingers

⑧ Olmeca

(六) 白兰地酒(Brandy)

① Apricot Brandy

② Blackberry Brandy

③ Cherry Brandy

④ Peach Brandy

⑤ Christian Brothers

⑥ Ontaria

⑦ Soberanq

⑧ Metaxa

（七）干邑白兰地(Cognac Brandy)

① Courvoisier VSOP

② Hennesey VS Hennessy VSOP

③ Martell VSOP

④ Hine

⑤ Otard

⑥ Remy Martin VSOP

⑦ Bisquit

⑧ Camus

（八）香甜酒(Cordials/Liqueurs)

① Crèeme de Banana

② Crème de Cacao (Light)

③ Crème de Cacao (Dark)

④ Crème de Menthe (White)

⑤ Crème de Menthe (Green)

⑥ Crème de Noyaux

⑦ Triple Sec

⑧ Amaretto di Saronno

⑨ Anisette

⑩ Galliano

⑪ Bénédictiné

⑫ Baileys Irish Cream

⑬ B & B (Bénédictiné & Brandy)

⑭ Cointreau

⑮ Drambuie

⑯ Kahlúa

⑰ Schnapps (All Kinds)

⑱ Pernod

⑲ Cherrisuisse

⑳ Sloe Gin

㉑ Southern Comfort

㉒ Tia Maria

㉓ Peter Heering

㉔ Midori

㉕ Grand Marnier

㉖ Curaçao

㉗ Vandermint

㉘ Dekuyper Violet

㉙ Irish Mist

㉚ Metaxa Ouzo

㉛ Chartreuse

㉜ Pimm's No. 1

㉝ Campari

㉞ Dubonnet

㉟ Lochan Ora

㊱ Sabra

3~5 对酒吧常用烈酒的基本认识

1. 白兰地(Brandy)：由葡萄酒经过蒸馏而成。

2. 干邑白兰地(Cognac Brandy)：法国干邑地区葡萄酒经蒸馏而成的白兰地，方可被称为干邑白兰地。

3. 调味白兰地(Flavored Brandy)：水果经蒸馏或白兰地经加水或加水果风味即成调味白兰地。

4. 纯浓威士忌(Straight Whisky)：是指在新的炭烤橡木桶中陈年至少2年，然后从桶中取出直接装瓶且酒精度不可低于80度的酒。

5. 调制威士忌(Blended Whisky)：由纯威士忌与天然谷物烈酒调拌而成，经常被误视为裸麦威士忌。

6. 保税威士忌(Bonded Whisky):在政府监督之下,窖陈至少4年的纯波旁或裸麦威士忌,酒精度为100度。

7. 玉米威士忌(Corn Whisky):以玉米为主要酒材所制成的威士忌。

8. 田纳西威士忌(Tennessee Whisky):这种酒需在田纳西州酒厂蒸馏后用经过炭烤过的枫木过滤,以消除酒中不好及不想要的苦涩味道。

9. 加拿大威士忌(Canadian Whisky):调拌的威士忌在橡木桶中至少陈年4年,常被错误视为裸麦威士忌。

10. 苏格兰威士忌(Scotch Whisky):一种在苏格兰地区以大麦芽与谷物威士忌调合而成的混合酒。

11. 爱尔兰威士忌(Irish Whisky):一种在爱尔兰用发芽的大麦和未发芽的大麦所制成的威士忌。

12. 波旁威士忌(Bourbon Whisky):一种由原料中至少有51%的玉米所制成的纯威士忌。

13. 裸麦威士忌(Rye Whisky):由原料中至少有51%的裸麦的蒸馏酒液而制成。

14. 杜松子酒(Gin):由谷物、杜松子及其他植物香料蒸馏而成,许多人称之为金酒。

15. 伏特加酒(Vodka):原本用马铃薯,现多用谷类,大多由玉米和小麦蒸馏而成,酒体本身无味无色。

16. 朗姆酒(Rum):由甘蔗、糖蜜及甘蔗糖浆经发酵与蒸馏而制成。

17. 龙舌兰酒(Tequila):由龙舌兰的球茎切煮发酵蒸馏而制成,亦称特奎拉酒。

3~6 对酒吧常用香甜酒的基本认识

Cordials 和 Liqueurs 是两个可通用的专业名词,其意皆指甜的蒸馏酒精饮料,欧洲人常使用 Liqueurs 这个名词,而美国人则偏好使用 Cordials 这个名词,二者的真正区别实际在于使用原料的差异。使用种子、药草、果皮或根茎类原料制成的被称为 Liqueur(香甜酒),而使用水果原料作为甜化剂的则被称为 Cordial。香甜酒并非饭前酒(Aperitifs),依据美国法令,香甜酒所添加的糖浆(Sugar Syrup)必须至少占总重量的2.5%以上,但实际生产作业时,则常占20%到35%。加了甜味的香甜酒并不会降低酒中的酒精浓度(Alcohol Content),大部分香甜酒的酒精浓度常在30%~40%,低的也有仅含10%的。香甜酒的种类甚多,绝大多数由国外进口,因此必须详读酒瓶上标签说明,以明确该酒所使用的原料及其特性。现将酒吧中常用的香甜酒简略说明如下:

1. 意大利苦杏仁香甜酒(Amaretto):是一种棕色的香甜酒,是在意大利由杏桃核仁(Apricot Pits)制成。这种杏仁风味的酒可纯饮、加冰块、加等量的苏格兰威士忌(称为教父 Godfather)、加等量的伏特加酒(称为教母 Godmother)或加入墨西哥咖啡香甜酒(Kahlúa)与牛奶即成为鸡尾酒中的烘烤的杏仁,酒精度为50~56度(即浓度为25%~28%)。

2. 香菜叶子香甜酒(Aquavit):是一种用许多香料及葛缕子(Caraway Seeds)精炼出来的美酒。口感柔顺、清淡、辛辣,酒色澄澈,是北欧斯堪的纳维亚半岛国家的国酒,酒精度是80度。

3. 甘草香甜酒(Anisette):是一种无色或红色且甜中带有甘草(Licorice)风味的利口酒,是意大利传承(Heritage)中著名的香甜酒,在美国广受欢迎。纯饮极佳,可加水、气泡水或热咖啡,酒精度为60度(即酒精浓度为30%)。

4. 杏桃白兰地(Apricot Brandy):是一种琥珀色(Amber)杏桃味的白兰地,嗅之极香,口感极佳,纯饮甚佳,也可用来调制加冰块的高杯饮料(Long Drink),许多鸡尾酒中都使用,如:Apricot Sour。酒精度为70度(即酒精浓度为35%)。

5. 贝利丝爱尔兰奶酒(Baileys Irish Cream):呈灰白色(Beige),由爱尔兰威士忌、鲜奶油及天然香料等调制而成,带有巧克力风味,口感柔畅,纯饮或加冰块皆宜。酒精度为34度(即酒精浓度为17%)。

6. 本尼迪克特香甜酒(Bénédictiné):是由本笃会的修士们(Monks)发明,其秘方现今仍旧保密。由法国干邑白兰地(Cognac)为基酒加上香料、根茎及糖所制成,颜色有从茶色到琥珀色。该酒微甜中带有白兰地的基调。许多人喜欢一半白兰地一半本尼迪克特香甜酒(Bénédictiné)的喝法,因此市面早已有调制成的装瓶"B & B",以利广大酒客方便饮用。酒精度为80度(即酒精浓度为40%)。

7. 白兰地加本尼迪克特香甜酒(B & B):是一位美国人在20世纪20年代创造出的"一半B加一半B"的酒方,并在1937年由法国正式销入美国。酒精度为80度(即酒精浓度为40%)。

8. 黑莓白兰地(Blackberry Brandy):是一种黑莓风味蓝黑色的白兰地,纯饮极佳,加冰块则更棒。酒精度为70度(即酒精浓度为35%)。

9. 察吐士蜂蜜香甜酒(Chartreuse):有黄、绿两种颜色,绿色带有辛辣的白兰地味道,酒精度是110度(即酒精浓度为55%);黄色的非常甜并带有药草的淡绿色与蜂蜜及白兰地的气味,可加冰块或纯饮,酒精度为80度(即酒精浓度为40%)。

10. 樱桃白兰地(Cherry Brandy):是一种红色樱桃风味的白兰地,可纯饮或加冰块、水、气泡水、可乐或七喜汽水(7-up)。也常作顶端装饰物(Topping)之用,如加在新加坡斯林酒(Singapore Sling)上,增色加味,效果极佳。酒精度是70度(即酒精浓度为35%)。

11. 肉桂斯内普香甜酒(Cinnamon Schnapps):是一种无色有肉桂风味的香甜酒(Cordial),纯饮十分可口,加冰块亦佳。酒精度为60度(即酒精浓度为30%)。

12. 康德露柑橘香甜酒(Cointreau):是19世纪由法国康德露兄弟创始的专利品牌(Proprietary Brand),是一种无色柑橘香甜酒(Brand of Triple Sec)。风味极佳,可加冰块或纯饮,酒精度为80度(即酒精浓度为40%)。

13. 杏仁香甜酒(Crème de Almond or Crème de Noyaux):Crème de Noyaux是一种知名度很高的无色或红色的有杏仁和桃仁(Peach Pits)风味的香甜酒。此酒可为许多食物与饮料增加绝妙的风味,酒精度为54~56度(即酒精浓度为27%~28%)。

14. 香蕉香甜酒(Crème de Banana):是一种淡黄色香蕉风味的香甜酒,可纯饮,也可加冰块或倒在冰淇淋上面,也常用来调制报丧女妖香甜酒(Banshee)及香蕉代基里酒(Banana Daiquiri)等著名鸡尾酒,酒精度为54~56度(即酒精浓度为27%~28%)。

15. 可可香甜酒(Crème de Cacao):是一种有巧克力与香草混合风味的香甜酒,颜色有棕色和无色(White-Colorless)两种。棕色的常加入白兰地及奶油或牛奶来调制流行的亚历山大白兰地(Brandy Alexander);无色的可可香甜酒常用来调配蚱蜢鸡尾酒(Grasshopper)及报丧女妖香甜酒(Banshee)这两道酒。酒精度是54~56度(即酒精浓度为27%~28%)。

16. 黑醋栗香甜酒(Crème de Cassis):是由黑茶藨子(Black Currants)即黑醋栗子制成的甜利口酒(Liqueur),酒精度是34~40度(即酒精浓度为17%~20%)。柯尔(Kir)这道著名鸡尾酒就是由1/2 oz.的Crème de Cassis加上3 oz.的冰辛辣白葡萄酒(Chilled Dry White Wine)调拌而成的。

17. 薄荷香甜酒(Crème de Menthe):一种薄荷味的香甜酒(Cordial),有绿色、无色或金色等,可纯饮、加冰或调制成薄荷鸡尾酒(Stinger)等多道鸡尾酒,酒精度是60度(即酒精浓度为30%)。

18. 草莓香甜酒(Crème de Strawberry):一种带有细腻草莓风味的香甜酒,纯饮是美味的,也常加入到怪异饮料如草莓代基里酒(Daiquiri)中,还可倒在冰淇淋上,酒精度是44~60度(即酒精浓度为22%~30%)。

19. 库拉索柑橘香甜酒(Curaçao):以干燥绿橘子皮炼就出来的一种橘子风味香甜酒,原产自西印度群岛,其橘子的风味比三干酒/柑橘香甜酒(Triple Sec)要淡,柑橘香甜酒(Triple Sec)味道较甜。库拉索柑橘香甜酒的颜色有红、绿、蓝、琥珀、橙色及无色等。酒精度是54~60度(即酒精浓度为27%~30%)。

20. 德拉姆布伊蜂蜜香甜酒(Drambuie):一种由蜂蜜、药草、苏格兰威士忌及石楠等熬炼出来的琥珀色美酒,加冰块或纯饮皆可。常加入生锈钉(Rusty Nail)中,酒精度是80度(即酒精浓度为40%)。

21. 意大利榛果香甜酒(Frangelico):一种产于意大利的淡琥珀色、山榛果风味(Hazelnut)的利口酒,加冰块或纯饮皆宜,酒精度是56度(即酒精浓度为28%)。

22. 盖利阿诺甘草香甜酒(Galliano):一种鲜黄色有药草、泥土及甘草芳香等诱人风味的香甜酒,是一种产自意大利的著名香甜酒。酒精度是70度(即酒精浓度为35%)。

23. 姜汁斯内普香甜酒(Ginger Schnapps):是一种有老姜(Ginger)风味的

无色香甜酒，纯饮或加冰块皆宜，酒精度是 60 度（即酒精浓度为 30%）。

24. 柑橘干邑香甜酒（Grand Marnier）：是以法国干邑白兰地加上鲜橙产制出来的一种橘色、琥珀色美酒，纯饮或加冰块皆是美味无比，酒精度是 80 度（即酒精浓度为 40%）。

25. 爱尔兰之雾香甜酒（Irish Mist）：是按照一个古老的酒方做出来的传奇且令人喜悦的美酒。该酒是由 4 种烈酒（各自都有其显著的起源特色）调拌以石楠、苜蓿、指顶花蜜及一打以上手工摘取的芳香药草熬炼而成，酒精度为 80 度（即酒精浓度为 40%）。

26. 墨西哥高拉咖啡香甜酒（Kahlúa）：一种产于墨西哥的棕色咖啡风味香甜酒，经常加入咖啡中以强化其特色，俄式深色鸡尾酒（Black Russian）就是伏特加再加入墨西哥高拉咖啡酒调制而成的。而俄式白鸡尾酒（White Russian）则是再加上鲜奶油（Cream）或牛奶（Milk）调制而成，酒精度是 53 度（即酒精浓度为 26.5%）。

27. 苏格兰威士忌香甜酒（Lochan Ora）：在苏格兰产制，是一种以 100% 的苏格兰威士忌（Scotch Whisky）为基酒做成的香甜酒，酒精度是 70 度（即酒精浓度为 35%）。

28. 酒浸樱桃香甜酒（Maraschino）：是一种无色但有浓郁樱桃风味的利口酒，起源于前南斯拉夫（Yugoslavia）的达尔马提亚（Dalmatia）地区，是用酒浸樱桃（Maraschino）及其核仁炼制而成的，酒精度是 50 ~ 60 度（即酒精浓度为 25%~30%）。

29. 日本绿香瓜香甜酒（Midori）：这是日本产的顶级香瓜香甜酒，颜色翠绿并带有香瓜（Honeydew Melon）风味，可加冰块或纯饮，或调制香瓜球饮料（Melonball）这样的鸡尾酒，酒精度是 46 度（即酒精浓度为 23%）。

30. 希腊茴香利口酒（Ouzo）：是希腊产的一种澄澈的茴香味甚强的香甜酒，当加入水或冰后即变成乳白色，酒精度是 90 度（即酒精浓度为 45%）或 80 度（即酒精浓度为 40%）。

31. 桃子白兰地（Peach Brandy）：一种有桃子风味的白兰地，加冰块或纯饮皆可，酒精度是 60 ~ 70 度（即酒精浓度为 30%~35%）。

32. 梨子白兰地（Pear Brandy）：一种有水梨风味与芳香的白兰地，纯饮或加冰块都很棒，酒精度是 60 ~ 70 度（即酒精浓度为 30%~35%）。

33. 法国佩诺茴香利口酒（Pernod）：是一种产自法国的特殊茴香酒，酒色黄绿，纯饮、加冰块或调酒皆宜，酒精度是 86 度（即酒精浓度为 43%）。

34. 薄荷斯内普烈酒（Peppermint Schnapps）：一种无色胡椒薄荷味的香甜酒，味道没有法国的薄荷香甜酒（Crème de Menthe）甜，纯饮、加冰块皆宜，酒精度是 54 ~ 60 度（即酒精浓度为 27%~30%）。

35. 丹麦樱桃香甜酒（Peter Heering）：是一种以丹麦成熟樱桃制成的风味与口感俱佳的红色的利口酒，早在 1818 年即已开始生产，酒精度是 48 度（即酒精浓度为 24%）。

36. 胡桃香甜酒(Praline):一种风味与口感俱佳的胡桃味利口酒,可纯饮、加冰块或加入咖啡中饮用,酒精度是 40 度(即酒精浓度为 20%)。

37. 以色列塞不拉巧克力柑橘香甜酒(Sabra):是以橘子、巧克力、香料与药草为原料所制成的深棕色利口酒,酒精度是 52 度(即酒精浓度为 26%)。

38. 意大利桑布卡茴香利口酒(Sambuca):以茴香、浆果及甘草(Licorice)等为原料熬炼成的意大利香甜酒,无色透明,酒精度是 80 ~ 84 度(即酒精浓度为 40%~42%)。

39. 美国黑刺李香甜酒(Sloe Gin):这不是金酒,也不是杜松子酒,而是由黑刺李(Blackthorn)的浆果制成。有一道名叫黑刺李菲兹酒(Sloe Gin Fizz)的鸡尾酒普受酒客欢迎。酒精度是 60 度(即酒精浓度为 30%)。

40. 美国南方蜜桃香甜酒(Southern Comfort):由美国波旁威士忌与蜜桃风味剂调制而成,适合纯饮、加冰块与调制各种饮料,酒精度是 86 度(即酒精浓度为 43%)。

41. 薄荷斯内普无色烈酒(Spearmint Schnapps):是一种无色有薄荷风味的香甜酒。纯饮与加冰块皆宜,酒精度是 60 度(即酒精浓度为 30%)。

42. 草莓斯内普无色烈酒(Strawberry Schnapps):是一种无色有草莓风味的利口酒,酒精度是 60 度(即酒精浓度为 30%)。

43. 牙买加蒂亚玛丽亚咖啡香甜酒(Tia Maria):是一种世界著名的顶级咖啡香甜酒。这种牙买加(Jamaica)产的棕咖啡色酒,风味绝佳且口感特别柔和,按祖传秘方制作,纯饮、加冰块或调酒均佳,酒精度是 53 度(即酒精浓度为 26.5%)。

44. 三干酒/柑橘香甜酒(Triple Sec):一种无色橘子风味的利口酒,与库拉索柑橘香甜酒(Curaçao)很类似,但橘子味更强,酒精度更高。酒精度是 54 ~ 60 度(即酒精浓度为 27%~30%)。

45. 意大利吐阿卡椰香利口酒(Tuaca):一种意大利产的带有椰子与焦糖(Caramel)风味的利口酒,酒精度是 84 度(即酒精浓度为 42%)。

46. 荷兰薄荷香甜酒(Vandermint):一种荷兰产的带薄荷与巧克力风味的利口酒,酒精度是 52 度(即酒精浓度为 26%)。

47. 咖啡香甜酒(Crème de Café):一种带有白兰地与咖啡风味的利口酒,酒精度是 60 度(即酒精浓度为 30%)。

48. 凤梨香甜酒(Crème de Ananas):一种由新鲜凤梨、白兰地及香草(Vanilla)制成的利口酒,凤梨风味十分浓郁,酒精度是 60 度(即酒精浓度为 30%)。

49. 美国蔓越莓香甜酒(Cranberry):一种酸酸的美国蔓越莓制成的利口酒,酒精度是 40 度(即酒精浓度为 20%)。

50. 千波德香甜酒(Cahambord):一种法国产的以黑莓、蜂蜜及许多水果、药草熬于烈酒中制成的香甜酒,酒精度是 33 度(即酒精浓度为 16.5%)。

51. 安美批康(Amer Picon):一种法

国产的开胃香甜酒，由奎宁（Quinine）与香料等制成，带有浓郁的苦味与橘子芳香。酒精度是78度（即酒精浓度为39%）。

52. 杏仁香甜酒（Crème de Noyeaux）：是一种带有杏桃、桃核及杏仁风味的利口酒，酒精度是60度（即酒精浓度为30%）。

53. 酷媚儿（Kümmel）/德制葛缕子香甜酒：是一种带有茴香子、葛缕子（Caraway Seeds）及其他药草风味的酒。酒精度是80~86度（即酒精浓度为40%~43%）。

54. 马利布（Malibu）椰香朗姆利口酒：以朗姆酒为基酒，再加上椰子的风味，酒精度是48度（即酒精浓度为24%）。

55. 拿破仑柑橘香甜酒（Mandarine Napoléon）：是一种法国产的带有浓郁芳香的甜橙利口酒，由甜橙皮制成，酒精度是76度（即酒精浓度为38%）。

56. 冰糖裸麦威士忌（Rock and Rye）：是一种美国产的甜化裸麦威士忌，装瓶时有时加入冰糖或水果片，有柠檬、桔子和樱桃等口味。

57. 斯摧格（Strega）：是一种意大利产的药草利口酒，由药草（Herbs）、香料和植物根茎与橘子皮等多种材料制成，酒精度是80度（即酒精浓度为40%）。

58. 尤康·杰克（Yukon Jack）：是一种加拿大产的高酒精度琥珀色香甜酒，酒精度是100度（即酒精浓度为50%）。

59. 苹果白兰地（Apple Brandy）：是一种美国产的带有苹果风味的白兰地酒，酒精度为80~100度（即酒精浓度为40%~50%），称为苹果酒或苹果白兰地（Apple Jack）。

60. 苏格兰黄油威士忌斯内普无色烈酒（Butterscotch Schnapps）：一种带有苏格兰威士忌与黄油风味的怪异香甜酒。

61. 金箔药草香甜酒（Goldwasser）：一种德国特产，酒中漂浮着22k金箔片，酒精度是80度（即酒精浓度为40%）。

62. 迈塔克瑟（Metaxa）：是一种希腊产的焦糖色、带有药草风味的白兰地酒，酒精度是76度（即酒精浓度为38%）。

63. 普入乐黑刺李香甜酒（Prunelle）：是一种法国产的带有黑刺李风味的酒，酒精度为80度（即酒精浓度为40%）。

64. 兰波明日（Rumple Minze）薄荷香甜酒：是一种德国产的澄澈、酒精度高达100度（即酒精浓度为50%）的薄荷风味香甜酒。

65. 樱桃香甜酒（Kirsch or Kirschwasser Liqueur）：这是一种几乎无色的樱桃香甜酒，与樱桃白兰地不一样，千万不要混淆。欧洲克罗地亚（Crotia）等国家皆有产制。酒精度是90度（即酒精浓度为45%）

66. 紫薰衣草香甜酒（Su-Mi-Re）：这是一种日本产的紫色薰衣草香甜酒，此酒融合了水果、杏仁、柑橘、佛手柑和香草豆等原料的风味，酒精度是60度（即酒精浓度为30%）。

67. 震惊之后（After Shock）：是一种美国产的肉桂香甜酒，酒精度是80度（即酒精浓度为40%）。

68. 悸动香草香甜酒（Thrilla Vallina Liqueur）：是荷兰著名酒厂Dekuyper的产品，酒精度是30度（即酒精浓度为15%）。

69. 爱丽丝红百香果香甜酒（Alizé

Red Passion)：是用百香果及蔓越莓/蔓越橘等制成的法国著名香甜酒，酒精度32度(即酒精浓度为16%)。

70. 威士尼欧瓦克樱桃香甜酒(Wisniowka Cherry Cordial)：是一种波兰产的著名樱桃香甜酒，酒精度是80度(即酒精浓度为40%)。

71. 莫扎特巧克力情人香甜酒(Mozart Chócolate Liqueur)：是奥地利产的著名巧克力浓香型利口酒，酒精度是34度(即酒精浓度为17%)。

72. 绝妙的苏热特(Grand Suzette)：是一种美国产制的带有橘子与白兰地风味的香甜酒，酒精度是80度(即酒精浓度为40%)。

73. 茴香利口酒(Absinthe)：是一种法国产的以苦艾酒为核心材料的高酒精度(136度)香甜酒，但现已被许多国家禁止饮用。

74. 鸡蛋白兰地(Advocaat)：是荷兰Bols酒厂所产的著名蛋酒，酒精度是40度(即酒精浓度为20%)。

75. 茴香利口酒(Anisette)：Anisette为法文，是一种西欧人士甚爱的茴香风味的香甜酒。此酒在西班牙和拉丁美洲均有生产，西班牙文为Anisete(欧茴香甜酒)。西班牙文Anis(欧茴香)可转意为欧茴香酒，酒精度在78～90度(即酒精浓度为39%～45%)。

76. 草莓香甜酒(Crème de Fraises)：产自法国，酒精度是60度(即酒精浓度为30%)。

77. 覆盆子香甜酒(Crème de Framboise)：产自法国，酒精度是60度(即酒精浓度为30%)。

78. 橘皮香甜酒(Crème de Mandarine)：一种产自法国的橙皮酒，酒精度是60度(即酒精浓度为30%)。

79. 白榛果香甜酒(Crème de Noisette)：一种产自法国的白榛果利口酒，酒精度是60度(即酒精浓度为30%)。

80. 玫瑰香甜酒(Crème de Rosé)：一种产自法国带有玫瑰与香草风味的利口酒，酒精度是60度(即酒精浓度为30%)。

81. 香草利口酒(Crème de Vanilla)：产自法国，但以墨西哥生产的由香草豆熬制成的香甜酒品质最佳，酒精度是60度(即酒精浓度为30%)。

82. 紫罗兰香甜酒(Crème de Violette)：法国产，带有紫罗兰和香草油的芳香，酒精度是60度(即酒精浓度为30%)。

83. 丹辛格金水酒(Danziger Goldwasser)：德国产，拥有橙皮和香草的芳香，并含22k金箔碎片，因此有人称之为黄金香甜酒(Gold Liqueur)，酒精度是80度(即酒精浓度为40%)。

84. 百香果香甜酒(Passion Fruit Liqueur)：是一种美国夏威夷产的著名水果酒，带有百香果、桃子和芒果的味道，酒精度约60度(即酒精浓度为30%)。

85. 帕费阿摩香甜酒(Parfait Amour)：法国产，是一种紫色带有佛手柑、柠檬及胡荽风味的怪异香甜酒，酒精度是60度(即酒精浓度为30%)。

86. 拉基香甜酒(Raki)：是一种在希腊、土耳其和塞浦路斯(Cypress)等国皆有产制的带茴香与甘草味道的利口酒，酒精度是92度（即酒精浓度为46%）。

87. 樱桃斯维士香甜酒（Cheri-Suisse）：是一种荷兰产的著名巧克力樱桃香甜酒，酒精度是60度（即酒精浓度为30%）。

88. 瑞士巧克力香甜酒（Chocolate-Suisse）：是一种瑞士产的著名巧克力香甜酒，瓶中常可见漂浮的巧克力片，酒精度是60度（即酒精浓度为30%）。

89. 梅多克香甜酒（Cordial Médoc）：是一种法国波尔多地区所出产的带有橙皮、可可及顶级白兰地风味的香甜酒，酒精度是88度（即酒精浓度为44%）。

90. 蒸馏咖啡香甜酒（Esprèsso Liqueur）：是一种意大利产的著名咖啡香甜酒，因采用意大利依利（Illy）咖啡豆为产制主材，故欧洲人多称其为依利咖啡酒，酒精度是60度（即酒精浓度为30%）。

91. 紫罗兰香甜酒（Crème de Yvette）：美国产，带有紫罗兰的紫色与香味，已出口欧盟国家，酒精度是66度（即酒精浓度为33%）。

92. 禁果香甜酒（Forbidden Fruit Liqueur）：美国产，系用一种红色葡萄柚及白兰地制成，早已销往欧洲各国，酒精度是64度（即酒精浓度为32%）。

93. 欧茶香甜酒（O-Cha Liqueur）：是一种产自日本的带有绿茶味的绿色香甜酒，酒精度是50度（即酒精浓度为25%）。

94. 茶风香甜酒（Tea Breeze Liqueur）：是一种法国产的带有茶味的香甜酒，酒精度是50度（即酒精浓度为25%）。

95. 范德亨香甜酒（Van Der Hum Liqueur）：是一种南非产的柑橘香甜酒，酒精度是60度（即酒精浓度为30%）。

96. 皮姆斯第一杯（Pimm's No. 1 Cup）：此酒由詹姆斯·皮姆先生（James Pimm）发明并早在1840年即已在英国生产。此酒不宜纯饮，宜加柠檬水与冰块稀释，是一种极佳的清凉美饮，酒精度是50度（即酒精浓度为25%）。

97. 毛依蓝色夏威夷斯内普无色烈酒（Maui Blue Hawaiian Schnapps Liqueur）：美国产，酒精度30度，常用来调制Blue Lagoon，Maui Volcano，Surf's Up及Purple Slurpie等夏日清凉饮料。

98. 猕猴桃香甜酒（Kiwi Liqueur）：是荷兰Bols酒厂的著名产品之一，奇波维（Kibowi）则是其品牌名称，酒精度是48度（即酒精浓度为24%）。

99. 香瓜利口酒（Melon Liqueur）：世界多国著名酒厂皆有产制。由美国乐洛克斯（Leroux）酒厂所生产的优质香瓜香甜酒，酒精度是46度（即酒精浓度为23%），常用来调制香瓜球甜酒（Melon Ball）及玛格丽塔香瓜鸡尾酒（Melon Margarita）。

100. 威廉斯·伯恩梨子白兰地（Williams Birne Pear Brandy）：德国生产，酒精度是80度（即酒精浓度为40%），品质极佳，常作为祭拜神祇如基督（Christ）之用。你我人间凡人遇有机会宜尽兴品享，切莫让美酒从手中流逝而去！

香甜酒有帮助消化的天然功能，故常在餐后饮用。同时，香甜酒还有许多其他用途，如烹调、烘焙制作甜点布丁，淋撒在冰淇淋、水果盘、果冻表面上等等。使用一些好的香甜酒往往可获得增姿生色、开创风格、突显特色的效果！上述100种香甜酒中，为何不见任何中国产品？希望大家能快快研究开发出具有“中华民族风格”与“华夏美酒文化”特色的香甜美酒来！

3~7 鸡尾酒的起源传说

鸡尾酒的魅力，常常令人无法抗拒。法国著名画家罗特克在晚年时曾自创一种名为“战栗”的鸡尾酒，那是用白兰地加入朗姆酒、苦艾酒、啤酒及其他不知名的酒混合调配而成。据说味道并不怎么样，不过他却酷好这种怪异的鸡尾酒，每晚至少喝一杯。而他就在这种酒的薰醉境界中完成了100多件流传后世的石板画，并助他在临终前完成《西奈山麓画集》这部巨著。由此看来，鸡尾酒的调配不只是一种技术，它更是随着个人的个性与爱好而创造出来的一种艺术。

然而，鸡尾酒为什么会被称为“鸡尾酒”呢？在民间流传有多种传说，不过较具有可信度的有两种。其一是在美国独立战争方兴未艾之际，一对爱尔兰将军夫妇结婚后不久先生便战死战场，由于这位将军生前深受骑兵队的爱戴与敬重，这位将军夫人又酿了一手好酒，部属因而合力出钱帮将军的太太在军营里开设酒吧。有天晚上，将军夫人为了报答骑兵们对她的照顾，于是潜入平时将士们最痛恨的反对党地主家，偷走了大地主最心爱的美丽雄鸡并把它烹煮，然后她把酿造的各色醇酒混合起来，宴请将士们共享佳肴美酒。这些将士非常高兴，在吃完雄鸡大餐后，纷纷把雄鸡尾部艳丽的羽毛插入酒杯里拌酒，从此，这种混合酒就被称为“鸡尾酒”。至于第二种传说则是在美国独立战争之后，在肯塔基州炸鸡店的一家酒吧里，常聚集着一些热爱“斗鸡”活动的酒客，他们讨论有关斗鸡的技巧与知识，说着说着就把店里的酒全都喝光了，并要求老板继续加酒，老板没办法只好把店里剩下来的酒不分类别全部混合在一起，免费分给顾客。从此一传十、十传百，每个人都要到这家酒吧听有关雄鸡的故事，喝免费的混合酒，因此他们把这种酒称为Cock（雄鸡）加上Tale（故事），合在一起就转变成Cocktail——鸡尾酒了。

知道了鸡尾酒的由来，会明了鸡尾酒事实上是一种随心所欲调合的酒，只不过却变成现在酒吧与某些餐馆特意创造的一个吸引人的品牌饮料与赚钱的主要手段而已。例如有一道名叫“燃烧的火山”（Flaming Volcano）的鸡尾酒，容器仿若火山，中间放烈酒点燃，趁冒着熊熊火焰时招摇地端到酒客面前。看来十分风光，但是味道呢？那可真是够辣、够呛的了！

因此，当夏天到来时，有心当好宴会主人的您，可以准备一些鸡尾酒调配用的基酒，如白兰地（Brandy）、威士忌（Whisky）、杜松子酒（Gin）、特奎拉/龙舌兰酒（Tequila）、薄荷酒、可可酒、苦艾酒（Vermouth）等，以及可自由添加的饮料，如柠檬汁、椰子汁、蕃茄汁、石榴汁、汽水、可乐或牛奶等,依不同口味来调制符合自己风格与特色的鸡尾酒,再取一个美丽的酒名,那么一场美丽的鸡尾酒盛会就可在您的府上举办了。

鸡尾酒究竟是什么玩意?您可能还不甚了解,现在再简短扼要地以12个要点解说如下:

1. 鸡尾酒是一种混合酒精性饮料,通常是冰的。每种鸡尾酒都是由基酒(Base)加上一种改变物(Modifier)所组成,改变物可能是颜色媒介物(Coloring Agent),也可能是味道媒介物(Flavoring Agent)。

2. 基酒是最主要的原料,通常有Brandy、Gin、Vodka、Rum、Tequila及Whisky等。

3. 改变物(Modifier)的加入,除了为求改变基酒的特质或颜色外,通常是为强化基酒的特色。

4. 常用的改变物有苦艾酒(Vermouth)、Wine、Fruit Juices、糖浆、牛奶或鲜奶油等。

5. 常用的颜色及味道媒介物有水果糖浆、红石榴糖浆(Grenadine)及各色香甜酒等。

6. 使用味道媒介物(Flavoring Agent)时应注意不可与基酒原本特质相冲,或降低以基酒为主的风味主调或特色。

7. 消费者日渐接触到鸡尾酒,故消费水平日益提高,对品味的要求也日趋严格与国际化。

8. 消费者喜欢尝试新奇饮料,对于老式"吞饮一杯威士忌再加一杯伴随水"(A Shot of Whisky with a Chaser)的喝法早已没有兴趣。今日消费者注重健康、情趣与品味,所以鸡尾酒必须有特色(Unique)。

9. 用心开创新奇怪异(Exotic)的饮料,能为广大的消费群(Common Herd)提供细致(Sophisticated)的高品味饮料才能速创商机。

10. 自从发明以水果为基酒的饮料,如代基里酒(Daiquiri)及西班牙的果汁朗姆冰酒(Piña Colada)后,消费者的选择范围立即被扩大了。

11. 不断地研究与发展,实践加上改进,就可开创出有特色(Unique)的极品(Super)饮料。

12. 有特色的饮料再加上极品温馨的服务,才能让客人如释重负而获得喜悦,若能做到如此之境界,您就是一位成功的调酒师。

3~8　鸡尾酒的调制方法

鸡尾酒能在交际应酬频繁的社会中大行其道的主要原因是:(1)酒会气氛轻松愉快,不像官式宴会那么肃穆,也不至于喧哗嚣闹,聚会的功能在愉悦气氛下充分发挥。(2)喝酒毫无拘束,取舍操之在己,酒量好的人多喝几杯,酒量差的也可喝一般饮料。虽说不成文的规定是要求酒会中饮酒不可超过6杯,取用食物不可超过200克,但若稍微自我放松些,也不会引起他人的注意。(3)鸡尾酒会中行动自由,交谈随便,不像官式宴会中必须庄重端坐,而且不得不与素未谋面的邻座强作欢谈。因此,外交家们常称叹鸡尾酒会具有促进人与人之间的和谐及国与国之间的亲善的功能。

鸡尾酒的基本调制方法共计有下述7种:

1. 电动搅碎(Blending)法:将原材料及碎冰放入电动搅碎机(Blender)或果汁机中加以搅碎,或搅成雪泥状,如草莓代基里酒(Strawberry Daiquiri)等饮料。

2. 拌匀(Stirring)法:将原材料及冰块放入调拌杯(Mixing Cup)或酒杯中,轻加拌匀即可。拌匀后的饮料仍很清澈。特别注意搅拌时酒吧匙是由下往上地搅动,而非旋转搅动。

3. 摇荡(Shaking)法:将原材料及冰块放入摇荡器(Shaker)中猛烈但短促地摇荡,然后过滤掉冰块或连冰块一起倒入杯中即可。摇荡后的饮料较冰凉且也会出现云雾状起泡的现象。

4. 漂浮法(Floating):将各种不同比重的酒沿酒吧匙背徐徐倒入酒杯中,比重大的先倒入,比重小的后加入,这样就会收到层次分明的效果,如B-52及其他三色酒、七色酒的调制即用此法。

5. 直接倒入法(Pouring):将酒倒入量杯(Jigger)后再直接倒入杯中,也叫直接注入法(Building)。直接倒入时要先倒入烈酒,这是调酒师要养成的一个重要专业习惯。

6. 捣碎法(Muddling):将原材料如方糖、薄荷叶、酒等放入老式杯中,再用捣碎棒(Muddler)压碎捣碎,然后再加上其他原材料调制。

7. 电动搅拌法(Mixing):使用电动搅拌机(Mixer)可省去以手工摇荡的时间与力气,方便又省事,且饮料上层泡沫的生成效果亦甚佳。Mixer的使用在美国极为普遍与广泛,但在台湾与祖国大陆则仍甚罕见。

3~9 鸡尾酒的调制类型

广义的鸡尾酒,是指各种混合调拌的饮料。其种类可能有3 000种甚至更多。但若从狭义的角度上来说,鸡尾酒(Cocktail)是以形形色色的烈酒为基酒,再加入香甜酒、各类果汁、糖浆,用摇荡器(Shaker)摇荡或用搅碎机(Blender)、搅拌机等混合,然后再倒入杯中并加上装饰后慢慢品享的酒。但依据调制时的传统手法与最后调成的酒品又可细分成如下23种类型:

1. 清凉淡酒(Cooler):有不含酒精和含酒精两种调法。后者是在烈酒或葡萄酒中加入七喜(7-up)或苏打水之类的碳酸饮料来制成。

2. 柯林斯酒(Collins):是一种源自英国的可容12 oz.的较大圆杯的饮料,其特征是用大杯来饮。此酒的英文名叫Collins,是来自创制出这款酒的人——约翰·柯林斯的姓。

3. 柯布勒(Cobbler):在装满碎冰的大型高圆平底杯中,加入葡萄酒或烈性酒作为基酒,然后再放入水果和吸管,是一种具有无比清凉感的饮料。如果用酒吧匙搅拌到玻璃杯的外表像结了一层霜,其清凉效果为最佳。

4. 酸味酒(Sour):是在烈酒中加入新鲜酸味果汁和少许糖浆制成。较为有名的有威士忌酸味酒、白兰地酸味酒。在美式酸味酒中,调制时是绝不加苏打水的。

5. 桑加里酒(Sangaree):是在中型高圆球(Highball)平底杯或大型葡萄酒杯中倒入红葡萄酒并加上糖浆后,再加水或热水稀释,然后撒上一点肉豆蔻粉制成的饮料。所谓桑加里,是由西班牙语的 Sangre(血)转化而来的。一般都是使用红葡萄酒调制,但近年也有使用雪利酒、葡萄牙的波尔图酒、威士忌及白兰地等酒来调制的。

6. 蛋奶酒(Eggnog):是在宽口平底酒杯中放入酒、牛奶、鸡蛋、砂糖,经过仔细搅拌后调制而成的饮料。有冷热两种。该酒原先是美国南部盛行的一种圣诞节饮料,但现在早已流传世界各地,并且一年四季都有人在饮用。

7. 潘趣混合酒(Punch):是一种宴会用酒中极为普遍且方便的形式。调制时是在大的酒缸中以葡萄酒或其他酒为基酒,加入白兰地或利口酒、苏打水、水果片、水果粒等制成,再盛入平底酒杯提供给客人。在庆祝酒会、私人宴会、家庭宴会或公司宴会时常饮用。

8. 斯威惹酒(Swizzle):又被称为斯威兹尔碎冰鸡尾酒,是将碎冰和其他材料混在一起调拌的饮料,是炎炎夏日的极品清凉美饮。

9. 飕长酒(Zoom):是用蜂蜜调制成的一种极适宜睡前喝的美酒,原本是使用白兰地作为基酒,但依据饮者的爱好也可使用任何烈酒来调制。所谓 Zoom,是指蜜蜂飞时翅膀所发出的嗡嗡声,但也有物价飞涨与声望高涨的意思。

10. 斯林酒(Sling):是在平底高圆杯中加入烈酒、糖浆及果汁等,再加水稀释调成的酒。冷饮的斯林酒很像托地酒(Toddy),即一种烈酒加水兑成的饮料,不同之处是托地酒在加入柠檬片后再加水稀释。斯林是由德语 Schlingen(很快喝下去的意思)演化而来。

11. 黛西酒(Daisy):是在烈酒中加入甜酸汁和苏打水,再用大杯盛装给客人饮用的酒。该酒是由酸味酒系列分出来的一种饮料,也有使用碎冰、水果并附带吸管给客人饮用的。所谓黛西(Daisy),原是雏菊的意思。但也有极好的、第一流的及卓越的东西等意思。如果是杜松子酒黛西,就是指“杜松子酒调成的卓越饮料”。

12. 托地酒(Toddy):是将砂糖放入大型平底杯或宽口杯内用少量的水溶化,然后再加入自己爱好的烈酒并用水稀释后饮用的酒。在热饮的时候,则可加入桂皮、丁香、肉豆蔻、肉桂和柠檬片等来增强饮料的风味。

13. 高圆球酒(Highball):这种饮料可以用各种纯酒作为基酒,然后再加上碳酸清凉饮料稀释。迄今此类饮料仍十分流行且广受消费者所喜爱。

14. 茱乐普薄荷酒(Julep):是 1815 年一位英国船长在美国南部的一个农庄里用马德拉酒(一种白葡萄酒)作为基酒

调制而成的。后来这种含有薄荷香味的酒,慢慢成为人们交相称赞的饮料。现在,调制时一般都以波旁威士忌为基酒,搅碎酒(Smash)则是茱乐普薄荷酒的小杯调制鸡尾酒。

15. 巴克酒(Buck):将柠檬果汁放入烈酒中,再加入姜汁汽水调制而成。其代表酒是杜松子酒巴克,Buck 的原意是公鹿,但也有"十分具有冲击力"的饮料之意。

16. 菲兹酒(Fizz):主要以杜松子酒为基酒,再加入柠檬汁、糖浆、苏打水调制而成,是一种大杯的清凉饮料。"菲兹"这一名称的由来,据说是开启碳酸饮料瓶冒气泡时所发出"嘶嘶"声的拟声词。

17. 菲克斯酒(Fix):是酸酒系列中的一种清凉饮料,与黛西基本相似,但黛西常使用草莓果汁或石榴果汁,而菲克斯酒则是使用凤梨汁,这是二者的主要不同处。

18. 彩虹酒(Pousse-Café):又名普塞咖啡酒,这是利用各种酒比重的不同,将几种利口酒或烈酒形成不同层次地倒在一起的多层次型鸡尾酒。调制的要点是先要确认所用各类酒的量,然后比重大的酒先倒入,要沿着酒吧匙的背面依次倒入杯中。但要注意的问题是,各类酒的制造厂商不同时,即使是同一类型的利口酒,其比重高低也会有所不同。

19. 法佩酒(Frappé):frappé 为法文,意为"冰冻的"、"冰镇的"。调制时一般是先将碎冰放入鸡尾酒杯,然后再倒入所喜欢的利口酒或香甜酒,再插入两根短吸管供给顾客品享。

20. 浮力普酒(Flip):与蛋奶酒很类似,但浮力普酒不使用牛奶,而是在葡萄酒或烈酒中加入鸡蛋和糖浆,然后再倒进鸡尾酒酸酒杯中,再撒上一点肉豆蔻粉。天冷时该酒也有热的喝法。flip 原意为"快速翻动",因制此酒时需将配料翻搅,故名。

21. 马颈酒(Horse's Neck):在高圆杯的内杯沿上放入将柠檬皮削成螺旋状的装饰物,再依据饮者爱好将烈酒和姜汁汽水倒入其中。一般基酒都是使用白兰地,但若不使用酒精调制时就称为清淡的马颈酒(Plain Horse's Neck)。

22. 米斯特酒(Mist):是与法佩酒极相似的一种酒,但米斯特酒是倒在老式平底酒杯中调制,并且要在酒杯的表面出现结霜或雾状时才上酒给顾客饮用。

23. 里基酒(Rickey):是在烈酒中加入青柠檬汁和苏打水调制而成的饮料,可由饮者随意依其爱好来调,也常用捣碎棒挤青柠檬片来调制的饮料。早在 19 世纪末,美国首府华盛顿哥伦比亚特区有一家著名的餐厅为炎炎夏日而调配出这种酒,并以第一位品享这杯酒的客人吉姆·里基(Jim Rickey)的姓来称呼此酒。

调酒惯用手法虽可整理出上述 23 种不同的类型,但有许多手法已过时消逝,且为方便分类学习,一般都依鸡尾酒所使用的基酒来归类与划分。更为贯彻系统化教学的目标,国际专家及作者皆认为,必须踏实地依"基酒"来分门别类地作详细的剖析与全方位的介绍,如此方能协助读者们快速学成,并早日成为国际的专业调酒师(Super Bartender)!

3~10 酒吧国际专业术语

1. Alcohol Abuse:双关语,当啤酒打翻或一杯饮料因失误而溅洒出来时说的玩笑话。

2. Amateur Night:意指某夜调酒师必须服务一位连酒杯都拿不好的白痴酒客。

3. Annihilated:意指非常、非常的醉。annihilate(动词):彻底消灭、歼灭。

4. ASAP:首字母缩写词(acronym),意指尽快,即 As Soon As Possible。

5. ASSCAN:首字母缩写词,全文是 Act Surprised, Show Concern, Admit Nothing。

6. ATF:首字母缩写词,是美国联邦执法机构(Bureau of Alcohol, Tobacoo, and Fire Arms Administration)的缩写。

7. After hours:意指在关店后的时间,或指一家非法或违法的酒吧在营业时间外非法营业。

8. Alligator Arms:名词俚语,意指寒酸小气的人,其手臂无法伸入其口袋中掏钱给小费。

9. BAC:首字母缩略语,指血液中的酒精含量(Blood Alcohol Content)。

10. BAL:首字母缩略语,指血液中的酒精浓度(Blood Alcohol Level)。

11. Back of the House:指客人无法直接接触到的店后(厨房)工作人员。

12. Bail:保释金,作动词时,意指离开一个地方、中止一项任务或中断一个使用。

13. Band Rat:俚语,意指喜爱跟随音乐团体跑的人。

14. A Groupie:一位追求流行歌星、明星的人。

15. Bandwidth:名词俚语,意指一个人的工作极限。

16. Banging:形容词俚语,意指女人非常迷人(诱人、风骚、火辣、媚人、靓丽)的。

17. Bank:意指调酒师在上班开始时放入收银机内的找零钱。

18. Banned:意指被禁止入内,即不可再回头尝试进入店内。

19. Barista:意式咖啡师,专门调制蒸馏咖啡(Esprèsso),带泡沫的牛奶咖啡(Cappucino)及加奶咖啡饮料(Latte)等意式咖啡。

20. Bar Back:名词,意指调酒师助手,即帮忙补酒、拿食物或补冰块并听调酒师差遣与使唤的人,通常可从调酒师处获得10%~20%的小费收入。

问题探讨

1. 酒吧常用烈酒可分为哪八大类?

2. 你在组织记忆之后,能写出12种酒吧常用的香甜酒(Liqueur)酒名吗?

3. 美国产的著名香甜酒有哪些?日本产的一种著名香甜酒为何?而中国又有何种突出的香甜酒呢?

4. 你能清楚地说明鸡尾酒(Cocktail)

究竟是什么吗？

5. 鸡尾酒的基本调制手法有哪7种？哪几种方法最为常见？

6. 中国产制的烈酒中有些真是物美价廉的美酒，你能随口说出5款知名烈酒吗？

7. 20世纪末中国台北的国民党高干与领导们曾十分热衷并狂饮湖南产的哪款烈酒？

8. 由中国台湾烟酒公卖局所生产的各类酒品中哪种酒曾在国际评比会中获得金牌奖？

9. 你知道如何区别真酒与假酒吗？

10. “好酒沉瓮底”这句台湾俚语正确吗？酒是越陈越香、越陈越好吗？沉在酒桶或酒缸底的究竟是什么？

第四章

鸡尾酒常用的无酒精调拌料与装饰物

Non-Alcoholic Mixes and Garnishes

☞学习目的

了解：1. 酒吧中应备置的果汁、调拌料与软性饮料

2. 酒吧糖浆(Sugar Syrup)及水果浓浆(Puree)的制作方法

3. 各种常用的鸡尾酒装饰物(Garnishments)

4. 独特装饰物与搭配放置的鸡尾酒解说表

5. 装饰用的新鲜水果的切割手法与技巧

6. 对国际知名美酒的认识(Knowing Popular Liquors)

4-1 酒吧中应备置的果汁、调拌料与软性饮料

调制鸡尾酒时需添加调拌料(Mixes)。调酒用的调拌料必须在冰箱中冷藏。有些调拌料或调拌汁的制作方法是由个别餐厅或酒吧所独创的,因此调拌料的制作方法在各企业间必然会有所差异。酒吧中应具备的标准调拌料共计有下述14种。

1. 加糖的柠檬汁(Sweetened Lemon Juice)
2. 番茄汁(Tomato Juice)
3. 橘子汁(Orange Juice)
4. 葡萄柚汁(Grapefruit Juice)
5. 蔓越莓/蔓越橘果汁(Cranberry Juice)
6. 凤梨汁(Pineapple Juice)
7. 红玛丽调拌汁(Bloody Mary Mix)
8. 浓鲜奶(Cream or Half & Half)
9. 姜汁汽水(Ginger Ale)
10. 可口可乐(Coca Cola)
11. 七喜汽水(7-up)
12. 奎宁水(Tonic Water or Quinine)
13. 苏打水(Soda Water)
14. 健怡可乐(Diet Coke)

然而大多数商业性酒吧都储存有下列三四十种非酒精性调拌料及装饰物:

1. 可口可乐(Coca Cola):通常装在自动酒吧枪(Automatic Beverage Dispensers)内。

2. 姜汁汽水(Ginger Ale):通常装在酒吧枪(Bar Gun)内。

3. 开胃水(Tonic Water):即奎宁水(Quinine),罐装或装在酒吧苏打枪内(Soda Gun)。

4. 奎宁水(Quinine Water):即开胃水(Tonic Water),罐装或装在苏打枪(Soda Gun)内。

5. 塞尔兹碳酸水(Seltzer Water):即苏打水(Club Soda),是德国塞尔兹地区所产的著名矿泉水。

6. 七喜汽水(7-up):通常装在自动饮料机中(Automatic Beverage Dispenser),是所有柠檬或青柠檬软性饮料中使用最普遍的一种。

7. 可饮用净水(Water):通常装在酒吧枪(Bar Gun)内或用瓶装水。

8. 红玛丽调拌汁(Bloody Mary Mix):是番茄汁与香料预先拌好的综合液。

9. 番茄汁(Tomato Juice):纯番茄汁比调拌用的番茄汁(Tomato Cocktail)浓,储存时用大玻璃瓶较佳,开瓶使用后须一律冰存。

10. 葡萄柚汁(Grapefruit Juice):是调制鸡尾酒灰狗(Greyhounds)和咸狗(Salty Dog)的必备品。

11. 凤梨汁(Pineapple Juice):台湾地区产制马口铁罐装的凤梨汁常带有铁锈味,采购时应避免。罐装果汁打开后剩余果汁须倒入玻璃或塑胶容器中密盖储存。

12. 橘子汁(Orange Juice):是酒吧中使用最多的果汁,如伏特加橘子汁鸡尾酒(Screwdriver)就要加入很多橘子汁。

13. 蔓越莓/蔓越橘果汁(Cranberry

Juice)：早在1980年代蔓越莓汁就已深受广大消费者所喜爱，众多鸡尾酒如海洋微风(Sea Breeze)等皆有使用。

14. 百香果汁或花蜜(Passionfruit Juice or Nectar)：百香果又称热情果，是热带水果，常加在以朗姆酒为基酒的鸡尾酒中。

15. 西班牙果汁朗姆冰酒调拌汁(Piña Colada Mix)：是由凤梨汁与浓椰浆汁预拌好的调拌汁。

16. 奶油鲜奶(Cream, Milk, or Half and Half)：极易腐坏，使用后一定要冰存。

17. 甜酸汁(Sweet and Sour)：这是由柠檬汁加上糖水及香料所制成的调拌料，美国市面品牌甚多，品质各异，酒吧中应有半打备用。

18. 石榴糖浆(Grenadine)：是一种甜的樱桃色糖浆，由石榴果浆(Pomegranate)制成，可长期储存，有红、绿两色。

19. 柠檬汁(Lemon Juice)：使用量极大并且有很长的储存生命期。

20. 青柠檬汁(Lime Juice)：美国Rose's品牌的青柠檬汁最为著名，但近来市面上也有相当多其他品牌，加工后的果汁已经甜化但仍有辛辣味。

21. 咖啡(Coffee)：当用咖啡来调制热饮时，一定要使用新鲜的热咖啡来加工。

22. 苦精(Bitters)：是以植物的根茎、树皮、药草及香料等熬制而成。最著名的是安戈斯图拉树皮苦精(Angostura)，酒精浓度高达45%即酒精度为90度，每瓶装有40 oz.(约118mL)，常用于调制曼哈顿鸡尾酒(Manhattan)及古典鸡尾酒(Old-Fashioned)等鸡尾酒，另外橙皮苦精和Peychaud苦精也时常见到。

23. 柑橘风味水(Orange Flavored Water)：如果要调拉莫斯菲兹混合饮料(Ramos Fizzes)必须备妥此物，它是用来增强入口后的风味与口感的。

24. 塔瓦斯科辣椒汁和伍斯特辣酱油(Tabasco and Worcestershire)：这两种东西常用于调制红玛丽混合酒(Bloody Mary)。

25. 肉桂棒(Cinnamon Sticks)：宜采用较长或特长的肉桂棒，以便于搅拌而增加咖啡热饮的风味。

26. 肉豆蔻粉(Nutmeg)：常见撒在著名的亚历山大鸡尾酒(Alexander)酒液的表面上，也常撒在许多热的咖啡饮料上。

27. 盐(Salt)：调制玛格丽塔鸡尾酒(Margarita)或红玛丽混合酒时必用，也常用来沾杯口。

28. 糖(Sugar)：通常使用容易溶解、液化的糖如特细砂糖或方糖，但最好使用糖浆(Sugar Syrup)。

29. 香芹盐及柠檬胡椒粉(Celery Salt and Lemon Pepper)：这两种香料用来调制红玛丽混合酒。

30. 柠檬(Lemons)：切成长条的柠檬皮(Rind)叫柠檬条(Lemon Twist)，常用来放入马提尼酒(Martini)中。

31. 青柠檬(Limes)：切成¼的青柠檬角作挤汁用，圆片则作装饰用，切成挤汁用的楔形角(Wedge)则常放入Rocks杯内。

32. 橄榄(Olives)：有许多种类与规

格，其中，小的绿色的且去掉核心（pitted）的最受欢迎，但也有许多果肉中心塞入了多香果（Pimento）、洋葱或杏仁。常用玻璃瓶装，开启后盖子要转紧并冷藏。

33. 珍珠洋葱（Pearl Onion）：小小的洁白的洋葱常用来装饰马提尼（Martini）饮料，加入珍珠洋葱的马提尼饮料因品质档次的提高，酒名也变成了吉布森鸡尾酒Gibson，以美国外交家Hugh Gibson的名字命名。

34. 橘子（Oranges）：将橘子切成圆片夹入红樱桃再以剑叉（Sword）串起来就叫橘子旗（Orange Flag），在热带饮料与酸味饮料中常使用。

35. 薄荷叶（Mint）：与其他翠绿叶片、小枝（Sprigs）如九层塔等一起可作装饰之用。

36. 杏仁糖浆（Almond Syrup）：有些香甜酒有杏仁味，因此可作为糖浆的替代物来使用，法国产的杏仁香甜酒称为Orgeat，意大利产的则叫做Orzata。

各类调拌料（Mixes）、装饰物（Garnishes）的放置位置大致如下：

1. 饮用水及苏打水常放置在酒吧枪（Bar Gun）内，要确保水的品质，为客人提供安全且卫生的水。

2. 各类果汁常放于冰槽（Ice Bin）两侧的冰饮料格子（Jockey Box）内。

3. 甜酸汁、红色石榴糖浆、黄色或青色柠檬汁通常放在快速取酒架中（Speed Rack or Well）。

4. 苦汁及辣椒汁（Tabasco）和伍斯特辣酱油（Worcestershire），通常放在靠近调酒用防溅撒软胶垫（Mat）处。

5. 各色香料（Spices）则放置于靠近调酒轨道（Rail）的左右两侧。

6. 各类水果装饰物应放在装饰物品盒（Garnish Tray）内。

4~2 酒吧糖浆（Sugar Syrup）及水果浓浆（Puree）的制作方法

（一）酒吧糖浆（Bar Syrup）的制作方法

酒吧糖浆又名简单糖浆（Simple Syrup）。原料采用两杯细砂糖（白色、黄色皆可，一杯是8 oz.，两杯即16 oz.）和水13 oz.。先将水煮沸后再加入砂糖。以小火边煮边搅动直到完全融化为止，并让其再次沸腾，然后立即熄火，就可熬出1Pint（品脱）即16 oz.的糖浆。

（二）红玛丽调拌汁（Bloody Mary Mix）的制作方法

这款调拌汁经常在Bloody Mary，Bloody Maria，Bloody Caesar，Bloody Bull及Virgin Mary等著名饮料中使用。调拌过程如下：46 oz.番茄汁或V-8蔬菜汁2 oz.，伍斯特辣酱油（Worcestershire）撒6次塔瓦斯科辣椒汁（Tabasco）。

两大汤匙盐（1大汤匙约½ oz.即14.8mL，2大汤匙约30mL即1 oz.），一大汤匙黑胡椒约½ oz.即14.8mL。撒两次安戈斯图拉树皮苦精（Angostura）（1次约1/32 oz.即0.9mL，2次约1.8mL）。上述材料彻底拌匀后冷藏，可倒少许出来加入冰块测试口感。

除上述基本做法外,还可以选择加入自己喜爱的如下材料:

1. 辣根(Prepared Horseradish)

2. 蛤蜊汁(Clam Juice)或Clamato(加拿大人特喜爱的饮料)

3. 墨西哥浓辣椒汁(Pureed Mexican Hot Sauce)

4. 新鲜柠檬或青柠檬汁(Lime Juice)

5. 牛肉原汁汤(Beef Bouillon)

6. 加入调味料的盐(Seasoned Salt)

7. 红干辣椒粉(Cayenne Pepper)

8. 洋葱粉或大蒜粉(Garlic Powder)

9. 青辣椒丁(Diced Jalapeño)或青椒丁泥(Pureed)

10. 芫荽(Cilantro)(一种台湾香菜)

(三) 甜酸汁(Sweet & Sour Juice)的制作方法

即甜化柠檬汁(Sweetened Lemon Juice),甜酸汁又名酒吧调拌料(Bar Mix)或玛格丽塔调拌料(Margarita Mix)。系以48 oz.的柠檬原汁或再合成的(Reconstituted)未甜化的"再合成柠檬汁"加上64 oz.的水,加上如上所述的简易糖浆16 oz.;至于3 oz.的橘子汁或2 oz.的青柠檬汁,则是加或不加(Optional)都可。上述果汁、水与糖浆都组合在一起后,以打蛋器搅拌至十分均匀为止,约可制成4夸脱(Quart)(1夸脱是32 oz.,4夸脱是128 oz.即1加仑)的甜酸汁。

(四) 水果或草莓浓浆(Strawberry Puree)的制作方法

水果浓浆经常加入果汁机内与各种鸡尾酒或非酒精性饮料搅拌。常见的水果浓浆有:杏桃(Apricot)、桃子(Peach)、草莓及覆盆子(Raspberry)4种。在调制代基里酒(Daiquiri)、玛格丽塔(Margarita)、西班牙凤梨椰乳酒(Piña Colada)及各种其他品牌酒时常使用到。

2 Pints(品脱)(1Pint是16 oz.)即32 oz.的新鲜或冷冻水果,6 oz.的甜酸汁(如上所制的甜酸汁,Sweet & Sour Juice),1 oz.的简易糖浆(加或不加皆可)和9 oz.的碎冰将水果、甜酸汁及糖浆倒入果汁机(Blender)内与碎冰一起打成柔细泥浆状,然后冰藏,依此饮料方(Recipe)可调制1.5夸脱即48 oz.左右的水果浓浆。

4~3 各种常用的鸡尾酒装饰物(Garnishments)

一杯好的饮料应具备以下三要素:(1)基酒与配料的正确搭配;(2)装饰物的恰当使用;(3)使用正确的杯皿。尤其在鸡尾酒的外观与造形方面,杯皿和装饰物是不可或缺的重要因素。

通常鸡尾酒的装饰材料多以各类水果为主,例如樱桃、凤梨、柑橘(柳丁)、柠檬等。不同的水果材料可构成不同形状与色泽的装饰物。但在使用时要注意其颜色和口味应与酒质保持和谐一致,并力求其外观色彩缤纷以引人注目,同时应以多样化的创作为来宾提供赏心悦目的美酒艺术享受。

使用装饰物时应尽情地运用想象力(Imagination)。在将各种原材料加以灵活地组合变化运用后,或许会发现创作有时真是妙不可言(Fantastic)！装饰的目的是冀求客人在赏心悦目后胃口能随之大开，食欲能随之大动，酒虫能随之饥渴地要喝上无数杯！

酒吧中常用的新鲜水果装饰物大致如下：

1. 楔形青柠檬(Lime Wedge)

2. 挤汁用的柠檬皮(Lemon Peels for Twisting)

3. 青柠檬圈/圆片(Lime Wheels)

4. 带秆的樱桃(Cherries, Stemmed)

5. 橄榄(Olives)

6. 切片的杏桃(Apricot Slice)

7. 切片的桃子(Peach Slice)

8. 柑橘片(Orange Slice)

9. 珍珠洋葱(Pearl Onion)

10. 芹菜秆(Celery Stalk)

11. 楔形凤梨块/凤梨角(Pineapple Wedge)

12. 草莓(Strawberry)

13. 香蕉片(Banana Slice)

14. 楔形黄柠檬/黄柠檬角(Lemon Wedge)

除了上述14种水果类装饰物外，下面几种新鲜果蔬也是常见的装饰物：

1. 蔬菜类装饰物：大黄瓜、小黄瓜、青葱(Scallions)、小番茄等等。

2. 浸酒樱桃(Maraschino Cherry)：常在曼哈顿鸡尾酒(Manhattan)及古典鸡尾酒(Old-Fashioned)的饮料中使用，并常与其他水果用牙签叉组合使用。

3. 新鲜薄荷叶：放入冰镇薄荷酒(Mint Julep)这道酒中。

4. 刨削物(Shavings)：在酒的上面加入刨碎的巧克力或刨碎的椰子丝可增加酒的风味。

5. 香料(Spices)：如肉豆蔻粉或肉桂粉等。

6. 颗粒状的结晶糖：使杯缘沾附结晶糖可造成结霜的视觉效果。

7. 盐：调制玛格丽塔酒(Margarita)及Salty Dog时使用。

8. 打成泡沫状的鲜奶油/掼奶油(Whipped Cream)：若以手工将鲜奶打到起泡时，势必使整个工作区域弄得雪花片片，因此现较常使用的是鲜奶油喷雾罐(Aerosol Whipped Cream)。

9. 肉桂棒(Cinnamon Stick)：喝意大利卡普契诺牛奶咖啡(Cappucino)时必备的搅拌棒，长达5英寸的较易使用。

10. 珍珠洋葱(Pearl Onion)：使用牙签或剑状叉子一次串两小粒作装饰吉布森酒(Gibson)用。

11. 橄榄(Olive)：常使用一粒被穿刺的橄榄(Speared Olive)来装饰马提尼酒(Martini)。

4~4 独特装饰物与搭配放置的鸡尾酒解说表

独特装饰物与搭配放置的鸡尾酒如表4-1 所示。

表 4-1 独特装饰物与搭配放置的鸡尾酒解说

独特的装饰物	相应装饰物的英文注解	常被放入的鸡尾酒
填塞杏仁的橄榄	Almond-stuffed Olives	Boston Martini
填塞鳀鱼酱的橄榄	Anchovy-stuffed Olives	Boston Martini
切片的新鲜香蕉	Banana Slices	Banana Daiquiri/Margarita, Banshee
黑橄榄	Black Olives	Buckeye Martini
糖果小手杖	Candy Canes	Ice Cream Drinks, House Specialties, etc.
芹菜秆	Celery Stalk	Bloody Mary, Bloody Maria
散撒用的巧克力小粒	Chocolate Sprinkles	Ice Cream Drinks, House Specialties, etc.
肉桂棒	Cinnamon Sticks	Hot Buttered Rum, Café Diablo, etc.
鸡尾酒用小洋葱球	Cocktail (Pearl) Onions	Gibson, Vodka Gibson
椰子碎片	Coconut Flakes	Piña Colada, Chi-Chi
咖啡豆	Coffee Beans	Sambuca cón Mossa (Sambuca Served Neat)
饼干	Cookies	Cookies [&] Cream, Ice Cream Specialty Drinks
切片或长条的黄瓜	Cucumber Slice	Pimm's Cup, Bloody Mary
蛋黄	Egg Yolk	Red Eye
橘子水果旗	Orange Flag	Old Fashions, Sours, Stone Sours
凤梨水果旗	Pineapple Flag	Piña Colada, Chi-Chi

（续表）

独特的装饰物	相应装饰物的英文注解	常被放入的鸡尾酒
红葡萄或绿葡萄	Grapes（red or green）	Wine-by-the-Glass（small bunch draped on rim）
绿色的酒浸樱桃	Green Maraschino Cherry	Manhattan
绿色橄榄（内塞入多种香果制的香料）	Green Olives（with pimento）	Martini, Dry Manhattan, Dry Rob Roy, etc.
哈拉帕辣椒	Jalapeño Pepper	Cajun Martini
切片的奇异果（切圆片）	Kiwi Slice	Kiwi Daiquiri, Kiwi Margarita
拧转挤果皮香油用的小长条柠檬皮	Lemon Twists	Martini, Perfect Manhattan, Perfect Rob Roy, Long Island Iced Tea
楔形黄柠檬/黄柠檬角	Lemon Wedges	Long Island Iced Tea
柠檬圈/圆片	Lemon Wheels	Sangria, Punches
挤果汁用的楔形青柠檬/青柠檬角	Lime Wedges（squeezes）	Cuba Libre, Margarita, Bloody Mary, Gin & Tonic, Vodka & Tonic, etc.
青柠檬圈/圆片	Lime Wheels	Margarita, Sangria, Daiquiri
浸酒樱桃	Maraschino Cherry	Manhattan, Rob Roy, Flag, Garnishes
青翠新鲜薄荷小枝	Mint Sprigs	Mint Julep, Florida, Katinka
肉豆蔻粉	Nutmeg	Brandy or Plain Alexander, Royal Street Café
切成半圆形的柳丁（柑橘）	Oranges（half-moons）	Old Fashions, Sours, Stone Sours
拧转用橘子皮（细条状）	Orange Peel Twists	Champagne Normande, Café Diablo, etc.
兰花	Orchids	Mai-Tai（traditional）

（续表）

独特的装饰物	相应装饰物的英文注解	常被放入的鸡尾酒
切片的水蜜桃或脆桃	Peach Slice	Peach Daiquiri or Margarita, Forsty or Fuzzy Navel
楔形凤梨块/凤梨角	Pineapple Wedges	Piña Colada, Chi-Chi
可可粉	Powdered Cocoa	Sprinkled atop the whipped cream on chocolate or coffee drinks
预先制好的姜粉	Preserved Gingerroot	English Mule
沾匀杯缘用的盐	Salt (rim)	Margarita, Salty Dog, Bloody Mary
沾匀杯缘用的盐及胡椒	Salt & Pepper (rim)	Bloody Mary, Bloody Maria
德国扭结状表面沾盐的脆饼干	Salted Pretzels	Hook onto the rim of beer mugs
青葱	Scallions	Bloody Mary
用刨子刮成碎片的巧克力	Shaved Chocolate	Toasted Almond, also used on whipped cream
去皮的新鲜熟虾	Shrimp (peeled)	Bloody Mary, Bloody Bastard
小烟火柱	Sparkler	House Specialty Drinks
螺旋状的柠檬皮	Spiral Citrus Peels	Horse's Neck with a Kick
八角(卤味中常用之香料)	Star Anise	Sambuca or Ouzo served neat
草莓	Strawberry	Strawbeery Daiquiri or Margarita
切片的西瓜	Watermelon Slice	Watermelon Daiquiri
打成泡沫状的鲜奶油/掼奶油	Whipped Cream	Hot Drinks, Coffee Drinks, Ice Cream Drinks
切片的甜翠香瓜	Honeydew Slice	Honeydew Daiquiri, Melon Ball

4~5 装饰用的新鲜水果的切割手法与技巧

不同色彩与特质的水果可用来搭配不同种类的鸡尾酒饮料。但在忙碌的酒吧营业时段,调酒师通常没有时间来切割新鲜的水果装饰物,因此水果切割工作应于接班后立即展开并迅速做好。非常忙碌的大酒吧也可提早于交班前将之准备好,接班的调酒师一上班可立即使用,但不可过夜。需切割的水果务必准备充足并涵盖所有常用的项目,但不要切割太多水果饰物,因为它们是不能隔天使用的。未切割的新鲜水果一定要收藏于冰箱中。为了防止细菌及霉菌生长,装饰物盒或盛物小盒(Garnnish Tray and Compartment)每次用完后一定要彻底清洗。所有的水果和蔬菜在切割前务必要清洗干净。下面以几帧简略图(图 4-1 ~ 图 4-10)来介绍水果蔬菜切割的常见手法。当然每位调酒师或每家酒吧的切雕方法或多或少会有不同之处。

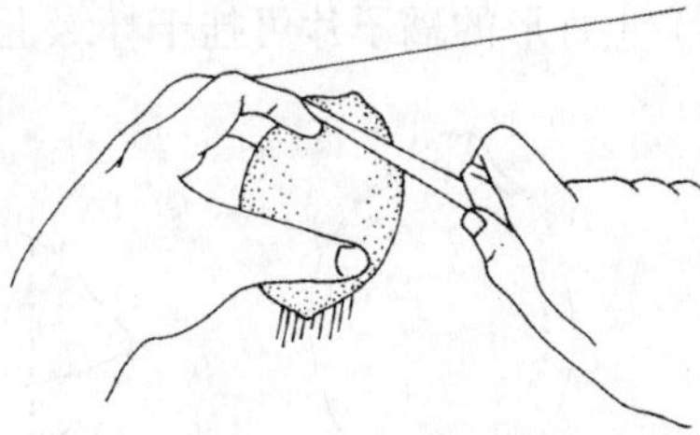

图 4-1 安全切割的技巧

(1) 以手指稳固地握持被切割物。

(2) 食指、中指微向内屈,拇指置于后端扶持被切物。

(3) 指关节作为刀面的依托,这样就不致于切到指头。

(4) 平稳地以适当力量下刀切割蔬果。

(5) 切割果蔬时必须全神贯注。

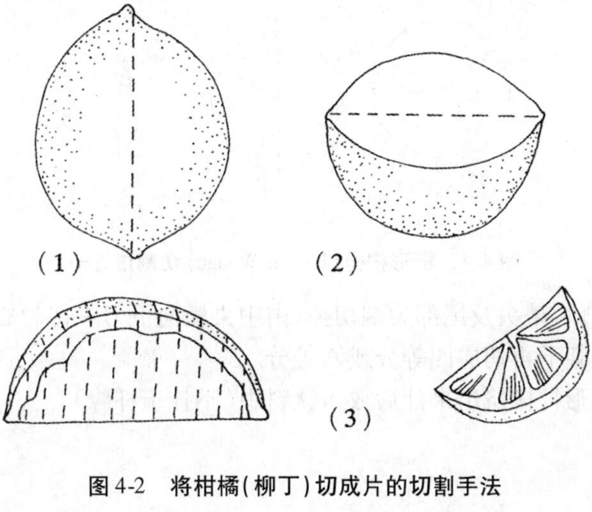

图 4-2 将柑橘(柳丁)切成片的切割手法

(1) 将柑橘横放,由中心下刀从头到尾切成两半。
(2) 由中间直划约½″(英寸)深的刀缝。
(3) 平面朝下每隔约½″(英寸)(1.27 公分)切片。
(4) 半月形的橘子片可挂于杯缘上。

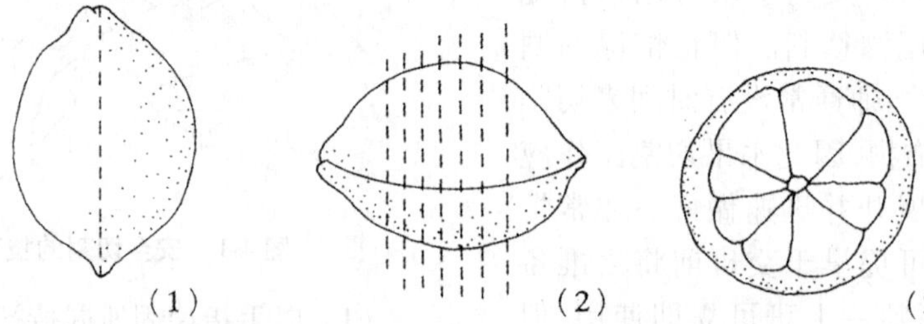

图 4-3 将柑橘(柳丁)、柠檬及青柠檬(Lime)切成圆片的切割手法

(1) 将橘子竖放下刀划约 1 公分深。
(2) 横放后每间隔¼″(英寸)(约 0.64 公分)下刀切成薄片。
(3) 切成的圆片可挂于杯口。

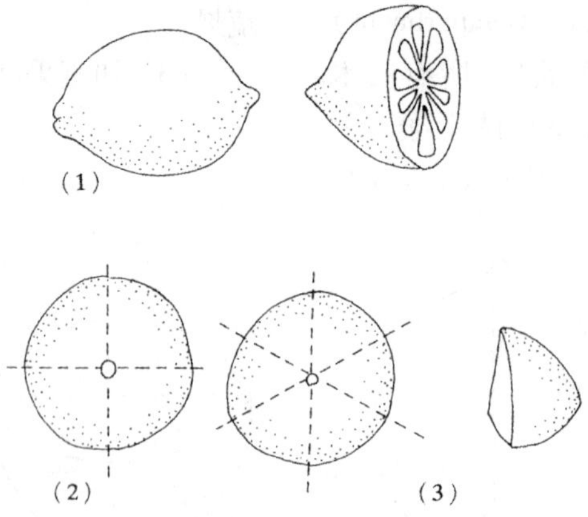

图 4-4 楔形柠檬(Lemon Wedge)切割法之一

(1) 将柠檬横放,蒂头及尾部尖端切掉,由中央横向下刀一切为二。
(2) 切面果肉朝下再切成四等分或六等分。
(3) 切成的楔形柠檬挤出果汁后放入饮料中(不挂于杯缘)。

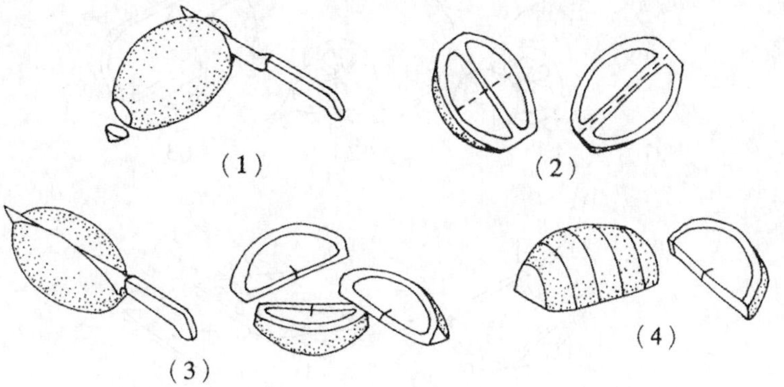

图 4-5 楔形柠檬(Lemon Wedge)切割法之二

(1) 将柠檬横放,蒂头及尾部尖端切掉。

(2) 由头到尾一剖为二,横切面以刀轻划入约½″(英寸)深。

(3) 直刀切成 8 片新月形挤汁用的楔形水果片。

(4) 如果横刀切则成半月形的水果片(每间隔¼″(英寸)切片),那么此种手法较不宜挤果汁。

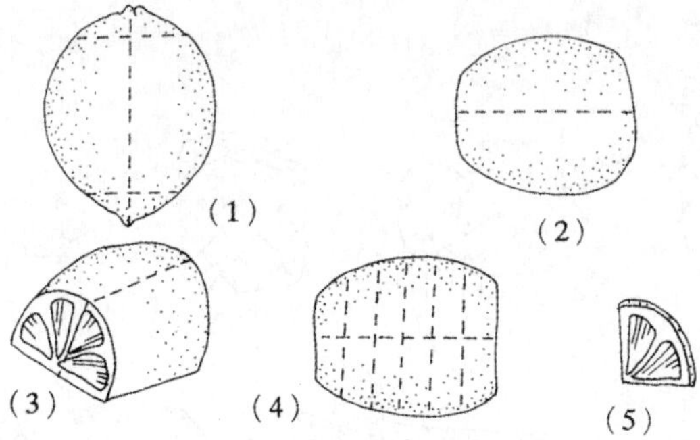

图 4-6 楔形青柠檬切割法之三

(1) (2) 头尾端切掉一部分,再由上而下直刀一剖为二。

(3) 果肉朝下直刀切成两长条状(4 瓣)。

(4) (5) 横放后再直刀每间隔约½″(英寸)(1.27 公分)下刀切成楔形。

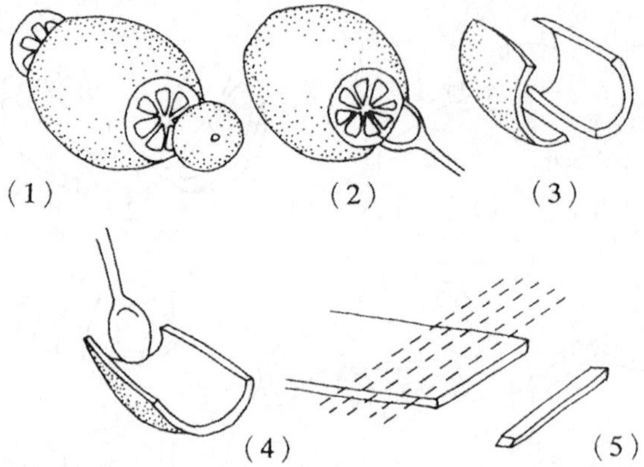

图 4-7　拧挤皮中香油用的长条形柠檬皮(Lemon Twist)的切割手法

(1) 将柠檬头尾切掉一小部分。

(2) 用酒吧匙把果肉挖出,或先切成两半再把果肉去掉。

(3) 挖出果肉后一刀将外皮切成两片。

注:采用此法须注意,切时应由果肉部下刀刀才不会打滑,也较省力(0.3 公分的宽度即可)。

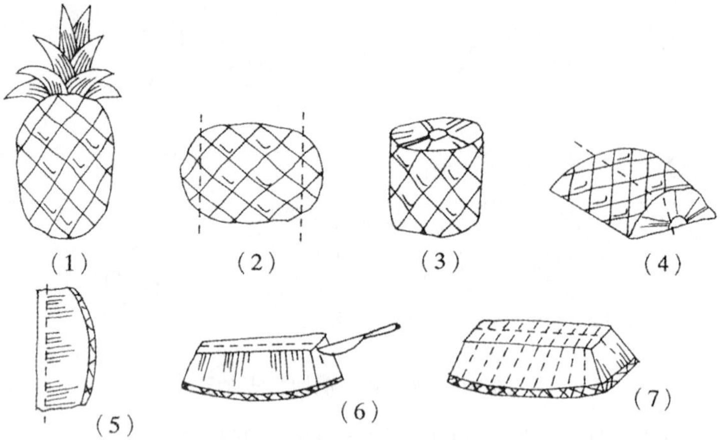

图 4-8　楔形凤梨块的切法(Pineapple Wedges)

(1) 成熟的凤梨可很容易地就把顶端绿叶拉掉或扭掉。

(2) 将凤梨横放,分别将头尾切掉一小截。

(3) 将凤梨直立后直刀而下一切为二。

(4) 果肉朝下再直刀切成¼块。

(5) 直立或横着将粗硬的果心切掉。

（6）在上端中央点划深约½″（英寸）的刀口。

（7）再横刀切片即成楔形的凤梨。

（8）若以牙签将樱桃与凤梨叉在一起即成为凤梨旗（Pineapple Flag）。

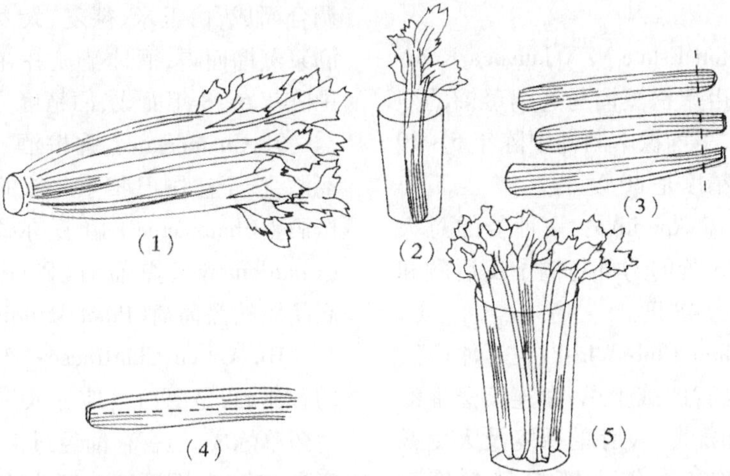

图 4-9　美式大芹菜秆的切法（Celery Stalks）

（1）首先切掉芹菜根部带泥土的部分。

（2）量测酒杯的高度。

（3）切除芹菜过老不用的底部。

（4）粗大的芹菜秆可再中切为 2 根或 3 根，叶子应保留。

（5）将切好的芹菜浸泡于冰水中以免变色、发黄或萎缩。

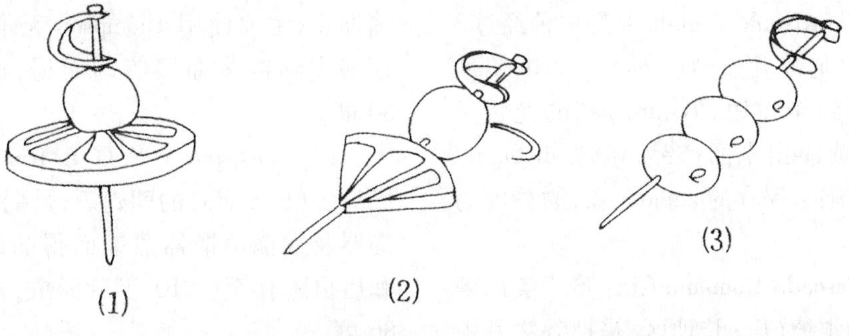

图 4-10　牙签装饰的运用（Garnishes on picks）

（1）牙签串上红樱桃与橘子圆片即为橘子旗（Orange Flag）。

（2）红樱桃也可串上楔形青柠檬。

（3）用牙签串上 3 粒橄榄或 2 粒珍珠洋葱，就可以灵活使用各种装饰物。

4-6 对国际知名美酒的认识（Knowing Popular Liquors）

1. Appleton Estate V/X Jamaica Rum：产于牙买加，由单锅蒸馏与连续蒸馏的烈酒调合后封入美国橡木酒桶中陈年5~10年而制成，酒精度是80度。

2. Campari Aperitivo：一种苦的意大利开胃酒，注入苦的药草与橘子皮后融和而成，酒精度为48度。

3. Canadian Club Whisky：一种产于加拿大安大略省的威士忌，由连续蒸馏的玉米威士忌和裸麦、发芽的裸麦及大麦威士忌调和并陈年6年而制成，酒精度为80度。

4. Captain Morgan Spiced Rum：一种产于波多黎各（Puerto Rico）的朗姆酒，由连续蒸馏与单锅蒸馏的朗姆酒和加勒比海地区产的香料调和而成，酒精度为70度。

5. Casa Noble Tequilas：是一种经过3次蒸馏的龙舌兰烈酒（Agave）。100%使用墨西哥特奎拉镇（Tequila）产的龙舌兰（Agave）蒸馏出来的产品，包含silver，reposado及限量保存的añejo 3款，酒精度为80度。

6. Cascade Mountain Gin：产于美国俄勒冈州的本德（Bend）地区，是把谷物及植物放在铜制蒸馏器中蒸馏而得，由Bendistillery酒厂产制，酒精度为95度。

7. Chambord Liqueur：法国产的覆盆子香甜酒，是由黑覆盆子（Raspberries）及其他各种水果、药草及蜂蜜等炼制而成，酒精度为33度。

8. Canadian Whisky：是由谷物威士忌调合而成，由玉米、裸麦、大麦和已发酵的酒浆蒸馏而得，酒体清淡并在橡木小酒桶中陈年6~8年而成，酒精度为80度。

9. Champagne：香槟酒，一种气泡葡萄酒，产于法国巴黎东北部的香槟区。香槟酒（Champagne）由夏尔多内白葡萄（Chardonnay）、黑葡萄（Pinotnoir）及一种高品质的黑葡萄（Pinot Meunier）所制成。

10. Green Chartreuse：产制于修道院的香甜酒，是由白兰地加入130种山区野生药草炼成，但窖存前经过4次蒸馏，酒精度是110度，即酒精浓度为55%。黄色的法国察吐士蜂蜜甜酒（Chartreuse）较甜但不香，且其酒精度只有80度。

11. Chopin Polish Vodka：是使用Stobrawa马铃薯经过4次蒸馏而成的伏特加，酒精度为80度。

12. Christian Broders Brandy：产于美国加州，主要使用Thompson无子葡萄，经铜锅或圆锥蒸馏器蒸馏而得，酒精度为80度。

13. Cockspur V. S. O. R. Rum：是产于巴贝多（Barbado）的朗姆酒，是把用连续蒸馏器及铜锅蒸馏器蒸馏而得的朗姆酒调和后再陈存至少10年后而成，酒精度为86度。

14. Coconut Cream Syrup：是一种由牛奶及椰子肉制成的浓椰子糖浆。

15. Cognac：是一种早在公元15世纪初期就产于法国雅纳克（Jarnac）的白兰地

酒，由 Alembic 蒸馏器产制并封入利穆兴地区（Limousin）橡木小酒桶（Cask）中陈年而成。Cognac 常依其产区来辨识，如 Grande Champagne（大香槟区）Cognacs 及 Petite Champagne（小香槟区）Cognacs。

问题探讨

1. 如何迅速地成为一位顶级的国际调酒师？

2. 酒吧中常见常用的调拌料有哪些？

3. 调制鸡尾酒时常用的装饰物有哪些？

4. 使用装饰物时到底是果雕功夫重要，还是应用想象力与创意重要？

5. 酒吧里常用的水果装饰物有哪些？

6. 你的故乡有何特产的时令水果？有哪些可拿来作为装饰之用？

7. 在鸡尾酒的世界里水果雕切重要吗？何者是主，何者为辅？

8. 草莓浓浆（Strawberry Puree）是调拌料，它是饮料吗？不调能喝吗？

9. 为了保持产品的一致性，使用工厂批量生产的各式果汁浓浆（Purees）是绝对正确（Absolute Right）的手法。在美国市场的众多椰乳浓浆产品中，您知道哪个品牌的品质最好？台湾及中国大陆有这方面的特色椰乳产品吗？

10. 青柠檬汁（Lime Juice）也是调拌料中的一个重要角色，尤其以美国 Mott's 公司所生产的哪个品牌在国际上最受好评？

11. 2006 年 4 月 15 日美国东北部康涅狄格州（Connecticut）的一家赌场推出一杯要价 3 000 美元的天蓝色马提尼酒（Sapphire Martini），这杯鸡尾酒是用蓝色橙味库拉索酒（Blue Curaçao）孟买蓝宝石伦敦辛辣杜松子酒（Bombay Sapphire London Dry Gin）及苦艾酒（Vermouth）调拌而成，但放入杯中的搅拌棒（Stir-Stick）却是一对有蓝宝石和钻石的金属耳环，你对这种昂贵装饰物有何看法？

第五章

酒吧常用专业名词、器材、计量标准与商业缩写

Terms, Utensils, Measures and Commercial Abbreviations of Bar

☞学习目的

了解：1. 商业酒吧常用的专业名词(Commercial Bar Terms)

2. 商业酒吧中常见的调酒器材
3. 商业酒吧常用的计量标准
4. 常见鸡尾酒的专业缩写
5. 商业酒吧点酒缩写法介绍
6. 对国际知名美酒的认识

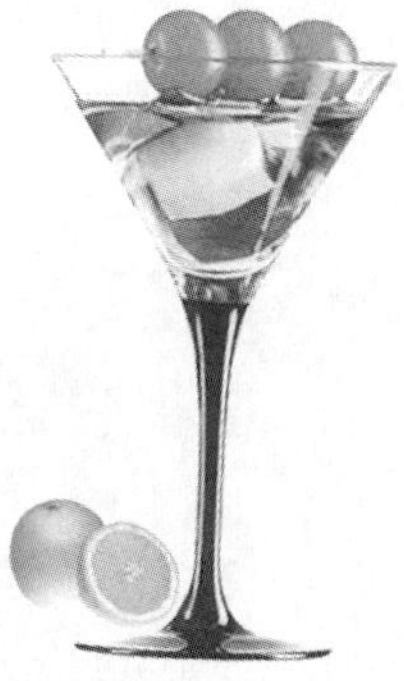

5~1 商业酒吧常用的专业名词(Commercial Bar Terms)

1. 酒精(Alcohol)：普通酒精，是所有烈酒、葡萄酒与啤酒中皆含有的成分，又称为乙醇(Ethyl Alcohol)。

2. 麦酒(Ale)：一种由麦芽酿制的酒，颜色较深，也比一般啤酒苦，酒精含量为6%。

3. 开胃酒(Apéritif)：一种餐前饮用的开胃(Appetite)且含酒精的饮料。

4. 辅助之水或其他软性饮料(Back)：伴随纯酒精饮料或甜烈酒的冰水、七喜(7-up)、可口可乐(Coke)及其他任何客人点叫的饮料。

5. 酒吧收银机启用前所备置的找零金额(Bar Bank)：开始上班时交给调酒师放入收银机内找零用的本金。

6. 酒吧匙(Bar Spoon)：是一种长条状的金属汤匙，用来搅拌鸡尾酒或任何饮料。

7. 饮料小垫纸(Beverage Napkin)：放在饮料下的方形小垫纸。

8. 苦精(Bitters)：是一种增强饮料风味的芳香剂。

9. 最辛辣的香槟(Brut)：Brut是法文中用以称呼最辛辣的香槟酒的词。

10. 点叫品牌(Call Brands)：调制鸡尾酒时，客人特别点叫用更好、更贵的高档品牌酒或知名品牌酒来调制，当然客人要支付额外的费用。

11. 盛酒器(Carafe)：一种用来盛装葡萄酒的长颈大肚玻璃容器。

12. 收费的饮用水(Charged Water)：指苏打水、碳酸水或矿泉水(Seltzer)等。

13. 鸡尾酒(Cocktail)：指含有酒精的调拌饮料。

14. 柯林斯酒(Collins)：是一种装在高圆杯里并含有基酒、甜柠檬汁、苏打水与装饰物的饮料。

15. 免费招待(Complimentary)：由店家或公司免费招待的服务，简称为comp。

16. 清凉淡饮(Cooler)：通常指的是一种葡萄酒中加入七喜(7-up)与冰块的混合饮料。

17. 香甜酒(Cordial)：是一种有多种风味的甜香酒精性饮料。

18. 倾倒用水槽(Dump Sink)：是一种水桶(bucket)或水槽，用来扔弃或倒掉剩余的饮料。

19. 产品售尽(Eighty Six)：美国餐饮界行话，意指产品悉数售尽。

20. 菲兹酒(Fizz)：一种类似柯林斯的饮料，但是不放装饰品。

21. 法佩酒(Frappé)：意指在大圆碟形香槟杯内装碎冰，然后再倒入客人指定的香甜酒。

22. 装饰物(Garnish)：用来装饰饮料的蔬菜和水果，有些装饰物具有吸引视觉(Eye appeal)的功能，有些则仅作为食用功能(Consumption)。

23. 来宾账单(Guest Check)：记录客人点叫餐饮的记录，以前用两联或三联单，现如今多用计算机收据所替代。

24. 高圆杯酒精饮料(Highball)：一

种鸡尾酒名称,用以称呼某些由基酒加冰块、果汁及其他饮料所调成的鸡尾酒。

25. 企业自身的称呼(House):企业(Establishment)自身或本身的一个自我称呼。

26. 调酒专用量杯(Jigger):一种量测(Measurement)工具,上下两端分别是 1 oz. 和 $1\frac{1}{2}$ oz. 两种小三角形量测杯。

27. 香甜酒(Liqueur):一种甜的、有特殊风味的利口酒,通常在餐后享用,与 Cordial 含意相同,即香甜酒。

28. 烈酒(Liquor):通常是经由蒸馏(Distilled)而得的液体,酒精浓度较葡萄酒高出很多。

29. 升(Litre):1 升等于 1 000 毫升,等于 33. 8 oz. (Fluid Ounce),0. 5 升等于 16. 9 oz. 。

30. 金属套筒(Metal Sleeve):套在调拌杯(Mixing Glass)外的长圆柱型金属制筒子,是调拌与摇荡鸡尾酒时必备工具。

31. 雾状调法(Mist):是将碎冰放在杯内再加酒的作法。

32. 调拌杯(Mixing Glass):是酒吧里必备的调酒器具,可用来搅拌(Stir)或激荡(Shake)。

33. 调酒师(Mixologist):精通调酒技艺并有广博的酒精饮料知识的人。

34. 无酒精的假鸡尾酒饮料(Mocktail):一种形、色、状皆类似鸡尾酒,但却不含酒精的饮料。

35. 捣碎棒(Muddler):一种木棒,用来捣碎水果、薄荷叶与方糖(Sugar Cubes)。

36. 纯饮且不冰的喝法(Neat):一种不经冰藏,喝时也不加冰块的纯饮喝法。

37. 老式喝法(Old-Fashioned):是指在老式酒杯中加入冰块、烈酒、苦精与新鲜水果的喝法。

38. 矮胖杯加冰块喝法(On-the-rocks):在矮胖圆杯或老式酒杯中加满冰块后,再倒入烈酒的喝法。

39. 基本存量(Bar Stock):平时酒吧里需储备的产品,包括烈酒、果汁等等,作用在于满足每日营运及补充(backup)每日消耗。

40. 帕费酒(Parfait):把香甜酒淋在冰淇淋上的鸡尾酒。

41. 十全十美(Perfect):使用等量的辛辣(Dry)的和甜(Sweet)的苦艾酒(Vermouth)调制而成的饮料。此种手法常用来调制曼哈顿酒(Manhattan),马提尼酒(Martini),罗布 · 罗伊酒 Rob Roy 等饮料。

42. 溅撒酒垫(Pouring Mat):用来承接调酒时溅洒出来的酒滴的软橡胶垫。

43. 倒酒用的节流瓶嘴(Pour Spouts):是插入瓶嘴中用以控制流量与节流的瓶嘴,有些装有定量如 1oz. 、$1\frac{1}{2}$ oz. 或 $1\frac{1}{4}$ oz. 的定量设计与钢珠。

44. 标准酒精度数(Proof):酒精浓度百分比的 2 倍,即为美式的酒精度。如浓度为 13% 的葡萄酒,其酒精度为 26 度。

45. 小酒杯(Pony):有脚柱的小香甜酒杯,可盛放 1oz. 的液体。

46. 所有碳酸苏打饮料(Pop):碳酸

饮料(Carbonated Soda Beverages)的统称。

47. 伸手可取的冰箱(Reach In):拉门式、滑门式或开门式冰箱,一打开即可拿取啤酒、水果、果汁等物。整个人可走进去的则称为可步入式冰箱(Walk-cooler)。

48. 补货申请单(Requisition Sheet):每日或每班下班前要盘点库存,并列出需补充物品之清单,即为补货申请单。

49. 冰块(Rocks):冰块一颗颗的如同小石子,所以 Ice Cube 又称为"岩石"(Rock)。

50. 德国塞尔兹碳酸水(Seltzer):是碳酸水中最著名的产品,但其国际知名度已被法国南部产的一种冒泡的毕雷矿泉水(Perrier)所超越。

51. 水果旗(Fruit Flag):如果用水果叉或塑胶剑叉把樱桃与橘子圆片串在一起,就叫橘子旗(orange flag)。

52. 摇荡器(Shaker):金属套筒盖上调拌杯就成为一套摇荡器,市面虽俗称为摇酒器,但却是用来摇荡与调拌所有酒精与非酒精饮料的。

53. 简易糖浆(Simple Syrup):等重量(Equal Proportions by Weight)的水与糖溶化在一起成为液态甜化剂(Sweetener)。

54. 吞饮酒杯(Shot Glass):常态都是指 1oz. 的厚重小杯,但每家店(Establishment)可能有所不同。

55. 苏打水(Soda):即指碳酸水(Carbonated Water)饮料。

56. 溅撒添加少量的调拌料(Splash):饮料调拌好后,最后再加入一点点(只有 $\frac{1}{32}$ oz.,即 0.9 毫升)的动作叫撒入一些 Splash。

57. 楔形挤汁用的水果(Squeeze or Wedge):三角形(Triangular Shaped)的青柠檬挤汁后放入饮料中。

58. 酒加冰处理后喝纯酒法(Straight-up):烈酒加冰块激荡,过滤冰块后饮用的喝法。

59. 小搅拌塑胶管(Stir Sticks):这是一种短的搅拌用塑胶小管,需放在 Rocks 杯即老式饮料中。

60. 剑叉或水果牙签(Sword or Fruit Pick):用来叉或串连水果(Spear Fruit)以造出各种各样的形状。

61. 客人账单(Tab):客人账单(Check)是最后向客人收取费用的凭据,是重要单据,不可遗失。

62. 高杯饮料(Tall or High):当饮料液体量较多时,需要使用较高的杯来装盛。

63. 小费或赏钱(Tips):顾客(Patron)为表示谢意而多给的现金或刷卡时多给付的额外金额。Tips 全文是 To Insure Prompt Service,即确保迅速服务之意。

64. 拧扭用的小长条果皮(Twist):常指柠檬小长条果皮(Lemon Twist)。

65. 无酒精的纯饮料(Virgin):如果依据鸡尾酒酒方调制时,故意不放烈酒,就称为非酒精性的纯鸡尾酒。

66. 高圆杯中加入果汁或碳酸饮料(Wash):是指在高圆杯中加入 Coke、7-up、Tonic Water 等饮料的动作。

67. 调酒用基酒(Well or House Brands):如果采用较便宜的酒来调制饮料,店选用的酒就是基酒。

68. 圆圈状的果饰(Wheel):水果中常见将青、黄柠檬切成片,然后挂在杯缘作装饰之用,其他水果如柑橘(orange)也广为使用。

69. 葡萄酒(Wine):成熟的葡萄经发酵后酿成的酒精浓度约在5%~14%的葡萄酒。

70. 陈年(Añejo):当龙舌兰等酒在橡木桶中存放至少1年以上时,才可称为Añejo(西班牙文,意指陈年)。

71. 葡萄酒香(Bouquet):是指一种复杂(Complex)且诱人的葡萄酒香味。

72. 化学杀菌洗碗机(Chemical-sanitizing Dishwasher):使用化学药剂来杀菌的洗碗机或洗杯机。

73. 饮料管理员(Beverage Steward):负责烈酒和葡萄酒的采购、储存、验收与签发使用的管理者。

74. 啤酒头持久性测验(Beer Head Retention Test):用观察杯中啤酒头泡沫的持久度来测知酒杯的清洁度。

75. 余韵(Finish):品试葡萄酒(Tasting Wine)后,口中仍留存的风味与舌舔后的实体感觉。

76. 先进先出法(First In, First Out = FIFO):指一种先进的货物先使用,后到的货物后使用的库存管理方法。

77. 葡萄酒发霉味(Corky):指葡萄酒储存不当,导致变质并产生霉味。

78. 较甜的香槟(Demi-sec):法语,意指sweeter champagne。

79. 仿鸡尾酒饮料(Mocktail):看起来如同真的鸡尾酒,但实际上是非酒精性饮料。

80. 神秘消费者(Mystery Shoppers):指由公司聘雇前来消费实际上却是从事服务评估(Evaluate)的经营管理专家。他们在实地消费与视察后,需从消费者角度(Customer's Point of View)向雇主提出专业报告。

81. 近似啤酒(Near Beer):酒精含量低于0.5%的啤酒,这类啤酒实际应归于非酒精性啤酒(Nonalcoholic Beer)。

82. 超小型酿制生啤酒店(Microbrewery):是指一种规模非常小但现场酿制生啤酒的小酒馆,在美国、加拿大已非常流行,在机场的候机大楼里一般可见到这类迷你型小酒馆(Mini Pub)。

83. 强化葡萄酒(Fortified Wine):自然发酵天然酿造的葡萄酒酒精浓度通常不可能超过16%,因为酵母会立即被酒精呛死。当葡萄酒发酵过后再加入高酒精度的烈酒如干邑白兰地等,就产出了强化葡萄酒。

84. 沾玻璃杯缘器(Glass Rimmer):这是一种塑胶制的3层黑盒子,第一层是海绵,使用时先倒入些青柠檬汁,沾湿杯缘后,再选择沾盐(第二层盒子)或沾糖(第三层盒子)。此器具(Device)在美国酒吧里常可看到。

85. 专业的调味品叉或佐料叉(Relish Fork):是一种有长柄的小叉子,可用来从瓶中插取橄榄或珍珠洋葱。

86. 节流瓶嘴(Pourer):是一种用来降低流速与控制流量的装置(Device)。有的没有定量,有的则有,且定量的规格又有多种,以求控制成本。

87. 杏仁糖浆(Orgeat):是一种甜的

杏仁风味糖浆,用来调制饮料。

88. 刮皮器(Zester):一种用来刮取橘皮细丝与碎丝的工具,别名又叫 Router 或 Stripper(刮丝器)。

89. 产业期刊(Trade Journal):针对特定产业所发行的专门期刊。

90. 向上促销(Upselling):向客人建议更好与更佳的品牌,以求提高销售额与营业总额。

91. 甜香槟(Sec):通常用来搭配甜点(Desserts)或与蛋糕一道食用。

92. 柔顺雪泥饮料(Smoothies):是一类特殊饮料的综合性名称,通常是指以新鲜水果、果汁、酸乳(Yogurt)等加上碎冰打成雪泥状的健康饮料。

93. 葡萄酒师(Sommelier):督导葡萄酒的点酒并提供开瓶服务的专业人员,别名又叫葡萄酒管理师(Wine Steward)。

94. 标准化酒方(Standardized Recipes):调酒时每道饮料都有特定的原料与数量,以保证产品的一致性(Consistency)。

95. 矿泉水(Spring Water):从天然矿泉水源区所采集的水。

96. 专利名称(Proprietary Name):指葡萄酒专属于特定的葡萄园主或产制者、装瓶者、运输者,又名 Brand-name(商标)。在法国则称之为 Monopole(专利,专卖)。

97. 软木塞起子(Corkscrew):起子螺旋部分叫 worm。拔葡萄酒瓶软木塞时,要采取两阶段钻入拔起法开瓶,以确保软木塞不会碎裂或折断。

98. 低卡路里啤酒(Low-calorie Beer):啤酒 Pilsner 比一般啤酒有较高的酒精度与热量。市场上常见的 Lite Beer 或 Light Beer,是指低卡路里啤酒而非指颜色的清淡或酒精度较低的啤酒。

99. 斯内普(Schnapps):是指一类产自欧洲的辛辣烈酒。普受欢迎的风味汁有苹果、薄荷、桃子、黑莓、肉桂(Cinnamon)及野莓(Wild Berry)等,其中桃子斯内普特别受消费者喜爱。

100. 冰糖和裸麦制成的威士忌(Rock and Rye):一种琥珀色的美国香甜酒,用裸麦威士忌(Rye Whisky)和冰糖(Rock Candy)制成。

101. 玛黛拉(Madeira):一种类似西班牙雪利酒(Sherry)的酒,传统上产于非洲西北海岸一个拥有 8 个小岛的马德拉群岛(Madeira Islands)。

5~2 商业酒吧中常见的调酒器材

商业酒吧里常可看到下述几种标准调酒器材:

1. 软木塞起子(Corkscrew):开葡萄酒瓶专用,款式甚多,但只有 Waiter's Corkscrew 拔塞器最实用。

2. 盐罐或盐瓶(Salt Container)。

3. 胡椒罐(Pepper Container)。

4. 糖罐或糖盒(Sugar Container)。

5. 酒吧棉毛巾(Bar Towel):须注意这种毛巾不是用来擦杯子的,杯子一般要晾干(Air Dry)。

6. 挤碎棒或捣碎棒(Muddler):有长短不一的 3 种规格。

7. 调拌杯(Mixing Cup)：是 16 oz. 的厚重大杯。

8. 调饮料用量杯(Measuring Jigger)：透明的最佳,有 1 oz.、½ oz.、¼ oz.、¾ oz.、$1\frac{1}{2}$ oz. 5 种刻度。

9. 不锈钢摇荡器(Stainless Steel Shaker)。

10. 玻璃摇荡器(Glass Shaker)：须加不锈钢套筒一起使用。

11. 酒吧匙(Bar Spoon)：长的使用起来较方便。

12. 滤水器或过滤器(Strainer)：用来隔冰块。

13. 冰铲(Ice Scoop)：塑胶制的不易把杯子撞破。

14. 开瓶器和开罐器(Bottle & Can Opener)。

15. 酒嘴(Pourer)：有定量与不定量的两种,可根据爱好选择使用。

(1) 搅碎机(Blender)：塑胶制的壶身不会吸收寒气,与金属制或玻璃制的壶身相比,塑胶制的搅碎机在调制雪泥饮料时常较迅速。

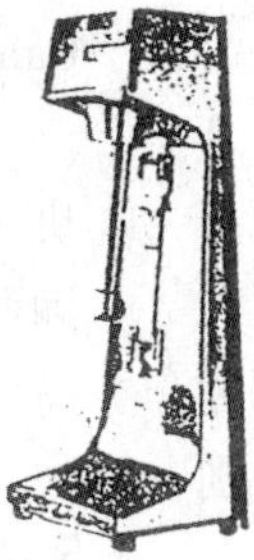

(2) 电动混合机(Mixer)：调匀混合发泡的效果非常好,可完全取代手工摇荡器(Shaker)。

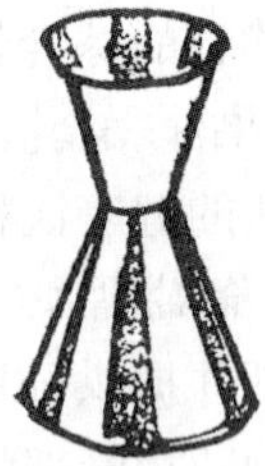

(3) 调酒用量杯(Jigger)：一端是 1oz.,另一端是 $1\frac{1}{2}$ oz.。调酒一定要使用量杯,绝对要养成控制成本的好习惯。

(4) 鸡尾酒常用的吸管(Straws)及搅拌棒(Stir Sticks)。

(5) 挤碎棒或捣碎棒(Muddler)：木制的小短棒。挤压薄荷叶汁、方糖或水果时才会用到,平常很少用。

(6) 五颜六色的塑胶剑叉(Sword Pick),常用来串叉酒店自创的组合性装饰物。

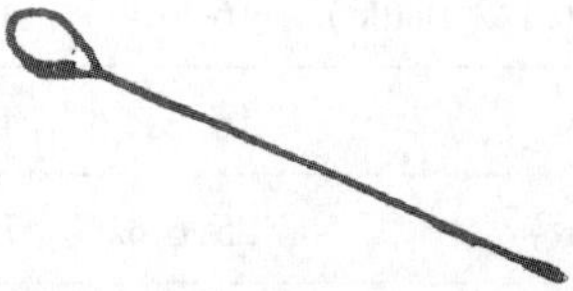

(7) 长条状的不锈钢酒吧匙(Bar Spoon)：长达12英寸即30公分的使用起来较方便。

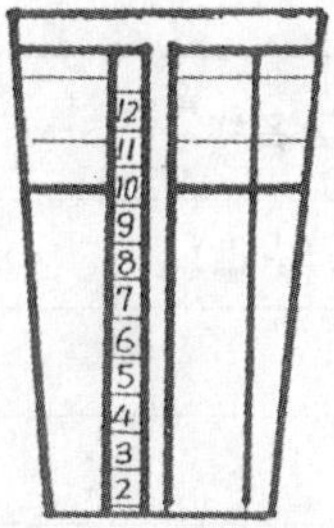

(8) 玻璃制调拌杯(Mixing Cup)：操作时冷却很快，由于观察透明玻璃杯内的颜色，所以容易发现是否忘记添加某种酒材。操作透明化，可节省时间并抓住客人的注意力并获得信任。

5~3 商业酒吧常用的计量标准

(一) 酒吧常见的计量标准

计量名称	计量英文名称	Fluid oz.(英制)	Metric(公制)
撒少许/少量的	Dash(Splash)	1/32 oz.	0.9 mL
酒吧匙	Bar Spoon	⅛ oz.	3.7 mL
正餐汤匙	Table Spoon	½ oz.	14.8 mL
小酒杯	Pony	1 oz.	29.5 mL
吞饮杯	Shot	1 oz.	29.5 mL
调酒用量杯	Jigger	$1\frac{1}{2}$ oz.	44.5 mL
明你儿雪(一口之量)	Miniature (Nip)	2 oz.	59.2 mL
斯普力(¼瓶)	Split (¼ Bottle)	6 oz.	177 mL
带耳大杯	Cup	8 oz.	236 mL
半品脱(¼夸脱)	Half Pint (¼ Quart)	8 oz.	236 mL
⅒加仑(⅘品脱)	Tenth (⅘ Pint)	12.8 oz.	378.8 mL

（续表）

计量名称	计量英文名称	Fluid oz.（英制）	Metric（公制）
品脱(½ 夸脱,½ 瓶)	Pint (1/2 Quart,1/2 Bottle)	16 oz.	472 mL
酒吧调拌杯	Bar Mixing Glass	16 oz.	472 mL
⅘ 夸脱	Fifth (4/5 Quart)	25.6 oz.	755.2 mL
夸脱(一瓶)	Quart (1 Bottle)	32 oz.	944 mL
1 升盛酒器	Litre Carafe	33.8 oz.	1000 mL
0.5 升盛酒器	Half Litre Carafe	16.9 oz.	500 mL
1.75 升瓶装	1.75 Litre	58 oz.	1750 mL
0.5 加仑	Half Gallon	64 oz.	1.893 L
加仑	Gallon	128 oz.	3.785 L

（二）美国计量系统对照表

⅛ 酒吧匙 = 1 Dash

½ 酒吧匙 = 30 滴(Drops)

1 酒吧匙 = ⅓ 汤匙或 60 滴

3 酒吧匙 = 1 汤匙或 ½ oz.

½ 汤匙 (Tablespoon) = $1\frac{1}{2}$酒吧匙

1 汤匙 = 3 酒吧匙或 ½ oz.

2 汤匙 = 1 oz.

3 汤匙 = $1\frac{1}{2}$oz. 或 1 Jigger

4 汤匙 = ¼ 杯或 2 oz.

5 ⅓ 汤匙 = ⅓ 杯(一杯是 8 oz.)或 5 汤匙加 1 酒吧匙

8 汤匙 = ½ 杯或 4 oz.

⅛ 杯 = 1 oz. 或 2 汤匙

¼ 杯 = 2 oz. 或 4 汤匙

⅓ 杯 = 5 汤匙加 1 酒吧匙

½ 杯 = 4 oz. 或 8 汤匙或 1 及耳(Gill)

1 杯 = 8oz. 或 ½ 品脱(Pint)或 16 汤匙

2 杯 = 1 品脱或 16 oz.

1 品脱 = 16 oz.

1 夸脱(Quart) = 2 品脱或 4 杯或 32 oz.

1 美国加仑(Gallon) = 4 夸脱或 8 品脱或 16 杯或 128 oz.(3.785 升)

2 加仑 = 1 配克(Peck)(8.81 升)

4 配克 = 1 蒲式耳(Bushel) = 8 加仑，约 36 升

（三）标准公制对照表

1. 体积(Volume)

¼ 酒吧匙 = 1.23 毫升(Milliliters)

¾ 酒吧匙 = 3.7 毫升

1 酒吧匙 = 4.93 毫升

2 酒吧匙 = 9.86 毫升

1 汤匙 = 14.79 毫升

1 液量盎司(Fluid Ounce) = 29.57 毫升,约等于 30 毫升,即 30cc

½ 杯 = 118.3 毫升

1 杯 = 236.59 毫升

2 杯 = 473.18 毫升

3 杯 = 709.77 毫升

4 杯 = 946.36 毫升

4 夸脱(1 加仑 Gallon) = 3.785 升(Liters)

2. 重量(Weight)

1 盎司(Ounce) = 28.35 克(Grams)

8 盎司(半磅) = 226.8 克

1 磅(Pound) = 16 oz. = 453.6 克 ≅ 454 克

2 磅 = 910 克(Grams)

1 千克(Kilogram) = 1 000 克 = 2 磅 + 3 盎司

(四) 瓶装烈酒与葡萄酒的公制容量(Metric Sizes)

1. 烈酒瓶公制标准容量

公制(Metric Size)	盎司对等量 oz.	每箱装瓶数
50 毫升(mL.)	1.7	120
100 毫升(mL.)	3.4	48
200 毫升(mL.)	6.8	48
375 毫升(mL.)	12.7	24
750 毫升(mL.)	25.4	12
1 升(Liter)	33.8	12
1.75 升	59.2	6

2. 葡萄酒瓶公制标准容量

包装名称	公制对等量	盎司对等量(oz.)	每箱装瓶数
¼瓶(Split)	187 毫升(mL.)	6.34	48
⅒加仑(Tenth)	375 毫升(mL.)	12.64	24
⅘夸脱(Fifth)	750 毫升(mL.)	25.36	12
葡萄酒夸脱(Quart)	1 升(Liter)	33.81	12
大酒瓶(Magnum)	1.5 升(Liter)	50.72	6
特大酒瓶(Jeroboam)	3 升(Liter)	101.44	4

3. 美国桶装啤酒的液体容量

啤酒桶(Kegs)规格	加仑对等量	公制对等量	盎司对等量	以 12 oz. 为单位计之容量
20 升	5.3 加仑	20 升	678 盎司	56
30 升	7.94 加仑	30 升	1016 盎司	84
50 升	13.2 加仑	50 升	1690 盎司	140
½桶	15.5 加仑	58.6 升	1984 盎司	165
¼桶	7.75 加仑	29.3 升	992 盎司	82
⅙桶	5.5 加仑	20.8 升	704 盎司	58

(五) 各种酒类所含热量(Calorie)分析表

饮料名称	每盎司所含卡路里(Calories)
24 度白葡萄酒(酒精浓度 12%)	23
24 度红葡萄酒(酒精浓度 12%)	23
啤酒(典型的美国啤酒)(酒精浓度 5%)	12
25 度香槟(酒精浓度 12.5%)	26
香甜酒(34~48 度,即酒精浓度 17%~24%)	86~105
其他纯饮的所有烈酒	每盎司所含卡路里
80 度烈酒(酒精浓度 40%)	65
86 度烈酒(酒精浓度 43%)	70
90 度烈酒(酒精浓度 45%)	74

古人曾言"借酒消愁愁更愁"。此话一点都不假,喝的越多,进入体内的热量就越多,肚子也就自然而然地越来越大,身体也更易"自我引爆"地垮掉。凡事应有所节制,绝不要放纵吃喝,适可而止的品享美酒才是上上之策,绝对不可狂饮、牛饮、暴饮地自残与残人。

5~4 常见鸡尾酒的专业缩写

掌握鸡尾酒名的缩写与简写(Abbreviation)有利于鸡尾酒服务员(Cocktail Server)书写点酒单,当然亦可节省调酒师阅读点酒单的时间。一个自成体系的鸡尾酒名缩写系统,能有效地实现下列 5 项功能:

(1) 节省服务员工作时间并提高工作效率。

(2) 提高各调酒师的工作效率。

(3) 为来宾提供正确、快捷的服务。

(4) 提高酒吧或餐厅的生产能力(Productivity)。

(5) 强化公司的收益绩效(Yield Performance)。

一家商业性酒吧或餐厅经营管理者必须整理与归纳出自我研发的缩写体系,否则很可能被迫采购并安装非常昂贵的电子计算机或终端机设备,如全功能体系的电子点菜与点酒系统(Computer Ordering System)。商业性酒吧中常使用下列这些缩写(Common Bar Abbreviations),须认真分析并加以适当运用。

1. 各类基酒的简写(House-Well Liquors)

G……Gin	Br……Brandy
R……Rum	Bo……Bourbon
V……Vodka	Wh……Whisky
S……Scotch	TQ……Tequila
Bl……Blend	Sec……Triple Sec

2. 调拌料(Mixers)的简写

C……Coke

O. J……Orange Juice

S……Soda

P. J……Pineapple Juice

T……Tonic Water

G. F……Grapefruit Juice

7……7-up

Cran……Cranberry Juice

W……Water

S & S……Sweet & Sour Mix

T. J……Tomato Juice

A. J……Apple Juice

L. J……Lime Juice

G. J……Grape Juice

3. 瓶装啤酒(Bottle Beer)的缩写

Michelob	Mich.
Michelob Light	Mich. Lt.
Budweiser	Bud.
Budweiser Light	Bud. Lt.
Molson Ale	Mol.
Heineken	Hein.
Heineken Dark	Hein. Dk.

4. 生啤酒(Draft Beer)的缩写

Miller Draft	M/Draft, M/Dra
Miller Lite Draft	M/Lt Dra

5. 葡萄酒(Wine)的缩写

Burgundy	Burg.
Rosé	Rosé.
Chablis	Chab.

6. 雪利酒(Sherry)的缩写

Dry Sac	Sac
Harvey's Bristol Cream	HBC

7. 各类品牌烈酒的缩写

(1) 白兰地酒(Brandy)

Christian Brothers	Chris. Bros.
Korbel	Kor

(2) 爱尔兰威士忌(Irish Whisky)

John Jameson	Jameson
Bushmills	Bush

(3) 波旁威士忌(Bourbon Whisky)

Jack Daniel's	JD
Early Times	E. T.
Wild Turkey	WT
Jim Beam	Beam
Old Grand-Dad	OGD

(4) 苏格兰威士忌(Scotch Whisky)

Chivas Regal	Chiv.
Cutty Sark	Cutty
Dewar's White Label	Dew.
J & B (Justerini & Brooks)	JB
Johnnie Walker Red	JWR
Johnnie Walker Black	JWB

(5) 美、加调和威士忌(Blended Whisky)

Canadian Club	C. C.
Seagram's VO	V. O.
Seagram's 7	7
Seagram's Crown Royal	CR

(6) 伏特加酒(Vodka)

Finlandia	Fin.
Absolut	Abs.
Smirnoff	Smir.
Stolichnaya	Stoli.

(7) 杜松子酒/金酒(Gin)

Bombay	Bom.

Beefeater	Beef.
Tanqueray	Tanq.
Gordon's	Gord.

(8) 朗姆酒(Rum)

Bacardi Light	Bac. Lt
Bacardi Dark	Bac. Dk
Bacardi 151	151
Meyer's (a dark rum)	Mey

8. 香甜酒的缩写

Apricot Brandy	Apr. Br.
Cherry Brandy	Ch. Br.
Dubonnet Red	Dub. R
Anisette	Anis.
Brandy & Bénédictiné	B & B
Bénédictiné	Bened.
Cointreau	Coin
Drambuie	Dram.
Galliano	Galli.
Grand Marnier	Gr. Mar.
Kahlúa	Kah.
Triple Sec	Sec
Sloe Gin	Sloe
Southern Comfort	S. C.
Tia Maria	Tia
Peppermint Schnapps	Pep. Schn
Amaretto	Amar.
Crèeme de Almond	Cr. Almon.
Crème de Banana	Cr. Ban.
Crème de Cacao Light	Lt. Cacao
Crème de Cacao Dark	Dk. Cacao
Crème de Menthe Light	Lt. Ment.
Crème de Menthe Dark	Dk. Ment.
Dry Vermouth	Dry Verm.
Sweet Vermouth	Swt. Verm.

9. 装饰物(Garnishes)的简写

TW……Twist(多指的是小长条的柠檬皮)

Cherry……Cherry

OL……Olive

ON……Onion

Lem Wed……Lemon Wedge (黄柠檬角)

Li Wed……Lime Wedge (青柠檬角)

Li Whi……Lime Wheel (青柠檬圆片)

Flag……Cherry & Orange (on a pick) (橘子旗)

10. 服务(Serving)方面的简写

X……On the Rocks (over ice)

↑……Straight Up (in a cocktail glass)

SB……Soda Back (伴随一小杯苏打水)

WB……Water Back (伴随一小杯饮用水)

RE……Repeat (same drinks on ticket reordered)

Dry……Dry

XDry……Extra dry

Dbl……Double (2 hi-balls in 1 tall glass,意指烈酒量加倍其他调配料则不变)

Swt……Sweet(甜)

Per……Perfect(十全十美)

11. 点酒时烈酒酒名写在前面,调拌料写在后面,例如:

Scotch & Water……S/W

Bourbon & Water……B/W

Scotch & Soda……S/S

Gin & Tonic……G/T

Rum & Coke……R/C

Bourbon & Seven-Up……B/7

Bourbon & Ginger Ale……B/G

12. 酒的任何相关资料一定要写在缩写的酒名前,例如:

正确写法: Dry Man; Swt. O. F. ,; Per. Man. ;

错误写法: Man. Dry; O. F. Swt. ; Man. Per.

13. 点酒时,来宾若指定以特别品牌的酒来替代基酒,则要将指定酒名的缩写写在前面,如:

正确写法: Tanq. Mart. ; Weller Man. ; Chiv. Rob Roy;

错误写法: Tanq. Gin Mart. ; Weller Bourbon Man. ; Chiv. Scotch Rob Roy。

14. 来宾点酒时关于其酒的服务方式、装饰或任何特别要求应记在缩写酒名之后,例如:

W/Sour X; B/7 Tw; Per. OGD Man. X WB.

15. 酒名的缩写,需由专业的酒吧经理或调酒师与业主一起协商,讨论决定。一旦公布后,应严格要求所有员工一律遵照既定缩写系统来记录客人所点的美酒与佳肴(点菜也应发展出一套系统的缩写方法)。

5~5 商业酒吧点酒缩写法介绍

详细的酒吧常用标准缩写法,请查考下列一览表。

(一) 各类基酒的简写(Well Liquor Abbreviations)

Bourbon = B/ Scotch = S/

Brandy = Br/ Tequila = T/

Gin = G/ Vodka = V/

Rum = R/

(二) 点叫品牌烈酒的缩写(Called Brand Liquor Abbreviations)

1. 美国威士忌(American Whisky)

Early Times = Early/

Old Granddad 86.8 = Dad 86/

Jack Daniel's = Jack/或 Dan/

Seagram's 7 = 7/

Jim Beam = Beam/

Wild Turkey 80 = Turk 80/

Maker's Mark = Makers/

Wild Turkey 101 = Turk 101/

Old Granddad 100 = Dad 100/

2. 白兰地(Brandy)

Christian Brothers = Bros/或 BR/

Metaxa 5-Star = Metax 5/

E. & J. Brandy = E & J/或 EJ/

Metaxa 7-Star = Metax 7/

3. 加拿大威士忌(Canadian Whisky)

Black Velvet = Velvet/

Canadian Mist = C. Mist/

Canadian Club = CC/

Crown Royal = Crown/或 CR/

Canadian Club 12 year = CC 12/

Seagram's VO = VO/

4. 干邑白兰地(Cognac Brandy)

Courvoisier = Cour/VS

Mart VSOP/
Cour VSOP/
Mart Cordon/
Cour Nap/
Remy Martin = Remy/VS/
Hennessy = Henn/VS/
Remy VSOP/
Henn VSOP/
Remy Nap/
Henn XO/
Remy XO/
Martell = Mart VS/

5. 杜松子酒/金酒(Gin)

Beefeater = Beef/
Gordon's = Gord/
Bombay = Bom/
Tanqueray = Tanq/
Bombay Saphire = BomSap/

6. 爱尔兰威士忌(Irish Whisky)

John Jameson = James/
Paddy's = Paddys/
Murphy's = Murphy/
Power's = Powers/
Old Bushmills = Bush/

7. 朗姆酒(Rum)

Bacardi Black Label = Bac Bl/
Bacardi 151 = 151/
Bacardi Gold Reserve = Bac Gold/
Myers's Jamaican = Myers/
Bacardi Light = Bac Lt/
Ron Rico = Rico/

8. 苏格兰调拌威士忌(Scotch Blended Whiskies)

Chivas Regal 12 Year = Chivas/
Haig & Haig Pinch = Pinch/
Chivas Royal Salute = Salute/
J & B = JB/
Cutty Sark = Cutty/
Teacher's = Teach/
Cutty Sark 12 Year = Cutty 12/
Johnnie Walker Black Label = Black/
Dewar's White Label = Dewars/
Johnnie Walker Red Label = Red/
Dewar's 12 Year = Dewars 12/

9. 苏格兰纯麦(单麦芽)威士忌(Scotch Single Malt Whiskies)

Balvenie = Balv/
Glenfiddich = Fiddich/
Bruichladdich = Bruich/
Glenlivet = Glen/
Glendronach = Glendron/
Glenmorangie = Morangie/
Glenfarcas = Glenfar/

10. 龙舌兰酒(Tequila)

Cuervo Especial = Cuersp/
Sauza Conmemorativo = Conmem/
Cuervo 1800 = 1800/
Sauza Hornitos = Horni/
Herredura Añejo = Añejo/
Sauza Tres Generations = Sauza 3/
Herredura Gold = Herr G/

11. 伏特加酒(Vodka)

Absolut Citron = Citron/
Stolichnaya Cristall = Stoli Cris/
Absolut Peppar = Peppar/
Stolichnaya 80 = Stoli/

Absolut 80 = Abso/

Stolichnaya Limonnaya = Stq Limon/

Finlandia 80 = Fin/

Stolichnaya Pertsovka = Perts/

Gordon's = Gord/

Tanqueray Sterling = Sterling/

Smirnoff = Smir/

（三）美国产及其他香甜酒的缩写（American Liqueurs & Others Abbreviations）

Amaretto di Saronno = Amar/

Galliano = Galli/

Anisette = Anise/

Grand Marnier = Marnier/

Baileys Irish Cream = Baileys/

Kahlúa = Kah/

Benedictine D. O. M. = Bene/

Midori = Midori/

Blue Curaçao = Blue Cura/

Nassau Royale = Nassau/

Campari Aperitivo = Camp/

Ouzo = Ouzo/

Chambord = Chamb/

Peach Brandy = Peach Br/

Chartreuse（Green）= Gr Chart/

Peach Schnapps = Peach Sch/

Cinnamon Schnapps = Cinn/

Peppermint Schnapps = Pep Schnapps/

Cointreau = Coin/

Rumple Minze = Rumple/

Crème de Banana = Banana/

Sambuca = Sambuca/

Crème de Cacao（Dark）= DK CDC/

Sloe Gin = Sloe/

Crème de Cacao（White）（clear）= Wht CDC/

Southern Comfort = Comfort/

Tia Maria = Tia/

Crème de Menthe，Green = Gr CDM/

Triple Sec = Sec/

Crème de Menthe（White）（clear）= Wht CDM/

Tuaca = Tuaca/

Drambuie = Dram/

Wintergreen = Winter/

Frangelico = Fran/

Yukon Jack = Yukon/

（四）调制指令的简写（Pouring Instructions Abbreviations）

伴随 Back = /Bk

加入冰块 Rocks = /R 或/X

酒精分量加倍 Double = Dbl/

吞饮 Shot = Shot/

辛辣 Dry = Dry/

撒 Splash = Spl/

特别辛辣 Extra Dry = XDry/

不加冰块 Straight Up = /Up 或↑

内碎冰 Mist = /Mist

采用高圆杯 Tall = Tall/

纯饮 Neat = /Neat

加柠檬皮 Twist = /Tw

橄榄 Olive = /Ol 或/O

不加入烈酒饮料 Virgin = Virgin/

十全十美 Perfect = Perf/

加入搭配 With = /With

（五）调拌料的缩写（Mixers Abbreviations）

Coffee = /Cof

Orange Juice = /OJ

Cola = /C

Pineapple Juice = /Pine 或/PJ

Cranberry Juice = /Cran

Seltzer or Soda Water = /S

Diet Cola = /DC 或/Diet

7-up = /7

Ginger Ale = /Ginger

Sweet and Sour = /S & S

Grapefruit Juice = /GFJ 或/Gf

Tomato Juice = /Tom = /TJ

Half & Half Cream = /Cream 或/Cr

Water = /W

Mineral Water = /Mineral

（六）饮料名的缩写（Drink Name Abbreviations）

Black Russian = Bl Russ

Mai Tai = Maitai

Bloody Maria = Maria

Manhattan = Man

Bloody Mary = Mary

Margarita = Marg 或 Rita

Bocci Ball = Bocci

Martini = Marti

Brandy Alexander = Alex 或 Br/Alex

Melon Ball = Melon 或 Melon Ball

Brandy Manhattan = Br/Man

Midori Driver = Mid/OJ

Cape Codder = Capecod

Old Fashion = O. F. 或 Old Fash

Colorado Bulldog = Bulldog

Old Fashion/Muddled
= O. F. /Mud 或 Old Fash/Mud

Cuba Libre = Cuba

Piña Colada = Piña

Daiquiri = Daiq

Pink Lady = Lady

Dry Manhattan = Dry/Man

Pink Squirrel = Squirrel

Dry Martini = Dry/Marti

Planters Punch = Planters

Dry Rob Roy = Dry/Rob

Premium Margarita = Prem/Marg

Dry Vodka Martini = Dry/V/Marti

Premium White Russian = Prem/Wh/Russ

Extra Dry Martini = XDry/Marti

Presbyterian = /Presby

Rob Roy = Rob

Rusty Nail = Rusty 或 Nail

Freddy Fudpucker = Freddy

Scream Orgasm = Screaming O

Fuzzy Navel = Navel

Screwdriver = Screw 或 Driver

Godfather = Father

Seabreeze = Breeze

Godmother = God/Mom 或 Mother

Sex on the Beach = Sex

Golden Cadillac = Caddy 或 Gld Caddy

Silk Panties = Panties

Golden Dream = Gld Dream

Silver Cloud = Sil/Cloud

Grasshopper = Grass

Singapore Sling = Sling

Greyhound = Greyhnd

Stinger = Sting

Harvey Wallbanger = Harvey 或 Banger

Tequila Sunrise = Sunrise

Irish Coffee = Irish

Toasted Almond = Tst Almond

John Collins = John Col 或 John

Tom Collins = Tom Col 或 Tom

Kahlúa Colada = Kah/Lada

Velvet Hammer = Hammer

Kamikaze = Kami

Virgin Mary = Virg/Mary

Keoki Coffee = Keoki

Vodka Gimlet = V/Gim

Kir = Kir

Vodka Martini = V/Marti

Kir Royale = Kir/Royal

White Russian = Wh/Russ

Long Island Iced Tea = Tea

（七）点酒指令缩写范例（Samples of Drink Orders）

一个缩写的点酒指令必须包含顾客偏好与调制要求的所有信息，如辛辣（Dry）、任何特别点叫的烈酒的品牌与酒名、鸡尾酒名称和调制要求或调酒指令（Pouring Instruction）等。传统上点酒的缩写方程式（Formula）是“款式/品牌/饮料名/调制要求”。下面列举9个点酒缩写范例，并加注了说明，希望读者在领会后能灵活地加以使用。

1. Perf/Chivas/Rob/up = Perfect Chivas Regal Rob Roy, Striaght Up

2. Jack/Man/R = Jack Daniel's Manhattan, On the Rocks

3. Tanq/T = Tanqueray Gin and Tonic

4. Stoli/OJ = Stolichnaya Vodka and Orange Juice

5. Kah/Cof = Kahlúa and Coffee

6. XDRY/Bomb/Marti/Up/Tw = Extra Dry Bombay Gin Martini, Straight Up, With a Twist

7. DBL/7/7 = Double Seagram's Seven and 7-up

8. T/BacL./C = Tall Bacardi Light Rum and Coke

9. Black/W = Johnnie Walker Black Label and Water

5-6 对国际知名美酒的认识

1. Cointreau Liqueur：一种产于法国昂热（Angers）地区的柑橘香甜酒，由产于西班牙、法国及巴西的甜橘子皮与产自南美的苦的未成熟的橘子皮调合后，经两次蒸馏而制成。酒精度为80度。

2. Courvoisier Cognac：产于法国 Jamac 地区的一种著名且卓越的干邑白兰地（Cognac Brandy）。Courvoisier V. S. O. P. 是将精致的香槟窖藏在利穆兴地区（Limousin）橡木酒桶中至少8年，但大部分窖藏超过12年之久。酒精度为80度。

3. Crème de Cacao：带有可可与香草豆风味的香甜酒，有淡色与深棕色两种，除了颜色差异外，二者几乎没有什么不同。酒精度在50～60度之间。

4. Crème de Menthe：带有各种薄荷

风味的香甜酒，有绿色与无色两种，二者的差别仅是颜色不同而已。酒精度为60度。

5. Créme de Noyaux：使用压碎的杏桃及核子的核仁制成，是一种带有杏仁风味的香甜酒。酒精度为54~56度。

6. Damrak Amsterdam Gin：产于阿姆斯特丹城，由谷物、麦芽制成的杜松子酒再加上17种芳香植物蒸馏5次而制成，由Lucas Bds公司产制。酒精度为83.6度。

7. Cruzan Estate Rums：产于美属维尔京群岛中的圣克罗伊岛（Saint Croix），是将连续蒸馏的朗姆酒调和后，再清淡地过滤，并贮存于美国橡木大酒桶陈年熟成。圣克罗伊淡色朗姆酒（Cruzan Estate Light）需陈存2~3年，圣克罗伊深色朗姆酒（Cruzan Estate Dark）陈存2~4年，圣克伊钻石朗姆酒（Cruzan Estate Diamond）陈存5~10年。酒精度是80度。

8. Cruzan Fruit-Flavored Rums：产于美属维尔京群岛（Virgin Islands），是将经连续蒸馏的朗姆酒调和后装入橡木大酒桶中陈年2~3年，再经木炭过滤与添加自然风味而制成。Cruzan水果风味朗姆酒有香蕉、椰子、柑橘、凤梨及橘子等种类。酒精度为55度。

9. Dekuyper Buttershots Schnapps：是一种无色烈酒，是由谷物制成的烈酒加上黄油威士忌风味而制成。酒精度只有30度。

10. Cruzan Rum Cream：一种产于爱尔兰的香甜酒，由爱尔兰鲜奶油、焦糖、香草及圣克罗伊（Cruzan）淡朗姆酒而制成。酒精度只有34度。

11. Dekuyper Hot Damn Cinnamon Schnapps：一种由谷物烈酒及肉桂油制成的无色烈酒。酒精度只有30度。

12. Dekuyper Peach Pucker：一种带有甜酸及桃子口味的酒，是由谷物烈酒及自然调味料所制成，酒精度为30度。另外一款同质产品是Dekuyper Peachtree Schnapps，两款酒同样深受消费者喜爱，Schnapps是德式无色烈酒。

13. Fernet Branca：一种意大利医药用的苦精，带有新鲜薄荷叶风味。酒精度是80度。

14. Extase XO Liqueur：产于法国第戎（Dijon）地区的一款香甜酒，是以陈年高达25年的A. Hardy X. O.顶级香槟干邑为基酒，加入产于荷属库拉索岛（Curaçao）的橘子皮而制成。酒精度是80度。

15. El Tesoro De Don Felipe Fequilas：产于墨西哥的瓜达拉哈拉（Guadalajara），是一种使用100%纯龙舌兰（Agave）为原料经手工精心制作而成的极品龙舌兰酒，产品线有Silver、Reposado、Añejo和El Tesoro Paradiso 4款。酒精度是80度。

问题探讨

1. 酒吧常用的专有名词有很多，请解释下述5个名词：Aperitif、Brut、Jigger、Proof和Requistion Sheet。

2. 商业酒吧中常见的标准器材有哪些？

3. 酒吧常用的计量标准采用英制，但

你熟悉英制换成公制吗？请说明下述5个计量：Shot、Jigger、Cup、Quart和Gallon。

4. 一个良好的鸡尾酒名缩写系统经具体贯彻执行后可收获哪些功效？

5. 您能凭记忆写出5则点酒指令缩写范例吗？

6. 国际上制冰机的制造厂商很多，但哪家厂商的产品品质最佳？

7. 美国哪家厂商生产的打雪泥的搅拌机(Blender)功能最好？

8. 插在瓶口上的酒嘴或倒酒器(Pourer)有无控制成本的经济效益？

9. 国际上制造节流器(spout)或倒酒器的众多厂商中，以美国哪家厂商的产品为最优？

10. 量杯(Jigger)应使用不锈钢杯还是透明的塑胶杯？你能说明其原由吗？

第六章

调酒师工作须知与团队合作实践

Bartender's Working Guide & Pragmatic Teamwork

☞学习目的

了解：1. 调酒师应贯彻执行的工作须知

2. 调酒师对酒精饮料服务应有的认识
3. 调酒师调制酒精饮料时的基本服务(Bartender's Basic Drink Service)
4. 调酒师在营运前应检查的工作项目(Bartender's Opening Checklist)
5. 调酒师在工作结束下班前应检查的工作项目(Typical Bartender Closing Procedures)
6. 记忆鸡尾酒的高效秘诀(Tips of Memorization)
7. 团队合作的实践方程式(Formula of Teamwork)
8. 使用头脑风暴法/脑力激荡术(Brainstorming)时应有的正确认识
9. 国际调酒初学者的自我测试
10. 国际调酒师的酒精饮料服务的自我测试(Alcohol Service Test)
11. 对国际知名美酒的认识

6-1 调酒师应贯彻执行的工作须知

具有国际水平调酒能力的专业调酒师,除应具备高超的调酒技艺与酒吧管理知识外,还应遵守下列20项重要的工作须知。

1. 始终保持整洁、干净的仪容,面对客人时,应面带微笑。

2. 为客人调好酒后应立即回到酒吧工作位置,不可窃听顾客间的谈话。除非顾客有吩咐或邀请,应避免介入交谈。万一介入交谈,话语务必保持中性与中立,以防突生事端。

3. 强化并养成良好的记忆。熟记客人的面貌以及他们所喜爱喝的酒。当客人进入酒吧时,应以热烈而恳切的态度向他打招呼,并能立即叫出其名字与头衔。

4. 谦恭地处理抱怨事件,并勇于接受顾客的抱怨。绝对不可纠正客人的错误,或是不按客人指令调酒。

5. 不可催促客人喝酒,也不可因客人喝得少而流露出不耐烦的表情。

6. 接听电话不可大声喧嚷。如对方要找店中的某位顾客,应先以"请稍候"来回答,然后再征求顾客的意见是否接听,或由顾客本人亲自接听。

7. 同事相处要友善、合作、礼貌(Courtesy)和体贴,并时时强化团队合作(Teamwork)精神。

8. 熟记酒方,在调制普通鸡尾酒时,应避免翻查酒方或酒谱(Recipes)。

9. 调酒时,应先将酒杯置于吧台上。一杯以上者,可将杯子排成一排,杯缘相接,务必要让客人看到倒酒和调酒的所有动作。

10. 调制一杯以上相同的酒,由调拌杯或摇荡器倒入杯中时,应以平均法倒入,即由右至左,再由左至右,两次平均分配。

11. 每次倒完酒后,应立即将酒瓶放回定位,其他用具也是如此。不管多么忙碌,都绝不可破例。

12. 调制任何鸡尾酒都应按酒方操作。只有一个例外,那就是依照顾客的意见需要改变酒方。

13. 准确量测每杯酒的分量。若杯子已装满,而摇荡器里仍有剩余的酒,那就会给老板与企业带来损失,同时也是调酒师所造成的无谓浪费。

14. 老板在订立酒价时,调酒师应该提供意见。为扩大销售量,价格不宜定得太高。

15. 需要摇荡的酒,应以快速的动作摇荡,时间不可拖长,以免冰融化使酒被过分稀释而使酒变淡甚至走味。

16. 始终保持酒吧工作区域(Bar Station)的整洁有序。

17. 收银机里的钞票应认真、细心地处理,绝对不能发生短缺或差误之事。

18. 真诚务实地提供尽善尽美的服务,除满足客人的需要(Needs)外,还应超越其期望(Expect),如此方可创造重复性的(Repeated)"喜悦的客人"。

19. 努力发展"喜悦的客人",希望能由他们来传播赞美本酒吧的言语,以收到口碑(Words of Mouth)宣传的行销推广的效果。

20. 做一切能做的事,务必使客人能开心、喜悦地成为忠实的常客。

6~2 调酒师对酒精饮料服务应有的认识

调酒师是面对客人、服务客人的一线工作人员,因此对产品与服务的特质、服务的策略、基本酒精饮料服务(Bartender's Basic Drink Service)及工作流程与细节等方面,都应有明晰且透彻的全面认识,如表6-1和图6-1所示。

表6-1 产品与服务的特征比较

产品(Goods)	服务(Service)
有形的(Tangible)	无形的(Intangible)
不可毁坏的(Not Perishable)	易毁坏的(Perishable)
远离消费者生产(Production distant from Customer)	面对客人或来宾(Facing Customers)
在产品销售点采购(Purchased at a number of Outlets)	消费者在创作地点享用或消费服务(Enjoy the Product or Service at the Spot of Creation)
大批量生产(Mass Produced)	单一生产(Singularly Produced)
标准化(Standardized)	有差异(Variable)
设备密集(Equipment Intensive)	劳力密集(Labor Intensive)
资本密集(Capital Intensive)	高人员流动率(High Employee Turnover Rate)

(1)服务的金三角的核心目标是针对现有顾客及非顾客或潜在顾客(Potential Customers)而言。

(2)三角形的上端是指公司所拟订的全方位的服务策略(All Phase Service Strategy)。

(3)三角形的右下角是指友善的工作同事与大环境。

(4)三角形的左下角是指公司特有的有效的管理系统。

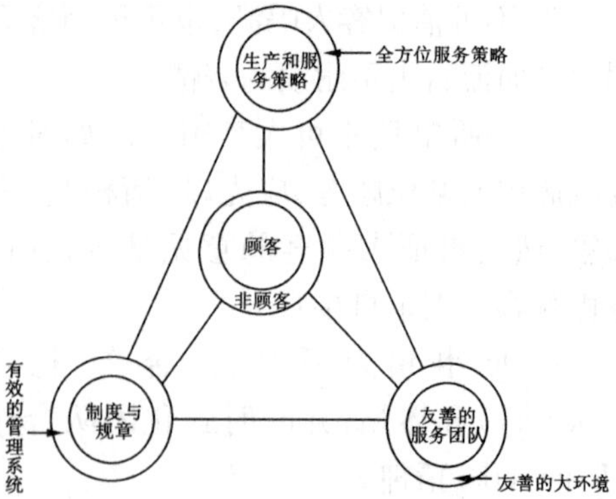

图6-1 服务的金三角(The Service Golden Triangle)策略

(5) 服务的金三角策略的作用在于提升服务品质,强化市场竞争力,并扩大市场占有率。

(6) 守时是提供完美服务的一项重要条件,及时地温馨服务,则更是抓住客人的有效良方。

(7) 团队合作(Teamwork)精神的建设与正确观念的养成,是缔造极品服务的重要训练要点。

(8) 合理的薪资、福利与升迁制度,以及和谐的工作环境与喜悦气氛,是贯彻服务策略的最重要方法。

6~3 调酒师调制酒精饮料时的基本服务(Bartender's Basic Drink Service)

1. 将鸡尾酒纸巾(Cocktail Napkin)放在客人面前,把酒店的商标(Logo)面对客人,然后笑着道声:"晚上好! 我能为您调个什么酒?"(What can I serve you?)

2. 若有两位以上来宾莅临酒吧,应由左向右点取客人的酒精饮料。

3. 女士始终优先服务,点取酒名后要复诵,以避免产生错误。

4. 对客人的特殊要求,必须给予特别的注意,例如:"with a Twist","No Garnish","on the Rocks"或"Very, Very Dry"等等力求不出错误,避免客人的不满意。同时要节省调酒的时间,并省去无谓的多余步骤(Extra Steps)。

5. 调酒时一定要使用量杯(Jigger),任何时候绝不可采取自由倒注法(Free Pouring),不可多倒(Over Pour),也不可偷工减料地少倒(Under Pour),同时应避免溅溢(Spillage)。

6. 所有饮料应依酒方的规定调制,并采用正确的杯子、原材料、方法及装饰物。当客人有特殊要求时,方可依其要求调整调制方法。

7. 服务饮料女士优先,饮料服务完毕,应告知来宾账单的消费总金额,收得钱款后应放入收银机内(Ring Up the Sale)。

8. 从客人手中接受现金时,一定要注意纸钞的票额大小(Denomination),并轻声告知来宾。有时消费者往往会错认为给付了较高面额的纸币。

9. 客人一旦离开,应尽快地清理桌面或台面。烟灰缸与杯子不可放置于调酒轨道(Bar Gutter)(即吧台后端的排水槽轨道)中,必须立即取回放置于酒吧工作站的水槽中或滴水平台(Drainboard)上。

10. 不可以用手随便拿冰块,必须使用冰铲或夹子(Scoop or Tong)。绝不可用玻璃杯来铲冰块,这种危险行为常导致杯子破裂,而碎玻璃与冰块一旦混合,就根本无法找出玻璃碎片,结果导致整柜的冰都得立即倒掉,同时需要立即以热水冲洗冰柜。

11. 倒完酒后的酒瓶一律放回到原来位置上,所有器材物品一概放回到原来位置。

12. 保持机灵与敏捷的注意力,随时注意来宾的需求,并适时适当地促销各种美酒。

13. 酒杯内的酒不可倒得太满,否则

当客人拿起杯子时，容易溅溢。

14. 账单的金额计算力求正确，绝不可随意加价或收取额外的酒钱或服务费。

15. 客人离开时要向客人表示诚挚的谢意，并欢迎其早日再度光临。

6~4 调酒师在营运前应检查的工作项目(Bartender's Opening Checklist)

1. 检查酒吧工作区域的清洁卫生状况。

2. 上班前认真检查自身的清洁卫生状况，并且绝对要将整洁良好的专业仪表呈现给主管、业主以及来宾。

3. 检查酒吧中是否有异味（Bad Odors），如果有，将其清洁和消毒（Disinfect），前班次工作人员的不当之处应向经理或业主报告。

4. 盘点整理酒吧并补齐所有必备的原材料，例如吸管、杯垫、剑叉及新鲜水果等。

5. 认真查验标准库存水平（Par Levels）是否正确，是否已补足各种原材料。

6. 依据先进先出的原则(first in, first out 即 FIFO)来补充货物，经常需要查验并补充的货物(酒除外)大概如下：

(1) 凤梨汁(Pineapple Juice)

(2) 葡萄柚汁(Grapefruit Juice)

(3) 橘子汁(Orange Juice)

(4) 红玛丽调拌汁(Bloody Mary Mix，这不属于一开就可喝的饮料)

(5) 甜酸汁(Sweet & Sour)

(6) 精盐(Salt：Kosher or Coarse)

(7) 结晶糖(Sugar：Bulk)

(8) 糖包(Sugar：Packets)

(9) 辣酱油(Worcestershire Sauce)

(10) 辣椒汁(Tabasco Sauce)

(11) 鸡尾酒方纸巾(Napkins)

(12) 酒吧用棉毛巾(Bar Towels)

(13) 肉豆蔻(Nutmeg)

(14) 盐及胡椒(Salt & Pepper)

(15) 奶油或搀入牛奶等的稀奶油(Cream or Half & Half)

(16) 打到起泡的鲜奶油(Whipped Cream)

(17) 咖啡(Coffee)

7. 准备充分的酒吧调拌料，以满足主要的开放酒吧(Main Open Bar)及服务酒吧(Service Bar)的需求。

8. 准备充足的切割好的水果。如水果旗、楔形水果、水果圆圈、橄榄、洋葱、芹菜、楔形凤梨和柠檬果皮条(Lemon Twist)等。

9. 取得并放妥收银机中找零用的现金与硬币，同时备妥酒吧用账单(Secure Bank and Liquor Tickets)。

10. 用洗杯机来清洗脏杯，或在滴水台上与水槽中清洗相关器皿与设备。

11. 冰柜或冰槽加满冰，三槽式水槽分别加满水、清洁剂与消毒剂。

12. 检查酒吧工作站的烈酒存量，补足快速取酒架及背后酒吧所需的一切烈酒。

13. 所有烈酒及香甜酒的酒瓶要擦拭

干净，酒瓶标签朝向客人，酒嘴一律朝向左方。

14. 备妥工作时段（Work Shift）所需的调拌料、鸡尾酒配料、装饰物及冰块等等。

15. 检查收银机及计算机的纸带是否足够，日期也要调整为当日。检查信用卡刷卡机的凭单（Voucher）是否足够，机器的日期是否正确。

16. 检查冷藏柜中是否备好足够用的葡萄酒及啤酒，若有破裂的酒瓶应迅速清除。

17. Walk-in Cooler 或 Refrigerator（冰箱）的地板与底层，应清理干净并保持干燥。

18. 擦拭酒吧中的铜把、铜条及镜子等物，以营造明亮洁净的氛围。

19. 在酒吧台内外喷撒少许香精，以营造特殊主题的香气，吸引并取悦来宾。

20. 牢记下述备妥酒吧（Set up the Bar）的10项要务：

（1）3个水槽装满水：第一个水槽装温水和清洁剂（Detergent）；第二个水槽放冷水；第三个水槽加入杀菌剂（Sanitizer）。

（2）清洗并浸润杀菌所有脏的杯子与设备。

（3）吧台及酒吧轨道要清洗并擦干，酒吧轨道是藏污纳垢的地方，须仔细清理。

（4）水槽滴水平台要清洗并擦干净。

（5）冰槽（Ice Bins）要加满冰块。

（6）检查烈酒存量，必要时应补足快速取酒架及背后酒吧短缺的烈酒。

（7）需检查的调拌料（Check Your Mixes）有：

①甜化柠檬汁（Sweetened Lemon Juice）

②葡萄柚汁（Grapefruit Juice）

③奶油（Cream）或牛奶（Milk）

④橘子汁（Orange Juice）

⑤红玛丽调拌料（Bloody Mary Mix）

⑥青柠檬汁（Rose's Lime Juice），它是美国市面上最受欢迎的品牌饮料

（8）需检查的蔬果装饰物（Check Your Garnishes）计有：

①樱桃（Cherries）

②洋葱（Onions）

③青柠檬（Limes）

④橄榄（Olives）

⑤黄柠檬（Lemons）

⑥橘子片（Orange Slices）

（9）检查鸡尾酒备件的供给量（Check Supply of Cocktail Accessories）：

①纸巾（Napkins）

②吸管（Straws）

③小搅拌捧（Stirrers）

（10）要有足够的备料，以满足工作时段（Working Shift）的需求，要注意特殊假日活动的特别要求。

21. 基酒若采用750 mL瓶装酒，则必须备妥快速取酒架中经常置放的如下酒类：

①杜松子酒/金酒（Gin）

②伏特加酒

③朗姆酒（淡色和深色）（Rum Light and Dark）

④ 美国波旁威士忌(Bourbon Whisky)

⑤ 苏格兰威士忌(Scotch Whisky)

⑥ 墨西哥龙舌兰香甜酒(Tequila)

⑦ 苦艾酒(甜味和辛辣味)(Vermouth Sweet and Dry)

⑧ 红白葡萄酒(辛辣味)(Red and White Wine(Dry))

⑨ 白兰地、波尔图、雪利酒(Brandy, Port, Sherry)

⑩ 来宾喜爱的各色香甜酒(Any Assortment of Liqueurs Popular in Your Crowd)

22. 选择并补齐酒吧所需的调拌汁。常用的调拌汁有下述几种:

① 矿泉水(Mineral Water)

② 可乐(Coke)和健怡可乐(Diet Coke)

③ 姜汁汽车(Ginger Ale)

④ 苏打水或塞尔兹碳酸水(Club Soda or Seltzer)

⑤ 开胃水或奎宁水(Tonic or Quinine Water)

⑥ 柠檬/青柠檬苏打水(Lemon/Lime Sodas)

⑦ 新鲜水果果汁,如橘子、柚子、黄柠檬、青柠檬(Fresh Fruit Juices, Especially: Orange, Grapefruit, Lemon, Lime)

⑧ 其他果汁,如番茄、凤梨、蔓越莓/蔓越橘(Other juices: Tomato, Pineapple, Cranberry)

⑨ 糖浆(Sugar Syrup)和水果浓浆(Fruit Purees)

⑩ 水(一小水壶)及装水的水壶(Pitcher)

腐烂或走味的果汁及调拌汁必须丢弃,绝对不可使用,隔夜的遗留食物必须测试其品质来判断是否可再用或直接丢弃。

23. 备妥相关的酒吧装饰物,常见的装饰物有以下 18 种:

① 瓶装鸡尾酒洋葱(Jar of Cocktail Onions)

② 瓶装填塞的橄榄(Jar of Stuffed Olives)

③ 黄柠檬(Lemons)

④ 青柠檬(Limes)

⑤ 橘子(Oranges)

⑥ 草莓(Strawberries)

⑦ 芹菜秆(Celery Stalks)

⑧ 苦精(Bitters)

⑨ 糖浆(Sugar Syrup)

⑩ 肉桂棒(Cinnamon Sticks)

⑪ 薄荷叶(Mint Leaves)

⑫ 塔瓦斯科辣椒汁(Tabasco Sauce)

⑬ 伍斯特辣酱油(Worcestershire Sauce)

⑭ 辣根(Horseradish)

⑮ 大红樱桃(Maraschino Cherries)

⑯ 大黄瓜(Cucumber)

⑰ 凤梨(Pineapple)

⑱ 粗盐(Coarse Salt)

24. 特定的怪异热带饮料,常需添加下述添加物(Exotic Additions):

① 香蕉(Bananas: for Banana Daiquiri)

② 椰乳(Coconut Cream)(美国 Coco Lopéz 公司所生产的椰乳品质最佳)

③ 红石榴糖浆(Grenadine Syrup:

made from pomegranates)

④ 橘花水(Orange Flower Water)或以柑橘香甜酒来替代(or substituted by Triple Sec)

⑤ 杏仁糖浆(Orgeat Syrup:Almond-flavor Syrup)

⑥ 番木瓜汁(Papaya Juice)或新鲜番木瓜

⑦ 百香果汁(Passion-fruit Juice)

⑧ 覆盆子糖浆(Raspberry Syrup)

⑨ 淡奶油(Light Cream)

⑩ 浓奶油(Heavy Cream)

⑪ 起泡的奶油(Whipped Cream)

⑫ 绿香瓜(Honeydew)

⑬ 兰花(Orchid Flower)

⑭ 怪异的波利尼西亚人马克杯(Exotic Polynesian Mugs)

⑮ 新鲜的整个或半个凤梨

⑯ 酒吧糖浆:13 oz. 的水煮沸后加入1磅(16 oz.)的砂糖,然后熬成16 oz. 的糖浆(Bar Syrup)。

25. 备妥调酒用的苦精(Bitters)。酒吧中常见的苦精有下述4种:

① 安哥斯图拉树皮苦精(Angostura Bitters):是由特立尼达人(Trinidadian)的秘密酒方调制而成。

② 阿伯特陈年苦精(Abbott's Aged Bitters):早在1865年就在美国的巴尔的摩城(Baltimore)产制。

③ 倍巧特苦精(Peychaud's Bitters):产自美国路易斯安那州新奥尔良城(New Orleans)。

④ 柑橘苦精(Orange Bitters):由令人垂涎并会噘起嘴(mouth-puckering)想喝的干橘子皮制成,现仍由英商所经销。

26. 备妥酒店所选用的苦艾酒(Vermouth)。白色苦艾酒常被视为开胃酒,它是使用30~50种不同药草、根茎、浆果、花朵及种子调制而成;法国产制的辛辣味苦艾酒颜色淡金黄色,并带令人愉悦的果仁芳香味;意大利产的甜味苦艾酒,色红,富于风味,较易为糖浆醋化,开瓶后极易腐坏,所以必须加以冷藏。目前消费者普遍偏爱辛辣口味的鸡尾酒(Drier Cocktails),因而如今甜腻的苦艾酒或其他鸡尾酒的销售情况已大不如从前,并很难重振往日雄风。

27. 检查冰箱温度和生啤酒、碳酸调拌饮料的温度,冷藏最佳温度为35℉或2℃。详情请查阅图6-2的说明。

28. 检查生啤酒(Draft Beer)的供应系统:① 管线与啤酒铝桶的连接;② 流通管线;③ 试饮啤酒;④ 检查压力;⑤ 清洗倒酒的酒嘴;⑥ 检查啤酒保存室的温度(35~38℉最佳)。

29. 检查苏打水供应系统(Soda System):

① 清洗苏打酒枪。

② 检查各类苏打水铜瓶的状况。

③ 检查二氧化碳的压力或氮气的压力。

30. 备妥咖啡及相关点心(Snacks),注意咖啡豆是否受潮,点心是否新鲜。

6~5 调酒师在工作结束下班前应检查的工作项目(Typical Bartender Closing Procedures)

每日工作结束下班前,调酒师应检查并完成的工作项目有如下19项:

1. 营业结束前60分钟敲铃来告知所有顾客(Last Call),以使仍想喝酒的顾客可以再点或再买最后一杯酒,顾客若点酒,一旦供应完毕,随即结账收款。

2. 依单据编号整理所有客人的账单,结算出当日销售总额。

3. 清理所有装饰盒内的水果以及冰箱里的调拌料。

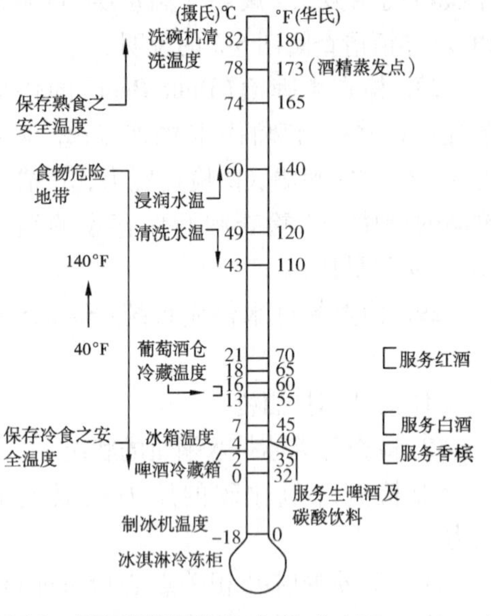

图6-2 酒吧冷藏温度(Bar's Cooling Temperatures)

说明:(1) 红葡萄酒常于室温情况下饮用(18~22℃)。

(2) 白葡萄酒需冷藏后再饮用,温度若太低,酒味不易散发,6~8℃是最佳饮用温度。

(3) 香槟酒则在2~4℃品尝口味较佳。

(4) 日本清酒(Saké)及台湾绍兴酒等则常在温热后饮用。

4. 浸泡所有被溅撒的软垫及器皿并加以清洗。

5. 擦干净酒吧工作区域的果汁搅拌机、调拌机(Mixer)、快速取酒架、水槽、酒架或酒柜、盐盒(Salt Rimmer)或糖盒(Sugar Rimmer),以及水槽前方和后方可能遭受溅撒的区域。

6. 擦干净并擦亮所有的不锈钢器皿及水槽(槽内的水需放净)。

7. 擦干净所有的酒瓶、酒架及阶梯置酒台或放酒架。

8. 重新排好快速取酒架,并添补各种烈酒及调拌料,同时应注意下述5项事项:

(1) 所有酒瓶标签面朝向前方,朝向顾客。

(2) 酒嘴朝向同一方向,使用右手者酒嘴朝左。

(3) 各种烈酒及香甜酒一律放回定位。

(4) 整理所有酒吧单据,整理销售方面的收据,需先获得经理的授权,情况需要时可请求协助。

(5) 补足消耗掉的啤酒及葡萄酒。

(6) 补足冰箱或冰柜中消耗掉的各种酒精性及非酒精性饮料。

9. 清洗所有烟灰缸及酒杯,并放回定位,清理并擦干净调酒轨道(Rail)。但目前新式的酒吧设计多已不装置调酒轨道了。

10. 清理快速取酒架里的所有基酒，并检查酒嘴是否装置妥当。

11. 将所有水果、鲜奶、奶油及已开瓶的葡萄酒和果汁放回冰箱中定位，同时要确定遵守 FIFO 的使用原则。

12. 清理烟灰缸时，不允许用酒吧毛巾来清理或擦拭，而应使用沾湿的鸡尾酒纸垫来擦拭。应学会废物再利用，不要浪费宝贵资源。

13. 将热水倒入生啤酒的排酒管中，以清除阻塞或气泡。

14. 整理置酒的阶梯酒台，并擦拭玻璃悬挂架，务必整齐一致，井然有序。

15. 酒吧台面可以喷上亮光剂，并以干布擦拭，使木面或石面吧台更加光亮诱人。

16. 计算所有现金收入及信用卡单据的销售总额，并填报每日销售报表。

17. 垃圾绝对不能留置酒吧过夜，酒吧桌椅要排列整齐。

18. 地面清扫后用拖把拖干净，再对各处死角喷洒消毒剂(Disinfectant)。

19. 擦亮酒吧区域所有铜制扶手、器皿、脚凳或任何客人触摸点。

6~6　记忆鸡尾酒的高效秘诀 (Tips of Memorization)

此处所叙述与介绍的各种鸡尾酒，是商业酒吧中较常见的知名酒品，为了能够牢记这些酒的调法，应买一盒 3″×5″的索引卡(Index Cards)，一面写上酒名，另一面写上酒方(Recipe)，然后加以背诵牢记。每次只研读、分析、记忆一道酒，大声读出酒名并说出酒方，然后查看卡片，看记得是否正确。已记熟的索引卡片放在一边，将仍需记忆与背诵的索引卡放在另一边，努力加以记忆，并邀请同学或朋友来实施口述测验，回答必须大声点。如此一来很快就能记熟各种重要鸡尾酒的调酒酒方。在研读与熟记本书各章节酒方时，应把握住下述几个学习秘诀：

1. 保持机敏：记忆时须仔细观察分析，并保持高度的专注力与集中力。

2. 运用联想法、联结法及想象力等方法来加深印象与记忆。

3. 经常复诵，用心默念(Repetition)：时时重复地在心中默念与记忆。

4. 重复书写，口背心记再加上手写，可强化记忆效果。

5. 将资料加以分类与组织，有利于加快记忆。

6. 保持轻松(Relax)，不要过分紧张，在安静、舒适、轻松的环境下记忆效果最佳，而全面地吸收相关专业知识也是迫切需要的。

7. 情境模拟与角色扮演，演练真实调酒的步骤或流程，并大声地说出酒方。此种记忆练习，有很好的学习效果。

8. 本书所列的鸡尾酒是目前常见常喝的酒，但各消费地区消费者的喜好不同，因此各地调制方法可能略有差异，需依客人的喜好稍作调整。

9. 常到超市或烈酒店观看实品真酒，

用心细念酒的商标，这样就容易记住各国各地的名酒。

10. 熟读书将使一位羽翼未丰的调酒生手变成一位国际化的专业调酒师。在开始进入下一单元前，可先来回答“初学者测试”(Quiz for Beginner)问卷中的所有问题，以自行作个判断，此举非常有利于学习效果的自我评估。

6~7　团队合作的实践方程式 (Formula of Teamwork)

餐饮服务与酒吧经营管理都属劳动密集型产业。在紧张忙碌的工作环境中，经常可看到员工结成许多小派系或小团体，遇有小事或纷争立即产生冲突(Confrontation)，这成为工作环境里潜伏的一颗不定时炸弹，只要一有事端或某人点燃了引线，这颗摧毁生产效率的“炸弹”就会随时爆发。所以，应该将工作中的破坏性的指责与对抗转化为动力与合作，唯有如此，才能达到员工(调酒师)、经理及业主三者皆大欢喜的成功经营目标。反之，员工间若只是勾心斗角、欺上瞒下，则组织必然涣散无力，企业必定难逃“树倒猢狲散，店垮人飘泊”的失败命运。

团队合作(Teamwork)是极为熟悉的一个名词，但知道其具体实践方程式(Formula)者，恐怕是凤毛鳞角。团队合作实践方程式的4项核心要领是：

(1) 设定目标(Goal Setting)；

(2) 人才储备(Talent Inventory)；

(3) 激励与改进方法(Motivation and Improvement Methods)；

(4) 有效沟通(Effective Communication)。

表6-2　团队合作方程式

<table>
<tr><td>人才储备
Talent Inventory</td><td>激励与改进方法
Motivation and Improvement Methods</td><td>设定目标
Goal Setting</td></tr>
<tr><td colspan="3">有效沟通
Effective Communication</td></tr>
</table>

(一) 设定目标(Goal Setting)的具体做法

(1) 设定目标是明确告知团队所有成员将奔向何方的书面说明。

(2) 设定目标时，先要分析团队本身实力、成员间的互动关系与向心力等。

(3) 近期性小目标(Objectives)与全面性大目标(Overall Goals)的设定必须与公司的指令与政策，或业主的委托任务与交付职责相符合。

(4) 要求团队全体成员用心投入，并针对全面性目标认真研究、思索分析确定可行的具体办法或战术。

(5) 经讨论取得共识并拟出团队目标后，要将目标明确地写下来。

(6) 团队制订全面性目标后，应将注意力集中于“为何有此问题(Why)”方面。而不是将注意力专注于“什么问题

(What)”的层次。

(7) 将大目标分解成小目标或阶段性目标,并将工作任务具体化、明确化与书面化。

(8) 达成阶段性目标应采取的策略、具体做法及进度控制等要书面化。

(9) 工作任务的明确与工作任务的分配应由全体成员共同讨论并决定。

(10) 为达成任务,应群策群力研究商讨可行的策略,并将拟定出的策略书面化。

(11) 行动方案的讨论与研拟。

(二) 人才储备(Talent Inventory)的具体做法

(1) 首先分析团队每个成员的能力,判断能否将各个人才组合后完成已定目标。

(2) 分析团队人才可以了解自身团队的实力,以协助拟订较佳的策略来达成目标。

(3) 成员能力分析,亦可促成团队成员技术能力及管理知识的有效提升。

(4) 设定目标后,要务实地分析为达到团队目标所需具备的专业知识与技能。

(5) 评估(Evaluate)团队每位成员的优点与缺点(Strengths/Weaknesses)。

(6) 比较团队成员所显示出的知识技能水平与达成目标所需具备的知识技能水平相差有多大。

(7) 当情况需要时,安排团体成员接受再教育与新的专业训练。

(8) 设定完成专业训练的时间进度表。

(9) 在团队成员成长导向下,尽可能设计一个有利于成员才能组合式成长的训练时间表,以强化其所需的专业知识与技能。

(10) 务实地拟订行动方案(Action Plans)。

(三) 激励与改进方法(Motivation and Improvement Methods)的具体作法

(1) 了解公司上级主管的任务要求与目标及团队成员想从工作中得到的是什么。

(2) 清晰地辨别团队成员追求的目标。

(3) 知道高层领导与第一线政策执行员工们二者诉求的差异性。

(4) 采取一对一、面对面的咨询方法,找出激励团队成员的具体办法与做法。

(5) 借由团队问卷测验(Group Survey),洞察激励团队的务实做法。

(6) 要求员工培养团队合作精神,激励与奖赏须以团队整体为目标。

(7) 评估目前的作业流程,群策群力地找出可能的障碍(Road Blocks)与可行的解决方案。

(8) 研拟并发展可行性策略,以激励员工提高生产效率(Improve Productivity)。

常见的激励与改进方法的策略有4种:

① 向员工提供交叉训练(Cross-Training)的机会。

② 向员工提供额外的专业技能训练(Additional Professional Skills Training)的

机会。

③ 向员工授权(Employee Empowerment)。

④ 员工建议的奖赏(Employee Suggestion Awards)。

(9) 与员工定期或不定期地诚挚交流与真情沟通。

(10) 拟订具体可行的实施方案与行动方案。

(四) 真诚务实的有效沟通(Effective Communication)

(1) 在决策过程(Decision-making Process)中,允许并鼓励团队成员参与。

(2) 倾听员工的看法与见解,并提供积极的双向沟通(Listen and Answer)渠道。

(3) 在团队沟通过程中,时时向团队注入活力、动力、创意与诚心。

(4) 时时针对团队成员来明确团队的全面性目标。

(5) 习惯性地经常提醒成员要明确团队目标。

(6) 优化团队与其他部门之间的工作及沟通方法与技巧。

(7) 信息共享,携手并进奔向成长与成功。

(8) 沟通不能"报喜不报忧",错误必须告知全体成员,并找出原因及解决方法,拟订改进的具体措施。

(9) 错误产生后,不要只发牢骚,拼命抱怨,而应集中精力研究改善工作方法或流程的办法,以求提升生产效率与创收绩效。

(10) 逐步迈向目标时,要时时鼓励并赞美(Praise)团队所有成员。

(11) 当工作进展偏离目标时,要能再度集中注意力,并将团队注意力再次专注(Re-focus)于目标的贯彻执行。

(12) 倾听成员意见,并建立可行的双向甚至三向"沟通渠道"。

6~8 使用头脑风暴法/脑力激荡术(Brainstorming)时应有的正确认识

使用头脑风暴法/脑力激荡术(Brainstorming)的目的有5个:

1. 激发最多的创意(Innovation)。

2. 将创意尽可能以书面形式立即记录下来。

3. 寻觅、探究所有可能的新观念或新想法。

4. 力求获得最多的创意,因为没有创意就意味着死亡(Innovate or Die)。

5. 评估创意或新构思的可行性。

当团队或小组实施头脑风暴法来研发新酒或解决问题时,应遵守下列指导原则:

1. 提出一个问题,或向团体反应提出挑战。

2. 会议中只求创意的量多而非质精。点子越多越好,因为在许许多多的怪异点子中,多少会出现一个好的主意。

3. 创造性思想或独特性观点应多加鼓励,纵使是一些离奇的建议(Offbeat Suggestion)或点子,也可能经由他人的修正而成为一项鼓舞团队的可行的好主意。

4. 不要轮流发表创意或看法，当某人突生奇思妙想时，要立即让其发言，并让其尽情表达，畅所欲言。

5. 记录下每位成员的发言与观点。

6. 会议期间，不要评估成员的发言或看法，因为评估会产生正负两极性的后果，易产生冲突而导致头脑风暴会议中止。

7. 告知成员在会议中所有的大小点子，不管有多么愚蠢(Silly)都是受欢迎的。

8. 鼓励成员在他人的点子里再找出新观点(Piggy-Back)，可将一个主意带到另外一个主意上，这样极有利于激发扩散性思维。

9. 当团队已渐渐无新主意时，要求成员稍微看一下其手中的记录，这样将可能又刺激出一些额外的新主意。

10. 主意的提升或观念的改进方法有3种：

(1) 组合所有建议(Combine Suggestions)。

(2) 改变建议(Alter Suggestions)。

(3) 在建议上再加以剖析、强化并作出新建议。

11. 头脑风暴会议结束后，评估所产生的建议项目单。

12. 审慎选出可行性方案或建议后，立即拟订行动计划以贯彻目标。

6~9 国际调酒初学者的自我测试

姓名(Name)________________

成绩(Score)________________

1. 凤梨椰情(Piña Colada)

杯子(Glass)：________________

原材料(Ingredients)：________________

____

调制方法(Mixing)：________________

____

装饰物(Garnish)：________________

____

2. 特奎拉日出(Tequila Sunrise)

杯子(Glass)：________________

原材料(Ingredients)：________________

____

调制方法(Mixing)：________________

____

装饰物(Garnish)：________________

____

3. 贝丽妮(Bellini)

杯子(Glass)：________________

原材料(Ingredients)：________________

____

调制方法(Mixing)：________________

____

装饰物(Garnish)：________________

____

4. 红玛丽(Bloody Mary)

杯子(Glass)：________________

原材料(Ingredients)：________________

____

调制方法(Mixing)：________________

____

装饰物(Garnish)：________________

____

5. 镙丝起子(Screw Driver)
杯子(Glass):______
原材料(Ingredients):______
______
调制方法(Mixing):______
______
装饰物(Garnish):______
______

6. 亚拉巴马苛评人(Alabama Slammer)
杯子(Glass):______
原材料(Ingredients):______
______
调制方法(Mixing):______
______
装饰物(Garnish):______
______

7. 蓝色玛格丽塔(Blue Margarita)
杯子(Glass):______
原材料(Ingredients):______
______
调制方法(Mixing):______
______
装饰物(Garnish):______
______

8. 长岛冰茶(Long Island Iced Tea)
杯子(Glass):______
原材料(Ingredients):______
______
调制方法(Mixing):______
______
装饰物(Garnish):______
______

9. 神风特攻队员(Kamikaze)
杯子(Glass):______
原材料(Ingredients):______
______
调制方法(Mixing):______
______
装饰物(Garnish):______
______

10. 香瓜球(Melon Ball)
杯子(Glass):______
原材料(Ingredients):______
______
调制方法(Mixing):______
______
装饰物(Garnish):______
______

6~10 国际调酒师的酒精饮料服务的自我测试(Alcohol Service Test)

(1) How many drinks can you serve a customer before you notify the manager?

______
______

(2) If you serve a customer too many drinks, who is potentially responsible for the customer's actions after he or she leaves the bar or restaurant?

______
______

(3) List at least six signs of intoxication(酒醉的症状与兆头)

1. ____________________

____

2. ____________________

____

3. ____________________

____

4. ____________________

____

5. ____________________

____

6. ____________________

____

7. ____________________

____

8. ____________________

____

(4) If you feel a customer drinks too much, what do you tell him or her?

____

____

____

(5) If a customer asks you why he or she is being refused alcohol service, how do you answer the customer?

____

____

____

(6) If a customer becomes argumentative, what do you do?

____

____

____

(7) If a customer becomes intoxicated in another bar or restaurant, then comes to your bar or restaurant, has a cup of coffee, and leaves, still intoxicated, who is responsible for the customer's safety, and why?

____

____

____

(8) Servers of alcohol must have an acceptable reason for requesting to see a patron's identification prior to service of alcohol.

True ________ False ________

(9) If doormen check patrons' IDs upon entering the establishment, bartenders are not legally required to verify patrons' age before serving alcohol.

True ________ False ________

6~11 对国际知名美酒的认识

1. Dewarb White Label Scotch Whisky：产于苏格兰的珀斯(Perth),由麦芽与谷物威士忌调和而成,使用的麦芽主要来自高地(Highland)区域的阿伯费尔迪(Aberfeldy),洛赫纳加山(Lochnagar)和奥德峡谷(Glen Ord)。酒精度为80度。

2. Disaronno Originale Amaretto：由意大利萨龙诺(Saronno)地区的Illva Saronno酒厂生产,是将意大利葡萄烈酒浸泡于17种药草、水果和杏桃核仁油中而制成。酒精度为56度。

3. Dirty Olive：产于西班牙的安达卢西亚(Andalucía)省,是将谷物经3次蒸馏后加入芳香的植物与绿橄榄汁而制成，产品有暗色橄榄杜松子酒（Dirty Olive Gin）和暗色橄榄伏特加酒（Dirty Olive Vodka）。酒精度为70度。

4. Dekuyper Watermelon Pucker：是一种酸甜带西瓜味的斯内普无色烈酒，由谷物烈酒加上自然调味剂等制成，酒精度只有30度。

5. Dekuyper Triple Sec：一种清澈的橘子风味香甜酒，用产于荷属西印度群岛的库拉索岛（Curaçao）上的橘子皮制成。酒精度为48度。

6. Dekuyper Razzmatazz Raspberry Liqueur：是一种由谷物烈酒及自然调味剂等制成的覆盆子香甜酒。酒精度为33度。

7. Dekuyper Peppermint Schnapps：由经多次蒸馏的中性烈酒与纯薄荷油制成，是一种无色带薄荷味的无色烈酒，酒中糖分约占一半，酒精约为薄荷香甜酒（Crème de Menthe）的两倍，酒精度是60度。

8. Dekuyper Pucker Sour Apple：是一种酸甜并带有苹果味的无色烈酒，由谷物烈酒及自然调味料制成。酒精度为30度。

9. Dekuyper Raspberry Pucker：是一种酸甜并带有覆盆子风味的无色烈酒，由谷物烈酒和自然调味料制成。酒精度为30度。

10. Dr. McGillicuddy's Fireball Cinnamon Canadian Whisky：一种加拿大产的威士忌，由大橡木酒桶中陈年的威士忌加上肉桂油制成。酒精度是66度。

11. Dr. Mcgillicuddy's Vallina Liqueur：一种产于加拿大的无色香草香甜酒，由谷物烈酒放入整条香草浸泡而成。酒精度为48度。

12. Drambuie Liqueur：一种产于苏格兰爱丁堡（Edinburgh）的香甜酒，是以单一麦芽及谷物制成的威士忌注入香料、药草和石楠蜂蜜而制成的。酒精度为80度。

13. Grand Marnier 150th Anniversary：是法国Lapostolle酒厂为纪念其家族酒厂成立150周年而于1977开始发行的纪念酒，是使用大香槟的干邑，陈年高达50年的美酒制成的。酒精度是80度。

14. Glenfarclas Single Malt Scotch Whiskies：一种产于苏格兰高地的单一麦芽威士忌，从1836年即已生产。酒精度是80度，Glenfarclas意指少数几间仅存的私人酒厂。

15. Giori Lemoncillo Cream Liqueur：产于意大利的特伦蒂诺（Trentino），由柠檬浸泡在酒精和奶油中制成。酒精度是34度。

问题探讨

1. 一位专业调酒师必须信守的工作须知有哪些？

2. 下班前调酒师应仔细检查的工作项目有哪些？

3. 学习记忆鸡尾酒时，应抓住哪些秘诀？

4. 团队合作实践方程式组成的四大要素是什么？

5. 运用头脑风暴法研创新酒时，应有哪些正确认识？

6. 调酒师不可提供酒精饮料给未成年人,请问美国、中国及中国台湾对可喝酒成年人的法定年龄规定各为多少岁以上?

7. 用酒精把客人给摆平的行为是不是一件“拿人钱财,给人灾祸”的不道德行为?

8. 预防顾客酒醉驾车(Drunk Driving)是调酒师应恪守的职业道德还是法律要求?还是两者皆是?什么最为重要?

9. 顾客酒醉(Intoxication)的征兆有哪些?如何做才能防止客人喝醉?

10. “上班一条虫,下班一条龙”的工作表现是调酒师应有的工作表现与作为吗?“单枪匹马一条龙,团队合作变成猪”的推、拖、拉、混行为是正确的工作态度与表现吗?

第七章

开胃酒、果汁酒及其他流行的鸡尾酒酒方

Recipes of Aperitifs, Wine and Other Popular Cocktails

☞**学习目的**

了解: 1. 对餐前开胃酒应有的认识

2. 餐前开胃酒酒方(Recipes of Aperitifs)

3. 烈酒加果汁调成的鸡尾酒酒方(Recipes of Liquor and Fruit Juice Drinks)

4. 国际上流行的各种鸡尾酒酒方(Recipes of Versatile and Popular Cocktails)

5. 国际上各种神风特攻队员(Kamikaze)鸡尾酒酒方

6. 国际上各种冰茶(Iced Tea)鸡尾酒酒方

7. 对国际知名美酒的认识

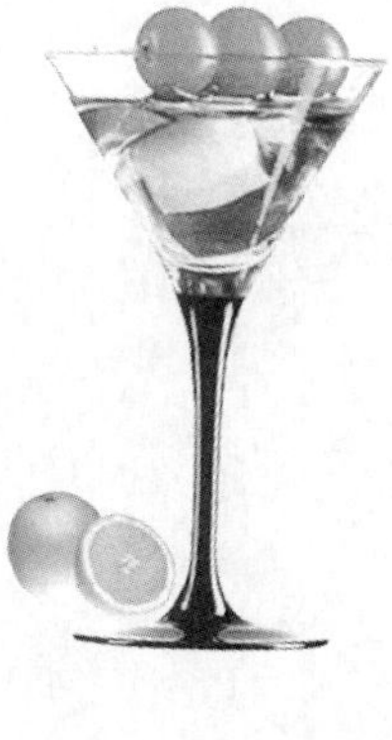

7~1 对餐前开胃酒应有的认识

为增进食欲在饭前所喝的酒就是开胃酒。传统的饭前酒是带有辣味的白兰地,该酒不但可作为食欲的增进剂,而且对于滋养、健胃等也有功效。但现在餐前的开胃酒可能是葡萄酒或香甜酒,更可能是各种烈酒,范围很广,总称为饭前酒(Aperitifs)。

在法国、意大利,饭前酒的种类成百上千,对消费者而言,他手中那杯酒,究竟纯粹是为了开胃,还是只是饭前爱来那么一杯,已无多大关系。21世纪的开胃酒,是指葡萄酒、烈酒和百余种植物的根、茎、叶、芽和花等调制而成的香甜酒。此类酒的范围很广,现在酒吧中较流行的开胃酒有:

1. 波尔图葡萄酒(Port Wine):是葡萄牙出产的一种强化的顶极葡萄酒,质浓味醇,是法国人和多数欧洲人最喜欢的晚餐前的开胃酒。

2. 雪利葡萄酒(Sherry):是一种西班牙出产的优质强化葡萄酒,当开胃酒饮用时,加或不加冰块均可。

雪利酒是把压榨后的葡萄果汁加上酵母,等其发酵后再添加一些白兰地使其停止发酵,这样既可使葡萄酒的糖分保留在酒中,成为一种甜度较高的葡萄酒,同时又因中途添加了白兰地,所以酒精含量大约在15%~20%。波尔图葡萄酒与雪利葡萄酒皆适合餐前和餐后饮用。

3. 苦艾酒(Vermouth):是白葡萄加上草药及苦艾的树皮等酿制而成的酒,是饭前的开胃酒,带甜味的苦艾酒色红且口味柔和,无甜味的(Dry)苦艾酒酒色金黄,味烈且辛辣。可加入可口可乐、柠檬汁等,苦艾酒也是调酒时常用的基酒,如马提尼酒(Martini)即加入少许的苦艾酒。

苦艾酒是带有药草的酒,加入白兰地后使其酒精浓度达到16%~19%,意大利、法国、南美和美国均有出产。

4. 堪培利酒(Campari):是意大利Campari公司出产的开胃酒。酒精浓度中等,常加入苏打水和橙皮来喝。如果使用意大利的甜苦艾酒、杜松子酒和堪培利开胃酒各⅓,就调成了一杯内格罗尼酒(Negroni)。常见喝法有Campari/O. J(橘子汁),Campari/Soda, Campari/Ice, Campari/Grapefruit Juice。

5. 杜博尼酒(Dubonnet):Dubonnet是用法国一酒商的姓作商标。它是一种带奎宁味的开胃酒,原先全部从法国进口,现在美国也有生产。分红白两种,一份或两份杜博尼酒加一份金酒(Gin),即成为杜博尼鸡尾酒(Dobonnet Cocktail)。常见喝法有Dubonnet/Soda, Dubonnet/Tonic。

6. 法国佩诺茴香酒(Pernod):酒精度较高,是一种带大茴香味的法国开胃利口酒,富有苦艾酒(Absinthe)的味道。另一种绿色的香甜酒,由苦艾叶与大茴香制成,极易使人失控醉酒,现在法国已禁产。常见喝法有Pernod/O. J.(橘子汁),Pernod/Tonic。

7. 皮姆斯(Pimm's):是一种产于英国的浓郁的带琥珀色的香甜酒。它是以杜松子酒(Gin)为基酒,再加药草、香料和柠檬酿制而成。

8. 黑茶藨子香甜酒(Crème de Cassis):使用黑茶藨子,即黑醋栗制成。酒质非常甘甜,是著名的非常受欢迎的利口酒(Liqueur)。如果混合了苦艾酒、冰和苏打水就制成了黑茶藨子苦艾酒(Vermouth Cassis)。

7~2 餐前开胃酒酒方(Recipes of Aperitifs)

1. 联盟鸡尾酒(Allied Cocktail)

Cocktail $4\frac{1}{2}$oz. 杯,冰的

$1\frac{1}{2}$oz. Dry Vermouth(辛辣苦艾酒)

½ oz. Gin(杜松子酒)

1 bsp.(酒吧匙)Caraway Seed(葛缕子)Kümmel(香甜酒)

将酒材倒入已加入¼满冰块的调拌杯(Mixing Glass)内,摇荡或搅酒(shake or stir),然后过滤(strain)倒入杯中,不放装饰物(no garnish)。

2. 爱利斯岛的绝色美女(Belle of Ellis Island)

Cocktail $4\frac{1}{2}$ oz. 杯,冰的

$1\frac{1}{2}$ oz. Dry Vermouth(辛辣苦艾酒)

½ oz. Brandy(白兰地)

¼ oz. Triple Sec(三干酒/柑橘香甜酒)

¼ oz. sugar syrup(糖浆)

2 滴橘子苦精(2 dashes Orange Bitter)

将酒材倒入已装¼满冰块的调拌杯内,摇荡后过滤,倒入杯中(shake then strain into glass),放黄柠檬小长条(lemon twist)装饰并增加风味。

3. 大红(Big Red)

Old-fashioned(老式酒杯) 7oz. 杯

1 oz. Sweet Vermouth(甜苦艾酒)

¾ oz. Dry Vermouth(辛辣苦艾酒)

¾ oz. Sloe Gin(黑刺李香甜酒)

2 滴橘子苦精

老式酒杯加满冰块放入酒材搅拌即成。搅拌(stir)时需用酒吧匙由下而上的上下搅匀,放橘子片(Organge Slice)装饰。

4. 外交官(Diplomat)

Cocktail $4\frac{1}{2}$oz. 杯,冰的

$1\frac{1}{2}$ oz. Dry Vermouth(辛辣苦艾酒)

¾ oz. Sweet Vermouth(甜苦艾酒)

¼ oz. Cherry Brandy(樱桃白兰地)

1 滴橘子苦精

将酒材倒入已加入¼满冰块的调拌杯内,摇荡(shake)后过滤倒入杯中,放一个红樱挑串(剑叉串)装饰。

5. 弗拉莉(Ferrari)

Old-fashioned 7 oz. 杯

$1\frac{3}{4}$ oz. Dry Vermouth(辛辣苦艾酒)

¾ oz. Amaretto(意大利苦杏仁香甜酒)

撒一次(dash)苦精

杯内装满冰块加入酒材搅拌(stir)后,拧挤一条/片黄柠檬(lemon twist)放入

杯中。

6. 法式拥吻(French Kiss)

Old-fashioned 7 oz. 杯,加满冰块

$1\frac{1}{4}$ oz. Sweet Vermouth(甜苦艾酒)

$1\frac{1}{4}$ oz. Dry Vermouth(辛辣苦艾酒)

将酒材倒入加满冰块的杯中并稍加搅拌,拧挤一条/片黄柠檬(lemon twist)放入杯中增加风味。

7. 破产鸡尾酒(Go-For-Broke Cocktail)

Cocktail $4\frac{1}{2}$ oz. 杯,冰的

$1\frac{1}{2}$ oz. Dry Vermouth(辛辣苦艾酒)

¾ oz. Gin(杜松子酒)

¼ oz. Triple Sec(三干酒/柑橘香甜酒)

1 滴苦精

将酒材倒入已装¼满冰块的调拌杯内,充分搅拌或摇荡后过滤,倒入杯中(stir well or shake well and then strain into glass),不放装饰物(no garnish)。

8. 绿色山墙鸡尾酒(Green Gables Cocktail)

Cocktail $4\frac{1}{2}$ oz. 杯,冰的

$1\frac{1}{2}$ oz. Sweet Vermouth(甜苦艾酒)

¾ oz. Gin(杜松子酒)

¼ oz. Green Chartreuse(法国绿色察吐士蜂蜜香甜酒)

将酒材倒入已装¼满冰块的调拌杯内,充分搅拌或摇荡后过滤,倒入杯中(stir well or shake well then strain into glass)。

9. 击倒鸡尾酒(Knockout Cocktail)

Cocktail $4\frac{1}{2}$ oz. 杯

1 oz. Dry Vermouth(辛辣苦艾酒)

1 oz. Gin(杜松子酒)

½ oz. Anisette(茴香利口酒)

1 bsp. White Crème de Menthe(一酒吧匙无色薄荷香甜酒)

将酒材倒入已装¼满冰块的调拌杯内,充分搅拌并过滤,倒入杯中(stir well and strain into glass),叉一粒红樱桃放入作装饰。

10. 淑女玛丹娜(Lady Madonna)

Cocktail $4\frac{1}{2}$ oz. 杯,冰的

$1\frac{1}{2}$ oz. Dubonnet Rouge(法国猫牌红葡萄甜酒)

1 oz. Dry Vermouth(辛辣苦艾酒)

将酒材倒入已装¼满冰块的调拌杯内,充分搅拌并过滤,倒入杯中(stir well and strain into glass),拧挤一条黄柠檬条(lemon twist)放入杯中。

11. 佣兵(Mercenary)

Cocktail $4\frac{1}{2}$ oz. 杯,冰的

2 oz. Dry Vermouth(辛辣苦艾酒)

½ oz. Armagnac Brandy(法国阿马尼亚克地区产的白兰地)

1bsp. Green Crème de Menthe(绿色薄荷酒)

将酒材倒入已装¼满冰块的调拌杯

内,充分搅拌并过滤,倒入杯中(stir well and strain into glass),不放装饰物(no garnish)。

12. 感恩节鸡酒(Thanksgiving Cocktail)

Cocktail $4\frac{1}{2}$ oz. 杯,冰的

1 oz. Dry Vermouth(辛辣苦艾酒)

¾ oz. Gin(杜松子酒)

¾ oz. Apricot Brandy(杏桃白兰地)

½ bsp. Grème de Cassis(黑醋栗/黑茶藨子香甜酒)

½ bsp. 柠檬汁

将酒材倒入已装1/4满冰块的调拌杯内,充分搅拌并过滤,倒入杯中(shake well and strain into glass),不放装饰物(no garnish)。

13. 味美思(Vermouth Cocktail)

Cocktail $4\frac{1}{2}$ oz. 杯,冰的

$1\frac{1}{4}$ oz. Sweet Vermouth(甜苦艾酒)

$1\frac{1}{4}$ oz. Dry Vermouth(辛辣苦艾酒)

2 滴橘子苦精

将酒材倒入已装入¼满冰块的调拌杯内,迅猛摇荡,过滤倒入杯中。以竹叉或塑胶剑叉一粒红樱桃放入作装饰。

14. 猪都有偏好(Pig Got's Preference)

Cocktail $4\frac{1}{2}$ oz. 杯,冰的

$1\frac{1}{2}$ oz. Dry Vermouth(辛辣苦艾酒)

½ oz. Southern Comfort(美国南方蜜桃香甜酒)

¼ oz. Light Rum(淡色朗姆酒)

¼ oz. Triple Sec(三干酒/柑橘香甜酒)

1 滴苦精

将酒倒入已装¼满冰块的调拌杯中,迅猛摇荡(shake)后过滤冰块(strain),倒入杯中,加入红樱桃作装饰。

7~3 烈酒加果汁调成的鸡尾酒酒方(Recipes of Liquor and Fruit Juice Drinks)

1. 亚拉巴马苛评人(Alabama Slammer)

Cocktail $4\frac{1}{2}$ oz. 杯,冰的

1 oz. Southern Comfort(美国南方蜜桃香甜酒)

1 oz. Sloe Gin(黑刺李香甜酒)

1 oz. 橘子汁

将酒材倒入已装¼满冰块的调拌杯中,摇荡并过滤,倒入杯中(shake and strain into glass),不放装饰物(no garnish)。此道酒的调法有5种之多,极受顾客喜爱。

2. 枕边情人(Between The Sheet)

Cocktail $4\frac{1}{2}$ oz. 杯,冰的

½ oz. Light Rum(淡色朗姆酒)

½ oz. Brandy(白兰地)

½ oz. Triple Sec(三干酒/柑橘香甜酒)

$1\frac{1}{2}$ oz. sweet sour juice(甜酸汁)

将酒材倒入已装¼满冰块的调拌杯中,工厂批量生产的柠檬汁可用¾ oz. 的青柠檬汁(Lime Juice)加上¾ oz. 的糖浆(sugar syrup)调拌而成,摇荡(shake)后过滤,倒入杯中,不放装饰物(no garnish)。

3. 红玛丽(Bloody Mary)

Collins 12 oz. 杯或更大型号的花式酒杯

$1\frac{1}{2}$ oz. Vodka(伏特加酒)

倒一次安戈斯图拉树皮苦精(Angostura)

倒一次伍斯特辣酱油(Worcestershire)

倒一次塔瓦斯科辣椒汁(Tabasco)

再加一点点盐、胡椒粉和芹菜盐(celery salt)调味,上述酒材加入已加满冰块的杯中后,再注入$4\frac{1}{2}$ oz. 的番茄汁,充分搅拌或摇荡;挤一个青柠檬角(lime wedge)放入杯中,再使用芹菜秆(celery stalk)作搅拌棒用。因预先(pre-mix)调好的调拌料是广为使用的,有些客人会要求在杯口沾盐。

4. 鳕岬捕鱼人(Cape Codder)

Highball 10 oz. 杯

$1\frac{1}{2}$ oz. Vodka(伏特加酒)

$3\frac{1}{2}$ oz. Cranberry Juice(蔓越莓/蔓越橘汁)

杯中装满冰块倒入酒材,充分搅拌或摇荡(stir well or shake well),挤放一个青柠檬角(lime wedge),再挂上一片青柠檬圆片(lime wheel)作装饰。

5. 汤姆柯林斯(Tom Collins)

Collins 12 oz. 杯,加满冰块

$1\frac{1}{2}$ oz. Gin(杜松子酒)

2 oz. lime juice(青柠檬汁)

1 oz. sugar syrup(糖浆)

将酒材摇荡后倒入杯中再加满苏打水,用樱桃-橘子旗(cherry & orange flag)作装饰。如果改用$1\frac{1}{2}$ oz. 的调和威士忌来调制就变成了约翰柯林斯(John Collins)。如果改用$1\frac{1}{2}$ oz. 的苏格兰威士忌来调制就成了花格子呢披肩柯林斯(Plaid Collins)。

6. 毛绒绒的肚脐眼(Fuzzy Navel)

Rocks 或 Old-fashioned 7 oz. 杯

$1\frac{1}{2}$ oz. Peach Schnapps(斯内普桃子无色烈酒)

2 oz. 橘子汁

Rocks 杯内加满冰块,然后把酒材倒入,充分搅拌,不加装饰物。

7. 乔治亚桃子(Georgia Peach)

Cocktail $4\frac{1}{2}$ oz. 杯,冰的

$1\frac{1}{2}$ oz. Peach Schnapps(桃子斯内普无色烈酒)

½ oz. 无色可可香甜酒

1 oz. 浓鲜奶

将酒材倒入已装¼满冰块的调拌杯中摇荡后过滤，倒入杯中，不加装饰物。

8. 灰狗(Greyhound)

Old-fashioned 7 oz. 杯

$1\frac{1}{2}$ oz. Vodka(伏特加酒)

2 oz. grapefruit juice(葡萄柚汁)

杯中加满冰块后倒入酒材，充分搅拌，不加装饰物。

9. 手摇钻(Gimlet)

Cocktail $4\frac{1}{2}$ oz. 杯，冰的

$1\frac{1}{2}$ oz. Gin(杜松子酒)

$1\frac{1}{2}$ oz. Rose's lime juice(罗斯青柠檬汁)

如果没有罗斯牌朗姆汁就用其他品牌的替代。将酒材倒入已装¼满冰块的调拌杯内，摇荡后过滤，倒入杯中，挤一个青柠檬角放入酒中。

10. 伏特加橘子汁鸡尾酒(Harvery Wallbanger)

Collins 12 oz. 杯

$1\frac{1}{2}$ oz. Vodka(伏特加酒)

4 oz. 橘子汁

将酒材倒入加满冰块的柯林斯杯中，充分摇荡后再倒回原杯中，然后加入½ oz. 意大利甘草香甜酒(Galliano)，并挂一个樱桃-橘子旗(Cherry & Orange)在杯口上。

11. 夏威夷人混合酒(Hawaiian Punch)

Cocktail $4\frac{1}{2}$ oz. 杯，冰的

½ oz. Vodka(伏特加酒)

½ oz. Southern Comfort(美国南方蜜桃香甜酒)

½ oz. Sloe Gin(黑刺李香甜酒)

½ oz. Amaretto(意大利苦杏仁香甜酒)

1 oz. 橘子汁

将酒材倒入已装¼满冰块的调拌杯内，加冰块一起摇荡后过滤，倒入杯中，不加装饰物。

12. 螺丝起子(Screw Driver)

Highball 10 oz. 杯

$1\frac{1}{2}$ oz. Vodka(伏特加酒)

$3\frac{1}{2}$ oz. orange juice(橘子汁)

杯子加满冰块后倒入饮料，充分搅拌或摇荡后再倒回原杯中，挂一个桔子圆片作装饰，同时挤一个青柠檬角放入杯中作装饰。

13. 海上微风(Seabreeze)

Highball 10 oz. 杯

$1\frac{1}{2}$ oz. Vodka(伏特加酒)

2 oz. 葡萄柚汁

2 oz. 蔓越莓/蔓越橘汁

将酒材倒入加满冰块的杯中，充分搅拌或摇荡，挤一个青柠檬角放入杯中，并挂一片青柠檬圆片作装饰。

14. 沙滩激情(Sex On The Beach)

Highball 10 oz. 杯

$1\frac{1}{2}$ oz. Vodka(伏特加酒)

1 oz. Peach Schnapps（桃子斯内普无色烈酒）

$2\frac{1}{2}$ oz. cranberry juice（蔓越莓/蔓越橘汁）

将酒材倒入装满冰块的杯中充分搅拌或摇荡，挤一个青柠檬角放入杯中，并挂一片青柠檬圆片作装饰。

15. 机车侧车（Sidecar）

Cocktail $4\frac{1}{2}$ oz. 杯，冰的

1 oz. Brandy（白兰地）

1 oz. Triple Sec（三干酒/柑橘香甜酒）

½ oz. lime juice（青柠檬汁）

½ oz. sugar syrup（糖浆）

将酒材倒入¼满冰块的调拌杯中，充分摇荡后过滤，倒入杯中，杯口先沾橘子汁后再沾糖，最后放一片橘子圆片浮在杯中。

16. 酸味酒（Sours）

Whisky Sour $6\frac{1}{2}$ oz. 杯，冰的

$1\frac{1}{2}$ oz. 威士忌酒或白兰地或其他客人点叫的香甜酒（liqueurs）

2 oz. lime juice（青柠檬汁）

1 oz. sugar syrup（糖浆）

将酒材倒入¼满冰块的调拌杯中，充分摇荡后过滤倒入杯中，将青柠檬旗（lime）和红樱桃（red cherry）串在一起挂在杯口作装饰。若再加½ oz. 的橘子汁就成为石青色酸味酒（stone sour）。

17. 新加坡斯林酒（Singapore Sling）

Collins 12 oz. 杯，加满冰块

直接倒入：

$1\frac{1}{2}$ oz. Gin（杜松子酒/金海）

1 oz. lime juice（青柠檬汁）

1 oz. sugar syrup（糖浆）

½ oz. grenadine（红石榴糖浆）

上述酒材与冰块摇荡后倒入杯中，加入苏打水（club soda）至九分满，再加上½ oz. 的樱桃白兰地漂浮在上端，放上一个橘子旗或兰花做装饰。

18. 黑刺李杜松子菲兹/黑刺李金酒菲兹（Sloe Gin Fizz）

Collins 12 oz. 杯，加满冰块

直接倒入：

$1\frac{1}{2}$ oz. Sloe Gin（黑刺李香甜酒）

1 oz. lime juice（青柠檬汁）

1 oz. 糖浆

将酒材与冰块摇荡后连冰块倒入杯中，然后加满苏打水（club soda），挂橘子旗作装饰。

19. 缓慢的舒适起子（Slow Comfortable Screw）

Collins 12 oz. 杯，加满冰块

直接倒入：

$1\frac{1}{2}$ oz. Southern Comfort（美国南方蜜桃香甜酒）

1 oz. Sloe Gin（黑刺李杜松子酒）

3 oz. orange juice（橘子汁）

将酒材充分摇荡后连冰块倒回杯中，挤放一个青柠檬角，并挂一片青柠檬圆片作装饰。

20. 龙舌兰日出(Tequila Sunrise)

Collins 12 oz. 杯,加满冰块

直接倒入:

$1\frac{1}{2}$ oz. Tequila(龙舌兰/特奎拉酒)

$4\frac{1}{2}$ oz. orange juice(橘子汁)

将酒材摇荡后连冰块倒回原杯中,再由上端倒入¼ oz. 红石榴糖浆,不要搅拌,让其漂浮在上面并自然下降,橘子切割成太阳造形的圆片,挂在杯口作装饰。

21. 西瓜(Watermelon)

Cocktail $4\frac{1}{2}$ oz. 杯,冰的

1 oz. Midori(日本绿香瓜香甜酒)

1 oz. Crème de Noyaux(杏仁香甜酒)

½ oz. club soda(苏打水)

½ oz. 橘子汁

将酒材摇荡后过滤,倒入杯内,不加装饰物。

22. 咸狗(Salty Dog)

Highball 10 oz. 杯,加满冰块,杯子先沾青柠檬汁再沾盐

$1\frac{1}{2}$ oz. Vodka(伏特加酒)

$3\frac{1}{2}$ oz. 葡萄柚汁

将酒材倒入与冰块摇荡后,连冰块一起倒回杯中,可挤一个青柠檬角放入杯中作装饰。

23. 神风特攻队员(Kamikaze)

Cocktail $4\frac{1}{2}$ oz. 杯,冰的

$1\frac{1}{2}$ oz. Vodka(伏特加酒)

1 oz. Triple Sec(三干酒/柑橘香甜酒)

½ oz. Rose's lime juice(罗斯牌青柠檬汁是美国最佳产品)

摇荡后过滤,倒入杯内,不加装饰物。(原创酒方没有装饰物,但市面较流行放入青柠檬角。)

24. 淑女杀手(Lady Killer)

Cocktail $6\frac{1}{2}$ oz.(大的鸡尾酒杯),冰的

1 oz. Gin(杜松子酒)

½ oz. Apricot Brandy(杏桃白兰地)

1 oz. Charles Follies(荒唐查理)百香果利口酒

$2\frac{1}{2}$ oz. 凤梨汁

切割成螺旋状的橘子皮挂在杯口作装饰。

25. 亚拉巴马苛评人第一方(Alabama Slammer 1)

Shot Glass 2 oz.(吞饮杯),冰的

依序逐项倒入:

⅔ oz. 即⅓杯满的 Southern Comfort(蜜桃香甜酒)

⅔ oz. 即⅓杯满的 Sloe Gin(黑刺李香甜酒)

⅔ oz. 即⅓杯满的橘子汁

26. 亚拉巴马苛评人第二方(Alabama Slammer 2)

Rocks 7 oz. 杯,加满冰块

依序逐项加入:

1 oz. Amaretto(意大利苦杏仁香甜酒)

1 oz. Southern Comfort(美国南方蜜桃香甜酒)

½ oz. Rose's lime juice(罗斯青柠檬汁)

½ oz. grenadine(红石榴糖浆)

用酒吧匙由下而上地搅拌两三下即成。

27. 亚拉巴马苛评人第三方(Alabama Slammer 3)

Squall 15 oz. (大风杯),加满冰块

将下述原料倒入已加¼满冰块的调拌杯中:

$1\frac{1}{2}$ oz. Vodka(伏特加酒)

½ oz. Southern Comfort(美国南方蜜桃香甜酒)

½ oz. Remy Red(1999年法国人头马公司推出的红醋栗人参香甜酒)

$2\frac{1}{2}$ oz. sweet & sour juice(甜酸汁)

$2\frac{1}{2}$ oz. orange juice(橘子汁)

迅猛摇荡后过滤倒入大风杯中,放入一橘子旗作装饰。

28. 亚拉巴马苛评人第四方(Alabama Slammer 4)

Collins 12 oz. (柯林斯杯)加满冰块

将上述原料逐项倒入已加¼满冰块的调拌杯内:

1 oz. Southern Comfort(美国南方蜜桃香甜酒)

¾ oz. Amarette(意大利苦杏仁香甜酒)

½ oz. Sole Gin(黑刺李香甜酒)

$3\frac{1}{2}$ oz. orange juice(橘子汁)

迅猛摇荡过滤后倒入柯林斯杯中,放橘子旗作装饰。

29. 亚拉巴马苛评人第五方(Alabama Slammer 5)

Rocks 7oz. 杯,加满冰块

将下述原料倒入已加¼满冰块的调拌杯内:

½ oz. Southern Comfort(美国南方蜜桃香甜酒)

½ oz. Amaretto(意大利苦杏仁香甜酒)

½ oz. Sloe Gin(黑刺李香甜酒)

¼ oz. orange juice(橘子汁)

¼ oz. sweet & sour juice(甜酸汁)

¼ oz. 7-up(七喜汽水)

迅猛摇荡后过滤倒入已加满冰块的Rocks杯中。

7~4 国际上流行的各种鸡尾酒酒方(Recipes of Versatile and Popular Cocktails)

1. 石青色酸酒(Stone Sour)

Sour $6\frac{1}{2}$ oz. 杯,冰的

$1\frac{1}{2}$ oz. Apricot Brandy(杏桃白兰地)

1 oz. orange juice(橘子汁)

1 oz. lime juice(青柠檬汁)

1 oz. sugar syrup(糖浆)

将酒材摇荡后过滤,倒入杯中,放青柠檬旗作装饰。

2. 勇敢公牛(Brave Bull)

Rocks 7 oz. 杯(即老式酒杯)

$1\frac{1}{2}$ oz. Tequila(龙舌兰/特奎拉酒)

1 oz. Kahlúa(墨西哥咖啡香甜酒)

将酒材倒入装满冰的杯中,充分搅拌,不加装饰物。

3. 脏老妈(Dirty Mother)

Rocks 7 oz. 杯

$1\frac{1}{2}$ oz. Brandy(白兰地)

¾ oz. Kahlúa(墨西哥咖啡香甜酒)

将酒材倒入装满冰的杯中,充分搅拌,不加装饰物。

4. 杜博尼鸡尾酒(Dubonnet Cocktail)

Cocktail $4\frac{1}{2}$ oz. 杯,冰的

$1\frac{1}{4}$ oz. Dry Dubonnet(绿色猫牌辛辣葡萄酒)

$1\frac{1}{4}$ oz. Gin(杜松子酒)

将酒材摇荡后过滤,在杯上先拧挤一条黄柠檬条后再放入杯内。

5. 法佩(Frappé)

Cocktail $4\frac{1}{2}$ oz. 杯,冰的

2 oz. 绿色薄荷利口酒

杯子装满碎冰(crushed ice)压紧后,再把酒慢慢倒入即可,放一粒红樱桃作装饰。

6. 盖利阿诺苛评人(Galliano Stinger)

Rocks 或 Old-fashioned 7 oz. 杯

$1\frac{1}{2}$ oz. Galliano(意大利甘草香甜酒)

¾ oz. White Crème de Menthe(无色薄荷酒)

杯子加满冰块,倒入酒材充分搅拌即可,不加装饰物。

7. 教父(Godfather)

Rocks 7 oz. 杯

$1\frac{1}{2}$ oz. Scotch Whisky(常使用J8 & B苏格兰威士忌)

¾ oz. Amaretto(意大利苦杏仁香甜酒)

将酒材倒入加满冰块的杯中,充分搅拌,不加装饰物。

8. 教母(Godmother)

Rocks 7 oz. 杯

$1\frac{1}{2}$ oz. Vodka(伏特加酒)

¾ oz. Amaretto(意大利苦杏仁香甜酒)

将酒材倒入加满冰块的杯中,不加装饰物。

9. 果冻豆(Jelly Bean)

Cocktail $4\frac{1}{2}$ oz. 杯,冰的

¾ oz. Blackberry Brandy(黑莓白兰地)

¾ oz. Southern Comfort(美国南方蜜桃香甜酒)

¾ oz. Anisette(茴香利口酒)

将酒材摇荡后过滤,倒入杯内,不加装饰物。

10. 老式挤碎法(Old-Fashioned Mud-

dled)

Rocks 7 oz. 杯

1 粒方糖

2 滴苦精

3 片橘子

4 颗红樱桃

用捣碎棒挤压捣碎(muddle)后加满冰块,放入 2 oz. 威士忌后,再淋撒上一点苏打水,拧挤一个黄柠檬小长条放入酒杯内。

11. 根汁汽水(Root Beer)

Cocktail $4\frac{1}{2}$ oz. 杯,冰的

1 oz. Vodka(伏特加酒)

1 oz. Kahlúa(墨西哥咖啡香甜酒)

½ oz. Galliano(意大利甘草香甜酒)

½ oz. cola(可乐)

将酒材摇荡后过滤,倒入杯内,不加装饰物。

12. 生锈钉(Rusty Nail)

Old-fashioned 7 oz. 杯

$1\frac{1}{2}$ oz. Scotch Whisky(苏格兰威士忌)

1 oz. Drambuie(苏格兰蜂蜜香甜酒)

将酒材倒入装满冰块的杯中,充分搅拌,不加装饰物。

13. 西西里人之吻(Sicilian Kiss)

Old-fashioned 7 oz. 杯

$1\frac{1}{2}$ oz. Southern Comfort(美国南方蜜桃香甜酒)

1 oz. Amaretto(意大利苦杏仁香甜酒)

将酒材倒入装满冰块的杯中,充分搅拌,不加装饰物。

14. 蛇之吻(Snake Bite)

Cordial 2 oz. (香甜酒杯),冰的

先倒入 $1\frac{1}{2}$ oz. 美国野火鸡 101 威士忌(Wild Turkey 101),再加入½ oz. 薄荷斯内普无色烈酒(Peppermint Schnapps)漂浮酒面上,不加装饰物。

15. 苛评人(Stinger)

Cocktail $4\frac{1}{2}$ oz. 杯,冰的

$1\frac{1}{2}$ oz. Brandy(白兰地)

1 oz. White Crème de Menthe(无色薄荷香甜酒)

将酒材摇荡后过滤,倒入杯内,不加装饰物。

16. 播希球(Boccie Ball)

Highball 10 oz. 杯

$1\frac{1}{2}$ oz. Amaretto(意大利苦杏仁香甜酒)

3 oz. orange juice(橘子汁)

将酒材倒入加满冰块的杯中,充分搅拌,再撒一些苏打水可增加清凉感,切一片橘子圆片或青柠檬圆片(lime wheel)挂在杯上作装饰。

17. 天使之吻(Angel's Kiss)

Cordial 2 oz. 杯(小香甜酒杯),冰的

先倒入 $1\frac{1}{2}$ oz. 棕色可可香甜酒,再加上½ oz. 鲜奶浮在上面,以过入(build up)的手法逐项倒入,将樱桃切成两半,半粒放在鲜奶上。其实原名是 Angel's Tip

(天使的劝告)。

18. 金酒菲兹(Gin Fizz)

Collins 12 oz. 杯

$1\frac{1}{2}$ oz. Gin(杜松子酒)

1 oz. lime juice(青柠檬汁)

1 oz. sugar syrup(糖浆)

将酒材加入冰块后摇荡,倒入杯内,再用苏打水加满,挂青柠檬圆片在杯口上作装饰

19. 金利琪利口酒(Gin Rickey)

Highball 10 oz. 杯

$1\frac{1}{2}$ oz. Gin(杜松子酒)

将酒材倒入装满冰块的杯中,再加满 club soda(苏打水),挤一个青柠檬角(lime wedge)放入作装饰。

20. 香瓜球(Melon Ball)

Squall 15 oz. (大风杯),加满冰块

1 oz. Vodka(伏特加酒)

$1\frac{1}{2}$ oz. Midori(日本绿香瓜香甜酒)

$4\frac{1}{2}$ oz. orange juice(橘子汁)

将酒材逐项倒入已加¼满冰块的调拌杯中,迅猛摇荡过滤后倒入大风杯中,用切片的绿香瓜串红樱桃作装饰,或用挖成球形的香瓜(honeydew)与红樱桃(red cherry)串在一起挂放在杯上。

21. 杰克玫瑰鸡尾酒(Jack Rose Cocktail)

Cocktail $4\frac{1}{2}$ oz. 杯,冰的

$1\frac{1}{2}$ oz. Applejack(苹果白兰地/苹果酒)

½ oz. grenadine(红石榴糖浆)

½ oz. lime juice(青柠檬汁)

½ oz. sugar syrup(糖浆)

将酒材摇荡后过滤,倒入杯内,不加装饰物。

22. 雪泥草莓玛格丽塔(Frozen Strawberry Margarita)

Poco grande $13\frac{1}{4}$ oz. 杯,冰的

$1\frac{1}{2}$ oz. Tequila(龙舌兰/特奎拉酒)

2 oz. strawberry pure(草莓浓浆)

$1\frac{1}{2}$ oz. lime juice(青柠檬汁)

$1\frac{1}{2}$ oz. sugar syrup(糖浆)

1 杯 10 oz. 的碎冰

将上述酒料倒入果汁机中,打成柔滑的雪泥状(约 15 秒钟)后立即倒入波口杯中,用鲜草莓作装饰。

23. 黑寡妇(Black Widow)

Rocks 7 oz. 杯

$1\frac{1}{2}$ oz. Rum(朗姆酒)

1 oz. Kahlúa(墨西哥咖啡朗姆酒)

将酒材倒入加满冰块的杯中,充分搅拌,不加装饰物。

24. 白日梦(Day Dream)

Squall 15 oz. (大风杯),加满冰块

$1\frac{1}{2}$ oz. Light Rum(淡色朗姆酒)

½ oz. Dark Rum(深色朗姆酒)

2 oz. 凤梨汁

2 oz. 椰乳(cream of coconut),美国 Coco Lopéz 公司产的椰乳品质最佳

1 oz. lime juice(青柠檬汁)

1 oz. sugar syrup(糖浆)

将酒材倒入已加入 4 oz. 冰块的调拌杯中,迅猛摇荡后过滤倒入大风杯中,用凤梨串红樱桃作装饰。

25. 彩虹酒(Pousse Café)

Cordial 3 oz. 杯

½ oz. Cognac Brandy(干邑白兰地)

½ oz. Cointreau(法国柑橘干邑香甜酒)

½ oz. Green Crème de Menthe(绿色薄荷香甜酒)

½ oz. Dark Crème de Cacao(深棕色可可香甜酒)

½ oz. grenadine(红石榴糖浆)

将酒材依序逐项延着酒吧匙背倒入小杯中,不加装饰物。

26. 皇家菲兹(Royal Fizz)

Highball 10 oz. 杯,加满冰块

$1\frac{1}{2}$ oz. Gin(杜松子酒)

½ oz. Egg Nog(蛋奶酒)

2 oz. lime juice(青柠檬汁)

1 oz. sugar syrup(糖浆)

将酒材倒入已装¼满冰块的调拌杯内,摇荡过滤后倒入杯内,不加装饰物。

27. 俄国熊(Russian Bear)

Cocktail $4\frac{1}{2}$ oz. 杯,冰的

¾ oz. Vodka(伏特加酒)

¾ oz. 墨西哥咖啡香甜酒或棕色可可香甜酒

$1\frac{1}{2}$ oz. cream 或 milk(若使用牛奶应用浓郁的鲜奶)

将酒材摇荡过滤后倒入杯内,不加装饰物。

28. 奥哈拉的红袍(O'hara Scarlett)

Cocktail $4\frac{1}{2}$ oz. 杯,冰的

$1\frac{1}{2}$ oz. Southern Comfort(美国南方蜜桃香甜酒)

1 oz. lime juice(青柠檬汁)

½ oz. grenadine(红石榴糖浆)

将酒材摇荡过滤后倒入杯内,将青柠檬圆片挂杯上或放在杯里作装饰。

29. 拔克(Buck)

Highball 10 oz. 杯

$1\frac{1}{2}$ oz. 任选的基酒

将酒材倒入加满冰块的高球杯内,再加满姜汁汽水(ginger ale),挤一个青柠檬角(lime wedge)放入杯内。

30. 奇奇(Chi-Chi)

Squall 15 oz. (大风杯)

$1\frac{1}{2}$ oz. Vodka(伏特加酒)

2 oz. cream of coconut(椰奶)

$4\frac{1}{2}$ oz. pineapple juice(凤梨汁)

将酒材倒入装满冰块的大风杯内,再倒入调拌杯内迅猛摇荡后,连冰块倒回原杯内,切凤梨片、角或长条串叉樱桃等作装饰。

31. 热托地(Hot Toddy)

Hot Irish Mug $8\frac{1}{2}$ oz.（有把的热饮专用杯）

$1\frac{1}{2}$ oz. 任选的基酒

1 oz. sugar syrup（糖浆）

将酒材倒入杯内后再加满热水，撒上豆蔻粉，再放一支肉桂棒（cinnanon stick）作搅拌之用。

32. 史普力惹酒（Spritzer）

White Wine Goblet 12 oz.（大的高脚葡萄酒杯），冰块加半满

倒入4 oz.客人任选的葡萄酒，再加4 oz.苏打水（club soda），挤一个青柠檬角（lime wedge）放入杯中。

33. Vodkatini（伏特加马提尼）（Vodka Martini）

Cocktail $4\frac{1}{2}$ oz. 杯，冰的

2 oz. Vodka（伏特加酒）

½ Dry Vermouth（辛辣苦艾酒）

将酒材充分搅拌或摇荡后过滤，挤放柠檬条或小洋葱作装饰。

34. 白色卡迪拉克（White Cadillac）

Cocktail $4\frac{1}{2}$ oz. 杯，冰的

1 oz. Galliano（意大利甘草香甜酒）

½ oz. Cointreau（法国康德露柑橘香甜酒）

$1\frac{1}{2}$ oz. milk（鲜奶）

加入冰块摇荡后过滤，倒入杯内。

35. 蛋奶酒（Eggnog）

Squall 15 oz.（大风杯），加满冰块

¾ oz. Rum（朗姆酒）

¾ oz. Tia Maria（牙买加咖啡香甜酒）

1 oz. Bols 蛋奶酒或荷兰蛋酒（Advocaat）

$4\frac{1}{2}$ oz. milk（鲜奶）

将酒材倒入已装¼满冰块的调拌杯中，加冰块摇荡后过滤，倒入杯内，撒些肉豆蔻粉（Nutmeg）或巧克力粉作装饰。

36. 大雾警号（Foghorn）

Highball 10 oz. 杯

$1\frac{1}{2}$ oz. Gin（杜松子酒）

1 oz. lime juice（青柠檬汁）

将酒材倒入加满冰块的杯中充分搅拌后，再倒满姜汁汽水，挤一个青柠檬角（lime wedge）放入杯中，再挂一片青柠檬圆片（lime wheel）作装饰。

37. 弗雷迪法德帕克尔（Freddy Fudpucker）

Rocks 7 oz. 杯

$1\frac{1}{2}$ oz. Tequila（龙舌兰/特奎拉酒）

2 oz. orange juice（橘子汁）

将酒材倒入加满冰块的老式酒杯中，再加入½ oz. 意大利甘草香甜酒（Galliano）浮在上端，放一个橘子-樱桃旗（orange & cherry 的水果串）作装饰。

38. 草莓代基里酒（Strawberry Daiquiri）

Poco Grande $13\frac{1}{4}$ oz. 杯（特殊招牌酒杯），冰的

$1\frac{1}{2}$ oz. Light Rum（淡色朗姆酒）

2 oz. lime juice(青柠檬汁)

1 oz. 糖浆

$2\frac{1}{2}$ oz. strawberry puree(草莓浓浆)

一杯 10 oz. 碎冰

将酒材放入果汁机中约15 秒钟,打成柔软滑顺的雪泥状,然后倒入杯中,挂新鲜草莓作装饰。

7~5 国际上各种神风特攻队员(Kamikaze)鸡尾酒酒方

1. 苹果神风特攻队员(Apple Kamikaze)

Cocktail $4\frac{1}{2}$ oz. 杯,冰的

1 oz. Vodka(伏特加酒)

2 oz. Dekuyper Sour Apple Pucker (Dekuyper 公司产的酸苹果无色烈酒)

½ oz. Triple Sec(三干酒/柑橘香甜酒)

½ oz. Rose's lime juice(罗斯青柠檬汁)

将酒材倒入已加¼满冰块的调拌杯内,摇荡后过滤,以青柠檬角作装饰。

2. 红神风特攻队员(Bloody Kamikaze)

Cocktail $4\frac{1}{2}$ oz. 杯,冰的

$1\frac{1}{2}$ oz. Vodka(伏特加酒)

½ oz. Southern Comfort(美国南方蜜桃香甜酒)

½ oz. Rose's lime juice(罗斯青柠檬汁)

将酒材倒入已加¼满冰块的调拌杯内,摇荡后过滤,倒入杯中,倒一下令人异常兴奋的肉桂斯内普香甜酒(Hot Damn Cinnamon Schnapps),用青柠檬角作装饰。

3. 忧郁神风特攻队员(Blue Kamikaze)(又名 Devine Wind,即去藤风)

Cocktail $4\frac{1}{2}$ oz. 杯,冰的

$1\frac{1}{2}$ oz. Vodka(伏特加酒)

½ oz. Blue Curaçao(蓝色库拉索酒)

½ oz. Rose's lime juice(罗斯青柠檬汁)

将酒材倒入已加¼满冰块的调拌杯内,摇荡后过滤,倒入杯中,以青柠檬角作装饰。

4. 枸橼神风特攻队员(Citron Kamikaze)(又名 Citron Kami)

Cocktail $4\frac{1}{2}$ oz. 杯,冰的

$1\frac{1}{2}$ oz. Absolut Citron Vodka(亚伯索露特枸橼伏特加酒)

½ oz. Triple Sec(三干酒/柑橘香甜酒)

½ oz. Rose's lime juice(罗斯青柠檬汁)

将酒材倒入已装¼满冰块的调拌杯中,摇荡后过滤,以青柠檬角作装饰。

5. 蔓越莓/蔓越橘神风特攻队员(Cranberry Kamikaze)

Cocktail $4\frac{1}{4}$ oz. 杯,冰的

$1\frac{1}{2}$ oz. Vodka(伏特加酒)

½ oz. Triple Sec(三干酒/柑橘香甜酒)

¾ oz. Cramberry juice(蔓越莓/蔓越橘汁)

¼ oz. Rose's lime juice(罗斯青柠檬汁)

将酒材倒入已加¼满冰块的调拌杯内,摇荡后过滤,倒入杯中,放入一个青柠檬角作装饰。

6. 法国神风特攻队员(French Kamikaze)

Cocktail $4\frac{1}{2}$ oz. 杯,冰的

$1\frac{1}{2}$ oz. 灰雁牌伏特加酒(Grey Goose Vodka)或任何法国产的伏特加酒

½ oz. 法国柑橘干邑香甜酒(Grand Marnier)或更好的庆祝 100 周年的法国柑橘干邑香甜酒(Grand Marnier 100 Anniversary)

¾ oz. fresh lime juice

将酒材倒入已加¼满冰块的调拌杯内,摇荡后过滤,倒入杯中,用青柠檬角作装饰。

7. 模糊状的神风特攻队员(Fuzzy Kamikaze)

Cocktail $4\frac{1}{2}$ oz. 杯,冰的

$1\frac{1}{4}$ oz. Vodka

¾ oz. Dekuyper Peach Pucker(著名的荷兰 Dekuyper 酒厂产的桃子无色烈酒)

¾ oz. Rose's lime juice

将酒材倒入已加¼满冰块的调拌杯内,摇荡后过滤,倒入杯中,用青柠檬角作装饰。

8. 意大利神风特攻队员(Italian Kamikaze)

Cocktail $4\frac{1}{2}$ oz. 杯,冰的

1 oz. Vodka(使用意大利产的伏特加酒)

¾ oz. Villa Massa Limoncello(意大利柠檬香甜酒)

¾ oz. Gran Gala Orange Liqueur(意大利柑橘香甜酒)

½ oz. Rose's lime juice(罗斯青柠檬汁)

将酒材倒入已加¼满冰块的调拌杯内,摇荡后过滤,倒入杯中,用青柠檬角作装饰。

9. 椰子神风特攻队员第一方(Coconut Kamikaze 1)

Cocktail $4\frac{1}{2}$ oz. 杯,冰的

$1\frac{1}{2}$ oz. Cruzan Coconut Rum(圣克罗伊人的椰子朗姆酒,产于美属维尔京群岛)

1 oz. pineapple juice(凤梨汁)

½ oz. sweet & sour juice(甜酸汁)

将酒材倒入已加¼满冰块的调拌杯内,摇荡后过滤,倒入杯中,用青柠檬角作装饰。

10. 椰子神风特攻队员第二方(Coconut Kamikaze 2)

Cocktail $4\frac{1}{2}$ oz. 杯,冰的

$1\frac{1}{2}$ oz. Malibu Rum(马利布椰香朗姆酒)

1 oz. pineapple juice(凤梨汁)

½ oz. sweet & sour juice(甜酸汁)

将酒材倒入已加¼满冰块的调拌杯内,摇荡后过滤,倒入杯中,用青柠檬角作装饰。

11. 香瓜神风特攻队员(Melon Kamikaze)(又名 Melon Kami)

Cocktail $4\frac{1}{2}$ oz. 杯,冰的

$1\frac{1}{2}$ oz. Midori Melon Liqueur(日本绿香瓜香甜酒)

1 oz. Vodka(伏特加酒)

½ oz. Rose's lime juice(罗斯青柠檬汁)

将酒材倒入已加¼满冰块的调拌杯内,摇荡后过滤,倒入杯中,用青柠檬角作装饰。

12. 紫色神风特攻队员第一方(Purple Kamikaze 1)

Cocktail $4\frac{1}{2}$ oz. 杯,冰的

$1\frac{1}{2}$ oz. Vodka(伏特加酒)

½ oz. Chambord Liqueur(法国覆盆子香甜酒)

½ oz. Grand Manier(法国柑橘干邑香甜酒)

½ oz. Rose's lime juice(罗斯青柠檬汁)

将酒材倒入已加¼满冰块的调拌杯内,摇荡后过滤,倒入杯中,用青柠檬角作装饰。

13. 紫色神风特攻队员第二方(Purple Kamikaze 2)

Cocktail $4\frac{1}{2}$ oz. 杯,冰的

¾ oz. Vodka

¾ oz. Chambord Liqueur(法国覆盆子香甜酒)

¾ oz. cranberry juice(蔓越莓/蔓越橘汁)

½ oz. Rose's lime juice(罗斯青柠檬汁)

将酒材倒入已加¼满冰块的调拌杯内,摇荡后过滤,倒入杯中,用青柠檬角作装饰。

14. 辐射神风特攻队员(Radioactive Kamikaze)

Cocktail $4\frac{1}{2}$ oz. 杯,冰的

½ oz. Bacardi Light Rum(巴卡迪淡朗姆酒)

½ oz. Cruzan Coconut Rum(圣克罗伊人的椰子朗姆酒,产于美属维尔京群岛)

½ oz. Bacardi 151° Rum(巴卡迪 151 朗姆酒)

½ oz. Blue Curaçao(蓝色库拉索酒)

¾ oz. Rose's lime juice(罗斯青柠檬汁)

¼ oz. grenadine(红石榴糖浆)

将酒材倒入已加¼满冰块的调拌杯内,摇荡后过滤,倒入杯中,用青柠檬角作

装饰。

15. 覆盆子神风特攻队员(Raspberry Kamikaze)

Cocktail $4\frac{1}{2}$ oz. 杯,冰的

$1\frac{1}{2}$ oz. Vodka

½ oz. Chambord Liqueur(法国覆盆子香甜酒)

½ oz. Cointreau Liqueur(法国康德露柑橘香甜酒)

½ oz. Rose's lime juice(罗斯青柠檬汁)

将酒材倒入已加¼满冰块的调拌杯内,摇荡后过滤,倒入杯中,用青柠檬角作装饰。

16. 美国南方蜜桃香甜酒特攻队员(Southern Comfort KamiKaze)

Cocktail $4\frac{1}{2}$ oz. 杯,冰的

$1\frac{3}{4}$ oz. Southern Comfort(美国南方蜜桃香甜酒)

½ oz. Triple Sec(三干酒/柑橘香甜酒)

½ oz. Rose's lime juice(罗斯青柠檬汁)

将酒材倒入已加 1/4 满冰块的调拌杯内,摇荡后过滤,倒入杯中,用青柠檬角作装饰。

7~6 国际上各种冰茶(Iced Tea)鸡尾酒酒方

1. 火眼后的冰茶(Afterburner Iced Tea)

Squall 15 oz.(大风杯)(应选品牌饮料杯),装满冰块

½ oz. Gin(杜松子酒/金酒)

½ oz. Vodka(伏特加酒)

½ oz. Rum(朗姆酒)

½ oz. Tequila(龙舌兰/特奎拉酒)

½ oz. Triple Sec(三干酒/柑橘香甜酒)

½ oz. lime juice(青柠檬汁)

2 oz. sweet & sour juice(甜酸汁)

2 oz. Coca Cola(可口可乐)

将酒材倒入已加¼满冰块的调拌杯内,摇荡后过滤,加入¾ oz. 巴卡迪朗姆,使之漂浮在上层。

2. 阿拉斯加冰茶(Alaskan Iced Tea)

Squall 15 oz.(大风杯),装满冰块

½ oz. Gin(杜松子酒)

½ oz. Vodka(伏特加酒)

½ oz. Light Rum(淡朗姆酒)

½ oz. Blue Curaçao(蓝色库拉索酒)

½ oz. sweet & sour juice(甜酸汁)

将酒材倒入已加¼满冰块的调拌杯内,摇荡过滤后倒入大风杯,加入七喜汽水,用青柠檬角作装饰。

3. 比迷你冰茶(Bimini Iced Tea)

Hurricane 22 oz.(飓风杯)(应选品牌酒杯),装满冰块

½ oz. Gin(杜松子酒)

½ oz. Vodka(伏特加酒)

½ oz. Light Rum(淡朗姆酒)

½ oz. Tequila(龙舌兰/特奎拉酒)

½ oz. Blue Curaçao(蓝色库拉索酒)

2 oz. orange juice(橘子汁)

2 oz. pineapple juice(凤梨汁)

2 oz. sweet & sour juice(甜酸汁)

2 oz. Coca Cola(可口可乐)

将酒材倒入已加¼满冰块的调拌杯内,摇荡过滤后倒入大风杯,用黄柠檬楔形角作装饰。

4. 脏烟灰缸冰茶(Dirty Ashtray Iced Tea)

Squall 15 oz.(大风杯),装满冰块

½ oz. Gin(杜松子酒)

½ oz. Vodka(伏特加酒)

½ oz. Light Rum(淡朗姆酒)

½ oz. Tequila(龙舌兰/特奎拉酒)

½ oz. Blue Curaçao(蓝色库拉索酒)

½ oz. grenadine(红石榴糖浆)

$2\frac{1}{2}$ oz. pineapple juice(凤梨汁)

2 oz. sweet & sour juice(甜酸汁)

将酒材倒入已加¼满冰块的调拌杯内,摇荡过滤后倒入大风杯,用黄柠檬角(lemon wedge)作装饰。

5. 加州冰茶(California Iced Tea)

Squall 15 oz.(大风杯),装满冰块

½ oz. Gin(杜松子酒)

½ oz. Vodka(伏特加酒)

½ oz. Light Rum(淡朗姆酒)

½ oz. Tequila(龙舌兰/特奎拉酒)

½ oz. Triple Sec(三干酒/柑橘香甜酒)

1 oz. cola(可乐)

2 oz. sweet & sour juice(甜酸汁)

2 oz. grapefruit juice(葡萄柚汁)

将酒材倒入已加¼满冰块的调拌杯内,摇荡过滤后倒入大风杯,以黄柠檬角(lemon wedge)作装饰。

6. 蓝袋鼠冰茶(Blue Kangaroo Iced Tea)

Squall 15 oz.(大风杯),加满冰块

½ oz. Gin(杜松子酒)

½ oz. Vodka(伏特加酒)

½ oz. Light Rum(淡朗姆酒)

½ oz. Tequila(龙舌兰/特奎拉酒)

½ oz. Blue Curaçao(蓝色库拉索酒)

2 oz. sweet & sour juice(甜酸汁)

将酒材倒入已加¼满冰块的调拌杯内,摇荡过滤后倒入大风杯中,剩余空间先加入½七喜,然后再加入½苏打水,以青柠檬角挂在杯缘上作装饰。

7. 佛罗里达冰茶(Florida Iced Tea)

Squall 15 oz.(大风杯),加满冰块

½ oz. Gin(杜松子酒)

½ oz. Vodka(伏特加酒)

½ oz. Tequila(龙舌兰/特奎拉酒)

½ oz. Light Rum(淡朗姆酒)

½ oz. Triple Sec(三干酒/柑橘香甜酒)

1 oz. Coca Cola(可口可乐)

2 oz. sweet & sour juice(甜酸汁)

2 oz. orange juice(橘子汁)

将酒料倒入装满冰块的调拌杯内,摇荡过滤后倒入大风杯中,用青柠檬角作装饰。

8. 哈瓦那冰茶(Havana Iced Tea)

Squall 15 oz.(大风杯),加满冰块

½ oz. Brandy(白兰地)

½ oz. Golden Dry Rum（古巴产的金色辛辣朗姆酒）

½ oz. Light Dry Rum（古巴产的淡色辛辣朗姆酒）

½ oz. Triple Sec（三干酒/柑橘香甜酒）

$1\frac{1}{2}$ oz. Coca Cola

2 oz. orange juice（橘子汁）

2 oz. sweet & sour juice（甜酸汁）

将酒材倒入已加¼满冰块的调拌杯内，摇荡过滤后倒入大风杯中，用黄柠檬角作装饰。

9. 绿茶冰茶（Green Tea Iced Tea）（又名 Green Dinosaur 即绿恐龙）

Squall 15 oz.（大风杯），加满冰块

½ oz. Gin（杜松子酒）

½ oz. Vodka（伏特加酒）

½ oz. Rum（朗姆酒）

½ oz. Tequila（龙舌兰/特奎拉酒）

½ oz. Triple Sec（三干酒/柑橘香甜酒）

2 oz. sweet & sour juice（甜酸汁）

2 oz. cranberry juice（蔓越莓/蔓越橘汁）

将酒材倒入已加¼满冰块的调拌杯内，摇荡过滤后倒入大风杯中，再注入 1 oz. 的日本绿香瓜香甜酒漂浮在酒面上，用黄柠檬角作装饰。

10. 意大利冰茶（Italian Iced Tea）

Squall 15 oz.（大风杯），加满冰块

½ oz. Gin（杜松子酒）

½ oz. Vodka（伏特加酒）

½ oz. Light Rum（淡朗姆酒）

½ oz. Triple Sec（三干酒/柑橘香甜酒）

1 oz. lime juice（青柠檬汁）

2 oz. sweet & sour juice（甜酸汁）

2 oz. Coca Cola（可口可乐）

将酒材倒入已加¼满冰块的调拌杯内，摇荡过滤后倒入大风杯中，再加¾ oz. 意大利苦杏香甜酒（Amaretto）漂浮在酒面上，用黄柠檬角作装饰。

11. 夏威夷人冰茶（Hawaiian Iced Tea）

Squall 15 oz.（大风杯），加满冰块

½ oz. Gin（杜松子酒）

½ oz. Vodka（伏特加酒）

½ oz. Light Rum（淡朗姆酒）

½ oz. Tequila（龙舌兰/特奎拉酒）

½ oz. Triple Sec（三干酒/柑橘香甜酒）

2 oz. sweet & sour juice（甜酸汁）

2 oz. pineapple juice（凤梨汁）

1 oz. Coca Cola（可口可乐）

将酒材倒入已加¼满冰块的调拌杯内，摇荡过滤后倒入大风杯，用柠檬角作装饰。

12. 长岛冰茶（Long Island Iced Tea）

Squall 15 oz.（大风杯），加满冰块

½ oz. Gin（杜松子酒）

½ oz. Vodka（伏特加酒）

½ oz. Light Rum（淡朗姆酒）

½ oz. Tequila（龙舌兰/特奎拉酒）

½ oz. Triple Sec（三干酒/柑橘香甜酒）

1 oz. lime juice(青柠檬汁)

2 oz. sweet & sour juice(甜酸汁)

2 oz. cola(可乐)

将酒材倒入已加¼满冰块的调拌杯中,迅猛摇荡后倒入大风杯内,挂一个黄柠檬角在杯缘上作装饰。

13. 曼哈顿冰茶(Manhattan Iced Tea)

Squall 15 oz. (大风杯),加满冰块

½ oz. Gin(杜松子酒)

½ oz. Vodka(伏特加酒)

½ oz. Light Rum(淡朗姆酒)

½ oz. Tequila(龙舌兰/特奎拉酒)

1 oz. lime juice(青柠檬汁)

2 oz. sweet & sour juice(甜酸汁)

2 oz. Coca Cola(可口可乐)

将酒材倒入已加¼满冰块的调拌杯内,摇荡过滤后倒入大风杯,再加入¾ oz. 的美国波旁威士忌(Bourbon Whisky)漂浮在酒面上,用黄柠檬角(lemon wedge)作装饰。

14. 长滩冰茶(Long Beach Iced Tea)

Squall 15 oz. (大风杯),加满冰块

½ oz. Gin(杜松子酒/金酒)

½ oz. Vodka(伏特加酒)

½ oz. Light Rum(淡朗姆酒)

½ oz. Tequila(龙舌兰/特奎拉酒)

½ oz. Triple Sec(三干酒/柑橘香甜酒)

1 oz. Coca Cola(可口可乐)

2 oz. sweet & sour juice(甜酸汁)

2 oz. cranberry juice(蔓越莓/蔓越橘汁)

将酒材倒入已加¼满冰块的调拌杯内,摇荡过滤后倒入大风杯,再以黄柠檬角作装饰。

15. 令人震惊的杰西冰茶(Jesse's Shocking Iced Tea)

Squall 15 oz. (大风杯),加满冰块

½ oz. Vodka(伏特加酒)

½ oz. Bacardi Limon Rum(巴卡迪柠檬朗姆酒)

½ oz. Tripico(一种产于波多黎各岛的香甜酒)

½ oz. Chambord(法国覆盆子香甜酒)

½ oz. Cointreau(法国康德露柑橘香甜酒)

1 oz. lime juice(青柠檬汁)

2 oz. sweet & sour juice(甜酸汁)

2 oz. 7-up(七喜汽水)

将酒材倒入已加¼满冰块的调拌杯内,摇荡过滤后倒入大风杯,挂上一个黄柠檬角作装饰。

16. 草莓冰茶(Strawberry Iced Tea)

Squall 15 oz. (大风杯),加满冰块

½ oz. Gin(杜松子酒)

½ oz. Vodka(伏特加酒)

½ oz. Light Rum(淡朗姆酒)

½ oz. Tequila(龙舌兰/特奎拉酒)

½ oz. Triple Sec(三干酒/柑橘香甜酒)

½ oz. lime juice(青柠檬汁)

2 oz. sweet & sour juice(甜酸汁)

2 oz. strawberry puree(草莓浓浆)

所有材料倒入已加¼满冰块的调拌杯内迅猛摇荡后过滤倒入大风杯内,再撒

一些可乐(cola),挂上黄柠檬角作装饰,插入吸管两支即成。

17. 塔希提岛冰茶(Tahiti Iced Tea)

Squall 15 oz.(大风杯),加满冰块

½ oz. Gin(杜松子酒)

½ oz. Vodka(伏特加酒)

½ oz. Light Rum(淡朗姆酒)

½ oz. Tequila(龙舌兰/特奎拉酒)

½ oz. Triple Sec(三干酒/柑橘香甜酒)

1 oz. sweet & sour juice(甜酸汁)

2 oz. orange juice(橘子汁)

2 oz. pineapple juice(凤梨汁)

将酒材倒入已加¼满冰块的调拌杯内,摇荡过滤后倒入大风杯,挂上黄柠檬角作装饰。

18. 覆盆子冰茶(Raspberry Iced Tea)(又名 Purple Haze,即紫雾、Grateful Dead 即感恩酒)

Squall 15 oz.(大风杯),加满冰块

½ oz. Gin(杜松子酒)

½ oz. Vodka(伏特加酒)

½ oz. Light Run(淡朗姆酒)

½ oz. Tequila(龙舌兰/特奎拉酒)

½ oz. Triple Sec(三干酒/柑橘香甜酒)

½ oz. lime juice(青柠檬汁)

2 oz. sweet & sour juice(甜酸汁)

2 oz. cola(可乐)

将酒材倒入已加¼满冰块的调拌杯内,摇荡过滤后倒入大风杯,挂上黄柠檬角作装饰。

19. 终极冰茶(Terminal Iced Tea)

Squall 15 oz.(大风杯),加满冰块

½ oz. Jase Cuervo Especial Tequila

½ oz. Smirnoff Vodka(斯米尔诺夫伏特加酒)

½ oz. Tanqueray Gin(坦凯雷杜松子酒/金酒)

½ oz. Bacardi Light Rum(巴卡迪淡朗姆酒)

½ oz. Grand Marnier(法国柑橘干邑香甜酒)

1 oz. lime juice(青柠檬汁)

2 oz. sweet & sour juice(甜酸汁)

2 oz. Coca Cola(可口可乐)

将酒材倒入已加¼满冰块的调拌杯内,摇荡过滤后倒入大风杯,挂上黄柠檬角作装饰。

20. 得州冰茶(Texas Iced Tea)

Squall 15 oz.(大风杯),加满冰块

¾ oz. Light Rum(淡朗姆酒)

¾ oz. Vodka(伏特加酒)

½ oz. Gin(杜松子酒)

½ oz. Grand Marnier(法国柑橘干邑香甜酒)

$1\frac{1}{2}$ oz. pineapple juice(凤梨汁)

$1\frac{1}{2}$ oz. orange juice(橘子汁)

2 oz. cranberry juice(蔓越莓/蔓越橘汁)

将酒材倒入已加¼满冰块的调拌杯内,摇荡过滤后倒入大风杯,挂上黄柠檬角作装饰。

21. 热带冰茶(Tropical Iced Tea)

Squall 15 oz.(大风杯),加满冰块

½ oz. Gin(杜松子酒)

½ oz. Vodka(伏特加酒)

½ oz. Light Rum(淡朗姆酒)

½ oz. Tequila(龙舌兰酒/特奎拉酒)

½ oz. Triple Sec(三干酒/柑橘香甜酒)

½ oz. grenadine(红石榴糖浆)

1 oz. sweet & sour juice(甜酸汁)

1 oz. lime juice(青柠檬汁)

1 oz. pineallple juice(凤梨汁)

1 oz. cranberry juice(蔓越莓/蔓越橘汁)

将酒材倒入已加¼满冰块的调拌杯内,摇荡过滤后倒入大风杯,挂上黄柠檬角作装饰。

7~7 对国际知名美酒的认识

1. Dubonnet Blanc:一种产于法国的强化的开胃白葡萄酒,是在一种特级白葡萄酒中加入了药草、香料、果皮与奎宁(Quinine),并加入了烈性葡萄酒强化而成的酒,酒精度是38度。

2. Dry Sherry:产于西班牙的一种调和与强化的葡萄酒,是使用西班牙赫雷斯产的雪利葡萄(Palomino)与Solera葡萄制成,装于美国橡木小酒桶中陈年,并经强化而成。酒精度约为30度。

3. Dry Vermouth:是使用法国朗格多克和普罗旺斯产的葡萄(Picpoule)和法国南部的白葡萄(Clairette)酿造后再调和,然后封入橡木小酒桶中陈存2~3年以加速成熟,调合后又注入其他植物及烈酒,使酒精度强化到约38度而成。

4. Dubonnet Rouge:一种产于法国的强化的开胃红葡萄酒,是在一种特级红葡萄酒加入药草、香料、果皮与奎宁等,再加入葡萄制的烈酒,把酒精度强化到38度而成。

5. EL Jimador Tequilas:产自墨西哥的Herradura酒厂,使用自栽的蓝色Agave(龙舌兰)为原料。El Jimador Silver和Reposado属于Mixto龙舌兰酒,mixto意指原料中含有51%的龙舌兰。Ultrapremium El Jimador Añejo是限量产制的,所以墨西哥龙舌兰(Agave Tequila)都封存于橡木大酒桶中至少一年,酒精度是80度。

6. Finlandia Vodka:产于芬兰,以大麦及冰河注入的泉水为原料,在连续的圆锥蒸馏锅里经3次蒸馏而制成,酒精度为80度。

7. Evan Williams Single Barrel Vintage Bourbon:产自美国肯塔基州的Heaven Hill烈酒厂,它以特定年份摘采的葡萄为原料,封存于大橡木酒桶约10年后从单一酒桶中抽出来装瓶而成,酒精度是86.6度。

8. Farias Tequilas:产于墨西哥的特帕蒂特兰(Tepatitlán)的特奎拉镇(Tequila),使用100% 龙舌兰制成的奎特拉酒(Tequila)经两次蒸馏而成,Farias Añejo封存于装过波旁威士忌(Bourbon Whisky)的橡木酒桶中至少两年,酒精度是80度。

9. Foursquare Spiced Rum:是一种产于巴巴多斯(Barbados)的辛辣朗姆酒,系使用封存于橡木酒桶中至少两年的朗姆酒再浸泡入搅碎的肉豆蔻、肉桂及香草等制成，酒精度是70度。

10. Fruit Brandy：经由蒸馏已发酵的水果酒浆及白葡萄白兰地而制成，风味种类甚多，如苹果、黑莓、樱桃、桃子、李子、覆盆子及草莓等，酒精度在70~80度之间。

11. Galliano Liqueur：是一种产于意大利的著名的甘草香甜酒，由用药草、香料和种子等制成，带有显著的甘草根(Licorice)与大茴香(Anise)风味，酒精度是70度。

12. Gentleman Jack Rare Tennesse Whisky：是一种按照Jack Daniel酒方在20世纪初就开始生产的田纳西威士忌(Tennessee Whisky)。此酒先在橡木桶中陈存4年，然后再经枫木木炭与糖二次发酵使变甜熟，酒精度是80度。

13. Jewel of Russia Wild Bilberry Infusion：一种俄罗斯传统烈酒，是将新鲜的野生欧洲越橘小浆果浸泡于俄罗斯宝石伏特加酒(Jewel of Russia Vodka)中而制成，酒精度是40度。

14. Knappogue Castle Irish Single Malt Whisky：有采收年份记录的葡萄经3次蒸馏后复封存入180升大的白橡木酒桶中陈存而成，酒精度是80度。

15. Laird's 12-Year-Old Rare Apple Brandy：是由5种苹果调和后蒸馏，再封存入白橡木酒桶中陈存至少12年而成，酒精度是88度。

问题探讨

如何调制下述各款国际知名鸡尾酒？

(1) Belle of Ellis Island
(2) French Kiss
(3) Lady Madonna
(4) Alabama Slammer
(5) Fuzzy Navel
(6) Bloody Mary
(7) Between The Sheets
(8) Harvey Wallbanger
(9) Seabreeze
(10) Screwdriver
(11) Sidecar
(12) Singapore Sling
(13) Salty Dog
(14) Kamikaze
(15) Godfather
(16) Dirty Mother
(17) Snake Bite
(18) Pousse Café
(19) Frozen Strawberry Margarita
(20) Chi-Chi
(21) Bloody Kamikaze
(22) Citron Kamikaze
(23) Alabama Slammer (3)
(24) Blue Kamikaze
(25) Alabama Slammer (5)
(26) Florida Iced Tea
(27) Green Dinosaur
(28) California Iced Tea
(29) Long Island Iced Tea
(30) Long Beach Iced Tea

第八章

以美国波旁威士忌为基酒的鸡尾酒酒方

Recipes of US Bourbon Cocktails

☞学习目的

了解：1. 对美国波旁威士忌(Bourbon Whisky)应有的认识
2. 以美国波旁威士忌为基酒的鸡尾酒酒方
3. 国际上各种曼哈顿(Manhattan)鸡尾酒酒方(Recipes)
4. 对国际知名美酒的认识

纯波旁威士忌的制造方法是将玉米和其他的谷物先粉碎，再加入当地由地底涌出来的矿泉水，然后再加入麦芽成为制酒的原始酒浆。在原始酒浆中添加酵母使之发酵，发酵后便形成了酒精含量为8%~10%的发酵酒浆(Mash)，这种方法被称为甜浆法。另外还有被称为酸浆法(Sour Mash)的独特发酵方法。

甜浆法和酸浆法都能使波旁威士忌的口味变得更加均匀，并能增加其浓郁质感。市场上著名的波旁威士忌美国品牌有：

1. Jack Daniel's
2. Jim Beam
3. Maker's Mark
4. Wild Trukey
5. Early Times
6. Heaven Hill

8~1 对美国波旁威士忌(Bourbon Whisky)应有的认识

（一）纯威士忌(Straight Whisky)

所谓纯威士忌，是一种酒精度必须保持在80%以下，除了玉米威士忌外，均用白橡木的新桶(内侧要经过炭烤)窖存，且贮藏两年以上的威士忌。将橡木桶的内侧烤焦后再陈年，就会产生一种纯威士忌独特的醇厚酒香。纯威士忌占美国威士忌产量的一半左右，并且基本上都是纯波旁威士忌。

1. 纯波旁威士忌(Straight Bourbon Whisky)：波旁这个词的语源是来自法国的波旁(Bourbon)王朝。18世纪，法国在殖民地的问题上与英国绝对对立。同时法国国王路易十六也支持美国的独立，并派军队参加了对英战争。因此，独立后的美利坚合众国为了对这种支持表示感谢，将路易王朝的"波旁家族"的名字作为地名在肯塔基州设立了波旁郡。现在该郡的规模比当时小了许多，但是波旁(Bourbon)仍然作为肯塔基州的一个郡名被保留下来，并且成为美国威士忌的知名商标而名扬国际。

依据1964年制定的美国联邦酒精法所作的定义，纯波旁威士忌是指玉米的使用量占51%以上(使用量若高达80%以上时，就成为玉米威士忌)，再用内侧经炭烤的新白色橡木桶窖存至少两年以上的威士忌。这种威士忌蒸馏时酒精度达到160度即80%浓度以下，酒精度约125度即62.5%浓度左右熟成，而当在市场上出售时，瓶装酒精度应为80度即40%浓度以上。

2. 纯田纳西威士忌(Straight Tennessee Whisky)：田纳西州生产的威士忌实际上仍应称作纯波旁威士忌。但由于制造方法和产品风味与纯波旁威士忌均不相同，所以习惯上都改用这种名称称呼。

田纳西威士忌的制法，是将刚刚蒸馏过的纯波旁威士忌的原酒在熟成前装入一个深度约3.6米的过滤大桶内。大桶的滤层是用已粉碎的槭/枫树木炭制成的。经过滤层一滴滴慢慢长时间过滤，一方面可以去除杂质，一方面可使其具有枫槭木炭自身的风味，从而形成圆润可口的风味。这种制酒工艺技术被称为"木炭柔醇”法(Charcoal Mellowing)。

3. 纯裸麦威士忌(Straight Rye Whisky):美国威士忌的产制历史始于东部宾夕法尼亚州用裸麦作为主要原料制造的威士忌。换言之,裸麦威士忌比波旁威士忌的生产历史更为久远,它具有比波旁威士忌更浓郁的口味和独特的炭香味。

纯裸麦威士忌的制法是原料中裸麦的含量在51%以上,控制蒸馏液酒精浓度在80%以下,使用内侧经炭烤的橡木新桶熟成两年以上。其制造手法与波旁威士忌相似。

4. 纯玉米威士忌(Straight Corn Whisky):在其使用原料中,玉米占总量的80%以上,橡木桶熟成与波旁威士忌则不同,是使用旧桶或内侧不经炭烤的新桶。与波旁威士忌相比,其特征是更具有玉米的芳醇,口味也更加柔和。

(二) 调和纯威士忌(Blended Straight Whisky)

这是指将同为纯威士忌的酒混合调拌而成的威士忌。

(三) 调和威士忌(Blended Whisky)

与波旁威士忌一样,是一种美国的大众化威士忌。原先是加拿大研发出来的一种调和酒,在美国禁酒法令撤销后,立即扩展到美国市场,有一种无比爽快的口感,很受广大消费者的欢迎。

这种酒要保持纯威士忌浓度在20%(以100标准酒精度为基准即50%的酒精浓度为基准),然后混入威士忌与其他烈酒而制成。

(四) 柔和威士忌(Light Whisky)

是一种用经过炭烤的酒桶(新旧均可)所贮藏的威士忌,所含酒精浓度为80%~95%。至于混合型柔和威士忌(Blended Light Whisky),纯威士忌的酒精含量为20%以下,20%以上的则为柔和威士忌。

柔和威士忌是近15年来因人们饮酒偏好转向柔和的时代潮流而诞生的比较清淡、低热量的威士忌。

不论纯调和纯威士忌还是调和威士忌,又可依其制作时所使用的原料分为下述6种:① 裸麦威士忌;② 波旁威士忌;③ 玉米威士忌;④ 小麦威士忌;⑤ 麦芽威士忌;⑥ 裸麦麦芽威士忌。

另外,有些威士忌在标签上标有“保税瓶装酒”(Bottled in Bond)或“保税”(Bonded)的字样,这是根据1894年制定的“瓶装酒保税法”而使用的,仅限于酒精度为100度即50%浓度的威士忌在保税仓库装瓶出厂之前可暂不缴酒税。但这种威士忌须窖存经熟成至少4年以上才可装瓶销售。

8~2 以美国波旁威士忌为基酒的鸡尾酒酒方

1. 波旁黑鹰第一方(Bourbon Black Hawk 1)

Cocktail $4\frac{1}{2}$ oz. 杯,冰的

$1\frac{1}{2}$ oz. Bourbon Whisky(美国波旁威士忌)

1 oz. Sloe Gin(黑刺李香甜酒)

将酒材摇荡后过滤倒入杯内，放一粒樱桃（cherry）作装饰或以剑叉串一粒樱桃挂放入杯内。

2. 波旁黑鹰第二方（Bourbon Black Hawk 2）

Cocktail $4\frac{1}{2}$ oz. 杯，冰的

$1\frac{1}{2}$ oz. Bourbon（波旁威士忌）

½ oz. Sloe Gin（黑刺李香甜酒）

½ oz. lime juice（青柠檬汁）

½ oz. sugar syrup（糖浆）

将酒材摇荡后过滤倒入杯内，加入樱桃（cherry）作装饰。

3. 波旁清凉淡酒（Bourbon Cooler）

Highball 10 oz. 杯

$1\frac{1}{2}$ oz. Bourbon（波旁威士忌）

1 oz. lime juice（青柠檬汁）

将酒材倒入加满冰块的高圆球杯（Highball）中后，充分搅拌或摇荡，再加约 $3\frac{1}{2}$oz. 苏打水（club soda），挤一个青柠檬角（lime wedge）放入杯中。

4. 池塘街（Basin Street）

Cocktail $4\frac{1}{2}$ oz. 杯，冰的

$1\frac{3}{4}$ oz. Bourbon（波旁威士忌）

¾ oz. Triple Sec（三干酒/柑橘香甜酒）

½ oz. lime juice（青柠檬汁）

将酒材与冰块一起摇荡后过滤，倒入杯内，放入樱桃（cherry）作装饰。

5. 公牛和野熊（Bull and Bear）

Cocktail $4\frac{1}{2}$ oz. 杯，冰的

$1\frac{1}{2}$ oz. Bourbon（波旁威士忌）

¾ oz. Orange Curaçao（库拉索橘子香甜酒）

½ oz. lime juice（青柠檬汁）

1 bsp grenadine（一酒吧匙红石榴糖浆）

将酒材摇荡后过滤，倒入杯中，放入一个橘子-樱桃旗（orange & cherry）作装饰。

6. 法国后裔淑女（Creole Lady）

Cocktail $4\frac{1}{2}$ oz. 杯，冰的

$1\frac{1}{2}$ oz. Bourbon（波旁威士忌）

$1\frac{1}{2}$ oz. Madeira（马德拉岛产的强化葡萄酒）

1 bsp grenadine（一酒吧匙红石榴糖浆）

将酒材摇荡后过滤，倒入杯中，串红、绿樱桃各一粒放入杯中。

7. 波旁鲜奶混合酒（Bourbon Milk Punch）

Rocks 或 Old-fashioned 7 oz. 杯

$1\frac{1}{2}$ oz. Bourbon（波旁威士忌）

2 oz. half & half（milk）（浓鲜奶）

½ oz. sugar syrup（糖浆）

¼ bsp vanilla extract（¼酒吧匙香草精）

将酒材倒入已加入¼满冰块的调拌杯中，摇荡后倒入已加满冰块的老式杯

中，轻撒一些肉豆蔻粉提香来增味并作装饰用。

8. 波旁桑加里酒(Bourbon Sangaree)

Highball 10 oz. 杯

$1\frac{1}{2}$ oz. Bourbon(波旁威士忌)

½ oz. sugar syrup(糖浆)

杯中先加满碎冰，然后加入上述两种酒材，接着再倒入 3oz. 苏打水(club soda)后，倒入½ oz. 波尔图葡萄酒(Port)漂泊在上端，挤一片黄柠檬片(lemon twist)放入杯中，最后撒一些肉豆蔻粉(Nutmeg)和肉桂粉。

9. 布赖顿混合酒(Brighton Punch)

Collins 12 oz. 杯

¾ oz. Bourbon(波旁威士忌)

¾ oz. Brandy(白兰地)

¾ oz. Bénédictiné(本尼迪克特香甜酒)

1 oz. orange juice(橘子汁)

1 oz. lime juice(青柠檬汁)

将酒材摇荡后过滤倒入已装满碎冰的柯林斯(Collins)杯中，再倒入 3oz. 苏打水(club soda)或直到加满，挂上橘子旗或柠檬旗等作装饰，插入吸管。

10. 木兰花少女(Magnolia Maiden)

Rocks 7 oz. 杯

$1\frac{1}{4}$ oz. Bourbon(波旁威士忌)

$1\frac{1}{4}$ oz. Mandarine Napoléon(拿破仑甜橙香甜酒)

¼ oz. sugar syrup(糖浆)

将酒材倒入装满冰块的 Rocks 杯或老式酒杯中，充分摇荡或搅拌，再倒入一些苏打水，放入一个橘子旗(orange flag)作装饰。

11. 肯塔基州鸡尾酒(Kentucky Cocktail)

Cocktail $4\frac{1}{2}$ oz. 杯

$1\frac{3}{4}$ oz. Bourbon(波旁威士忌)

1 oz. pineapple juice(凤梨汁)

将酒材摇荡后过滤倒入杯内，凤梨旗放在杯口作装饰。

12. 肯塔基州上校鸡尾酒(Kentucky Colonel Cocktail)

Cocktail $4\frac{1}{2}$ oz. 杯，冰的

2 oz. Bourbon(波旁威士忌)

¾ oz. Bénédictiné(本尼迪克特香甜酒)

将酒材摇荡后过滤倒入杯内，拧挤一条黄柠檬条放入杯中作装饰。

13. 迪克西冰镇薄荷酒(Dixie Julep)

Collins 12 oz. 杯

2 oz. Bourbon(波旁威士忌)

½ oz. sugar syrup(糖浆)

将酒材倒入装满碎冰的柯林斯杯中，搅拌到杯子外表成结霜状，薄荷叶枝放在碎冰上作装饰，插入吸管。

14. 路易斯维莱淑女(Louisville Lady)

Cocktail $4\frac{1}{2}$ oz. 杯，冰的

$1\frac{1}{4}$ oz. Bourbon(波旁威士忌)

¾ oz. White Crème de Cacao(无色可

可香甜酒）

¾ oz. 鲜牛奶

将酒材与冰块一起摇荡后过滤，倒入杯内，在酒上撒一些可可粉或刨碎的巧克力碎片作装饰。

15. 乔科塞冰镇薄荷酒（Jocose Julep）

Collins 12 oz. 杯

2 oz. Bourbon（波旁威士忌）

½ oz. Green Crème de Menthe（绿薄荷香甜酒）

$1\frac{1}{2}$ oz. lime juice（青柠檬汁）

1 oz. sugar syrup（糖浆）

将酒材与冰块一起摇荡后倒入装满冰块的柯林斯杯中，再加约 2oz. 苏打水（club soda）装满，放上一个薄荷叶枝作装饰（a sprig of mint）。

16. 肯塔基大风雪（Kentucky Blizzard）

Cocktail $4\frac{1}{2}$ oz. 杯，冰的

$1\frac{1}{2}$ oz. Bourbon（波旁威士忌）

¾ oz. cranberry juice（蔓越莓/蔓越橘汁）

½ oz. lime juice（青柠檬汁）

¼ oz. grenadine（红石榴糖浆）

将酒材摇荡后过滤，倒入杯内，放一片半柑橘圆片或青柠檬片作装饰。

17. 钻孔锥（Stiletto）

Old-fashioned 7 oz. 杯

$1\frac{1}{2}$ oz. Bourbon（波旁威士忌）

½ oz. Amarretto（意大利苦杏香甜酒）

1 oz. lime juice（青柠檬汁）

将酒材倒入加满冰块的 Rocks 杯内，充分搅拌即成。

18. 红色袭击者（Red Raider）

Cocktail $4\frac{1}{2}$ oz. 杯，冰的

$1\frac{1}{2}$ oz. Bourbon（波旁威士忌）

½ oz. Triple Sec（三干酒/柑橘香甜酒）

1 oz. lime juice（青柠檬汁）

1 dash grenadine（撒一下红石榴糖浆）

将酒材摇荡后过滤，倒入杯内。

19. 迪克西鲜露（Dixie Dew）

Cocktail $4\frac{1}{2}$ oz. 杯，冰的

$1\frac{1}{2}$ oz. Bourbon（波旁威士忌）

½ oz. White Crème de Menthe（无色薄荷香甜酒）

½ oz. Triple Sec（三干酒/柑橘香甜酒）

将酒材倒入已加入¼满冰块的调拌杯中，摇荡后过滤，倒入杯内，不加装饰物。

20. 亿万富翁（Billionaire）

Cocktail $4\frac{1}{2}$ oz. 杯，冰的

$1\frac{3}{4}$ oz. Bourbon（波旁威士忌）

¾ oz. Bénédictiné（香甜酒）

将酒材摇荡后过滤，倒入杯内，挤拧一条黄柠檬条（lemon twist）放入杯中。

21. 午夜牛郎（Midnight Cowboy）

Cocktail $4\frac{1}{2}$ oz. 杯,冰的

2 oz. Bourbon(波旁威士忌)

½ oz. Dark Rum(深色朗姆酒)

½ oz. milk(鲜奶)

将酒材摇荡后过滤,倒入杯内,不加装饰物。

22. 薄荷碎冰酒第一方(Mint Julep1)

Collins 12 oz. 杯

2 oz. Bourbon(波旁威士忌)

½ oz. sugar syrup(糖浆)

将酒材倒入加满碎冰的柯林斯杯中,再补满碎冰,并放入薄荷叶枝装饰,插入吸管(straws)。

23. 薄荷碎冰酒第二方(Mint Julep 2)

Collins 12 oz. 杯,冰到外表结霜

直接倒入:

3~4 枝薄荷叶枝

$1\frac{1}{2}$ oz. Bourbon Whisky(美国波旁威士忌)

1 oz. 的简易糖浆注入杯中,再用捣碎棒把薄荷叶枝捣碎后,加满碎冰,再放入薄荷叶或枝作装饰。

24. 美国南方蜜桃(Southern Peach)

Squall 15 oz. 杯,加满冰块

$1\frac{1}{2}$ oz. Bourbon(波旁威士忌)

$1\frac{1}{2}$ oz. Peach Schnapps(桃子斯内普无色烈酒)

½ oz. grenadine(红石榴糖浆)

3 oz. orange juice(橘子汁)

1 oz. lime juice(青柠檬汁)

½ oz. sugar syrup(糖浆)

将酒材倒入已装¼满冰块的调拌杯内与冰块一起摇荡后过滤,倒入大风杯(Squall)中,切片桃子串粒樱桃放在杯中装饰,或用青柠檬旗(lime flag)或橘子旗(orange flag)也可。

25. 火热激情(Red-Hot Passion)

Cocktail $4\frac{1}{2}$ oz. 杯,冰的

½ oz. Bourbon(波旁威士忌)

½ oz. Amaretto(意大利苦杏仁香甜酒)

½ oz. Southern Comfort(美国南方蜜桃香甜酒)

¼ oz. Sloe Gin(黑刺李香甜酒)

¼ oz. Triple Sec(三干酒/柑橘香甜酒)

½ oz. 橘子汁

½ oz. 凤梨汁

将酒材与冰块一起摇荡后过滤,倒入杯内,用橘子片或橘子旗作装饰,橘子圆片放在杯口上,再放半粒红樱桃,缺口朝上,然后倒入一点巴卡迪 151 朗姆酒(Bacardi 151),最后点火,产生燃烧与激情的效果。

26. 锅炉制造人(Boiler Maker)

Shot Glass 2 oz. 杯和 Beer Mug 12 oz.(啤酒马克杯),杯子都要冰过

$1\frac{1}{2}$ oz. 威士忌(Whisky)倒入 Shot glass(吞饮杯)中

12 oz. Draft Beer(生啤酒)(倒入啤酒杯内)

两杯饮料一起送上,酒客通常是一口

喝完威士忌，然后再喝生啤酒。

27. 都市酒店清凉淡酒(City Tavern Cooler)

Squall 15 oz.（大风杯），加满冰块

直接倒入：

1 oz. Bourbon Whisky(美国波旁威士忌)

¾ oz. Rum(朗姆酒)

¾ oz. Dekuyper Peachtree Schnapps Dekuyper公司产的桃树斯内普无色烈酒

4 oz. apple cider(苹果西打)

由下而上搅拌三五下，放一个苹果角(apple wedge)作装饰。

28. 约翰·柯林斯(John Collins)(又叫上校柯林斯，即Colonel Collins)

Collins 12 oz. 杯，装满冰块

$1\frac{1}{2}$ oz. Bourbon Whisky(美国波旁威士忌)

2 oz. sweet & sour juice(甜酸汁)

将酒材倒入已加¼满冰块的调拌杯内，摇荡后过滤，倒入杯中，倒入苏打水(club soda)把杯子装满，放一个橘子旗作装饰。

29. 深度充电(Depth Charge)(台湾地区市面称之为深水炸弹)

Shot Glass 2 oz. 杯和Beer Mug 12 oz. 杯，皆冰过

$1\frac{1}{2}$ oz. Bourbon Whisky(美国波旁威士忌)(注入小吞饮杯内)

9 oz. Draft Beer(生啤酒)(倒入啤酒杯内)

把装威士忌(Whisky)的吞饮杯整个置入生啤酒杯中，由客人持大马克杯饮用。

30. 梨酒法珮(Lagniappe Frappé)

Rocks 7 oz. 杯

将半个梨切成小丁放在杯底，碎冰放入杯中，并压成一个紧紧的小圆丘，倒入$1\frac{1}{2}$ oz. 波旁威士忌即成。Lagniappe是指波旁威士忌(Bourbon)浸泡过的梨子。

31. 法国95式(French 95)

Tulip Champagne Glass 9 oz.，冰的

1 oz. Bourbon(波旁威士忌)

2 oz. sweet & sour juice(甜酸汁)

将酒材倒入已加¼满冰块的调拌杯内，摇荡后过滤，倒入杯中，香槟杯加满香槟，拧放入两条/片黄柠檬(lemon twist)作装饰。

32. 高圆球(Highball)

Highball 10 oz. 杯，加满冰块

直接倒入：

$1\frac{1}{4}$ oz. Bourbon Whisky(波旁威士忌)(以姜汁汽水即ginger ale注满杯子即成)

33. 踢马颈(Horse's Neck With A Kick)

Highball 10 oz. 杯

先把马颈(即切成长螺旋状的柠檬皮)放入杯内再加满冰块

直接倒入：

$1\frac{1}{4}$ oz. 波旁威士忌(再加满姜汁汽水即ginger ale)

34. 妈咪的南方姐妹(Mamie's South-

ern Sisters)

Highball 10 oz. 杯,装满冰块

直接倒入:

$1\frac{1}{4}$ oz. Bourbon Whisky(波旁威士忌)

再加满姜汁汽水,放入柠檬角作装饰。

35. 曼哈顿(Manhattan)

Cocktail $4\frac{1}{2}$ oz. 杯,冰的

$1\frac{1}{2}$ oz. Bourbon Whisky(美国波旁威士忌)

½ oz. Sweet Vermouth(甜苦艾酒)

倒一滴安戈斯图拉树皮苦精(Angostura Bitters)

将酒材倒入已装有¼满冰块的调拌杯内,搅拌后过滤,倒入 Cocktail 杯中,放入一粒带杆红樱桃作装饰。

36. 辛辣曼哈顿(Dry Manhattan)

Cocktail $4\frac{1}{2}$ oz. 杯,冰的

$1\frac{3}{4}$ oz. Bourbon Whisky(美国波旁威士忌)

¼ oz. Dry Vermouth(辛辣苦艾酒)

1 dash Angostura Bitters(撒一次安戈斯图拉树皮苦精)(可放,可不放)

将酒材倒入已加¼满冰块的调拌杯内,摇荡后过滤,倒入杯中,拧放入黄柠檬条/片(lemon twist)作装饰。

37. 十全十美曼哈顿(Perfect Manhattan)

Cocktail $4\frac{1}{2}$ oz. 杯,冰的

$1\frac{1}{2}$ oz. Bourbon Whisky(美国波旁威士忌)

¼ oz. Dry Vermouth(辛辣苦艾酒)

¼ oz. Sweet Vermouth(甜苦艾酒)

1 dash Angostura Bitters(撒一下安戈斯图拉树皮苦精)(可放,可不放)

将酒材倒入已加¼满冰块的调拌杯内,摇荡后过滤,倒入杯中,拧挤放入一条/片黄柠檬作装饰。

38. 旧时尚(Old Fashion)

Rocks 7 oz. 杯

在杯内撒 3 滴安戈斯图拉树皮苦精(Angostura Bitters)

倒入½ oz. 的简易糖浆

加满冰块(Ice Cubes)

加入 $1\frac{1}{2}$ oz. 的美国波旁威士忌(Bourbon Whisky)

用酒吧枪打一下,喷洒一些苏打水,放一片橘子片和一粒红樱桃(orange slice & cherry)作装饰。

注:Old Fashions 可按客人要求的任何深色烈酒来调制。

39. 模糊状的旧时尚(Muddled Old Fashion)

Rocks 7 oz. 杯

撒 3 滴安戈斯图拉树皮苦精(Angostura Bitters)

倒入½ oz. 的简易糖浆

放入一粒红樱桃与一片橘子

用捣碎棒把上述原料捣碎,加入 $1\frac{1}{2}$ oz. 的美国波旁威士忌(Bourbon Whisky),

加满冰块，再按一下酒吧枪（Bar Gun）喷撒出一些苏打水（club soda）。

40. 第八病房（Ward Eight）

Cocktail $4\frac{1}{2}$ oz. 杯，冰的

$1\frac{1}{2}$ oz. Bourbon Whisky（美国波旁威士忌）

1 oz. sweet & sour juice（甜酸汁）

¼ oz. grenadine（红石榴糖浆）

将酒材倒入已加¼满冰块的调拌杯内，迅猛摇荡后过滤，倒入 Cocktail 杯中。

8~3 国际上各种曼哈顿（Manhattan）鸡尾酒酒方（Recipes）

1. 大苹果曼哈顿（Big Apple Manhattan）

Cocktail $4\frac{1}{2}$ oz. 杯，冰的

$1\frac{1}{2}$ oz. Laird's Applejack Brandy（美国 Laird 酒厂产的苹果白兰地）

½ oz. Sweet Vermouth（甜苦艾酒）

将酒材倒入已加¼满冰块的调拌杯内，搅拌后过滤，倒入杯中，拧挤一条/片黄柠檬放入杯中作装饰。

2. 本尼迪克特-曼哈顿（Bénédictiné Manhattan）

Cocktail $4\frac{1}{2}$ oz. 杯，冰的

$1\frac{1}{2}$ oz. Bénédictiné（本尼迪克特香甜酒）

½ oz. Dry Vermouth（辛辣苦艾酒）

将酒材倒入已加¼满冰块的调拌杯内，搅拌后过滤，倒入杯中，放一粒红樱桃或拧挤一条/片黄柠檬作装饰。

3. 曼哈顿沙滩（Manhattan Beach）

Squall 15 oz.（大风杯），装满冰块

¾ oz. Bacardi Light Rum（巴卡迪淡朗姆酒）

¾ oz. Bacardi Gold Rum（巴卡迪金色朗姆酒）

½ oz. Amaretto（意大利苦杏仁香甜酒）

½ oz. grenadine（红石榴糖浆）

3 oz. pineapple juice（凤梨汁）

将酒材倒入已加¼满冰块的调拌杯内，搅拌后过滤，倒入杯中，再注入漂浮½ oz. 迈尔斯深色朗姆酒（Myers's Dark Rum），挂青柠檬角（lime wedge）或放凤梨旗作装饰。

4. 比斯坎-曼哈顿（Biscayne Manhattan）

Cocktail $4\frac{1}{2}$ oz. 杯，冰的

$1\frac{1}{2}$ oz. Bourbon Whisky（美国波旁威士忌）

½ oz. Sweet Vermouth（甜苦艾酒）

½ oz. Triple Sec（三干酒/柑橘香甜酒）

撒3下 B & B 香甜酒（本尼迪克特香甜酒和白兰地）

将酒材倒入已加¼满冰块的调拌杯内，搅拌后过滤，倒入杯中，放一粒樱桃或一条/片黄柠檬作装饰。

5. 第戎-曼哈顿(Dijon Manhattan)

Cocktail $4\frac{1}{2}$ oz. 杯,冰的

$1\frac{1}{2}$ oz. Bourbon Whisky(美国波旁威士忌)

½ oz. Dry Vermouth(辛辣苦艾酒)

½ oz. Crème de Cassis(黑茶藨子/黑醋栗香甜酒)

将酒材倒入已加¼满冰块的调拌杯内,搅拌后过滤,倒入杯中,放入黄柠檬条/片(lemon twist)或樱桃作装饰。

6. 古巴-曼哈顿(Cuban Manhattan)

Cocktail $4\frac{1}{2}$ oz. 杯,冰的

$1\frac{3}{4}$ oz. Matusalen Light Dry Rum(古巴产朗姆酒)

¾ oz. Sweet Vermouth(甜苦艾酒)

撒 2~3 下苦精

将酒材倒入已加¼满冰块的调拌杯内,搅拌后过滤,倒入杯中,放一粒红樱桃作装饰。

7. 大道曼哈顿(Boulevard Manhattan)

Cocktail $4\frac{1}{2}$ oz. 杯,冰的

$1\frac{1}{2}$ oz. Bourbon Whisky(美国波旁威士忌)

¼ oz. Dry Vermouth(辛辣苦艾酒)

¼ oz. Grand Marnier(法国柑橘干邑香甜酒)

撒 3 下橘子苦精(orange bitters)

将酒材倒入已加¼满冰块的调拌杯内,搅拌后过滤,倒入杯中,放一粒樱桃或黄柠檬条/片作装饰。

8. 情投意合曼哈顿(Affinity Manhattan)(又名 Affinity Cocktail, Perfect Rob Roy)

Cocktail $4\frac{1}{2}$ oz. 杯,冰的

$1\frac{1}{2}$ oz. Scotch Whisky(苏格兰威士忌)

½ oz. Dry Vermouth(辛辣苦艾酒)

½ oz. Sweet Vermouth(甜苦艾酒)

撒两下安戈斯图拉树皮苦精(Angostura Bitters)

将酒材倒入已加¼满冰块的调拌杯内,搅拌后过滤,倒入杯中,挤拧放入一条/片黄柠檬作装饰。

9. 沃尔多夫-曼哈顿(Waldorf Manfattan)

Cocktail $4\frac{1}{2}$ oz. 杯,冰的

$1\frac{1}{2}$ oz. Bourbon Whisky(波旁威士忌酒)

½ oz. Sweet Vermouth(甜苦艾酒)

¼ oz. Pernod(法国佩诺茴香利口酒)

撒 3 下苦精

将酒材倒入已加¼满冰块的调拌杯内,搅拌后过滤,倒入杯中,放一个橘子旗作装饰。

10. 双峰曼哈顿(Twin Peaks Manhattan)

Cocktail $4\frac{1}{2}$ oz. 杯,冰的

$1\frac{1}{2}$ oz. Tennessee Whisky(田纳西威

士忌）

½ oz. Dubonnet Rouge（法国猫牌红葡萄酒）

¼ oz. Cointreau（法国康德露柑橘香甜酒）

将酒材倒入已加¼满冰块的调拌杯内，搅拌后过滤，倒入杯中，放入樱桃或黄柠檬条/片作装饰。

11. 田纳西粉红曼哈顿（Tennessee Blush Manhattan）

Cocktail $4\frac{1}{2}$ oz. 杯，冰的

2 oz. Tennessee Whisky（田纳西威士忌）

½ oz Alizé Red Passion（法国爱丽丝红百香果开胃酒）

将酒材倒入已加¼满冰块的调拌杯内，搅拌后过滤，倒入杯中，放入黄柠檬条/片或樱桃作装饰。

12. 蒂沃利-曼哈顿（Tivoli Manhattan）

Cocktail $4\frac{1}{2}$ oz. 杯，冰的

$1\frac{1}{2}$ oz. Bourbon Whisky（美国波旁威士忌）

½ oz. Sweet Vermouth（甜苦艾酒）

½ oz. Aquavit（北欧产的香叶子香甜酒）

撒 3 下 Campari（意大利堪培利苦味柑橘开胃酒）

将酒材倒入已加¼满冰块的调拌杯内，搅拌后过滤，倒入杯中，放一个橘子旗作装饰。

13. 优质葡萄酒曼哈顿第一方（Vintage Manhattan 1）

Cocktail $4\frac{1}{2}$ oz. 杯，冰的

$1\frac{3}{4}$ oz. Evan Williams Vintage Bourbon Whisky（埃文·威廉斯佳酿波旁威士忌）

¾ oz. Dubonnet Rouge（法国猫牌红葡萄酒）

撒 3 下安戈斯图拉树皮苦精（Angostura Bitters）

将酒材倒入已加¼满冰块的调拌杯内，搅拌后过滤，倒入杯中，放一粒樱桃作装饰。

14. 优质葡萄酒曼哈顿第二方（Vintage Manhattan 2）

Cocktail $4\frac{1}{2}$ oz. 杯，冰的

2 oz. Evan Williams Vintage Bourbon Whisky（埃文·威廉斯佳酿波旁威士忌）

¼ oz. Cointreau（法国康德露柑橘香甜酒）

¼ oz. Thrilla Vanilla Liqueur（香草香甜酒）

将酒材倒入已加¼满冰块的调拌杯内，搅拌后过滤，倒入杯中，挤放一条/片黄柠檬作装饰。

15. 西彻斯特-曼哈顿（Westchester Manhattan）

Cocktail $4\frac{1}{2}$ oz. 杯，冰的

$1\frac{3}{4}$ oz. Bourbon Whisky（美国波旁威

士忌）

$\frac{1}{4}$ oz. Dry Vermouth（辛辣苦艾酒）

$\frac{1}{2}$ oz. Rose's lime juice（罗斯青柠檬汁）

撒 3 下苦精

将酒材倒入已加$\frac{1}{4}$满冰块的调拌杯内，搅拌后过滤，倒入杯中，放入樱桃或黄柠檬条/片（lemon twist）作装饰。

16. 南方曼哈顿利口酒（Southern Comfort Manhattan）

Cocktail $4\frac{1}{2}$ oz. 杯，冰的

$1\frac{3}{4}$ oz. Southern Comfort（美国南方蜜桃香甜酒）

$\frac{1}{4}$ oz. Dry Vermouth（辛辣苦艾酒）

将酒材倒入已加$\frac{1}{4}$满冰块的调拌杯内，搅拌后过滤，倒入杯中，放一粒樱桃作装饰。

17. 玫瑰花苞曼哈顿（Rosebud Manhattan）

Cocktail $4\frac{1}{2}$ oz. 杯，冰的

$1\frac{1}{2}$ oz. Bourbon Whisky（美国波旁威士忌）

$\frac{1}{2}$ oz. Rémy Red（法国 Rémy Martin 公司产的红色香甜酒）

将酒材倒入已加$\frac{1}{4}$满冰块的调拌杯内，搅拌后过滤，倒入杯中，拧挤放入一条/片黄柠檬（lemon twist）作装饰。

18. 玫瑰曼哈顿（Rose Manhattan）

Cocktail $4\frac{1}{2}$ oz. 杯，冰的

$1\frac{1}{2}$ oz. Bourbon Whisky（美国波旁威士忌）

$\frac{1}{2}$ oz. Crème de Cassis（黑醋栗/黑茶藨子香甜酒）

$\frac{1}{2}$ oz. Dry Vermouth（辛辣苦艾酒）

$\frac{1}{4}$ oz. fresh lime juice or lemon juice（新鲜青柠檬汁或黄柠檬汁）

将酒材倒入已加$\frac{1}{4}$满冰块的调拌杯内，搅拌后过滤，倒入杯中，拧挤放入黄柠檬条/片或樱桃作装饰。

19. 三叶草曼哈顿（Shamrock Manhattan）

Cocktail $4\frac{1}{2}$ oz. 杯，冰的

$1\frac{1}{2}$ oz. Bourbon Whisky（美国波旁威士忌）

$\frac{1}{2}$ oz. Green Crème de Menthe（绿薄荷香甜酒）

$\frac{1}{2}$ oz. Sweet Vermouth（甜苦艾酒）

撒 3 下苦精

将酒材倒入已加$\frac{1}{4}$满冰块的调拌杯内，搅拌后过滤，倒入杯中，拧挤放入一条/片柠檬作装饰。

20. 羊头鱼海湾曼哈顿（Sheep's-Head Bay Manhattan）

Cocktail $4\frac{1}{2}$ oz. 杯，冰的

$1\frac{1}{2}$ oz. Bourbon Whisky（美国波旁威士忌）

$\frac{1}{4}$ oz. B & B 香甜酒（本尼迪克特香甜酒和白兰地）

¼ oz. Sweet Vermouth(甜苦艾酒)

撒3下苦精

将酒材倒入已加¼满冰块的调拌杯内,搅拌后过滤,倒入杯中,拧挤放入黄柠檬条/片或樱桃作装饰。

21. 有烟熏味的曼哈顿(Smoky Manhattan)

Cocktail $4\frac{1}{2}$ oz. 杯,冰的

先在杯中倒½ oz. 的迈尔斯牌波旁威士忌(Maker's Mark Bourbon Whisky),转动杯子,使酒沾满杯的内侧。

然后直接把$1\frac{1}{2}$ oz. 伏特加酒和½ oz. 辛辣苦艾酒(Dry Vermouth)倒入已装¼满冰块的调拌杯中,搅拌三五下后过滤,倒入杯中,拧挤放入一条/片黄柠檬作装饰。

22. 覆盆子曼哈顿(Respberry Manhattan)

Cocktail $4\frac{1}{2}$ oz. 杯,冰的

$1\frac{1}{2}$ oz. Bourbon Whisky(美国波旁威士忌)

½ oz. Chambord(法国覆盆子香甜酒)

½ oz. Dry Vermouth(辛辣苦艾酒)

将酒材倒入已加¼满冰块的调拌杯内,搅拌后过滤,倒入杯中,用黄柠檬条/片(lemon twist)作装饰。

23. 禁令曼哈顿(Prohibition Manhattan)

Cocktail $4\frac{1}{2}$ oz. 杯,冰的

1 oz. Rye Whisky(黑麦威士忌)

1 oz. Sweet Vermouth(甜苦艾酒)

撒3下橘子苦精(orange bitters)

将酒材倒入已加¼满冰块的调拌杯内,搅拌后过滤,倒入杯中,拧挤放入一条/片黄柠檬作装饰。

24. 缎带曼哈顿(Satin Manhattan)

Cocktail $4\frac{1}{2}$ oz. 杯,冰的

$1\frac{1}{2}$ oz. Tennessee Whisky(田纳西威士忌)

½ oz. Grand Marnier(法国柑橘干邑香甜酒)

½ oz. Sweet Vermouth(甜苦艾酒)

将酒材倒入已加¼满冰块的调拌杯内,搅拌后过滤,倒入杯中,放黄柠檬条/片(lemon twist)作装饰。

25. 完美南方蜜桃曼哈顿(Perfect Southern Comfort Manhattan)

Cocktail $4\frac{1}{2}$ oz. 杯,冰的

$1\frac{1}{2}$ oz. Southern Comfort(美国南方蜜桃香甜酒)

¼ oz. Dry Vermouth(辛辣苦艾酒)

¼ oz. Sweet Vermouth(甜苦艾酒)

将酒材倒入已加¼满冰块的调拌杯内,搅拌后过滤,倒入杯中,放一条/片柠檬作装饰。

26. 穷提姆-曼哈顿(Poor Tim Manhattan)

Cocktail $4\frac{1}{2}$ oz. 杯,冰的

$1\frac{1}{2}$ oz. Tennessee Whisky(田纳西威士忌)

½ oz. Dry Vermouth(辛辣苦艾酒)

½ oz. Chambord(法国覆盆子香甜酒)

将酒材倒入已加¼满冰块的调拌杯内,搅拌后过滤,放入黄柠檬条/片(lemon twist)或樱桃作装饰。

27. 新奥尔良-曼哈顿(New Orleans Manhattan)

Cocktail $4\frac{1}{2}$ oz. 杯,冰的

先在杯中倒入½ oz. 意大利榛果香甜酒(Frangelico),旋转杯子,使酒沾满杯的内侧。

然后把 $1\frac{1}{2}$ oz. 美国波旁威士忌(Bourbon Whisky)和½ oz. 甜苦艾酒(Sweet Vermouth)倒入已装¼满冰块的调拌杯内,搅拌后过滤,倒入 Cocktail 杯中,放入一粒樱桃作装饰。

28. 拿破仑-曼哈顿(Napoléon Manhattan)

Cocktail $4\frac{1}{2}$ oz. 杯,冰的

$1\frac{1}{2}$ oz. Courvoisier V. S. O. P. Cognac

½ oz. Sweet Vermouth(甜苦艾酒)

将酒材倒入已加¼满冰块的调拌杯内,搅拌后过滤,倒入杯中,放入黄柠檬条/片(lemon twist)或柑橘片(orange twist)作装饰。

29. 杰克最好的曼哈顿(Jack's Best Manhattan)

Cocktail $4\frac{1}{2}$ oz. 杯,冰的

2 oz. Jack Daniel's Single Barrel Whisky(杰克·丹尼尔桶装威士忌)

¼ oz. Sweet Vermouth(甜苦艾酒)

撒 3 下橘子苦精(orange bitters)

将酒材倒入已加¼满冰块的调拌杯内,搅拌后过滤,倒入杯中,放一个橘子旗作装饰。

30. 拉丁曼哈顿(Latin Manhattan)

Cocktail $4\frac{1}{2}$ oz. 杯,冰的

$1\frac{3}{4}$ oz. Bacardi Light Rum(巴卡迪淡朗姆酒)

¼ oz. Sweet Vermouth(甜苦艾酒)

¼ oz. Dry Vermouth(辛辣苦艾酒)

撒两下安戈斯图拉树皮苦精(Angostura Bitters)

将酒材倒入已加¼满冰块的调拌杯内,搅拌后过滤,倒入杯中,拧挤放入一条/片黄柠檬作装饰。

31. 拉斐特-曼哈顿(Lafayette Manhattan)

Cocktail $4\frac{1}{2}$ oz. 杯,冰的

$1\frac{3}{4}$ oz. Maker'Mark Bourbon Whisky(迈尔斯牌波旁威士忌)(一种肯塔基州产的纯波旁威士忌)

¾ oz. Dubonnet Rouge(法国猫牌红葡萄酒)

撒 3 下苦精

将酒材倒入已加¼满冰块的调拌杯内,搅拌后过滤,倒入杯中,拧挤放入黄柠檬条/片(lemon twist)或樱桃作装饰。

32. 洛雷托-曼哈顿(Loretto Manhattan)

Cocktail $4\frac{1}{2}$ oz. 杯,冰的

$1\frac{1}{2}$ oz. Bourbon Whisky(美国波旁威士忌)

½ oz. Sweet Vermouth(甜苦艾酒)

¼ oz. B & B 香甜酒(本尼迪克特酒和白兰地)

倒 3 下 Amer Picon(法国产带苦味的香甜酒)

将酒材倒入¼满冰块的调拌杯内,搅拌后过滤,倒入杯中,放入黄柠檬条/片(lemon twist)或樱桃作装饰。

33. 浮华曼哈顿(Glitz Manhattan)

Cocktail $4\frac{1}{2}$ oz. 杯,冰的

$1\frac{3}{4}$ oz. Maker's Mark Bourbon Whisky(迈尔斯牌波旁威士忌)

¾ oz. Mazzetti Grappa Liqueur(意大利果渣白兰地制成的香甜酒)

将酒材倒入¼满冰块的调拌杯内,搅拌后过滤,倒入杯中,拧挤放入一条/片黄柠檬作装饰。

34. 意大利人的曼哈顿(Italian Manhattan)

Cocktail $4\frac{1}{2}$ oz. 杯,冰的

$1\frac{1}{2}$ oz. Bourbon Whisky(美国波旁威士忌)

½ oz. Amaretto(意大利苦杏仁香甜酒)

¼ oz. cherry juice(樱桃汁)

将酒材倒入¼满冰块的调拌杯内,搅拌后过滤,倒入杯中,放入一个橘子旗作装饰。

35. 杜博尼曼哈顿(Dubonnet Manhattan)

Cocktail $4\frac{1}{2}$ oz. 杯,冰的

$1\frac{3}{4}$ oz. Bourbon Whisky

¾ oz. Dubonnet Rouge(法国猫牌红葡萄酒)

¼ oz. Dry Vermouth(辛辣苦艾酒)

撒 3 下安戈斯图拉树皮苦精酒(Angostura Bitters)

将酒材倒入¼满冰块的调拌杯内,搅拌后过滤,倒入杯中,放入黄柠檬条/片(lemon twist)或樱桃作装饰。

36. 盖利阿诺曼哈顿(Galliano Manhattan)

Cocktail $4\frac{1}{2}$ oz. 杯,冰的

$1\frac{3}{4}$ oz. Bourbon Whisky(波旁威士忌)

¼ oz. Galliano(意大利甘草香甜酒)

将酒材倒入¼满冰块的调拌杯内,搅拌后过滤,倒入杯中,放入黄柠檬条/片(lemon twist)或樱桃作装饰。

37. 丹麦人的曼哈顿(Danish Manhattan)

Cocktail $4\frac{1}{2}$ oz. 杯,冰的

$1\frac{1}{2}$ oz. Bourbon Whisky(美国波旁威士忌)

¼ oz. Kirschwasser(樱桃白兰地酒)

¼ oz. Peter Heering Cherry Heering(丹麦樱桃香甜酒)

将酒材倒入已加¼满冰块的调拌杯内,搅拌后过滤,倒入杯中,放入黄柠檬条/片作装饰。

38. 美洲大陆完美曼哈顿(Continental Perfect Manhattan)

Cocktakil $4\frac{1}{2}$ oz. 杯,冰的

$1\frac{1}{2}$ oz. Bourbon Whisky(美国波旁威士忌)

¾ oz. Dry Vermouth(辛辣苦艾酒)

¾ oz. Sweet Vermouth(甜苦艾酒)

撒3下苦精

将酒材倒入已加¼满冰块的调拌杯内,搅拌后过滤,倒入杯中,挂一片柑橘圆片(orange wheel)作装饰。

39. 北美阿尔贡金族印第安人的曼哈顿(Algonquin Manhattan)

Cocktail $4\frac{1}{2}$ oz. 杯,冰的

$1\frac{1}{2}$ oz. Bourbon Whisky(美国波旁威士忌)

¼ oz. Dry Vermouth(辛辣苦艾酒)

¼ oz. Pineapple juice(凤梨汁)

撒3下安戈斯图拉树皮苦精(Angostura Bitters)

将酒材倒入已加¼满冰块的调拌杯内,搅拌后过滤,倒入杯中,放一个凤梨旗或橘子旗作装饰。

40. 辛辣苹果白兰地曼哈顿(Spiced Apple Brandy Manhattan)

Cocktail $4\frac{1}{2}$ oz. 杯,冰的

$1\frac{1}{2}$ oz. Apple Brandy(苹果白兰地)

½ oz. Dry Vermouth(辛辣苦艾酒)

½ oz. Celtic Crossing Irish(爱尔兰产的石楠蜂蜜香甜酒)

将酒材倒入已加¼满冰块的调拌杯内,搅拌后过滤,倒入杯中,放一粒红樱桃作装饰。

8~4 对国际知名美酒的认识

1. Giori Lemoncillo Liqueur:是一种产于意大利特伦蒂诺(Trentitno)的柠檬香甜酒,采用在树上长熟的澳大利亚索伦托(Sorrento)柠檬制造而成,酒精度是60度。

2. Godiva Chocolate Liqueur:是一种产于美国的带有戈黛娃(Godiva)巧克力风味的香甜酒,酒精度是34度。

3. Grand Marnier Liqueur:由法国Lapostolle家族从1880年起开始生产,是一种使用窖存的科涅克白兰地(Cognac Brandy)与苦味橘子调和而成的香甜酒,酒精度是80度。

4. Grappa:是一种无色、没有陈年的白兰地,由葡萄酒制造过程的残酒蒸馏而成,意大利文Grappa指的就是法文的果渣(marc)。就技术而言,Grappa(意大利格拉巴酒)就是法文的eau-de-vie de marc(烧酒/烈酒),此残渣经蒸馏可制造出强烈的白兰地。

5. Grey Goose Vodka:产于法国的普

罗旺斯(Provence),是用调和的裸麦、大麦、小麦、玉米和经石灰岩过滤的水经过铜蒸馏器蒸馏而成,酒精度是80度。

6. Gran Gala Triple Orange Liqueur:产自意大利的Stock酒厂,系由橡木桶陈年的白兰地及3种橘子皮调和而成,酒精度是80度。

7. Gosling's Black Seal Rum:产于百慕大,使用窖存3年的朗姆酒并依据1860年以来的家族酒方调制而成,酒精度是80度。

8. Gooderham & Worts Canadian Whisky:产自加拿大的Corby酒厂,是使用两次蒸馏的裸麦、大麦、发芽的麦芽及大麦和小麦威士忌调和而成,酒精度是90度。

9. Grand Marnier 100th Anniversary:法国香甜酒,系Lapostolle家族在1927年为纪念该公司成立100周年而推出的,是使用陈年高达25年的法国科涅克白兰地(Cognacs)制成,酒精度是80度。

10. Irish Mist:是一种辛辣的爱尔兰香甜酒,由爱尔兰威士忌、石楠蜂蜜及各种药草所制成,酒精度是80度。

11. Jack Daniel's Tennessee Whisky:早在1866年即产于田纳西州的林奇堡(Lynchburg),是以玉米为原料蒸馏后再经糖槭木炭过滤,酒精度是86度。

12. Guinness Stout:产于爱尔兰的都柏林,是用已经烘烤过的但尚未发芽的大麦酿制而成的一种麦酒,酒色深黑,富有风味,但酒体却十分清淡,酒精度约8.6度。

13. Lot No. 40 Canadian Whisky:是以百分之百的草原裸麦及发芽的裸麦为原料,经铜蒸馏器蒸馏后再陈年8年而制成的,酒精度是86度。

14. KéKé Beach Key Lime Cream Liqueur:是以谷物烈酒为基酒注入奶油、天然青柠檬风味剂等调和而成,酒精度是30度。

15. Jewel of Russia Berry Infusion:是一种俄国的传统烈酒,是将新鲜野生蔓越莓/蔓越橘浸泡入顶级特优的俄罗斯伏特加(Jewel of Russia Vodka)而制成,酒精度是44度。

问题探讨

如何调制下述各款国际知名鸡尾酒?

(1) Bourbon Black Hawk
(2) Bourbon Cooler
(3) Bull and Bear
(4) Creole Lady
(5) Kentucky Colonel Cocktail
(6) Dixie Julep
(7) Mint Julep
(8) Southern Peach
(9) Kentucky Blizzard
(10) Red-Hot Passion
(11) John Collins
(12) Boilermaker
(13) Depth Charge
(14) Horse's Neck With A Kick
(15) Manhattan
(16) French 95
(17) Old Fashion

(18) Perfect Manhattan
(19) Lagniappe Frappé
(20) Ward Eight
(21) Affinity Manhattan
(22) Waldorf Manhattan
(23) Southern Comfort Manhattan
(24) Glitz Manhattan
(25) New Orleans Manhattan

第九章

以白兰地为基酒的鸡尾酒酒方

Recipes of Brandy Cocktails

☞学习目的

了解：1. 白兰地的产制历史渊源

2. 科涅克/干邑白兰地(Cognac Brandy)的酿制、名称与标记

3. 干邑白兰地的鉴赏(Appreciation of Cognac Brandy)

4. 调酒师对白兰地应有的基本认识

5. 以白兰地为基酒的鸡尾酒酒方(Recipes of Brandy Cocktails)

6. 国际上各种法国康德露柑橘香甜酒(Cointreall)酒方

7. 对国际知名美酒的认识

所谓白兰地(Brandy),指的就是以果实为原料经过精心酿制而成的水果酒,或者是酒类再经过蒸馏后所得到的酒。

白兰地(酒)依据其果实原料的不同可分成以下几类:

1. 葡萄白兰地:通常单指白兰地时,所指的是以葡萄为原料制成的水果酒,或者是蒸馏过的葡萄酒。

2. 果渣白兰地:指的是将白葡萄酒酿造时分离出来的果渣再经过发酵而制成的酒。以水蒸气蒸馏葡萄酒的果渣所得到的酒也称为果渣白兰地。法国的马克酒(Marc)及意大利的格拉巴酒(Grappa)就是果渣白兰地。

3. 残渣白兰地:从贮存的葡萄酒中分离出来的残渣经过蒸馏之后所得到的酒称为残渣白兰地。

4. 苹果白兰地:是一种采用苹果汁经蒸馏而得到的白兰地。以法国诺曼底(Normandy)地区所产的卡尔瓦多斯(Calvados)苹果白兰地最为有名,而在美国则以苹果白兰地(Applejack)这款酒最有名气。在英国把酒精成分不到10%的烈性西打经过蒸馏之后制成苹果白兰地,而美国的苹果白兰地制法则是将苹果压榨之后在果渣内加水使其发酵,再经过蒸馏才制成酒,这是两者的主要区别。

5. 其他的水果白兰地:由德国及瑞士制造的樱桃酒(Kirschwasser)是所有水果白兰地中最有名的一种。该酒以高糖分的野生黑樱桃为原料,在经过发酵后使用单式蒸馏槽进行蒸馏。由于未放入木桶中贮存,所以呈无色透明液体。除此以外还有以西洋梨、无花果、李子、桃子、干梅等水果制成的各种白兰地。

9~1 白兰地的产制历史渊源

说起白兰地的产制历史,要从8世纪炼金师蒸馏制造葡萄酒开始。在11~14世纪,意大利、西班牙、法国南部各地的炼金师、医师纷纷开始蒸馏葡萄酒,这在历史上均有记载。特别是制造白兰地的始祖——14世纪初期的维尔努,把葡萄酒经蒸馏所得的液体称为“eau-de-vie”,即生命之水。

“白兰地”这个酒名,在德语中称为“布兰德·温”,而荷兰语则称之为“布兰特·温”,这些名称其实都是“烧烤过的葡萄酒”之意。由于早期的白兰地在当时属于酒精成分最高的酒类,所以除了饮用之外还作为医疗用。

说起白兰地,最有名的当然要属法国的干邑白兰地了。

葡萄种植一向都是法国历史、文化和传统的一部分。自11世纪以来,法国西南部便布满了大大小小的葡萄园。11世纪及12世纪时,夏朗德省的葡萄园遍布夏朗德河两岸,在此酿制的夏朗德葡萄酒,很快便远销欧洲各国。

到了15世纪及16世纪,夏朗德葡萄酒更尝试远销美国、亚洲等地,但人们很快就发现,葡萄酒会因温度的巨大变化而变质。于是夏朗德人向荷兰人学习酿酒技术,发现经过蒸馏的浓缩葡萄酒能长期储存,后来又发现夏朗德最佳的浓缩葡萄酒皆来自干邑镇。

17世纪战争期间，白兰地遭禁运，人们发现用橡木桶贮藏清爽的白兰地，香味日益增浓，部分酒精虽自然消失，但橡木渗出的天然色素使酒液转呈琥珀色，这就是国际闻名的法国科尼亚克/干邑白兰地(Cognac Brandy)。

9~2 科涅克/干邑白兰地(Cognac Brandy)的酿制、名称与标记

法国历史上最悠久的干邑白兰地酒厂，都是在17世纪末及18世纪初创立的。干邑地区的葡萄酒由于采用酸度高、糖分少的葡萄为原料制成，因而与正南方波尔多地区的葡萄酒比起来，较缺乏市场竞争性。17世纪蒸馏技术引进干邑地区，在19世纪干邑地区又享有拿破仑的保护，使得该地区一跃成为酿制葡萄酒的著名产地。此外由于采用紧邻干邑地区的利穆赞(Limousin)森林出产的橡木桶贮存酿造酒，且伴随新制造方法的普及与改进，干邑地区生产的葡萄酒品质迅猛提升。

干邑白兰地的制造可分5个阶段：

1. 葡萄收成：葡萄一般在10月收成，而且以十分传统的方式采摘。

2. 制酒：将采摘的新鲜葡萄榨成葡萄汁，用大桶盛载，经过自然发酵成为葡萄酒。

3. 蒸馏：葡萄酒用传统的铜制壶式蒸馏器蒸馏，制成白兰地。经过自然发酵制成的葡萄酒(酒精浓度7%~10%)要经过两次蒸馏。第一次蒸馏出的烈酒被称为“未谐和酒”(酒精浓度为28%)，第二次蒸馏出的酒就是白兰地(酒精浓度为70%)。

4. 陈年：澄澈如水的白兰地还要贮藏在橡木桶中，并经过多年窖陈。

5. 调配：在陈年过程中，还需要进行调配。干邑佳酿都是用不同干邑调配而成的，这样才能产生各种不同的风味。

法国政府在1909年制定酒法，规定只有干邑镇出产的白兰地，才可称为“干邑”。干邑镇以外地区出产的，只可称为“白兰地”，或使用“雅美邑”/阿马尼亚克白兰地(Armagnac)等其他指定名称。

自有干邑白兰地出产以来，干邑镇中部出产的干邑一向品质最佳，也较昂贵。1938年，干邑地区正式分为六区，按干邑的品质排列，依次为大香槟区(Grande Champagne)、小香槟区(Petite Champagne)、波特黎(Borderies)、芬波亚(Fins Bois)、邦波亚(Bons Bois)和波亚贺丹尼(Bois Ordinaires)。只有大香槟区干邑与小香槟区干邑调配而成的干邑，才可称为“特优香槟区干邑”(Fine Champagne Cognac)，其成分至少有五成是大香槟区干邑，其余是小香槟区干邑。

除了以产区分类干邑外，还有以年份作为干邑分类的标准：

(1) V. S.：即Very Special，或以三星作标记，其中年份最短的，也须在橡木酒桶中窖藏至少两年。

(2) V. S. O. P.：即Very Superior Old Pale，其中年份最短的，也须在橡木桶中窖

藏至少四年半或5年。Pale是澄澈之意而非苍凉或灰白之意。

(3) 拿破仑：其中年份最短的，也须在酒桶中窖藏至少6年。

(4) 至于X. O.(Extra Old)、Extra、Louis XIII等名称，并无具体规定，但储藏年份至少必须比拿破仑长久。虽然这些酒通常都是陈年佳酿，但干邑白兰地的品质，往往仍需视酒商的声誉而定。

9~3 干邑白兰地的鉴赏(Appreciation of Cognac Brandy)

鉴赏涉及以下4种感官的感受：

(1) 外观(用眼睛观察，细看其色泽)

(2) 气味(鼻闻鉴定其风味)

(3) 滋味(含在口中品尝鉴定)

(4) 余韵(入喉后的回味感觉)

鉴赏的最佳时间如下：

(1) 上午11点到11点30分左右

(2) 下午5点到5点30分左右

品酒室应具备以下条件：

(1) 空气流通，不可有异味；

(2) 光线充足，明亮柔和；

(3) 设有评酒桌并备妥周全的器材与杯皿；

(4) 室内温度控制在18~22℃。

品酒专用的酒杯有：

(1) 郁金香型杯(品酒员用)

(2) 白兰地杯(一般人员使用)

(3) 大的白葡萄酒杯(12 oz.)

品酒及品尝干邑白兰地包括以下四大步骤：

第一步：外观

① 手握杯脚，拿起酒杯，对向光源专注地看。

② 观察其颜色、透明度以及浓稠度。

第二步：第一闻

① 将酒杯逐渐地拿近鼻子(不要转动酒杯)先嗅一下。

② 旋转酒杯后再闻几遍。

第三步：第二闻

① 稍候数秒钟，然后再度深嗅。

② 将鼻子伸入酒杯内，深吸酒气以鉴定酒液中挥发性较低成分的特性。

第四步：品尝

① 含一小口，让干邑沾满全舌并遍布整个口腔，以感受出其含在口中的滋味与口感。

② 咽下几口，以感受其甜涩度、持久度、余韵风味与入口后的整体回味感觉。

9~4 调酒师对白兰地应有的基本认识

1. 白兰地的定义：以水果为原料经过蒸馏的烈酒都可称为白兰地，例如：葡萄白兰地、苹果白兰地。

2. 主要原料：葡萄。

3. 制造过程：葡萄榨汁经过发酵后，再用特制容器蒸馏，然后置于橡木桶中陈年一段时间，最后由酿酒师调配后装瓶上市。

4. 分类

(1) 干邑即科尼亚克(Cognac)：地名，位于法国巴黎西南方，该地区酿造的葡萄白兰地闻名全世界。

（2）雅美邑（即阿马尼亚克）（Armagnac）：位于干邑区南方，该地区的白兰地性较烈，深棕色，色泽也广受世人喜爱。

（3）其他种类白兰地：不产于上述两地区的白兰地，世界各国都有佳酿。

5. 等级：白兰地按贮存年份来分等级，可分为：

（1）三星；

（2）五星；

（3）V. S. O. P（very superior old pale）：非常高档，陈年，澄澈；

（4）Napoléon（拿破仑）；

（5）X. O.（Extra Old）：额外陈年老酒；

（6）Extra：格外高档的白兰地等。

6. 年份：每一个等级的白兰地到底应贮存几年，每一家厂商所制的陈年标准都不一样。事实上各酒厂往往各言其辞。例如同样是三星白兰地，一家酒厂可能是窖陈了3年，另一家酒厂可能是5年，各酒商都是按照自己的主观意识来订立其年份标准。

但平均年数以干邑地区的标准为准，法国法律规定在干邑地区陈年时间只要满18个月即可。平均年数大致如下：

（1）三星级：陈年满3年以上；

（2）V. S. O. P.：陈年满四年半以上或5年以上；

（3）Napoleon：7年以上；

（4）其他等级如人头马（Remy Martin）、路易十三、X. O.（额外陈年老酒）、Extra（格外高档白兰地）等皆为酒厂自创，窖陈年数皆是各言其辞，消费者千万不要被酒是越陈越香、越陈越好越贵的说法所误导。

7. 品牌

（1）Hennessy（三星）

（2）Hennessy X. O.

（3）Martell Corden Blue

（4）Martell V. S. O. P.

（5）Rémy Martin X. O.

（6）Rémy Martin V. S. O. P.

（7）Couvoisier

8. 饮用方法

（1）纯饮，加冰块或加水均可。美酒最好不要再加入其他杂物或饮料。

（2）装瓶后便不再醇化，且应避免光线直射及接近热源或震动。

（3）使用矮脚小口大肚白兰地酒杯（Brandy Snifter）品享，杯子越大（底部越大）越好。

（4）美酒久存毫无益处，应尽早品享饮用，装瓶后的酒越陈越糟。

9~5 以白兰地为基酒的鸡尾酒酒方（Recipes of Brandy Cocktails）

1. 美丽美国佬（American Beauty）

Cocktail $4\frac{1}{2}$ oz. 杯，冰的

1 oz. Brandy（白兰地）

½ oz. Dry Vermouth（辛辣苦艾酒）

½ bsp（半酒吧匙）White Crème de Menthe（无色薄荷香甜酒）

$\frac{1}{2}$ oz. orange juice（橘子汁）

1 bsp. grenadine（一酒吧匙红石榴糖浆）

将酒材与冰块一起摇荡后过滤，倒入杯内，再倒入$\frac{1}{2}$ oz. 葡萄牙黄褐色或茶色的波尔图葡萄酒（Tawny Port）漂浮在酒面上作装饰。

2. 床上情人（Between The Sheets）

Cocktail $4\frac{1}{2}$ oz. 杯，冰的

$\frac{1}{2}$ oz. Brandy（白兰地）

$\frac{1}{2}$ oz. Light Rum（淡朗姆酒）

$\frac{1}{2}$ oz. Triple Sec（三干酒/柑橘香甜酒）

1 oz. lime juice（青柠檬汁）

将酒材摇荡后过滤，倒入杯内，不加装饰物。

3. 黑台北（Black Taipei）

Cocktail $4\frac{1}{2}$ oz. 杯，冰的

$\frac{1}{2}$ oz. Brandy（白兰地）

$\frac{1}{2}$ oz. Black Sambuca（意大利西西里岛桑布卡黑色茴香利口酒）

$\frac{1}{2}$ oz. lime juice（青柠檬汁）

将酒材摇荡后过滤，放一粒台湾人喜爱的小乌梅于杯中。

4. 抚胸怪客（Bosom Caresser）

Cocktail $4\frac{1}{2}$ oz. 杯，冰的

1 oz. Brandy（白兰地）

1 oz. Madeira（马德拉岛产的强化葡萄酒）

$\frac{1}{2}$ oz. Triple Sec（三干酒/柑橘香甜酒）

将酒材摇荡后过滤，倒入杯内，不加装饰物。

5. 白兰地亚历山大第一方（Brandy Alexander 1）

Cocktail $4\frac{1}{2}$ oz. 杯，冰的

$1\frac{1}{2}$ oz. Brandy（白兰地）

$\frac{1}{2}$ oz. Dark Crème de Cacao（深色可可香甜酒）

$\frac{1}{2}$ oz. milk

将酒材摇荡后过滤，倒入杯内，撒些肉豆蔻粉（Nutmeg）作装饰。

6. 白兰地亚历山大第二方（Brandy Alexander 2）

Cocktail $4\frac{1}{2}$ oz. 杯，冰的

1 oz. Brandy（白兰地）

1 oz. White Crème de Cacao（无色可可香甜酒）

1 oz. light cream or milk（清淡奶油或鲜奶）

将酒材摇荡后过滤，倒入杯内，撒些肉豆蔻粉（Nutmeg）作装饰。

7. 叮人蜂（Bee Stinger）

Cocktail $4\frac{1}{2}$ oz. 杯，冰的

$1\frac{1}{2}$ oz. Blackberry Brandy（黑莓白兰地）

$\frac{1}{2}$ oz. White Crème de Menthe（无色薄荷香甜酒）

将酒材摇荡后过滤，倒入杯内。

8. 孟买鸡尾酒（Bombay Cocktail）

Cocktail $4\frac{1}{2}$ oz. 杯，冰的

1 oz. Brandy(白兰地)

½ oz. Dry Vermouth(辛辣苦艾酒)

½ oz. Sweet Vermouth(甜苦艾酒)

½ oz. Triple Sec(三干酒/柑橘香甜酒)

¼ bsp Anisette(¼酒吧匙茴香利口酒)

将酒材摇荡后过滤,倒入杯内。

9. 斗牛犬鸡尾酒(Bulldog Cocktail)

Cocktail $4\frac{1}{2}$ oz. 杯,冰的

$1\frac{1}{2}$ oz. Cherry-flavored Brandy(樱桃风味白兰地)

¾ oz. Gin(杜松子酒)

½ oz. lime juice(青柠檬汁)

将酒材摇荡后过滤,倒入杯内。

10. 咖啡青草蜢(Coffee Grasshopper)

Old-Fashioned 7 oz. 杯,冰的

1 oz. Coffee-flavored Brandy(咖啡风味白兰地)

¾ oz. White Crème de Menthe(无色薄荷香甜酒)

¾ oz. light cream or milk(清淡奶油或鲜奶)

将酒材直接倒入加满冰块的 Old-fashionod 杯中,充分搅拌或摇荡。

11. 古巴鸡尾酒第一方(Cuban Cocktail 1)

Cocktail $4\frac{1}{2}$ oz. 杯,冰的

$1\frac{1}{2}$ oz. Brandy(白兰地)

½ oz. Apricot-flavored Brandy(杏桃风味白兰地)

¼ oz. Light Rum(淡朗姆酒)

将酒材摇荡后过滤,倒入杯中。

12. 古巴鸡尾酒第二方(Cuban Cocktail 2)

Cocktail $4\frac{1}{2}$ oz. 杯,冰的

2 oz. Light Dry Rum(淡的辛辣朗姆酒)

½ oz. lime juice(青柠檬汁)

½ oz. sugar syrup(糖浆)

将酒材摇荡后过滤,倒入杯中,放入青柠檬角作装饰。

13. 梦幻鸡尾酒(Dream Cocktail)

Cocktail $4\frac{1}{2}$ oz. 杯,冰的

$1\frac{1}{2}$ oz. Brandy(白兰地)

¾ oz. Triple Sec(三干酒/柑橘香甜酒)

¼ bsp. Anisette(茴香利口酒)

将酒材摇荡后过滤,倒入杯内。

14. 樱桃斯林(Cherry Sling)

Old-fashioned 7 oz. 杯

2 oz. Cherry-flavored Brandy(樱桃风味白兰地)

½ oz. lime juice(青柠檬汁)

将酒材倒入加满冰块的 Old-fashioned 杯中,拧挤放入一条黄柠檬皮作装饰。

15. 樱花盛开(Cherry Blossom)

Cocktail $4\frac{1}{2}$ oz. 杯,冰的

$1\frac{1}{2}$ oz. Brandy(白兰地)

½ oz. Cherry-flavored Brandy(樱桃风味白兰地)

¼ oz. Triple Sec(三干酒/柑橘香甜酒)

¼ oz. lime juice(青柠檬汁)

1 bsp. grenadine(一酒吧匙红石榴糖浆)

将酒材摇荡后过滤,倒入一个杯口已先沾湿樱桃白兰地(Cherry Brandy)再沾上糖粉的杯中,再放入一粒红酒浸樱桃(red maraschino cherry)作装饰。

16. 古典式白兰地(Classic Brandy)

Cocktail $4\frac{1}{2}$ oz. 杯,冰的

$1\frac{1}{2}$ oz. Brandy(白兰地)

½ oz. Triple Sec(三干酒/柑橘香甜酒)

½ oz. lime juice(青柠檬汁)

两酒吧匙(2 bsps.)樱桃香甜酒

杯口用柠檬角沾湿再沾上糖粉,上述酒材摇荡后过滤,倒入杯中,放一粒红樱桃作装饰。

17. 城里老油子(City Slicker)

Cocktail $4\frac{1}{2}$ oz. 杯,冰的

$1\frac{1}{2}$ oz. Brandy(白兰地)

1 oz. Triple Sec(三干酒/柑橘香甜酒)

¼ oz. lime juice(青柠檬汁)

将酒材摇荡后过滤,倒入杯内。

18. 拥梦共舞鸡尾酒(Dance With A Dream Cocktail)

Cocktail $4\frac{1}{2}$ oz. 杯,冰的

$1\frac{3}{4}$ oz. Brandy(白兰地)

½ oz. Triple Sec(三干酒/柑橘香甜酒)

¼ oz. Anisette(茴香利口酒)

将酒材摇荡后过滤,倒入杯内。

19. 僵尸还魂酒(Corpse Reviver)

Cocktail $4\frac{1}{2}$ oz. 杯,冰的

$1\frac{1}{2}$ oz. Brandy(白兰地)

½ oz. White Crème de Menthe(无色薄荷香甜酒)

½ oz. Dubonnet Blanc(法国猫牌白葡萄酒)

将酒材摇荡后过滤,倒入杯内。

20. 拉猴啦(La Jolla)

Cocktail $4\frac{1}{2}$ oz. 杯,冰的

$1\frac{1}{2}$ oz. Brandy(白兰地)

½ oz. Crème de Banana(香蕉香甜酒)

¼ oz. lime juice(青柠檬汁)

1 bsp. orange juice(橘子汁)

将酒材与冰块一起摇荡后过滤,倒入杯内。

21. 大都会鸡尾酒(Metropolitan Cocktail)

Cocktail $4\frac{1}{2}$ oz. 杯,冰的

$1\frac{1}{4}$ oz. Brandy(白兰地)

$1\frac{1}{4}$ oz. Sweet Vermouth(甜苦艾酒)

¼ oz. sugar syrup(糖浆)

1 dash bitters(倒一次苦精)

将酒材与冰块一起摇荡后过滤,倒入杯内。

22. 乖巧淑女(Lady Be Good)

Cocktail $4\frac{1}{2}$ oz. 杯,冰的

$1\frac{1}{2}$ oz. Brandy(白兰地)

½ oz. White Crème de Menthe(无色薄荷酒)

½ oz. Sweet Vermouth(甜苦艾酒)

将酒材摇荡后过滤,倒入杯内。放入一粒大的红樱桃(red cherry)作装饰。

23. 欢愉寡妇第一方(Merry Widow 1)

Cocktail $4\frac{1}{2}$ oz. 杯,冰的

$1\frac{1}{2}$ oz. Dubonnet Rouge(法国猫牌红葡萄酒)

½ oz. Dry Vermouth(辛辣苦艾酒)

1 dash Angostura Bitters(倒一次安戈斯图拉树皮苦精)

2 dashes Pernod(法国佩诺茴香利口酒)

2 dashes B & B 香甜酒(倒两次本尼迪克特香甜酒和白兰地)

将酒材摇荡后过滤,倒入杯内,放入黄柠檬条/片作装饰。

24. 欢愉寡妇第二方(Merry Widow 2)

Collins 12 oz. 杯,加满冰块

$1\frac{1}{2}$ oz. Gin(杜松子酒)

1 oz. orange juice(橘子汁)

1 oz. sweet & sour juice(甜酸汁)

将酒材摇荡后过滤,倒入杯中,加满苏打水,放入橘子旗作装饰。

25. 天堂鸡尾酒(Paradise Cocktail)

Cocktail $4\frac{1}{2}$ oz. 杯,冰的

$1\frac{1}{4}$ oz. Apricot-flavored Brandy(杏桃风味白兰地)

¾ oz. Gin(杜松子酒)

½ oz. orange juice(橘子汁)

将酒材摇荡后过滤,倒入杯内。

26. 午夜鸡尾酒(Midnight Cocktail)

Cocktail $4\frac{1}{2}$ oz. 杯,冰的

$1\frac{1}{2}$ oz. Apricot-flavored Brandy(杏桃风味白兰地)

½ oz. Triple Sec(三干酒/柑橘香甜酒)

½ oz. lime juice(青柠檬汁)

将酒材摇荡后过滤,倒入杯内。

27. 日本天皇(Mikado Cocktail)

Old-fashioned 7oz. 杯

$1\frac{1}{2}$ oz. Brandy(白兰地)

½ oz. Triple Sec(三干酒/柑橘香甜酒)

¼ oz. Crème de Noyaux(杏仁香甜酒)

1 bsp. grenadine(红石榴糖浆)

1 dash bitters(倒一次苦精)

上述酒材倒入加满冰块的 Rocks 杯中,充分搅拌或摇荡后即可。

28. 赛德卡鸡尾酒(Sidecar)

Cocktail $4\frac{1}{2}$ oz. 杯,冰的

$1\frac{1}{4}$ oz. Brandy(白兰地)

¾ oz. Triple Sec(三干酒/柑橘香甜酒)

½ oz. lime juice(青柠檬汁)

将酒材摇荡后过滤,倒入杯内。

29. 斯丁格鸡尾酒(Stinger)

Cocktail $4\frac{1}{2}$ oz. 杯,冰的

2 oz. Brandy(白兰地)

½ oz. White Crème de Menthe(无色薄荷香甜酒)

将酒材与冰块一起摇荡后过滤,倒入杯内。

30. 南方绝世美女(Southern Belle)

Cordial 2 oz. 杯

先倒入⅓杯的白兰地,接着持杯倾斜成45度再倒入⅓杯即⅔ oz. 的无色可可香甜酒(white Crème de Cacao),最后再倒入⅔ oz. 的Bénédictiné(本尼迪克特香甜酒)。这是一杯有3个层次的彩虹酒。

31. 马颈(Horse's Neck)

Highball 10 oz. 杯,冰的

$1\frac{1}{2}$ oz. Brandy(白兰地)

先切出一条螺旋状的黄柠檬皮,¾放入杯中,¼挂在杯外。杯中加满冰块后倒入酒和3 oz. 的姜汁汽水(gingle ale),倒两次苦精,搅一下放入吸管即可。

32. 邋遢乔的鸡尾酒第一方(Sloppy Joe's Cocktail 1)

Cocktail $4\frac{1}{2}$ oz. 杯,冰的

$1\frac{1}{2}$ oz. Bacardi Light Rum(巴卡迪淡朗姆酒)

½ oz. Dry Vermouth(辛辣苦艾酒)

¼ oz. Triple Sec(三干酒/柑橘香甜酒)

¼ oz. grenadine(红石榴糖浆)

½ oz. fresh lime juice(新鲜青柠檬汁)

将酒材摇荡后过滤,倒入杯中,放入青柠檬角(lime wedge)作装饰与提味。

33. 邋遢乔的鸡尾酒第二方(Sloppy Joe's Cocktail 2)

Cocktail $4\frac{1}{2}$ oz. 杯,冰的

1 oz. Brandy(白兰地)

¾ oz. Port(葡萄牙波尔图葡萄酒)

¼ oz. Triple Sec(三干酒/柑橘香甜酒)(美国Hiram Walker酒厂产制)

¾ oz. 凤梨汁

½ bsp grenadine(半酒吧匙红石榴糖浆)

将酒材摇荡后过滤,倒入杯内。

34. 抚慰者鸡尾酒(Soother Cocktail)

Cocktail $4\frac{1}{2}$ oz. 杯,冰的

1 oz. Brandy(白兰地)

½ oz. Apple Brandy(苹果白兰地)

½ oz. Triple Sec(三干酒/柑橘香甜酒)

½ oz. lime juice(青柠檬汁)

将酒材摇荡后过滤,倒入杯内。

35. 庙公鸡尾酒(Shriner Cocktail)

Cocktail $4\frac{1}{2}$ oz. 杯,冰的

$1\frac{1}{2}$ oz. Brandy(白兰地)

$1\frac{1}{4}$ oz. Sloe Gin(黑刺李香甜酒)

2 dashes bitters(倒两次苦精)

将酒材摇荡后过滤,倒入杯内。

36. 寡妇之吻(Widow's Kiss)

Cocktail $4\frac{1}{2}$ oz. 杯,冰的

$1\frac{1}{2}$ oz. Brandy(白兰地)

½ oz. Yellow Chartreuse(法国康德露黄色蜂蜜香甜酒)

½ oz. Bénédictiné(本尼迪克特香甜酒)

1 dash bitters(倒一次苦精)

将酒材摇荡后过滤,倒入杯内,串两粒红樱桃放入。

37. 饯别酒(Stirrup Cup)

Rocks 7 oz. 杯

1 oz. Cherry-flavored Brandy(樱桃风味白兰地)

1 oz. Brandy(白兰地)

½ oz. lime juice(青柠檬汁)

¼ oz. sugar syrup(糖浆)

将酒材倒入装满冰块的 Rocks 杯或老式酒杯内,充分搅拌即可。

38. 公主彩虹酒(Princess Pousse Café)

Pousse café 1 oz.(彩虹酒杯)和 Pony 杯(小酒杯)1 oz.,冰的

¾ oz. Apricot-flavored Brandy(杏桃风味白兰地)

¼ oz. light cream or milk(清淡奶油或鲜奶)

先倒入杏桃白兰地,再小心翼翼地倒入鲜奶。这款酒要求鲜奶必须漂浮在酒面上,不可沉入与白兰地混在一起。

39. 公牛的鲜奶(Bull's Milk)

Collins 12 oz. 杯

$1\frac{1}{2}$ oz. Brandy(白兰地)

½ oz. Light Rum(淡朗姆酒)

8 oz. milk(鲜奶)

½ oz. sugar syrup(糖浆)

将酒材与冰块一起摇荡,过滤冰块后,倒入柯林斯杯中(杯内无冰块),撒些肉豆蔻粉和肉桂粉。

40. 血与沙的曼哈顿(Blood and Sand Manhattan)

Cocktail $4\frac{1}{2}$ oz. 杯,冰的

$1\frac{1}{2}$ oz. Brandy(白兰地)

½ oz. Chambord(法国覆盆子香甜酒)

½ oz. Sweet Vermouth(甜苦艾酒)

½ oz. orange juice(橘子汁)

将酒材倒入已加¼满冰块的调拌杯内,搅拌后过滤,倒入杯中,挂一片橙片作装饰。

41. 白兰地曼哈顿(Brandy Manhattan)

Cocktail $4\frac{1}{2}$ oz. 杯,冰的

$1\frac{3}{4}$ oz. Brandy(白兰地)

½ oz. Sweet Vermouth(苦甜艾酒)

撒2~3下安戈斯图拉树皮苦精(Angostura Bitters)

将酒材倒入已加¼满冰块的调拌杯内,搅拌后过滤,倒入杯中,放入樱桃作装饰。

42. 辛辣白兰地曼哈顿(Dry Brandy Manhattan)

Cocktail $4\frac{1}{2}$ oz. 杯,冰的

$1\frac{3}{4}$ oz. Brandy(白兰地)

¼ oz. Dry Vermouth(辛辣苦艾酒)

倒一下安戈斯图拉树皮苦精(Angostura Bitters)

将酒材倒入已加¼满冰块的调拌杯内,搅拌后过滤,倒入杯中,放入黄柠檬条/片作装饰。

43. 完美白兰地曼哈顿(Perfect Brandy Manhattan)

Cocktail $4\frac{1}{2}$ oz. 杯,冰的

$1\frac{3}{4}$ oz. Brandy(白兰地)

¼ oz. Dry Vermouth(辛辣苦艾酒)

¼ oz. Sweet Vermouth(甜苦艾酒)

倒一次安戈斯图拉树皮苦精(Angostura Bitters)(可加,也可不加)

将酒材倒入装¼满冰块的调拌杯内,搅拌过后过滤,倒入杯中,拧挤放入黄柠檬条/片作装饰。

44. 哈佛(Harvard)

Cocktail $4\frac{1}{2}$ oz. 杯,冰的

$1\frac{3}{4}$ oz. Brandy(白兰地)

¾ oz. Sweet Vermouth(甜苦艾酒)

¼ oz. 简易糖浆

倒两下安戈斯图拉树皮苦精(Angostura Bitters)

将酒材倒入已加¼满冰块的调拌杯内,搅拌后过滤,倒入杯中,拧挤放入一条/片黄柠檬作装饰。

45. 心碎(Heartbreak)

Squall 15 oz. (大风杯),装满冰块(ice cubes)

直接倒入:

$1\frac{1}{2}$ oz. Whisky(威士忌)

$5\frac{1}{2}$ oz. cranberry juice(蔓越莓/蔓越橘汁)

由下而上稍加轻拌两三下,再注入¾ oz. 白兰地漂浮在饮料上,是否搅拌由客人自行决定。

46. 分离器第一方(Separator 1)

Cordial Glass 2 oz.,冰的

依序逐层倒入下述饮料:

⅓ oz. Kahlúa Coffee(墨西哥咖啡香甜酒)

⅓ oz. (half & half cream)或浓牛奶

⅓ oz. Brandy(白兰地)

47. 分离器第二方(Separator 2)

Rocks 7 oz. 杯,加满冰块

直接倒入:

1 oz. Brandy(白兰地)

1 oz. Kahlúa Coffee(墨西哥咖啡香甜酒)

½ oz. half & half cream(搀入牛奶等的稀奶油)

搅拌后插入小搅拌棒即可。

48. 跑、跳或赤裸(Run, Skip and Go Naked)

Squall 15 oz.(大风杯),装满冰块

½ oz. Brandy(白兰地)

½ oz. Gin(杜松子酒)

½ oz. Triple Sec(三干酒/柑橘香甜酒)

½ oz. Light Rum(淡朗姆酒)

$1\frac{1}{2}$ oz. Sweet & sour juice(甜酸汁)

将酒材倒入已加入¼满冰块的调拌杯内,迅猛摇荡后过滤,倒入大风杯中,再以生啤酒(Draft Beer)加满。

49. 草莓亚历山德拉(Strawberry Alexandra)

Poco Grande $13\frac{1}{2}$ oz.(波可杯招牌饮料杯),冰的

$1\frac{1}{2}$ oz. Brandy(白兰地)

1 oz. White Crème de Cacao(无色可可香甜酒)

3 oz. strawberry puree(草莓浓浆)

2 scoops(两球)香草冰淇淋

10 oz. 碎冰

将酒材倒入果汁机中打成雪泥状倒入杯中,然后喷洒上已打至发泡的鲜奶油/掼奶油(whipped cream),再在白色发泡鲜奶油上撒上一些刨碎的巧克力碎片。

50. 范德比尔特鸡尾酒(Vanderbilt Cocktail)

Cocktail $4\frac{1}{2}$ oz. 杯,冰的

$1\frac{1}{2}$ oz. Brandy(白兰地)

¾ oz. Cherry Brandy(樱桃白兰地)

¼ oz. simple syrup(简易糖浆)

撒两下安戈斯图拉树皮苦精(Angostura Bitters)

将酒材倒入已加¼满冰块的调拌杯内,摇荡后过滤,倒入杯中。

9-6 国际上各种法国康德露柑橘香甜酒(Cointreau)酒方

1. 营业时间后的鸡尾酒(After Hours Cocktail)

Cocktail $4\frac{1}{2}$ oz. 杯,冰的

$1\frac{1}{2}$ oz. Dry Gin(辛辣杜松子酒/金酒)

½ oz. Cointreau(法国康德露柑橘香甜酒)

½ oz. fresh lime juice(新鲜青柠檬汁)

½ oz. orange juice(橘子汁)

将酒材倒入已加¼满冰块的调拌杯内,摇荡后过滤,倒入杯中,挂一片柑橘圆片(orange wheel)或青柠檬圆片(lime wheel)作装饰。

2. 神的食物第一方(Ambrosia 1)

Tulip Champagne Glass 9 oz. 杯,冰的

$1\frac{1}{4}$ oz. Laird's Applejack Apple Brandy

(美国 Laird 酒厂生产的苹果白兰地)

$\frac{3}{4}$ oz. sweet & sour juice(甜酸汁)

$\frac{1}{2}$ oz. Cointreau(法国康德露柑橘香甜酒)

将酒材倒入已加$\frac{1}{4}$满冰块的调拌杯内,摇荡后过滤,倒入杯中,再以冰的香槟酒加满,挂一片柑橘片作装饰。

3. 神的食物第二方(Ambrosia 2)

Tulip Champagne Glass 9 oz. 杯,冰的

直接倒入:

4 oz. 杏桃汁或杏桃浓汁(apricot puree)

4 oz. 冰的香槟酒

4. 嗡嗡叫的炸弹(Buzz Bomb)

Tulip Champagne 9 oz. 杯,冰的

$\frac{1}{2}$ oz. Cognac(干邑白兰地)

$\frac{1}{2}$ oz. B & B Liqueur(本尼迪克特香甜酒和白兰地)

$\frac{1}{2}$ oz. Cointreau(法国康德露柑橘香甜酒)

$\frac{1}{2}$ oz. sweet & sour juice(甜酸汁)

将酒材倒入已加$\frac{1}{4}$满冰块的调拌杯内,摇荡后过滤,倒入杯中,再以冰的香槟酒加满,挂上黄柠檬圆片(lemon wheel)或柑橘圆片(orange wheel)作装饰。

5. 牛仔骑术驱动的柯林斯(Rodeo Drive Collins)

Squall 15 oz. 大风杯,冰的

直接倒入:

$1\frac{3}{4}$ oz. Gin(杜松子酒)

1 oz. Cointreau(法国康德露柑橘香甜酒)

4 oz. Perrier(法国毕雷矿泉水)

将酒材拌匀后倒入杯中,并漂浮$\frac{1}{2}$ oz. 意大利产的格拉巴果渣白兰地(Crappa Brandy)制成的香甜酒,挂一片柑橘圆片(orange wheer)或黄柠檬圆片或青柠檬圆片(lemon or lime wheel)作装饰,也可放一个橘子旗作装饰。

6. 国际漂泊人(Cosmopolitan)

Cocktail $4\frac{1}{2}$ oz. 杯,冰的

$1\frac{1}{2}$ oz. Absolut Citron Vodka(亚伯索露特枸橼/香橼伏特加酒)

$\frac{1}{2}$ oz. Cointreau(法国康德露柑橘香甜酒)

$\frac{1}{2}$ oz. Rose's lime juice(罗斯青柠檬汁)

$\frac{1}{2}$ oz. cranberry juice(蔓越莓/蔓越橘汁)

将酒材倒入已加$\frac{1}{4}$满冰块的调拌杯内,搅拌后过滤,倒入杯中,放一条/片黄柠檬作装饰。

7. 西罗国际漂泊人(Cillo Cosmopolitan)

Cocktail $4\frac{1}{2}$ oz. 杯,冰的

$1\frac{1}{2}$ oz. Giori Lemoncillo Cream(意大利产的柠檬乳香甜酒)(酒精度为 34 度)

$\frac{1}{2}$ oz. Cointreau(法国康德露柑橘香甜酒)

$\frac{1}{2}$ oz. Rose's lime juice(罗斯青柠檬汁)

$\frac{1}{2}$ oz. cranberry juice(蔓越莓/蔓越橘

汁）

将酒材倒入已加¼满冰块的调拌杯内，搅拌后过滤，倒入杯中，挂一个青柠檬角（lime wedge）作装饰。

8. 伦敦国际漂泊人（London Cosmopolitan）

Cocktail $4\frac{1}{2}$ oz. 杯，冰的

$1\frac{1}{2}$ oz. London Dry Gin（伦敦辛辣杜松子酒）

½ oz. Cointreau（法国康德露柑橘香甜酒）

½ oz. Rose's lime juice（罗斯青柠檬汁）

½ oz. cranberry juice（蔓越莓/蔓越橘汁）

将酒材倒入已加¼满冰块的调拌杯内，搅拌后过滤，倒入杯中，挂一个青柠檬角（lime wedge）或青柠檬圆片（lime wheel）作装饰。

9. 杜博尼国际漂泊人（Dubonnet Cosmopolitan）

Cocktail $6\frac{1}{2}$ oz. （大鸡尾酒杯），冰的

1 oz. Dubonnet Rouge（法国猫牌红葡萄酒）

1 oz. Absolut Citron Vodka（亚伯索露特枸橼/香橼伏特加酒）

½ oz. Cointreau（法国康德露柑橘香甜酒）

½ oz. Rose's lime juice（罗斯青柠檬汁）

½ oz. cranberry juice（蔓越莓/蔓越橘汁）

½ oz. fresh lime juice（新鲜青柠檬汁）

将酒材倒入已加¼满冰块的调拌杯内，搅拌后过滤，倒入杯中，挂一个青柠檬角或一片青柠檬圆片作装饰。

10. 肮脏的国际漂泊人（Dirty Cosmopolitan）

Cocktail $4\frac{1}{2}$ oz. 杯，冰的

$1\frac{1}{2}$ oz. Vodka（伏特加酒）

½ oz. Cointreau（法国康德露柑橘香甜酒）

½ oz. cranberry juice（蔓越莓/蔓越橘汁）

¼ oz. fresh lime juice（新鲜青柠檬汁）

将酒材倒入已加¼满冰块的调拌杯内，搅拌后过滤，倒入杯中，挂一片青柠檬圆片或青柠檬角作装饰。

11. 柠檬国际漂泊人（Limón Cosmopolitan）

Cocktail $4\frac{1}{2}$ oz. 杯，冰的

$1\frac{1}{2}$ oz. Bacardi Limón Rum（巴卡迪柠檬朗姆酒）

½ oz. Cointreau（法国康德露柑橘香甜酒）

½ oz. Rose's lime juice（罗斯青柠檬汁）

½ oz. cranberry juice（蔓越莓/蔓越橘汁）

将酒材倒入已加¼满冰块的调拌杯内,搅拌后过滤,倒入杯中,挂一个青柠檬角或青柠檬圆片作装饰。

12. 墨西卡利国际漂泊人(Mexicali Cosmopolitan)

Cocktail $4\frac{1}{2}$ oz. 杯,冰的

$1\frac{1}{4}$ oz. Sauza Hornitos Tequila(索扎小火山特奎拉酒)(橡木桶中陈存4~6个月之久的特奎拉酒)

¾ oz. Cointreau(法国康德露柑橘香甜酒)

½ oz. Rose's lime juice(罗斯青柠檬汁)

½ oz. cranberry juice(蔓越莓/蔓越橘汁)

将酒材倒入已加¼满冰块的调拌杯内,搅拌后过滤,倒入杯中,挂一个青柠檬角或一片青柠檬圆片作装饰。

13. 香瓜国际漂泊人(Melon Cosmopolitan)

Cocktail $4\frac{1}{2}$ oz. 杯,冰的

$1\frac{1}{2}$ oz. Vodka(伏特加酒)

½ oz. Melon(香瓜香甜酒)

½ oz. Cointreau(法国康德露柑橘香甜酒)

½ oz. Rose's lime juice(罗斯青柠檬汁)

½ oz. cranberry juice(蔓越莓/蔓越橘汁)

将酒材倒入已加¼满冰块的调拌杯内,搅拌后过滤,倒入杯中,挂一片青柠檬圆片或一个青柠檬角作装饰。

14. 覆盆子国际漂泊人(Raspberry Cosmopolitan)

Cocktail $4\frac{1}{2}$ oz. 杯,冰的

$1\frac{1}{2}$ oz. Vodka(伏特加酒)

¾ oz. Cointreau(法国康德露柑橘香甜酒)

½ oz. Dekuyper Raspberry Pucker (Dekuyper公司产的覆盆子风味无色烈酒)

¼ oz. fresh lime juice(新鲜柠檬汁)

将酒材倒入已加¼满冰块的调拌杯内,搅拌后过滤,倒入杯中,挂一个青柠檬角或一片青柠檬圆片作装饰。

15. 法国领事馆(French Consulate)

Squall 15 oz. (大风杯),加满冰块

¾ oz. B & B 香甜酒(本尼迪克特香甜酒和白兰地)

¾ oz. Brandy(白兰地)

¾ oz. Cointreau(法国康德露柑橘香甜酒)

1ϕ oz. orange juice(橘子汁)

2 oz. sweet & sour juice(甜酸汁)

将酒材倒入已加¼满冰块的调拌杯内,摇荡后过滤,倒入杯中,再倒入冰的香槟酒,直到加满杯子为止。放一个橘子旗作装饰。

16. 法国榨水果汁(French Crush)

Collins 12 oz. (柯林斯杯),加满冰块

直接倒入:

1 oz. Cointreau(法国康德露柑橘香甜

酒)

½ oz. White Crème de Cacao(无色可可香甜酒)

½ oz. 浓鲜奶

4 oz. 橘子汁

用酒吧匙由下而上地拌匀后,挂一片柑橘圆片(orange wheel)作装饰。

17. 哈瓦那赛德卡鸡尾酒第一方(Havana Sidecar 1)

Cocktail $4\frac{1}{2}$ oz. 杯,冰的

rim glass with sugar(可沾,也可不沾)

$1\frac{1}{2}$ oz. 古巴产的任何淡的金色朗姆酒(Golden Dry Rum)如 Matusalem 等品牌

¾ oz. Cointreau(法国康德露柑橘香甜酒)

¾ oz. sweet & sour juice(甜酸汁)

将酒材倒入已加¼满冰块的调拌杯内,摇荡后过滤,倒入杯中,挂一个青柠檬角作装饰。

18. 哈瓦那赛德卡鸡尾酒第二方(Havana Sidecar 2)

Cocktail $4\frac{1}{2}$ oz. 杯,冰的

杯缘沾上糖(可沾,也可不沾)

$1\frac{1}{2}$ oz. Bacardi Gold Rum(巴卡迪金色朗姆酒)

¾ oz. Cointreau(法国康德露柑橘香甜酒)

¾ oz. sweet & sour juice(甜酸汁)

将酒材倒入已加¼满冰块的调拌杯内,摇荡后过滤,倒入杯中,挂一个青柠檬角或柠檬角作装饰。

19. 柠檬滴汁第一方(Lemon Drop 1)

Cocktail $4\frac{1}{2}$ oz. 杯,冰的

杯缘沾上糖(可沾,也可不沾)

$1\frac{1}{2}$ oz. Vodka(伏特加酒)

½ oz. Cointreau(法国康德露柑橘香甜酒)

½ oz. fresh lemon juice(新鲜柠檬汁)

将酒材倒入已加¼满冰块的调拌杯内,摇荡后过滤,倒入杯中,挂一个黄柠檬角作装饰。

20. 柠檬滴汁第二方(Lemon Drop 2)

Collins 12 oz. (柯林杯),加满冰块

直接倒入:

$1\frac{1}{2}$ oz. Vodka(伏特加酒)

$1\frac{3}{4}$ oz. sweet & sour juice(甜酸汁)

用酒吧匙由下而上地搅拌三五下,拌匀后再加入下列酒材:

$1\frac{1}{2}$ oz. club soda(苏打水)

$1\frac{1}{2}$ oz. 7-up(七喜汽水)

挂一个黄柠檬角或一片黄柠檬圆片(lemon wheel)作装饰。

21. 柠檬滴汁第三方(Lemon Drop 3)

Cocktail $6\frac{1}{2}$ oz. (大鸡尾酒杯),冰的

$1\frac{1}{2}$ oz. Vodka(伏特加酒)

¾ oz. Triple Sec(三干酒/柑橘香甜酒)

$\frac{1}{2}$ oz. Rose's lime juice（罗斯青柠檬汁）

$1\frac{1}{2}$ oz. sweet & sour juice（甜酸汁）

将酒材倒入已加¼满冰块的调拌杯内，搅拌后过滤，倒入杯中，再撒一些七喜汽水，挂一个青柠檬角作装饰。

22. 柠檬橘子微风（Limón Orange Breeze）

Squall 15 oz.（大风杯），加满冰块

$1\frac{1}{2}$ oz. Bacardi Limón Rum（巴卡迪柠檬朗姆酒）

$\frac{1}{2}$ oz. Cointreau（法国康德露柑橘香甜酒）

$2\frac{1}{2}$ oz. orange juice（橘子汁）

$2\frac{1}{2}$ oz. cranberry juice（蔓越莓/蔓越橘汁）

将酒材倒入已加¼满冰块的调拌杯内，摇荡后过滤，倒入杯中，放一个橘子旗或挂一片橘子圆片（orange wheel）作装饰。

23. 伦敦柠檬水（London Lemonade）

Cocktail $6\frac{1}{2}$ oz.（大鸡尾酒杯），冰的

$1\frac{3}{4}$ oz. London Dry Gin（伦敦辛辣杜松子酒）

$\frac{3}{4}$ oz. Cointreau（法国康德露柑橘香甜酒）

$1\frac{1}{2}$ oz. fresh lemon juice（新鲜柠檬汁）

$\frac{1}{2}$ oz. Rose's lime juice（罗斯青柠檬汁）

将酒材倒入已加¼满冰块的调拌杯内，摇荡后过滤，倒入杯中，挂一个青柠檬角作装饰。

24. 未婚少女的祈祷文（Maiden's Prayer）

Cocktail $4\frac{1}{2}$ oz. 杯，冰的

$1\frac{1}{2}$ oz. Gin（杜松子酒）

$\frac{1}{2}$ oz. Cointreau（法国康德露柑橘香甜酒）

1 oz. sweet & sour juice（甜酸汁）

倒一次苦精

半酒吧匙橘子汁

将酒材倒入已加¼满冰块的调拌杯内，摇荡后过滤，倒入杯中，挂一片橘子圆片作装饰。

25. 查帕拉玛格丽塔（Chapala Margarita）

Margarita 12 oz. 杯

杯缘沾上盐（可沾，也可不沾），加满冰块

$1\frac{1}{2}$ oz. Sauza Hornitos Reposado Tequila（索扎休眠火山特奎拉酒）（Reposado陈存于橡木桶中至少3个月但低于一年，陈年特奎拉酒（Añejo Tequila）陈存至少一年，银白色特奎拉酒（Silver Tequila）是未经陈年即装瓶的）

$\frac{1}{2}$ oz. Cointreau（法国康德露柑橘香甜酒）

$\frac{3}{4}$ oz. Rose's lime juice（罗斯青柠檬汁）

$\frac{3}{4}$ oz. orange juice（橘子汁）

$2\frac{1}{4}$ oz. sweet & sour juice(甜酸汁)

¼ oz. grenadine(红石榴糖浆)

撒两下 orange flower water(橘子花水)

将酒材倒入已加¼满冰块的调拌杯内,摇荡后过滤,倒入杯中,挂一个青柠檬角作装饰。

26. DC3 玛格丽塔(DC3 Margarita)

Margarita 12 oz. 杯

杯缘沾上盐(可沾,也可不沾),加满冰块

¾ oz. Sauza Conmemorativo Añejo Tequila(索扎纪念性的陈年特奎拉酒)(陈年两年)

¾ oz. Sauza Hornitos Reposado Tequila(索扎休眠火山特奎拉酒)

½ oz. Cointreau(法国康德露柑橘香甜酒)

¾ oz. Rose's lime juice(罗斯青柠檬汁)

1 oz. club soda(苏打水)

2 oz. sweet & sour juice(甜酸汁)

将酒材倒入已加¼满冰块的调拌杯内,摇荡后过滤,倒入杯中,再注入漂浮½ oz. 的 Sauza Tres Generaciónes Añejo Tequila(索扎第三代陈年特奎拉酒)(陈年至少3年),挂一青柠檬角(lime wedge)作装饰。

27. 高雅的玛格丽塔(Eleganté Margarita)

Margarita 12 oz. 杯

杯缘沾上盐(可沾,也可不沾),加满冰块

¾ oz. Sauza Conmemorativo Añejo Tequila(索扎纪念性的陈年特奎拉酒)(陈年两年)

¾ oz. Sauza Hornitos Reposado Tequila(索扎休眠火山特奎拉酒)

½ oz. Cointreau(法国康德露柑橘香甜酒)

1 oz. Rose's lime juice(罗斯青柠檬汁)

3 oz. sweet & sour juice(甜酸汁)

将酒材倒入已加¼满冰块的调拌杯内,摇荡后过滤,倒入杯中,挂一个青柠檬角作装饰。

28. 覆盆子玛格丽塔(Framboise Margarita)

Margarita 12 oz. 杯

杯缘沾上盐(可沾、也可不沾),加满冰块

$1\frac{1}{4}$ oz. Sauza Añejo Tequila(索扎陈年特奎拉酒)

¾ oz. Charnbord(法国覆盆子香甜酒)

¼ oz. Cointreau(法国康德露柑橘香甜酒)

¼ oz. Grand Marnier(法国柑橘干邑香甜酒)

½ oz. orange juice(橘子汁)

1 oz. fresh lime juice(新鲜青柠檬汁)

2 oz. sweet & sour juice(甜酸汁)

将酒材倒入已加¼满冰块的调拌杯内,搅拌后过滤,倒入杯中,再注入漂浮¼ oz. 的法国覆盆子香甜酒(Chambord),挂一个青柠檬角作装饰。

29. 奎马斯马格丽塔(Guaymas Margarita)

Margarita 12 oz. 杯

杯缘沾上盐(可沾,也可不沾),加满冰块

$1\frac{1}{4}$ oz. Sauza Añejo Tequila(索扎陈年特奎拉酒)

¾ oz. Cointreau(法国康德露柑橘香甜酒)

1 oz. Rose's lime juice(罗斯青柠檬汁)

3 oz. sweet & sour juice(甜酸汁)

将酒材倒入已加¼满冰块的调拌杯内,摇荡后过滤,倒入杯中,挂一个青柠檬角作装饰。

30. 牙买加人玛格丽塔(Jamaican Margarita)

Cocktail $6\frac{1}{2}$ oz. (大鸡尾酒杯),冰的

$1\frac{1}{4}$ oz. Jamaica Rum(牙买加朗姆酒)

¾ oz. Cointreau(法国康德露柑橘香甜酒)

½ oz. Rose's lime juice(罗斯青柠檬汁)

½ oz. orange juice(橘子汁)

$1\frac{1}{2}$ oz. sweet & sour juice(甜酸汁)

将酒材倒入已加¼满冰块的调拌杯内,摇荡后过滤,倒入杯中,挂一个青柠檬角作装饰。

31. 神风特攻队员的玛格丽塔(Kamikaze Margarita)

Margarita 12 oz. 杯

杯缘沾上盐(可沾,也可不沾),加满冰块

1 oz. Sauza Gold Tequila(索扎金色特奎拉酒)

1 oz. Vodka(伏特加酒)

¾ oz. Cointreau(法国康德露柑橘香甜酒)

¾ oz. Rose's lime juice(罗斯青柠檬汁)

$2\frac{1}{2}$ oz. sweet & sour juice(甜酸汁)

将酒材倒入已加¼满冰块的调拌杯内,摇荡后过滤,倒入杯中,挂一个青柠檬角作装饰。

32. 拉班巴玛格丽塔(La Bamba Margarita)

Margarita 12 oz. 杯

杯缘沾上盐(可沾,也可不沾),加满冰块

$1\frac{1}{2}$ oz. Sauza Añejo Tequila(索扎陈年特奎拉酒)

½ oz. Cointreau(法国康德露柑橘香甜酒)

¼ oz. grenadine(红石榴糖浆)

$1\frac{3}{4}$ oz. pineapple juice(凤梨汁)

$1\frac{3}{4}$ oz. orange juice(橘子汁)

将酒材倒入已加¼满冰块的调拌杯内,摇荡后过滤,倒入杯中,挂一个青柠檬角作装饰。

33. 利蒙妮塔玛格丽塔(Limonita Margarita)

Margarita 12 oz. 杯

杯缘沾上盐(可沾,也可不沾),加满冰块

$1\frac{1}{2}$ oz. Stolichnaya Limonnaya Vodka(斯托莉奇娜娅柠檬伏特加酒)

½ oz. Cointreau(法国康德露柑橘香甜酒)

½ oz. Rose's lime juice(罗斯青柠檬汁)

1 oz. cranberry juice(蔓越莓/蔓越橘汁)

$2\frac{1}{2}$ oz. sweet & sour juice(甜酸汁)

将酒材倒入已加¼满冰块的调拌杯内,摇荡后过滤,倒入杯中,挂一个青柠檬角作装饰。

34. 玛格丽塔马提尼(Margarita Martini)

Cocktail $4\frac{1}{2}$ oz. 杯,冰的

$1\frac{1}{2}$ oz. Sauza Añejo Tequila(索扎陈年特奎拉酒)

½ oz. Cointreau(法国康德露柑橘香甜酒)

¼ oz. Rose's lime juice(罗斯青柠檬汁)

¼ oz. sweet & sour juice(甜酸汁)

将酒材倒入已加¼满冰块的调拌杯内,摇荡后过滤,倒入杯中,挂一个青柠檬角作装饰。

35. 马克西米连玛格丽塔(Maximilian Margarita)

Margarita 12 oz. 杯

杯缘沾上盐(可沾,也可不沾),加满冰块

$1\frac{1}{4}$ oz. Sauza Añejo Tequila(索扎陈年特奎拉酒)

¾ oz. Cointreau(法国康德露柑橘香甜酒)

1 oz. Rose's lime juice(罗斯青柠檬汁)

½ oz. orange juice(橘子汁)

$2\frac{1}{2}$ oz. sweet & sour juice(甜酸酒)

将酒材倒入已加¼满冰块的调拌杯内,摇荡后过滤,倒入杯中,挂一个青柠檬角作装饰。

36. 激情玛格丽塔(Passion Margarita)

Margarita 12 oz. 杯

杯缘沾上盐(可沾,也可不沾),加满冰块

$1\frac{1}{4}$ oz. Alizé de France (法国制爱丽丝百香果开胃酒)

¾ oz. Sauza Añejo Tequila(索扎陈年特奎拉酒)

½ oz. Cointreau(法国康德露柑橘香甜酒)

$1\frac{1}{2}$ oz. sweet & sour juice(甜酸汁)

2 oz. cranberry juice(蔓越莓/蔓越橘汁)

将酒材倒入已加¼满冰块的调拌杯

内，摇荡后过滤，倒入杯中，挂一个青柠檬角作装饰。

37. 原味玛格丽塔（Original Margarita）

Cocktail $4\frac{1}{2}$ oz. 杯，冰的

杯缘沾上盐（可沾，也可不沾）

$1\frac{1}{2}$ oz. Sauza Silver Tequila（索扎银白色特奎拉酒）

¾ oz. Cointreau（法国康德露柑橘香甜酒）

¾ oz. fresh lime juice（新鲜青柠檬汁）

将酒材倒入已加¼满冰块的调拌杯内，搅拌后过滤，倒入杯中，挂一个青柠檬角作装饰。

38. 粉红卡迪亚克玛格丽塔（Pink Cadillac Margarita）

Margarita 12 oz. 杯

杯缘沾上盐（可沾，也可不沾），加满冰块

$1\frac{1}{2}$ oz. Jose Cuervo 1800 Tequila

½ oz. Cointreau（法国康德露柑橘香甜酒）

1 oz. Rose's lime juice（罗斯青柠檬汁）

1 oz. cranberry juice（蔓越莓/蔓越橘汁）

2 oz. sweet & sour juice（甜酸汁）

将酒材倒入已加¼满冰块的调拌杯内，搅拌后过滤，倒入杯中，挂一个青柠檬角作装饰。

39. 总统的玛格丽塔（Presidenté Margarita）

Margarita 12 oz. 杯

杯缘沾上盐（可沾，也可不沾），加满冰块

1 oz. Sauza Añejo Tequila（索扎陈年特奎拉酒）

1 oz. V. S. O. P. Cognac Brandy 或总统白兰地（Presidenté Brandy）

¾ oz. Cointreau（法国康德露柑橘香甜酒）

½ oz. orange juice（橘子汁）

¾ oz. Rose's lime juice（罗斯青柠檬汁）

2 oz. sweet & sour juice（甜酸汁）

将酒材倒入已加¼满冰块的调拌杯内，搅拌后过滤，倒入杯中，挂一个青柠檬角和橘子圆片作装饰。

40. 未婚小姐的玛格丽塔（Señorita Margarita）

Margarita 12 oz. 杯

杯缘沾上盐（可沾，也可不沾），加满冰块

$1\frac{1}{2}$ oz. Sauza Gold Tequila（索扎金色特奎拉酒）

½ oz. Cointreau（法国康德露柑橘香甜酒）

½ oz. Rose's lime juice（罗斯青柠檬汁）

½ oz. fresh lime juice（新鲜青柠檬汁）

3 oz. sweet & sour juice（甜酸汁）

将酒材倒入已加¼满冰块的调拌杯内,搅拌后过滤,倒入杯中,再注入漂浮½ oz.的Sauza Reposado Tequila,挂一个青柠檬角作装饰。

41. 终极吞饮的玛格丽塔(Ultimate Shot Margarita)

Shot glass 2 oz.(吞饮杯),冰的

杯缘沾上盐(可沾,也可不沾)

¾ oz. Sauza Añejo Tequila(索扎陈年特奎拉酒)

¾ oz. Cointreau(法国康德露柑橘香甜酒)

¼ oz. sweet & sour juice(甜酸汁)

¼ oz. fresh lime juice(新鲜青柠檬汁)

将酒材倒入已加¼满冰块的调拌杯内,搅拌后过滤,倒入杯中,放一个青柠檬角作装饰。

42. 亚伯索露特橘子马提尼(Absolut Mandarin Martini)

Cocktail $4\frac{1}{2}$ oz. 杯,冰的

$2\frac{1}{4}$ oz. Absolut Mandarin Vodka(亚伯索露特橘子伏特加)

¼ oz. Cointreau(法国康德露柑橘香甜酒)

将酒材倒入已加¼满冰块的调拌杯内,搅拌后过滤,倒入杯中,放一片橘子片(orange twist)作装饰。

43. 女警幻觉马提尼(Copper Illusion Martini)

Cocktail $4\frac{1}{2}$ oz. 杯,冰的

$1\frac{1}{2}$ oz. London Dry Gin(伦敦辛辣杜松子酒)

½ oz. Cointreau(法国康德露柑橘香甜酒)

½ oz. Campari(意大利产的堪培利苦味开胃酒)

将酒材倒入已加¼满冰块的调拌杯内,搅拌后过滤,倒入杯中,拧挤一条/片黄柠檬放入杯中。

44. 龙的气息马提尼(Dragon's Breath Martini)

Cocktail $4\frac{1}{2}$ oz. 杯,冰的

2 oz. London Dry Gin(伦敦辛辣杜松子酒)

½ oz. Cointreau(法国康德露柑橘香甜酒)

¼ oz. Dry Vermouth(辛辣苦艾酒)

¼ oz. orange juice(橘子汁)

撒两下红石榴糖浆(grenadine)

将酒材倒入已加¼满冰块的调拌杯内,搅拌后过滤,倒入杯中,挂一片橘子圆片(orange wheel)作装饰。

45. 董事长的马提尼(EL Presidenté Martini)

Cocktail $4\frac{1}{2}$ oz. 杯,冰的

$1\frac{1}{2}$ oz. Bacardi Light Rum(巴卡迪淡朗姆酒)

½ oz. Dry Vermouth(辛辣苦艾酒)

½ oz. Sweet Vermouth(甜苦艾酒)

½ oz. Cointreau(法国康德露柑橘香

甜酒）

撒两下红石榴糖浆（grenadine）

将酒材倒入已加¼满冰块的调拌杯内，搅拌后过滤，倒入杯中，拧挤一条/片黄柠檬放入杯中。

46. 橘子园马提尼（Orange Grove Martini）

Cocktail $4\frac{1}{2}$ oz. 杯，冰的

$1\frac{1}{2}$ oz. Stolichnaya Orange Vodka（斯托莉奇娜娅橘子伏特加酒）

½ oz. Cointreau（法国康德露柑橘香甜酒）

撒两下安戈斯图拉树皮苦精（Angstura Bitters）

撒两下橘子汁（orange juice）

将酒材倒入已加¼满冰块的调拌杯内，搅拌后过滤，倒入杯中，拧挤放入一片橘子（orange twist）作装饰。

47. 午夜快车第一方（Midnight Express 1）

Cocktail $6\frac{1}{2}$ oz. 杯，冰的

$1\frac{3}{4}$ oz. Bacardi Light Rum（巴卡迪淡朗姆酒）（陈存至少一年，是国际上销售最好的朗姆酒）

¾ oz. Cointreau（法国康德露柑橘香甜酒）

1 oz. sweet & sour juice（甜酸汁）

¾ oz. fresh lime juice（新鲜青柠檬汁）

将酒材倒入已加¼满冰块的调拌杯内，摇荡后过滤，倒入杯中，挂一个青柠檬角作装饰。

48. 午夜快车第二方（Midnight Express 2）

Cocktail $6\frac{1}{2}$ oz. 杯，冰的

$1\frac{3}{4}$ oz. Bacardi Gold Rum（巴卡迪金色朗姆酒）（陈年至少两年）

¾ oz. Cointreau（法国康德露柑橘香甜酒）

1 oz. sweet & sour juice（甜酸汁）

¾ oz. fresh lime juice（新鲜青柠檬汁）

将酒材倒入已加¼满冰块的调拌杯内，摇荡后过滤，倒入杯中，挂一个青柠檬角作装饰。

49. 午夜快车第三方（Midnight Express 3）

Cocktail $6\frac{1}{2}$ oz.（大鸡尾酒杯），冰的

$1\frac{3}{4}$ oz. Bacardi 8 Reserva Rum（陈年至少8年的巴卡迪朗姆酒）

¾ oz. Cointreau（法国康德露柑橘香甜酒）

1 oz. sweet & sour juice（甜酸汁）

¾ oz. fresh lime juice（新鲜青柠檬汁）

将酒材倒入已加¼满冰块的调拌杯内，摇荡后过滤，倒入杯中，挂一个青柠檬作装饰。

50. 佩里奥迪斯塔第一方（Periodista 1）

Cocktail $6\frac{1}{2}$ oz. 杯，冰的

$1\frac{1}{4}$ oz. Bacardi Light Rum(巴卡迪淡朗姆酒)

¾ oz. Cointreau(法国康德露柑橘香甜酒)

½ oz. Apricot Brandy(杏桃白兰地)

½ oz. simple syrup(简易糖浆)

1 oz. fresh lime juice(新鲜青柠檬汁)

将酒材倒入已加¼满冰块的调拌杯内,摇荡后过滤,倒入杯中,挂一个青柠檬角装饰。

51. 佩里奥迪斯塔第二方(Periodista 2)

Cocktail $6\frac{1}{2}$ oz. 杯,冰的

$1\frac{1}{4}$ oz. Bacardi Gold Rum(巴卡迪金色朗姆酒)

¾ oz. Cointreau(法国康德露柑橘香甜酒)

½ oz. Apricot Brandy(杏桃白兰地)

½ oz. simple syrup(简易糖浆)

1 oz. fresh lime juice(新鲜青柠檬汁)

将酒材倒入已加¼满冰块的调拌杯内,摇荡后过滤,倒入杯中,挂一个青柠檬角作装饰。

52. 东北大风中海军水手喝的烈酒(Northeaster Navy Grog)

Coffee mug $8\frac{1}{2}$ oz. (有把咖啡马克杯),温的

直接倒入:

1 oz. Bacardi Light Rum(巴卡迪淡朗姆酒)

1 oz. Bacardi Gold Rum(巴卡迪金色朗姆酒)

½ oz. Cointreau(法国康德露柑橘香甜酒)

½ oz. Tia Maria(牙买加咖啡香甜酒)

½ oz. Amaretto(意大利苦杏仁香甜酒)

1 酒吧匙 brown sugar(棕色糖浆)

1 捏(用食指和拇指捏一下量)肉桂粉(cinnamon powder)

3 oz. hot coffee(热咖啡)

$1\frac{1}{2}$ oz. whipped cream(掼奶油)

淋上½ oz. 贝利丝爱尔兰奶酒(Baileys Irish Cream),撒上刨碎的巧克力片。

53. 赛德卡鸡尾酒第一方(Sidecar 1)

Cocktail $4\frac{1}{2}$ oz. 杯,冰的

杯缘沾上盐(可沾,也可不沾)

1 oz. V. S. Cognac(特级干邑白兰地)

½ oz. Cointreau(法国康德露柑橘香甜酒)

$1\frac{1}{2}$ oz. sweet & sour juice(甜酸汁)

将酒材倒入已加¼满冰块的调拌杯内,摇荡后过滤,倒入杯中.

54. 赛德卡鸡尾酒第二方(Sidecar 2)

Cocktail $4\frac{1}{2}$ oz. 杯,冰的

杯缘沾上糖(可沾,也可不沾)

1 oz. Brandy

½ oz. Triple Sec(三干酒/柑橘香甜酒)

$1\frac{1}{2}$ oz. sweet & sour juice(甜酸汁)

将酒材倒入已加¼满冰块的调拌杯内，摇荡后过滤，倒入杯中。

55. 爱尔兰赛德卡鸡尾酒（Irish Sidecar）

Cocktail $6\frac{1}{2}$ oz. 杯，冰的

杯缘沾上糖（可沾，也可不沾）

$1\frac{1}{2}$ oz. Irish Whisky（爱尔兰威士忌）

¾ oz. Cointreau（法国康德露柑橘香甜酒）

2 oz. sweet & sour juice（甜酸汁）

将酒材倒入已加¼满冰块的调拌杯内，摇荡后过滤，倒入杯中。

56. 皇家赛德卡鸡尾酒（Royale Sidecar）

Cocktail 6½ oz. 杯，冰的

杯缘沾上糖（可沾，也可不沾）

1 oz. V. S. Cognac（特级干邑白兰地）

½ oz. Cointreau（法国康德露柑橘香甜酒）

½ oz. Bénédictiné（本尼迪克特香甜酒）

2 oz. sweet & sour juice（甜酸汁）

将酒材倒入已加¼满冰块的调拌杯内，摇荡后过滤，倒入杯中。

57. 再考虑（Reconsider）

Cocktail $4\frac{1}{2}$ oz. 杯，冰的

$1\frac{1}{2}$ oz. Sauza Gold Tequila（索扎金色特奎拉酒）

¾ oz. Cointreau（法国康德露柑橘香甜酒）

½ oz. Rose's lime juice（罗斯青柠檬汁）

将酒材倒入已加¼满冰块的调拌杯内，搅拌后过滤，倒入杯中，挂一个青柠檬角作装饰。

58. 经济衰退时的忧郁（Recession Depsession）

Cocktail $4\frac{1}{2}$ oz. 杯，冰的

$1\frac{1}{2}$ oz. Absolut Citron Vodka（亚伯索露特枸橼/香橼伏特加酒）

½ oz. Cointreau（法国康德露柑橘香甜酒）

½ oz. fresh lemon juice（新鲜柠檬汁）

¼ oz. Rose's lime juice（罗斯青柠檬汁）

将酒材倒入已加¼满冰块的调拌杯内，搅拌后过滤，倒入杯中，挂一个青柠檬角作装饰。

59. 豪华旅馆兴奋饮料（Ritz Pick-Me-Up）

Tulip Champagne 9 oz. （郁金香花型香槟杯），冰的

1 oz. V. S. Cognac（特级干邑白兰地）

1 oz. Cointreau（法国康德露柑橘香甜酒）

2 oz. orange juice（橘子汁）

将酒材倒入已加¼满冰块的调拌杯内，搅拌后过滤，倒入杯中，再加 4 oz. 冰的香槟或加到满。

60. 危险的私通（Dangerous Liaisons）

Cocktail $6\frac{1}{2}$ oz. （大鸡尾酒杯），冰的

1 oz. Brandy（白兰地）

1 oz. Cointreau(法国康德露柑橘香甜酒)

2 oz. sweet & sour juice(甜酸汁)

将酒材倒入已加¼满冰块的调拌杯内,搅拌后过滤,倒入杯中,挂一片黄柠檬圆片或青柠檬圆片作装饰。

9~7 对国际知名美酒的认识

1. Jack Daniel's Single Barrel Tennessee Whisky:产于美国田纳西州,是 Jack Daniel 酒厂每次从选出的威士忌小酒桶中再挑出一桶用手工装瓶而成的,酒精度是 90 度。

2. Herradura Tequilas:是使用 100% 的龙舌兰(agave)制成的阿根廷埃拉杜拉特奎拉酒。品种包括 Silver, Reposado, Añejo,在美国或法国的橡木酒桶中陈年两年。阿根廷埃拉杜拉精选佳酿(Herradura Selección Suprema)是限量发行的陈年 4 年之久的特奎拉酒(Tequila),酒精度是 80 度。

3. Hardy Noces D'or Cognac:产于法国的大香槟区,由 A. Hardy 酒厂采用窖藏平均 50 年之久的科涅克干邑白兰地调和而成,酒精度是 80 度。

4. Hussong's Reposado Tequilas:产于墨西哥的瓜达拉哈拉(Guadalajara),使用 100% 的龙舌兰(agave)并封存于橡木桶中至少 6 个月而制成,酒精度是 80 度。

5. Jim Beam Black Label Bourbon:吉姆·比姆黑标波旁威士忌产于美国肯塔基州的克莱蒙特(Clermont),由 Beam 家族早在 1795 年就批量生产。该酒是封存在炭烤过的橡木酒桶中陈年至少 8 年才装瓶上市的,酒精度是 80 度。另外一种吉姆·比姆白标波旁威士忌(Jim Beam White Label Bourbon)则是只封存 4 年就上市的,但酒精度也是 80 度。

6. Jewel of Russia Classic Vodka:是俄国经典伏特加酒,产于俄国,是使用特级裸麦、耐寒的冬季小麦及天然泉水调和后再经连续蒸馏而成的,酒精度是 80 度。

7. Jameson Irish Whisky:产于爱尔兰,是先把谷物、发芽及不发芽大麦调和后,再经 3 次蒸馏后放入美国橡木酒桶及雪利小酒桶中陈存 6 年而成,酒精度是 80 度。

8. Jägermeister Liqueur:产于德国的沃尔芬比特尔(Wolfenbüttel),由 Maot 家族早在 1878 年开始生产。酒名德文是狩猎专家之意。这款香甜酒是把 56 种根茎、药草、香料先浸泡在中性烈酒中,然后放入炭烤过橡木酒桶中熟成 ,最后加调拌后才装瓶,酒精度是 70 度。

9. Kelt XO Tour Du Monde Grande Champagne Cognac:产于法国的大香槟区,是一款顶级香槟干邑,其特色是干邑之熟成,即先装入利穆赞(Limousin)森林产的橡木酒桶中,然后捆扎在船的甲板上环航世界 3 个月之久以促使熟成。酒精度是 80 度。

10. Ketel One Dutch Vodka:产于荷兰,以小麦为原料小批量生产,使用一个有 137 年历史之久的铜制壶形蒸馏器经 3 次蒸馏而成。此酒的酒厂是由 Nolet 家族在 1691 年建立。酒精度是 80 度。

11. Laird's Applejack Apple Brandy：产于美国新泽西州，创办人 Mr. Robert Laird 曾追随华盛顿将军参加美国革命战争。Laird 酒厂是美国历史最悠久的酒厂。这款苹果白兰地是经两次蒸馏，再封存于白橡木酒桶中 4 年而成，酒精度是 80 度。

12. Licor 43：一种产于西班牙的香甜酒，是以白兰地为基酒，再加入浆果、柑橘类水果、芳香药草等制成。酒名中的 43 意指此酒是加入了 43 种原材料才得以制成。酒精度是 62 度。

13. Pike Creek Canadian Whisky：产于加拿大，是将谷物蒸馏而得的威士忌陈年于多次炭烤的橡木桶中至少 10 年，然后再进一步置放入 Cockburn 波特酒管道中至熟成，酒精度是 80 度。

14. Orange Bitters：是一种苦甜带橘子风味的苦精。

15. Original Cristall Russian Vodka：产于莫斯科，是使用冬天收成的小麦及冰河水，经 3 次蒸馏而得的伏特加酒，酒精度是 80 度。

问题探讨

如何调制下列各款国际知名鸡尾酒？

（1）Between The Sheets
（2）Black Taipei
（3）Brandy Alexander
（4）Bombay Cocktail
（5）Cherry Blossom
（6）City Slicker
（7）Mikado
（8）Sidecar
（9）Horse's Neck
（10）Stinger
（11）Heartbreak
（12）Strawberry Alexandra
（13）Run, Skip and Go Naked
（14）Harvard
（15）Bosom Caresses
（16）Perfect Brandy Manhattan
（17）Coffee Grasshopper
（18）Separator 1
（19）Soother Cocktail
（20）Classic Brandy
（21）Buzz Bomb
（22）Cosmopolitan
（23）Melon Cosmoplitan
（24）Havana Sidecar 1
（25）Limón Orange Breeze
（26）Framboise Margarita
（27）Limonita Margarita
（28）Passion Margarita
（29）Ritz Pick-Me-Up
（30）Northeaster Navy Grog

第十章

以杜松子酒为基酒的鸡尾酒酒方

Recipes of Gin Cocktails

学习目的

了解： 1. 对杜松子酒(Gin)应有的基本认识

2. 以杜松子酒为基酒的鸡尾酒酒方(Recipes of Gin Cocktails)

3. 国际上各种马提尼鸡尾酒酒方(Versatile Recipes of Martini Cocktails)

4. 对国际知名美酒的认识

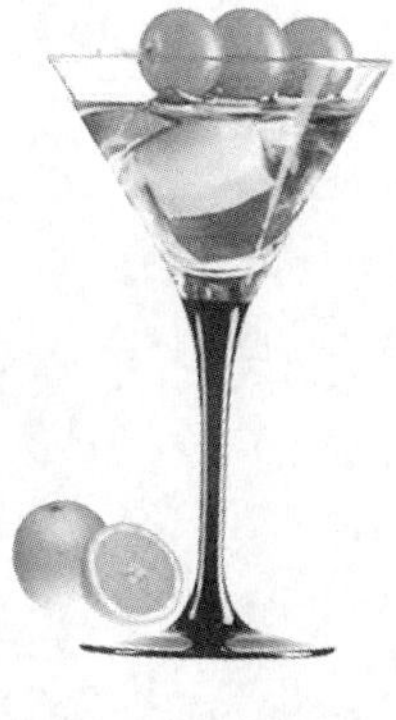

10~1 对杜松子酒(Gin)应有的基本认识

杜松子酒是以谷物为原料,经过糖化、发酵、蒸馏之后,再与根茎、树皮、香料、药草等一起进行蒸馏而制成的酒。这种酒是无色透明的,具有清新的香味和柔润的口感,但口味却常是十分辛辣。

杜松子酒发源于1660年荷兰莱顿(Leiden)大学西尔维斯医生(Dr. Sylvius)所制造的药用酒精。为了研制出能医治殖民地十分流行的高热病的特效药,他将当时被认为有利尿效果的松子果(Juniper Berry)浸渍于酒精中进行蒸馏,从而制造出了利尿剂。

当时饮用蒸馏酒的风潮在欧洲正逐渐形成,但由于仍是使用结构简单的单式蒸馏机制造酒,因而杂味很重的劣酒充斥于市面。所以,当杜松子这款具有清新香味的药酒一上市,就被作为日常的饮用酒被人们广泛地饮用,名称也叫做荷兰杜松子酒(Genever 或 Geneva),并且深受广大消费者喜爱。

英国在19世纪后开始利用连续式蒸馏器制造酒,从而使酒的质量发生了极大的提升与改进,并使杜松子酒(Gin)成为一种没有刺激性异味的、风味柔顺且细腻纯美的酒。从此,英国的杜松子酒就被称为不列颠杜松子酒,或者再加上产地的名称被称做伦敦杜松子酒。从那时起,英国杜松子酒与仍沿用单式蒸馏器制造的荷兰杜松子酒分道扬镳,步上了独立自主的发展道路。

今天,世界上许多国家都在制造杜松子酒,然而市场占有率较高的品牌仍属伦敦的辛辣杜松子酒。辛辣杜松子酒(Dry Gin)的主要原料是玉米、大麦麦芽,但有时也使用黑麦等原料。将这些原料发酵后,再用连续式蒸馏器制成酒精含量高达95%以上的谷物性烈酒。这种烈酒再与杜松子及其他的根茎、香料、药草及树皮等一起进行再次蒸馏。至于蒸馏的方法则有两种,一是将香料、树皮掺入烈酒之中,用单式蒸馏器来蒸馏;二是在单式蒸馏器的上端安装一个名叫“杜松子酒罩头”的圆筒,圆筒中放入药草与香料,当酒蒸气通过时,就将其香气一道蒸馏出来。

为了增加香味,所用的根茎、树皮、种子等各种植物,除了杜松子之外,还有胡荽、大茴香、鼠尾草、茴香、小肉豆蔻及小茴香等的种子,以及当归、丁香、甘草、葛缕子等的根,还有柠檬、橘子和肉桂的树皮等等。但具体的配方则是各制造厂家的独家秘密,酒厂是绝对不会对外公布的,而各酒厂技术上的差异自然就造成了市场上各个品牌的风味差异了。

整体而言,辛辣杜松子酒的确带有浓厚清香的气息,而且是一种非常柔美滑润的蒸馏酒。尤其是传到美国后的杜松子酒,因作为鸡尾酒的基酒而名声大噪,在国际上享有盛誉。因此,许多人都说杜松子酒是“荷兰人使之诞生,英国人使之成长,美国人使之荣耀”,这可真是描述杜松子酒发展的最佳写实性名言了。

目前,杜松子酒已在世界各国都有生

产,至于在调酒时常使用杜松子酒做基酒,已是调酒师最基本的常识。现将杜松子酒的特性简单介绍如下:

1. 制造方法:主要是采用大麦芽与裸麦为原料,酒浆经发酵后蒸馏而得原酒,再经精馏之后而得杜松子酒。精馏时在蒸馏器上有一个罩头,里面填满了杜松子和其他材料。当原酒经高热气化通过杜松子材料时,所蒸馏出的烈酒液体中就溶有杜松子的气味了。

2. 产地:荷兰、英国、美国,它原是荷兰数百年前作利尿、麻醉的外科用药,但由于有提神与振奋精神的作用,所以世人就把它稀释后开心地畅饮起来。

3. 酒精浓度:40%~47%,即酒精度为80~94度。

4. 特征:无色,有果香味,有利尿及兴奋作用,天热时喝的人尤其多,也是调制鸡尾酒时使用较多的基酒。

5. 知名品牌

(1) Beefeater Gin

(2) Bombay Gin

(3) Tanqueray

(4) Gordon's

(5) Gilbey's

(6) Seagram's

6. 喝法:Gin and Tonic, Gin and 7-up, Gimlet (Gin 加 lime juice), Gin Fizz, Gin on the Rocks, Gin straight up, Gin Martini 等许多调制方法与喝法。

10~2 以杜松子酒为基酒的鸡尾酒酒方(Recipes of Gin Cocktails)

1. 耶鲁大学鸡尾酒(Yale Cocktail)

Cocktail $4\frac{1}{2}$ oz. 杯,冰的

$1\frac{3}{4}$ oz. Gin(杜松子酒)

¾ oz. Dry Vermouth(辛辣苦艾酒)

1 bsp Blue Curaçao(一酒吧匙蓝色库拉索香甜酒)

倒一次安戈斯图拉树皮苦精(Angostura Bitters)

将酒材摇荡后过滤,倒入杯内。

2. 银制子弹(Silver Bullet)

Cocktail $4\frac{1}{2}$ oz. 杯,冰的

$2\frac{1}{4}$ oz. Gin(杜松子酒)

¼ oz. Scotch Whisky(苏格兰威士忌)

将酒材摇荡后过滤,倒入杯内,拧挤一片黄柠檬放入杯中作装饰。

3. 劳斯莱斯(Rolls-Royce)

Cocktail $4\frac{1}{2}$ oz. 杯,冰的

$1\frac{1}{2}$ oz. Gin(杜松子酒)

½ oz. Sweet Vermouth(甜苦艾酒)

½ oz. Dry Vermouth(辛辣苦艾酒)

一酒吧匙本尼迪克特(Bénédictiné)

将酒材摇荡后过滤,倒入杯内。

4. 粉红绒猫(Pink Pussy Cat)

Highball 10 oz. 杯,加满冰块

$1\frac{1}{2}$ oz. Gin(杜松子酒)

3 oz. pineapple juice(凤梨汁)

将酒材倒入加满冰块的高圆球 10 oz. 容量的杯中,充分搅拌或摇荡后倒回原杯内,再加入 ½ oz. 的樱桃白兰地(Cherry Brandy)于杯中央,放一粒红樱桃于杯中作装饰。

5. 百慕大玫瑰(Bermuda Rose)

Cocktail $4\frac{1}{2}$ oz. 杯,冰的

2 oz. Gin(杜松子酒)

½ oz. Apricot Brandy(杏桃白兰地)

一酒吧匙红石榴糖浆(grenadine)

将酒材摇荡后过滤,倒入杯内。

6. 圣玛丽岛上的绝色美女(Belles of St. Mary's)

Cocktail $4\frac{1}{2}$ oz. 杯,冰的

$1\frac{1}{2}$ oz. Gin(杜松子酒)

½ oz. Triple Sec(三干酒/柑橘香甜酒)

½ oz. Apricot Brandy(杏桃白兰地)

½ oz. lime juice(青柠檬汁)

将酒材摇荡后过滤,倒入杯内,拧挤一个青柠檬角作装饰。

7. 亚历山大的姐妹(Alexander's Sisters)

Cocktail $4\frac{1}{2}$ oz. 杯,冰的

$1\frac{1}{2}$ oz. Gin(杜松子酒)

1 oz. Green Crème de Menthe(绿色薄荷香甜酒)

½ oz. heavy cream or milk(浓奶油或鲜奶)

将酒材摇荡后过滤,倒入杯内,撒一些肉豆蔻粉(Nutmeg)于杯中的酒面上。

8. 荷兰空中飞人(Flying Dutchman)

Old-fashioned 7 oz. 杯,即 7 oz. 的 Rocks 杯,加满冰块

2 oz. Gin(杜松子酒)

½ oz. Triple Sec(三干酒/柑橘香甜酒)

将酒材倒入装满冰块的 Rocks 杯中,充分搅拌即可。

9. 蜻蜓(Dragonfly)

Highball 10 oz. 杯,加满冰块

$1\frac{1}{2}$ oz. Gin(杜松子酒)

$3\frac{1}{2}$ oz. ginger ale(姜汁汽水)

将酒材倒入加满冰块的高圆球杯中,稍加搅拌即可,挤一个青柠檬角(lime wedge)放入杯中作装饰。

10. 赌场(Casino)

Cocktail $4\frac{1}{2}$ oz. 杯,冰的

2 oz. Gin(杜松子酒)

½ oz. lime juice(青柠檬汁)

一酒吧匙酒浸樱桃香甜酒

倒两下安戈斯图拉树皮苦精(Angostura Bitters)

将酒材摇荡后过滤,倒入杯内。

11. 阿拉斯加(Alaska)

Cocktail $4\frac{1}{2}$ oz. 杯,冰的

2 oz. Gin(杜松子酒)

½ oz. Yellow Chartreuse(法国黄色察吐士蜂蜜香甜酒)

倒一次安戈斯图拉树皮苦精

将酒材摇荡后过滤,倒入杯内。

12. 自作自受(Boomerang)(又名自食其果、飞去来镖)

Cocktail $4\frac{1}{2}$ oz. 杯,冰的

2 oz. Gin(杜松子酒)

½ oz. Dry Vermouth(辛辣苦艾酒)

½酒吧匙酒浸樱桃香甜酒(Maraschino Liqueur)

倒两下苦精

将酒材摇荡后过滤,倒入杯内,放一粒红樱桃于杯内作装饰。

13. 草裙(Grass Skirt)

Old-fashioned 7 oz. 杯(老式杯,即Rocks杯),加满冰块

$1\frac{1}{2}$ oz. Gin(杜松子酒)

1 oz. Triple Sec(三干酒/柑橘香甜酒)

1 oz. pineapple juice(凤梨汁)

½ bsp grenadine(½酒吧匙红石榴糖浆)

将酒材直接倒入已装¼满冰块的调拌杯内,与冰块一起摇荡后,过滤冰块倒入杯中,放凤梨片或凤梨旗作装饰。

14. 金酒和奎宁水(Gin and Tonic)

Highball 10 oz. 杯,加满冰块

$1\frac{1}{2}$ oz. Gin(杜松子酒)

$3\frac{1}{2}$ oz. Tonic Water(奎宁水)

将酒材倒入加满冰块的高圆球杯中,由下而上轻拌几下后,挤一个青柠檬角(lime wedge)放入杯中作装饰。

15. 法国75式美禄(French "75")

Collins 12 oz. 杯,加满冰块

$1\frac{1}{2}$ oz. Gin(杜松子酒)

1 oz. lime juice(青柠檬汁)

½ oz. sugar syrup(糖浆)

将酒材倒入加满冰块的柯林斯杯中,充分摇荡后再连冰块倒回杯中,加入3 oz.冰的香槟酒(chilled champagne)或气泡葡萄酒(sparkling wine),并轻轻搅拌,再放一个橘子旗或青柠檬旗作装饰。

16. 夫人不能再来了(Maiden-No-More)

Cocktail $4\frac{1}{2}$ oz. 杯,冰的

$1\frac{1}{2}$ oz. Gin(杜松子酒)

½ oz. Triple Sec(三干酒/柑橘香甜酒)

一酒吧匙白兰地

¾ oz. lime juice(青柠檬汁)

将酒材摇荡后过滤,倒入杯内。

17. 淑女纤指(Lady Finger)

Cocktail $4\frac{1}{2}$ oz. 杯,冰的

$1\frac{1}{2}$ oz. Gin(杜松子酒)

½ oz. Cherry Brandy(樱桃白兰地)

½ oz. lime juice(青柠檬汁)

½ oz. sugar syrup(糖浆)

将酒材摇荡后过滤,倒入杯内。

18. 俄罗斯谍报员(K. G. B)

Highball 10 oz. 杯,加满冰块

$1\frac{1}{2}$ oz. Gin(杜松子酒)

½ oz. Kirsch(樱桃白兰地)

¼ oz. Apricot Brandy(杏桃白兰地)

2 oz. lime juice(青柠檬汁)

1 oz. sugar syrup(糖浆)

将酒材倒入加满冰块的高圆球杯中,迅猛摇荡后连冰块倒回原杯中,挤一个青柠檬角(lime wedge)放入杯中作装饰。

19. 尼罗河宝藏(Jewel of Nile)

Cocktail $4\frac{1}{2}$ oz. 杯,冰的

$1\frac{1}{2}$ oz. Gin

½ oz. Green Chartreuse(法国绿色察吐士蜂蜜香甜酒)(110 度)

½ oz. Yellow Chartreuse(法国黄色察吐士蜂蜜香甜酒)(80 度)

将酒材摇荡后过滤,倒入杯内。

20. 翡翠森林(Emerald Forest)

Cocktail $4\frac{1}{2}$ oz. 杯,冰的

2 oz. Gin(杜松子酒)

½ oz. Green Crème de Menthe(绿色薄荷香甜酒)

¼ oz. White Crème de Menthe(无色薄荷香甜酒)

将酒材摇荡后过滤,倒入杯内。

21. 马提尼(Martini)

Cocktail $4\frac{1}{2}$ oz. 杯,冰的

$2\frac{1}{4}$ oz. Gin(杜松子酒)

¼ oz. Dry Vermouth(辛辣苦艾酒)

将酒材充分搅拌后过滤,倒入杯内,放入 cocktail olives(鸡尾酒用橄榄)或 lemon twist(挤出柠檬油的小长条)作装饰皆可。

此酒有许多不同调法,请看本章最后的专门单元介绍。

22. 怀有一个秘密的寡妇(Widow With A Secret)

Cocktail $4\frac{1}{2}$ oz. 杯,冰的

$1\frac{1}{2}$ oz. Gin(杜松子酒)

¾ oz. Sweet Vermouth(甜苦艾酒)

¼ oz. Bénédictiné(本尼迪克特香甜酒)

¼ oz. Pernod(法国佩诺茴香利口酒)

¼ oz. Campari(意大利堪培利酒)

倒两下苦精

将酒材摇荡后过滤,再放一粒大的红樱桃作装饰。

23. 忧郁的牛仔(Blue Cowboy)

Cocktail $4\frac{1}{2}$ oz. 杯,冰的

2 oz. Gin(杜松子酒)

¾ oz. Blue Curaçao(蓝色库拉索香甜酒)

将酒材摇荡后过滤,倒入杯内。

24. 阳光普照鸡尾酒(Sunshine Cocktail)

Cocktail $4\frac{1}{2}$ oz. 杯,冰的

$1\frac{3}{4}$ oz. Gin（杜松子酒）

$\frac{3}{4}$ oz. Sweet Vermouth（甜苦艾酒）

1 dash bitters（倒一次苦精）

将酒材摇荡后过滤，倒入杯内。

25. 探戈鸡尾酒（Tango Cocktail）

Cocktail $4\frac{1}{2}$ oz. 杯，冰的

1 oz. Gin（杜松子酒）

$\frac{1}{2}$ oz. Dry Vermouth（辛辣苦艾酒）

$\frac{1}{2}$ oz. Sweet Vermouth（甜苦艾酒）

$\frac{1}{4}$ oz. Triplc Sec（三干酒/柑橘香甜酒）

$\frac{1}{2}$ oz. orange juice（橘子汁）

将酒材摇荡后过滤，倒入杯内。

26. 踢和踢（T & T）

Highball 10 oz. 杯，加满冰块

$1\frac{1}{2}$ oz. Tanqueray Gin（Tangueray 品牌杜松子酒）

Tanqueray 属于点叫品牌或特级（Premium）品牌的高档杜松子酒

将酒材倒入加满冰块的高圆球杯中，再加满约 $3\frac{1}{2}$ oz. 奎宁水（tonic water），挤一个青柠檬角（lime wedge）放入杯中作装饰，插入吸管即成。

27. 晚礼服鸡尾酒（Tuxedo Cocktail）

Cocktail $4\frac{1}{2}$ oz. 杯，冰的

$1\frac{1}{2}$ oz. Gin（杜松子酒）

1 oz. Dry Vermouth（辛辣苦艾酒）

$\frac{1}{4}$ oz. Maraschino Liqueur（酒浸樱桃香甜酒）

1 bsp Anisette（一酒吧匙茴香利口酒）

倒两下苦精

将酒材摇荡后过滤，倒入杯内，放一粒大的红樱桃（red cherry）作装饰。

28. 搞啥鬼把戏（What The Hell）

Rocks 7 oz. 杯，加满冰块

1 oz. Gin（杜松子酒）

1 oz. Dry Vermouth（辛辣苦艾酒）

1 oz. Apricot-flavored Brandy（杏桃风味白兰地）

$\frac{1}{4}$ oz. lime juice（青柠檬汁）

将酒材倒入已加满冰块的 Rocks 杯中，充分搅拌后再放入一个青柠檬角作装饰与提味。

29. 喋喋不休的黄种人（Yellow Rattler）

Cocktail $4\frac{1}{2}$ oz. 杯，冰的

$1\frac{1}{2}$ oz. Gin（杜松子酒）

$\frac{1}{2}$ oz. Dry Vermouth（辛辣苦艾酒）

$\frac{1}{2}$ oz. Sweet Vermouth（甜苦艾酒）

$\frac{1}{4}$ oz. orange juice（橘子汁）

将酒材摇荡后过滤，倒入杯内，加入一粒珍珠洋葱（pearl onion）作装饰。

30. 胜利者（Victor）

Cocktail $4\frac{1}{2}$ oz. 杯，冰的

$1\frac{1}{2}$ oz. Gin（杜松子酒）

$1\frac{1}{2}$ oz. Brandy（白兰地）

$\frac{1}{2}$ oz. Sweet Vermouth（甜苦艾酒）

将酒材摇荡后过滤，倒入杯内。

31. 台风(Typhoon)

Tulip 9 oz. 杯(郁金香形香槟杯)，冰的

1 oz. Gin(杜松子酒)

$\frac{1}{2}$ oz. Anisette(茴香利口酒)

$2\frac{1}{2}$ oz. lime juice(青柠檬汁)

1 oz. sugar syrup(糖浆)

将酒材摇荡后过滤，倒入杯内，再加入3 oz. 的冰的香槟(chilled champagne)。

32. 热带特别酒(Tropical Special)

Squall 15 oz. (大风杯)，加满冰块

$1\frac{1}{2}$ oz. Gin(杜松子酒)

$\frac{1}{2}$ oz. Triple Sec(三干酒/柑橘香甜酒)

$1\frac{1}{2}$ oz. orange juice(橘子汁)

$1\frac{1}{2}$ oz. lime juice(青柠檬汁)

$2\frac{1}{2}$ oz. grapefruit juice(葡萄柚汁)

将酒材倒入已装$\frac{1}{4}$满冰块的调拌杯内，与冰块一起摇荡后再过滤回大风杯，放橘子旗或青柠檬旗作装饰。

33. 咸狗(Salty Dog)

Collins 12 oz. 杯

杯缘沾上盐，加满冰块

$1\frac{1}{2}$ oz. Gin(杜松子酒)

$4\frac{1}{2}$ oz. grapefruit juice(葡萄柚汁)

杯缘先沾湿青柠檬汁(lime juice)，再沾上盐，将酒材与6 oz. 的冰块一起摇荡，然后过滤掉冰块倒入杯中，挂一片青柠檬圆片在杯上作装饰，再放一个挤过的青柠檬角提味。

34. 回力球俱乐部(Racquet Club Cocktail)

Cocktail $4\frac{1}{2}$ oz. 杯，冰的

$1\frac{3}{4}$ oz. Gin(杜松子酒)

$\frac{3}{4}$ oz. Dry Vermouth(辛辣苦艾酒)

倒一次苦精

将酒材摇荡后过滤，倒入杯内。

35. 番木瓜斯林酒(Papaya Sling)

Collins 12 oz. 杯，加满冰块

$1\frac{1}{2}$ oz. Gin(杜松子酒)

倒一次苦精

$\frac{1}{2}$ oz. lime juice(青柠檬汁)

1 oz. papaya syrup(番木瓜糖浆)

将酒材倒入已装$\frac{1}{4}$满冰块的调拌杯内，摇荡并过滤后倒入已加满冰块的柯林斯杯中，再加满苏打水(club soda)，放一个小块番木瓜或番木瓜旗作装饰。

36. 棕榈滩鸡尾酒(Palm Beach Cocktail)

Cocktail $4\frac{1}{2}$ oz. 杯，冰的

$1\frac{1}{2}$ oz. Gin(杜松子酒)

$\frac{1}{2}$ oz. Sweet Vermouth(甜苦艾酒)

$\frac{1}{2}$ oz. grapefruit juice(葡萄柚汁)

将酒材摇荡后过滤，倒入杯内。

37. 内格罗尼酒(Negroni)

Cocktail $4\frac{1}{2}$ oz. 杯，冰的

$\frac{3}{4}$ oz. Gin(杜松子酒)

$\frac{3}{4}$ oz. Campari(意大利堪培利开胃酒)

$\frac{3}{4}$ oz. 甜或辛辣的苦艾酒/味美思(Vermouh)

将酒材摇荡后过滤,倒入杯内,放入一条拧挤过的黄柠檬小条作装饰。

38. 开心寡妇鸡尾酒(Merry Widow Cocktail)

Cocktail $4\frac{1}{2}$ oz. 杯,冰的

$1\frac{1}{4}$ oz. Gin(杜松子酒)

$1\frac{1}{4}$ oz. Dry Vermouth

半酒吧匙本尼迪克特香甜酒(Bénédictiné)

$\frac{1}{2}$ bsp Anisette(茴香利口酒)

将酒材与冰块一起摇荡后过滤,倒入杯内,拧挤一条黄柠檬条放入酒中作装饰。

39. 母亲的姐妹(Mommy's Sisters)

Collins 12 oz. 杯,加满冰块

2 oz. Gin(杜松子酒)

1 oz. lime juice(青柠檬汁)

将酒材摇荡后过滤,倒入装满冰块的柯林斯杯中,再倒入 3 oz. 姜汁汽水(ginger ale)或直到加满,挤一个青柠檬角放入杯内作装饰。

40. 让我收拾鸡尾酒(Leave-It-To-Me Cocktail)

Cocktail $4\frac{1}{2}$ oz. 杯,冰的

1 oz. Gin(杜松子酒)

$\frac{1}{2}$ oz. Dry Vermouth(辛辣苦艾酒)

$\frac{1}{2}$ oz. Apricot-flavored Brandy(杏桃风味白兰地)

$\frac{1}{2}$ oz. lime juice(青柠檬汁)

一酒吧匙红石榴汁糖浆(grenadine)

将酒材摇荡后过滤,倒入杯内。

41. 跳蛙高球(Leap Frog Highball)

Highball 10 oz. 杯,加满冰块

$1\frac{1}{2}$ oz. Gin(杜松子酒)

1 oz. lime juice(青柠檬汁)

将酒材倒入加满冰块的高圆球杯中,再加入 $3\frac{1}{2}$ oz. 的姜汁汽水或直到加满,挤放一个青柠檬角,挂一片青柠檬圆片在杯缘作装饰。

42. 暗中香吻(Kiss-In-The-Dark)

Cocktail $4\frac{1}{2}$ oz. 杯,冰的

1 oz. Gin(杜松子酒)

$\frac{3}{4}$ oz. Cherry-flavored Brandy(樱桃风味白兰地)

$\frac{3}{4}$ oz. Dry Vermouth(辛辣苦艾酒)

将酒材摇荡后过滤,倒入杯内。

43. 灰狗(Grey Hound)

Highball 10 oz. 杯,加满冰块

$1\frac{1}{2}$ oz. Gin(杜松子酒)

$3\frac{1}{2}$ oz. grapefruit juice(葡萄柚汁)

将酒材倒入加满冰块的高圆球杯中,充分摇荡后再连冰块倒回原杯中,挤一个青柠檬角放入酒中,再挂一片青柠檬圆片放在杯缘上作装饰。

44. 葡萄柚鸡尾酒(Grapefruit Cocktail)

Cocktail $4\frac{1}{2}$ oz. 杯,冰的

$1\frac{3}{4}$ oz. Gin(杜松子酒)

¾ oz. grapefruit juice(葡萄柚汁)

一酒吧匙酒浸樱桃香甜酒(Maraschino Liqueur)

将酒材摇荡后过滤,倒入杯内,放一粒绿樱桃或红樱桃作装饰。

45. 金酒和奎宁水(Gin and Tonicc)

Highball 10 oz. 杯,加满冰块

$1\frac{1}{2}$ oz. Gin(杜松子酒)

$3\frac{1}{2}$ oz. Tonic Water(奎林水)

将酒材倒入加满冰块的高圆球杯中,由下而上地稍加搅拌两三下,再挤一个青柠檬角放入杯中作装饰,插入吸管即成。

46. 亚历山大鸡尾酒第一方(Alexander Cocktail No.1)

Cocktail $4\frac{1}{2}$ oz. 杯,冰的

$1\frac{1}{2}$ oz. Gin(杜松子酒)

½ oz. White Crème de Cacao(无色可可香甜酒)

1 oz. light cream or milk(淡奶油或鲜奶)

将酒材摇荡后过滤,倒入杯内,在酒面上撒一些肉豆蔻粉(Nutmeg)。

47. 坠落的天使(Fallen Angel)

Cocktail $4\frac{1}{2}$ oz. 杯,冰的

$1\frac{1}{2}$ oz. Gin

1 oz. lime juice(青柠檬汁)

一酒吧匙无色薄荷香甜酒(White Crème de Menthe)

倒一次苦精(只有一大滴)

将酒材摇荡后过滤,倒入杯内,放一粒大的樱桃作装饰。

48. 马提尼(Martini)

Cocktail $4\frac{1}{2}$ oz. 杯,冰的

$2\frac{1}{4}$ oz. Gin(杜松子酒)

¼ oz. Dry Vermouth(辛辣苦艾酒)

鸡尾酒杯中先放入冰块再加水冰妥杯子,调拌杯中加入 4 oz. 约¼满冰块,将酒倒入杯中,用酒吧匙拌匀(绝对不能用摇荡的迅猛手法来调制马提尼),酒过滤后倒入杯中,放入绿橄榄,或拧挤一条黄柠檬条放入杯内作装饰。

马提尼专业说明:

1. Dry Martini:是指辛辣的苦艾酒。

值得注意的是,当客人点叫格外辛辣的苦艾酒(Extra Dry)时,指的是味美思(Vermouth)放的更少,而非更多。

2. Extra-Dry Martini:字面意思是指格外辛辣的苦艾酒。

调制时反其道而为之,只放几滴,比辛辣马提尼酒(Dry Martini)中的辛辣苦艾酒量要少许多。

3. Very, Very Extra-Dry Martini:是指将苦艾酒的酒瓶在酒杯上端晃动几下,使瓶中的苦艾酒香气能漂浮或留在鸡尾酒杯

里,客人喝的是冰过的 $2\frac{1}{4}$ oz. 或 $2\frac{1}{2}$ oz. 的杜松子酒,酒中并没有加入任何的辛辣苦艾酒。

4. 倒入再倒出的马提尼(In-and-Out Martini):是指在杯中放入冰块再倒入¼ oz. 的苦艾酒,然后酒在杯内旋转沾湿杯的内部后倒掉(dump out),再加入杜松子酒。

5. Dirty Martini:是指在马提尼酒中加入¼ oz. 琥珀色的橄榄汁后因颜色已发生变化,从而称为褐色马提尼。但也有用苦精来替代的做法。

6. Straight Up Martini:是指在调制马提尼时只能用搅拌法,绝不允许用迅猛摇荡的手法,拌匀后滤掉冰块倒入杯中,杯内无冰块的纯饮方式。

7. Martini On the Rocks:即在老式酒杯或 Rocks 杯内加满冰块,然后把酒倒入拌匀享用。

8. Vodka Martini:调马提尼的基酒杜松子酒(Gin),可用伏特加酒或朗姆酒(Rum)或龙舌兰酒(Tequila)来替代,其他所有相关调制酒方可同样运用。

9. 品牌马提尼(Brand-name Martini):是指客人可依其所好点叫特别品牌的酒来调制马提尼(Martini)。如 Stoli Martini On the Rocks 或 Extra-dry Beefeater、Martini Straight up 等。

10. 吉布森鸡尾酒(Gibson):是与马提尼极为相似的鸡尾酒,其唯一差别在于装饰物的不同。吉布森酒中放的装饰物是鸡尾酒专用的小洋葱球,又叫珍珠洋葱(Pearl Onion),而所有的马提尼酒的变化都可运用到吉布森鸡尾酒(Gibson)上。如:Extra-dry Absolut Gibson on the Rocks,就是先调制一杯亚伯索露特马提尼酒(Absolut Martini),然后放入两三粒剑叉串好的珍珠洋葱。

11. Manhattan:曼哈顿的调制方法与马提尼相似,不同的是用威士忌和甜苦艾酒来替代杜松子酒与辛辣苦艾酒,但都是使用预先冰过的鸡尾酒杯。

10~3 国际上各种马提尼鸡尾酒酒方(Versatile Recipes of Martini Cocktails)

1. 马提尼(Martini)

cocktail $4\frac{1}{2}$ oz. 杯,冰的

$1\frac{1}{2}$ oz. Gin(杜松子酒)

6 滴(6 drops)辛辣苦艾酒/味美思(Dry Vermouth)

将酒材倒入已加¼满冰块的调拌杯内,搅拌后过滤,倒入杯中,以橄榄(olives)或黄柠檬条/片(lemon twist)作装饰。

2. 辛辣马提尼(Dry Martini)

Cocktail $4\frac{1}{2}$ oz. 杯,冰的

$1\frac{1}{2}$ oz. Gin(杜松子酒)

两滴辛辣苦艾酒/味美思(Dry Vermouth)

将酒材倒入已加¼满冰块的调拌杯内,搅拌后过滤,倒入杯中,以橄榄或黄柠檬条/片作装饰。

3. 特别辛辣马提尼(Extra Dry Martini)

Cocktail $4\frac{1}{2}$ oz. 杯,冰的

$1\frac{1}{2}$ oz. Gin(杜松子酒)

一滴辛辣苦艾酒/味美思(Dry Vermouth)(可加,可不加)

将酒材倒入已加¼满冰块的调拌杯内,搅拌后过滤,倒入杯中,以橄榄或黄柠檬条/片作装饰

4. 特别辛辣伏特加马提尼(Extra Dry Vodka Martini)

Cocktail $4\frac{1}{2}$ oz. 杯,冰的

$1\frac{1}{2}$ oz. Vodka(伏特加酒)

一滴辛辣苦艾酒/味美思(Dry Vermouth)(可加,也可不加)

将酒材倒入已加¼满冰块的调拌杯内,搅拌后过滤,倒入杯中,以橄榄或黄柠檬条/片作装饰。

5. 阿普莱蒂尼马提尼第一方(Appletini Martini 1)

Cocktail $4\frac{1}{2}$ oz. 杯,冰的

$1\frac{3}{4}$ oz. Vodka(伏特加酒)

¾ oz. Dekuyper Sour Apple Pucker (Dekuyper 公司产的酸苹果无色烈酒)

将酒材倒入已加¼满冰块的调拌杯内,搅拌后过滤,倒入杯中,用青苹果角(green apple wedge)作装饰。

6. 阿普莱蒂尼马提尼第二方(Appletini Martini 2)

Cocktail $4\frac{1}{2}$ oz. 杯,冰的

$1\frac{3}{4}$ oz. Vodka(伏特加酒)

¾ oz. Dekuyper Sour Apple Pucker (Dekuyper 公司产的酸苹果无色烈酒)

½ oz. sweet & sour juice(甜酸汁)

将酒材倒入已加¼满冰块的调拌杯内,搅拌后过滤,倒入杯中,用青苹果角(green apple wedge)作装饰。

7. 阿普莱蒂尼马提尼第三方(Appletini Martini 3)

Cocktail $4\frac{1}{2}$ oz. 杯,冰的

酒杯边缘可先沾青柠檬汁(lime juice),再沾上苹果味的糖粒或糖粉

$1\frac{3}{4}$ oz. Vodka(伏特加酒)

¾ oz. Dekuyper Sour Apple Pucker (Dekuyper 公司产的酸苹果无色烈酒)

½ oz. sweet & sour juice(甜酸汁)

将酒材倒入已加¼满冰块的调拌杯内,搅拌后过滤,倒入杯中,用青苹果角(green apple wedge)作装饰。

8. 贝尔夫德·斯达蒂尼马提尼(Belvedere Startini Martini)

Cocktail $4\frac{1}{2}$ oz. 杯,冰的

$1\frac{1}{2}$ oz. Belvedere Polish Vodka(贝尔夫德波兰伏特加酒)

¼ oz. Grand Marnier(法国柑橘干邑香甜酒)

¼ oz. Chambord(法国覆盆子香甜

酒)

½ oz. lime juice(青柠檬汁)

½ oz. sugar syrup(糖浆)

将酒材倒入已加¼满冰块的调拌杯内,搅拌后过滤,倒入杯中,用切成片的杨桃(starfruit)作装饰。

9. 黑色马提尼第一方(Black Martini 1)

Cocktail $4\frac{1}{2}$ oz. 杯,冰的

$1\frac{1}{2}$ oz. Stolichnaya Vodka(斯托莉奇娜娅伏特加酒)

½ oz. Chambord liqueur(法国覆盆子香甜酒)

将酒材倒入已加¼满冰块的调拌杯内,搅拌后过滤,倒入杯中,用黄柠檬条/片(lemon twist)作装饰。

10. 黑色马提尼第二方(Black Martini 2)

Cocktail $4\frac{1}{2}$ oz. 杯,冰的

$1\frac{1}{2}$ oz. Absolut Vodka(亚伯索露特伏特加酒)

½ oz. Crème de Cassis(法国产的黑茶藨子/黑醋栗香甜酒)

将酒材倒入已加¼满冰块的调拌杯内,搅拌后过滤,倒入杯中,用柠檬条/片作装饰。

11. 黑领结马提尼第一方(Black Tie Martini 1)

Cocktail $4\frac{1}{2}$ oz. 杯,冰的

2 oz. Rum(朗姆酒)

½ oz. Dry Vermouth(辛辣苦艾酒)

将酒材倒入已加¼满冰块的调拌杯内,搅拌后过滤,倒入杯中,用黑橄榄(black olive)作装饰。

12. 黑领结马提尼第二方(Black Tie Martini 2)

Cocktail $4\frac{1}{2}$ oz. 杯,冰的

$1\frac{1}{2}$ oz. Vodka(伏特加酒)

½ oz. Scotch Whisky(苏格兰威士忌)

倒两下堪培利开胃酒(Campari)

将酒材倒入已加¼满冰块的调拌杯内,搅拌后过滤,倒入杯中,用剑叉串珍珠洋葱(pearl onion)和黑橄榄(black olive)作装饰。

13. 蓝乳酪马提尼(Blue Martini)

Cocktail $4\frac{1}{2}$ oz. 杯,冰的

$1\frac{1}{2}$ oz. Vodka(伏特加酒)

½ oz. Dry Vermouth(辛辣苦艾酒)

将酒材倒入冰的调拌杯内,搅拌后过滤,倒入杯中,用填塞蓝色乳酪的橄榄作装饰(olives stuffed with blue cheese)。

14. 蓝月马提尼第一方(Blue Moon Martini 1)

Cocktail $4\frac{1}{2}$ oz. 杯,冰的

1 oz. Vodka(伏特加酒)

1 oz. London Dry Gin(伦敦辛辣杜松子酒)

¼ oz. 蓝色库拉索酒(Blue Curaçao)

将酒材倒入已加¼满冰块的调拌杯内,搅拌后过滤,倒入杯中,用黄柠檬条/

片作装饰。

15. 蓝月马提尼第二方(Blue Moon Martini 2)

Cocktail $4\frac{1}{2}$ oz. 杯,冰的

$1\frac{1}{2}$ oz. Dry Gin(辛辣杜松子酒)

½ oz. 蓝色库拉索酒(Blue Curaçao)

将酒材倒入已加¼满冰块的调拌杯内,搅拌后过滤,倒入杯中,用黄柠檬条/片(lemon twist)作装饰。

16. 波士顿马提尼(Boston Martini)

Cocktail $4\frac{1}{2}$ oz. 杯,冰的

2 oz. Gin(杜松子酒)(美国俄勒冈州产的喀斯喀特山杜松子酒即 Cascade Mountain Gin)

撒3下辛辣苦艾酒(3 dashes Dry Vermouth)(美国加州产的)

将酒材倒入已加¼满冰块的调拌杯内,搅拌后过滤,倒入杯中,用杏仁填塞的橄榄或以鳀鱼包裹的橄榄作装饰(anchovy-wrapped or almond-stuffed olives)。

17. 黄铜色的马提尼(Brazen Martini)

Cocktail $4\frac{1}{2}$ oz. 杯,冰的

$2\frac{1}{2}$ oz. Vodka(伏特加酒)

¼ oz. Crème de Cassis(黑茶藨子/黑醋栗香甜酒)

将酒材倒入已加¼满冰块的调拌杯内,搅拌后过滤,倒入杯中,用金橘(Kumquat)作装饰

18. 卡津人的马提尼第一方(Cajun Martini 1)

Cocktail $4\frac{1}{2}$ oz. 杯,冰的

1 oz. Gin(杜松子酒)

1 oz. jalapeño-steeped Gin(哈拉帕青辣椒泡过的杜松子酒)

¼ oz. Dry Vermouth(辛辣苦艾酒)

¼ oz. Sweet Vermouth(甜苦艾酒)

将酒材倒入已加¼满冰块的调拌杯内,搅拌后过滤,倒入杯中,用小的哈拉帕青椒(Jalapeño pepper)作装饰.。

19. 卡津人的马提尼第二方(Cajun Martini 2)

Cocktail $4\frac{1}{2}$ oz. 杯,冰的

2 oz. Gin(杜松子酒)

¼ oz. Dry Vermouth(辛辣苦艾酒)

¼ oz. Absolut Pepper Vodka(亚伯索露特辣味伏特加酒)

撒2~3下塔瓦斯科辣椒汁(Tabasco)

将酒材倒入已加¼满冰块的调拌杯内,搅拌后过滤,倒入杯中,用煮熟的螯虾(clawfish)作装饰。

注:螯虾应先泡在亚伯索露特辣味伏特加酒(Absolut Pepper)中,然后清蒸。

20. 卡津国王马提尼(Cajun King Martini)

Cocktail $4\frac{1}{2}$ oz. 杯,冰的

$1\frac{1}{2}$ oz. Absolut Pepper Vodka(亚伯索露特辣味伏特加酒)

½ oz. Absolut Citron Vodka(亚伯索

露特枸橼/香橼伏特加酒)

2 dashes Dry Vermouth(撒两下辛辣苦艾酒)

将酒材倒入已加¼满冰块的调拌杯内,搅拌后过滤,倒入杯中,用小的哈拉帕青辣椒(Jalapeño pepper)作装饰。

21. 巧克力马提尼(Chocolate Martini)

Cocktail $4\frac{1}{2}$ oz. 杯,冰的

$1\frac{1}{2}$ oz. Vodka(伏特加酒)

½ oz. Chocolate Liqueur(巧克力香甜酒)(如 Godiva 或 Mozart 等品牌)

将酒材倒入已加¼满冰块的调拌杯内,搅拌后过滤,倒入杯中,用黄柠檬条/片作装饰。

22. 墨西哥科苏梅尔马提尼(Cozumel Martini)

Cocktail $4\frac{1}{2}$ oz. 杯,冰的

2 oz. Sauza Silver Tequila(索扎银白色特奎拉酒)

½ oz. Grand Marnier(法国柑橘干邑香甜酒)

½ oz. fresh lime juice(新鲜青柠檬汁)

将酒材倒入已加¼满冰块的调拌杯内,搅拌后过滤,倒入杯中,用黄柠檬条/片作装饰。

23. 褐色马提尼第一方(Dirty Martini 1)

Cocktail $4\frac{1}{2}$ oz. 杯,冰的

2 oz. Vodka(伏特加酒)

¼ oz. olive brine(装在橄榄瓶中的浸泡液)

倒两次辛辣苦艾酒(Dry Vermouth)

将酒材倒入已加¼满冰块的调拌杯内,搅拌后过滤,倒入杯中,用橄榄作装饰。

24. 褐色马提尼第二方(Dirty Martini 2)

Cocktail $4\frac{1}{2}$ oz. 杯,冰的

$1\frac{1}{2}$ oz. Dirty Olive Gin(褐色橄榄杜松子酒)(产于西班牙的安达卢西亚即 Andalucía)

½ oz. Dirty Olive Vodka(褐色橄榄伏特加酒)

将酒材倒入已加¼满冰块的调拌杯内,搅拌后过滤,倒入杯中,用橄榄作装饰。

25. 007 课报员马提尼(007 Martini)

Cocktail $4\frac{1}{2}$ oz. 杯,冰的

1 oz. Gin(杜松子酒)

1 oz. Vodka(伏特加酒)

¼ oz. Lillet Blonde(法国产的半辛辣强化的白色开胃葡萄酒)

将酒材倒入已加¼满冰块的调拌杯内,摇荡后过滤,倒入杯中,用黄柠檬条/片作装饰。

26. 008 课报员马提尼(008 Martini)

Cocktail $4\frac{1}{2}$ oz. 杯,冰的

1 oz. London Dry Gin(伦敦辛辣杜松子酒)

1 oz. Vodka(伏特加酒)

¼ oz. Dubonnet Blanc(法国猫牌强化

的白色开胃酒)

将酒材倒入已加$\frac{1}{4}$满冰块的调拌杯内,摇荡后过滤,倒入杯中,用柠檬条/片作装饰。

27. 忠贞马提尼(Fidel's Martini)

Cocktail $4\frac{1}{2}$ oz. 杯,冰的

$1\frac{1}{2}$ oz. Vodka(伏特加酒)

$\frac{1}{2}$ oz. Cruzan Banana Rum(圣克罗伊人的香蕉朗姆酒)(产于美属维尔京群岛即 Virgin Islands)

将酒材倒入已加$\frac{1}{4}$满冰块的调拌杯内,搅拌后过滤,用切成片的香蕉作装饰。

28. 调情马提尼第一方(Flirtini Martini 1)

Champagne 9 oz. 杯,冰的

在玻璃杯中先捣碎 4 粒覆盆子(raspberries)

1 oz. Vodka(伏特加酒)

$\frac{1}{2}$ oz. Cointreau(法国康德露柑橘香甜酒)

$\frac{1}{2}$ oz. Rose's lime juice(罗斯青柠檬汁)

$\frac{1}{2}$ oz. cranberry juice(蔓越莓/蔓越橘汁)

$\frac{1}{2}$ oz. pineapple juice(凤梨汁)

将酒材倒入已加$\frac{1}{4}$满冰块的调拌杯内,摇荡后过滤,倒入杯中,加满香槟酒。再用薄荷叶枝放在酒杯口作装饰。

29. 调情马提尼第二方(Flirtini Martini 2)

Champagne 9 oz. 杯,冰的

1 oz. Vodka(伏特加酒)

$\frac{1}{2}$ oz. Dekuyper Raspberry Pucker (Dekuyper 公司产的覆盆子无色烈酒)

2 oz. pineapple juice(凤梨汁)

将酒材倒入已加$\frac{1}{4}$满冰块的调拌杯内,摇荡后过滤,倒入杯中,加满香槟酒。

30. 法式马提尼第一方(French Martini 1)

Cocktail $4\frac{1}{2}$ oz. 杯,冰的

$1\frac{3}{4}$ oz. Vodka(使用法国产的伏特加酒如 Grey Goose 即灰雁等品牌)

$\frac{3}{4}$ oz. Grand Manier(法国柑橘干邑香甜酒)

$\frac{1}{4}$ oz. Dry Vermouth(辛辣苦艾酒)

将酒材倒入已加$\frac{1}{4}$满冰块的调拌杯内,搅拌后过滤,用黄柠檬条/片作装饰。

31. 法式马提尼第二方(French Martini 2)

Cocktail $4\frac{1}{2}$ oz. 杯,冰的

$1\frac{3}{4}$ oz. Grey Goose Vodka(灰雁伏特加酒)

$\frac{1}{2}$ oz. Chambord Liqueur(法国覆盆子香甜酒)

$\frac{3}{4}$ oz. pineapple juice(凤梨汁)

将酒材倒入已加$\frac{1}{4}$满冰块的调拌杯内,搅拌后过滤,倒入杯中,用黄柠檬条/片作装饰。

32. 法式马提尼第三方(French Martini 3)(又名 Golden Drop)

Cocktail $4\frac{1}{2}$ oz. 杯,冰的

$1\frac{1}{2}$ oz. Gin(杜松子酒)

½ oz. Scotch Whisky(苏格兰威士忌)

¼ oz. Dry Vermouth(辛辣苦艾酒)(可放,也可不放)

将酒材倒入已加¼满冰块的调拌杯内,搅拌后过滤,倒入杯中,用黄柠檬条/片作装饰。

33. 满月马提尼第一方(Full Moon Martini 1)

Cocktail $4\frac{1}{2}$ oz. 杯,冰的

¾ oz. Vodka(伏特加酒)

¾ oz. Grand Manier(法国柑橘干邑香甜酒)

¾ oz. Amaretto(意大利苦杏仁香甜酒)

将酒材倒入已加¼满冰块的调拌杯内,搅拌后过滤,倒入杯中,用黄柠檬条/片作装饰。

34. 满月马提尼第二方(Full Moon Martini 2)

Cocktail $4\frac{1}{2}$ oz. 杯,冰的

1 oz. Amaretto(意大利苦杏仁香甜酒)

1 oz. 法国康德露柑橘香甜酒(Cointreau)或意大利橘子香甜酒

将酒材倒入已加¼满冰块的调拌杯内,搅拌后过滤,倒入杯中,用黄柠檬条/片作装饰。

35. 戈黛娃薄荷马提尼(Godiva Mint Martini)

Cocktail $4\frac{1}{2}$ oz. 杯,冰的

$1\frac{3}{4}$ oz. Vodka(伏特加酒)

¾ oz. Godiva Chocolate(戈黛娃巧克力香甜酒)

¾ oz. White Crème de Menthe(无色薄荷香甜酒)

将酒材倒入已加¼满冰块的调拌杯内,搅拌后过滤,倒入杯中,用薄荷叶枝作装饰。

36. 哈瓦那马提尼(Havana Martini)

Cocktail $4\frac{1}{2}$ oz. 杯,冰的

$1\frac{1}{2}$ oz. Bacardi Gold Rum(巴卡迪金色朗姆酒)

½ oz. Vintage Tawny Port(黄褐色波尔图佳酿酒)

将酒材倒入已加¼满冰块的调拌杯内,搅拌后过滤,倒入杯中,放入樱桃作装饰。

37. 夏威夷人马提尼(Hawaiian Martini)

Cocktail $4\frac{1}{2}$ oz. 杯,冰的

$1\frac{1}{2}$ oz. Vodka(伏特加酒)

¼ oz. Dry Vermouth(辛辣苦艾酒)

¼ oz. Sweet Vermouth(甜苦艾酒)

¼ oz. pineapple juice(凤梨汁)

将酒材倒入已加¼满冰块的调拌杯内,搅拌后过滤,倒入杯中,用甜辣椒、番椒、野丁子填塞的绿橄榄作装饰。

38. 风骚马提尼(Hot Martini)

Cocktail $4\frac{1}{2}$ oz. 杯,冰的

2 oz. Vodka(伏特加酒)

¼ oz. Dry Vermouth(辛辣苦艾酒)

¼ oz. fresh lime juice or Rose's lime juice(新鲜青柠檬汁或罗斯青柠檬汁)

¼ oz. 腌青辣椒用的泡菜水

将酒材倒入已加¼满冰块的调拌杯内,搅拌后过滤,倒入杯中,用填塞青辣椒的橄榄作装饰。

39. 冰山马提尼(Iceberg Martini)

Cocktail $4\frac{1}{2}$ oz. 杯,冰的

2 oz. Gin(杜松子酒)

¼ oz. White Crème de Menthe(无色薄荷香甜酒)

将酒材倒入已加¼满冰块的调拌杯内,搅拌后过滤,倒入杯中,用薄荷叶枝作装饰。

40. 意大利人马提尼第一方(Italian Martini 1)

Cocktail $4\frac{1}{2}$ oz. 杯,冰的

$1\frac{1}{4}$ oz. Italian Vodka(意大利伏特加酒)

$1\frac{1}{4}$ oz. 意大利柠檬香甜酒,如 Villa Massa Limencello(意大利马萨别墅柠檬香甜酒)

½ oz. 意大利橘子香甜酒(如 Gran Gala Orange Liqueur 即盛宴橘子香甜酒)

将酒材倒入已加¼满冰块的调拌杯内,搅拌后过滤,倒入杯中,用黄柠檬角作装饰。

41. 意大利人马提尼第二方(Italian Martini 2)

Cocktail $4\frac{1}{2}$ oz. 杯,冰的

2 oz. Gin(杜松子酒)

½ oz. Marsala Wine(马尔萨拉葡萄酒)

将酒材倒入已加¼满冰块的调拌杯内,搅拌后过滤,倒入杯中,挤放黄柠檬条/片作装饰。

42. 新闻记者马提尼(Journalist Martini)

Cocktail $4\frac{1}{2}$ oz. 杯,冰的

$1\frac{1}{2}$ oz. Gin(杜松子酒)

¼ oz. Southern Comfort(美国南方蜜桃香甜酒)

¼ oz. Triple Sec(三干酒/柑橘香甜酒)

¼ oz. Dry Vermouth(辛辣苦艾酒)

撒两下安戈斯图拉树皮苦精(Angostura Bitters)

倒两下新鲜柠檬汁

将酒材倒入已加¼满冰块的调拌杯内,搅拌后过滤,倒入杯中,挤放黄柠檬条/片作装饰。

43. 青柠檬饼马提尼(Key Lime Pie Martini)

Cocktail $6\frac{1}{2}$ oz. 杯,冰的

先沾上青柠檬汁(lime juice),再沾上已弄碎的素食饼干(graham)

1 oz. Stolichnaya Lemon Vodka(斯托莉奇娜娅柠檬伏特加酒)

1 oz. Stolichnaya Vanilla Vodka(斯托莉奇娜娅香草伏特加酒)

¾ oz. Midori(日本绿香瓜香甜酒)

½ oz. Rose's lime juice(罗斯青柠檬汁)

½ oz. (half & half cream)或鲜奶球

将酒材倒入已加¼满冰块的调拌杯内,搅拌后过滤,倒入杯中,挤放青柠檬角作装饰。

44. 龙虾马提尼(Lobster Martini)

Cocktail $4\frac{1}{2}$ oz. 杯,冰的

2 oz. Gin(杜松子酒)

¼ oz. California Dry Vermouth(加州辛辣苦艾酒)

将酒材倒入已加¼满冰块的调拌杯内,搅拌后过滤,倒入杯中,用龙虾大螯肉作装饰。

45. 伦敦辛辣马提尼(London Dry Martini)

Cocktail $4\frac{1}{2}$ oz. 杯,冰的

2 oz. Gin(杜松子酒)

¼ oz. Dry Vermouth(辛辣苦艾酒)

将酒材倒入已加¼满冰块的调拌杯内,搅拌后过滤,用黄柠檬条/片和橄榄作装饰。

46. 路易斯安那雨季马提尼(Louisiana Rain Martini)

Cocktail $4\frac{1}{2}$ oz. 杯,冰的

2 oz. Rain Vodka(产于美国肯塔基州的一款经 4 道蒸馏程序而得到的伏特加酒,酒精度为 80 度)

¼ oz. Dry Vermouth(辛辣苦艾酒)

撒 3 ~ 4 下塔瓦斯科辣椒酱(Tabasco Sauce)

将酒材倒入已加¼满冰块的调拌杯内,搅拌后过滤,用两片或两粒小的红辣椒作装饰。

47. 午夜马提尼第一方(Midnight Martini 1)

Cocktail $4\frac{1}{2}$ oz. 杯,冰的

2 oz. Blavod Black Vodka (Blavod 牌黑伏特加酒)(产于英国伦敦,酒精度为 80 度)

倒 2 ~ 3 下辛辣苦艾酒味美思(Dry Vermouth)

将酒材倒入已加¼满冰块的调拌杯内,搅拌后过滤,用 lemon twist 作装饰。

48. 午夜马提尼第二方(Midnight Martini 2)

Cocktail $4\frac{1}{2}$ oz. 杯,冰的

$1\frac{1}{2}$ oz. Original Polish Vodka(原味波兰伏特加酒)

½ oz. Chambord(法国覆盆子香甜酒)

½ oz. cranberry juice(蔓越莓/蔓越橘汁)

将酒材倒入已加¼满冰块的调拌杯内,搅拌后过滤,用黄柠檬条/片作装饰。

49. 午夜马提尼第三方(Midnight Martini 3)

Cocktail $4\frac{1}{2}$ oz. 杯,冰的

2 oz. Dutch Vodka(荷兰伏特加酒)

¾ oz. Black Sambuca(意大利黑色桑布卡茴香酒)

将酒材倒入已加¼满冰块的调拌杯内,搅拌后过滤,放入3粒咖啡豆作装饰。

50. 莫罗马提尼(Moro Martini)

Cocktail $4\frac{1}{2}$ oz. 杯,冰的

2 oz. Dutch Vodka(荷兰伏特加酒)

¼ oz. Dry Vermouth(辛辣苦艾酒)

¾ oz. 红色橘子汁

将酒材倒入已加¼满冰块的调拌杯内,搅拌后过滤,挂一片橘子片作装饰,也可放橘子旗(中间包绿樱桃)作装饰。

51. 英国纽伯里马提尼(Newbury Martini)

Cocktail $4\frac{1}{2}$ oz. 杯,冰的

$1\frac{1}{2}$ oz. Gin(杜松子酒)

½ oz. Sweet Vermouth(甜苦艾酒)

2 dashes Triple Sec(撒两下三干酒/柑橘香甜酒)

将酒材倒入已加¼满冰块的调拌杯内,搅拌后过滤,用黄柠檬条/片和橘子片(orange twist)作装饰。

52. 夜间生活马提尼(Nightlife Martini)

Cocktail $6\frac{1}{2}$ oz. 杯,冰的

$1\frac{1}{4}$ oz. Stolichnaya Orange Vodka(斯托莉奇娜娅橘子伏特加酒)

¾ oz. Chambord(法国覆盆子香甜酒)

$1\frac{1}{4}$ oz. (蔓越莓汁/蔓越橘汁)

¾ oz. 七喜汽水

将酒材倒入已加¼满冰块的调拌杯内,搅拌后过滤,倒入杯中,用青柠檬角作装饰。

53. 梨子马提尼(Pear Martini)

Cocktail $4\frac{1}{2}$ oz. 杯,冰的

2 oz. Polish Vodka(波兰伏特加酒)

¾ oz. Poire William(波伊雷·威廉梨子香甜酒)

将酒材倒入已加¼满冰块的调拌杯内,搅拌后过滤,倒入杯中,用切成片的梨子作装饰。

54. 凤梨马提尼(Piña Martini)

Cocktail $4\frac{1}{2}$ oz. 杯,冰的

$1\frac{1}{4}$ oz. Vodka(伏特加酒)

1 oz. Cruzan Pineapple Rum(圣克罗伊人的凤梨朗姆酒)

¾ oz. pineapple juice(凤梨汁)

将酒材倒入已加¼满冰块的调拌杯内,搅拌后过滤,倒入杯中,用楔形小凤梨角作装饰。

55. 覆盆子马提尼(Raspberry Martini)

Cocktail $4\frac{1}{2}$ oz. 杯,冰的

$1\frac{1}{2}$ oz. Dry Gin(辛辣杜松子酒)

½ oz. Crème de Framboise(覆盆子香甜酒)

将酒材倒入已加¼满冰块的调拌杯内,搅拌后过滤,倒入杯中,用覆盆子作装饰。

56. 红雨马提尼(Red Rain Martini)

Cocktail $4\frac{1}{2}$ oz. 杯,冰的

2 oz. Rain Vodka(雨季伏特加酒)

¾ oz. Remy Red(法国产红香甜酒)

将酒材倒入已加¼满冰块的调拌杯内,搅拌后过滤,倒入杯中,放入橘子旗作装饰。

57. 河流的马提尼(River's Martini)

Cocktail $4\frac{1}{2}$ oz. 杯,冰的

$1\frac{3}{4}$ oz. Dry Gin(辛辣杜松子酒)

¼ oz. Cointreau(法国康德露柑橘香甜酒)

将酒材倒入已加¼满冰块的调拌杯内,搅拌后过滤,倒入杯中,以鳀鱼填塞的橄榄作装饰

58. 罗尔斯·罗伊斯马提尼(Rolls Royce Martini)

Cocktail $4\frac{1}{2}$ oz. 杯,冰的

$1\frac{1}{2}$ oz. Bombay Sapphire London Dry Gin(孟买蓝宝石伦敦辛辣杜松子酒)

½ oz. Dry Vermouth(辛辣苦艾酒)

½ oz. Sweet Vermouth(甜苦艾酒)

½ oz. B & B Liqueur(本尼迪克特香甜酒和白兰地)

将酒材倒入已加¼满冰块的调拌杯内,搅拌后过滤,倒入杯中,用黄柠檬条/片(lemon twist)作装饰。

59. 西西里岛人的马提尼第一方(Sicilian Martini 1)

Cocktail $4\frac{1}{2}$ oz. 杯,冰的

2 oz. Vodka(浸泡过大蒜碎片并确实带有大蒜味的伏特加酒)

¼ oz. Dry Vermouth(辛辣苦艾酒)

将酒材倒入已加¼满冰块的调拌杯内,搅拌后过滤,倒入杯中,以大蒜填塞的橄榄作装饰。

60. 西西里岛人的马提尼第二方(Sicilian Martini 2)

Cocktail $4\frac{1}{2}$ oz. 杯,冰的

$1\frac{1}{2}$ oz. Vodka(伏特加酒)

½ oz. Black Sambuca(意大利黑桑布卡茴香酒)

将酒材倒入已加¼满冰块的调拌杯内,搅拌后过滤,倒入杯中,用黄柠檬条/片作装饰。

61. 烟熏的马提尼第一方(Smoked Martini 1)

Cocktail $4\frac{1}{2}$ oz. 杯,冰的

1¾ oz. Gin(杜松子酒)

¼ oz. Dry Vermouth(辛辣苦艾酒)

将酒材倒入已加¼满冰块的调拌杯内,搅拌后过滤,倒入杯中,倒入饮料前先点一根火柴,然后吹灭,将烟聚集于杯内,再将酒倒入杯中。

62. 烟熏的马提尼第二方(Smoked Martini 2)

Cocktail $4\frac{1}{2}$ oz. 杯，冰的

$1\frac{1}{2}$ oz. Gin(杜松子酒)

¾ oz. Bacardi Gold Rum(巴卡迪金色朗姆酒)

将酒材加入已加¼满冰块的调拌杯内，搅拌后过滤，倒入杯中，用黄柠檬条/片作装饰。

63. 草莓马提尼第一方(Strawberry Martini 1)

Cocktail $4\frac{1}{2}$ oz. 杯，冰的

$1\frac{1}{2}$ oz. Vodka(伏特加酒)

¾ oz. Strawberry Liqueur(草莓香甜酒)

将酒材倒入已加¼满冰块的调拌杯内，搅拌后过滤，倒入杯中，放入草莓作装饰。

64. 草莓马提尼第二方(Strawberry Martini 2)

Cocktail $4\frac{1}{2}$ oz. 杯，冰的

$1\frac{1}{2}$ oz. Dry Gin(辛辣苦艾酒)

½ oz. 草莓香甜酒

将酒材倒入已加¼满冰块的调拌杯内，搅拌后过滤，倒入杯中，放入草莓作装饰。

65. 百里香马提尼(Thyme Martini)

Cocktail $4\frac{1}{2}$ oz. 杯，冰的

2 oz. Gin(杜松子酒)

½ oz. Green chartreuse(法国绿色察吐士蜂蜜香甜酒)

将酒材倒入已加¼满冰块的调拌杯内，搅拌后过滤，倒入杯中，放入百里香小枝作装饰。

66. 提拉米苏马提尼(Tiramisu Martini)

Cocktail $4\frac{1}{2}$ oz. 杯，冰的

杯缘先沾上青柠檬汁(lime juice)，再沾上可可粉(可沾，也可不沾)

$1\frac{1}{2}$ oz. Stolichnaya Vanilla Vodka(斯托莉奇娜娅香草伏特加酒)

½ oz. Kahlúa(墨西哥咖啡香甜酒)

½ oz. 白色巧克力香甜酒(如 Godiva 或 Mozart 等品牌)

¼ oz. Amaretto(意大利苦杏仁香甜酒)

将酒材倒入已加¼满冰块的调拌杯内，搅拌后过滤，倒入杯中，撒上刨碎的巧克力片作装饰。

67. 维尔京群岛马提尼(Virgin Island Martini)

Cocktail $4\frac{1}{2}$ oz. 杯，冰的

$2\frac{1}{4}$ oz. Dry Gin(辛辣苦艾酒)

¾ oz. Cruzan Orange Rum(圣克罗伊人的橘子朗姆酒)

将酒材倒入已加¼满冰块的调拌杯内，搅拌后过滤，倒入杯中，挂上柑橘圆片(orange wheel)作装饰。

68. 西瓜马提尼(Watermelon Martini)

Cocktail $4\frac{1}{2}$ oz. 杯，冰的

$1\frac{1}{4}$ oz. Vodka(伏特加酒)

$1\frac{1}{4}$ oz. Dekuyper Watermelon Pucker (Dekuyper公司产的西瓜无色烈酒)

将酒材倒入已加¼满冰块的调拌杯内,搅拌后过滤,倒入杯中,挂一小块楔形西瓜角(watermelon wedge)作装饰。

10~4 对国际知名美酒的认识

1. José Cuervo Tequilas:从1795年起即已生产,酒厂位于墨西哥的特帕蒂特兰(Tepatitlán)特奎拉镇(Tequila),产制许多成功的含51%龙舌兰(agave)的混合酒(Mixto)及100%龙舌兰(agave)的龙舌兰烈酒。著名品牌有José Cuervo Especial, 1800 Añejo, José Cuervo Añejo及Reserva dela Familia de José Cuervo等,酒精度是80度。

2. Kahlúa Coffee Liqueur:产自墨西哥的著名咖啡香甜酒,由咖啡豆和甘蔗烈酒调制而成,酒精度为53度。

3. Knob Creek Small Batch Bourbon:是一种小批量生产的肯塔基纯波旁威士忌,由Jim Beam公司生产,封装在新的白橡木酒桶9年后才装瓶。橡木酒桶先用小而低的火焰烧炙,然后再用大火烧烤以创造深度炭化风味,酒精度是100度。

4. KéKé Beach Key Lime Cream Liqueur:是以谷物烈酒为基础,再加入鲜奶油和天然青柠檬调味料调和而成的酒,酒精度是30度。

5. Ginger Beer:是一种无酒精的、带姜味的碳酸饮料(Carbonated Beverage)。

6. Dekuyper Watermelon Pucker:是一种酸甜西瓜风味的斯内普无色烈酒(Schnapps),由谷物烈酒及天然调味料制成,酒精度是30度。

7. Lillet:是一种半辛辣的法国产的强化开胃酒,带有橘子、药草、奎宁的风味。主要酒品有两款:利莱黄啤酒(Lillet Blonde),较辛辣,用白葡萄酒制成;利莱红葡萄酒(Lillet Rouge),较甜,用红葡萄酒制成,酒精度是36度。

8. Malibu Rum:是一种采用牙买加清淡的马利布朗姆酒及椰子所制成的香甜酒,酒精度是56度。

9. Maker's Mark Bourbon:是一种小批量生产的肯塔基纯波旁威士忌酒,原料中的裸麦被小麦替代,酒精度是90度。

10. Maraschino Liqueur:是一种澄澈的酒浸樱桃香甜酒,使用达尔马提亚酸樱桃(Dalmatian Marasca)和杏仁所制成,酒精度在50~60度。

11. Mandarine Napoléon Liqueur:产于比利时,是以妥善陈年的干邑(cognac)为基酒,再加上西西里岛特产的柑橘(Tangerines)所制成的酒,酒精度为80度。

12. Luksusowa Polish Potato Vodka:由波兰的Pohnos Poznan酒厂生产,使用马铃薯为原料,经连续蒸馏而成的伏特加酒,酒精度为80度。

13. Old Raj Dry Gin:产于苏格兰的一款极品杜松子酒,制作的植物中包含有番红花,此香料给杜松子酒带来了迷人且澄澈的黄色色泽,酒精度是110度。

14. Tequila Rose Strawberry Cream Liqueur：美国产的香甜酒,由奶油、龙舌兰/特奎拉酒(Tequila)和天然草莓调味料与风味剂制成,酒精度是34度。

15. Saint James Rhums：产于加勒比海的马提尼克岛(Martinique),产品有未陈年的、陈年12月、陈年18个月、陈年3年、陈年6年的各种朗姆酒,酒精度为84~120度。

问题探讨

如何调制下列各款国际知名鸡尾酒?

(1) Mint Julep
(2) Red Raider
(3) Between The Sheets
(4) Brandy Alexander
(5) Classic Brandy
(6) Sidecar
(7) Horse's Neck
(8) Mikado Cocktail
(9) Princess Pousse Café
(10) Pink Pussy Cat
(11) Yale Cocktail
(12) Alexander's Sister
(13) French "75"
(14) Gin and Tonic
(15) K. G. B
(16) Martini
(17) Jewel of Nile
(18) Negroni
(19) Salty Dog
(20) Grapefruit Cocktail
(21) Extra Dry Martini
(22) Appletini Martini(1)
(23) Black Martini(1)
(24) Black Tie Martini(1)
(25) Boston Martini
(26) Cajun King Martini
(27) Cozumel Martini
(28) 007 Martini
(29) Godiva Mint Martini
(30) Watermelon Martini

第十一章

以朗姆酒为基酒的鸡尾酒酒方

Recipes of Rum Cocktails

☞学习目的

了解： 1. 对朗姆酒(Rum)应有的基本认识

2. 以朗姆酒为基酒的鸡尾酒酒方(Recipes of Rum Cocktails)
3. 国际上各种代基里酒(Daiquiri)酒方
4. 对国际知名美酒的认识

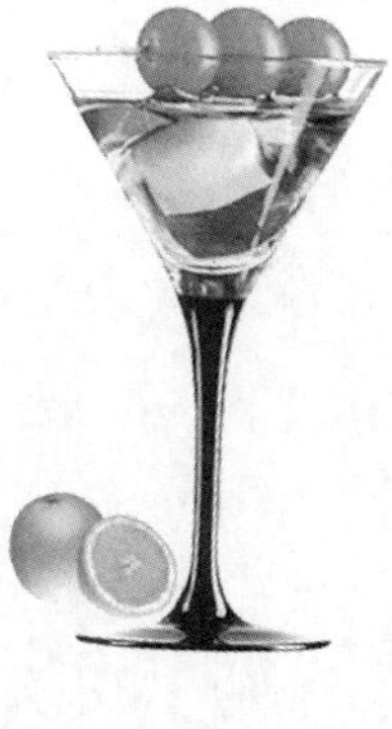

11~1　对朗姆酒(Rum)应有的基本认识

朗姆酒是采用甘蔗汁或制糖时所产生的液体及去除砂糖结晶后的糖蜜(Molasses)为原料,经发酵、蒸馏、熟成后而制成的。最早生产朗姆酒的地方是西印度群岛,但是朗姆酒的原料——甘蔗并非原产于该地,而是哥伦布发现西印度群岛后将甘蔗由西班牙移植到那些岛屿上的。因为西印度群岛的湿热气候特别适合甘蔗生长,所以很快地就使其成了甘蔗王国。

在17世纪初,西印度群岛中的巴贝多斯岛出现了一位身怀蒸馏技术的英国人。当他看到处处都是茂盛的甘蔗园时,就努力研究与改良酿制方法,终于成功地制出了朗姆酒。刚研发成功的朗姆酒酒性十分强烈,使得初次喝到此酒的当地土著人个个都酩酊大醉,并十分兴奋。而"兴奋"一词的英语在当时叫做 rumbullion。酩酊大醉的人们将其语首 rum 截下就成为今天的酒名——Rum(朗姆酒)了。您如果翻一下英语辞典,也许还有 rumbullion 这个词的记载。今日市面所见到的朗姆酒依其产地或制造方法,可分为浓烈型朗姆酒、中间型朗姆酒和柔和型朗姆酒。而从色泽上来划分,也可以分为3种类型,即无色朗姆酒、金黄色朗姆酒和深棕色朗姆酒。

柔和型朗姆酒是用水将糖蜜稀释,再加入人工培养的酵母发酵,并用连续式蒸馏器进行高浓度的蒸馏。其酒精最高的浓数必须控制在95%以下,否则朗姆酒就会变成烈性酒。将蒸馏得到的酒液用纯净水稀释,然后用酒桶或者内侧不经烧烤的橡木桶熟成后,再经过活性炭层等进行过滤。朗姆酒酒质的特征是具有柔和的风味和细腻的口感,经橡木桶熟成后酒就会着色,充分利用这一天然效果就制成了金黄色朗姆酒。

浓烈型朗姆酒是在自然发酵后再进行单式蒸馏,糖蜜在炼取之后,只要放置2~3天就会变酸,再添加甘蔗的蔗渣或上次蒸馏的残液等使其继续发酵。两次发酵之后,就会生成一种独特的香气,但还需用单式蒸馏器进行蒸馏。蒸馏出的新酒要用内侧烤焦的橡木桶进行3年以上的熟成。当然,有时也使用熟成波旁威士忌酒所用的旧桶。经过熟成的酒除了含有很浓的酒精之外,已成为品质丰富且具有深褐色的浓烈型朗姆酒。

中间型朗姆酒的制法有两种,一是采用与浓烈型相同的发酵方法,但必须采用连续蒸馏器来蒸馏原液;二是在同一蒸馏酒厂内将柔和型朗姆酒与浓烈型朗姆酒混合调配。中间型朗姆酒的特征是既保存了柔和型朗姆酒原有的风味与芳香,又消除了浓烈型朗姆酒的强烈酒性。

浓烈型朗姆酒以牙买加所产的最为著名,中间型朗姆酒以马鲁古群岛所产的品质最佳,而柔和型朗姆酒则以古巴和美属波多黎各(Puerto Rico)的产品最为著名。大致说来,英语系国家是喝浓烈型的,法语系国家喝中间型的,西班牙语系国家则是喝柔和型的。这种划分就民族学上而言,可真是个十分有趣的消费文化现象。

牙买加(Jamaica)所产的朗姆酒最为著名。它是利用制蔗糖的残渣,掺入糖蜜及蔗汁蒸馏而成。新酒无色透明,久存则变成黄褐色。现将朗姆酒的特性简单介绍如下:

1. 原料:甘蔗(Sugar Cane)

2. 酒精浓度:40%~75.5%。

3. 特征:具有芳香可口的甜味与蜂蜜味,十分柔顺诱人。

4. 主要可分为柔和型与浓烈型两种酒。

5. 著名品牌

(1) Bacardi Light Rum

(2) Myers's Dark Rum

(3) Ronrico

(4) Bacardi 151 Rum

(5) Don Q

(6) Fernandes

(7) St. Thomas

(8) Bacardi Dark Rum

(9) Cruzan Fruit-Flavored Rum

(10) Captain Morgan Spiced Rum

(11) Appleton Special Jamaica Rum

(12) Doorly's XO Barbados Rum

(13) Foursquare Spiced Rum

(14) Gosling's Black Seal Rum

(15) Mount Gay Eclipse Rum

(16) Whaler's Hawaiian Rum

6. 喝法:使用朗姆酒和可口可乐(Rum and Coke),调制鸡尾酒的著名的饮料甚多,如:草莓代基里酒(Strawberry Daiquiri),农夫朗姆鸡尾酒(Planter's Punch)等。以朗姆酒(Rum)为基酒的饮料深受消费者喜爱。

11~2 以朗姆酒为基酒的鸡尾酒酒方(Recipes of Rum Cocktails)

1. 巴提达蜜桃(Batida Peach)

Poco Grande 13$\frac{1}{4}$ oz. (波可杯),店选招牌酒杯,冰的

1$\frac{1}{2}$ oz. Light Rum(淡朗姆酒)

½ oz. sugar syrup(糖浆)

1oz. pineapple juice(凤梨汁)

3 个半片的罐装水蜜桃

1oz. lime juice(青柠檬汁)

10 oz. 碎冰

将酒材倒入果汁机中先以慢速打5秒钟,再改高速打10秒钟,一直打到成柔滑的雪泥状,然后倒入Poco杯中,再放颜色对比强烈的鲜果作装饰。

2. 巴卡迪鸡尾酒(Bacardi Cocktail)

Cocktail 4$\frac{1}{2}$ oz. 杯,冰的

1$\frac{1}{2}$ oz. Bacardi Light Rum(巴卡迪淡朗姆酒)

1oz. lime juice(青柠檬汁)

1bsp grenadine(一酒吧匙红石榴糖浆)

将酒材摇荡后过滤,倒入杯中。

3. 码头瘪三(Beachcomber)

Cocktdil $4\frac{1}{2}$ oz. 杯,冰的

½ oz. Light Rum(淡朗姆酒)

½ oz. Cherry Brandy(樱桃白兰地)

½ oz. lime juice(青柠檬汁)

¼ oz. sugar syrup(糖浆)

杯缘先用青柠檬汁(lime juice)沾湿,再沾糖。将酒材摇荡后过滤,倒入杯中,挤一个青柠檬角放入杯中作装饰。

4. 蔚蓝山脊(Blue Mountain)

Rocks 7 oz. 杯,加满冰块

$1\frac{1}{2}$ oz. Myers's Dark Rum(迈尔斯深棕色朗姆酒)

½ oz. Tia Maria(牙买加咖啡香甜酒)

½ oz. Vodka(伏特加酒)

1 oz. 橘子汁

¼ oz. lime juice(青柠檬汁)

将酒材倒入加满冰块的 Rocks 杯内,充分搅拌或摇荡,放入小搅拌棒即可。

5. 卡萨布兰卡(Casa Blanca)

Cocktail $4\frac{1}{2}$ oz. 杯

$1\frac{1}{2}$ oz. Light Rum(淡朗姆酒)

½ oz. Grand Marnier(法国柑橘干邑香甜酒)

一酒吧匙樱桃香甜酒

½ oz. lime juice(青柠檬汁)

将酒材摇荡后过滤,倒入杯中。

6. 自由古巴(Cuba Libre)

Highball 10 oz. 杯,加满冰块

$1\frac{1}{2}$ oz. Light Rum(淡朗姆酒)

½ oz. lime juice(青柠檬汁)

将酒材倒入加满冰块的高圆球杯后先搅匀,再加入 3 oz. 可乐(coke)或一直加满杯子,最后挤一个青柠檬角放入杯中作装饰。

7. 哈瓦那鸡尾酒(Havana Cocktail)

Cocktail $4\frac{1}{2}$ oz. 杯,冰的

$1\frac{1}{2}$ oz. Light Rum(淡朗姆酒)

1 oz. pineapple juice(凤梨汁)

¼ oz. lime juice(青柠檬汁)

将酒材摇荡后过滤,倒入杯中。

8. 羔羊兄弟(Lamb Brothers)

Cocktail $4\frac{1}{2}$ oz. 杯,冰的

$1\frac{1}{2}$ oz. Bacardi Dark Rum(巴卡迪深棕色朗姆酒)

½ oz. Crème de Cassis(黑醋栗/黑茶藨子利口酒)

1oz. pineapple juice(凤梨汁)

将酒材摇荡后过滤,倒入杯中。

9. 内华达鸡尾酒(Nevada Cocktail)

Cocktail $4\frac{1}{2}$ oz. 杯,冰的

$1\frac{1}{2}$ oz. Light Rum(淡朗姆酒)

1 oz. grapefruit juice(葡萄柚汁)

¼ oz. lime juice(青柠檬汁)

¼ oz. sugar syrup(糖浆)

倒一次(1 dash)苦精

将酒材摇荡后过滤,倒入杯中。

10. 桑德拉买了只狗(Sandra Buys A

Dog)

Highball 10 oz. 杯

1oz. Dark Rum(深棕色朗姆酒)

½ oz. Myers's Dark Rum(迈尔斯深棕色朗姆酒)

3 oz. cranberry juice(蔓越莓汁/蔓越橘汁)

1oz. 橘子汁

倒一次苦精

将酒材倒入装满冰块的高圆球杯中，充分摇荡后，倒回原杯中，挂一片橘子圆片或青柠檬圆片作装饰，挤一个青柠檬角放入杯中可增加清香与芬芳。

11. 上海(Shanghai)

Cocktail $4\frac{1}{2}$ oz. 杯，冰的

$1\frac{1}{2}$ oz. Light Rum(淡朗姆酒)

½ oz. Anisette(茴香利口酒)

½ oz. lime juice(青柠檬汁)

½ bsp grenadine(半酒吧匙红石榴糖浆)

将酒材摇荡后过滤，倒入杯中。

12. 星探(Star Seeker)

Highball 10 oz. 杯，加满冰块

$1\frac{1}{2}$ oz. Light Rum(淡朗姆酒)

1oz. orange juice(橘子汁)

1bsp grenadine(一酒吧匙红石榴糖浆)

将酒材倒入加满冰块的高圆球杯中，充分摇荡后，再倒回原杯中，再加入 3 oz. 奎宁水(tonic water)，挤一个青柠檬角放入杯中作装饰。

13. 桑妮获得亲吻(Sunny Gets Kissed)

Cocktail $4\frac{1}{2}$ oz. 杯，冰的

$1\frac{1}{2}$ oz. Light Rum(淡朗姆酒)

½ oz. Apricot Brandy(杏桃白兰地)

½ oz. lime juice(青柠檬汁)

¼ oz. sugar syrup(糖浆)

将酒材摇荡后过滤，倒入杯中。

14. 维奇瓦奇巫(Wiki Waki Woo)

Squall 15 oz.(大风杯)，加满冰块

3/4 oz. Amaretto(意大利苦杏仁香甜酒)

¼ oz. Vodka

¼ oz. Rum

¼ oz. Bacardi 151 Rum(巴卡迪 151 朗姆酒)

¼ oz. Tequila(龙舌兰/特奎拉酒)

¼ oz. Triple Sec(三干酒/柑橘利口酒)

2 oz. 橘子汁

2 oz. 凤梨汁

2 oz. cranberry juice(蔓越莓汁/蔓越橘汁)

将酒材倒入加满冰块的大风杯中，充分摇荡后，再倒回原杯中，放一个橘子旗(在一片橘子圆片内包一粒红樱桃，再以剑叉串起来的装饰物)作装饰。

15. 邋遢乔鸡尾酒(Sloppy Joe's Cocktail)

Cocktail $4\frac{1}{2}$ oz. 杯，冰的

1 oz. Light Rum(淡朗姆酒)

$\frac{3}{4}$ oz. Dry Vermouth(辛辣苦艾酒)

$\frac{1}{4}$ oz. Triple Sec(三干酒/柑橘香甜酒)

$\frac{3}{4}$ oz. lime juice(青柠檬汁)

$\frac{1}{2}$ bsp grenadine(半酒吧匙红石榴糖浆)

将酒材摇荡后过滤,倒入杯中。

16. 大溪地俱乐部(Tahiti Club)

Old-fashioned 7 oz.(老式酒杯,Rocks 杯),加满冰块

2 oz. Light Rum(淡朗姆酒)

$\frac{3}{4}$ oz. lime juice(青柠檬汁)

$\frac{1}{2}$ oz. pineapple juice(凤梨汁)

半酒吧匙($\frac{1}{2}$ bsp)樱桃利口酒

将酒材倒入加满冰块的老式酒杯中,在杯中放入一片黄柠檬或挤放一个青柠檬角作装饰。

17. 粉色乐园(Pink Paradise)

Squall 15 oz.(大风杯),加满冰块

1 oz. Rum

$\frac{3}{4}$ oz. Amaretto(意大利苦杏仁香甜酒)

4 oz. cranberry juice(蔓越莓/蔓越橘汁)

2 oz. pineapple juice(凤梨汁)

$\frac{1}{2}$ oz. coconut cream(椰乳)

将酒材倒入加满冰块的大风杯中,迅猛摇荡后,再倒回原杯中,放一个凤梨和樱桃旗作装饰。

18. 棕榈鸡尾酒(Palmetto Cocktail)

Cocktail $4\frac{1}{2}$ oz. 杯,冰的

$1\frac{1}{2}$ oz. Light Rum(淡朗姆酒)

$1\frac{1}{2}$ oz. Dry Vermouth(辛辣苦艾酒)

2 dashes bitters(倒两次苦精)

将酒材摇荡后过滤,倒入杯中。

19. 午夜快车(Midnight Express)

Old-fashioned 7oz. 杯,加满冰块

$1\frac{1}{2}$ oz. Dark Rum(深棕色朗姆酒)

$1\frac{1}{2}$ oz. Cointreau(法国康德露柑橘香甜酒)

1 oz. lime juice(青柠檬汁)

$\frac{1}{4}$ oz. sugar syrup(糖浆)

将酒材倒入加满冰块的 Rocks 杯中充分搅拌或摇荡。

20. 沿街揽生意的牙买加人(Jamaican Crawler)

Collins 12 oz. 杯,加满冰块

1 oz. Light Rum(淡朗姆酒)

1 oz. Melon Liqueur(香瓜利口酒)

4oz. pineapple juice(凤梨汁)

将酒材倒入加满冰块的柯林斯杯内充分摇荡,再倒回原杯中,倒入$\frac{1}{4}$酒吧匙的红石榴糖浆漂浮在酒面上,挂一片青柠檬圆片或放一个凤梨旗作装饰。

21. 丽亚飓风(Hurricane Leah)

Squall 15 oz.(大风杯),加满冰块

$\frac{3}{4}$ oz. Light Rum(淡朗姆酒)

$\frac{1}{4}$ oz. Gin(杜松子酒)

$\frac{1}{4}$ oz. Vodka(伏特加酒)

$\frac{1}{4}$ oz. Tequila(龙舌兰/特奎拉酒)

$\frac{1}{4}$ oz. Blue Curaçao(蓝色库拉索柑橘利口酒)

1dash Cherry Brandy(撒一次樱桃白兰

地)

3 oz. 橘子汁

$1\frac{1}{2}$ oz. lime juice(青柠檬汁)

1 oz. sugar syrup(糖浆)

将酒材倒入加满冰块的大风杯内,充分摇荡后,倒回原杯内,放一个橘子旗或一片橘子圆片作装饰。

22. 大猩猩牛奶(Gorilla Milk)

Squall 15 oz. (大风杯),加满冰块

1 oz. Light Rum(淡朗姆酒)

½ oz. Kahlúa(墨西哥咖啡香甜酒)

½ oz. Baileys Irish Cream(贝利丝爱尔兰奶酒)

½ oz. Crème de Banana(香蕉香甜酒)

$4\frac{1}{2}$ oz. milk(鲜奶)

将酒材倒入加满冰块的大风杯中,转倒入调拌杯中充分摇荡后,再到回原杯中,放切成片的甘蔗片或香蕉片并串上红樱桃作装饰。

23. 黄金友谊(Golden Friendship)

Collins 12 oz. 杯,加满冰块

½ oz. Amaretto(意大利苦杏仁香甜酒)

½ oz. Sweet Vermouth(甜苦艾酒)

½ oz. Light Rum(淡朗姆酒)

将酒材倒入加满冰块的柯林斯杯中,充分摇荡后,再加约 $4\frac{1}{2}$ oz. 的姜汁汽水(ginger ale)或倒满为止,切放一条螺旋状橘皮(orange spiral)和樱桃作装饰。

24. 破雾前进(Fog Cutter)

Collins 12 oz. 杯,加满冰块

1 oz. Light Rum(淡朗姆酒)

½ oz. Brandy(白兰地)

½ oz. Gin(杜松子酒)

1 oz. 橘子汁

$1\frac{1}{2}$ oz. lime juice(青柠檬汁)

$1\frac{1}{2}$ oz. orgeat syrup(杏仁糖浆)

将酒材倒入加满冰块的柯林斯杯中,充分摇荡后,再倒入一酒吧匙的甜雪利酒(Sherry)漂浮在上面,挂一片青柠檬圆片作装饰。

25. 劳德代尔堡(Fort Lauderdale)

Cocktail $4\frac{1}{2}$ oz. 杯,冰的

$1\frac{1}{2}$ oz. Light Rum(淡朗姆酒)

½ oz. Sweet Vermouth(甜苦艾酒)

½ oz. 橘子汁

½ oz. lime juice(青柠檬汁)

将酒材摇荡后过滤,倒入杯中,再在杯中放一片橘子片或青柠檬片作装饰。

26. 农夫混合酒第一方(Planter's Punch 1)

Squall 15 oz. (大风杯),加满冰块

2oz. Light Rum(淡朗姆酒)

2oz. lime juice(青柠檬汁)

1 oz. sugar syrup(糖浆)

2 dashes bitters(倒两下苦精)

将酒材倒入加满冰块的大风杯中,充分摇荡或搅拌后,再加苏打水(club soda)约 3 oz.,倒一次(⅛ oz.)红石榴糖浆(grenadine),用柠檬、橘子、凤梨加樱桃的

水果串作装饰,并应放入吸管(straw)。

27. 农夫混合酒第二方(Planter's Punch 2)

Squall 15 oz.(大风杯),加满冰块

$1\frac{1}{2}$ oz. Light Rum(淡朗姆酒)

½ oz. Myer's Dark Rum(迈尔斯深棕色朗姆酒)

3 oz. lime juice(青柠檬汁)

1 oz. orange juice(橘子汁)

1 oz. sugar syrup(糖浆)

将酒材倒入加满冰块的大风杯中,充分摇荡,再倒回原杯中,加入¼ oz. 的三干酒/柑橘香甜酒(Triple Sec),⅛ oz. 的红石榴糖浆(grenadine)漂浮在上面,并用黄柠檬、青柠檬、橘子或凤梨加樱桃的水果旗作装饰,外加一枝沾了糖粉的新鲜薄荷叶枝,并插入两根长吸管。

28. 西班牙凤梨椰乳(Pina Colada)

Poco Grande $13\frac{1}{4}$ oz. 杯,冰的

$1\frac{1}{2}$ oz. Light Rum(淡朗姆酒)

2oz. coconut cream(椰乳)

$3\frac{1}{2}$ oz. pineapple juice(凤梨汁)

10 oz. 碎冰

将酒材倒入果汁机中打成雪泥状,再倒回原杯,放上凤梨旗或鲜凤梨棒作装饰。

29. 雨人(Rain Man)

Squall 15 oz.(大风杯),加满冰块

¾ oz. Bacardi 151 Rum(巴卡迪 151 朗姆酒)

1 oz. Melon Liqueur(香瓜香甜酒)

$5\frac{1}{2}$ oz. orange juice(橘子汁)

将酒材与冰块一起摇荡后,倒回原杯中,挤一个青柠檬角放入杯中。

30. 热带鸡尾酒(Tropical Cocktail)

Squall 15 oz.(大风杯),加满冰块

$1\frac{1}{2}$ oz. Light Rum(淡朗姆酒)

4 oz. pineapple juice(凤梨汁)

2 oz. grapefruit juice(葡萄柚汁)

将酒材倒入加满冰块的大风杯中,充分摇荡后,再倒入一次(⅛ oz.)红石榴糖浆,放一个凤梨旗作装饰,并插入两根吸管。

31. 僵尸(Zombie)

Poco Grande $13\frac{1}{4}$ oz. 杯,冰的

$1\frac{1}{2}$ oz. Light Rum(淡朗姆酒)

½ oz. Myers's Dark Rum(迈尔斯深棕色朗姆酒)

½ oz. Apricot-flavored Brandy(杏桃风味白兰地)

1 oz. lime juice(青柠檬汁)

1 oz. orange juice(橘子汁)

$1\frac{1}{2}$ oz. pineapple juice(凤梨汁)

1 oz. passionfruit syrup(百香果糖浆)(可放,也可不放)

10 oz. 碎冰

将酒材倒入果汁机中打成雪泥状后,倒回原杯中,再加¼ oz. 的巴卡迪 151 朗姆酒(Bacardi 151 Rum)漂浮在酒面上,采一枝新鲜薄荷叶枝沾满糖粉后放在酒面

上，插入吸管（大杯雪泥饮料皆需放入吸管）。

32. 白百合鸡尾酒（White Lily Cocktail）

Cocktail $4\frac{1}{2}$ oz. 杯，冰的

¾ oz. Triple Sec（三干酒/柑橘香甜酒）

¾ oz. Light Rum（淡朗姆酒）

¾ oz. Gin（杜松子酒）

¼酒吧匙茴香利口酒（Anisette）

将酒材与冰块一起摇荡后过滤，倒入鸡尾酒杯中。

33. 迈阿密（Miami）

Cocktail $4\frac{1}{2}$ oz. 杯，冰的

$1\frac{1}{2}$ oz. Light Rum（淡朗姆酒）

¾ oz. White Crème de Menthe（无色薄荷酒）

¼ oz. lime juice（青柠檬汁）

将酒材摇荡后过滤，倒入杯中。

34. 迈太（Mai Tai）

Old-fashioned $12\frac{1}{2}$ oz.（大的老式酒杯）

$1\frac{1}{2}$ oz. Light Rum（淡朗姆酒）

1 oz. Triple Sec（三干酒/柑橘香甜酒）

½ oz. orgeat（杏仁糖浆）

½ oz. lime juice（青柠檬汁）

½ oz. sugar syrup（糖浆）

¼ oz. grenadine（红石榴糖浆）

将酒材摇荡后倒入装有⅓杯碎冰的大的老式杯中，放一串凤梨旗或青柠檬旗作装饰。若要增加酒精强度，则要达到强烈到头发都可以竖起来（Hair-raiser）的效果，可在酒面上再倒入¼ oz. 151 朗姆酒（151 Rum）。若想显现真正的波利尼西亚（Polynesian）效果，就放一朵兰花（orchid）漂浮在酒面上。

35. 华人鸡尾酒（Chinese Cocktail）

Cocktail $4\frac{1}{2}$ oz. 杯，冰的

$1\frac{1}{2}$ oz. Myers's Dark Rum（迈尔斯深棕色朗姆酒）

¼ oz. Triple Sec（三干酒/柑橘香甜酒）

¼ oz. Maraschino Cherry（酒浸樱桃）

¼ oz. grenadine（红石榴糖浆）

1 dash bitters（倒一次苦精）

将酒材摇荡后过滤，倒入杯中。

36. 加勒比海罗曼史（Caribbean Romance）

Squall 15 oz.（大风杯），加满冰块

$1\frac{1}{2}$ oz. Light Rum（淡朗姆酒）

1 oz. Amaretto（意大利苦杏仁香甜酒）

$2\frac{1}{2}$ oz. orange juice（橘子汁）

$2\frac{1}{2}$ oz. pineapple juice（凤梨汁）（美国 Dole 公司的凤梨汁品质甚佳）

将酒材倒入装满冰块的大风杯中，充分摇荡后，倒回原杯中，再加入¼酒吧匙的红石榴糖浆，可放入橘子旗或凤梨旗或青柠檬角和青柠檬圆片等任何一种新鲜水果作装饰。

37. 卡萨布兰卡(Casa Blanca)

Cocktail $4\frac{1}{2}$ oz. 杯,冰的

2 oz. Light Rum(淡朗姆酒)

¼ oz. Triple Sec(三干酒/柑橘香甜酒)

¼ oz. Maraschino Liqueur(酒浸樱桃利口酒)

¼ oz. lime juice(青柠檬汁)

将酒材摇荡后过滤,倒入杯内。

38. 蓝色夏威夷人(Blue Hawawiian)

Poco Grande $13\frac{1}{4}$ oz. 杯,冰的

1 oz. Light Rum(淡朗姆酒)

1 oz. Blue Curaçao(蓝色库拉索酒)

1 oz. cream of coconut(美国 Loco Lopéz的椰乳品质最佳)

4 oz. pineapple juice(凤梨汁)(台湾地区台凤公司产的凤梨汁罐头常有铁锈味,用前一定要试味,否则会毁掉一杯美酒。)

10 oz. 碎冰

将酒材倒入果汁机中打成雪泥状,放一个凤梨旗作装饰。

39. 巴哈马妈妈(Bahama Mama)

Squall 15 oz.(大风杯),加满冰块

1 oz. Bacardi Dark Rum(巴卡迪深棕色朗姆酒)

¼ oz. Bacardi 151 Rum(巴卡迪 151 朗姆酒)

¼ oz. Kahlúa(墨西哥咖啡香甜酒)

1 oz. coconut cream(椰乳)

1 oz. lime juice(青柠檬汁)

$4\frac{1}{2}$ oz. pineapple juice(凤梨汁)

将酒材倒入装满冰块的大风杯中摇荡,再倒回原杯中,放一个凤梨旗作装饰。

40. 沙滩上的一天(A Day At The Beach)

Collins 12 oz. 杯,加满冰块

1 oz. Light Rum(淡朗姆酒)

½ oz. Amaretto(意大利苦杏仁香甜酒)

$3\frac{1}{2}$ oz. orange juice(橘子汁)

½ oz. coconut cream(椰乳)

¼ oz. grenadine(红石榴糖浆)

将酒材倒入加满冰块的柯林斯杯中,摇荡后再倒回原杯中,放橘子旗或青柠檬圆片作装饰。

41. 百慕大三角区(Bermuda Triangle)

Rocks 7oz. 杯,加满冰块

1 oz. Peach Schnapps(桃子斯内普无色烈酒)

½ oz. Spiced Rum(加香料的朗姆酒)

3 oz. orange juice(橘子汁)

将酒材倒入加满冰块的 Rocks 杯中,充分搅拌或摇荡,放一个橘子旗作装饰。

42. 黑玛丽(Black Maria)

Brandy Snifter 12 oz. 杯

1 oz. Kahlúa(墨西哥咖啡香甜酒)

1 oz. Light Rum(淡朗姆酒)

4 oz. strong black coffee(不加牛奶和糖的浓咖啡)

1 oz. sugar syrup(糖浆)

将酒材倒入白兰地杯中拌匀后,再加

满碎冰，放一根肉桂棒。

43. 酷卡罗斯(Cool Carlos)

Squall 15 oz. (大风杯)，加满冰块

$1\frac{1}{2}$ oz. Dark Rum(深棕色朗姆酒)

½ oz. Orange Curaçao(库拉索橘子香甜酒)

3 oz. cranberry juice(蔓越莓/蔓越橘汁)

3 oz. pineapple juice(凤梨汁)

½ oz. lime juice(青柠檬汁)

将酒材倒入装满冰块的大风杯中，充分摇荡，放一个凤梨旗或青柠檬旗作装饰。

44. 澳洲野狗(Dingo)

Collins 12 oz. 杯，加满冰块

½ oz. Light Rum(淡朗姆酒)

½ oz. Amaretto(意大利苦杏仁香甜酒)

½ oz. Southern Comfort(美国南方蜜桃香甜酒)

2 oz. lime juice(青柠檬汁)

½ oz. sugar syrup(糖浆)

2 oz. orange juice(橘子汁)

倒一次(1 dash)红石榴糖浆(装有倒酒器时约⅛ oz.)

将酒材倒入装满冰块的柯林斯杯中，转倒入调拌杯内，充分摇荡后过滤倒回原杯，放橘子旗或青柠檬旗作装饰。

45. 蝴蝶百合(Mariposa)

Cocktail $4\frac{1}{2}$ oz. 杯，冰的

1 oz. Light Rum(淡朗姆酒)

½ oz. Brandy(白兰地)

½ oz. lime juice(青柠檬汁)

½ oz. orange juice(橘子汁)

倒一次(1 dash)红石榴糖浆(瓶上应装有节流器)

将酒材与冰块一起摇荡后过滤，倒入杯中。

46. 新奥尔良巴克(New Orleans Buck)

Collins 12 oz. 杯，加满冰块

$1\frac{1}{2}$ oz. Light Rum(淡朗姆酒)

1 oz. orange juice(橘子汁)

½ oz. lime juice(青柠檬汁)

将酒材倒入加满冰块的柯林斯杯中，充分搅拌或摇荡，再加 3 oz. 的姜汁汽水，倒满为止。再次轻搅，挤一个青柠檬角放入杯中，挂一片青柠檬圆片作装饰。

47. 顽童的花言巧语(Monkey Wrench)(又叫猴子扳手)

Collins 12 oz. 杯，加满冰块

$1\frac{1}{2}$ oz. Light Rum(淡朗姆酒)

$4\frac{1}{2}$ oz. grapefruit juice(葡萄柚汁)

将酒材倒入加满冰块的柯林斯杯内，充分摇荡，再挤一个青柠檬角放入杯中作装饰。

48. 朗姆起子(Rum Screwdriver)

Highball 10 oz. 杯，加满冰块

$1\frac{1}{2}$ oz. Light Rum(淡朗姆酒)

$4\frac{1}{2}$ oz. orange juice(橘子汁)

将酒材倒入加满冰块的高圆球杯内，充分摇荡，挂一片青柠檬圆片作装饰，并

拧挤一个放入杯中。

11~3 国际上各种代基里酒(Daiquiri)酒方

1. 代基里酒(Daiquiri)

Squall 15 oz.(大风杯),加满冰块

2 oz. Bacardi Light Rum(巴卡迪淡朗姆酒)

1 oz. Rose's lime juice(罗斯青柠檬汁)

4 oz. sweet & sour juice(甜酸汁)

将酒材到入已加¼满冰块的调拌杯内,摇荡后过滤,挂一个青柠檬角作装饰。

2. 草莓代基里酒(Strawberry Daiquiri)

Poco Grande 13$\frac{1}{4}$ oz.(波可杯),冰的

1$\frac{3}{4}$ oz. Bacardi Light Rum(巴卡迪淡朗姆酒)

2 oz. Strawberry puree(草莓浓浆)

1 oz. Rose's lime juice(罗斯青柠檬汁)

3 oz. sweet & sour juice(甜酸汁)

10 oz. 碎冰

将酒材倒入果汁机中打成雪泥状,倒入Poco杯中。再注入½ oz. 草莓香甜酒或覆盆子香甜酒漂浮在酒面上,放入新鲜草莓或凤梨旗作装饰。

3. 香蕉代基里酒(Banana Daiquiri)

Poco Grande 13$\frac{1}{4}$ oz.(波可杯),冰的

1$\frac{1}{4}$ oz. Bacardi Light Rum(巴卡迪淡朗姆酒)

1 oz. Cruzan Banana Rum(圣克罗伊人的香蕉朗姆酒)(产于美属维尔京群岛,酒精度是55度)

1 oz. Rose's lime juice(罗斯青柠檬汁)

3 oz. sweet & sour juice(甜酸汁)

一根成熟的去皮中型香蕉

8oz. 碎冰

将酒材倒入果汁机中先以慢速打5秒钟,再以快速打成雪泥状,倒入Poco杯中,放一个香蕉旗或青柠檬旗作装饰。

4. 即兴歌曲代基里酒(Calypso Daiquiri)

Poco Grande 13$\frac{1}{4}$ oz.(波可杯),冰的

1$\frac{3}{4}$ oz. Myers's Jamaican Dark Rum(产于牙买加的优质迈尔斯深棕色朗姆酒)

½ oz. 浓鲜奶

2$\frac{1}{2}$ oz. sweet & sour juice(甜酸汁)

一酒吧匙香草精(vanilla extract)

一根成熟的中型香蕉切成8小粒

8 oz. 碎冰

将酒材倒入果汁机中先以慢速打5秒钟,再以快速打成雪泥状,倒入Poco杯中,再注入½ oz. Rhum Barbancourt 3-Star Rum(海地产陈年4年的朗姆酒)漂浮在酒面上,放一个香蕉旗作装饰。

5. 椰子代基里酒(Coconut Daiquiri)

Cocktail $6\frac{1}{2}$ oz.（大鸡尾酒杯），冰的

$1\frac{1}{2}$ oz. Bacardi Light Rum（巴卡迪淡朗姆酒）

1 oz. Cruzan Coconut Rum（圣克罗伊人的椰子朗姆酒）（产于美属维尔京群岛）

¾ oz. 椰乳

½ oz. Rose's lime juice（罗斯青柠檬汁）

$1\frac{1}{2}$ oz. sweet & sour juice（甜酸汁）

将酒材倒入已装¼满冰块的调拌杯内，迅猛摇荡10多次，确定椰乳已溶化后过滤倒入杯中，挂一个青柠檬角作装饰。

6. 查理代基里酒（Charles Daiquiri）

Cocktail $6\frac{1}{2}$ oz. 杯，冰的

$1\frac{1}{2}$ oz. Bacardi Light Rum（巴卡迪淡朗姆酒）

¾ oz. Bacardi Gold Rum（巴卡迪金色朗姆酒）

¾ oz. Cointreau（法国康德露柑橘香甜酒）

1 oz. Rose's lime juice（罗斯青柠檬汁）

$1\frac{1}{2}$ oz. sweet & sour juice（甜酸汁）

将酒材倒入已加¼满冰块的调拌杯内，摇荡后过滤，倒入杯中，挂一个柠檬角作装饰。

7. 德比大马赛代基里酒（Derby Daiquiri）

Poco Grande $13\frac{1}{4}$ oz.（波可杯），冰的

$1\frac{3}{4}$ oz. Bacardi Gold Rum（巴卡迪金色朗姆酒）

1 oz. Rose's lime juice（罗斯青柠檬汁）

2 oz. orange juice（橘子汁）

3 oz. sweet & sour juice（甜酸汁）

10 oz. 碎冰

将酒材倒入果汁机中打成雪泥状，倒入Poco杯中后，再注入½ oz. 的Pyrat Pistol Rum（产于加勒比海安全拉岛的顶级朗姆酒）漂浮在酒面上，放一个橘子旗作装饰。

8. 水果代基里酒（Fruit Daiquiri）

Poco Grande $13\frac{1}{4}$ oz.（波可杯），冰的

$1\frac{3}{4}$ oz. Bacardi Light Rum（巴卡迪淡朗姆酒）

4 oz. 客人点叫的水果

½ oz. Rose's lime juice（罗斯青柠檬汁）

$1\frac{1}{2}$ oz. sweet & sour juice（甜酸汁）

8oz. 碎冰

将酒材倒入果汁机中先慢后快地打成雪泥状，倒入Poco杯中，放入与主题相关的新鲜水果旗作装饰。

9. 佛罗里达代基里酒（Florida Daiquiri）

Cocktail $6\frac{1}{2}$ oz. 杯，冰的

$1\frac{3}{4}$ oz. Bacardi Light Rum(巴卡迪淡朗姆酒)

¼ oz. grenadine(红石榴糖浆)

½ oz. Rose's lime juice(罗斯青柠檬汁)

1 oz. grapefruit juice(葡萄柚汁)

$1\frac{1}{2}$ oz. sweet & sour juice(甜酸汁)

将酒材倒入已加¼满冰块的调拌杯内,摇荡后过滤,倒入杯中,挂一个青柠檬角作装饰。

10. 凤梨代基里酒(Daiquiri de Piña)

Poco Grande $13\frac{1}{4}$ oz. (波可杯),冰的

$1\frac{1}{2}$ oz. Bacardi Light Rum(巴卡迪淡朗姆酒)

1 oz. Cruzan Pineapple Rum(圣克罗伊人的凤梨朗姆酒)(产于美属维尔京群岛,酒精度是55度)

½ oz. Rose's lime juice(罗斯青柠檬汁)

2 oz. 甜酸汁

3 oz. 凤梨汁

8oz. 碎冰

将酒材倒入果汁机中先以慢速再改成快速打成雪泥状,倒入Poco杯中,放入凤梨旗作装饰。

11. 唐罗兰代基里酒(Don Roland Daiquiri)

Cocktail $6\frac{1}{2}$ oz. 杯,冰的

$1\frac{1}{2}$ oz. Bacardi Light Rum(巴卡迪淡朗姆酒)

½ oz. Green Crème de Menthe(绿薄荷香甜酒)

½ oz. Cointreau(法国康德露柑橘香甜酒)

½ oz. Rose's lime juice(罗斯青柠檬汁)

$1\frac{1}{2}$ oz. sweet & sour juice(甜酸汁)

两片薄荷叶

将酒材倒入已加¼满冰块的调拌杯内,摇荡后过滤,倒入杯中,再放一枝薄荷枝在杯内作装饰。

12. 法国式代基里酒第一方(French Daiquiri 1)

Cocktail $6\frac{1}{2}$ oz. 杯,冰的

$1\frac{1}{2}$ oz. Bacardi Gold Rum(巴卡迪金色朗姆酒)

¾ oz. Crème de Cassis(黑醋栗/黑茶藨子香甜酒)

½ oz. Rose's lime juice(罗斯青柠檬汁)

2 oz. sweet & sour juice(甜酸汁)

将酒材倒入已加¼满冰块的调拌杯内,摇荡后过滤,倒入杯中,挂一个青柠檬角作装饰。

13. 法国式代基里酒第二方(French Daiquiri 2)

Cocktail $6\frac{1}{2}$ oz. 杯,冰的

$1\frac{3}{4}$ oz. Bacardi 8 Reserva Rum(陈年

8年的巴卡迪朗姆酒)

½ oz. Rose's lime juice(罗斯青柠檬汁)

1 oz. passion fruit juice(百香果汁)

2 oz. 甜酸汁

将酒材倒入已加¼满冰块的调拌杯内,摇荡后过滤,倒入杯中,挂一片青柠檬圆片或青柠檬角作装饰。

14. 海明威代基里酒(Hemingway Daiquiri)

Cocktail $6\frac{1}{2}$ oz. 杯,冰的

$1\frac{3}{4}$ oz. Bacardi Light Rum(巴卡迪淡朗姆酒)

½ oz. Maraschino(酒浸樱桃香甜酒)

1 oz. grapefruit juice(葡萄柚汁)

$1\frac{1}{2}$ oz. fresh lime juice(新鲜青柠檬汁)

将酒材倒入已加¼满冰块的调拌杯内,摇荡后过滤,倒入杯中,挂一片青柠檬角或一片青柠檬圆片作装饰。

15. 老爸海明威代基里酒(Papa Hemingway Daiquiri)

Cocktail $6\frac{1}{2}$ oz. 杯,冰的

$1\frac{1}{2}$ oz. Bacardi Light Rum(巴卡迪淡朗姆酒)

½ oz. Maraschino Liqueur(酒浸樱桃香甜酒)

1 oz. fresh lime juice(新鲜青柠檬汁)

$1\frac{1}{2}$ oz. grapefruit juice(葡萄柚汁)

将酒材倒入已加¼满冰块的调拌杯内,摇荡后过滤,倒入杯中,挂一个青柠檬角作装饰。

16. 覆盆子代基里酒(Raspberry Daiquiri)

Cocktail $6\frac{1}{2}$ oz. 杯,冰的

$1\frac{1}{2}$ oz. Bacardi Gold Rum(巴卡迪金色朗姆酒)

¾ oz. Dekuyper Raspberry Pucker(荷兰Dekuyper公司产的覆盆子无色烈酒)

½ oz. Rose's lime juice(罗斯青柠檬汁)

2 oz. sweet & sour juice(甜酸汁)

将酒材倒入已加¼满冰块的调拌杯内,摇荡后过滤,倒入杯中,若有新鲜浆果可放入作装饰,若无则挂一个青柠檬角作装饰。

17. 激情代基里酒(Passion Daiquiri)

Cocktail $6\frac{1}{2}$ oz. 杯,冰的

$1\frac{3}{4}$ oz. Bacardi Light Rum(巴卡迪淡朗姆酒)

½ oz. Rose's lime juice(罗斯青柠檬汁)

$1\frac{1}{2}$ oz. passion fruit juice(百香果汁)

$1\frac{1}{2}$ oz. sweet & sour juice(甜酸汁)

将酒材倒入已加¼满冰块的调拌杯内,摇荡后过滤,倒入杯中,挂一片青柠檬圆片或一个青柠檬角作装饰。

18. 拉弗洛里德塔代基里酒(La Floridita Daiquiri)

Cocktail $6\frac{1}{2}$ oz. 杯,冰的

$1\frac{1}{2}$ oz. Bacardi Light Rum(巴卡迪淡朗姆酒)

¾ oz. Cointreau(法国康德露柑橘香甜酒)

¾ oz. fresh lime juice(新鲜青柠檬汁)

2 oz. sweet & sour juice(甜酸汁)

将酒材倒入已加¼满冰块的调拌杯内,摇荡后过滤,倒入杯中,挂一个青柠檬角作装饰。

19. 想象奔放的代基里酒(Flight of Fancy Daiquiri)

Poco Grande $13\frac{1}{4}$ oz. (波可杯),冰的

$1\frac{1}{4}$ oz. Bacardi Light Rum(巴卡迪淡朗姆酒)

$1\frac{1}{4}$ oz. Dekuyper Raspberry Pucker (Dekuyper 公司产的覆盆子无色烈酒)

1 oz. Rose's lime juice(罗斯青柠檬汁)

4 oz. sweet & sour juice(甜酸酒)

10 oz. 碎冰

将酒材倒入果汁机中打成雪泥状,倒入 Poco 杯中,挂一个青柠檬角作装饰。

20. 霸王梨代基里酒(Prickly Pear Daiquiri)

Squall 15 oz. (大风杯),加满冰块

2 oz. Bacardi Limon Rum(巴卡迪柠檬朗姆酒)(产于波多黎各和巴哈马的著名朗姆酒)

½ oz. grenadine(红石榴糖浆)

1 oz. Rose's lime juice(罗斯青柠檬汁)

1 oz. simple syrup(简易糖浆)

1 oz. fresh lemon juice(新鲜柠檬汁)

2 oz. prickly pear syrup(霸王梨糖浆)

将酒材倒入已加¼满冰块的调拌杯内,摇荡后过滤,倒入杯中,放一个黄柠檬旗(lemon flag)或青柠檬旗(lime flag)作装饰。

21. 派拉特代基里酒(Pyrat Daiquiri)

Cocktail $6\frac{1}{2}$ oz. 杯,冰的

2 oz. Bacardi 8 Reserva Rum(陈年 8 年的巴卡迪朗姆酒)

1 oz. orange juice(橘子汁)

1 oz. Rose's lime juice(罗斯青柠檬汁)

1 oz. simple syrup(简易糖浆)

将酒材倒入已加¼满冰块的调拌杯内,摇荡后过滤,倒入杯中,挂一个青柠檬角或一片橘子圆片作装饰。

22. 夏日天空代基里酒(Summer Sky Daiquiri)

Cocktail $6\frac{1}{2}$ oz. 杯,冰的

$1\frac{3}{4}$ oz. Bacardi Gold Rum(巴卡迪金色朗姆酒)

$1\frac{1}{2}$ oz. orange juice(橘子汁)

1 oz. Rose's lime juice（罗斯青柠檬汁）

1 oz. simple syrup（简易糖浆）

将酒材倒入已加¼满冰块的调拌杯内，摇荡后过滤，倒入杯中，挂一片橘子圆片作装饰。

23. 朗姆代基里酒（Rum Daiquiri）

Cocktail $6\frac{1}{2}$ oz. 杯，冰的

$1\frac{1}{2}$ oz. Bacardi 8 Reserva Rum（陈年8年的巴卡迪朗姆酒）

¾ oz. Chambord（法国覆盆子香甜酒）

¾ oz. Crème de Banana（香蕉香甜酒）

1 oz. Rose's lime juice（罗斯青柠檬汁）

1 oz. simple syrup（简易糖浆）

将酒材倒入已加¼满冰块的调拌杯内，摇荡后过滤，倒入杯中，挂一片青柠檬圆片或一个青柠檬角作装饰。

24. 甜糕点代基里酒（Sweet Tart Daiquiri）

Squall 15 oz.（大风杯），加满冰块

$1\frac{1}{4}$ oz. Bacardi Gold Rum（巴卡迪金色朗姆酒）

¾ oz. Giori Lemoncillo（意大利产的柠檬香甜酒）

1 oz. Rose's lime juice（罗斯青柠檬汁）

4 oz. sweet & sour juice（甜酸汁）

将酒材倒入已加¼满冰块的调拌杯内，摇荡后过滤，倒入杯中，挂一个青柠檬角或放一个青柠檬旗作装饰。

25. 巴卡迪代基里酒（Bacardi Daiquiri）

Cocktail $6\frac{1}{2}$ oz. 杯，冰的

1 oz. Bacardi Light Rum（巴卡迪淡朗姆酒）（产于加勒比海的波多黎各及巴哈马）

1 oz. Bacardi Gold Rum（巴卡迪金色朗姆酒）

½ oz. Rose's lime juice（罗斯青柠檬汁）

2 oz. sweet & our Juice（甜酸汁）

将酒材倒入已加¼满冰块的调拌杯内，摇荡后过滤，倒入杯中，挂一片青柠檬圆片或一个青柠檬角作装饰。

26. 鲸鱼拥抢接吻代基里酒（Whale Smooch Daiquiri）

Squall 15 oz.（大风杯），加满冰块

$1\frac{1}{4}$ oz. Matusalem Gran Reserva Rum（古巴产的陈年15年的特级朗姆酒）

¾ oz. Whaler's Hawaiian Vanilla Rum（夏威夷产的香草朗姆酒）

1 oz. Rose's lime juice（罗斯青柠檬汁）

4 oz. sweet & sour juice（甜酸汁）

将酒材倒入已加¼满冰块的调拌杯内，过滤后倒入杯内，放入一个青柠檬旗作装饰。

11-4 对国际知名美酒的认识

1. Orgeat Syrup：是一种产于法国的

无酒精的杏仁风味糖浆。

2. Orange Flower Water：是一种产于法国的无酒精的带有橘子花风味的芳香水。

3. Opal Nera Black Sambuca：一种产于意大利 Theme 的黑色、不透明香甜酒，由茴香、接骨木（Elder）的花及柠檬等制成，酒精度是 80 度。

4. Myers's Dark Rum：是一种产于牙买加金斯敦（Kingstown）的黑色朗姆酒，经连续蒸馏后调和而成，酒精度是 80 度，是酒吧中必备的一款美酒。

5. Mount Gay Eclipse Rum：产于加勒比海巴贝多岛上的布里奇敦（Bridgetown），是把经连续蒸馏与单锅蒸馏的朗姆酒调和后再陈年至少两年而制成，酒精度为 80 度。

6. Midori Melon Liqueur：是一种由日本 Suntory 酒厂产制的国际知名香甜酒，是以中性烈酒为基酒再加上特殊调味料制成的带有香瓜（Honeydew Melon）味的美酒，酒精度是 42 度。

7. Metaxa 5 Star Brandy：是一种产于希腊（Greece）的风味浓郁的白兰地酒。

8. Matusalen Gran Reserve Rum：是一种产于古巴（Cuba）的朗姆酒，由多种西印度群岛所产的烈酒混和调和并经陈年约 15 年而制成，酒精度为 80 度。

9. Original Polish Vodka：是使用 100% 裸麦为原料，在圆锥蒸馏器中经 6 次蒸馏而成的伏特加酒，酒精度是 80 度。

10. Oro di Mazzetti：是一种以意大利烈酒（Grappa）为基酒，以 Moscato 品种葡萄为原料所制成的香甜酒，产于意大利的 Piedmont 地区，酒精度是 60 度。

11. Pearl Vodka：是一种产于加拿大的，以软性冬天小麦和落基山（Rocky）泉水为原料，经小批量产制过程蒸馏而得的伏特加酒，酒精度是 80 度。

12. Ouzo：是一种产于希腊与塞浦路斯（Cyprus）的茴香香甜酒，味道比以法国茴香酒（anisette）制成的更辛辣，也更浓烈，酒精度在 90～92 度。

13. Otard XO Cognac：是一种精致的香槟干邑白兰地美酒，用产于法国大香槟区、小香槟区、边界区的干邑经调和而成。有些陈年甚至超过 35 年之久，酒精度是 80 度。

14. Pernod：产于法国，是在法国南方广受欢迎的佩诺大茴香酒，是以白兰地为基酒，加上茴香子、药草、调味料等制成，酒精度是 80.2 度。

15. Peychaud Bitters：是一种产于美国新奥尔良的带浓郁的茴香味的苦精，酒精度高达 70 度。

问题探讨

如何调制下列各款国际知名鸡尾酒？

（1）Bacardi Cocktail

（2）Beachcomber

（3）Piña Colada

（4）Zombie

（5）Mai Tai

（6）Casa Blanca

（7）Cuba Libre

（8）Shanghai

(9) Sloppy Joe's Cocktail No. 1
(10) Planter's Punch No. 1
(11) Blue Hawawiian
(12) Bahama Mama
(13) Chinese Cocktail
(14) Bermuda Triangle
(15) Rum Screwdriver
(16) Strawberry Daiquiri
(17) Banana Daiquiri
(18) Florida Daiquiri
(19) Calypso Daiquiri
(20) Sweet Tart Daiquiri
(21) Daiquiri de Piña

第十二章

以苏格兰威士忌为基酒的鸡尾酒酒方

Recipes of Scotch Whisky Cocktails

☞学习目的

了解： 1. 对苏格兰威士忌(Scotch Whisky)应有的基本认识

2. 以苏格兰威士忌为基酒的鸡尾酒酒方(Recipes of Scotch Whisky Cocktails)

3. 国际上各种意大利苦杏仁香甜酒(Amaretto)酒方

4. 对国际知名美酒的认识

12～1 对苏格兰威士忌(Scotch Whisky)应有的基本认识

苏格兰威士忌是对在英国北部苏格兰地区经蒸馏、装桶与熟成的威士忌的总称。因为在麦芽干燥时用“泥炭”作为烘烤燃料，所以苏格兰威士忌带有来自“泥炭”本身特有的炭香。苏格兰威士忌的定义是：以谷物为原料，加入酵母使之发酵，再蒸馏到酒精浓度低于95%（94.8%以下），并在橡木桶中最低熟成3年以上。

苏格兰威士忌早在15世纪就已出现。在距今约160年前，由于连续式蒸馏器的诞生，才出现了麦芽威士忌和谷物威士忌的分类，接着又出现了调和型威士忌，从此酿酒就成为一种充满活力的产业发展起来。

苏格兰威士忌从制造方法上来区分可以分为如下三类：

1. 麦芽威士忌(Malt Whisky)；
2. 谷物威士忌(Grain Whisky)；
3. 调和型威士忌(Blended Whisky)。

(一) 麦芽威士忌

麦芽威士忌是一种以大麦麦芽(Malt)为原料，经发酵后以罐式蒸馏机(Pot Still)蒸馏两次，然后贮存在橡木桶中逐渐熟成的威士忌。这种麦芽威士忌的蒸馏厂(Distillery)在苏格兰约有100家，但实际生产的约有80家，而且每家蒸馏厂从烧炭方式到蒸馏锅的大小形状，再到最后桶中熟成的做法都有所不同，因此酿造出来的威士忌品味也就各有所异。

如果这些品味各异的威士忌不与其他蒸馏厂的威士忌相混合，而纯粹在每个蒸馏厂制出的，被称为“单一麦芽威士忌”(Single Malt Whisky)。与单一麦芽威士忌语义相似的名称还有“纯麦芽威士忌”(Pure Malt Whisky)。此名称可用于两方面：一是取自同一蒸馏厂的麦芽威士忌调和而成的单一麦芽威士忌；二是取自几个蒸馏厂的麦芽威士忌混合而成的桶装麦芽威士忌(Vatted Malt Whisky)。麦芽威士忌的产地大致可分为4个地区：苏格兰高地(Highland)、苏格兰低地(Lowland)、艾莱岛(Islay)和坎贝尔敦(Campbeltown)。

(二) 谷物威士忌

谷物威士忌是在规模较大的蒸馏厂中，以玉米或小麦以及大麦芽等为原料，用连续式蒸馏机酿造而成的。麦芽威士忌则往往是在小规模蒸馏酒厂中酿造出来的。

谷物威士忌不带有炭香，是一种高浓度的蒸馏酒，但酒味醇和，经高温蒸馏制造。与麦芽威士忌不同，其口感不是很浓烈。目前在苏格兰高地尚有一家蒸馏厂，在苏格兰低地却仍有7家蒸馏厂，都是具有现代化设备的大型蒸馏厂。

(三) 调和型威士忌

将威士忌调和的目的就是采用威士忌所特有的中性清淡口味来代替原本各类型麦芽威士忌的强烈刺激口味，使其成为消费者乐于接受并常饮不厌的威士忌酒。因此，调和时务必灵活地运用各地麦芽威士忌的特性来调制人见人爱的威士忌酒。

调和型威士忌常见的做法是，以苏格兰高地产的品种繁多、优雅独特的麦芽威士忌为基酒，与苏格兰低地产的麦芽威士忌调拌，使之产生圆润口感，再使用带有辣味和泥炭香的艾莱岛产的麦芽威士忌来强化口感。如果在这种调和的麦芽威士忌中再加入中性的谷物威士忌，就可调制出口味均衡的极品威士忌酒。调和型威士忌因其调配比率不同存在着相当大的口味差别，但它却绝对没有麦芽威士忌那么浓烈。整体而言，调和型威士忌的口感确实较为均衡，清淡而圆润，是一种确实能令人陶醉的威士忌酒。

12-2 以苏格兰威士忌为基酒的鸡尾酒酒方（Recipes of Scotch Whisky Cocktails）

1. 缘份（Affinity）

Cocktail $4\frac{1}{2}$ oz. 杯，冰的

$1\frac{1}{2}$ oz. Scotch Whisky（苏格兰威士忌）

½ oz. Sweet Vermouth（甜苦艾酒）

½ oz. Dry Vermouth（辛辣苦艾酒）

2 dashes bitters（倒两次苦精）

将酒材摇荡后过滤，倒入杯中。

2. 赌21点扑克牌（Black Jack）

Cocktail $4\frac{1}{2}$ oz. 杯，冰的

$1\frac{1}{2}$ oz. Scotch Whisky（苏格兰威士忌）

½ oz. Kahlúa（墨西哥咖啡香甜酒）

½ oz. Triple Sec（三干酒/柑橘香甜酒）

½ oz. lime juice（青柠檬汁）

将酒材摇荡后过滤，倒入杯中。

3. 视而不见的人（Blinder）

Collins 12 oz. 杯，加满冰块

$1\frac{1}{2}$ oz. Scotch Whisky（苏格兰威士忌）

$4\frac{1}{2}$ oz. grapefruit juice（葡萄柚汁）

将酒材倒入加满冰块的柯林斯杯内，再轻倒入调拌杯内，充分摇荡后倒回原杯中，再加入⅛ oz. 的红石榴糖浆，挂一片青柠檬片作装饰。

4. 头脑风暴/脑力激荡（Brainstorm）

Cocktail $4\frac{1}{2}$ oz. 杯，冰的

$1\frac{1}{2}$ oz. Scotch Whisky（苏格兰威士忌）

½ oz. Bénédictiné（本尼迪克特香甜酒）

½ oz. Sweet Vermouth（甜苦艾酒）

将酒材摇荡后过滤，倒入杯中。

5. 窒息物（Choker）

Cocktail $4\frac{1}{2}$ oz. 杯，冰的

2 oz. Scotch Whisky（苏格兰威士忌）

¼ oz. Pernod（法国佩诺茴香利口酒）

2 dashes bitters（倒两次苦精）

将酒材摇荡后过滤，倒入杯中。

6. 罗布·罗伊酒（Rob Roy）

Cocktail $4\frac{1}{2}$ oz. 杯，冰的

$1\frac{1}{2}$ oz. Scotch Whisky（苏格兰威士忌）

¾ oz. Sweet Vermouth（甜苦艾酒）

将酒材与冰块一起摇荡后过滤，倒入杯中，拧挤一条/片黄柠檬（lemon twist）放入。

7. 教父（Godfather）

Old-fashioned 7 oz. 杯（老式酒杯），加满冰块

$1\frac{1}{2}$ oz. Scotch Whisky（苏格兰威士忌）

1 oz. Amaretto 意大利苦杏仁香甜酒

将酒材倒入加满冰块的老式酒杯中，充分搅拌即可。

8. 伟大的主人（Grand Master）

Highball 10 oz. 杯，加满冰块

$1\frac{1}{2}$ oz. Scotch Whisky（苏格兰威士忌）

½ oz. Peppermint Schnapps（薄荷无色斯内普烈酒）

将酒材倒入加满冰块的高圆球杯中，充分摇荡后，再加入 3 oz. 的苏打水（club soda），挤一个青柠檬角放入杯中作装饰。

9. 意大利石楠农夫（Italian Heather）

Old-fashioned 7 oz. 杯，加满冰块

$1\frac{1}{2}$ oz. Scotch Whisky（苏格兰威士忌）

1 oz. Galliano（意大利甘草香甜酒）

将酒材倒入装满冰块的老式酒杯中充分搅拌，挤一个青柠檬角放入杯中作装饰。

10. 高地的欢乐时光（Highland Fling）

Cocktail $4\frac{1}{2}$ oz. 杯，冰的

$1\frac{1}{2}$ oz. Scotch Whisky（苏格兰威士忌）

¾ oz. Sweet Vermouth（甜苦艾酒）

2 dashes bitters（倒两次苦精）

将酒材摇荡后过滤，倒入杯中，放一粒大的红樱桃作装饰。

11. 迈阿密海滩鸡尾酒（Miami Beach Cocktail）

Cocktail $4\frac{1}{2}$ oz. 杯，冰的

1 oz. Scotch Whisky（苏格兰威士忌）

1 oz. Dry Vermouth（辛辣苦艾酒）

1 oz. grapefruit juice（葡萄柚汁）

将酒材摇荡后过滤，倒入杯中。

12. 十全十美的罗布·罗伊酒（Perfect Rob Roy）

Cocktail $4\frac{1}{2}$ oz. 杯，冰的

$1\frac{1}{2}$ oz. Scotch Whisky（苏格兰威士忌）

½ oz. Sweet Vermouth（甜苦艾酒）

½ oz. Dry Vermouth（辛辣苦艾酒）

将酒材摇荡后过滤，倒入杯中，放一粒樱桃或挤拧一条/片黄柠檬放入杯中作装饰。

13. 全副武装的风笛手（Piper At Arms）

Cocktail $4\frac{1}{2}$ oz. 杯，冰的

$1\frac{1}{2}$ oz. Scotch Whisky（苏格兰威士忌）

1 oz. Dry Vermouth（辛辣苦艾酒）

将酒材摇荡后过滤，倒入杯中，拧挤一条黄柠檬条/片放入杯中作装饰。

14. 生锈钉（Rusty Nail）

Old-fashioned 7 oz. 杯（老式酒杯），加满冰块

$1\frac{1}{2}$ oz. Scotch Whisky（苏格兰威士忌）

1 oz. Drambuie（苏格兰产的蜂蜜香甜酒）

将酒材倒入加满冰块的老式酒杯内拌匀，拧挤一条/片黄柠檬放入作装饰。

15. 苏格兰威士忌加水（Scotch and Water）

Highball 10 oz. 杯，加满冰块

$1\frac{1}{2}$ oz. Scotch Whisky（苏格兰威士忌）

$3\frac{1}{2}$ oz. water（饮用水）

将酒材倒入加满冰块的高圆球杯中，拌匀或充分摇荡，拧挤一个青柠檬角放入杯中作装饰。

16. 安静老三（Silent Third）

Cocktail $4\frac{1}{2}$ oz. 杯，冰的

$1\frac{1}{2}$ oz. Scotch Whisky（苏格兰威士忌）

1 oz. Cointreau（法国康德露柑橘香甜酒）

$1\frac{1}{2}$ oz. lime juice（青柠檬汁）

将酒材摇荡后过滤，倒入杯中。

17. 蓟花鸡尾酒（Thistle Cocktail）

Cocktail $4\frac{1}{2}$ oz. 杯，冰的

$1\frac{1}{2}$ oz. Scotch Whisky（苏格兰威士忌）

$1\frac{1}{2}$ oz. Sweet Vermouth（甜苦艾酒）

2 dashes bitters（倒两次苦精）

将酒材摇荡后过滤，倒入杯中。

18. 苏格兰人的慷慨（Scotch Bounty）

Squall 15 oz.（大风杯），加满冰块

1 oz. Scotch Whisky（苏格兰威士忌）

1 oz. White Crème de Cacao（无色可可香甜酒）

½ oz. Rum（朗姆酒）

$4\frac{1}{2}$ oz. orange juice（橘子汁）

½ oz. cream of coconut（椰乳）

½ oz. lime juice（青柠檬汁）

将酒材倒入装满冰块的大风杯中，倒入调拌杯中充分摇荡后，倒回原杯，放橘子旗或青柠檬旗等作装饰。

19. 玛米·吉尔罗伊（Mamie Gilroy）

Collins 12 oz. 杯，加满冰块

2 oz. Scotch Whisky（苏格兰威士忌）

½ oz. lime juice（青柠檬汁）

将酒材倒入加满冰块的柯林斯杯中拌匀，再加入 $3\frac{1}{2}$ oz. 的姜汁汽水，由下而

上轻拌两三下，挤一个青柠檬角放入杯中作装饰。

20. 现代鸡尾酒(Modern Cocktail)

Cocktail $4\frac{1}{2}$ oz. 杯，冰的

$1\frac{1}{2}$ oz. Scotch Whisky(苏格兰威士忌)

½ oz. Myers's Dark Rum(迈尔斯深棕色朗姆酒)

½ oz. lime juice(青柠檬汁)

1 dash Anisette(倒一次法国茴香酒)

1 dash Angostura Bitters(倒一次安戈斯图拉树皮苦精)

将酒材摇荡后过滤，倒入杯中，放一粒樱桃作装饰。

21. 石篱笆(Stone Fence)

Highball 10 oz. 杯，加满冰块

2 oz. Scotch Whisky(苏格兰威士忌)

2 dashes Angostura Bitters(倒两次安戈斯图拉树皮苦精)

将酒材倒入加满冰块的高圆球杯中，再倒3 oz. 的苹果西打(cider)或苏打水拌匀一下，挤一个青柠檬角放入杯中作装饰。

22. 苏格兰凉饮(Scotch Cooler)

Highball 10 oz. 杯，加满冰块

2 oz. Scotch Whisky(苏格兰威士忌)

¼ oz. White Crème de Menthe(无色薄荷香甜酒)

将酒材倒入加满冰块的高圆球杯中，再加入3 oz. 冰的苏打水，轻轻地由下往上拌两下，挤一个青柠檬角放入杯中作装饰。

23. 洛赫·洛蒙德(Loch Lomond)

Squall 15 oz. (大风杯)，加满冰块

1 oz. Scotch Whisky(苏格兰威士忌)

½ oz. Peach Schnapps(桃子斯内普无色烈酒)

¾ oz. Blue Curaçao(蓝色库拉索酒)

1 oz. lime juice(青柠檬汁)

$4\frac{1}{2}$ oz. grapefruit juice(葡萄柚汁)

将酒材倒入加满冰块的大风杯内，再倒入调拌杯(mixing glass)内摇荡，然后倒回原杯，放入切成片的杨桃或青柠檬旗(lime flag)作装饰。

24. 苏格兰牛奶混合酒(Scotch Milk Punch)

Highball 10 oz. 杯，加满冰块

2 oz. Scotch Whisky(苏格兰威士忌)

6 oz. milk(鲜奶)

½ oz. sugar syrup(糖浆)

将酒材与冰块一起摇荡后过滤，倒入杯中，撒一些肉豆蔻粉，可放一枝长的肉桂棒作为搅拌棒(stir-stick)用。

25. 激怒(Aggravation)

Rocks 7 oz. 杯，加满冰块

$1\frac{1}{2}$ oz. Scotch Whisky(苏格兰威士忌)

½ oz. Kahlúa(墨西哥咖啡香甜酒)

½ oz. half & half cream(搀入牛奶等的稀奶油)

将酒材倒入加满冰块的Rocks或老式酒杯中，轻加搅拌几下，放入搅拌棒。

26. 血和沙第一方(Blood and Sand 1)

Highball 10 oz. 杯，加满冰块

¾ oz. Schotch Whisky(苏格兰威士忌)

¾ oz. Cherry Brandy(樱桃白兰地)

$3\frac{1}{2}$ oz. orange juice(橘子汁)

将酒材倒入加满冰块的高圆球杯中,由下而上搅拌两三下,放一个橘子旗作装饰。

27. 血和沙第二方(Blood and Sand 2)

Cocktail $4\frac{1}{2}$ oz. 杯,冰的

$1\frac{1}{2}$ oz. Scotch Whisky(苏格兰威士忌)

½ oz. Sweet Vermouth(甜苦艾酒)

½ oz. Cherry Brandy(樱桃白兰地)

1 oz. orange juice(橘子汁)

将酒材倒入已加¼满冰块的调拌杯内,摇荡后过滤,倒入杯中,放入橘子片(orange twist)作装饰。

28. 高地打高尔夫球人(Highland Golfer)

Squall 15 oz. (大风杯),加满冰块

$1\frac{1}{4}$ oz. Scotch Whisky(苏格兰威士忌)

½ oz. Triple Sec(三干酒/柑橘香甜酒)

½ oz. Green Crème de Menthe(绿薄荷香甜酒)

5 oz. apple cider(苹果西打)

将酒材逐项倒入已加满冰块的大风杯中,由下而上轻拌数下,放一个红苹果角作装饰。

29. 高地高圆杯饮料(Highland Highball)

Highball 10 oz. 杯,加满冰块

$1\frac{1}{2}$ oz. Dewar's White Label Scotch Whisky(迪尤尔白棕苏格兰威士忌)

$3\frac{1}{2}$ oz. ginger ale(姜汁汽水)

将酒材倒入已加满冰块的高圆杯中,再倒入姜汁汽水,直到加满,拧挤放入一黄柠檬条/片提味与装饰。

30. 意大利种马(Italian Stallion)

Rocks 7 oz. 杯,加满冰块

$1\frac{1}{2}$ oz. Scotch Whisky(苏格兰威士忌)

¾ oz. Galliano(意大利甘草香甜酒)

将酒材倒入已装满冰块的 Rocks 杯中,轻加搅拌几下,放入搅拌棒即成。

31. 白色卡迪拉克轿车(White Cadillac)

Highball 10 oz. 杯,加满冰块

$1\frac{1}{2}$ oz. Scotch Whisky(苏格兰威士忌)

$3\frac{1}{2}$ oz. half & half cream(搀入牛奶等的稀奶油)

将酒材倒入已加满冰块的高圆杯中,由下而上轻加搅拌几下,插入吸管即成。

12-3 国际上各种意大利苦杏仁香甜酒(Amaretto)酒方

1. 皮肤晒成棕褐色后第一方(After Tan 1)

Poco Grande 13$\frac{1}{4}$ oz.（波可杯），冰的

¾ oz. Cruzan Coconut Rum（圣克罗伊人的椰子朗姆酒）（美属维尔京群岛产的水果风味朗姆酒）

¾ oz. Cruzan Orange Rum（圣克罗伊人的柑橘朗姆酒）（酒精度是55度）

½ oz. Dark Crème de Cacao（无色可可香甜酒）

3 oz.（两大球）香草冰淇淋

1 oz. lime juice（青柠檬汁）

8 oz. 碎冰

将酒材倒入果汁机中先用慢速打5秒钟，再改成快速打成雪泥状，倒入Poco杯中，喷上掼奶油（whipped cream），再淋上½ oz.的意大利苦杏仁香甜酒（Amaretto）。

2. 皮肤晒成棕褐色后第二方（After Tan 2）

Poco Grande 13$\frac{1}{4}$ oz.（波可杯），冰的

1$\frac{1}{2}$ oz. Malibu Rum（牙买加产的椰子香甜酒）（酒精度是56度）

½ oz. White Crème de Cacao（无色可可香甜酒）（酒精度是56度）

3 oz.（两大球）香草冰淇淋

1 oz. lime juice（青柠檬汁）

8 oz. 碎冰

将酒材倒入果汁机中先用慢速打5秒钟，再改成快速打成雪泥状，倒入Poco杯中，喷上掼奶油（whipped cream），再淋上½ oz.的意大利苦杏仁香甜酒（Amaretto）。

3. 杏仁乐（Almond Joy）

Rocks 7 oz. 杯，加满冰块

直接倒入：

1$\frac{1}{2}$ oz. 意大利苦杏仁香甜酒（Amaretto）

½ oz. Dark Crème de Cacao（深色可可香甜酒）

½ oz. 浓鲜奶或搀入牛奶等的稀奶油（half & half cream）

将酒材酒吧匙由下而上地拌匀即成。

4. 杏仁海上遨游（Amaretto Cruise）

Poco Grande 13$\frac{1}{4}$ oz.（波可杯），冰的

1 oz. Bacardi Gold Rum（巴卡迪金色朗姆酒）

½ oz. Bacardi Light Rum（巴卡迪淡朗姆酒）

1 oz. Amaretto（意大利苦杏仁香甜酒）

½ oz. Dekuyper Peachtree Schnapps（Dekuyper公司产的桃树斯内普无色烈酒）

1 oz. sweet & sour juice（甜酸汁）

1 oz. half & half cream（搀入牛奶等的稀奶油）

2 oz. orange juice（橘子汁）

2 oz. cranberry juice（蔓越莓/蔓越橘汁）

10 oz. 碎冰

将酒材倒入果汁机中打成雪泥状，倒入Poco杯中，放一个橘子旗作装饰。

5. 伏击（Ambush）

Coffee Mug 8$\frac{1}{2}$ oz.（有把咖啡杯），温的

直接倒入：

1 oz. Irish Whisky(爱尔兰威士忌)

1 oz. Amaretto(意大利苦杏仁香甜酒)

5 oz. hot coffee(热咖啡)

$1\frac{1}{2}$ oz. whipped cream(掼奶油)

撒些可可粉或肉豆蔻粉作装饰。

6. 美国佬的梦(American Dream)

Shot 2 oz.（吞饮杯），冰的

依序逐项注入：

½ oz. Kahlúa(墨西哥咖啡香甜酒)

½ oz. Amaretto(意大利苦杏仁香甜酒)

½ oz. Godiva Chocolate(戈黛娃巧克力香甜酒)

½ oz. Frangelico(意大利榛果香甜酒)

7. 阿普尔顿热闹聚会(Appleton Blast)

Squall 15 oz.（大风杯），加满冰块

直接倒入：

$1\frac{1}{2}$ oz. Appleton Estate Jamaica Rum(阿普尔顿产的牙买加朗姆酒)

½ oz. Amaretto(意大利苦杏仁香甜酒)

½ oz. Dekuyper Peachtree Schnapps(Dekuyper 公司产的桃树斯内普无色烈酒)

5 oz cranberry juice(蔓越莓/蔓越橘汁)

用酒吧匙拌匀后，放一个橘子旗或挂一片橘子圆片或青柠檬圆片作装饰。

8. 浆果清凉淡酒(Berry Cooler)

Squall 15 oz.（大风杯），加满冰块

$1\frac{1}{2}$ oz. Dekuyper Raspberry Pucker(Dekuyper 公司产的覆盆子无色烈酒)

½ oz. Amaretto(意大利苦杏仁香甜酒)(拌匀后再倒入)

$5\frac{1}{2}$ oz. 7-up(七喜汽水)或加满为止

挂一片青柠檬圆片或一个青柠檬角作装饰。

9. 黑寡妇(Black Widow)

Collins 12 oz.（柯林斯杯），加满冰块

直接倒入：

1 oz. Vodka(伏特加酒)

1 oz. Amaretto(意大利苦杏仁香甜酒)

3 oz. orange juice(橘子汁)

撒上些苏打水，挂一片橘子圆片作装饰。

10. 蓝莓茶(Blueberry Tea)

Tea Cup $8\frac{1}{2}$ oz.（有把茶杯），温的

直接倒入：

¾ oz. Grand Manier(法国柑橘干邑香甜酒)

¾ oz. Amaretto(意大利苦杏仁香甜酒)

6 oz. hot tea(热茶)

茶杯旁碟子上放一个黄柠檬角作装饰。

11. 蓝色长笛(Blue Flute)

Tulip Champagne 9 oz.（郁金香花形香槟杯），冰的

直接倒入：

$1\frac{1}{4}$ oz. Amaretto(意大利苦杏仁香甜酒)

¾ oz. Blue Curaçao(蓝色库拉索酒)

6 oz. chilled Champagne(冷冻香槟)

拧挤一黄柠檬条/片放入杯内作装饰。

12. 巴奇球(Bocci Ball)

Highball 10 oz.(高圆球杯),加满冰块

直接倒入:

$1\frac{1}{4}$ oz. Amaretto(意大利苦杏仁香甜酒)

$3\frac{1}{2}$ oz. orange juice(橘子汁)

搅拌匀后再撒上些苏打水(club soda),挂一片橘子圆片作装饰。

13. 欢乐香槟(Champagne Jubilee)

Tulip Champagne 9 oz.(郁金香花形香槟杯),冰的

直接倒入:

$1\frac{1}{2}$ oz. Amaretto(意大利苦杏仁香甜酒)

$2\frac{1}{2}$ oz. cranberry juice(蔓越莓/蔓越橘汁)

4 oz. chilled Champagne(冷冻香槟)

拧挤一黄柠檬条/片放入杯中作装饰。

14. 法国马赛香槟(Champagne Marseille)

Tulip Champagne 9 oz.(郁金香花形香槟杯),冰的

¾ oz. Grand Marnier(法国柑橘干邑香甜酒)

¾ oz. Amaretto(意大利苦杏仁香甜酒)

½ oz. Vodka(伏特加酒)

2 oz. orange juice(橘子汁)

将酒材倒入已加¼满冰块的调拌杯内,摇荡后过滤,再以冰香槟加满。

15. 胡椒博士第一方(Dr. Pepper 1)

Highball 10 oz.(高圆球杯),加满冰块

直接倒入:

$1\frac{1}{4}$ oz. Amaretto(意大利苦杏仁香甜酒)

$3\frac{3}{4}$ oz. club soda(苏打水)或加到满

16. 胡椒博士第二方(Dr. Pepper 2)

Shot 2 oz.(吞饮杯)和 Beer mug 12 oz.(有把啤酒杯),都是冰的

直接倒入:

$1\frac{1}{4}$ oz. Amaretto(意大利苦杏仁香甜酒)(倒入吞饮杯内)

8 oz. 生啤酒倒入啤酒杯内(约 3/4 满)

再把吞饮杯放入有把啤酒杯内。

17. 联邦快递(Federal Express)

Tulip Champagne 9 oz.(郁金香花形香槟杯),冰的

$1\frac{1}{2}$ oz. Amaretto(意大利苦杏仁香甜酒)

½ oz. Chambord(法国覆盆子香甜酒)

$2\frac{1}{2}$ oz. sweet & sour juice(甜酸汁)

将酒材倒入已加¼满冰块的调拌杯内,摇荡后过滤,再以冷冻香槟(chilled Champagne)加满,拧挤一柠檬条/片放入杯中作装饰。

18. 满月(Full Moon)

Brandy Snifter 9 oz. (白兰地杯),温的

直接倒入:

1 oz. Grand Marnier(法国柑橘干邑香甜酒)

1 oz. Amaretto(意大利苦杏仁香甜酒)

19. 教父(Godfather)

Rocks 7 oz. 杯,加满冰块

直接倒入:

$1\frac{1}{2}$ oz. Scotch Whisky(苏格兰威士忌)

¾ oz. Amaretto(意大利苦杏仁香甜酒)

以酒吧匙拌匀即可。

20. 教母(Godmother)

Rocks 7 oz. 杯,加满冰块

直接倒入:

$1\frac{1}{2}$ oz. Vodka(伏特加酒)

¾ oz. Amaretto(意大利苦杏仁香甜酒)

21. 教子(Godchild)

Rocks 7 oz. 杯,加满冰块

直接倒入:

$1\frac{1}{2}$ oz. Vodka(伏特加酒)

¾ oz. Amaretto(意大利苦杏仁香甜酒)

½ oz. half & half cream(掺入牛奶等的稀奶油)

22. 夏威夷人混合酒(Hawaiian Punch)

Squall 15 oz. (大风杯),加满冰块

¾ oz. Southern Comfort(美国南方蜜桃香甜酒)

¾ oz. Amaretto(意大利苦杏仁香甜酒)

¾ oz. Crème de Noyaux(杏仁香甜酒)

$2\frac{1}{2}$ oz. pineapple juice(凤梨汁)

$2\frac{1}{2}$ oz. orange juice(橘子汁)

将酒材倒入已加¼满冰块的调拌杯内,摇荡后过滤,放一个凤梨旗或橘子旗作装饰。

23. 意大利咖啡(Italian Coffee)

Coffee Mug $8\frac{1}{2}$ oz. (有把咖啡杯),温的

直接倒入:

¾ oz. Sambuca(意大利桑布卡茴香利口酒)

¾ oz. Amaretto(意大利苦杏仁香甜酒)

5 oz. hot coffee(热咖啡)

$1\frac{1}{2}$ oz. whipped cream(掼奶油)

再撒上些可可粉或肉豆蔻粉作装饰。

24. 意大利混合酒(Italian Punch)

Squall 15 oz. (大风杯),加满冰块

直接倒入:

1 oz. Amaretto(意大利苦杏仁香甜酒)

1 oz. Bacardi Limón Rum(巴卡迪柠檬朗姆酒)

$5\frac{1}{2}$ oz. cranberry juice(蔓越莓/蔓越橘汁)

用酒吧匙由下而上地拌匀,挂一个黄柠檬角作装饰。

25. 意大利冲浪人(Italian Surfer)

Cocktail $4\frac{1}{2}$ oz. 杯,冰的

¾ oz. Malibu Rum(牙买加产的马利布椰子朗姆酒)(酒精度是56度)

¾ oz. Amaretto(意大利苦杏仁香甜酒)

¾ oz. cranberry juice(蔓越莓/蔓越橘汁)

¾ oz. pineapple juice(凤梨汁)

将酒材倒入已加¼满冰块的调拌杯内,摇荡后过滤,倒入杯中,放一个小凤梨旗作装饰。

26. 意大利镇静剂(Italian Valium)

Rocks 7 oz. 杯,加满冰块

直接倒入:

$1\frac{1}{2}$ oz. Gin(杜松子酒)

¾ oz. Amaretto(意大利苦杏仁香甜酒)

用酒吧匙拌匀即可。

27. 约翰·韦恩(John Wayne)

Cocktail $4\frac{1}{2}$ oz. 杯,冰的

2 oz. Bourbon Whisky(波旁威士忌)(要以知名品牌酒来调制)

½ oz. Amaretto(意大利苦杏仁香甜酒)

¼ oz. orange juice(橘子汁)

撒3下苦精

将酒材倒入已加¼满冰块的调拌杯内,摇荡后过滤,倒入杯中,挂一片橘子圆片作装饰。

28. 酒廊蜥蜴(Lounge Lizard)

Squall 15 oz. (大风杯),加满冰块

直接倒入:

1 oz. Bacardi Gold Rum(巴卡迪金色朗姆酒)

1 oz. Bacardi Spiced Rum(加香料的巴卡迪朗姆酒)

½ oz. Amaretto(意大利苦杏仁香甜酒)

$4\frac{1}{2}$ oz. Coca Cola(可口可乐)

用酒吧匙拌匀,挂一个青柠檬角作装饰。

29. 爱之运河(Love Canal)

Squall 15 oz. (大风杯),加满冰块

直接倒入:

$1\frac{3}{4}$ oz. Sauza Hornitos Reposado Tequila(索扎休眠火山特奎拉酒)(墨西哥出产,陈存于橡木桶中4~6个月,在美国销售极佳)

¾ oz. Amaretto(意大利苦杏仁香甜酒)

5 oz. lemonade(柠檬水)

用酒吧匙拌匀后,挂一个青柠檬角或放一个柠檬旗(lemon flag)作装饰。

30. 妈妈枸橼/香橼(Mama Citron)

Rocks 7 oz. 杯,加满冰块

直接倒入:

$1\frac{1}{2}$ oz. Absolut Citron Vodka(亚伯索露特枸橼/香橼伏特加酒)

½ oz. Amaretto(意大利苦杏仁香甜酒)

31. 琥珀天空马提尼(Amber Skies Martini)

Cocktail $4\frac{1}{2}$ oz. 杯,冰的

杯子边缘沾上捣碎的杏仁(可沾,也可不沾)

$1\frac{1}{2}$ oz. Vodka(伏特加酒)

¼ oz. Frangelico(意大利榛果香甜酒)

½ oz. Amaretto(意大利苦杏仁香甜酒)

将酒材倒入已加¼满冰块的调拌杯内,摇荡后过滤,倒入杯中,拧挤放入一黄柠檬条/片作装饰。

32. 肯塔基马提尼(Kentucky Martini)

Cocktail $4\frac{1}{2}$ oz. 杯,冰的

$1\frac{3}{4}$ oz. Maker's Mark Bourbon Whisky(麦克牌波旁威士忌)(Maker's Mark 产于肯塔基州)

¾ oz. Amaretto(意大利苦杏仁香甜酒)

将酒材倒入已加¼满冰块的调拌杯内,摇荡后过滤,倒入杯中,拧挤放入一黄柠檬条/片作装饰。

33. 蓝色震惊马提尼(Blue Shock Martini)

Cocktail $6\frac{1}{2}$ oz. (大鸡尾酒杯),冰的

$1\frac{1}{2}$ oz. Canadian Whisky(需使用加拿大特级威士忌)

½ oz. Amaretto(意大利苦杏仁香甜酒)

½ oz. Blue Curaçao(蓝色库拉索酒)

¾ oz. sweet & sour juice(甜酸汁)

¾ oz. cranberry juice(蔓越莓/蔓越橘汁)

½ oz. 7-up(七喜汽水)

将酒材倒入已加¼满冰块的调拌杯内,搅拌后过滤,倒入杯中,放一个橘子旗作装饰。

34. 纳特蒂尼马提尼(Nuttini Martini)

Cocktail $4\frac{1}{2}$ oz. 杯,冰的

$1\frac{1}{2}$ oz. Vodka(伏特加酒)

¾ oz. Amaretto(意大利苦杏仁香甜酒)

¾ oz. Frangelico(意大利榛果香甜酒)

将酒材倒入已加¼满冰块的调拌杯内,搅拌后过滤,倒入杯中,拧挤放入一黄柠檬条/片作装饰。

35. 烘烤坚果马提尼(Toasted Nuts Martini)

Cocktail $4\frac{1}{2}$ oz. 杯,冰的

杯子边缘沾上可可粉(可沾,也可不沾)

$1\frac{1}{2}$ oz. Vodka(伏特加酒)

¾ oz. Amaretto(意大利苦杏仁香甜酒)

¾ oz. Chocolate(巧克力香甜酒)

将酒材倒入已加¼满冰块的调拌杯内,搅拌后过滤,倒入杯中。

36. 毛伊微风器(Maui Breezer)

Poco grande $13\frac{1}{4}$ oz. (波可杯),冰的

$1\frac{1}{2}$ oz. Amaretto(意大利苦杏仁香甜酒)

½ oz. Triple Sec(三干酒/柑橘香甜酒)

½ oz. Brandy(白兰地)

1 oz. sweet & sour juice(甜酸汁)

2 oz. orange juice(橘子汁)

2 oz. guava juice(番石榴汁)

10 oz. 碎冰

将酒材倒入果汁机中打成雪泥状,挂一片橘子圆片或番石榴旗(guava flag)作装饰。

37. 怪物安抚器(Monster Appeaser)

Cocktail $6\frac{1}{2}$ oz. (大鸡尾酒杯),冰的

½ oz. Vodka(伏特加酒)

½ oz. Midori(日本绿香瓜香甜酒)

½ oz. Blue Curaçao(蓝色库拉索酒)

½ oz. Amaretto(意大利苦杏仁香甜酒)

½ oz. Canadian Whisky(加拿大威士忌)

2 oz. orange juice(橘子汁)

将酒材倒入已加¼满冰块的调拌杯内,摇荡后过滤,倒入杯中。

38. 本地的太阳(Native Sun)

Cocktail $6\frac{1}{2}$ oz. (大鸡尾酒杯),冰的

$1\frac{1}{2}$ oz. Sauza Añejo Tequila(索扎陈年龙舌兰/特奎拉酒)

1 oz. Amaretto(意大利苦杏仁香甜酒)

¾ oz. Rose's lime juice(罗斯青柠檬汁)

¾ oz. cranberry juice(蔓越莓/蔓越橘汁)

¾ oz. orange juice(橘子汁)

将酒材倒入已加¼满冰块的调拌杯内,摇荡后过滤,倒入杯中,挂一片橘子圆片作装饰。

39. 橘子法珮(Orange Frappé)

Poco Grande $13\frac{1}{4}$ oz. (波可杯),冰的

$1\frac{1}{2}$ oz. Cointreau(法国康德露柑橘香甜酒)

½ oz. Dark Crème de Cacao(深色可可香甜酒)

½ oz. Vodka(伏特加酒)

$1\frac{1}{2}$ oz. sweet & sour juice(甜酸汁)

2 oz. orange juice(橘子汁)

3 oz. (两大球)香草冰淇淋

8 oz. 碎冰

将酒材倒入果汁机中先慢速打5秒钟，再改成快速打成雪泥状，倒入Poco杯内，喷上掼奶油(whipped cream)，再淋上½ oz. 的意大利苦杏仁香甜酒(Amaretto)。

40. 尤利乌斯的橘子(Orange Julius)

Shot Glass 2 oz. (吞饮杯)，冰的

依序直接注入：

½ oz. Vodka(伏特加酒)

½ oz. Amaretto(意大利苦杏仁香甜酒)

½ oz. orange juice(橘子汁)

½ oz. Draft Beer(生啤酒)

41. 说服者(Persuader)

Collins 12 oz. (柯林斯杯)，加满冰块

直接倒入：

¾ oz. Amaretto(意大利苦杏仁香甜酒)

¾ oz. Brandy(白兰地)

$4\frac{1}{2}$ oz. orange juice(橘子汁)

用酒吧匙拌匀后，挂一片橘子圆片作装饰。

42. 紫色斗牛士(Purple Matador)

Cocktail $4\frac{1}{2}$ oz. 杯，冰的

$1\frac{1}{2}$ oz. Amaretto(意大利苦杏仁香甜酒)

½ oz. Chambord(法国覆盆子香甜酒)

½ oz. pineapple juice(凤梨汁)

将酒材倒入已加¼满冰块的调拌杯内，摇荡后过滤。

43. 红魔鬼(Red Devil)

Cocktail $4\frac{1}{2}$ oz. 杯，冰的

½ oz. Amaretto(意大利苦杏仁香甜酒)

½ oz. Southern Comfort(美国南方蜜桃香甜酒)

½ oz. Sloe Gin(黑刺李杜松子酒)

½ oz. Vodka(伏特加酒)

½ oz. Triple Sec(三干酒/柑橘香甜酒)

¼ oz. Rose's lime juice(罗斯青柠檬汁)

¼ oz. cranberry juice(蔓越莓/蔓越橘汁)

将酒材倒入已加¼满冰块的调拌杯内，摇荡后过滤。

44. 烘烤过的杏仁(Roasted Toasted Almond)

Cocktail $6\frac{1}{2}$ oz. (大鸡尾酒杯)，冰的

¾ oz. Amaretto(意大利苦杏仁香甜酒)

¾ oz. Kahlúa(墨西哥咖啡香甜酒)

¾ oz. Vodka(伏特加酒)

$2\frac{1}{2}$ oz. half & half cream(搀入牛奶等的稀奶油)

将酒材倒入已加¼满冰块的调拌杯内，摇荡后过滤。

45. 烘焙过的杏仁(Toasted Almond)

Cocktail $4\frac{1}{2}$ oz. 杯，冰的

¾ oz. Amaretto(意大利苦杏仁香甜

酒)

¾ oz. Kahlúa(墨西哥咖啡香甜酒)

$1\frac{1}{2}$ oz. half & half cream(搀入牛奶等的稀奶油)

将酒材倒入已加¼满冰块的调拌杯内,摇荡后过滤。

46. 烘焙过的杏仁咖啡(Toasted Almond Café)

Coffee Mug $8\frac{1}{2}$ oz. (有把咖啡杯),温的

直接倒入:

¾ oz. Amaretto(意大利苦杏仁香甜酒)

¾ oz. Kahlúa(墨西哥咖啡香甜酒)

5 oz. hot coffee(热咖啡)

$1\frac{1}{2}$ oz. whipped cream(掼奶油)

撒些肉豆蔻粉作装饰。

47. 热带月亮(Tropical Moon)

Poco Grande $13\frac{1}{4}$ oz. (波可杯),冰的

$1\frac{1}{2}$ oz. Myers's Dark Rum(迈尔斯深棕色朗姆酒)(牙买加产的著名朗姆酒)

¾ oz. Amaretto(意大利苦杏仁香甜酒)

2 oz. 椰乳

3 oz. 凤梨汁

3 oz. (两大球)香草冰淇淋

8 oz. 碎冰

将酒材倒入果汁机中先用慢速打5秒钟,再改成快速打成雪泥状,倒入Poco杯中,放一个凤梨角和樱桃(pineapple wedge & cherry)作装饰。

48. 白天鹅(White Swan)

Rocks 7 oz. 杯,加满冰块

直接倒入:

$1\frac{1}{2}$ oz. Amaretto(意大利苦杏仁香甜酒)

½ oz half & half cream(搀入牛奶等的稀奶油)

49. 丑小鸭(Ugly Duckling)

Highball 10 oz. (高圆球杯),加满冰块

直接倒入:

$1\frac{1}{4}$ oz. Amaretto(意大利苦杏仁香甜酒)

$1\frac{1}{2}$ oz. half & half cream(搀入牛奶等的稀奶油)

2 oz. club soda(苏打水)

50. 醇和的绅士威士忌(Smooth Gentleman)

Collins 12 oz. (柯林斯杯),加满冰块

直接倒入:

$1\frac{1}{4}$ oz. Gentleman Jack Tennessee Whisky(杰克绅士田纳西威士忌酒)

½ oz. Amaretto(意大利苦杏仁香甜酒)

4 oz. cranberry juice(蔓越莓/蔓越橘汁)

用酒吧匙拌匀后,放一个橘子旗作装饰。

51. 西西里之吻(Sicilian Kiss)

Rocks 7 oz. 杯,加满冰块

直接倒入:

1 oz. Amaretto(意大利苦杏仁香甜酒)

1 oz. Southern Comfort(美国南方蜜桃香甜酒)

用酒吧匙拌匀即可。

52. 草屋忙碌人(Straw House Hummer)

Poco Grande $13\frac{1}{4}$ oz.(波可杯),冰的

$1\frac{1}{4}$ oz. Bacardi Light Rum(巴卡迪淡朗姆酒)

¾ oz. Crème de Banana(香蕉朗姆酒)

¾ oz. Amaretto(意大利苦杏仁香甜酒)

1 oz. sweet & sour juice(甜酸汁)

1 oz. orange juice(橘子汁)

8 oz. 碎冰

一根去皮成熟的中型香蕉

将酒材倒入果汁机中打成雪泥状,倒入 Poco 杯中,喷上掼奶油(whipped cream),再淋上½ oz. 的迈尔斯深棕色朗姆酒(Myers's Dark Rum),放一个香蕉旗作装饰。

53. 草莓摇荡(Strawberry Shake)

Poco Grande $13\frac{1}{4}$ oz.(波可杯),冰的

$1\frac{3}{4}$ oz. Amaretto(意大利苦杏仁香甜酒)

2 oz. strawberry puree(草莓浓浆)

$1\frac{1}{2}$ oz. half & half cream(搀入牛奶等的稀奶油)

3 oz.(两大球)香草冰淇淋

8 oz. 碎冰

将酒材倒入果汁机中先用慢速打5秒钟,再改成快速打成雪泥状,倒入 Poco 杯中,挂上新鲜草莓作装饰。

54. 妮娜的咖啡(Nina's Coffee)

Coffee Mug $8\frac{1}{2}$ oz.(有把咖啡杯),温的

直接倒入:

¾ oz. Tuaca(意大利吐阿卡椰香利口酒)

¾ oz. Amaretto(意大利苦杏仁香甜酒)

5 oz. hot coffee(热咖啡)

$1\frac{1}{2}$ oz. whipped cream(掼奶油)

再分别淋上一些红石榴糖浆和绿色的薄荷香甜酒(Crème de Menthe)。

55. 梅森妈妈的喜悦乐事(Mother Mason's Delight)

Poco Grande $13\frac{1}{4}$ oz.(波可杯),冰的

¾ oz. Amaretto(意大利苦杏仁香甜酒)

¾ oz. Dark Crème de Cacao(深色可可香甜酒)

2 oz. strawberry puree(草莓浓浆)或4 oz. 的鲜草莓

½ oz. 浓鲜奶

2 oz. 甜酸汁

10 oz. 碎冰

将酒材倒入果汁机中打成雪泥状,再

倒入 Poco 杯中，挂上一个鲜草莓并插上一张纸片作装饰。

12~4　对国际知名美酒的认识

1. Napasaki Saké：一种产于美国的超级高档日本清酒，使用精致优良的日本 Akitako 町（Akitakomachi）的米、水等为原料制成，米中的一种酵素可把淀粉软化成葡萄糖，酒精度是30度。

2. Sambuca：一种意大利桑布卡茴香香甜酒，是由野生接骨木浆果等制成，酒精度是70~80度。

3. Saké：一种日本产的以米为原料酿造成的啤酒，酒精度在28~36度，饮用前常加以温热，西方人将其归为啤酒，但中国人将其纳入米酒并称之为清酒。

4. Plymouth Gin：一种原产于英国普利茅斯（Plymouth）的蒸馏杜松子酒，酒精度是82.4度。

5. Rain Vodka：产于美国肯塔基州的法兰克福（Frankfort），是以有机黄色玉米和石灰岩下的泉水为原料，在3个不同的圆锥蒸馏器中经4次蒸馏而成，酒精度是80度。

6. Pusser's British Navy Rum：一种产于西印度群岛的海军朗姆酒，由6个蒸馏器产出的酒调和而成。普塞蓝标（Pusser's Blue Label）的酒精度是95.5度，普塞红标（Pusser's Red Lebel）的酒精度是80度。

7. Port：一种产于葡萄牙的甜的强化的红或白葡萄酒，美国生产的高品质波尔图葡萄酒（Port）也在日益增多，酒精度在36~38度。

8. Poire William：一种产于德国、瑞士、法国的辛辣水果白兰地（eau-de-vie），由 William、Bartlett 或 Anjou 等类梨子发酵的酒液蒸馏出来后窖存1~2年制成，装瓶时内部放入一个完整的梨子，酒精度在80~90度。

9. Pyrat Rum：一种产于安圭拉岛（Anguilla）的超优特级朗姆酒，由7家加勒比海蒸馏酒厂所生产，调和的酒陈年期在8~40年，产品线有 Pyrat Pistol、Pyrat XO 及特别高级的 Pyrat Cask 32 等名酒，酒精度是80度。

10. Rémy Red：以 Rémy Martin（人头马）的精致香槟干邑（Cognac）为基酒，注入了红醋栗、杏桃、桃子、中国人参及南美的特殊植物后而制成，酒精度为32度。

11. Rose's lime juice：18世纪末期即已在英国的圣奥尔本斯（St. Albans）产制，是一种使用产于西印度群岛的青柠檬为原料而制成的甜化青柠檬汁。

12. Rumple Minze Schnapps：一种产于德国黑森林地区的薄荷斯内普无色烈酒，酒精度是100度。

13. Saint James Rhums：产于法属马提尼克岛（Martinique）酒厂，该酒厂的产品有 Imperial Blanc（没有陈年）、Rhum Paille（陈存12个月）、Royal Ambre（陈存18个月）、Extra Old（陈存3年）、Hors D'age（陈存6年）及大锅蒸馏未陈存的 Coeur de Chauffe，酒精度在84~120度。

14. R. L. Seale 10-Year-Old Barbados Rum：一种产于巴巴多斯（Barbados）岛上

的朗姆酒，调和的墨西哥巴汉朗姆酒(Baján Rum)是在橡木桶中陈年至少10年，酒精度是80度。

15. Sea Wynde Pot Still Rum：一种按英国皇家海军的传统方式制成的加勒比海朗姆酒，由牙买加到圭亚那5个蒸馏酒厂分别陈年5~11年不等的酒调和而成，酒精度是80度。

问题探讨

如何调制下列各款国际知名鸡尾酒？

(1) Casa Blanca
(2) Batida Peach
(3) Cuba Libre
(4) Beachcomber
(5) Shanghai
(6) Wiki Waki Woo
(7) Pink Paradise
(8) Palmetto Cocktail
(9) Rain Man
(10) Piña Colada
(11) Planter's Punch 2
(12) Zombie
(13) Mai Tai
(14) Bahama Mama
(15) Blue Hawaiian
(16) Chinese Cocktail
(17) Rob Roy
(18) Rusty Nail
(19) Scotch Bounty
(20) Loch Lomond
(21) Amaretto Cruise
(22) Berry Cooler
(23) Federal Express
(24) Godmother
(25) Italian Coffee
(26) Love Canal
(27) Maui Breezer
(28) Orange Frappé
(29) Tropical Moon
(30) Straw House Hummer
(31) Nina's Coffee
(32) Mother Mason's Delight

第十三章

以特奎拉酒为基酒的鸡尾酒酒方

Recipes of Tequila Cocktails

☞学习目的

了解：1. 对特奎拉酒(Tequila)应有的基本认识

2. 以特奎拉酒为基酒的鸡尾酒酒方(Recipes of Tequila Cocktails)

3. 国际上各种玛格丽塔(Margarita)酒方

4. 对国际知名美酒的认识

13~1 对特奎拉酒(Tequila)应有的基本认识

在世界闻名的烈酒中,最有个性并最能带给饮酒者一种豪爽与激情感觉的当属墨西哥的特产——龙舌兰酒(又称特奎拉酒)。龙舌兰酒与杜松子酒、伏特加酒、朗姆酒并驾齐驱,早已成为闻名世界的七大蒸馏酒之一。特奎拉酒是以龙舌兰(Agave,一种属于石蒜科的多浆肉植物)为原料,成熟收割后经糖化、发酵、蒸馏而制成。龙舌兰在墨西哥被称为阿格夫(Agave),将阿格夫(Agave)蒸馏后所制成的酒,在墨西哥某些地区被称为梅斯可酒(Mezcal),很受当地人民的喜爱。但是这种酒没有经过贮藏与熟成,所以味道和台湾地区烈性米酒很相似,极为呛人。在龙舌兰种植区,能够通过蒸馏方法变成良酒的只有产自墨西哥中央高原北部的哈利斯科州(Jalisco)所栽培的龙舌兰,因为它的原产地是个叫特奎拉(Tequila)的镇,所以这种酒就被称为特奎拉酒了。

制造特奎拉酒(Tequila)首先要从龙舌兰(Agave)的种植开始,等它成熟需要约8~10年的工夫。当收割时先将叶子砍掉,然后收集它的根部大约70~80公分的部分。采集下来的东西形状很像台湾所产的凤梨,但却比凤梨大得多,大概是凤梨的20多倍。将它先剖成数块,然后用蒸汽锅加热熬煮一天,这时它的淀粉质就会变成糖分,经过榨汁后就可以得到一种甜味的汁液。将它再经过发酵、蒸馏,最后就制成了龙舌兰/特奎拉酒,它的酒精浓度约为40%。因为采用连续式蒸馏,所以能保持原料固有的独特的天然风味。龙舌兰酒在很早以前就为墨西哥印第安人所喜爱,但是将这种酒经过蒸馏处理后再饮用则是西班牙人在16世纪征服该地以后的事了。至于在特奎拉镇(Tequila)周围开始发展龙舌兰/特奎拉酒业,则更是早在1775年就已开始的事了。

特奎拉酒(Tequila)可分成两大类:

1. 无色特奎拉酒(White Tequila):未经木桶储存就直接销售,口味辛辣,多用来调制鸡尾酒。

2. 金色特奎拉酒(Gold Tequila):将刚制成的无色特奎拉酒装入内侧已略烧焦的特级木桶内,储藏2~5年。因醇化作用使酒呈金黄色,芳香,顺口,属高档的特奎拉酒,最适宜纯饮。

无色特奎拉酒是在蒸馏后未经酒桶熟成的产品,但是因经由过滤器加工处理过,所以口味仍就非常清爽。而金色特奎拉酒却是贮藏在白樫木桶中经过两年的熟成期而制成的,所以它和威士忌及白兰地一样在酒味中含有一种因木桶熟成所带来的特有风味。市面上许多特奎拉酒的标记上印有“Especial Añejo”字样,其中añejo就是英文old的意思,也就是特别经过长期成熟的意思。

由于特奎拉酒有其独特的墨西哥式饮法,作为一位调酒师应当有所认识。

首先将一小片柠檬夹在左手的拇指与食指之间,在两指间的虎口上放置少许盐,然后右手拿装了特奎拉酒的酒杯,先用手指挤柠檬汁入口,柠檬汁会带给人一种爽快的酸味,令你的牙根一紧,这时再将虎口上的盐送入口中,最后将酒杯里的特奎拉酒一饮而尽。当然这时不能饮用任何其他饮料来冲淡它的风味。饮者会感觉到40%的酒精浓度燃烧着喉咙,颇为够味。也有人为了缓和特奎拉酒的刺激,主张饮了酒后再吃柠檬的,但这却是饮特奎拉酒的下下法子。要知道,如果想喝纯墨西哥式的特奎拉酒,除此之外别无他法。

13~2 以特奎拉酒为基酒的鸡尾酒酒方(Recipes of Tequila Cocktails)

1. 烈日灼伤(Sunburn)

Squall 15 oz.(大风杯),加满冰块

$1\frac{1}{2}$ oz. Tequila(龙舌兰/特奎拉酒)

1 oz. Triple Sec(三干酒/柑橘香甜酒)

$4\frac{1}{2}$ oz cranberry juice(蔓越莓/蔓越橘汁)

将酒材与冰块一起摇荡后,连冰块一起倒入杯中,挤一个青柠檬,插一根芹菜秆(celery stalk)搅拌用。

2. 墨西哥走私佬(Mexican Runner)

Poco Grande $13\frac{1}{2}$ oz.(波可杯)(店选女士专用招牌酒杯),冰的

1 oz. Tequila(龙舌兰/特奎拉酒)

½ oz. Myer's dark Rum(迈尔斯深棕色朗姆酒)

½ oz. Banana Liqueur(香蕉香甜酒)

½ oz. Blackberry Brandy(黑莓白兰地)

2 oz. lime juice(青柠檬汁)

1 oz. strawberry puree(草莓浓浆)(美国Daily公司所产制的品质最佳)

10 oz. crushed ice(碎冰)

将酒材倒入搅拌机(blender)里打成雪泥状,挂一粒草莓,上面插纸阳伞作装饰。

3. 特奎拉日出(Tequila Sunrise)

Squall 15 oz.(大风杯),加满冰块

2 oz. Tequila(龙舌兰/特奎拉酒)

4 oz. orange juice(橘子汁)

$1\frac{1}{2}$ oz. lime juice(青柠檬汁)

将酒材倒入装满冰块的大风杯中,充分摇荡后,倒回原杯中,再倒入½ oz.的红石榴糖浆,让其自然下沉,不可搅拌,再在杯口挂一片橘子圆片作装饰。

4. 玛格丽塔(Margarita)

Margarita 12 oz. 专用杯

杯缘先沾上青柠檬汁(lime juice),再沾上盐,加满冰块

$1\frac{1}{2}$ oz. White Tequila(无色龙舌兰/特奎拉酒)

1 oz. Triple Sec(三干酒/柑橘香甜酒)

3 oz. lime juice(青柠檬汁)

1 oz. sugar syrup(糖浆)

上述酒材摇荡后,倒入杯中,挤一青柠檬角放入杯中,挂一片青柠檬圆片作装饰。

5. 勇敢公牛(Brave Bull)

Old-fashioned 7 oz. 杯,加满冰块

$1\frac{1}{2}$ oz. White Tequila(无色龙舌兰/特奎拉酒)

1 oz. Kahlúa(墨西哥咖啡香甜酒)

将酒材倒入加满冰块的老式酒杯中,拧挤一条黄柠檬条放入杯中作装饰。

6. 吃胡椒的人(Pepper Eater)

Collins 12 oz. 杯,加满冰块

$1\frac{1}{2}$ oz. Tequila(龙舌兰/特奎拉酒)

2 oz. orange juice(橘子汁)

$2\frac{1}{2}$ oz. cranberry juice(蔓越莓/蔓越橘汁)

将酒材摇荡后,倒入杯内,挂一片柑橘子圆片作装饰。

7. 美国奇马约鸡尾酒(Chimayo Cocktail)

Squall 15 oz. (大风杯),加满冰块

$1\frac{1}{2}$ oz. Gold Tequila(金色龙舌兰/特奎拉酒)

1 oz. Crème de Cassis(黑醋栗/黑茶藨子香甜酒)

$4\frac{1}{2}$ oz. cranberry juice(蔓越莓/蔓越橘汁)

将酒材摇荡后倒入杯内,在杯中插入一根芹菜秆,挤放一个青柠檬角作装饰。

8. 特奎拉日出(Tequila Sunrise)

Collins 12 oz. 杯,加满冰块

$1\frac{1}{2}$ oz. Tequila(龙舌兰/特奎拉酒)

4 oz. orange juice(橘子汁)

将酒材倒入加满冰块的柯林斯杯中,转倒入调拌杯内,充分摇荡过滤倒回原杯中,再缓缓加入½ oz. 的红石榴糖浆,让客人搅拌之,挂一片柑橘圆片(可刻成太阳造形)作装饰。

9. 墨西哥蒂华纳车(Tijuana Taxi)

Squall 15 oz. (大风杯),加满冰块

$1\frac{1}{2}$ oz. Gold Tequila(金色龙舌兰/特奎拉酒)

½ oz. Blue Curaçao(蓝色库拉索酒)

½ oz. Peach Schnapps(桃子斯内普无色烈酒)

$1\frac{1}{2}$ oz. lime juice(青柠檬汁)

将酒材倒入加满冰块的大风杯中充分摇荡后,再加 4oz. 的苏打水,倒满为止,放一个青柠檬旗、青柠檬片、包一粒红樱桃由剑叉串在一起作装饰。

10. 热裤(Hot Pants)

Old-fashioned 7oz. 杯,加满冰块

杯缘先沾上青柠檬汁,再沾盐

$1\frac{1}{2}$ oz. Tequila(龙舌兰/特奎拉酒)

1 oz. Peppermint Schnapps(薄荷斯内普无色烈酒)

2 oz. grapefruit juice(葡萄柚汁)

½ bsp(半酒吧匙)红石榴糖浆

将酒材倒入杯中并搅匀拌匀。

11. 口口乐口(Coco Loco)

Squall 15 oz. (大风杯)或使用新鲜椰子壳(Coconut Husk)杯,加满冰块

$1\frac{1}{2}$ oz. Tequila(龙舌兰/特奎拉酒)

½ oz. Gin(杜松子酒)

½ oz. Light Rum(淡朗姆酒)

2 oz. pineapple juice(凤梨汁)

2 oz. lime juice(青柠檬汁)

2 oz. coconut cream(椰乳)

将酒材倒入加满冰块的大风杯中,再倒入调拌杯中,充分摇荡后倒回原杯,挤一个青柠檬角放入杯中作装饰。

12. 斗牛士(Matador)

Cocktail $6\frac{1}{2}$ oz.(大鸡尾酒杯),冰的

$1\frac{1}{2}$ oz. Tequila(龙舌兰/特奎拉酒)

2 oz. pineapple juice(凤梨汁)

$1\frac{1}{2}$ oz. lime juice(青柠檬汁)

½ oz. sugar syrup(糖浆)

将酒材与冰块一起摇荡后过滤,倒入杯中,挤一个青柠檬角放入杯中作装饰。

13. 墨佬柑橘(Mexican Tangerine)

Sour 5oz. 杯,冰的

$1\frac{1}{2}$ oz. Gold Tequila(金色龙舌兰/特奎拉酒)

1 oz. Mandarine Napoléon(拿破仑甜橙利口酒)

$1\frac{1}{2}$ oz. lime juice(青柠檬汁)

½ oz. grenadine(红石榴糖浆)

将酒材摇荡后过滤,倒入冰过的Sour杯中,挂一片青柠檬圆片作装饰。

14. 走运兔子(Bunny Bonanza)

Old-fashioned 7 oz. 杯,加满冰块

$1\frac{1}{2}$ oz. Tequila(龙舌兰/特奎拉酒)

½ oz. Applejack(美国制的苹果白兰地)

½ oz. Triple Sec(三干酒/柑橘香甜酒)

½ oz. sugar syrup(糖浆)

将酒材倒入加满冰块的老式酒杯中拌匀,挤一个青柠檬角放入杯中作装饰。

15. 黄色炸药(T. N. T. Tequila N Tonic)

Collins 12 oz. 杯,加满冰块

$1\frac{1}{2}$ oz. Tequila(龙舌兰/特奎拉酒)

$4\frac{1}{2}$ oz. Tonic Water(奎宁水)

将酒材倒入加满冰块的柯林斯杯中,挤一个青柠檬角放入杯中作装饰。

16. 桃树玛格丽塔(Peachtree Margarita)

Sour 5oz. 杯,冰的

$1\frac{1}{2}$ oz. Tequila(龙舌兰/特奎拉酒)

1 oz. Peachtree Schnapps(桃树斯内普无色烈酒)

2 oz. lime juice(青柠檬汁)

杯缘先用青柠檬汁沾湿,再沾盐,酒材与冰块一起摇荡后过滤,倒入杯内,杯上挂一片青柠檬作装饰。

17. 墨西哥蒂华纳樱桃(Tijuana Cherry)

Cocktail $4\frac{1}{2}$ oz. 杯,冰的

1 oz. Tequila(龙舌兰/特奎拉酒)

1 oz. Peter Herring(丹麦樱桃香甜酒)

1 oz. lime juice(青柠檬汁)

将酒材摇荡后过滤,倒入冰过的鸡尾酒杯中。

18. 红玛丽亚(Bloody Maria)

Collins 12 oz. 杯,加满冰块

$1\frac{1}{2}$ oz. Tequila(龙舌兰/特奎拉酒)

2 oz. tomato juice(番茄汁)

$2\frac{1}{2}$ oz. lime juice(青柠檬汁)

$\frac{1}{8}$ bsp($\frac{1}{8}$酒吧匙)黑胡椒粉

$\frac{1}{8}$ bsp($\frac{1}{8}$酒吧匙)芹菜盐(celery salt)

1dash Tabasco sauce(倒一下墨西哥塔瓦斯科辣椒汁)

将酒材倒入加满冰块的柯林斯杯内,转倒入调拌杯内,充分摇荡后倒回原杯,插入一根芹菜秆,挂上一片青柠檬圆片作装饰。

19. 弹跳咖啡豆(Jumping Bean)

Cocktail $4\frac{1}{2}$ oz. 杯,冰的

$1\frac{1}{2}$ oz. Tequila(龙舌兰/特奎拉酒)

$\frac{1}{2}$ oz. Sambuca(意大利桑巴卡茴香利口酒)

$\frac{1}{2}$ oz. lime juice(青柠檬汁)

将酒材摇荡后过滤,倒入杯内,最后在杯中加 3 粒咖啡豆。

20. 独特的玛格丽塔(Unique Margarita)

Margarita 12 oz. 杯,装满冰块

$1\frac{1}{2}$ oz. Jose Cuervo 1800 Tequila

$\frac{1}{2}$ oz. Cointreau(法国康德露柑橘香甜酒)

$\frac{1}{2}$ oz. Grand Manier(法国干邑柑橘香甜酒)

4 oz. lime juice(青柠檬汁)

将酒材与冰块一起摇荡后过滤,倒入杯中,挂一片青柠檬圆片作装饰。

21. 雪泥草莓玛格丽塔(Frozen Strawberry Margarita)

Poco Grande $13\frac{1}{2}$ oz. (波可杯),冰的

$1\frac{1}{2}$ oz. Gold Tequila(金色龙舌兰/特奎拉酒)

1 oz. Triple Sec(三干酒/柑橘香甜酒)

é2 oz. lime juice(青柠檬汁)

2 oz. strawberry puree(美国生产草莓浓浆的公司甚多,Coco Lopéz 的产品质量甚佳)

10oz. 碎冰

将酒材倒入果汁机中打成雪泥状,杯缘先沾上青柠檬汁,再沾上盐,雪泥饮料倒入杯中,放一个青柠檬旗作装饰。美国最好的酒吧专用果汁机品牌是 Vita-Mix。

22. 蓝色玛格丽塔(Blue Margarita)

Cocktail $4\frac{1}{2}$ oz. 杯,冰的

1 oz. Tequila(龙舌兰/特奎拉酒)

$\frac{1}{2}$ oz. Blue Curaçao(蓝色库拉索酒)

$\frac{1}{4}$ oz. Triple Sec(三干酒/柑橘香甜酒)

1 oz. lime juice(青柠檬汁)

杯缘先沾上青柠檬汁,再沾上盐,将

酒材摇荡后过滤倒入杯中,挤一个青柠檬角放入饮料中作装饰。

23. 仙人掌之咬(Cactus Bite)

Cocktail $6\frac{1}{2}$ oz.(大鸡尾酒杯),冰的

$1\frac{1}{2}$ oz. Tequila(龙舌兰/特奎拉酒)

¼ oz. Triple Sec(三干酒/柑橘香甜酒)

¼ oz. Drambuie(苏格兰产的蜂蜜香甜酒)

½ oz. sugar syrup(糖浆)

2 oz. lime juice(青柠檬汁)

1dash bitters(倒一次苦精)

将酒材迅猛摇荡后,滤掉冰块倒入杯中,拧挤一条/片黄柠檬(lemon twist)放入杯中作装饰。

24. 金色玛格丽塔(Gold Margarita)

Cocktail $4\frac{1}{2}$ oz. 杯,冰的

$1\frac{1}{2}$ oz. Gold Tequila(金色龙舌兰/特奎拉酒)

1 oz. lime juice(青柠檬汁)

½ oz. Cointreau(法国康德露柑橘香甜酒)

杯缘先沾上柠檬汁,再沾上盐,酒材倒入调拌杯迅猛摇荡后,滤掉冰块倒入杯中,拧挤一个青柠檬角放入杯中作装饰。

25. 穿过边界(Border Crossing)

Collins 12 oz. 杯,加满冰块

$1\frac{1}{2}$ oz. Tequila(龙舌兰/特奎拉酒)

$4\frac{1}{2}$ oz. cola or coke(可乐或可可)

½ oz. lime juice(青柠檬汁)

将酒材倒入加满冰块的柯林斯杯中,搅拌匀,挤一个青柠檬角放入杯中作装饰。

26. 欢乐佳节(Jubilee)

Squall 15 oz.(大风杯),加满冰块

1 oz. Tequila(龙舌兰/特奎拉酒)

½ oz. Gin(杜松子酒)

½ oz. Vodka(伏特加酒)

½ oz. Blue Curaçao(蓝色库拉索酒)

1 oz. lime juice(青柠檬汁)

1 oz. sugar syrup(糖浆)

将酒材倒入加满冰块的大风杯中,充分摇荡后再加入4oz.的苏打水,用剑叉串两粒樱桃放入杯中作装饰。

27. 溅洒阿拉莫(Alamo Splash)

Cocktail $4\frac{1}{2}$ oz. 杯,冰的

$1\frac{1}{2}$ oz. Tequila(龙舌兰/特奎拉酒)

1 oz. orange juice(橘子汁)

½ oz. pineapple juice(凤梨汁)

将酒材与冰块一起摇荡后过滤,倒入杯内。

28. 高大红脸嘲骂者(Big Red Hooter)

Collins 12 oz. 杯,加满冰块

1 oz. Tequila(龙舌兰/特奎拉酒)

¾ oz. Amaretto(意大利苦杏仁香甜酒)

4oz. pineapple juice(凤梨汁)

将酒材倒入加满冰块的柯林斯杯中,充分摇荡后倒回原杯,再加入½oz.的红石榴糖浆,放一粒樱桃,插入吸管。

29. 令人恐惧的日出(Hairy Sunrise)

Poco grande 13$\frac{1}{4}$ oz.（波可杯),冰的

¾ oz. Tequila(龙舌兰/特奎拉酒)

¾ oz. Vodka(伏特加酒)

½ oz. Triple Sec(三干酒/柑橘香甜酒)

1 oz. lime juice(青柠檬汁)

4oz. orange juice(橘子水)

10oz. 碎冰

将酒材倒入果汁机中打成雪泥状,倒回 Poco Grande 杯中,再撒 2～3 下红石榴糖浆,挂一片青柠檬片作装饰。

30. 麦克喜可乐(Mexicola)

Collins 12 oz. 杯,加满冰块

1$\frac{1}{2}$ oz. Tequila(龙舌兰/特奎拉酒)

1 oz. lime juice(青柠檬汁)

将酒材倒入加满冰块的柯林斯杯内,充分摇荡或搅拌后,再加入 4$\frac{1}{2}$ oz. 的可口可乐(Coca Cola),由下而上稍加搅拌,挂一片青柠檬圆片作装饰。

31. 女人四十一朵花(Shady Lady)

Highball 10oz. 杯,加满冰块

¾ oz. Tequila(龙舌兰/特奎拉酒)

¾ oz. Melon Liqueur(香瓜利口酒)

4oz. grapefruit juice(葡萄柚汁)

将酒材倒入加满冰块的杯中,充分摇荡后放一片青柠檬片(sliced lime)和一粒红樱桃作装饰。

32. 特奎拉峡谷(Tequila Canyon)

Squall 15 oz.（大风杯),加满冰块

1$\frac{1}{2}$ oz. Tequila(龙舌兰/特奎拉酒)

½ oz. Triple Sec(三干酒/柑橘香甜酒)

½ oz. pineapple juice(凤梨汁)

½ oz. orange juice(橘子汁)

5oz. cranberry juice(蔓越莓/蔓越橘汁)

将酒材倒入加满冰块的大风杯内,充分摇荡后再倒回原杯中,挤一个青柠檬角放入,挂一片青柠檬圆片作装饰,插入吸管。

33. 特奎拉斗牛士(Tequila Matador)

Tulip Champagne 9oz.（郁金香花形的香槟杯),冰的

1$\frac{1}{2}$ oz. Tequila(龙舌兰/特奎拉酒)

3 oz. pineapple juice(凤梨汁)

1 oz. lime juice(青柠檬汁)

½ oz. sugar syrup(糖浆)

将酒材倒入已加有¼满冰块的调拌杯中,充分摇荡后过滤掉冰块,倒入香槟杯中。

34. 交通灯凉饮(Traffic Light Cooler)

Pilsner 12 oz.（比尔森形高脚啤酒杯),冰的

这道酒采用彩虹酒的手法调制,步骤如下:

① Pilsner 啤酒杯内先装满冰块;

② 倒入¾ oz. 的香瓜香甜酒(Melor Liqueur);

③ 加入 1 oz. 的金色龙舌兰/特奎拉酒(Gold Tequila);

④ 加入 1 oz. 的甜酸汁(sweet & sour juice)或½ oz. 青柠檬片,再加上½ oz. 的

糖浆(sugar syrup),此二物要先加以拌匀;

⑤ 沿杯内侧加入2 oz. 的橘子汁产生黄色层次;

⑥ 最后倒入½ oz. 的黑刺李杜松子香甜酒(Sloe Gin)产生红色层次;

⑦ 杯缘挂上青、黄柠檬圆片中串红樱桃;

⑧ 在喝前才搅拌,并由饮者搅拌。

35. 墨佬花衬衫(Mexican Madras)

Old-fashioned 7 oz. 杯,加满冰块

$1\frac{1}{2}$ oz. Gold Tequila(金色龙舌兰/特奎拉酒)

3 oz. cranberry juice(蔓越莓/蔓越橘汁)

½ oz. 橘子汁

1 dash lime juice(倒一次青柠檬汁)

将酒材倒入加满冰块的老式酒杯中,拌匀后挤一个青柠檬角放入杯中作装饰。

36. 拉班巴(La Bamba)

Squall 15 oz.(大风杯)

杯缘沾上糖粉,加满冰块

$1\frac{1}{2}$ oz. Gold Tequila(金色龙舌兰/特奎拉酒)

¾ oz. Cointreau(法国康德露柑橘香甜酒)

3 oz. pineapple juice(凤梨汁)

3 oz. orange juice(橘子汁)

将酒材倒入已装¼满冰块的调拌杯中,摇荡后过滤,再倒入杯缘已沾有糖粉的大风杯中,在杯中倒两次(2 dashes)红石榴糖浆,放一个橘子旗或凤梨旗或青柠檬旗作装饰。

13~3 国际上各种玛格丽塔(Margarita)酒方

1. 阿妮塔·玛格丽塔(Anita Margarita)

Fiesta Grande 12 oz. 或 Margarita(专用杯)12 oz.

杯缘沾上盐(可沾,也可不沾),装满冰块

$1\frac{1}{2}$ oz. Tequila(龙舌兰/特奎拉酒)

½ oz. Mandarine Napoléon(拿破仑甜橙香甜酒)

½ oz. Rose's lime juice(罗斯青柠檬汁)

$1\frac{1}{2}$ oz. sweet & sour juice(甜酸汁)

$1\frac{1}{2}$ oz. cranberry juice(蔓越莓/蔓越橘汁)

将酒材倒入已加¼满冰块的调拌杯内,摇荡后过滤,倒入杯中,杯缘挂一个青柠檬角作装饰。

2. 巴哈马妈妈玛格丽塔(Bahama Mama Margarita)

Margarita 12 oz. 杯(即 Fiesta grande 杯)

杯缘沾上糖(可沾,也可不沾),装满冰块

1 oz. Añejo Tequila(陈年龙舌兰/特奎拉酒)

1 oz. Malibu Rum(马利布朗姆酒)

½ oz. Triple Sec(三干酒/柑橘香甜酒)

½ oz. Rose's lime juice(罗斯青柠檬汁)

$1\frac{1}{2}$ oz. pineapple juice(凤梨汁)

$1\frac{1}{2}$ oz. sweet & sour juice(甜酸汁)

将酒材倒入已加¼满冰块的调拌杯内,摇荡后过滤,放一个凤梨旗(即用剑叉串一小块凤梨与樱桃)作装饰。

3. 黑森林玛格丽塔(Black Forest Margarita)

Margarita 12 oz. 杯

杯缘沾上盐(可沾,也可不沾),装满冰块

$1\frac{1}{4}$ oz. Tequila(龙舌兰/特奎拉酒)

¾ oz. Cherry Schnapps(樱桃斯内普无色烈酒)

½ oz. Rose's lime juice(罗斯青柠檬汁)

$1\frac{1}{2}$ oz. sweet & sour juice(甜酸汁)

2 oz. orange juice(橘子汁)

将酒材倒入已加¼满冰块的调拌杯内,摇荡后过滤,倒入杯中,挂一个青柠檬角作装饰。

4. 蓝月玛格丽塔(Blue Moon Margarita)

Margarita 12 oz. 杯,冰的

杯缘沾上盐(可沾,也可不沾)

$1\frac{1}{4}$ oz. Tequila(龙舌兰/特奎拉酒)

¾ oz. Blue Curaçao(蓝色库拉索酒)

$1\frac{1}{2}$ oz. sweet & sour juice(甜酸汁)

½ oz. Rose's lime juice(罗斯青柠檬汁)

2 scoops(两大球)lemon sorbet(两酒吧匙没有牛奶成分的柠檬冰淇淋),约3 oz.

8 oz. 碎冰

将酒材倒入果汁机中打约15秒钟,打成雪泥状即可,倒入Margarita杯中,杯缘挂一个青柠檬角作装饰。

5. 黑金玛格丽塔(Black Gold Margarita)

Margarita 12 oz. 杯

杯缘沾上盐(可沾,也可不沾),装满冰块

1 oz. Sauza Gold Tequila(索扎金色龙舌兰/特奎拉酒)

1 oz. Sauza Añejo Tequila(索扎陈年龙舌兰/特奎拉酒)

¾ oz. Chambord(法国覆盆子香甜酒)

½ oz. Rose's lime juice(罗斯青柠檬汁)

1 oz. sweet & sour juice(甜酸汁)

将酒材倒入已加¼满冰块的调拌杯内,摇荡后过滤,倒入杯中,挂一个青柠檬角作装饰。

6. 开君玛格丽塔(Cajun Margarita)

Cocktail $4\frac{1}{2}$ oz. 杯,冰的

杯缘沾上盐和辣椒(optional,即可沾,也可不沾)

$1\frac{1}{2}$ oz. Tequila(龙舌兰/特奎拉酒)

$1\frac{1}{2}$ oz. sweet & sour juice（甜酸汁）

2 dashes Tabasco sauce（撒两下塔瓦斯科辣椒汁）

2 dashes Jalapeño pepper juice（撒两下哈拉帕辣椒汁）

将酒材倒入已加¼满冰块的调拌杯内，摇荡后过滤，倒入杯中，倒回鸡尾酒杯中，放入小的青辣椒作装饰。

7. 卡迪拉克玛格丽塔（Cadillac Margarita）

Margarita 12 oz. 杯，装满冰块

杯缘沾上盐（可沾，也可不沾）

$1\frac{1}{4}$ oz. Tequila（龙舌兰/特奎拉酒）

¾ oz. Grand Manier（法国柑橘干邑香甜酒）

1 oz. Rose's lime juice（罗斯青柠檬汁）

3 oz. sweet & sour juice（甜酸汁）

将酒材倒入已加¼满冰块的调拌杯内，摇荡后过滤，倒入杯中，挂一个青柠檬角作装饰。

8. 香槟玛格丽塔（Champagne Margarita）

Tulip Champagne 9 oz.（郁金香花形香槟酒杯），冰的

杯缘沾上法国康德露柑橘香甜酒（Cointreau）（可沾，也可不沾）

1 oz. Tequila（龙舌兰/特奎拉酒）

½ oz. Cointreau（法国康德露柑橘香甜酒）

½ oz. Rose's lime juice（罗斯青柠檬汁）

½ oz. orange juice（橘子汁）

将酒材倒入已加¼满冰块的调拌杯内，摇荡后过滤，倒入杯中，加满冰的香槟酒（Champagne），放入两条黄柠檬条（lemon twist）作装饰。

9. 卡塔莉娜·玛格丽塔（Catalina Margarita）

Margarita 12 oz. 杯，装满冰块

杯缘沾上糖（可沾，也可不沾）

$1\frac{1}{2}$ oz. Tequila（龙舌兰/特奎拉酒）

½ oz. Blue Curaçao（蓝色库拉索酒）

½ oz. Peachtree Schnapps（桃树斯内普无色烈酒）

½ oz. Rose's lime juice（罗斯青柠檬汁）

2 oz. sweet & sour juice（甜酸汁）

将酒材倒入已加¼满冰块的调拌杯中，摇荡后过滤，倒入鸡尾酒杯中，挂一个青柠檬角（lime wedge）作装饰。

10. 加勒比海玛格丽塔（Caribbean Margarita）

Margarita 12 oz.

杯缘沾上粉红色柠檬水（pink lemonade）（可沾，也可不沾），装满冰块

1 oz. Tequila（龙舌兰/特奎拉酒）

1 oz. Rum（朗姆酒）

½ oz. Triple Sec（三干酒/柑橘香甜酒）

½ oz. Rose's lime juice（罗斯青柠檬汁）

$1\frac{1}{2}$ oz. orange juice（橘子汁）

$1\frac{1}{2}$ oz. sweet & sour juice(甜酸汁)

将酒材倒入已加¼满冰块的调拌杯中,摇荡后过滤,倒入杯中,放入一个凤梨串樱桃的凤梨旗作装饰。

11. 卡提娜葡萄酒玛格丽塔(Catina Wine Margarita)

Squall 15 oz. 大风杯

杯缘沾上盐(可沾,也可不沾),装满冰块

2 oz. Dry White Wine(辛辣白葡萄酒)

1 oz. Triple Sec(三干酒/柑橘香甜酒)

½ oz. Rose's lime juice(罗斯青柠檬汁)

2 oz. swect & sour juice(甜酸汁)

将酒材直接倒入大风杯中,由下而上搅拌数次后,以苏打水(club soda)加满,杯缘挂一个青柠檬角作装饰。

12. 古典的玛格丽塔(Classic Margarita)

Cocktail $6\frac{1}{2}$ oz. 杯,冰的

杯缘沾上盐(可沾,也可不沾),加满冰块

$1\frac{1}{2}$ oz. Tequila(龙舌兰/特奎拉酒)

½ oz. Triple Sec(三干酒/柑橘香甜酒)

½ oz. Rose's lime juice(罗斯青柠檬汁)

½ oz. orange juice(橘子汁)

$1\frac{1}{2}$ oz. sweet & sour juice(甜酸汁)

将酒材倒入已加¼满冰块的调拌杯中,摇荡后过滤,倒入杯中,挤一个青柠檬角放入杯内作装饰。

13. 蔓越莓/蔓越橘玛格丽塔第一方(Cranberry Margarita 1)

Margarita 12 oz. 杯,冰的

杯缘沾上盐(可沾,也可不沾)

$1\frac{1}{2}$ oz. Tequila(龙舌兰/特奎拉酒)

½ oz. Mandarine Napoléon(拿破仑柑橘香甜酒)

3 oz. cranberry juice(蔓越莓/蔓越橘汁)

1 oz. strawberry puree(草莓浓浆)

¾ oz. sweet & sour juice(甜酸汁)

¾ oz. Rose's lime juice(罗斯青柠檬汁)

8 oz. 碎冰

将酒材倒入果汁机中,搅打成雪泥状(约15秒钟),倒入杯中,挂一个青柠檬角作装饰。

14. 蔓越莓/蔓越橘玛格丽塔第二方(Cranberry Margarita 2)

Margarita 12 oz. 杯,冰的

杯缘沾上糖(可沾,也可不沾)

$1\frac{1}{2}$ oz. Tequila(龙舌兰/特奎拉酒)

½ oz. Triple Sec(三干酒/柑橘香甜酒)

4 oz. cranberry juice(蔓越莓/蔓越橘汁)

½ oz. lime juice(青柠檬汁)

8 oz. 碎冰

将酒材倒入果汁机(blender)中,搅打

成雪泥状(约15秒钟),倒入Margarita杯中,挂放新鲜草莓作装饰。

15. 美国凯奥特·玛格丽塔第一方(Coyote Margarita 1)

Margarita 12 oz. 杯

杯缘沾上盐和辣椒(可沾,也可不沾),装满冰块

$1\frac{1}{2}$ oz. Tequila(龙舌兰/特奎拉酒)

½ oz. Triple Sec(三干酒/柑橘香甜酒)

½ oz. Rose's lime juice(罗斯青柠檬汁)

1 oz. cranberry juice(蔓越莓/蔓越橘汁)

¼ oz. 青辣椒汁

$1\frac{1}{2}$ oz. sweet & sour juice(甜酸汁)

将酒材倒入已加¼满冰块的调拌杯中,摇荡后过滤,倒入杯中,挂一个青柠檬角作装饰。

16. 美国凯奥特·玛格丽塔第二方(Coyote Margarita 2)

Margarita 12 oz. 杯

杯缘沾上盐(可沾,也可不沾),装满冰块

$1\frac{1}{2}$ oz. Tequila(龙舌兰/特奎拉酒)

½ oz. Triple Sec(三干酒/柑橘香甜酒)

½ oz. Rose's lime juice(罗斯青柠檬汁)

$1\frac{1}{2}$ oz. pear juice(梨子汁)

$1\frac{1}{2}$ oz. sweet & sour juice(甜酸汁)

将酒材倒入已加¼满冰块的调拌杯中,摇荡后过滤,倒入杯中,挂上一个青柠檬角作装饰。

17. 埃默拉尔德岛玛格丽塔(Emerald Isle Margarita)

Cocktailed $6\frac{1}{2}$ oz. (大鸡尾酒杯),冰的

杯缘沾上盐(可沾,也可不沾),加满冰块

$1\frac{1}{4}$ oz. Tequila(龙舌兰/特奎拉酒)

¾ oz. Midori melon(日本绿香瓜香甜酒)

½ oz. Rose's lime juice(罗斯青柠檬汁)

½ oz. orange juice(橘子汁)

$1\frac{1}{2}$ oz. sweet & sour juice(甜酸汁)

将酒材倒入已加¼满冰块的调拌杯中,摇荡后过滤,倒入杯中,挤放一个青柠檬角于杯中作装饰。

18. 水果玛格丽塔(Fruit Margarita)

Margarita 12 oz. 杯,冰的

杯缘沾上糖(可沾,也可不沾)

$1\frac{1}{4}$ oz. Tequila(龙舌兰/特奎拉酒)

½ oz. Triple Sec(三干酒/柑橘香甜酒)

½ oz. Rose's lime juice(罗斯青柠檬汁)

4 oz. 依客人偏好点叫的任何水果汁

倒一次(1 dash)橘子汁(可倒,也可不倒)

1 oz. 甜酸汁

8 oz. 碎冰

将酒材倒入果汁机中,打成雪泥状(15 秒钟左右),倒入杯中,用新鲜主题水果作装饰。

可选择的水果有苹果、杏桃、香蕉、奇异果、香瓜、桃子、番石榴、覆盆子、草莓、西瓜等。

19. 乔治亚·玛格丽塔(Georgia Margarita)

Margartia 12 oz. 杯

杯缘沾上糖(可沾,也可不沾),加满冰块

$1\frac{1}{4}$ oz. Tequila(龙舌兰/特奎拉酒)

¾ oz. Dekuyper Peachtree Schnapps(Dekuyper 公司产的桃树斯内普无色烈酒)

1 oz. Rose's lime juice(罗斯青柠檬汁)

2 oz. sweet & sour juice(甜酸汁)

将酒材倒入已加¼满冰块的调拌杯中,摇荡后过滤,倒入杯中,挂一个青柠檬角作装饰。

20. 夏威夷人的玛格丽塔(Hawaiian Margarita)(又名 Giggling Margarita 即咯咯笑的玛格丽塔)

Margarita 12 oz. 杯,冰的

$1\frac{1}{4}$ oz. Tequila(龙舌兰/特奎拉酒)

½ oz. Amaretto(意大利苦杏香甜酒)

½ oz. Blue Curaçao(蓝色库拉索酒)

3 oz. 凤梨汁或 4 片去心的凤梨片切成小丁

2 oz. 甜酸汁

8 oz. 碎冰

将酒材倒入果汁机中,搅打成冰沙或雪泥状,倒入杯中,用剑叉或牙签串青柠檬与凤梨片放在杯内作装饰。

21. 毛伊玛格丽塔第一方(Maui Margarita 1)

Poco Grande $13\frac{1}{4}$ oz.(波可杯),冰的

杯缘沾上盐(可沾,也可不沾)

$1\frac{1}{2}$ oz. Sauza Gold Tequila(索扎金色龙舌兰/特奎拉酒)

½ oz. Triple Sec(三干酒/柑橘香甜酒)

½ oz. Rose's lime juice(罗斯青柠檬汁)

$1\frac{1}{2}$ oz. orange juice(橘子汁)

2 oz. sweet & sour juice(甜酸汁)

10 oz. 碎冰

将酒材倒入果汁机中,打成雪泥状,倒入 Poco 杯中,挂一个青柠檬角作装饰。

22. 毛伊玛格丽塔第二方(Maui Margarita 2)

Margarita 12 oz. 杯

杯缘沾上盐(可沾,也可不沾),加满冰块

$1\frac{1}{4}$ oz. Sauza Gold Tequila(索扎金色龙舌兰/特奎拉酒)

¾ oz. Grand Marnier(法国柑橘干邑

香甜酒）

1 oz. pineapple juice（凤梨汁）

3 oz. sweet & sour juice（甜酸汁）

将酒材倒入已加¼满冰块的调拌杯中，摇荡后过滤，倒入杯中，挂一个青柠檬角作装饰。

23. 日本绿香瓜玛格丽塔（Midori Margarita）（又叫 Melon Margarita，也叫绿蜥蜴——Green Iguana）

Cocktail $6\frac{1}{2}$ oz.（大鸡尾酒杯），冰的

$1\frac{1}{4}$ oz. Sauza Añejo Tequila（索扎陈年龙舌兰/特奎拉酒）

$1\frac{1}{4}$ oz. Midori Melon（日本绿香瓜香甜酒）

2 oz. sweet & sour juice（甜酸汁）

将酒材倒入已加¼满冰块的调拌杯中，摇荡后过滤，倒入杯中，挂一个青柠檬角作装饰。

13-4 对国际知名美酒的认识

1. Sauza Tequilas：一种 1873 年就已在墨西哥的奎特拉镇（Tequila）生产的酒精浓度为 51% 以上及 100% 龙舌兰（Agave）的龙舌兰酒，品种有 Sauza Silver, Hornitos Reposado, Conmemorativo, Tres Generaciones Plata 和 Tres Generaciones Añejo 等，酒精度是 80 度。

2. Rhums Barbancourt：一种产于海地的朗姆酒，经两次蒸馏（先在圆锥蒸馏器中蒸馏，然后在铜锅中蒸馏），再封入法国利穆赞（Limousin）橡木大桶中熟成，品种有 Rhum Barbancourt Three Star（陈年 4 年），Five Star Réserve Spéciale（陈年 8 年）和 Réserve du Domaine（陈年 15 年），酒精度是 80 度。

3. Seagram's 7 Whisky：一种从 20 世纪 30 年代起在美国印第安那州开始生产的调和威士忌，酒精度是 80 度。

4. Sloe Gin：以野李、野梅浆果为原料制成的香甜酒，酒精度是 40～60 度。

5. Smirnoff Vodka：一种美国生产的伏特加酒，是依据昔日俄国沙皇伏特加供应商 Mr. Piotr Smirnoff 的酒方制成的，酒精度是 80 度。

6. Southern Comfort Liqueur：一种南方蜜桃利口香甜酒，早在 1874 年就已在美国产制，是以谷物中性烈酒为基酒，加入蜜桃香甜酒及新鲜桃子和柑橘精等制成，酒精度是 80 度。

7. Tanqueray No. 10 Gin：产于英国伦敦，用新鲜的植物为原材料，以小批量方式经 4 次蒸馏而成，酒精度是 94.6 度。

8. Stolichnaya Russian Vodkas：是一种高度成功的知名伏特加酒，产于俄罗斯莫斯科市中心区，是使用耐寒的冬天小麦经两次或 4 次蒸馏而成。酒的品种有 Persik（peach），Vanil（vanilla），Strasberi（strawberry），Ohranj（orange），酒精度是 80 度。

9. Sweet Vermouth：大部份产于意大利，是由 Apulia 和 Moscato di Canelli 两种葡萄酒调和，经陈年 1～2 年并强化而制成，酒精度为 32～36 度。

10. Sherry：产于西班牙，是一种调和并经强化的葡萄酒，经过 Solera 陈年及储存系统熟成而得，酒精度为 34～44 度。

11. Van Gogh Gin：产于荷兰的杜松子酒，是由谷物及 10 种药草和植物经两次蒸馏而制成，酒精度是 94 度。

12. Van Hoo Vodka：一种产于比利时的谷物伏特加酒，蒸馏 4 次而得，最后 3 次都在 Van Hoorebeke 蒸馏酒厂的圆柱蒸馏器炼成。该厂也是拿破仑甜橙香甜酒（Mandarine Napoléon）的酿造者，酒精度是 80 度。

13. Tuaca：一种意大利产的吐阿卡椰子香甜酒，由白兰地、水果皮及药草等制成，带有椰子与焦糖的风味，酒精度是 84 度。

14. Tropico：产于波多黎各岛（Puerto Rico）的圣胡安（San Juan），是由巴卡迪陈年朗姆酒加上 7 种怪异的水果汁制成，酒精度是 32 度。

15. W. L. Weller Special Reserve Bourbon：产于美国肯塔基州的富兰克林郡，以小麦为原料，蒸馏后陈年 7 年，酒精度为 90 度。Old Weller Antique 的酒精度则是 107 度。

问题探讨

如何调制下列各款国际知名鸡尾酒？

（1）Mexican Runner
（2）Tequila Sunrise
（3）Margarita
（4）Coco Loco
（5）Tijuna Taxi
（6）Unique Margarita
（7）Blue Margarita
（8）Jubilee
（9）Tequila Canyon
（10）La Bomba
（11）Champagne Margarita
（12）Blue Moon Margarita
（13）Cranberry Margarita
（14）Catina Wine Margarita
（15）Kiwi Margarita
（16）Hawaiian Margarita
（17）Cadillac Margarita
（18）Cajun Margarita
（19）Georgia Margarita
（20）Caribbean Margarita

第十四章

以伏特加酒为基酒的鸡尾酒酒方

Recipes of Vodka Cocktails

☞学习目的

了解： 1. 调酒师对伏特加酒(Vodka)应有的认识

2. 以伏特加酒为基酒的鸡尾酒酒方(Recipes of Vodka Cocktails)

3. 国际上各种以伏特加酒为基酒的鸡尾酒酒方

4. 对国际知名美酒的认识

伏特加酒(Vodka)起源于波罗的海沿岸,是重要的调酒用基酒,核心原料是谷类、马铃薯或甜菜,伏特加酒的品质完全决定于过滤过程,以在世界上及中国销售第一的美国斯米尔诺夫(Smirnoff)伏特加酒为例,每一滴酒都需经过80吨活性碳并历经8小时的过滤才能生产出无色、无味、纯净、柔顺的高级伏特加酒。其无色、无味的特点,使之成为调制鸡尾酒(Cocktail)最重要的基酒之一。

大概在12世纪时,伏特加酒就已成为俄国民间传统的蒸馏酒,但是波兰却有更早就饮用伏特加酒的记录,而且其时间比俄国要早百余年。因此,严格而言,伏特加酒应是源自波兰。今天,除了俄国和波兰外,波罗的海沿岸各国都有广泛的生产,而美国所生产的伏特加酒更是后来居上,已成为能与东欧各国匹敌的生产大国。

伏特加酒的通常制法是以谷物为原料制成的,但是北欧各国和俄国的部分地区也有用马铃薯作原料的。这些原料经过精巧的蒸馏器就制成了酒精度高达95%的蒸馏酒,然后加入蒸馏水冲淡后再用活性碳过滤。活性碳是装在铜制或不锈钢的圆桶中的,经过五六支铜管或多达20多支铜管的过滤后,伏特加酒就诞生了。没有过滤前的酒十分粗糙、生涩、浑浊,但过滤后的伏特加酒却是十分的清新、爽口。

Vodka(伏特加酒)的词源是由俄语вода(音译为voda)而来,意思是"水",也可以理解成"可爱之水"的意思。也许当初蒸馏技术传到俄国时,由拉丁文aqua(水)和拉丁文vitae(生命)组合而成的词组Aqua-Vitae("生命之水"即烈酒)就沿用至今,俄文的Водка——伏特加酒(音译为Vodka)很可能就是由此而来的。

14~1 调酒师对伏特加酒(Vodka)应有的认识

1. 产地:原产地是俄国与波兰,现英、美及北欧、东欧各国也都加入产制。

2. 原料:除马铃薯外,如今也有许多使用谷物淀粉来制造的。

3. 酒精浓度:40%~50%,酒精度是80~100度。

4. 特征:无色、无味、无嗅,只有火辣辣的刺激味。

5. 品牌:市面上品牌甚多,最著名的有下列4款:

(1)司木露(Smirnoff)(美国):Smirnoff公司于1818年在刚被拿破仑军队蹂躏的莫斯科用石头建造的蒸馏厂中开始制造伏特加酒,它曾被俄国皇家指定御用,所以名盛一时。直到近百年后的1917年,因俄国革命,Smirnoff家族逃往巴黎,后又辗转流浪到了美国,并重新开始生产伏特加酒。这就是伏特加酒所以能被推广到美国的原因了。红标是80度(Proof)即酒精浓度为40%;蓝标是100度,酒精浓度为50%。

(2)亚伯索露特(Absolut)(瑞典):由瑞典史威坦公司产制,Absolut是"绝对的"、"十全十美的"、"纯粹的"之意,早在

1879 年就由拉斯、欧尔松、史密斯厂制造。目前史威坦大约有 80 家蒸馏厂,以生产伏特加酒为主,Absolut 则是在欧霍斯蒸馏厂制造,其原料以瑞典斯韦敦(Svedun)南部所产的小麦为主,产品种类甚多,广受世界各国消费者喜爱。

(3) 斯托莉奇娜娅(Stolichnaya)(俄罗斯及波兰):Stolichnaya 为俄语 Столичная 的音译,意为"首都的",它原本是在莫斯科制造的,这种酒与俄国的其他杂牌伏特加酒相比,有着十分柔软细腻的口味。现在波兰也生产此酒,另外波兰产制的威博罗瓦(Wyborowa)及吉特尼亚(Zytnia)两种品牌的伏特加酒也是优质高档的好酒。

(4) 芬兰地亚(Finlandia)(芬兰):这是森林与湖泊的王国——芬兰所出产的,公司在拉布岛。Finlandia 是"白色麋鹿"的意思,酒是用百分之百的谷物所酿制。虽然酒精度已高达 80 度(40%),但是因为它的味道十分柔和,并且十分顺口,所以深受饮酒者喜爱,它的酒瓶常会使人联想到冰柱的模样。

6. 喝法:有 Vodka Tonic、Vodka Soda、Vodka Martini、Bloody Mary、Screwdriver、或 Vodka on the Rocks、Vodka Straight Up 等形形色色的喝法。

伏特加酒和杜松子酒这两种酒都不需陈年,但杜松子酒在蒸馏时会加上香料,而伏特加酒则是什么香料都不加,所以它是绝对的无色、无味的烈酒,作为调制鸡尾酒的基酒,伏特加酒是最理想的。

14~2 以伏特加酒为基酒的鸡尾酒酒方(Recipes of Vodka Cocktails)

1. 沙漠之盾(Desert Shield)

Highball 10 oz. 杯,加满冰块

$1\frac{1}{2}$ oz. Vodka(伏特加酒)

$3\frac{1}{2}$ oz. cranberry juice(蔓越莓/蔓越橘汁)

将酒材倒入已装¼满冰块的调拌杯中,充分摇荡后倒入高圆球杯中,拧挤一个青柠檬角放入杯内作装饰。

2. 终结者(Exterminator)

Cocktail $4\frac{1}{2}$ oz. 杯,冰的

2 oz. Vodka(伏特加酒)

½ oz. Sherry(西班牙雪利酒)

将酒材摇荡后过滤,倒入杯内。

3. 冰河上的薄荷(Glacier Mint)

Cocktail $4\frac{1}{2}$ oz. 杯,冰的

$1\frac{1}{2}$ oz. Vodka(伏特加酒)

½ oz. Green Crème de Menthe(绿色薄荷香甜酒)

½ oz. lime juice(青柠檬汁)

将酒材摇荡后过滤,倒入杯内。

4. 白俄罗斯人(White Russian)

Old-fashioned 7 oz. 杯,加满冰块

$1\frac{1}{2}$ oz. Vodka(伏特加酒)

$\frac{3}{4}$ oz. Kahlúa(墨西哥咖啡香甜酒)

$\frac{1}{2}$ oz. milk(牛奶)或 half & half cream

将酒材倒入加满冰块的老式酒杯中,拌匀即可。

5. 蓝色泻湖(Blue Lagoon)

Collins 12 oz. 杯,加满冰块

$1\frac{1}{2}$ oz. Vodka(伏特加酒)

$\frac{1}{2}$ oz. Blue Curaçao(蓝色库拉索柑橘利口酒)

2 oz. lime juice(青柠檬汁)

2 oz. sugar syrup(糖浆)(应自行制作简易糖浆,若使用果糖,则须稀释)

将酒材倒入加满冰块的柯林斯杯中,转倒入调拌杯内,充分摇荡后,倒回原杯,放一个青柠檬旗作装饰。

6. 绿色的海市蜃楼(Green Mirage)

Cocktail $4\frac{1}{2}$ oz. 杯,冰的

$1\frac{3}{4}$ oz. Vodka(伏特加酒)

$\frac{1}{2}$ oz. Galliano(意大利甘草香甜酒)

2 bsps(两酒吧匙)Dry Vermouth(辛辣苦艾酒)

1bsp(一酒吧匙)Blue Curaçao(蓝色库拉索柑橘利口酒)

将酒材与冰块一起摇荡后过滤,倒入杯中。

7. 忧郁的星期一(Blue Monday)

Cocktail $4\frac{1}{2}$ oz. 杯,冰的

$1\frac{1}{2}$ oz. Vodka(伏特加酒)

$\frac{1}{2}$ oz. Triple Sec(三干酒/柑橘香甜酒)

$\frac{1}{2}$ oz. Blue Curaçao(蓝色库拉索柑橘利口酒)

将酒材摇荡后过滤,倒入杯中。

8. 浑身是血的公牛(Bloody Bull)

Squall 15 oz. (大风杯),加满冰块

2 oz. Vodka(伏特加酒)

2 oz. beef bouillon(牛肉汤汁)

3 oz. tomato juice(番茄汁)

1 oz. lime juice(青柠檬汁)

$\frac{1}{2}$ bsp(半酒吧匙)黑胡椒粉

1dash Tabasco(倒一下塔瓦斯科辣椒汁)

1dash Worcestershire(倒一下伍斯特辣酱油)

将酒材倒入加满冰块的大风杯内,再倒入调拌杯内充分摇荡,然后倒回原杯中,挤一个青柠檬角放入杯中作装饰。

9. 神风特攻队员(Kamikaze)

Cocktail $4\frac{1}{2}$ oz. 杯,冰的

$1\frac{1}{2}$ oz. Vodka(伏特加酒)

$\frac{1}{2}$ oz. Triple Sec(三干酒/柑橘香甜酒)

$\frac{1}{2}$ oz. lime juice(青柠檬汁)

将酒材与冰块一起摇荡后过滤,倒入杯中。

10. 袋鼠鸡尾酒(Kangaroo Cocktail)

Cocktail $4\frac{1}{2}$ oz. 杯,冰的

$1\frac{1}{2}$ oz. Vodka(伏特加酒)

1 oz. Dry Vermouth(辛辣苦艾酒)

将酒材摇荡后过滤，倒入杯中，拧挤一条黄柠檬放入杯中作装饰。

11. 长岛冰茶（Long Island Iced Tea）

Squall 15 oz. （大风杯），加满冰块

½ oz. Vodka（伏特加酒）

½ oz. Gin（杜松子酒）

½ oz. Light Rum（淡朗姆酒）

½ oz. Tequila（龙舌兰/特奎拉酒）

½ oz. Triple Sec（三干酒/柑橘香甜酒）

3 oz. lime juice（青柠檬汁）

$1\frac{1}{2}$ oz. sugar syrup（糖浆）

将酒材倒入加满冰块的大风杯内，再倒入调拌杯内，充分摇荡后倒回原杯中，然后加入1oz.的可口可乐稍加搅拌，挤一个青柠檬角放入，挂一片青柠檬圆片在杯上作装饰，最后插入两根长吸管。

12. 安静但迅猛（Quiet But Quick）

Cocktail $4\frac{1}{2}$ oz. 杯，冰的

$1\frac{1}{2}$ oz. Vodka（伏特加酒）

½ oz. Cherry Brandy（樱桃白兰地）

1 oz. orange juice（橘子汁）

1 dash bitter（倒一次苦精）

将酒材摇荡后过滤，倒入杯内。

13. 紫色激情（Purple Passion）

Squall 15 oz. （大风杯），加满冰块

2 oz. Vodka（伏特加酒）

3 oz. grape juice（葡萄汁）

2 oz. grapefruit juice（葡萄柚汁）

½ oz. sugar syrup（糖浆）

将酒材倒入装满冰块的大风杯中，转倒入调拌杯内，充分摇荡后倒回原杯中，挂一片青柠檬圆片在杯上，挤一个青柠檬角放入杯内作装饰。

14. 洛基的窘境（Rocky's Dilema）

Cocktail $4\frac{1}{2}$ oz. 杯，冰的

2 oz. Vodka（伏特加酒）

½ oz. Grand Marnier（法国柑橘干邑香甜酒）

将酒材与冰块一起摇荡后过滤，倒入杯中。

15. 胜利者的款待（Victor's Treat）

Collins 12 oz. 杯，加满冰块

$1\frac{1}{2}$ oz. Vodka（伏特加酒）

3 oz. lime juice（青柠檬汁）

$1\frac{1}{2}$ oz. sugar syrup（糖浆）

将酒材倒入加满冰块的柯林斯杯内，转倒入调拌杯内，充分摇荡后倒回原杯中，挤一个青柠檬角放入作装饰。

16. 缓慢舒适的起子（Slow Comfortable Screwdriver）

Squall 15 oz. （大风杯），加满冰块

$1\frac{1}{2}$ oz. Vodka（伏特加酒）

½ oz. Sloe Gin（黑刺李杜松子酒）

½ oz. Southern Comfort（美国南方蜜桃香甜酒）

5 oz. orange juice（橘子汁）

将酒材倒入加满冰块的大风杯中，再倒入调拌杯中充分摇荡，倒回原杯内，放一个橘子旗或挂一片橘子圆片作装饰。

17. 威尼斯的女巫（Witch of Venice）

Cocktail $4\frac{1}{2}$ oz. 杯,冰的

$1\frac{1}{2}$ oz. Vodka(伏特加酒)

½ oz. Triple Sec(三干酒/柑橘香甜酒)

¼ oz. Crème de Bananes(香蕉香甜酒)

¾ oz. orange juice(橘子汁)

将酒材摇荡后过滤,倒入杯内。

18. 求爱! 求爱! (Woo! Woo!)

Collins 12 oz. 杯,加满冰块

$1\frac{1}{2}$ oz. Vodka(伏特加酒)

½ oz. Peach Schnapps(桃子斯内普无色烈酒)

4 oz. cranberry juice(蔓越莓/蔓越橘汁)

将酒材倒入加满冰块的柯林斯杯中,再倒入调拌杯中充分摇荡,若有新鲜桃子,切一片和樱桃一起串起来,放在杯口作装饰。

19. 红玛丽(Bloody Mary)

Squall 15 oz. (大风杯),加满冰块

2 oz. Vodka(伏特加酒)

$4\frac{1}{2}$ oz. tomato juice(番茄汁)

1 oz. lime juice(青柠檬汁)

⅛ bsp(⅛酒吧匙黑胡椒粉)

⅛ bsp(⅛酒吧匙盐)

3 dashes Worcestershire(倒 3 次伍斯特辣酱油)

1 dash Tabasco(倒一次塔瓦斯科辣椒酱)

将上述材料倒入装满冰块的大风杯内,转倒入调拌杯内,迅猛摇荡后倒回原杯,挤一个青柠檬角放入杯内,插一根芹菜秆作搅拌用。

20. 斯普特尼克(Sputnik)

Squall 15 oz. (大风杯),加满冰块

$1\frac{1}{4}$ oz. Vodka(伏特加酒)

$1\frac{1}{4}$ oz. Peach Schnapps(桃子斯内普无色烈酒)

3 oz. orange juice(橘子汁)

$2\frac{1}{2}$ oz. milk(鲜奶)

将酒材倒入加满冰块的大风杯内,转倒入调拌杯内充分摇荡,再倒回原杯内,放一片新鲜的桃子或橘子旗作装饰。

Sputnik(即俄文 Спутник 的音译)是1957 年苏联发射进入太空的人类第一颗人造地球卫星。

21. 斯德哥尔摩 75(Stockholm 75)

Tulip Champagne 9 oz. (郁金香花形香槟杯),冰的

¾ oz. Citrus Vodka(柑橘伏特加酒)

¾ oz. lime juice(青柠檬汁)

¾ oz. sugar syrup(糖浆)

将酒材倒入已装¼满冰块的调拌杯内充分摇荡,倒入杯缘已沾湿青柠檬汁并沾妥糖的香槟杯内,再倒入 5oz. 的冰过的香槟(chilled Champagne)或气泡葡萄酒。

22. 薛龙(Shalom)

Old-fashioned 7 oz. (老式酒杯),加满冰块

$1\frac{1}{2}$ oz. 100-proof Vodka(100 度伏特加酒)

¾ oz. Madeira(葡属马德拉群岛产的

强化葡萄酒)

¼ oz. orange juice(橘子汁)

将酒材倒入加满冰块的老式酒杯内拌匀,放一片橘子片或橘子旗作装饰。

(Shalom 是犹太语,意思为"你好"或"再见"。)

23. 西伯利亚雪橇人(Siberian Sleighride)

Snifter 9 oz.(白兰地杯),冰的

$1\frac{1}{4}$ oz. Vodka(伏特加酒)

¾ oz. White Crème de Cacao(无色可可香甜酒)

½ oz. White Crème de Menthe(无色薄荷香甜酒)

3 oz. light cream 或 milk(牛奶)

将酒材倒入已装 ¼满冰块的调拌杯内,迅猛摇荡后过滤,倒入杯中,撒上一些刨碎的巧克力碎片作装饰。

24. 粉色柠檬水(Pink Lemonade)

Collins 12 oz. 杯,加满冰块

$1\frac{1}{2}$ oz. Citrus Vodka(柑橘伏特加酒)

¼ oz. Triple Sec(三干酒/柑橘香甜酒)

2 oz. cranberry juice(蔓越莓/蔓越橘汁)

2 oz. lime juice(青柠檬汁)

½ oz. sugar syrup(糖浆)

将酒材倒入加满冰块的柯林斯杯中,转倒入调拌杯内,充分摇荡后倒回原杯,挤放一个青柠檬角,挂一片青柠檬圆片作装饰。

25. 花格棉布(Madras)

Squall 15 oz.(大风杯),加满冰块

2 oz. Vodka(伏特加酒)

$4\frac{1}{2}$ oz. cranberry juice(蔓越莓/蔓越橘汁)

1 oz. orange juice(橘子汁)

将酒材倒入加满冰块的大风杯内,转倒入调拌杯内充分摇荡后,倒回原杯,挤放一个青柠檬角或放一个橘子旗作装饰。

26. 粉红茸毛猫(Pink Pussy Cat)

Squall 15 oz.(大风杯),加满冰块

2 oz. Vodka(伏特加酒)

5 oz. grapefruit juice 葡萄柚汁或 pineapple juice(凤梨汁)皆可

将酒材倒入加满冰块的大风杯内,转倒入调拌杯内充分摇荡,倒回原杯,挤放一个青柠檬角并挂一片青柠檬圆片作装饰。若使用凤梨汁需加入½ oz. 的红石榴糖浆搅拌,以获得粉红颜色。

27. 洛杉矶日出(Los Angeles Sunrise)

Squall 15 oz.(大风杯),加满冰块

1 oz. Vodka(伏特加酒)

½ oz. Crème de Banana(香蕉香甜酒)

3 oz. orange juice(橘子汁)

3 oz. pineapple juice(凤梨汁)

将酒材倒入装满冰块的大风杯内,转倒入调拌杯内充分摇荡,倒回原杯中,再加入¼ oz. 的朗姆酒漂浮在酒面上,放一个橘子旗或凤梨旗或青柠檬旗作装饰等。

28. 乔治亚蜜桃(Georgia Peach)

Squall 15 oz.(大风杯),加满冰块

$1\frac{1}{2}$ oz. Vodka(伏特加酒)

½ oz. Peach Schnapps(桃子斯内普无色烈酒)

4 oz. lime juice(青柠檬汁)

2 oz. sugar syrup(糖浆)

$\frac{1}{2}$ oz. grenadine(红石榴糖浆)

将酒材倒入加满冰块的大风杯内,转倒入调拌杯内充分摇荡,倒回原杯,挤放一个青柠檬角,杯缘再挂上一片青柠檬圆片作装饰。

29. 教母(Godmother)

Old-fashioned 7 oz. 杯,加满冰块

$1\frac{1}{2}$ oz. Vodka(伏特加酒)

$\frac{3}{4}$ oz. Amaretto(意大利苦杏仁香甜酒)

将酒材倒入加满冰块的 Rocks 杯内,拌匀即可。

30. 教子第一方(Godchild)

Tulip Champagne 9 oz.(郁金香花形香槟杯),冰的

1 oz. Vodka(伏特加酒)

1 oz. Amaretto(意大利苦杏仁香甜酒)

4 oz. milk(鲜奶)

将酒材倒入已装$\frac{1}{4}$满冰块的调拌杯内,迅猛摇荡后过滤,倒入香槟杯中,撒些肉豆蔻粉作装饰。

31. 鳕岬捕鱼人(Cape Codder)

Collins 12 oz. 杯,加满冰块

$1\frac{1}{2}$ oz. Vodka(伏特加酒)

$4\frac{1}{2}$ oz. cranberry juice(蔓越莓/蔓越橘汁)

将酒材倒入加满冰块的柯林斯杯内,转倒入调拌杯中,充分摇荡后,倒回原杯,挤放一个青柠檬角,再挂一片青柠檬圆片作装饰。

32. 沙漠日出(Desert Sunrise)

Collins 12 oz. 杯,加满冰块

$1\frac{1}{2}$ oz. Vodka(伏特加酒)

$2\frac{1}{2}$ oz. orange juice(橘子汁)

$2\frac{1}{2}$ oz. pineapple juice(凤梨汁)

将酒材倒入加满冰块的柯林斯杯中,转倒入调拌杯中充分摇荡,倒回原杯,再倒入一酒吧匙的红石榴糖浆,放一个橘子旗或挂一片太阳造形的橘子圆片作装饰。

33. 令人激动的愉快乐事(Electric Jam)

Collins 12 oz. 杯,加满冰块

$1\frac{1}{4}$ oz. Vodka(伏特加酒)

$\frac{1}{2}$ oz. Blue Curaçao(蓝色库拉索柑橘香甜酒)

$1\frac{1}{2}$ oz. lime juice(青柠檬汁)

$\frac{3}{4}$ oz. sugar syrup(糖浆)

将酒材倒入加满冰块的柯林斯杯内,转倒入调拌杯中,摇荡后倒回原杯,再加满苏打水,并挂一片青柠檬圆片作装饰。

34. 加勒比海遨游(Caribbean Cruise)

Squall 15 oz.(大风杯),加满冰块

$1\frac{1}{2}$ oz. Vodka(伏特加酒)

$\frac{1}{2}$ oz. Light Rum(淡朗姆酒)

$\frac{1}{2}$ oz. coconut cream(椰乳)

$5\frac{1}{2}$ oz. pineapple juice(凤梨汁)

$\frac{1}{4}$ oz. grenadine(红石榴糖浆)

将酒材倒入加满冰块的大风杯中,转倒入调拌杯内摇荡,倒回原杯,放一个凤

梨旗作装饰。

35. 比基尼(Bikini)

Cocktail $6\frac{1}{2}$ oz.(大鸡尾酒杯),冰的

$1\frac{1}{2}$ oz. Vodka(伏特加酒)

1 oz. Light Rum(淡朗姆酒)

½ oz. lime juice(青柠檬汁)

1 oz. milk(鲜奶)

½ oz. sugar syrup(糖浆)

将酒材与冰块一起摇荡后过滤,挤放一条黄柠檬条作装饰。

36. 鳄鱼凉酒(Crocodile Cooler)

Squall 15 oz.(大风杯),加满冰块

$1\frac{1}{4}$ oz. Citrus Vodka(柑橘伏特加酒)

¾ oz. Melon Liqueur(香瓜香甜酒)

½ oz. Triple Sec(三干酒/柑橘香甜酒)

2 oz. lime juice(青柠檬汁)

1 oz. sugar syrup(糖浆)

将酒材倒入装满冰块的大风杯中,转倒入调拌杯内,充分摇荡后倒回原杯,再加满苏打水,放一个青柠檬旗或挂一片青柠檬圆片作装饰,插入吸管。

14~3 国际上各种以伏特加酒为基酒的鸡尾酒酒方

1. 天使之吻(Angel Kiss)

Rocks $7\frac{1}{2}$ oz. 杯,加满冰块

直接倒入:

1 oz. Vodka(伏特加酒)

1 oz. Framgelico(意大利榛果香甜酒)

将酒材由下而上搅拌两三下,挤放入青柠檬角作装饰。

2. 红玛丽(Bloody Mary)

Squall 15 oz.(大风杯)

杯缘沾上盐(optional,即可沾,也可不沾)装满冰块

直接倒入:

$1\frac{1}{2}$ oz. Vodka(伏特加酒)

倒入红玛丽预拌料(Bloody Mary Mix),直到加满

用酒吧匙由下而上地搅拌三五下,挤放入一个青柠檬角及芹菜秆作装饰。

3. 血腥牛市的红玛丽(Bloody Bull Bloody Mary)

Squall 15 oz.(大风杯)

杯缘沾上盐(可沾,也可不沾),加满冰块

直接倒入:

$1\frac{1}{2}$ oz. Vodka(伏特加酒)

再以牛市饮料(Bull Shot)加满

用长酒吧匙由下而上地搅拌三五下,挤放入青柠檬角及芹菜秆(celery)作装饰。

注:牛市饮料(Bull Shot)是由一半的红玛丽预拌料加上一半同样等份的牛肉清汤调和而成。

4. 意大利人的红玛丽(Bloody Italian Bloody Mary)

杯缘沾上盐(可沾,也可不沾)加满冰块

直接倒入:

$1\frac{1}{2}$ oz. Vodka（伏特加酒）

¼ oz.（一茶匙）意大利烹饪用调味料

用手指夹或捏两次大蒜粉及红甜椒粉（paprika），以红玛丽预拌料（厂商事先做好已装瓶的，可立即使用的调拌料）加到满，用酒吧匙由下而上地搅拌三五下拌匀，挤放入青柠檬角，插入一根长芹菜秆作搅拌与装饰用。

5. 血腥开君的红玛丽（Bloody Cajun Bloody Mary）

Squall 15 oz.（大风杯）

杯缘沾上盐（可加，也可不加），加满冰块

直接倒入：

$1\frac{1}{2}$ oz. Vodka（伏特加酒）

½ 茶匙的洋葱粉

¼ 茶匙已压碎的百里香叶

指头捏一小撮的红辣椒粉

捏两小撮的红甜椒粉

以红玛丽预拌料把大风杯加满，挤放入青柠檬角，插入长芹菜秆作搅拌棒与装饰用。

6. 芒果红玛丽（Mango Bloody Mary）

Squall 15 oz.（大风杯）

杯缘可沾盐或不沾盐，加满冰块

直接倒入：

$1\frac{1}{2}$ oz. 浸泡过芒果的伏特加酒

以芒果红玛丽预拌料加满大风杯，用酒吧匙由下而上地搅拌几下，放入青柠檬角、芹菜秆和切片的芒果作装饰。

注 1：红玛丽预拌料（Bloody Mary Mix）

备妥一个有盖大罐，把下列材料放入果汁机（Blender）内：

46 oz. 的番茄汁

2 oz. 的辣酱油（Worcestershire sauce）

6 dashes Tabasco sauce（撒 6 下塔瓦斯科辣椒汁）

两汤匙的芹菜盐

一汤匙的黑糊椒

半汤匙的盐

倒两下安戈斯图拉树皮苦精（Angostura）

彻底混合所有材料，并加入冰块测试其味道与口感，必须冷藏。

注 2：芒果红玛丽预拌料（Mango Bloody Mary Mix）

备妥一个有盖大罐，把下列材料放入果汁机内：

16 oz.（两杯）芒果丁

一茶匙辣椒粉及生姜粉（或老姜粉）

一汤匙压碎的黑胡椒

半茶匙的辣根（horseradish）

4 杯即 32 oz. 的 V-8 果菜汁

撒一下塔瓦斯科辣椒汁（Tabasco）

彻底搅拌所有原材料，试尝味道，饮用时一定要加入冰块。

7. 古柯碱射手第一方（Cocaine Shooter 1）

Cocktail $6\frac{1}{2}$ oz.（大鸡尾酒杯），冰的

$1\frac{1}{4}$ oz. Vodka（伏特加酒）

¾ oz. Chambord（法国覆盆子香甜酒）

½ oz. Southern Comfort（美国南方蜜桃香甜酒）

1 oz. orange juice（橘子汁）

1 oz. cranberry juice（蔓越莓/蔓越橘汁）

将酒材倒入已加¼满冰块的调拌杯内，摇荡后过滤，倒入鸡尾酒杯中。

8. 古柯碱射手第二方（Cocaine Shooter 2）

Cocktail $4\frac{1}{2}$ oz. 杯，冰的

$1\frac{1}{2}$ oz. Vodka（伏特加酒）

¾ oz. Chambord（法国覆盆子香甜酒）

¼ oz. sweet & sour juice（甜酸汁）

¼ oz. 7-up（七喜汽水）

将酒材倒入已装 ¼满冰块的调拌杯内，迅猛摇荡后，倒入鸡尾酒杯内。

9. 教子第二方（God Child 2）

Rocks 7 oz. 杯，加满冰块

$1\frac{1}{2}$ oz. Vodka（伏特加酒）

¾ oz. Amaretto（意大利苦杏仁香甜酒）

½ oz. half & half cream（搀入牛奶等的稀奶油）

将酒材直接倒入杯中，稍加搅拌，放入搅拌棒即成。

10. 香瓜球第一方（Melon Ball 1）

Squall 15 oz.（大风杯），加满冰块

直接倒入：

$1\frac{1}{4}$ oz. Midori Melon（日本绿香瓜香甜酒）

¾ oz. Vodka（伏特加酒）

5 oz. orange juice（橘子汁）或加满

用酒吧匙由下而上地搅拌到均匀，放一个橘子旗作装饰。

11. 香瓜球第二方（Melon Ball 2）

Cocktail $4\frac{1}{2}$ oz. 杯，冰的

$1\frac{1}{2}$ oz. Midori Melon（日本绿香瓜香甜酒）

½ oz. Vodka（伏特加酒）

½ oz. orange juice（橘子汁）

½ oz. pineapple juice（凤梨汁）

将酒材倒入已加¼满冰块的调拌杯内，摇荡后过滤，倒回原杯中。

12. 加拿大人蜜多里香瓜（Midori Canuck）

Rocks 7 oz. 杯，加满冰块

直接倒入：

1 oz. Vodka（伏特加酒）

1 oz. Midori（日本绿香瓜香甜酒）

½ oz. Canadian Club Whisky（加拿大酒吧威士忌）

用酒吧匙由下而上地搅拌几下即成。

13. 泥流第一方（Mudslide 1）

Squall 15 oz.（大风杯），加满冰块

直接倒入：

$1\frac{1}{2}$ oz. Vodka（伏特加酒）

½ oz. Kahlúa（墨西哥咖啡香甜酒）

½ oz. Baileys Irish Cream（贝利丝爱尔兰奶酒）

$5\frac{1}{2}$ oz. Coca Cola（可口可乐）或到加满

用酒吧匙由下而上地搅拌三五下即可。

14. 泥流第二方（Mudslide 2）

Rocks 7 oz. 杯，加满冰块

直接倒入：

¾ oz. Vodka（伏特加酒）

¾ oz. Kahlúa Coffee Liqueur（墨西哥咖啡香甜酒）

¾ oz. Baileys Irish Cream（贝利丝爱尔兰奶酒）

酒吧匙由下而上地搅拌到均匀即成

15. 激情饮料（Passion Potion）

Squall 15 oz.（大风杯），加满冰块

¾ oz. Vodka（伏特加酒）

¾ oz. Gin（杜松子酒）

¾ oz. Light Rum（淡朗姆酒）

½ oz. 红石榴糖浆

$2\frac{1}{2}$ oz. 凤梨汁

$2\frac{1}{2}$ oz. 橘子汁

将酒材倒入已加¼满冰块的调拌杯内，迅猛摇荡后过滤，倒入大风杯中，再撒一些七喜汽水，放一个橘子旗作装饰。

16. 桃子炸弹（Peach Bomb）

Shot glass 2 oz.（香饮杯），冰的

直接倒入：

½ oz. Vodka（伏特加酒）

½ oz. Dekuyper Peach Pucker（Dekuyper公司生产的桃子无色烈酒）

½ oz. 橘子汁

½ oz. 蔓越莓/蔓越橘汁

在杯中倒入上述4种饮料各¼即成。

17. 桃子微风（Peach Breeze）

Squall 15 oz.（大风杯），加满冰块

$1\frac{1}{2}$ oz. Dekuyper Peach Pucker（Dekuyper公司产的桃子无色烈酒）

½ oz. Vodka（伏特加酒）

$2\frac{1}{2}$ oz. cranberry juice（蔓越莓/蔓越橘汁）

$2\frac{1}{2}$ oz. grapefcuit juice（葡萄柚汁）

将酒材倒入已加¼满冰块的调拌杯内，充分摇荡后过滤，倒入大风杯中，放一个桃子旗或葡萄柚旗作装饰。

18. 桃子茸毛（Peach Fuzz）

Cocktail $4\frac{1}{2}$ oz. 杯，冰的

$1\frac{1}{4}$ oz. Vodka（伏特加酒）

¾ oz. Dekuyper Peachtree Schnapps（Dekuyper公司产的桃树斯内普无色烈酒）

½ oz. 橘子汁

½ oz. 蔓越莓/蔓越橘汁

将酒材倒入已加¼满冰块的调拌杯内，摇荡后过滤，倒回原杯中。

19. 珍珠港（Pearl Harbor）

Squall 15 oz.（大风杯），加满冰块

直接倒入：

$1\frac{1}{2}$ oz. Midori Melon（日本绿香瓜香甜酒）

$\frac{1}{2}$ oz. Vodka(伏特加酒)

$5\frac{1}{2}$ oz. 凤梨汁

用酒吧匙由下而上地搅拌三五下,拌均匀后放一个凤梨旗作装饰。

20. 尖叫的毛茸肚脐(Screaming Fuzzy Navel)

Highball glass 10 oz. 加满冰块

直接倒入:

1 oz. Dekuyper Peachtree Schnapps (Dekuyper公司产的桃树斯内普无色烈酒)

$\frac{1}{2}$ oz. Vodka(伏特加酒)

$3\frac{1}{2}$ oz. 橘子汁

用酒吧匙由下而上地搅拌两三下,放一个橘子旗作装饰。

21. 尖叫的夏威夷人(Screaming Hawaiian)

Squall 15 oz.(大风杯),加满冰块

$\frac{1}{2}$ oz. Vodka(伏特加酒)

$\frac{1}{2}$ oz. Midori Melon(日本绿香瓜香甜酒)

$\frac{1}{2}$ oz. Malibu Rum(马利布椰子香甜酒)

$3\frac{1}{2}$ oz. 凤梨汁

2 oz. 七喜汽水

$\frac{1}{4}$ oz. 红石榴糖浆

将酒材倒入已加$\frac{1}{4}$满冰块的调拌杯内,摇荡后过滤,倒回原杯中,放入一个橘子旗或凤梨旗作装饰。

22. 尖叫的性高潮(Screaming Orgasm)

Squall 15 oz.(大风杯),加满冰块

$\frac{1}{2}$ oz. Vodka(伏特加酒)

$\frac{1}{2}$ oz. Kahlúa(墨西哥咖啡香甜酒)

$\frac{1}{2}$ oz. Baileys Irish cream(贝利丝爱尔兰奶酒)

$\frac{1}{2}$ oz. Amaretto(意大利苦杏仁香甜酒)

$2\frac{1}{2}$ oz. half & half cream

将酒材倒入已加$\frac{1}{4}$满冰块的调拌杯内,迅猛摇荡后倒入大风杯中,再以苏打水(club soda)加满,插入两根吸管。

23. 海滩欢爱(Sex At The Beach)

Rocks 7 oz. 杯,冰的

直接倒入:

$\frac{1}{2}$ oz. Vodka(伏特加酒)

$\frac{1}{2}$ oz. Dekuyper Peachtree Schnapps (Dekuyper公司产的桃子斯内普无色烈酒)

$\frac{1}{2}$ oz. Dekuyper Sour Apple Pucker (Dekuyper公司产的无色酸苹果烈酒)

$\frac{1}{2}$ oz. Grand Marnier(法国柑橘干邑香甜酒)

$\frac{1}{2}$ oz. Southern Comfort(美国南方蜜桃香甜酒)

$\frac{1}{2}$ oz. orange juice(橘子汁)

$\frac{1}{2}$ oz. cranberry juice(蔓越莓/蔓越橘汁)

$\frac{1}{2}$ oz. half & half cream(搀入牛奶等的稀奶油)

将酒材倒入已加$\frac{1}{4}$满冰块的调拌杯内,摇荡后过滤,倒回原杯中。

24. 煤区欢爱(Sex In the Coal Region)

Squall 15 oz.(大风杯),加满冰块

直接倒入：

1 oz. Vodka（伏特加酒）

½ oz. Dekuyper Raspberry Pucker（Dekuyper 公司产的覆盆子无色烈酒）

½ oz. Blackberry Brandy（黑莓白兰地）

将酒材直接倒入杯中，用酒吧枪各打一下来撒一些七喜汽水（7-up）和苏打水（club soda），注入生啤酒到约剩下 1 oz. 容量时为止，最后再倒入 ¾ oz. 的马利布朗姆酒（Malibu Rum）漂浮在酒面上。

25. 森林欢爱（Sex In The Woods）

Poco Grande $13\frac{1}{4}$ oz. （大风杯，为店选招牌酒杯），冰的

$1\frac{1}{2}$ oz. Vodka（伏特加酒）

¾ oz. Amaretto（意大利苦杏仁香甜酒）

½ oz. Tia Maria（牙买加咖啡香甜酒）

3 oz. pineapple juice（凤梨汁）

½ oz. lime juice（青柠檬汁）

1 oz. sugar syrup（糖浆）

10 oz. 碎冰

将酒材倒入果汁机中打约 15 秒钟，直到成雪泥状，倒入 Poco 杯中，放一个凤梨旗作装饰。

26. 沙滩欢爱第一方（Sex On The Beach 1）

Highball glass 10 oz. 加满冰块

直接倒入：

½ oz. Vodka（伏特加酒）

½ oz. Tia Maria（牙买加咖啡香甜酒）

½ oz. Chambord（法国覆盆子香甜酒）

$3\frac{1}{2}$ oz. 凤梨汁或直到加满

将酒材直接倒入杯中，用酒吧匙由下而上地搅拌几下，拌匀为止。

27. 沙滩欢爱第二方（Sex On The Beach 2）

Highball 10 oz. 加满冰块

直接倒入：

¾ oz. Midori Melon（日本绿香瓜香甜酒）

¾ oz. Chambord（法国覆盆子香甜酒）

$3\frac{1}{2}$ oz. 凤梨汁或加到满为止

将酒材直接倒入杯中，用酒吧匙由下而上地搅拌几下即可。

28. 沙滩欢爱第三方（Sex On The Beach 3）

Rocks 7 oz. 杯，冰的

1 oz. Southern Comfort（美国南方蜜桃香甜酒）

¾ oz. Chambord（法国覆盆子香甜酒）

1 oz. 橘子汁

1 oz. 凤梨汁

将酒材倒入已装 ¼满冰块的调拌杯中，迅猛摇荡后过滤，倒入平底老式酒杯（Rocks）杯中。

29. 沙滩欢爱第四方（Sex On The Beach 4）

Rocks 7 oz. 杯，冰的

¾ oz. Vodka（伏特加酒）

¾ oz. Chambord（法国覆盆子香甜酒）

½ oz. Dekuyper Peachtree Schnapps

(Dekuyper 公司产的桃树斯内普无色烈酒)

1 oz. orange juice(橘子汁)

1 oz. sweet & sour juice(甜酸汁)

将酒材倒入已加¼满冰块的调拌杯内,摇荡后过滤,倒入杯中。

30. 沙滩欢爱第五方(Sex On The Beach 5)

Rocks 7 oz. 杯,冰的

$1\frac{1}{2}$ oz. Midori(日本绿香瓜香甜酒)

¾ oz. Chambord(法国覆盆子香甜酒)

½ oz. Dekuyper Peachtree Schnapps (Dekuyper 公司产的桃树斯内普无色烈酒)

2 oz. sweet & sour juice(甜酸汁)

将酒材倒入已加¼满冰块的调拌杯内,摇荡后过滤,倒入杯中。

31. 阴天沙滩欢爱(Sex On The Beach On A Cloudy Day)

Rocks 7 oz. 杯,加满冰块

直接倒入:

1 oz. Malibu Rum(马利布朗姆酒)

½ oz. Baileys Irish Cream(贝利丝爱尔兰奶酒)

½ oz. Di Saronno Amaretto(意大利萨龙诺苦杏仁香甜酒)

$1\frac{1}{2}$ oz. 凤梨汁

用酒吧匙由下而上地稍加搅拌数次即可。

32. 与鳄鱼欢爱第一方(Sex With An Alligator 1)

Cocktail $6\frac{1}{2}$ oz.(大鸡尾酒杯),冰的

$1\frac{1}{2}$ oz. Midori(日本绿香瓜香甜酒)

½ oz. Chambord(法国覆盆子香甜酒)

½ oz. Jägermeister(由 56 种根茎、药草、香料制成的德国鹿标香甜酒)

½ oz. Rose's lime juice(罗斯青柠檬汁)

$1\frac{1}{2}$ oz. sweet & sour juice(甜酸汁)

将酒材倒入已加¼满冰块的调拌杯内,摇荡后过滤,倒入杯中。

33. 与鳄鱼欢爱第二方(Sex With An Alligator 2)

Cocktail $6\frac{1}{2}$ oz. 杯,冰的

$1\frac{1}{2}$ oz. Dekuyper Sour Apple Pucker (Dekuyper 公司产的无色酸苹果烈酒)

½ oz. Raspberry Liqueur(覆盆子香甜酒)

½ oz. Jägermeister(由 56 种根茎、药草、香科制成的德国鹿标香甜酒)

½ oz. Vodka(伏特加酒)

½ oz. Rose's lime juice(罗斯青柠檬汁)

$1\frac{1}{2}$ oz. sweet & sour juice(甜酸汁)

将酒材倒入已加¼满冰块的调拌杯内,摇荡后过滤,倒入杯中。

34. 丝内裤第一方(Silk Panties 1)(又名 Woo-Woo,也叫 Pink Silk Panties)

Highball 10 oz. 杯,加满冰块

直接倒入:

1 oz. Dekuyper Peachtree Schnapps (Dekuyper 公司产的桃树斯内普无色烈酒)

½ oz. Vodka(伏特加酒)

$3\frac{1}{2}$ oz. 蔓越莓/蔓越橘汁或加满整杯为止

用酒吧匙由下而上地搅拌几下即可。

35. 丝内裤第二方(Silk Panties 2)

Rocks 7 oz. 杯,冰的

直接倒入:

$1\frac{1}{2}$ oz. Vodka(伏特加酒)

¾ oz. Dekuyper Peachtree Schnapps (Dekuyper 公司产的桃子斯内普无色烈酒)

用酒吧匙由下而上地搅拌两三下,插入小塑胶搅拌棒即可。

36. 银蜘蛛(Silver Spider)

Cocktail $4\frac{1}{2}$ oz. 杯,冰的

½ oz. Vodka(伏特加酒)

½ oz. Triple Sec(三干酒/柑橘香甜酒)

½ oz. Light Rum(淡朗姆酒)

½ oz. White Crème de Menthe(无色薄荷香甜酒)

将酒材倒入已装 ¼满冰块的调拌杯内,迅猛摇荡后过滤冰块,将酒倒入杯中即成。

37. 间谍之死(Spy's Demise)

Squall 15 oz. (大风杯),加满冰块

¾ oz. Vodka(伏特加酒)

½ oz. Gin(杜松子酒)

½ oz. Light Rum(淡朗姆酒)

½ oz. Sloe Gin(黑刺李香甜酒)

½ oz. grenadine(红石榴糖浆)

1 oz. Rose's lime juice(罗斯青柠檬汁)

1 oz. 甜酸汁

将酒材倒入已加¼满冰块的调拌杯内,摇荡后过滤,倒入大风杯内,再用七喜汽水加满杯子,放一个青柠檬旗作装饰。

14~4　对国际知名美酒的认识

1. Tia Maria:产于牙买加,由蓝山咖啡豆、巧克力和牙买加朗姆酒调和而成,酒精度是 53 度,即浓度是 26.5%。

2. Villa Massa Limoncello:产于意大利的 Sorrento,是以谷物烈酒为基酒并注入柠檬而制成的香甜酒,酒精度是 60 度。

3. Vincent Van Gogh Vodka:一种产于荷兰的以手工艺精心制造的伏特加酒,有柑橘、橘子、苹果等 3 种口味,酒精度是 70~80 度。

4. Vandermint Liqueur:一种产于荷兰的有巧克力和薄荷风味的香甜酒,酒精度是 60 度。

5. Vox Vodka:一种荷兰产的特级伏特加酒,是以百分之百的小麦为原料,经 5 次蒸馏而成,酒精度是 80 度。

6. Vya Preferred California Dry Vermouth:一种产于美国加州马德拉(Madera)的特级辛辣苦艾酒,是由法国 Colombard 葡萄酒和柑橘麝香葡萄酒(Orange

Muscat)两种葡萄酒调和后,再注入芳香的药草、花朵和植物而制成,酒精度是36度。

7. Wild Turkey 80° Bourbon Whisky:早在1855年就已产于肯塔基州的劳伦斯堡(Lawrenceburg),是一种纯波旁威士忌,酒精度是80度。

8. Wild Turkey 101° Burbon Whisky:是以甜玉米、裸麦、大麦芽为原料,蒸馏后复封入深度碳烤的橡木桶中,有的长达10年,如Russell Reserve,酒精度是101度。

9. Whaler's Hawaiian Rums:产于夏威夷的火奴鲁鲁/檀香山(Honolulu),是由当地产的甘蔗糖蜜经连续蒸馏而成,产品品种有香草、Great White、Rare Reserve和Spiced and Killer Coconut 4种,酒精度是70度。

10. X. O. Café Coffee Liqueur:产于墨西哥的咖啡香甜酒,系以特级龙舌兰酒、咖啡调味料制成,酒精度是70度。

11. Ypioca Cachaca:一种产于巴西的特级Cachaca甜酒,是由甘蔗蒸馏而得,酒精度是80度。

12. Vya Preferred Calfornia Sweet Vermouth:一种产于美国加州的极品特优甜苦艾酒,使用多种葡萄、香料、柑橘制成,酒精度是32度。

13. Yukon Jack Liqueur:是以药草、橘子皮和加拿大威士忌为原料制成的加拿大香甜酒,酒精度是100度。

14. Zone Italian Vodka:一种意大利产的顶极伏特加酒,该酒风味有香瓜、柠檬、香蕉、橘子等,酒精度是50度。

15. Zubrówka Bison Bramd Vodka:一种传统的波兰伏特加酒,是以马铃薯为原料,经3次蒸馏后再倒入水牛草的精油而制成,酒精度是82度。

问题探讨

如何调制下列各款国际知名鸡尾酒?

(1) Tequila Sunrise
(2) Margrita
(3) Coco Loco
(4) Frozen Strawberry Daiquiri
(5) Bloody Mary
(6) Blue Margarita
(7) Bloody Mary
(8) Desert Shield
(9) Long Island Iced Tea
(10) Georgia Peach
(11) Blue Lagoon
(12) Black Russian
(13) Kamikaze
(14) Woo! Woo!
(15) Godmother
(16) Caribbean Cruise
(17) Bloody Mary
(18) God Child 2
(19) Melon Ball 1
(20) Peach Breeze
(21) Midori Canuck
(22) Pearl Harbor
(23) Screaming Orgasm
(24) Sex On The Beach 1
(25) Spy's Demise

第十五章

以加拿大威士忌为基酒的鸡尾酒酒方

Recipes of Canadian Whisky Cocktails

学习目的

了解：1. 对爱尔兰威士忌的基本认识
2. 对加拿大威士忌的基本认识
3. 对美国一般威士忌的基本认识
4. 以威士忌为基酒的鸡尾酒酒方
5. 以加拿大威士忌为基酒的鸡尾酒酒方
6. 酒吧国际专业术语

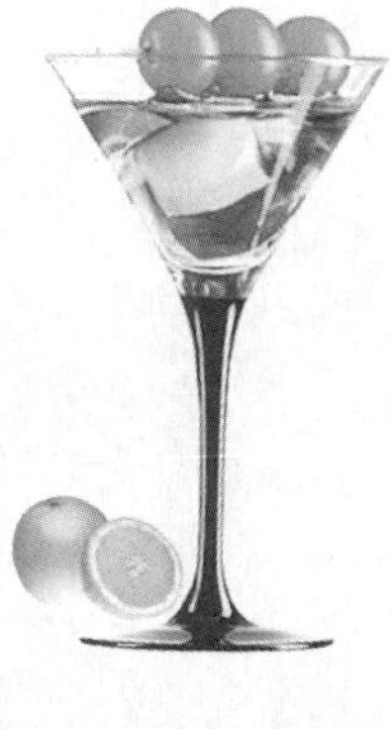

威士忌大多是由一种或多种谷物制成。威士忌基本上来源于苏格兰、爱尔兰、加拿大和美国4个国家。各酒厂生产的酒都有其特别的风味和颜色，这是因为各地甚至各酒厂蒸馏的方法、技术、原料和水质皆有所不同。苏格兰威士忌品质优良并且知名度甚高，故在第十二章已单独立说明，而美国的波旁威士忌（Bourbon Whisky）也是国际知名的有特色的烈酒，因此在第八章也已作出详细的解说与剖析。本章再针对爱尔兰威士忌、加拿大威士忌及美国威士忌这三地产品作简要介绍。

15~1 对爱尔兰威士忌的基本认识

1. 原料：大麦

2. 特征：辛辣，尤其以爱尔兰咖啡酒（Irish Coffee）这种鸡尾酒的辛辣扬名于世。

3. 著名品牌：Jameson Whisky、Tullamore Dew、Black Bush、Bushmills。

爱尔兰产制的威士忌至少有800年的历史，许多权威人士认为蒸馏术是起源于爱尔兰，然后西传到苏格兰的。爱尔兰的威士忌与苏格兰的威士忌不同之处在于：爱尔兰的威士忌比较柔和且较甜，成熟度也较高，大多陈年12年以上；而苏格兰的威士忌大多陈年4年或5年。

如果从爱尔兰的政治角度来说可分为两部分，一部分为占全岛大半的爱尔兰共和国，其首都是都柏林；另一部分为位于岛部北端的英属北爱尔兰州。但就生产威士忌而言，只要是这一岛屿上所生产的威士忌都统称为爱尔兰威士忌。许多人都认为爱尔兰是威士忌的发源地，因为历史中曾记载，公元1171年英国亨利二世的军队征服爱尔兰时就已喝过威士忌。这可能是有关威士忌最古老的文献，因为那时的英国并没有发现制造威士忌的记录，而且直到今天也还没有发现比这更早的史料。

若没有蒸馏技术是无法酿造出威士忌的。蒸馏技术由炼金术师在欧洲推广并渡海传到爱尔兰，之后才产生了爱尔兰威士忌，随后又渡过狭窄的海峡传到苏格兰，这就是威士忌发展的历史。爱尔兰威士忌与苏格兰威士忌的制造过程大致相同，只是爱尔兰威士忌在熏麦芽时，所用的不是泥炭而是无烟煤，因此没有烟味。有些爱尔兰威士忌是用纯大麦芽制的，但也有些是混合了燕麦或其他谷物。

今天市场上的爱尔兰威士忌给人们的感觉是很浓郁、很强烈且有辣味，其所使用的原料大都是大麦的麦芽，没有泥炭的味道，使用大型的单式蒸馏器，常蒸馏3次，再用橡木桶长期储存到熟成。这种方法制造出的威士忌和调配威士忌相比较，在风味与口感上确实有很大的不同，但对爱尔兰人而言，这却是其所深爱的烈酒。

目前国际上正流行清淡型的威士忌，所以爱尔兰威士忌的风味也受到影响，开始使用较多的玉米，用单式蒸馏器蒸馏出来的威士忌为主要的原酒。这样所产制的新酒比较清淡。但是传统爱尔兰人都是喝纯的、质浓的威士忌，他们认为加了冰或苏打水来喝酒是一种罪过。然而爱尔兰本土以外的人士却有很多人这样喝。另外还有一种很好的喝法,就是加入咖啡一起喝。这种混合的饮料品名叫爱尔兰咖啡酒(Irish Coffee),在美国三藩市及世界各高纬度寒冷地区都非常流行,并广受国际中上阶层消费者的喜爱。

15~2 对加拿大威士忌的基本认识

1. 原料:大麦、裸麦、玉米。
2. 酒精浓度:40%~43%。
3. 特征:酒质清淡纯良。
4. 著名品牌:Canadian Club、Crown Royal、Seagram's V. O.、McAdams、Black Velvet、McGuinness。

加拿大人常把(Whiskey)一词中的"e"省掉,即用Whisky,且威士忌大多由法裔加拿大人所制造,所用的原料是玉米、裸麦和大麦,因此在酒质上与其他各国所造的有所不同,酒质较淡,但味道纯美。

加拿大约从18世纪中叶开始制造威士忌,那时候加拿大东南部的人口很多,面粉业也很发达。在面粉业中,有许多开始是以蒸馏作为副业的,演变到后来却逐渐将其成为主业。到了1787年,在魁北克(Québec)地区已有3家蒸馏厂,而在蒙特利尔(Montréal)也有一家很大的蒸馏厂开始运营。在初期,加拿大威士忌是以裸麦为原料的,所以口味很重。但到19世纪中叶,从英国引进连续式蒸馏器后,加拿大本土才开始以玉米为原料生产清淡型的威士忌。

美国1920年1月颁布《禁酒令》,立即给加拿大的威士忌业者带来无穷的机遇。因为威士忌需要用橡木桶来储存,也就是当威士忌蒸馏好之后在销售之前一定要经过一段岁月的储存。因此,禁酒令政策必然导致美国的威士忌蒸馏业者,纵使在解禁之后立即生产威士忌也不可能马上有极品的好酒出现。因此,加拿大的威士忌业者抓住机遇,每年大量增加储存的酒桶数量。在1933年美国废除《禁酒令》后,加拿大立即迅速地以品质优良的威士忌供应并抢占美国市场,于是加拿大威士忌一跃成为美国人人皆知爱喝的美酒。从此加拿大的威士忌业者开始在美国的烈酒市场占有稳固的地位。例如Seagram's和Hiram Walker两大酒公司,就是在美国解除酒禁令后不久立即打下了坚实的市场基础。目前这两大酒厂早已是国际著名的酒业巨人。

15~3 对美国一般威士忌的基本认识

美国的威士忌,早在17世纪就有产制,但现在所发现的最早记录是18世纪70年代曾酿制出谷物蒸馏酒,这可能就是所谓的黑麦威士忌。从1770年开始,关于威士忌的记载就很多了。例如美国第一任总统乔治·华盛顿年轻时曾在巴隆山附近自己的农场生产裸麦威士忌来卖,以补助其生计,且对其所生产的裸麦威士忌颇具信心。至于用玉米作原料来制造威士忌,则是在

1789 年由肯塔基州史高特镇的叶里加牧师所创始，此种玉米威士忌后来演变成为波旁威士忌(Bourbon Whisky)。

谈到美国酒，就不能不说到《禁酒令》，此法实施于 1920 年 1 月至 1933 年 12 月。这一长达 14 年的时间可说是美国威士忌产业界的空前苦难与惨悲岁月。当时政府所允准开业的蒸馏厂只有 7 家，且限制蒸馏威士忌只能作为药用的酒精。1933 年 12 月《禁酒令》废除后，美国威士忌业者运用更加现代的新科学酿造技术制造威士忌，于是威士忌的制造又很快地复兴与畅旺起来，现在已有许多酒厂发展成颇为巨大的烈酒企业了。

美国威士忌可分为三大类：

第一类：纯威士忌(Straight Whisky)

该类威士忌不调和其他威士忌或谷类制的中性酒精，使用的原料是玉米、裸麦、大麦或小麦。制成后储放在炭烤过的橡木桶中至少陈年两年。此类酒大致又可分为 4 种。

1. 波旁威士忌：是用至少占 51% 的玉米及谷物发酵蒸馏而成，在新的炭烤橡木桶里约窖陈 4 年。酒色呈琥珀色，酒体香味浓郁，例如肯塔基州生产的被称为肯塔基波旁纯威士忌(Kentucky Straight Bourbon Whisky)，此外伊利诺伊州、印第安纳州、俄亥俄州、宾州、田纳西州和密苏里州也都出产。

2. 裸麦威士忌：是用不得少于 51% 的裸麦及其他谷物制成的，颜色也是琥珀色，但味道与前者不同。

3. 玉米威士忌：是用不得少于 80% 的玉米和其他谷物制造的，但陈年时却用旧的炭烤橡木桶。

4. 保税威士忌(Bonded Whisky)：是一种纯威士忌，通常是波旁或裸麦威士忌，但须在美国政府监督之下制成，然而政府并不保证它的品质，只是要求至少要陈存 4 年，酒精纯度在装瓶时为 100 度即浓度是 50%，但必须是同一个酒厂所制造，装瓶厂也为政府所监督。

第二类：调和威士忌

它是用一种以上的单一威士忌以及 20% 的中性谷类酒精混合而成，装瓶时至少酒精纯度为 80 度即酒精浓度为 40%。此种酒又可分 3 种。

1. 肯塔基调和威士忌：是用肯塔基州所产的纯威士忌和谷类中性酒精混合调拌而成的。

2. 纯调和威士忌：是用两种以上纯威士忌混合而成的。

3. 美国调和淡质威士忌。

第三类：纯的淡质或清淡型的威士忌(略)

15~4 以威士忌为基酒的鸡尾酒酒方

1. 国际电报(Cablegram)

Collins 12 oz. 杯，加满冰块

$1\frac{1}{2}$ oz. Blended Whisky(调和威士忌)

¾ oz. lime juice(青柠檬汁)

¼ oz. sugar syrup(糖浆)

将酒材倒入加满冰块的柯林斯杯中，转倒入调拌杯内，摇荡后倒回原杯，再加入4 oz. 姜汁汽水或加到满，挤放一个青柠檬角作装饰。

2. 加拿大人鸡尾酒(Canadian Cocktail)

Cocktail $4\frac{1}{2}$ oz. 杯，冰的

$1\frac{3}{4}$ oz. Canadian Blended Whisky(加拿大人调和威士忌)

¾ oz. Triple Sec(三干酒/柑橘香甜酒)

1 bsp(一酒吧匙)糖浆

1 dash bitters(|倒一次苦精)

将酒材与冰块一起摇荡后过滤，倒入杯中。

3. 老船长(Commodore)

Cocktail $4\frac{1}{2}$ oz. 杯，冰的

2 oz. Canadian Blended Whisky(加拿大人调和威士忌)(如 Seagram's V. O.)

¾ oz. lime juice(青柠檬汁)

1 dash bitters(倒一次苦精)

1 bsp(一酒吧匙)糖浆

将酒材摇荡后过滤，倒入杯中。

4. 人人爱的爱尔兰鸡尾酒(Everybody's Irish Cocktail)

Cocktail $4\frac{1}{2}$ oz. 杯，冰的

$1\frac{1}{2}$ oz. Irish Whisky(爱尔兰威士忌)

½ oz. Green Crème de Menthe(绿薄荷香甜酒)

½ oz. Green Chartreuse(法国绿色察吐士蜂蜜香甜酒)

将酒材摇荡后过滤，倒入杯中。

5. 枫叶(Maple Leaf)

Cocktail $4\frac{1}{2}$ oz. 杯，冰的

$1\frac{1}{2}$ oz. Canadian Whisky(加拿大威士忌)

½ oz. Irish Mist(爱尔兰之雾香甜酒)

½ oz. cream or milk(奶油或牛奶)

¼ oz. Dark Crème de Cacao(深色可可香甜酒)

调拌杯内装¼满冰块，倒入酒材迅猛摇荡，再过滤掉冰块倒回杯中。

6. 苦闷老汉(Old Groaner)

Old-fashioned 7 oz. 杯，加满冰块

$1\frac{1}{2}$ oz. Canadian Whisky(加拿大人威士忌)

1 oz. Amaretto(意大利苦杏仁香甜酒)

将酒材倒入加满冰块的杯中，拌匀即可。

7. 纽约鸡尾酒(New York Cocktail)

Cocktail $4\frac{1}{2}$ oz. 杯，冰的

$1\frac{3}{4}$ oz. Blended Whisky(调和威士忌)

¾ oz. lime juice(青柠檬汁)

1 bsp sugar syrup(一酒吧匙糖浆)

1 bsp grenadine(一酒吧匙红石榴糖浆)

将酒材摇荡后过滤，倒入杯中，挤放一条/片黄柠檬(lemon twist)作装饰。

8. 开幕鸡尾酒(Opening Cocktail)

Cocktail $4\frac{1}{2}$ oz. 杯，冰的

$1\frac{1}{2}$ oz. Blended Whisky(调和威士忌)

¾ oz. Sweet Vermouth(甜苦艾酒)

¼ oz. grenadine(红石榴糖浆)

将酒材摇荡后过滤，倒入杯中。

9. 十全十美的曼哈顿(Perfect Manhattan)

Cocktail $4\frac{1}{2}$ oz. 杯，冰的

2 oz. Blended Whisky(调和威士忌)

¼ oz. Dry Vermouth(辛辣苦艾酒)

¼ oz. Sweet Vermouth(甜苦艾酒)

1 dash bitters(倒一次苦精)

与冰块一起搅拌后过滤，倒入杯中，拧挤一条/片黄柠檬(lemon twist)放入杯中作装饰。

10. 沙滩拥舞(Sand Dance)

Collins 12 oz. 杯，加满冰块

$1\frac{1}{2}$ oz. Blended Whisky(调和威士忌)

½ oz. Cherry Brandy(樱桃白兰地)

$4\frac{1}{2}$ oz. cranberry juice(蔓越莓/蔓越橘汁)

将酒材倒入加满冰块的柯林斯杯中，再倒入调拌杯中充分摇荡，倒回原杯，挤放一个青柠檬角作装饰。

11. 三藩酸味酒(Frisco Sour)

Sour 5 oz. 杯，冰的

$1\frac{1}{2}$ oz. Blended Whisky(调和威士忌)

½ oz. Bénédictiné(本尼迪克特香甜酒或本笃教派香甜酒)

½ oz. sugar syrup(糖浆)

$1\frac{1}{2}$ oz. lime juice(青柠檬汁)

将酒材与冰块一起摇荡后过滤，倒入杯中，在杯口上挂一片青柠檬片作装饰。

12. 双峰(Twin Peaks)

Cocktail $4\frac{1}{2}$ oz. 杯，冰的

$1\frac{1}{2}$ oz. Blended Whisky(调和威士忌)

½ oz. Dubonnet Rouge(法国猫牌开胃红葡萄酒)

½ oz. Triple Sec(三干酒/柑橘香甜酒)

将酒材摇荡后过滤，倒入杯中，放一粒红樱桃作装饰。

13. 老师的宠物(Teacher's Pet)

Old-fashioned 7 oz. 杯，加满冰块

$1\frac{1}{2}$ oz. Blended Whisky(调和威士忌)

½ oz. Dry Vermouth(辛辣苦艾酒)

¼ oz. Sweet Vermouth(甜苦艾酒)

2 dashes bitters(倒两次苦精)

将酒材倒入加满冰块的老式酒杯中拌匀，放一个橘子旗作装饰。

14. 威士忌酸味酒(Whisky Sour)

Sour 5 oz. 杯,冰的

2 oz. Blended Whisky(调和威士忌)

$1\frac{1}{2}$ oz. lime juice(青柠檬汁)

½ oz. sugar syrup(糖浆)

将酒材与冰块一起摇荡后过滤,倒入杯内,在杯口上放一个橘子旗或青柠檬旗作装饰。

15. 白长毛绒(White Plush)

Collins 12 oz. 杯,加满冰块

2 oz. Blended Whisky(调和威士忌)

8 oz. milk(鲜奶)

1 oz. sugar syrup(糖浆)

将酒材与冰块一起摇荡后过滤,倒入柯林斯杯中,撒一些肉豆蔻粉作装饰。

16. 雷鸟(T-Bird/Thunderbird)

Collins 12 oz. 杯,加满冰块

$1\frac{1}{4}$ oz. Canadian Whisky(加拿大人威士忌)

¾ oz. Amaretto(意大利苦杏仁香甜酒)

3 oz. pineapple juice(凤梨汁)

1 oz. orange juice(橘子汁)

1 bsp grenadine(一酒吧匙红石榴糖浆)

将酒材倒入装满冰块的柯林斯杯内,转倒入调拌杯内,迅猛摇荡后倒回原杯中,放一个橘子旗或凤梨旗作装饰。

17. 爱尔兰国花(Shamrock)

Cocktail $4\frac{1}{2}$ oz. 杯,冰的

$1\frac{1}{2}$ oz. Irish Whisky(爱尔兰威士忌)

½ oz. Dry Vermouth(辛辣苦艾酒)

¼ oz. Green Crème de Menthe(绿薄荷香甜酒)

将酒材摇荡后过滤,倒入杯内,放一粒橄榄(olive)作装饰。

18. 东方鸡尾酒(Oriental Cocktail)

Cocktail $4\frac{1}{2}$ oz. 杯,冰的

1 oz. Blended Whisky(调和威士忌)

½ oz. Sweet Vermouth(甜苦艾酒)

½ oz. Triple Sec(三干酒/柑橘香甜酒)

½ oz. lime juice(青柠檬汁)

将酒材摇荡后过滤,倒入杯中。

19. 曼哈顿(Manhattan)

Cocktail $4\frac{1}{2}$ oz. 杯,冰的

$2\frac{1}{4}$ oz. Blended Whisky(调和威士忌)

¼ oz. Sweet Vermouth(甜苦艾酒)

将酒材与冰块一起轻加搅拌,过滤后放一粒红樱桃作装饰。

20. 辛辣的曼哈顿(Dry Manhattan)

Cocktail $4\frac{1}{2}$ oz. 杯,冰的

$2\frac{1}{4}$ oz. Blended Whisky(调和威士忌)

¼ oz. Dry Vermouth(辛辣苦艾酒)

将酒材轻加搅拌后过滤,倒入杯中,拧挤一条柠檬条并放入杯中作装饰。

21. 马颈(Horse's Neck)

Collins 12 oz. 杯,加满冰块

2 oz. Blended Whisky(调和威士忌)

旋转削出一条黄柠檬的皮,将之挂在柯林斯杯上,大部分螺旋状果皮放在杯内,倒入2 oz. 威士忌,再加入4 oz. 的姜汁汽水(ginger ale),拌匀即可饮用。

22. 约翰·柯林斯酒(John Collins)

Collins 12 oz. 杯,加满冰块

2 oz. Blended Whisky(调和威士忌)

1 oz. lime juice(青柠檬汁)

½ oz. sugar syrup(糖浆)

将酒材倒入加满冰块的柯林斯杯中,再倒入调拌杯中,充分摇荡后倒回原杯,加入3 oz. 的苏打水或直到加满,放一个青柠檬或黄柠檬旗作装饰。

23. 水瓶座(Aquarius)

Old-fashioned 7 oz. 杯,加满冰块

$1\frac{1}{2}$ oz. Blended Whisky(调和威士忌)

½ oz. Cherry-flavored Brandy(樱桃风味白兰地)

1 oz. cranberry juice(蔓越莓/蔓越橘汁)

将酒材倒入加满冰块的Rocks杯中拌匀即可。

24. 运河街最好的酒(Canal Street Daisy)

Collins 12 oz. 杯,加满冰块

2 oz. Blended Whisky(调和威士忌)

1 oz. lime juice(青柠檬汁)

1 oz. orange juice(橘子汁)

将酒材倒入加满冰块的柯林斯杯内,再倒入调拌杯内,充分搅拌或摇荡,倒回原杯,再加入2 oz. 的苏打水或加到满,挂一片橘子片或青柠檬片作装饰。

25. 罗布·罗伊酒(Rob Roy)

Cocktail $4\frac{1}{2}$ oz. 杯,冰的

$2\frac{1}{4}$ oz. Scotch Whisky(苏格兰威士忌)

¼ oz. Sweet Vermouth(甜苦艾酒)

将酒材倒入已装¼满冰块的调拌杯内,轻加搅拌后过滤,倒入杯中,放入一粒红樱桃作装饰。

请记住:Rob Roy 指罗布·罗伊,即苏格兰民间传说中劫富济贫、行侠仗义的绿林好汉罗宾汉(Robin Hood)。

26. 波旁-曼哈顿(Bourbon Manhattan)

Cocktail $4\frac{1}{2}$ oz. 杯,冰的

$2\frac{1}{2}$ oz. Bourbon Whisky(调和威士忌)

¼ oz. Sweet Vermouth(甜苦艾酒)

调制方法与前者相同,曼哈顿的点叫品牌常有Perfect Canadian Club Manhattan, A Dry Dewar's Rob Roy 或 Old Grand-Dad Manhattan。至于 Manhattan On the Rocks 则是将小Rocks杯先装满冰块,然后将酒材倒入拌匀,放入红樱桃即成。

15~5 以加拿大威士忌为基酒的鸡尾酒酒方

1. 雪利俱乐部(Club Sherry)

Rocks 7 oz. 杯,装满冰块

直接倒入:

$1\frac{1}{2}$ oz. Canadian Whisky(加拿大人威士忌)

¾ oz. Sherry(雪利葡萄酒)

将酒材稍加搅拌,插入小搅拌棒即成。

2. 医生命令(Doctor's Orders)

Shot Glass 2 oz. 冰的

直接倒入:

1 oz. Dr. McGillicuddy's Vanilla(McGillicuddy 博士研制的香草甜酒)

1 oz. Canadian Whisky(加拿大人威士忌)

3. 狗雪橇(Dog Sled)(又叫 Dog Sledge)

Cocktail $6\frac{1}{2}$ oz.(大鸡尾酒杯),冰的

$1\frac{1}{2}$ oz. Canadian Whisky(加拿大人威士忌)

½ oz. 新鲜柠檬汁

¼ oz. grenadine(红石榴糖浆)

2 oz. orange juice(橘子汁)

将酒材倒入已加¼满冰块的调拌杯内,摇荡后过滤,倒入杯内,放黄柠檬旗作装饰。

4. 帝国抨击人(Empire State Slammer)

Cocktail $6\frac{1}{2}$ oz.(大鸡尾酒杯),冰的

$1\frac{1}{4}$ oz. Canadian Whisky(加拿大人威士忌)

½ oz. Crème de Banana(香蕉香甜酒)

½ oz. Sloe Gin(黑刺李香甜酒)

$2\frac{1}{2}$ oz. orange juice(橘子汁)

将酒材倒入已装¼满冰块的调拌杯内,迅猛摇荡后过滤,倒入大鸡尾酒杯中。

5. 心碎(Heartbreak)

Squall 15 oz.(大风杯),装满冰块

直接倒入:

$1\frac{1}{2}$ oz. Canadian Whisky(加拿大人威士忌)

$5\frac{1}{2}$ oz. Cranberry juice(蔓越莓/蔓越橘汁)

用酒吧匙由下而上地搅动几下,拌均匀后,再倒入¾ oz. 的白兰地漂浮在饮料上,挂一个青柠檬角作装饰。

6. 米达斯国王(King Midas)

Collins 12 oz. 杯,装满冰块

1 oz. Canadian Whisky(加拿大人威士忌)

¾ oz. Oro di Mazzetti Grappa(意大利产的一种以葡萄渣为原料并含有 23K 金微细黄金粒子的香甜酒)

用酒吧匙由下而上地稍加搅拌几下后,再用七喜汽水加满,挂一个青柠檬角作装饰。

7. 加拿大人蜜多里香瓜(Midori Canuck)

Rocks 7 oz. 杯,加满冰块

直接倒入:

1 oz. Canadian Whisky(加拿大人威士忌)

1 oz. Midori Melon(日本绿香瓜香甜酒)

½ oz. Vodka(伏特加酒)

用酒吧匙由下而上地搅拌两三下,插入小搅拌棒。

8. 母矿(Mother Lode)

Rocks 7 oz. 杯,加满冰块

直接加入:

$1\frac{1}{2}$ oz. Canadian Whisky(加拿大人威士忌)

½ oz. Dekuyper Peppermint Schnapps (Dekuyper 公司产的薄荷斯内普无色烈酒)

搅拌后插入搅拌棒。

9. 清酒激情(Saké Passion)

Cocktail $6\frac{1}{2}$ oz. (大鸡尾酒杯),冰的

$1\frac{1}{2}$ oz. Canadian Whisky(加拿大人威士忌)

½ oz. Alizé Red Passion(爱丽丝红白香果香甜酒)

½ oz. Saké(日本米酒/清酒)(没有温过的)

$1\frac{1}{2}$ oz. sweet & sour juice(甜酸汁)

½ oz. lime juice(青柠檬汁)

将酒材倒入已加¼满冰块的调拌杯内,摇荡后过滤,倒入杯中。

10. 清酒激情俱乐部(Saké Passion Club)

Squall 15 oz. (大风杯),加满冰块

$1\frac{1}{2}$ oz. Canadian Whisky(加拿大人威士忌)

½ oz. Alizé Red Passion(爱丽丝红白香果香甜酒)

½ oz. Saké(日本米酒/清酒)

2 oz. sweet & sour juice(甜酸汁)

将酒材倒入已装¼满冰块的调拌杯内迅猛摇荡后,倒入大风杯中,再以苏打水加满,放入青柠檬旗作装饰。

11. 一路常笑(Smiles For Miles)

Rocks 7 oz. 杯,装满冰块

直接倒入:

¾ oz. Canadian Whisky(加拿大人威士忌)

¾ oz. Amaretto(意大利苦杏仁香甜酒)

¾ oz. Dekuyper Peppermint Schnapps (Dekuyper 公司产的薄荷斯内普无色烈酒)

用酒吧匙由下而上搅拌两三下,放入小搅拌棒。

12. 气泡甜苹果酸酒(Sparkling Sweet Apple Sour)

Squall 15 oz. (大风杯),装满冰块

$1\frac{1}{2}$ oz. Canadian Whisky(加拿大人威士忌)

1 oz. Dekuyper Sour Apple Pucker

（Dekuyper 公司产的无色酸苹果烈酒）

1 oz. Rose's lime juice（罗斯青柠檬汁）

1 oz. sweet & sour juice（甜酸汁）

将酒材倒入已加¼满冰块的调拌杯内，迅猛摇荡后过滤，倒入大风杯中，再用七喜汽水加满，挂一个青柠檬角或放一个青柠檬旗作装饰。

13. 溅溢牛奶第一方（Spilt Milk 1）

Squall 15 oz.（大风杯），装满冰块

½ oz. Canadian Whisky（加拿大人威士忌）

½ oz. Barcardi Light Rum（巴卡迪淡朗姆酒）

½ oz. Crème de Noyaux（杏仁香甜酒）

1 oz. Baileys Irish Cream（贝利丝爱尔兰奶酒）

2 oz. sweet & sour juice（甜酸汁）

3 oz. half & half cream（搀入牛奶等的稀奶油）

将酒材倒入已加¼满冰块的调拌杯内，摇荡后过滤，倒入大风杯内。

14. 溅溢牛奶第二方（Spilt Milk 2）

Rocks 7 oz. 杯，装满冰块

$1\frac{1}{2}$ oz. Baileys Irish Cream（贝利丝爱尔兰奶酒）

½ oz. Crown Royal Whisky（皇冠威士忌）

½ oz. Amaretto（意大利苦杏仁香甜酒）

将酒材倒入杯中，撒一些牛奶或 half & half cream 约¼ oz.，用酒吧匙由下而上地搅拌两三下，放入搅拌棒。

15. 加拿大人（Canadian）（又叫 Canada 加拿大）

Cocktail $4\frac{1}{2}$ oz. 杯，冰的

$1\frac{1}{2}$ oz. Canadian Whisky（加拿大人威士忌）

½ oz. Triple Sec（三干酒/柑橘香甜酒）

½ oz. sweet & sour juice（甜酸汁）

½ oz. simple syrup（简易糖浆）

倒两下苦精

将酒材倒入已加¼满冰块的调拌杯内，摇荡后过滤，倒入杯中。

16. 加拿大人的混合饮料（Canadian Stone Fence）

Squall 15 oz.（大风杯），装满冰块

$1\frac{1}{2}$ oz. Canadian Whisky（加拿大人威士忌）

½ oz. Triple Sec（三干酒/柑橘香甜酒）

1 oz. simple syrup（简易糖浆）

4 oz. apple cider（苹果西打）

将酒材倒入已装¼满冰块的调拌杯内，迅猛摇荡后过滤，倒入大风杯内，放入一个苹果旗（切块苹果串绿樱桃）作装饰。

17. 枫叶曼哈顿（Maple Leaf Manhattan）

Cocktail $4\frac{1}{2}$ oz. 杯，冰的

$1\frac{1}{2}$ oz. Canadian Whisky（加拿大人威士忌）

½ oz. Sweet Vermouth（甜苦艾酒）

¼ oz. 樱桃汁

将酒材倒入已加¼满冰块的调拌杯内，搅拌后过滤，倒入杯中，放一粒有秆的

樱桃作装饰。

18. 天堂公园曼哈顿(Park Paradise Manhattan)

Cocktail $4\frac{1}{2}$ oz. 杯,冰的

$1\frac{1}{2}$ oz. Canadian Whisky(加拿大人威士忌)

½ oz. Sweet Vermouth(甜苦艾酒)

¼ oz. 樱桃香甜酒

撒 3 下安戈斯图拉苦精(Angostura Bitters)

将酒材倒入已装¼满冰块的调拌杯内,搅拌后过滤,倒入杯中,放入樱桃或拧挤放入一条黄柠檬(lemon twist)作装饰。

19. 魁北克-曼哈顿(Québec Manhattan)

Cocktail $4\frac{1}{2}$ oz. 杯,冰的

$1\frac{1}{2}$ oz. Canadian Whisky(加拿大人威士忌)

½ oz. Dry Vermouth(辛辣苦艾酒)

¼ oz. Cherry Liqueur(樱桃香甜酒)

¼ oz. Amer Picon(法国制苦味香甜酒)

将酒材倒入已装¼满冰块的调拌杯内,搅拌后过滤,倒入杯中,拧挤放入黄柠檬条/片(lemon twist)作装饰。

20. 罗马-曼哈顿(Roman Manhattan)

Cocktail $4\frac{1}{2}$ oz. 杯,冰的

$1\frac{1}{2}$ oz. Canadian Whisky(加拿大人威士忌)

½ oz. Sweet Vermouth(甜苦艾酒)

¼ oz. Sambuca(意大利桑布卡茴香香甜酒)

将酒材倒入已装¼满冰块的调拌杯内,搅拌几下过滤,倒入杯中,用黄柠檬条/片或樱桃作装饰。

21. 加拿大人的咖啡(Canadian Coffee)

Coffee Mug $8\frac{1}{2}$ oz.(有把的咖啡杯),温的

直接倒入:

$1\frac{3}{4}$ oz. Yukon Jack Liqueur(加拿大育空地区产的杰克橘子味香甜酒)(酒精度是 100 度)

5 oz. hot coffee(热咖啡)

$1\frac{1}{2}$ oz. whipped cream(掼奶油)

再淋上¼ oz. 的 Crème de Nouyaux(杏仁香甜酒)。

22. 加拿大人的黑莓菲兹(Canadian Blackberry Fizz)

Collins 12 oz.(柯林斯杯),加满冰块

直接倒入:

$1\frac{1}{4}$ oz. Canadian Whisky(加拿大人威士忌)

¾ oz. Blackberry Brandy(黑莓白兰地)

2 oz. sweet & sour juice(甜酸汁)

用酒吧匙拌匀后,再用苏打水(club soda)加满,挂一片青柠檬圆片或一个青柠檬角作装饰。

23. 加拿大鸡尾酒(Canada Cocktail)

Cocktail $4\frac{1}{2}$ oz. 杯,冰的

$1\frac{1}{2}$ oz. Canadian Whisky(加拿大人威士忌)

½ oz. Triple Sec(三干酒/柑橘香甜酒)

½ oz. simple syrup(简易糖浆)

撒两次安戈斯图拉树皮苦精(Angostura Bitters)

将酒材倒入已装¼满冰块的调拌杯内,摇荡后过滤,倒入杯中,挂一片橘子圆片作装饰。

24. 加拿大人的冷冻西打(Canadian Frozen Cider)

Poco Grande $13\frac{1}{4}$ oz.(波可杯),冰的

$1\frac{1}{4}$ oz. Canadian Whisky(加拿大人威士忌)

¾ oz. Cinnamon Schnapps(肉桂斯内普无色烈酒)

4 oz. apple cider(苹果西打)

¼粒十分熟的 red delicious apple(红的五爪苹果)

8 oz. 碎冰

将酒材倒入果汁机内,用慢速轻快地打成雪泥状,倒入 Poco 杯中,放入苹果旗或苹果圆片(apple wheel)作装饰。

15~6 酒吧国际专业术语

1. Bar Hopping:由一家酒吧又喝到另外一家酒吧的豪饮酒客。

2. Bar Fly:一位经常泡在邋遢(seedy)且肮脏的(dingy)酒吧里的客人。

3. Bevvy(名词):指"Beverage"饮料的意思。

4. Benjamin:俚语,指百元美钞之意。

5. Beveraging:俚语,是指"to drink",即喝的意思。

6. B. O. Y. C.(名词):首字母缩写语,是指"Beverage of Your Choice",即你选择的饮料。

7. All Star:指饮用许多物质的客人,他可能同时喝啤酒、葡萄酒、烈酒及香甜酒等酒。

8. A Few Cans Short of a Six Pack, A Few Sandwiches Short of a Picnic:意指一个人无法获得全体同事或工作伙伴的共襄盛举与参与活动。

9. After Party:指工作完毕后同班工作伙伴在外头小聚一阵子的活动。

10. Abbeverate(动词):指提供一杯饮料或帮某人拿杯酒或饮料。

11. Balance:指收银机里的钱在收入与支付及找零钱后余额应是正确的。

12. Bank:指开始营业时,放入收银机中找零用的现金,各店不一,有的是 50 元美金,有的放入 100 元美金。

13. Banging(形容词):是非常吸引人的、风骚的、闪耀的、引人注目的意思。

14. Beat(形容词):指没有兴趣的、差劲的、无聊枯燥的、乏味的意思。

15. Beer Run(动词):指舞会或聚会中途离开去买啤酒的行动。

16. To Bomb(动词):指搞砸了、搞吹

了、坏事了、搞糟了、弄糟了。

17. Bender(名词):指在酒后一段时间仍然酩酊大醉的人。

18. Brew(名词):指的就是啤酒。

19. Brown Bottle Flue(名词):指喝了太多棕色酒瓶内的烈酒,以致宿醉不省人事。

20. Blow Out(名词):指一场大聚会或大舞会、大餐会。

21. Breastrant(名词):指一家餐厅的服务人员衣服穿的极少、极暴露,几乎到了袒胸露乳的地步。

问题探讨

如何调制下列各款国际知名鸡尾酒?

(1) Canadian Cocktail
(2) Everybody's Irish Cocktail
(3) Perfect Manhattan
(4) Sand Dance
(5) Whisky Sour
(6) John Collins
(7) Manhattan
(8) Rob Roy
(9) Bourbon Manhattan
(10) Oriental Cocktail
(11) Canadian Stone Fence
(12) Saké Passion Club
(13) Empire State Slammer
(14) Maple Leaf Manhattan
(15) Smiles For Miles

第十六章

以香甜酒为基酒的鸡尾酒酒方

Recipes of Cordials Cocktails

学习目的

了解： 1. 香甜酒(Liqueur)的起源与制造方法

2. 香甜酒的区别与分类
3. 常见的利口酒(Liqueur)或香甜酒(Cordial)
4. 彩虹酒(Pousse Cafés)的调制秘诀
5. 香甜酒比重分析
6. 以香甜酒为基酒的鸡尾酒酒方(Recipes of Liqueurs and Cordials)
7. 国际上各种日本蜜多里香瓜香甜酒(Midori)酒方
8. 酒吧国际专业术语

16~1 香甜酒(Liqueur)的起源与制造方法

Liqueur(利口酒)一词本是拉丁语,意思是溶解,使软化柔和,也可以解释为"液体"的意思。被希腊人称为"医师之父"的希波克拉底(Hippokrates,公元前460—337年于希腊诞生的怪异名医)把蒸馏水和其他各种材料溶合再加上香料,这样调制而成的饮料虽不含酒精成分,但却是最初的香甜饮料,若套用现代的说法,就是所谓的"软性非酒精饮料"。

今天一般公认近代香甜酒的始祖是西班牙的学者阿鲁诺杜·拜尔努(公元1238—1314年)和他的弟子鲁掠。师徒两人首先创新技术,把柠檬、橘子花、香辛料等各种香料加上酒精蒸馏或滤出,终于创造出香甜酒的新世界。15世纪,阿鲁诺杜播下的种子在意大利开花,变成多种多样香甜酒的生产时代。16世纪的勃布勒尤有过之,他把蒸馏过的葡萄酒稀释,再加入肉桂、大茴香籽、麝香、糖蜜等配料,制成甜味的香甜酒。香甜酒的盛名传到法国,当时的王妃卡多·利美蒂西斯(公元1519—1589年)一方面除尽力为她祖国的"勃布勒酒"广作宣传外,同时还以她的王妃之名押下重注,保证将来会有更优良的香甜酒诞生。

在21世纪的今天,所谓香甜酒(又称利口酒或甜露酒),是指在烈性酒(即蒸馏酒)之中,调配进果实、药草、香草等香料成分,再添加砂糖或糖浆之类的甘味料与着色剂等制成的酒。依据制造方法来分类属调和混成酒。混成酒有两类,一种以酿造酒为基酒,另外一种则是以蒸馏酒为基酒。在欧美国家一般认为以酿造酒为基酒的混成酒是不能被视为香甜酒的。因此对香甜酒的定义,各国均不相同。

在美国,专家们对香甜酒的定义是:砂糖的含量必须占2.5%以上,使用酒精、白兰地、杜松子酒或任何其他酒类为原料,再配以果实、花朵、药材、果汁或天然香精制造的酒精饮料。这种酒若是在美国国内产的,一般多被称为柯地尔(Cordial),如果制造时使用的不是天然香精而是人工合成香精,酒瓶商标除了要标明香甜酒或利口酒之外,还须标注出人造的(Artificial)或非天然的等字样。

现在只要想得出来的任何材料都可作为香甜酒的制作原料,然而其主要酿造方法却只有4种:

1. 蒸馏法:把基酒和香料共同置于锅中蒸馏,香草类利口酒(Liqueur)多用此法制成。蒸馏过的液体妥为贮藏就是高级香甜酒。

2. 浸渍法:把配料浸入基酒中,淬取出香味和成分。此法应用最广,如黑梅酒就是用此法制成。

3. 滤出法:网中置配料,放入酒糟内,槽中基酒以泵抽动上下对流,滤出香味和成分。目前较少使用。

4. 香精法:配料与香精或合成品调入基酒中。法国禁止使用这种合成法,但是有些国家仍把合成香精与中性酒精配合,这样制成的酒当然大多是劣质品。

有些人初次试饮便喝到此种劣酒，于是误以为香甜酒(Liqueur)不过如此而已。事实上，真正的香甜酒究竟是什么样的一种美酒，酒客必须要亲口验证才行。

16~2 香甜酒的区别与分类

香甜酒按制作的原材料及产制后的属性可区分为下述七大类：

(一) 柑橘类

以库拉索酒(Curaçao)最为普遍，是用青橘干皮、肉桂、丁香、糖蜜等熬制，有橘子香味，十分诱人。

库拉索(Curaçao)是荷属加勒比海中的一个小岛，距离南美委内瑞拉约 60 海里，此地所产的柑橘酒，全以其地名命名，随后，各国也群起仿效。当然，各地所用的材料有所差异，制法也都不同，因此各有各的风味。正宗荷兰所产的则在 Curaçao 之前加上 Dutch 以示区别。

此类香甜酒原先是调制鸡尾酒不可缺少的原料，但是如今已有些变化。因此，库拉索酒的花式也不如以往繁多，但 Cointreau、Triple Sec、Grand Marnier 等都是这一系统的著名品牌。

(二) 奶油类

法国把香甜酒分成 4 个等级，由品牌商标可以很明显地加以区分优劣，第二等的香甜酒叫做"Crème…"，因此香甜酒和 Cream 有着不解之缘。

这一类的香甜酒，糖分平均在 40%~50% 之间，因此喝起来就像奶油一样腻人。所以，人们印象中都把它看做奶油。制造这种香甜酒并没有特殊窍门，它的原料形形色色，有果实、茶叶、花朵、橘子、树根、植物、咖啡等，不胜枚举。但无论用什么作材料，它们共同的特色都是像奶油一般的甜腻。

Crème de Banane 是由香蕉制成的香甜酒，Crème de Ananas 原料是凤梨，Crème de Mandarine 是以橘子为主材，Crème de Cerise 的原料是樱桃，Crème de Framboises 的原料是覆盆子，Crème de Fraises 的原料是草莓，Crème de Noisette 的原料是山榛果，Crème de Amande 和 Crème de Orgeat 的原料是杏仁，Amaretto di Saronno 是意大利萨龙诺产制的苦杏仁香甜酒，Crème de Noix 的原料是核桃，Crème de Noyaux 的原料是杏仁(桃仁或杏仁香甜酒因为产量很少，所以极为珍贵)，Crème de Roses 则是有玫瑰花香味的香甜酒。

(三) 果实类

以香甜酒中主要果实的风味来当酒名，如此即可明显区分种类，例如樱桃、桃子酿造的 Cherry Liqueur、Peach Brandy 等。

(1) Cherry Brandy 是以白兰地为基酒，加入樱桃浸渍，抽出香味后再加入丁香、肉桂、砂糖等调配成暗红色，酒精含量为 24%~21%。采购与选择时，要以酒精度高而糖度低者为佳。

(2) 杏桃(Apricot)香甜酒是以银杏的蒸馏酒或白兰地为基酒，浸入银杏、香料、糖等，色泽较淡。

(3) 用桃子代替银杏，即是桃子白兰地(Peach Brandy)，作法相同，但颜色较暗，偏褐色。

美国南方蜜桃利口酒(Southern Comfort)是以美国威士忌为基酒制成。

(4) 黑莓香甜酒(Black Berry)是将黑色的浆果加入白兰地基酒,配入草莓、丁香、糖和少许红葡萄酒制成。

(四) 香草类

法国最高级的香甜酒叫做“爱而可喜”,“爱而可喜”是什么意思呢? 这个名词含有“植物精萃”的意思,但是作为香甜酒用语,其内涵仍有所限制,即除了从多种香草或药草中抽出其成分外,还有一个必要的条件就是要能健胃、壮身、助消化,只有这样才能叫做“爱而可喜”。

消费者对这类酒的要求很严格,也因为如此,香草类的利口酒水准一直在不断提高,以致于“爱而可喜”如今已变成“香草”和“高级香甜酒”的同义词了。最具代表性的香草类香甜酒的品牌是 Chartreuse(察吐士香甜酒)、Bénédictiné(本尼迪克特香甜酒)、B & B(本尼迪克特香甜酒和白兰地)及各种其他著名品牌。

(五) 种子类

种子类香甜酒如茴香酒(Anisette),是以肉桂及茴香等的种子为主原料。以前希腊人就曾用肉桂做药,直到今天,肉桂在地中海沿岸一带仍然被广泛使用。Anisette 一词便是由“茴香”而得名。

这类酒香味浓郁,风味独特,喝时多半要对水冲淡。一般制作方法是把茴香种子、肉桂、柠檬皮等配合蒸馏酒,再经一道或多道蒸馏手续,或加少许糖精而制成。常见种子类酒有: Pernod、Anisette、Metaxa 和 Ouzo 等。

(六) 蜂蜜类

蜂蜜酒(Mead)的制造由来已久,把蜂蜜掺水发酵即成,现在蜂蜜酒是仅次于历史悠久的啤酒和葡萄酒的酒类。英格兰西南端的康沃尔半岛(Cornwall Pen.)至今还保留着古老的蜂蜜酒酿造法。著名的蜂蜜酒有: Drambuie、Irish Mist、Lochan Ora 等。

(七) 特异类

某些香甜酒有其特殊的制法,因不属于以上各项分类,所以把它们归纳为特异类。较著名的特异香甜酒有: Tia Maria、Kahlúa、Pimm's No. 1, Cherrisuisse(樱桃巧克力香甜酒)及 Bols Advocaai(鸡蛋白兰地酒)等。

16~3 常见的利口酒(Liqueur)或香甜酒(Cordial)

香甜酒(Cordial)主要是以蒸馏酒为原料,再添加一些天然动植物香料,与糖混合后再调制而成,又称为利口酒(Liqueur)。因种类繁多,且各种产品皆有其独特秘方,因此外人实在无从了解其产制的独门秘诀。现今酒吧中常用的香甜酒种类有下列 18 种:

1. 马力普(Malibu)朗姆椰香利口酒:以牙买加淡朗姆酒加上椰子等热带花果调制而成,清香爽口,是近年来最为年轻人所喜爱的香甜酒。

2. 美国南方蜜桃香甜酒(Southern Comfort):以美国南方波旁威士忌加上水蜜桃等水果调制而成,酒性较烈,为全球销量第二的香甜酒。

3. 意大利苦杏仁香甜酒(Amaretto)：红褐色、杏仁口味、香甜,酒精浓度27%~28%,适合调鸡尾酒。著名的喝法有“Amaretto Sour”,即Amaretto加甜酸汁,再加冰块摇荡,味道甜甜酸酸,女士们非常喜爱。另有一道鸡尾酒“Toasted Almond”也非常可口,即意大利苦杏仁香甜酒(Amaretto)加墨西哥咖啡香甜酒(Kahlúa)、牛奶加上冰块,香味浓郁,最适合推荐给心爱的人饮用。

4. 贝利丝(Baileys)爱尔兰奶酒：是采用传统爱尔兰奶酒加入威士忌精心调配而成的浓纯美酒,它适合任何时机饮用。除了加冰块喝外,还可加入咖啡或苏打水。尤其是Baileys加入苏打水(Soda Water)更是令人爱不释口。著名的鸡尾酒B-52就是⅓墨西哥咖啡香甜酒(Kahlúa),加入⅓ Baileys再加⅓法国柑橘干邑香甜酒(Grand Marnier),分次逐层倒入吞饮杯(Shot)形成3层颜色,喝法是一口饮尽,是一款非常猛烈的鸡尾酒。贝利丝爱尔兰奶酒(Baileys Irish Cream)是全球销售最佳的香甜酒。

5. 蓝色库拉索橘子香甜酒(Blue Curaçao)：是用青橘子干皮、肉桂、丁香等调和制成的香甜酒加上蓝色香料,非常适合调酒。著名的鸡尾酒有蓝色夏威夷(Blue Hawaiian),即朗姆酒加入蓝色库拉索香甜酒(Blue Curaçao)、甜酸汁、凤梨汁(Pineapple Juice)后摇荡,蓝色的色彩加上凤梨汁立即给人清凉的感受。

6. 可可香甜酒(Crème de Cacao)：以可可和酒精调制而成,有无色及咖啡色两款,常用来调酒,如Angel's Kiss。

7. 薄荷香甜酒(Crème de Menthe)：以薄荷和酒精调制而成,有无色、绿色及红色,多数女性深爱饮用,可加冰块喝,更适合调酒。例如绿色蚱蜢(Grasshopper)就以此调制。

8. 香蕉香甜酒(Crème de Banana)：常用来调制鸡尾酒,如Banage即香蕉香甜酒(Crème de Banana)加上O. J.,而意大利香蕉香甜酒(Banana Italiano)即1 oz.意大利甘草香甜酒(Galliano)加入½ oz.香蕉香甜酒(Crème de Banana)和1 oz.奶油(Cream)。

9. 黑醋栗/黑茶藨子香甜酒(Crème de Cassis)：1 oz.黑醋栗/黑茶藨子(Cassis)加上七喜汽水(7-up),是非常好喝的饮料,此道鸡尾酒名为“The Cassis”。

10. 法国康德露柑橘香甜酒(Cointreau)：以橘皮加酒精酿配而成,透明无色,可纯喝、加冰块或不加冰块,非常适宜饭后饮用。

11. 樱桃白兰地(Cherry Brandy)：是调制鸡尾酒时常用的利口酒。

12. 苏格兰蜂蜜香甜酒(Drambuie)：由苏格兰威士忌加入芳香草药、蜂蜜制成,味香甜,十分有滋补作用,适合男性饮用。如果加入苏打水味道更佳,著名喝法有Rusty Nail等,是男性的最爱。

13. 盖利阿诺(Galliano)甘草香甜酒：一种金黄色的意大利香草酒,味道很香,是酒吧中必备的圣品。

14. 柑橘干邑香甜酒(Grand Marnier)：非常古典的法国柑橘干邑香甜酒,品质非常好,适合纯饮,加冰块也行。B-52 中也加入了 Grand Marnier。

15. 墨西哥咖啡香甜酒(Kahlúa):墨西哥产,是用酒精加墨西哥咖啡豆制成,酒精含量 26.5%。通常客人喜欢加点牛奶,味道和咖啡一样。遇到喜爱咖啡口味的客人,可推荐此酒,著名饮法有黑俄罗斯人(Black Russian)和白俄罗斯人(White Russian)等等。

16. 日本蜜多里香瓜香甜酒(Midori):酒的翠绿色非常漂亮,是由日本的绿香瓜/哈蜜瓜制成,调酒非常好,通常加上柳橘子汁或苏打水,非常顺口。

17. 桑布卡(Sambuca/Sambucca):意大利的茴香利口酒,欧美人士十分爱喝。

18. 蒂亚·玛丽亚咖啡香甜酒(Tia Maria):是牙买加所产的咖啡香甜酒,是用蓝山咖啡豆加上巧克力和牙买加朗姆酒等调制而成。

16~4 彩虹酒(Pousse-Cafés)的调制秘诀

调制彩虹酒的五大秘诀是:

1. 酒方中所使用的原料,必须能明显地区别层次与色彩。

2. 每层都能突显“色彩与亮度”的强烈对比。

3. 使用的原料调配合成后口感应佳。

4. 依据酒方的顺序倒酒,列于前面的先倒入酒杯。

5. 倒酒时要使用酒吧匙,以“轻、稳、徐、定”的手法逐渐将各种酒倒入杯中。

倒置彩虹酒时务必要依据酒方(Recipe)的顺序加入,或依据比重表数字的大小来加入,大者先、小者后,否则酒类无法漂浮在上面,不但不会形成层次感,反而会变成混杂与失色之状。下面是 10 道美丽的彩虹酒调制酒方。(它们各自有 2~7 道彩虹)

1. (1) Green Crème de Menthe(绿色薄荷香甜酒)

(2) Galliano(意大利甘草香甜酒)

(3) Blackberry Liqueur(黑莓香甜酒)或 Kirschwasser(樱桃香甜酒)

2. (1) Crème de Noyaux(杏仁香甜酒)

(2) Anisette(茴香利口酒)

(3) Tuaca and Whipped Cream(吐阿卡椰香香甜酒及打成气泡状鲜奶油)

3. (1) Grenadine(红石榴糖浆)

(2) White Crème de Cacao(无色可可香甜酒)

(3) Triple Sec and Forbidden Fruit(三干酒/柑橘香甜酒和禁果)

4. (1) Banana Liqueur(香蕉香甜酒)

(2) Cherry Herring and Cognac(樱桃香甜酒和干邑白兰地)

5. (1) Peach Liqueur(桃子香甜酒)

(2) Kirsch and Pernod(樱桃白兰地和法国佩诺茴香利口酒)

6. 四道彩虹酒(Four-Way Pousse Café)

Cordial 2 oz.(香甜酒杯),冰的

依序逐项倒入:

½ oz. Kahlúa(墨西哥咖啡香甜酒)

½ oz. Whice Crème de Menthe(无色薄荷香甜酒)

½ oz. Galliano(意大利甘草香甜酒)

½ oz. Baileys Irish Cream(贝丽丝爱尔兰奶酒)

7. 吐阿卡椰香彩虹酒(Tuaca Pousse Café)

Cordial 2 oz. 杯,冰的

依序逐项注入:

½ oz. grenadine(红石榴糖浆)

½ oz. White Crème de Menthe(无色薄荷香甜酒)

½ oz. Midori Melon(日本绿香瓜香甜酒)

½ oz. Tuaca(意大利吐阿卡椰香香甜酒)

8. 五道彩虹酒(Five-Way Pousse Café)

Cordial 3 oz. 杯,冰的

依序逐项慢、稳地注入:

½ oz. grenadine(红石榴糖浆)

½ oz. Green Crème de Menthe(绿色薄荷香甜酒)

½ oz. Triple Sec(三干酒/柑橘香甜酒)

½ oz. Sloe Gin(黑刺李香甜酒)

½ oz. Brandy(白兰地)

9. 六道彩虹酒(Six-Way Pousse Café)

Cordial 3 oz. 杯,冰的

依序逐项慢、稳、准地注入:

½ oz. grenadine(红石榴糖浆)

½ oz. Yellow Chartreuse(黄色法国察吐士蜂蜜香甜酒)

½ oz. White Crème de Menthe(无色薄荷香甜酒)

½ oz. Apricot Brandy(杏桃白兰地)

½ oz. Green Chartreuse(绿色法国察吐士蜂蜜香甜酒)

½ oz. Brandy(白兰地)

10. 七道彩虹酒(Seven-Way Pousse Café)

Cordial 3 oz. 杯,冰的

依序逐项注入:

⅐ 杯 0.43 oz. grenadine(红石榴糖浆)

⅐ 杯 0.43 oz. Kahlúa(墨西哥深棕色咖啡香甜酒)

⅐ 杯 0.43 oz. White Crème de Menthe(无色薄荷香甜酒)

⅐ 杯 0.43 oz. Blue Curaçao(蓝色库拉索柑橘香甜酒)

⅐ 杯 0.43 oz. Gailliano(意大利甘草香甜酒)

⅐ 杯 0.43 oz. Green Chartreuse(绿色法国察吐士蜂蜜香甜酒)

⅐ 杯 0.43 oz. Brandy(琥珀色白兰地)

16~5 香甜酒比重分析

香甜酒比重分析之一

香甜酒具体的比重分析如下(Specific Gravity Table):

(1) 黑醋栗/黑茶藨子香甜酒(Crème de Cassis) 1.18

(2) 茴香利口酒(Anisette) 1.17

(3) 杏仁香甜酒(Crème de Almond/Noyaux) 1.16－1.17

(4) 墨西哥咖啡香甜酒(Kahlúa) 1.15

(5) 可可香甜酒(Crème de Cacao) 1.14

(6) 香蕉香甜酒(Crème de Banana) 1.14

(7) 咖啡香甜酒(Coffee Liqueur) 1.14

(8) 薄荷香甜酒(Crème de Menthe) 1.12

(9) 意大利甘草香甜酒(Galliano) 1.11

(10) 蓝色库拉索柑橘香甜酒(Blue Curaçao) 1.11

(11) 黑莓香甜酒(Blackberry Liqueur) 1.10

(12) 杏桃香甜酒(Apricot Liqueur) 1.09

(13) 库拉索柑橘香甜酒(Curaçao) 1.09

(14) 三干酒/柑橘香甜酒(Triple Sec) 1.09

(15) 牙买加咖啡香甜酒(Tia Maria) 1.09

(16) 意大利萨龙诺杏仁香甜酒(Amaretto di Saronno) 1.09

(17) 咖啡风味白兰地(Coffee-Flavored Brandy) 1.08

(18) 意大利榛果香甜酒(Frangelico) 1.08

(19) 苏格兰蜂蜜香甜酒(Drambuie) 1.08

(20) 草莓香甜酒(Strawberry Liqueur/Fraise) 1.08－1.12

(21) 本尼迪克特香甜酒(Bénédictiné D. O. M.) 1.07

(22) 法国黄色察吐士蜂蜜香甜酒(Yellow Chartruese) 1.07

(23) 意大利堪培利利口酒(Campari Aperitivo) 1.06

(24) 水果风味白兰地(Fruit-flavored Brandies) 1.06

(25) 法国干邑柑橘香甜酒(Grand Marnier) 1.05

(26) 日本绿香瓜香甜酒(Midori Melon Liqueur) 1.05－1.12

(27) 樱桃香甜酒(Cherry Liqueur) 1.05

(28) 本尼迪克特香甜酒和白兰地(Bénédictiné & Brandy(B & B)) 1.05

(29) 薄荷斯内普无色烈酒(Peppermint Schnapps) 1.04

(30) 黑刺李香甜酒(Sloe Gin) 1.04

(31) 桃子利口酒(Peach Liqueur) 1.04

(32) 法国康德露柑橘香甜酒(Cointreau) 1.04

(33) 法国绿色察吐士蜂蜜香甜酒(Green Chartuese) 1.02

(34) 蒸馏水(Distilled Water) 1.00

(35) 意大利吐阿卡椰香利口酒(Tuaca) 0.98

(36) 美国南方蜜桃香甜利口酒(Southern Comfort) 0.97

注：比重越大的酒在比重表中的数值

也越高。

香甜酒比重分析之二

(1) 茴香利口酒(Anisette Liqueur, red 或 white)(50度) 17.8

(2) 杏仁香甜酒(Crème de Noyaux)(50度) 17.7

(3) 薄荷香甜酒(Crème de Menthe, green, white 或 gold)(60度) 15.9

(4) 香蕉香甜酒(Crème de Banana)(50度) 15.0

(5) 可可香甜酒(Crème de Cacao, brown 或 white)(50度) 15.0

(6) 金箔香甜酒(Gold Liqueur)(50度) 15.0

(7) 酒浸樱桃香甜酒(Maraschino Liqueur)(50度) 14.9

(8) 咖啡香甜酒(Coffee Liqueur)(50度) 14.2

(9) 樱桃香甜酒(Cherry Liqueur)(48度) 12.7

(10) 恋爱凝结香甜酒(Parfait Amour)(50度) 12.7

(11) 蓝色库拉索柑橘香甜酒(Blue Curaçao)(60度) 11.7

(12) 黑莓香甜酒(Blackberry Liqueur)(50度) 11.2

(13) 杏桃香甜酒(Apricot Liqueur)(58度) 10.0

(14) 红色库拉索柑橘香甜酒(Red Orange Curaçao)(60度) 9.8

(15) 三干酒/柑橘香甜酒(Tripel Sec)(60度) 9.8

(16) 咖啡风味白兰地(Coffee-Flavored Brandy)(70度) 9.0

(17) 修道院香甜酒(Liqueur Monastioue)(78度) 7.9

(18) 桃子风味白兰地(Peach-Flavored Brandy)(70度) 7.0

(19) 樱桃风味白兰地(Cherry-Flaovred Brandy)(70度) 6.8

(20) 黑莓风味白兰地(Blackberry-Flavored Brandy)(70度) 6.7

(21) 杏桃风味白兰地(Apricot-Flavored Brandy)(70度) 6.6

(22) 裸麦冰糖威士忌香甜酒(Rock & Rye Liqueur)(80度) 6.5

(23) 姜味白兰地(Ginger-Flavored Brandy)(70度) 6.4

(24) 薄荷斯内普无色烈酒(Peppermint Schnapps)(60度) 5.2

(25) 德国葛缕子香甜酒(Kümmel)(78度) 4.2

(26) 桃子香甜酒(Peach Liqueur)(60度) 4.1

(27) 黑刺李香甜酒(Sloe Gin)(60度) 4.0

香甜酒比重分析之三

部分香甜酒比重分析如表16-1。

表 16-1 部分香甜酒比重分析

香甜酒名	产制者	颜色	比重
(1) Cacao Brown	Bols	Dark Brown	1.098
(2) Banana Liqueur	Bols	Yellow	1.094
(3) Vanilla Liqueur	Bols		1.082
(4) Cacao White	Bols	Clear	1.081
(5) Triple Sec	Bols	Clear	1.080
(6) Amaretto	Bols	Brown	1.071
(7) Blue Curaçao	Bols	Blue	1.068
(8) Lychee Liqueur	Bols	Clear	1.066
(9) Frangelico Liqueur		Amber	1.065
(10) Apricot Brandy Liqueur	Bols	Amber	1.061
(11) Baileys Irish Cream		Milky Brown	1.054
(12) Grand Marnier			1.05
(13) Melon Liqueur	Bols	Bright Green	1.05
(14) Cherry Brandy Liqueur	Bols	Red	1.046
(15) Centenaire		Orange	1.033
(16) Cinquatenaire		Amber	1.033
(17) Gosling's Black Seal Rum		Black	0.954

注：只搜集到一小部分资料，但因仍有参考价值，可在交叉查对后善加运用。

16~6 以香甜酒为基酒的鸡尾酒酒方(Recipes of Liqueurs and Cordials)

1. 杰克玫瑰(Jack Rose)

Cocktail $4\frac{1}{2}$ oz. 杯，冰的

$1\frac{3}{4}$ oz. Applejack Brandy（苹果白兰地）

¾ oz. lime juice（青柠檬汁）

1 bsp grenadine（一酒吧匙红石榴糖浆）

将酒材摇荡后过滤，倒入杯中。

2. 天堂乐园(Paradise)

Cocktail $4\frac{1}{2}$ oz. 杯，冰的

$1\frac{1}{2}$ oz. Apricot Brandy（杏桃白兰地）

½ oz. Gin（杜松子酒）

¾ oz. orange juice（橘子汁）

½ bsp Sweet Vermouth（半酒吧匙味美思）

将酒材摇荡后过滤，倒入杯中。

3. 阉猪的忧郁(Barrow Blues)

Old-fashioned 7 oz.（老式杯），加满冰块

1 oz. Blue Curaçao（蓝色库拉索柑橘香甜酒）

½ oz. Light Rum（淡朗姆酒）

½ oz. Myers's Dark Rum（迈尔斯深棕

色朗姆酒）

$1\frac{1}{2}$ oz. pineapple juice（凤梨汁）

1 bsp coconut cream（美国 Coco Lopèz 公司产的椰乳是顶级特优产品）

将酒材倒入加满冰块的老式酒杯中，再倒入调拌杯中，迅猛摇荡后倒回原杯。

4. 金色羊毛（Golden Fleece）

Cocktail $4\frac{1}{2}$ oz. 杯，冰的

$1\frac{1}{2}$ oz. Yellow Chartreuse（法国黄色察吐士蜂蜜香甜酒）

1 oz. Goldwasser（金箔药草香甜酒）

将酒材与冰块一起摇荡后过滤，倒入杯中。

5. 来自天堂的樱桃（Cherries From Heaven）

Highball 10 oz. 杯，加满冰块

$1\frac{1}{2}$ oz. Cherry Brandy（樱桃白兰地）

1 oz. lime juice（青柠檬汁）

倒一次苦精

将酒材倒入加满冰块的高圆球杯中，充分搅拌或摇荡后，再加入 3 oz. 的奎宁水（tonic water），挤放一个青柠檬角作装饰。

6. 粉红松鼠（Pink Squirrel）

Cocktail $4\frac{1}{2}$ oz. 杯，冰的

$1\frac{1}{2}$ oz. Crème de Noyaux（杏仁香甜酒）

¾ oz. White Crème de Cacao（无色可可香甜酒）

¾ oz. light cream（清淡奶油）或 milk（牛奶）

将酒材摇荡后过滤，倒入杯中。

7. 金色梦想（Golden Dream）

Cocktail $4\frac{1}{2}$ oz. 杯，冰的

$1\frac{1}{2}$ oz. Galliano（意大利甘草香甜酒）

½ oz. Triple Sec（三干酒/柑橘香甜酒）

½ oz. orange juice（橘子汁）

½ oz. milk

将酒材摇荡后过滤，倒入杯中。

8. B-52 轰炸机（B-52）

Cocktail $4\frac{1}{2}$ oz. 杯，冰的

½ oz. Kahlúa（墨西哥咖啡香甜酒）

¾ oz. Baileys Irish Cream（贝利丝爱尔兰奶酒）

1 oz. Grand Marnier（法国柑橘干邑香甜酒）

先在杯中倒入墨西哥咖啡香甜酒（Kahlúa），再由匙背延杯缘加入贝利丝爱尔兰奶酒（Baileys），再加入法国柑橘干邑香甜酒（Grand Marnier）。要造成 3 个层次的彩虹酒，也可改用 2 oz. 直立的香甜酒杯来调制。

9. 巫婆的奶头（Witch's Tit）

Cordial 2 oz.（香甜酒杯），冰的

$1\frac{1}{2}$ oz. Kahlúa（墨西哥咖啡香甜酒）

½ oz. heavy cream（浓奶油）

先在杯中倒入墨西哥咖啡香甜酒（Kahlúa），再加入浓奶油，切一粒红樱桃

放在奶油中央当奶头。

10. 绿色女神(Green Goddess)

Highball 10 oz. 杯,加满冰块

$1\frac{1}{2}$ oz. Melon Liqueur(香瓜香甜酒)

1 bsp. Dry Vermouth(辛辣苦艾酒)

1 oz. lime juice(青柠檬汁)

将酒材倒入加满冰块的高圆球杯中,充分搅拌或摇荡之后,再加入 3 oz. 的苏打水,挤放一个青柠檬角作装饰。

11. 忧郁的荣耀(Blue Glory)

Highball 10 oz. 杯,加满冰块

$1\frac{1}{2}$ oz. Peppermint Schnapps(薄荷斯内普无色烈酒)

½ oz. Blue Curaçao(蓝色库拉索柑橘香甜酒)

1 oz. lime juice(青柠檬汁)

将酒材倒入加满冰块的高圆球杯中,充分摇荡后倒回原杯,再加入 3 oz. 的苏打水,最后在杯上挂一个青柠檬旗作装饰。

12. 西瓜(Watermelon)

Collins 12 oz. 杯,加满冰块

$1\frac{1}{4}$ oz. Strawberry Liqueur(草莓香甜酒)

¾ oz. Vodka(伏特加酒)

1 oz. lime juice(青柠檬汁)

1 oz. sugar syrup(糖浆)

2 oz. orange juice(橘子汁)

将酒材倒入装满冰块的柯林斯杯中,转倒入调拌杯内,迅猛摇荡后倒回原杯中,放一个橘子旗作装饰。

13. 孪生蜜桃(Twin Peach)

Squall 15 oz. (大风杯),加满冰块

$2\frac{1}{2}$ oz. Peach Schnapps(桃子斯内普无色烈酒)

5 oz. cranberry juice(蔓越莓/蔓越橘汁)

将酒材倒入加满冰块的大风杯内,转倒入调拌杯内,迅猛摇荡后倒回原杯中,放一个青柠檬旗或拧挤一个青柠檬角作装饰。

14. 黄鹦鹉鸡尾酒(Yellow Parrot Cocktail)

Cocktail $4\frac{1}{2}$ oz. 杯,冰的

½ oz. Anisette(茴香利口酒)

¾ oz. Yellow Chartreuse(法国黄色察吐士蜂蜜香甜酒)

1 oz. Apricot-flavored Brandy(杏桃风味白兰地)

将酒材摇荡后过滤,倒入杯中。

15. 蒂奇美梦(Tikki Dream)

Squall 15 oz. (大风杯),加满冰块

$2\frac{1}{2}$ oz. Melon Liqueur(香瓜香甜酒)

5 oz. cranberry juice(蔓越莓/蔓越橘汁)

大风杯先沾湿青柠檬汁后,再沾上糖粉,将酒材先倒入装有¼满冰块的调拌杯内,迅猛摇荡后过滤,倒回大风杯中,串一块西瓜或香瓜作装饰。

16. 烘焙过的杏仁(Toasted Almond)

Rocks 7 oz. 杯,加满冰块

$1\frac{1}{2}$ oz. Kahlúa(墨西哥咖啡香甜酒)

1 oz. Amaretto(意大利苦杏仁香甜酒)

$1\frac{1}{2}$ oz. milk(牛奶) 或 light cream(清淡奶油)

将酒材倒入加满冰块的老式拌杯内,充分搅拌或摇荡即成。

17. 黑刺李司机(Sloe Driver)

Collins 12 oz. 杯,加满冰块

$1\frac{1}{2}$ oz. Sloe Gin(黑刺李杜松子酒)

5 oz. orange juice(橘子汁)

将酒材倒入装满冰块的柯林斯杯中,转倒入调拌杯内,迅猛摇荡后倒回原杯,放一个橘子旗或一片橘子圆片作装饰。

18. 真正典雅(Sheer Elegance)

Cocktail $4\frac{1}{2}$ oz. 杯,冰的

$1\frac{1}{4}$ oz. Amaretto(意大利苦杏仁香甜酒)

$1\frac{1}{4}$ oz. Black Raspberry Liqueur(黑覆盆子香甜酒)

½ oz. Vodka(伏特加酒)

将酒材摇荡后过滤,倒入杯中。

19. 太阳之吻(Sun Kiss)

Collins 12 oz. 杯,加满冰块

2 oz. Amaretto(意大利杏仁香甜酒)

4 oz. orange juice(橘子汁)

将酒材倒入加满冰块的柯林斯杯中,充分摇荡后,再挤放入一个青柠檬角作装饰。

20. 草莓日出(Strawberry Sunrise)

Collins 12 oz. 杯,加满冰块

2 oz. Strawberry Schnapps(草莓斯内普无色烈酒)

½ oz. grenadine(红石榴糖浆)

4 oz. orange juice(橘子汁)

将酒材倒入装满冰块的柯林斯杯中充分摇荡,放一粒新鲜草莓或橘子旗作装饰。

21. 扭结薄荷(Peppermint Twist)

Poco Grande $13\frac{1}{4}$ oz. (波可杯),冰的

$1\frac{1}{2}$ oz. Peppermint Schnapps(薄荷斯内普无色烈酒)

½ oz. White Crème de Cacao(可可香甜酒)

3 scoops(三球,约 3 oz.)香草冰淇淋

$1\frac{1}{2}$ oz. lime juice(青柠檬汁)

1 oz. sugar syrup(糖浆)

10 oz. 碎冰

将酒材放入果汁机内,打成雪泥状倒入杯中,放薄荷枝或薄荷小拐杖糖作装饰。

制冰机的种类很多,品质最佳的是美国 Manitowoc 公司产的制冰机。

22. 溅洒后撞车(Splash & Crash)

Hurrican 22 oz. (飓风杯),加满冰块

$1\frac{1}{2}$ oz. Amaretto(意大利苦杏仁香甜酒)

6 oz. cranberry juice(蔓越莓/蔓越橘汁)

2 oz. orange juice(橘子汁)

将酒材倒入加满冰块的飓风杯中，转倒入调拌杯内，充分摇荡后倒回原杯内，再加入½ oz. 的 151 朗姆酒漂浮在酒面上，在杯口挂一片圆青柠檬片作装饰并插入两根长吸管。

23. 落基山淡酒（Rocky Mountain Cooler）

Squall 15 oz.（大风杯），加满冰块

2 oz. Peach Schnapps（桃子斯内普无色烈酒）

4 oz. pineapple juice（凤梨汁）

1 oz. lime juice（青柠檬汁）

1 oz. sugar syrup（糖浆）

将酒材倒入加满冰块的大风杯内，转倒入调拌杯内，迅猛摇荡后倒回原杯，挤放一个青柠檬角，挂一片青柠檬圆片作装饰。

24. 情人之吻（Lover's Kiss）

Cocktail $6\frac{1}{2}$ oz.（大鸡尾酒杯），冰的

½ oz. Amaretto（意大利苦杏仁香甜酒）

½ oz. Cherry Brandy（樱桃白兰地）

½ oz. Brown Crème de Cacao（棕色可可香甜酒）

$1\frac{1}{2}$ oz. cream or milk（奶油或鲜奶）

将酒材摇荡后过滤，倒入杯中，加上打成泡沫状的鲜奶油/掼奶油（whipped cream），撒上一些巧克力碎片，并放上一粒红樱桃作装饰。

25. 蚱蜢（Grasshopper）

Cocktail $4\frac{1}{2}$ oz. 杯，冰的

¾ oz. Green Crème de Menthe（绿色薄荷香甜酒）

¾ oz. White Crème de Cacao（无色可可香甜酒）

¾ oz. light crèam or milk（清淡奶油或鲜奶）

将酒材与冰块一起摇荡后过滤，倒入杯中，在杯中放一粒红樱桃作装饰。

26. 古柏（Goober）

Hurricane 22 oz.（飓风杯），加满冰块

1 oz. Balck Raspberry Liqueur（黑覆盆子香甜酒）

1 oz. Melon Liqueur（香瓜香甜酒）

½ oz. Triple Sec（三干酒/柑橘香甜酒）

½ oz. Vodka（伏特加酒）

1 oz. grenadine（红石榴糖浆）

3 oz. pineapple juice（凤梨汁）

4 oz. orange juice（橘子汁）

将酒材倒入加满冰块的飓风杯中，再倒入调拌杯中，迅猛摇荡后倒回原杯中，放一个橘子旗或青柠檬旗作装饰。

27. 热浪（Heat Wave）

Squall 15 oz.（大风杯），加满冰块

$1\frac{1}{2}$ oz. Malibu Coconut Rum（马利布椰子朗姆酒）

½ oz. Peach Schnapps（桃子斯内普无色烈酒）

3 oz. pineapple juice（凤梨汁）

3 oz. orange juice（橘子汁）

½ oz. grenadine（红石榴糖浆）

将酒材倒入加满冰块的大风杯中，再

倒入调拌杯中，迅猛摇荡后倒回原杯内，放一个凤梨旗、橘子旗或桃子片作装饰。

28. 毛绒绒的肚脐眼(Fuzzy Navel)

Collins 12 oz. 杯，加满冰块

2 oz. Peach Schnapps(桃子斯内普香甜酒)

4 oz. orange juice(橘子汁)

将酒材倒入加满冰块的柯林斯杯内充分摇荡后过滤，倒入杯中，放一个橘子旗或挂一片橘子圆片作装饰。

29. 金的卡迪拉克(Golden Cadillac)

Poco Grande $13\frac{1}{4}$ oz. 杯(美国玻璃杯制造厂中以 Libbey 公司产的杯子最耐用)，冰的

1 oz. Galliano(意大利甘草香甜酒)

2 oz. White Crème de Cacao(无色可可香甜酒)

2 oz. light cream or milk(淡奶油或鲜奶)

1 oz. sugar syrup(糖浆)

10 oz. 碎冰(冰块一定要放入碎冰机中加以搅碎才可使用)

将酒材倒入果汁机内打成雪泥状，再倒入波可杯中，串红绿樱桃各一个放在杯上作装饰。

30. 薄荷冰酒(Crème de Menthe Frappé)

Cocktail $4\frac{1}{2}$ oz. 杯，冰的

2 oz. Green Crème de Menthe(绿色薄荷香甜酒)

酒杯内装满碎冰并压紧，倒入 2 oz. 的绿薄荷酒，中央放一粒红樱桃并放入两根短吸管。

31. 法式幻想(French Fantasy)

Collins 12 oz. 杯，加满冰块

1 oz. Mandarine Napoléon(拿破仑橘子香甜酒)

1 oz. Black Raspberry Liqueur(黑覆盆子香甜酒)

2 oz. cranberry juice(蔓越莓/蔓越橘果汁)

2 oz. orange juice(橘子汁)

将酒材倒入加满冰块的柯林斯杯内，转倒入调拌杯中，迅猛摇荡后倒回原杯中，放一个橘子旗作装饰。

32. 女妖报丧酒(Banshee)

Cocktail $4\frac{1}{2}$ oz. 杯，冰的

$1\frac{1}{2}$ oz. Crème de Banana(香蕉香甜酒)

½ oz. White Crème de Cacao(可可香甜酒)

½ oz. light crema or milk(清淡奶油或鲜奶)

将酒材倒入加满冰块的调拌杯内，与冰块一起摇荡后过滤，倒入杯内。

33. 巴奇圆球(Boccie Ball)

Highball 10 oz. 杯，加满冰块

$1\frac{1}{2}$ oz. Amaretto(意大利苦杏仁香甜酒)

$1\frac{1}{2}$ oz. orange juice(橘子汁)

将酒材倒入加满冰块的高圆球杯中，转倒入调拌杯内充分摇荡，倒回原杯，再

加入 3 oz. 的苏打水，挤放一个青柠檬角或挂一片青柠檬圆片作装饰。

34. 城市猎人(Bushwacker)

Old-fashioned 7 oz.，加满冰块

½ oz. Kahlúa(墨西哥咖啡香甜酒)

½ oz. Amaretto(意大利苦杏仁香甜酒)

½ oz. Light Rum(淡朗姆酒)

½ oz. Baileys Irish Cream(贝丽丝爱尔兰奶酒)

2 oz. milk or light cream(鲜奶或清淡奶油)

将酒材倒入加满冰块的老式酒杯中拌匀即可。

35. 我爱扬升(Arise My Love)

Tulip Champagne 9 oz.(郁金香花形香槟杯)，冰的

½ oz. Green Crème de Menthe(绿色薄荷香甜酒)

将酒材直接倒入冰过的香槟杯中，再加入 $5\frac{1}{2}$ oz. 气泡酒或香槟酒，放入一粒红樱桃沉入杯底即成。

36. 意大利冲浪人(Italian Surfer)

Collins 12 oz. 杯，加满冰块

1 oz. Amaretto(意大利苦杏仁香甜酒)

1 oz. Brandy(白兰地)

4 oz. pineapple juice(凤梨汁)

将酒材倒入加满冰块的柯林斯杯内，再转倒入调拌杯中，迅猛摇荡后倒回原杯中，放一个凤梨旗作装饰。

16~7 国际上各种日本蜜多里香瓜香甜酒(Midori)酒方

1. 墨西哥阿卡普尔科微风(Acapulco Breeze)

Squall 15 oz.(大风杯)，装满冰块

$1\frac{3}{4}$ oz. Tequila(龙舌兰/特奎拉酒)

½ oz. Midori Melon(日本绿香瓜香甜酒)

½ oz. lime juice(青柠檬汁)

2 oz. 甜酸汁

3 oz. 蔓越莓/蔓越橘汁

将酒材倒入已加¼满冰块的调拌杯内，摇荡后过滤，倒入杯中，挂一个黄柠檬角作装饰。

2. 墨西哥阿卡普尔科日丽伤(Acapulco Sunburn)

Squall 15 oz.(大风杯)，装满冰块

$1\frac{3}{4}$ oz. Tequila(龙舌兰/特奎拉酒)

½ oz. Midori(日本绿香瓜香甜酒)

¼ oz. 新鲜青柠檬汁

1 oz. pineapple juice(凤梨汁)

2 oz. cranberry juice(蔓越莓/蔓越橘汁)

2 oz. lemonade(柠檬水)

将酒材倒入已装¼满冰块的调拌杯内，迅猛摇荡后过滤，倒入大风杯中，挂一个黄柠檬角作装饰。

3. 醉猴(Drunken Monkey)

Hurrican 22 oz.(飓风杯)，装满冰块

½ oz. Bacardi Light Rum(巴卡迪淡

朗姆酒）

½ oz. Bacardi Gold Rum（巴卡迪金色朗姆酒）

½ oz. Cruzan Coconut Rum（圣克罗伊人的椰乳朗姆酒）

½ oz. Midori Melon（日本绿香瓜香甜酒）

½ oz. Crème de Banana（香蕉香甜酒）

$1\frac{1}{2}$ oz. Rose's lime juice（罗斯青柠檬汁）

3 oz. orange juice（橘子汁）

3 oz. pineapple juice（凤梨汁）

将酒材倒入已加¼满冰块的调拌杯内，摇荡后过滤，倒入杯中，再倒入并漂浮在酒面上，挂一个青柠檬角或黄柠檬角作装饰，并插入两根长吸管。

4. 令人兴奋的西瓜第一方（Electric Watermelon 1）

Squall 15 oz.（大风杯），装满冰块

½ oz. Midori（日本绿香瓜香甜酒）

½ oz. Light Rum（淡朗姆酒）

½ oz. Vodka（伏特加酒）

½ oz. Watermelon（西瓜香甜酒）

½ oz. grenadine（红石榴糖浆）

½ oz. Rose's lime juice（罗斯青柠檬汁）

2 oz. orange juice（橘子汁）

将酒材倒入已加¼满冰块的调拌杯内，摇荡后过滤，倒入杯中，再以七喜汽水加满，放入一个橘子旗作装饰。

5. 令人兴奋的西瓜第二方（Electric Watermelon 2）

Squall 15 oz. 杯，加满冰块

直接倒入：

1 oz. Southern Comfort（美国南方蜜桃香甜酒）

1 oz. Midori（日本绿香瓜香甜酒）

5 oz. 橘子汁（orange juice）或快要倒满但仍留有1 oz. 容积的空间

用酒吧匙由下而上地搅拌两三下，拌匀后再注入½ oz. 的Dekuyper公司产的覆盆子无色烈酒（Dekuyper Raspberry Pucker）漂浮在酒面上，放入一个橘子旗作装饰，插入两根长吸管。

6. 绿帮（Gang Green）

Squall 15 oz.（大风杯），加满冰块

1 oz. Bacardi Light Rum（巴卡迪淡朗姆酒）

1 oz. Midori（日本绿香瓜香甜酒）

½ oz. Blue Curaçao（蓝色库拉索柑橘香甜酒）

½ oz. Spiced Rum（加香料的朗姆酒）（任何品牌）

2 oz. orange juice（橘子汁）

$2\frac{1}{2}$ oz. 甜酸汁

将酒材倒入已加¼满冰块的调拌杯内，摇荡后过滤，倒入杯中，放一个凤梨旗或橘子旗作装饰。

7. 绿妖怪（Green Monster）

Squall 15 oz. 杯，加满冰块

$1\frac{1}{2}$ oz. Midori（日本绿香瓜香甜酒）

¾ oz. Bacardi Light Rum（巴卡迪淡朗姆酒）

1 oz. fresh lime juice（新鲜青柠檬汁）

1 oz. simple syrup(简易糖浆)

3 oz. orange juice(橘子汁)

将酒材倒入已装¼满冰块的调拌杯内,迅猛摇荡后,过滤,倒入大风杯中,再加入½ oz. 的凤梨汁,放橘子旗或凤梨旗作装饰。

8. 绿色告密人(Green Sneakers)

Squall 15 oz. 杯,加满冰块

1 oz. Vodka(伏特加酒)

½ oz. Midori Melon(日本绿香瓜香甜酒)

½ oz. Dekuyper Sour Apple Pucker (Dekuyper 公司产的酸苹果无色烈酒)

½ oz. Triple Sec(三干酒/柑橘香甜酒)

1 oz. Rose's lime juice(罗斯青柠檬汁)

1 oz. simple syrup(简易糖浆)

3 oz. orange juice(橘子汁)

将酒材倒入已加¼满冰块的调拌杯内,摇荡后过滤,倒入杯中,放一个橘子旗或青柠檬旗(lime flag)作装饰。

9. 绿俄罗斯人(Green Russian)

Rocks 7 oz. 杯,加满冰块

直接倒入:

$1\frac{1}{2}$ oz. Vodka(伏特加酒)

¾ oz. Midori(日本绿香瓜香甜酒)

用酒吧匙由下而上地搅拌两三下即可。

10. 绿暗礁(Green Reef)

Squall 15 oz. (大风杯),加满冰块

直接倒入:

¾ oz. Bacardi Light Rum(巴卡迪淡朗姆酒)

¾ oz. Midori(日本绿香瓜香甜酒)

½ oz. 无色可可香甜酒

5 oz. 凤梨汁或快要倒满

用酒吧匙由下而上地搅拌两三下,再加入½ oz. 的圣克罗伊人的凤梨朗姆酒(Cruzan Pineapple Rum)漂浮在酒面上,放一个凤梨旗作装饰。

11. 零地面(Ground Zero)

Collins 12 oz. 杯,加满冰块

直接倒入:

$1\frac{1}{4}$ oz. Cruzan Pineapple Rum(圣克罗伊人的凤梨朗姆酒)

¾ oz. Midori Melon(日本绿香瓜香甜酒)

5 oz. pineapple juice(凤梨汁)

用酒吧匙由下而上地拌匀,放入凤梨旗装饰。

12. 海湾小溪惊叫(Gulf Stream Scream)

Squall 15 oz. (大风杯),加满冰块

¾ oz. Light Rum(淡朗姆酒)

1 oz. Midori(日本绿香瓜香甜酒)

½ oz. Dekuyper Peachtree Schnapps (Dekuyper 公司产的桃树斯内普无色烈酒)

$2\frac{1}{2}$ oz. Pineapple juice(凤梨汁)

$2\frac{1}{2}$ oz. orange juice(橘子汁)

将酒材倒入已加¼满冰块的调拌杯内,摇荡后过滤,倒入杯中,再加入½ oz.

巴卡迪金色朗姆酒(Bacardi Gold Rum)漂浮在酒面上,放一个橘子旗作装饰。

13. 绿香瓜(Honeydew)

Collins 12 oz. 杯,加满冰块

$1\frac{1}{2}$ oz. Midori(日本绿香瓜香甜酒)

3 oz. lemonade(柠檬水)

将酒材倒入已加¼满冰块的调拌杯内,摇荡后过滤,倒入 Collins 杯中,再以香槟酒加满,放一粒大的红樱桃或黄柠檬旗(lemon flag)作装饰。

14. 牙买加马屁精(Jamaican Crawler)

Squall 15 oz. (大风杯),加满冰块

$1\frac{1}{2}$ oz. Midori(日本绿香瓜香甜酒)

$1\frac{1}{4}$ oz. Bacardi 8 Reserva Rum(陈年8 年的巴卡迪朗姆酒)

½ oz. grenadine(红石榴糖浆)

$1\frac{1}{4}$ oz. Rose's lime juice(罗斯青柠檬汁)

3 oz. pineapple juice(凤梨汁)

将酒材倒入已加¼满冰块的调拌杯内,摇荡后过滤,倒入大风杯,放一个凤梨旗作装饰。

15. 牙买加网球汗珠(Jamaican Tennis Beads)

Hurricane 22 oz. (飓风杯),加满冰块

1 oz. Myers's Dark Rum(迈尔斯深棕色朗姆酒)

1 oz. Midori Melon(日本绿香瓜香甜酒)

½ oz. Bacardi Light Rum(巴卡迪淡朗姆酒)

½ oz. Crème de Banana(香蕉香甜酒)

2 oz. half & half cream(搀入牛奶等的稀奶油)或牛奶

5 oz. pineapple juice(凤梨汁)

将酒材倒入已装¼满冰块的调拌杯中迅猛摇荡后,倒入飓风大杯中,再加入½ oz. 优等巴卡迪朗姆酒(Bacardi Select Rum),放入凤梨旗作装饰。

16. 香瓜球清凉淡酒(Melon Ball Cooler)

Squall 15 oz. (大风杯),加满冰块

$1\frac{1}{2}$ oz. Midori(日本绿香瓜香甜酒)

¾ oz. Vodka(伏特加酒)

2 oz. pineapple juice(凤梨汁)

2 oz. orange juice(橘子汁)

将酒材倒入已加¼满冰块的调拌杯内,摇荡后过滤,倒入大风杯内,再以姜汁汽水加满,放橘子旗或凤梨旗作装饰。

17. 香瓜微风(Melon Breeze)

Highball 10 oz. 杯,加满冰块

直接倒入:

¾ oz. Midori(日本绿香瓜香甜酒)

½ oz. Vodka(伏特加酒)

2 oz. cranberry juice(蔓越莓/蔓越橘汁)

2 oz. pineapple juice(凤梨汁)

以酒吧匙由下而上地搅拌匀,放个小凤梨旗作装饰。

18. 搅碎的香瓜(Melon Grind)

Squall 15 oz. 杯,加满冰块

直接倒入：

$1\frac{1}{2}$ oz. Melon Vodka or Vodka（香瓜伏特加酒或伏特加酒）

¾ oz. Midori Melon（日本绿香瓜香甜酒）

½ oz. Light Rum（淡朗姆酒）

$4\frac{1}{2}$ oz. pineapple juice（凤梨汁）

用酒吧匙由下而上地搅拌三五下，放入一个凤梨旗作装饰。

19. 香瓜挖球器（Melon Scoop）

Poco Grande $13\frac{1}{4}$ oz.（波可杯），冰的

$1\frac{1}{4}$ oz. Midori（日本绿香瓜香甜酒）

¾ oz. Bacardi Light Rum（巴卡迪淡朗姆酒）

½ oz. Kahlúa（墨西哥咖啡香甜酒）

½ oz. grenadine（红石榴糖浆）

3 oz. sweet & sour juice（甜酸汁）

挖两大球香草冰淇淋

8 oz. 碎冰

将酒材倒入果汁机中搅打，先慢速打5秒钟，再改成快速打15秒钟，打成雪泥状，倒入 Poco Grande 杯中，再注入½ oz. 优等巴卡迪朗姆酒（Bacardi Select Rum），放入一个橘子旗作装饰。

20. 日本绿香瓜清凉淡酒（Midori Cooler）

Collins 12 oz. 杯，加满冰块

直接倒入：

1 oz. Midori（日本绿香瓜香甜酒）

½ oz. Dekuyper Peach Pucker（Dekuyper 公司产的桃子无色烈酒）

½ oz. Raspberry（覆盆子香甜酒）

4 oz. 凤梨汁或加到满

用酒吧匙由下而上拌匀，放一个凤梨旗作装饰。

21. 日本绿香瓜驾驶员（Midori Driver）

Highball 10 oz. 杯，加满冰块

直接倒入：

$1\frac{1}{4}$ oz. Midori Melon（日本绿香瓜香甜酒）

$3\frac{1}{2}$ oz. 橘子汁

用 Bargun（酒吧枪）打一些苏打水，加到满为止，放一个橘子旗作装饰。

22. 日本绿香瓜苛评人（Midori Stinger）

Rocks 7 oz. 杯，加满冰块

直接倒入：

1 oz. Midori（日本绿香瓜香甜酒）

1 oz. Brandy（白兰地）

½ oz. White Crème de Menthe（无色薄荷香甜酒）

用酒吧匙由下而上搅拌两三下，插入小搅拌棒即成。

23. 忍者武士（Ninja）

Shot Glass 2 oz. 杯（小吞饮杯），冰的

依序逐项注入：

⅔ oz. Dark Crème de Cacao（深色可可香甜酒）

⅔ oz. Midori Melon（日本绿香瓜香甜酒）

⅔ oz. Frangelico（意大利榛果香甜酒）

24. 海洋微风(Ocean Breeze)

Collins 12 oz. 杯,加满冰块

直接倒入:

1 oz. Vodka(伏特加酒)

½ oz. Midori(日本绿香瓜香甜酒)

4 oz. lemonade(柠檬水)

用酒吧匙由下而上地拌匀,挂一个青柠檬角作装饰。

25. 太平洋边缘(Pacific Rim)

Tulip Champagne 9 oz. (郁金香形香槟杯),冰的

½ oz. Midori(日本绿香瓜香甜酒)

½ oz. Dekuyper Peachtree Schnapps (Dekuyper 公司产的桃树斯内普无色烈酒)

½ oz. Rose's lime juice(罗斯青柠檬汁)

$1\frac{1}{2}$ oz. orange juice(橘子汁)

$1\frac{1}{2}$ oz. cranberry juice(蔓越莓/蔓越橘汁)

将酒材倒入已加¼满冰块的调拌杯内,摇荡后过滤,倒入香槟杯中,再以冰的香槟酒加满,拧挤放入两条/片柠檬作装饰。

26. 巴哈马凤梨椰乳(Bahama Piña Colada)

Poco Grande $13\frac{1}{4}$ oz. (波可杯),冰的

$1\frac{1}{4}$ oz. Midori Melon(日本绿香瓜香甜酒)

1 oz. Crème de Banana(香蕉香甜酒)

1 oz. orange juice(橘子汁)

2 oz. coconut cream(椰乳)

2 oz. pineapple juice(凤梨汁)

10 oz. 碎冰

将酒材倒入果汁搅拌机中搅打成雪泥状,倒入 Poco 杯中,放一个凤梨旗作装饰。

27. 仙人掌凤梨椰乳(Cactus Piña Colada)(又名 Cactus Colada)

Poco grande $13\frac{1}{4}$ oz. 杯,冰的

$1\frac{1}{4}$ oz. Tequila(龙舌兰/特奎拉酒)

¾ oz. Midori(日本绿香瓜香甜酒)

½ oz. grenadine(红石榴糖浆)

1 oz. orange juice(橘子汁)

1 oz. pineapple juice(凤梨汁)

2 oz. 椰乳

10 oz. 碎冰

将酒材倒入搅拌机中,搅打成雪泥状,倒入 Poco 杯中,放一个凤梨旗作装饰。

28. 蜜多里香瓜凤梨椰乳(Midori Piña Colada)(又名绿眼即 Green Eyes)

Poco Grande $13\frac{1}{4}$ oz. 杯,冰的

$1\frac{1}{2}$ oz. Midori(日本绿香瓜香甜酒)

¾ oz. Bacardi Light Rum(巴卡迪淡朗姆酒)

½ oz. half & half cream

$1\frac{1}{2}$ oz. 椰乳

3 oz. pineapple juice(凤梨汁)

10 oz. 碎冰

将酒材倒入果汁机中搅打约15秒钟，打成雪泥状为止，倒入Poco杯中，放一个凤梨旗作装饰。

29. 彩虹射手第一方(Rainbow Shooter 1)

Shot 2 oz. 杯，冰的

⅔ oz. Crème de Noyaux(杏仁香甜酒)

⅔ oz. Midori Melon(日本绿香瓜香甜酒)

⅔ oz. White Crème de Menthe(无色薄荷香甜酒)

将酒材依序逐项沿酒吧匙背倒入杯中即成。

30. 彩虹射手第二方(Rainbon Shooter 2)

Cocktail $4\frac{1}{2}$ oz. 杯，冰的

¾ oz. Malibu Rum(马利布椰子朗姆香甜酒)

¾ oz. Midori Melon(日本绿香瓜香甜酒)

¾ oz. Crème de Noyaux(杏仁香甜酒)

将酒材依序逐项沿酒吧匙背慢慢倒入杯中即成。

31. 红尾龙(Red Tail Dragon)

Squall 15 oz.(大风杯)，装满冰块

$1\frac{1}{4}$ oz. Midori(日本绿香瓜香甜酒)

½ oz. Gin(杜松子酒)

½ oz. Rum(朗姆酒)

¾ oz. grenadine(红石榴糖浆)

2 oz. 蔓越莓/蔓越橘汁

2 oz. 甜酸汁

½ oz. lime juice(青柠檬汁)

将酒材倒入已加¼满冰块的调拌杯内，摇荡后过滤，倒入大风杯中，挂一个青柠檬角作装饰。

32. 尖叫的欢乐好时光(Screaming Good Times)

Poco Grande $13\frac{1}{4}$ oz. 杯，冰的

1 oz. Bacardi Light Rum(巴卡迪淡朗姆酒)

¾ oz. Midori(日本绿香瓜香甜酒)

½ oz. Bacardi Gold Rum(巴卡迪金色朗姆酒)

½ oz. Rose's lime juice(罗斯青柠檬汁)

2 scoops(两大球)vanilla ice cream(香草冰淇淋)

8 oz. 碎冰

将酒材倒入搅拌机(blender)中，先以慢速打5秒钟，再改快速打10秒钟，打成雪泥状倒入Poco杯中，放上香瓜旗或青柠檬旗作装饰。

33. 尖叫的威比(Screaming Weebies)

Squall 15 oz.(大风杯)，加满冰块

$1\frac{1}{4}$ oz. Bacardi Light Rum(巴卡迪淡朗姆酒)

½ oz. Midori(日本绿香瓜香甜酒)

½ oz. Cruzan Coconut Rum(圣克罗伊人的椰子朗姆酒)

½ oz. grenadine(红石榴糖浆)

3 oz. pineapple juice(凤梨汁)

2 oz. 7-up(七喜汽水)

将酒材倒入已加¼满冰块的调拌杯

内,摇荡后过滤,放一个凤梨旗或橘子旗作装饰。

34. 东京尖叫(Tokyo Scream)

Squall 15 oz.(大风杯),加满冰块

1 oz. Bacardi Light Rum(巴卡迪淡朗姆酒)

¾ oz. Midori(日本绿香瓜香甜酒)

½ oz. Dekuyper Peachtree Schnapps(Dekuyper 公司产的桃子斯内普无色烈酒)

2 oz. orange juice(橘子汁)

2 oz. pineapple juice(凤梨汁)

1 oz. lime juice(青柠檬汁)

将酒材倒入已加¼满冰块的调拌杯内,摇荡后过滤,倒入大风杯中,放入橘子旗或凤梨旗作装饰。

35. 热带猫头鹰(Tropical Hooter)

Collins 12 oz. 杯,加满冰块

直接倒入:

1 oz. Malibu Rum(马利布朗姆酒)

½ oz. Midori(日本绿香瓜甜酒)

2 oz. cranberry juice(蔓越莓/蔓越橘汁)

2 oz. pineapple juice(凤梨汁)

用酒吧匙由下而上地搅拌几下,放一个凤梨旗作装饰。

36. 热带小木屋(Tropical Hut)

Squall 15 oz.(大风杯),加满冰块

$1\frac{1}{2}$ oz. Midori(日本绿香瓜香甜酒)

1 oz. Light Rum(淡朗姆酒)

2 oz. pineapple juice(凤梨汁)

1 oz. orgeat syrup(杏仁糖浆)

2 oz. 甜酸汁

将酒材倒入已加¼满冰块的调拌杯内,摇荡后过滤,倒入大风杯中,放一个凤梨旗作装饰。

37. 热带飓风(Tropical Hurricane)

Collins 12 oz. 杯,加满冰块

直接倒入:

1 oz. Bacardi Light Rum(巴卡迪淡朗姆酒)

¾ oz. Midori(日本绿香瓜香甜酒)

2 oz. cranberry juice(蔓越莓/蔓越橘汁)

2 oz. pineapple juice(凤梨汁)

用酒吧匙由下而上地搅拌几下,放一个凤梨旗或橘子旗作装饰。

38. 华尔街奇才(Wall Street Wizard)

Cocktail $4\frac{1}{2}$ oz. 杯,冰的

½ oz. Gin(杜松子酒)

½ oz. Light Rum(淡朗姆酒)

½ oz. Midori(日本绿香瓜香甜酒)

½ oz. Blue Curaçao(蓝色库拉索柑橘香甜酒)

½ oz. Vodka(伏特加酒)

将酒材倒入已加¼满冰块的调拌杯内,摇荡后过滤,倒入杯中。

39. 你的香瓜是什么味道?(What's Your Honeydew?)

Tulip Champagne 9 oz. 杯,冰的

$1\frac{1}{4}$ oz. Midori(日本绿香瓜香甜酒)

$3\frac{3}{4}$ oz. lemonade(柠檬水)

将酒材倒入已加¼满冰块的调拌杯

内,摇荡后过滤,倒入杯中,再以冰的香槟注满酒杯,挂一个黄柠檬角作装饰。

40. 桑给巴尔沙丘(Zanzibar Dunes)

Poco Grande 13$\frac{1}{4}$ oz. 杯,冰的

1 oz. Vodka(伏特加酒)

½ oz. Midori(日本绿香瓜香甜酒)

½ oz. Dekuyper Peach Pucker (Dekuyper 公司产的桃子无色烈酒)

½ oz. grape juice(葡萄汁)

1$\frac{1}{2}$ oz. cranberry juice(蔓越莓/蔓越橘汁)

2 oz. orange juice(橘子汁)

10 oz. crushed ice(碎冰)

将酒材倒入搅拌机内打成柔顺的雪泥状,倒入 Poco 杯中,放一个橘子旗装饰。

16~8 酒吧国际专业术语

1. Binge Drinking(动词):一时或一段时间内喝了大量的酒。

2. Bistro(名词):一种小的、休闲的、非正式的欧式餐厅。

3. Bitch Fuel(名词):甜的高酒精度饮料,尤指那些事前已包装好的瓶装饮料。

4. Bitching(形容词):俚语,指酷的、帅的、极棒的。

5. Bling Bling Bling(名词):俚语,指华而不实的、俗丽的珠宝。

6. Blast(名词):俚语,指一段好时光或欢乐、乐趣。

7. Blotto(形容词):指烂醉如泥的(醉到如同人泡在瓶子里了)。

8. Blitzed:因频繁地喝酒而烂醉如泥。

9. Blue Laws(名词):是一些老旧的法令,限制了美国人民的道德行为,如周日上午商店不许营业等。

10. Bogarting(动词):使用、享用某物而不与人分享。

11. The Bomb, Bomb Diggy, Bomb-diggity(形容词):俚语,指最好的或曾遇到的事物中最好的。

12. Booted(形容词):指丢出去的、被驱出的、逐出的。

13. Bootleggers(名词):指产制私酒的人或制造违法复制物品的人。

14. Boozeheimers(名词):指因被灌醉(Inebriation)而忘掉自己话语的醉人。

15. Bouncer(名词):指酒吧或俱乐部的门卫,或以口头话语及身体力量来维持秩序的人。

16. Brasserie(名词):法语,即酿酒厂、啤酒厂(brewery)之意。

17. Break Camp(动词):俚语,即离开、离去、到别处的意思。

18. Bumped:在预约等待时失去位置,通常是他人有关系而你没有渠道或关系的缘故。

19. Bus, Bus Boy, Bus Girl(名词):俚语,指清洁桌子、吸地毯、整理餐房工作的人。

20. Bust Ass(动词):俚语,是指工作非常劳累、辛苦。

问题探讨

如何调制下列各款国际知名鸡尾酒?

(1) Golden Dream
(2) B-52
(3) Blue Glory
(4) Watermelon
(5) Toasted Almond
(6) Sloe Driver
(7) Strawberry Sunrise
(8) Fuzzy Navel
(9) Boccie Ball
(10) Golden Cadillac
(11) Acapulco Breeze
(12) Green Monster
(13) Ground Zero
(14) Melon Ball Cooler
(15) Bahama Piña Colada
(16) Midori Piña Colada
(17) Red Tail Dragon
(18) Tokyo Scream
(19) Tropical Hut
(20) Zanzibar Dunes

第十七章

吞饮鸡尾酒酒方

Recipes of Shooters' Cocktails

☞学习目的

了解： 1．对吞饮鸡尾酒应有的认识

2．吞饮鸡尾酒酒方(Recipes of Shooters' Cocktails)

3．层次分明的吞饮酒(Layered Shooters)酒方

4．酒吧国际专业术语

17~1　对吞饮鸡尾酒应有的认识

只要曾到过酒吧(Bar)或小酒馆(Pub)里小憩过的人,一定会见到有些豪放的朋友们在那儿一杯又一杯地干杯(Down the Hatch)。也一定会见到有人拿起一个小酒杯一口倒进口中吞进胃里的喝法,这就是吞饮者(Shooter)的急喝法。喝完酒后有些人又使劲地把酒杯放回桌面或台面制造出很大的噪音,我们称之为猛饮者(Slammers)。而最近10年,在迪斯科酒吧(Disco Pub)里又可见到许多服务人员身上左右两边各挂上两排类似弹带的塑胶带,带上小圆孔里则插着一条条试管状的塑胶管,腰部两侧则带着两大瓶饮料,然后游走在舞场中并随时为客人添加饮料,而且饮料就是倒入试管中。客人拿起试管将饮料像喝试管液般地倒入口中,我们称他们为痛饮者,即Tooters。

吞饮鸡尾酒(Shooters)饮料迅速在美国流行起来的原因大致有下列几点:

1. 酒名美妙、怪异且诱人。

2. 酒精含量不高,容易为青年男女所接受。

3. 许多酒中加入果汁调拌,口感十分温顺清香。

4. 颜色鲜艳、明亮、动人,令人酒欲大开,情不自禁地想尝几管可吞饮的美酒。

5. 大批量调制,小试管服务,让人感觉酒价十分便宜。

6. 一次买一架20双或30双的吞饮试管酒的点酒方法显得十分新鲜与豪放。

7. 酒杯造型十分突出,无奇不有。如有马靴形状杯、狗熊或野猪造型的杯子等,十分讨客人喜爱。

8. 造型设计无比卓越,甚至把试管杯设计挂在项链上,极讨情侣与新新人类青年朋友们的喜爱。

9. 整架出售时的吞饮酒具有十足的开胃与诱人的特性。

10. 在声声干杯(Bottoms Up)声中,吞饮酒自然成为酒客的最爱。

在那小小一杯通常只有2盎司(60毫升)的小世界里,装的都是什么美酒呢?是“酒神”还是“酒鬼”?是“五粮液”还是“茅台”?是“B-52轰炸机”(B-52)还是“沙滩欢爱”(Sex On The Beach)?是“血腥恺撒”(Bloody Caesar)还是“柠檬鲜露”(Lemon Drop)?是“香瓜球”(Melon Ball)还是L. A. P. D?想调杯自己爱喝的吞饮酒吗?来亲自动手调制目前市面上最受酒客喜爱的吞饮酒吧!

17~2　吞饮鸡尾酒酒方(Recipes of Shooters' Cocktails)

1. 婚外绮恋(Affair)

Cordial 3 oz.(有脚香甜酒杯),冰的

1 oz. Strawberry Schnapps(草莓斯内普无色烈酒)

1 oz. cranberry juice(蔓越莓/蔓越橘汁)

1 oz. orange juice(橘子汁)

与冰块一起摇荡后过滤,倒入杯中。

2. 星条旗飘(Stars and Stripes)

Cordial 2 oz.(有脚香甜酒杯),冰的

$\frac{2}{3}$ oz. grenadine(红石榴糖浆)

$\frac{2}{3}$ oz. heavy cream(浓奶油)

$\frac{2}{3}$ oz. Blue Curaçao(蓝色库拉索酒)

将酒材按序沿酒吧匙背倒入杯中,绝对不能搅拌,一定要产生层次感。

3. 沙滩欢爱(Sex On The Beach)

Cordial 3 oz.(有脚香甜酒杯),冰的

$\frac{1}{2}$ oz. Black Raspberry Liqueur(黑覆盆子香甜酒)

$\frac{1}{2}$ oz. Melon liqueur(香瓜香甜酒)

$\frac{1}{2}$ oz. Vodka(伏特加酒)

1 oz. pineapple juice(凤梨汁)

将酒材与冰块一起摇荡后过滤,倒入香甜酒杯中,再加入$\frac{1}{2}$ oz. 蔓越莓/蔓越橘汁漂浮在酒面上。

4. 响尾蛇(Rattle Snake)

Cordial 3 oz.(有脚香甜酒杯),冰的

1 oz. Kahlúa or Coffee Liqueur(墨西哥咖啡香甜酒)

1 oz. White Crème de Cacao(无色可可香甜酒)

1 oz. Bailey Irish Cream(贝利丝爱尔兰奶酒)

将酒材按序沿酒吧匙背倒入杯中,要产生层次感。

5. 香瓜球(Melan Ball)

Cordial 3 oz.(有脚香甜酒杯),冰的

1 oz. Melon Liqueur(香瓜香甜酒)

1 oz. Vodka(伏特加酒)

1 oz. pineapple juice(凤梨汁)

将酒材倒入已装$\frac{1}{4}$满冰块的调拌杯中,迅猛摇荡后过滤,倒入有脚的香甜酒杯内。

6. 柠檬鲜露第一方(Lemon Drop 1)

Shot 2 oz.(吞饮杯),冰的

$1\frac{1}{2}$ oz. Vodka(伏特加酒)

将伏特加酒倒入调拌杯内与冰一起搅拌或摇荡,过滤后倒入小吞饮杯内,一个青柠檬角沾上糖。喝时先一口吞下伏特加酒,然后立即把青柠檬汁挤入口中或吸入口中。此种喝法与龙舌兰酒/奎特拉酒(Tequila)的传统喝法颇为相似。

7. 7月4日吹笛人(4th of July Tooter)

Cordial 3 oz.(有脚香甜酒杯),冰的

1 oz. grenadine(红石榴糖浆)

1 oz. Vodka(伏特加酒)

1 oz. Blue Curaçao(蓝色库拉索酒)

将酒材按序沿酒吧匙背倒入酒杯中。

8. 无线螺丝起子(Cordless Screwdriver)

Shot 2 oz.(吞饮杯),冰的

$1\frac{3}{4}$ oz. Vodka(伏特加酒)

orange wedge(橘子角)

sugar(砂糖)

将伏特加酒倒入调拌杯中,与冰一起搅拌后过滤,倒入杯中,橘子角沾上砂糖。喝时一口把伏特加酒吞入,再把橘子汁挤入口中或衔着橘子把汁吸入口中。

9. 邦扎油管(Bonzai Pipeline)

Shot 2 oz.(吞饮杯),冰的

1 oz. Vodka(伏特加酒)

1 oz. Tropical Fruit Schnapps(热带水果无色斯内普烈酒)(如水蜜桃斯内普或芒果斯内普等香甜酒)

将酒材与冰块一起搅拌后过滤，倒入吞饮杯中。

10. 血腥恺撒吞饮酒（Bloody Caesar Shooter）

Shot 3 oz.（吞饮杯），冰的

1 oz. Vodka（伏特加酒）

$1\frac{1}{2}$ oz. tomato juice（番茄汁）

1 dash horseradish（倒一次辣根汁）

2 dashes Worcestershire sauce（倒两次伍斯特辣酱油）

2 dashes Tabasco sauce（倒两次墨西哥塔瓦斯科辣椒汁）

1 粒蛤蛎肉

芹菜盐

把蛤蛎肉放在杯底，倒入辣椒汁、辣酱油、辣根汁，再倒入伏特加酒和番茄汁，然后撒上芹菜盐，最后挂放一个小青柠檬角作装饰。

11. 摩羯座（Capricorn）

Cordial 3 oz.（有脚香甜酒杯），冰的

¾ oz. White Crème de Cacao（无色可可香甜酒）

¾ oz. Crème de Banana（香蕉香甜酒）

¾ oz. light cream（淡奶油）或 milk（鲜奶）

将酒材与冰块一起摇荡后过滤，倒入杯中。

12. 天使的劝告（Angel's Tip）

Cordial 2 oz.（有脚香甜酒杯），冰的

$1\frac{3}{4}$ oz. White Crème de Cacao（无色可可香甜酒）

¼ oz. light cream（淡奶油）or milk（鲜奶）

将酒材按序倒入小香甜酒杯，串叉一粒红樱桃挂放在杯口上作装饰。

13. B-52 轰炸机（B-52）

Shot 2 zo.（吞饮杯），冰的

½ oz. Kahlúa Coffee Liqueur（墨西哥咖啡香甜酒）

½ oz. Baileys Irish Cream（贝利丝爱尔兰奶酒）

½ oz. Mandarine Napoléon（拿破仑柑橘香甜酒）

将酒材按序沿酒吧匙背倒入酒杯内，轻、缓、徐、稳地倒入，要产生层次感。

14. 天使之吻（Angle's Kiss）

Cordial 2 oz.（有脚香甜酒杯），冰的

½ oz. White Crème de Cacao（无色可可香甜酒）

½ oz. Sloe Gin（黑刺李杜松子香甜酒）

½ oz. Brandy（白兰地）

½ oz. light cream（淡奶油）或 milk（鲜奶）

将酒材依序沿酒吧匙背倒入酒杯内。

15. 床上情人（Between-The-Sheets）

Shot 2 oz.（吞饮杯），冰的

½ oz. Brandy（白兰地）

½ oz. Triple Sec（三干酒/柑橘香甜酒）

½ oz. Light Rum（淡朗姆酒）

¼ oz. lime juice（青柠檬汁）

将酒材与冰块一起摇荡后过滤，倒入杯中。

16. 亚拉巴马苛评人（Alabama Slammer）

Shot 3 oz.（吞饮杯），冰的

1 oz. Amaretto(意大利苦杏仁香甜酒)

1 oz. Southern Comfort(美国南方蜜桃香甜酒)

½ oz. Sloe Gin(黑刺李杜松子酒)

¼ oz. lime juice(青柠檬汁)

将酒材与冰块一起摇荡后过滤,倒入杯中。

17. 苏格兰美酒令我喜悦(Beam Me Up Scotty)

Shot 3 oz. (吞饮杯),冰的

¾ oz. Banana Liqueur(香蕉香甜酒)

¾ oz. Baileys Irish Cream(贝利丝爱尔兰奶酒)

¾ oz. Kahlúa(墨西哥咖啡香甜酒)

将酒材按序沿酒吧匙背倒入酒杯内。

18. 脑袋(Brain)

Shot 3 oz. (吞饮杯),冰的

$1\frac{1}{2}$ oz. Baileys Irish Cream(贝利丝爱尔兰奶酒)

¾ oz. Strawberry Schnapps(草莓斯内普香甜酒)

将酒材按序沿酒吧匙背倒入杯内。

19. 黄油球(Butter Ball)

Cordial 2 oz. (有脚香甜酒杯),冰的

$1\frac{1}{2}$ oz. Butterscotch Schnapps(黄油硬糖浆斯内普香甜酒)

½ oz. Baileys Irish Cream(贝利丝爱尔兰奶酒)

将酒材按序沿酒吧匙背缓稳地倒入杯内。

20. 团结的纽带(Cement Mixer)

Shot 2 oz. (吞饮杯),冰的

$1\frac{1}{4}$ oz. Baileys Irish Cream(贝利丝爱尔兰奶酒)

¾ oz. Rose's lime juice(罗斯青柠檬汁)

将酒材按序倒入Shot杯内,喝时先含在口中,用舌头弄匀后,再咽入腹内。

21. 火球(Fireball)

Shot 2 oz. (吞饮杯),冰的

$1\frac{1}{4}$ oz. Cinnamon Schnapps(肉桂斯内普香甜酒)

½ oz. Cherry Brandy(樱桃白兰地)

1 dash Tabasco sauce(倒一次墨西哥塔瓦斯科辣椒汁)

将酒材按序倒入小吞饮酒杯内。

22. 绿色蜥蜴(Green Lizard)

Shot 2 oz. (吞饮杯),冰的

1 oz. Green Chartreuse(法国绿色察吐士蜂蜜甜酒)

½ oz Bacardi 151 Rum(巴卡迪151朗姆酒)

将酒材按序倒入小吞饮杯内。

23. 码头灯光(Harbor Lights)

Shot 2 oz. (吞饮杯),冰的

¾ oz. Kahlúa(墨西哥咖啡香甜酒)

½ oz. Southern Comfort(美国南方蜜桃香甜酒)

½ oz. Bacardi 151 Rum(巴卡迪151朗姆酒)

将酒材按序倒入小吞饮杯内。

24. 软心豆粒甜糖果(Jellybean)

Cordial 2 oz. (有脚香甜酒杯),冰的

½ oz. Anisette(茴香利口酒)

1 oz. Blackberry Brandy(黑莓白兰地)

将酒材按序沿酒吧匙背轻缓地倒入杯中。

25. 神风特攻队员(Kamikaze)

Shot 3 oz. (吞饮杯),冰的

$1\frac{1}{2}$ oz. Vodka(伏特加酒)

¾ oz. Triple Sec(三干酒/柑橘香甜酒)

½ oz. Rose's lime juice(罗斯青柠檬汁)(罗斯牌青柠檬汁是酒吧界最被肯定的产品)

将酒材倒入已装¼满冰块的调拌杯内,迅猛摇荡后过滤,倒入吞饮杯中,挂一小块青柠檬角在杯口作装饰。

26. 柠檬鲜露第二方(Lemon Drop 2)

Shot 2 oz. (吞饮杯),冰的

$1\frac{1}{2}$ oz. Absolut Citron Vodka(亚伯索露特枸橼/香橼伏特加酒)

½ oz. Rose's lime juice(罗斯青柠檬汁)

将Shot杯缘先沾青柠檬汁,再沾上糖,然后将酒材按序倒入杯中。

27. 草原之火(Prairie Fire)

Shot 2 oz. (吞饮杯),冰的

$1\frac{1}{2}$ oz. Tequila(龙舌兰/特奎拉酒)

倒一次辣椒酱汁

先将龙舌兰/特奎拉酒(Tequila)倒入杯中,再倒一次辣椒汁即成。

28. 紫色猫头鹰(Purple Hooter)

Shot 2 oz. (吞饮杯),冰的

½ oz. Vodka(伏特加酒)

½ oz. Chambord(法国覆盆子香甜酒)

½ oz. Triple Sec(三干酒/柑橘香甜酒)

¼ oz. Rose's lime juice(罗斯青柠檬汁)

将酒材倒入已加¼满冰块的调拌杯内,迅猛摇荡后过滤,倒入小吞饮杯内。

29. 雪靴(Snow Shoe)

Shot 2 oz. (吞饮杯),冰的

1 oz. Bourbon Whisky(波旁威士忌)

½ oz. Peppermint Schnapps(薄荷斯内普香甜酒)

将酒材按序倒入小吞饮杯内。

30. 滑溜溜的橡皮奶头(Slippery Nipple)

Shot 2 oz. (吞饮杯),冰的

1 oz. Sambuca(西西里岛桑布卡茴香利口酒)

1 oz. Baileys Irish Cream(贝利丝爱尔兰奶酒)

将酒材按序沿酒吧匙背缓稳地倒入小吞饮杯内。

31. 火神意识屈服酒(Vulcan Mind Bender)

Shot 1 oz. (吞饮杯),冰的

¾ oz. Ouzo(希腊茴香烈酒)

¼ oz. Bacardi 151 Rum(巴卡迪151朗姆酒)

将酒材按序沿酒吧匙背缓稳地倒入小吞饮杯中。

32. 稳洁(Windex)

Shot 2 oz. (吞饮杯),冰的

$1\frac{1}{2}$ oz. Vodka(伏特加酒)

½ oz. Blue Curaçao(蓝色库拉索酒)

将酒材倒入已装¼满冰块的调拌杯内,迅猛摇荡后过滤,倒入小吞饮杯中。

33. 求爱! 求爱! (Woo! Woo!)

Shot 3 oz. (吞饮杯),冰的

¾ oz. Vodka(伏特加酒)

¾ oz. Peach Schnapps(桃子斯内普无色烈酒)

1 oz. cranberry juice(蔓越莓/蔓越橘汁)

将酒材倒入已装¼满冰块的调拌杯内,充分摇荡后过滤,倒入吞饮杯中。

34. 鲨吻吞饮酒(Shark Bite Shooter)

Shot 3 oz. (吞饮杯),冰的

1 oz. Myers's Dark Rum(迈尔斯深色朗姆酒)

2 oz. orange juice(橘子汁)

1 bsp grenadine 一酒吧匙红石榴糖浆

将酒材与冰块一起摇荡后过滤,倒入吞饮杯内。

35. 球台上的激情(Sex On The Pool Table)

Shot 3 oz. (吞饮杯),冰的

½ oz. Blueberry Schnapps(乌饭树蓝色浆果无色斯内普烈酒)

½ oz. Midori Melon Liqueur(日本绿香瓜香甜酒)

½ oz. Finlandia Vodka(芬兰伏特加酒)

½ oz. orange juice(橘子汁)

½ oz. pineapple juice(凤梨汁)

将酒材与冰块一起摇荡后过滤,倒入杯内。

36. 深沉嗓音(Deep Throat)

Shot 1 oz. (吞饮杯),冰的

½ oz. Kahlúa(墨西哥咖啡香甜酒)

½ oz. Vodka

whipped cream(打成泡沫状的鲜奶油/掼奶油)

将酒材按序倒入小吞饮杯中,再加上一些掼奶油(whipped cream)作装饰。

17~3 层次分明的吞饮酒(Layered Shooters)酒方

1. 八之后(After Eight)

Shot 2 oz. 杯,冰的

依序逐项注入:

⅓ Kablúa(墨西哥咖啡香甜酒)

⅓ Green Crème de Menthe(绿色薄荷香甜酒)

⅓ half & half cream

2. 五之后(After Five)

Shot 2 oz. 杯,冰的

依序逐项注入:

⅓ Kablúa(墨西哥咖啡香甜酒)

⅓ Dekuyper Peppermint Schnapps (Dekuyper公司生产的薄荷斯内无色烈酒)

⅓ Baileys Irish Cream(贝利丝爱尔兰奶酒)

3. 黑与白(Black and White)

Shot 2 oz. 杯,冰的

依序逐项注入:

1 oz. Kahlúa(墨西哥咖啡香甜酒)

1 oz. Chambord(法国覆盆子香甜酒)

4. 黑弥撒(Black Mass)

Shot 2 oz. 杯,冰的

依序逐项注入：

⅔ oz. Kahlúa（墨西哥咖啡香甜酒）

⅔ oz. Sambuca（西西里岛桑布卡茴香利口酒）

⅔ oz. Bacardi Select（优等巴卡迪）

5. 斗牛士（Bullfighter）

Shot 2 oz. 杯，冰的

依序逐项注入：

1 oz. Kahlúa（墨西哥咖啡香甜酒）

1 oz. Tequila（龙舌兰/特奎拉酒）

6. 黄油手指（Butterfinger）

Shot 2 oz. 杯，冰的

依序逐项注入：

⅓ Chocolate（巧克力香甜酒）

⅓ Dekuyper Buttershots Schnapps（Dekuyper 公司生产的黄油威士忌风味无色斯内普烈酒）

⅓ Baileys Irish Cream（贝利丝爱尔兰奶酒）

7. 樱桃豆（Cherry Bean）

Shot 2 oz. 杯，冰的

依序逐项注入：

1 oz. Anisette（茴香利口酒）

1 oz. Cherry Brandy（樱桃白兰地）

8. 樱桃炸弹（Cherry Bomb）

Shot 2 oz. 杯，冰的

依序逐项注入：

½ oz. Kahlúa（墨西哥咖啡香甜酒）

½ oz. Crème de Banana（香蕉香甜酒）

½ oz. Baileys Irish Cream（贝利丝爱尔兰奶酒）

½ oz. Dekuyper Cherry Pucker（Dekuyper 公司生产的樱桃无色烈酒）

9. F-16 战斗机（又名 B-53 轰炸机）

Shot 2 oz. 杯，冰的

依序逐项注入：

⅓ Kahlúa（墨西哥咖啡香甜酒）

⅓ Frangelico（意大利榛果香甜酒）

⅓ Baileys Irish Cream（贝利丝爱尔兰奶酒）

10. 目标柱子（Goal Post）

Shot 2 oz. 杯，冰的

依序逐项注入：

1 oz. White Crème de Menthe（无色薄荷香甜酒）

1 oz. Tequila（龙舌兰/特奎拉酒）

11. 预防注射（Inoculation）

Shot 2 oz. 杯，冰的

依序逐项注入：

$1\frac{1}{2}$ oz. Dr. McGillicuddy's Mentholmint Schnapps（由 McGillicuddy 制作的含薄荷醇的薄荷斯内普香甜酒）

½ oz. Brandy（白兰地）

12. 海蜇（Jellyfish）

Shot 2 oz. 杯，冰的

依序逐项注入：

⅓ White Crème de Cacao（无色可可香甜酒）

⅓ Amaretto（意大利苦杏仁香甜酒）

⅓ Baileys Irish Cream（贝利丝爱尔兰奶酒）

在酒中央滴 3 滴红色石榴糖浆

13. 中子弹（Neutron Bomb）

Shot 2 oz. 杯，冰的

依序逐项注入：

⅓ Kahlúa(墨西哥咖啡香甜酒)

⅓ Baileys Irish Cream(贝利丝爱尔兰奶酒)

⅓ Dekuyper Buttershots Schnapps(Dekuyper 公司生产的黄油威士忌风味无色斯内普烈酒)

14. 墨西哥人的旗帜(Mexican Flag)

Cordial 2 oz. (有脚香甜酒杯),冰的

依序逐项注入:

⅓ grenadine(红石榴糖浆)

⅓ Green Crème de Menthe(绿色薄荷香甜酒)

⅓ Bacardi 151 Rum(巴卡迪 151 朗姆酒)

15. 圣诞老人正在来(Santa Claus Is Coming)

Shot 2 oz. 杯,冰的

依序逐项注入:

½ oz. Rumple Minze Schnapps(薄荷无色斯内普烈酒)

½ oz. Hot Damn Cinnamon Schnapps(异常令人兴奋的肉桂无色斯内普烈酒)

½ oz. Midori Melon(日本绿香瓜香甜酒)

½ oz. whipped cream(掼奶油)

在起泡鲜奶油上面撒一些肉豆蔻粉作装饰

16. 脱脂器第一方(Separator 1)

Cordial 2 oz. (有脚香甜酒杯),冰的

依序逐项注入:

⅓ Kahlúa(墨西哥咖啡香甜酒)

⅓ half & half cream

⅓ Brandy(白兰地)

17. 脱脂器第二方(Separator 2)

Rocks 7 oz. 杯,加满冰块

直接倒入:

1 oz. Brandy(白兰地)

1 oz. Kahlúa(墨西哥咖啡香甜酒)

½ oz. half & half cream

用酒吧匙由下而上地轻拌几下即可。

18. 滑溜溜的香蕉(Slippery Banana)

Shot 2 oz. 杯,冰的

依序逐项注入:

⅓ Kahlúa(墨西哥咖啡香甜酒)

⅓ Crème de Banana(香蕉甜酒)

⅓ Baileys Irish Cream(贝利丝爱尔兰奶酒)

19. 滑溜溜的小溪(Slippery Creek)

Shot 2 oz. 杯,冰的

依序逐项注入:

⅓ Ouzo(希腊茴香烈酒)

⅔ Baileys Irish Cream(贝利丝爱尔兰奶酒)

20. 精子库(Sperm Bank)

Shot 2 oz. 杯,冰的

依序逐项注入:

⅓ Baileys Irish Cream(贝利丝爱尔兰奶酒)

⅓ White Crème de Cacao(无色可可香甜酒)

⅓ Amaretto(意大利苦杏仁香甜酒)

在酒中央滴一滴红石榴糖浆,放一根小吸管。

21. 交通信号灯第一方(Traffic Light 1)

Shot 2 oz. 杯,冰的

依序逐项注入:

⅓ Green Crème de Maenthe(绿薄荷香甜酒)

⅓ Crème de Banana(香蕉香甜酒)

⅓ Sloe Gin(黑刺李杜松子香甜酒)

22. 交通信号灯第二方(Traffic Light 2)

Shot 2 oz. 杯,冰的

依序逐项注入:

⅓ Crème de Noyaux(法国杏仁香甜酒)

⅓ Galliano(意大利甘草香甜酒)

⅓ Midori Melon(日本绿香瓜香甜酒)

23. 火鸡吞饮(Turkey Shooter)

Shot 2 oz. 杯,冰的

依序逐项注入:

1 oz. Peppermint Schnapps(薄荷无色斯内普烈酒)

1 oz. Wild Turkey Bourbon Whiskey(野火鸡波旁威士忌)

24. 巫毒吞饮(Woodoo Shooter)

Shot 2 oz. 杯,冰的

依序逐项注入:

⅓ Tia Maria(牙买加咖啡香甜酒)

⅓ Cruzan Rum Cream(圣克罗伊人的奶油朗姆酒)

⅓ Bacardi Select Rum

25. 水门(Watergate)

Shot 2 oz. 杯,冰的

依序逐项注入:

½ oz. Kahlúa(墨西哥咖啡香甜酒)

½ oz. Baileys Irish Cream(贝利丝爱尔兰奶酒)

½ oz. Dekuyper Peppermint Schnapps(Dekuyper 公司生产的薄荷无色斯内普烈酒)

½ oz. Grand Marnier(法国柑橘干邑香甜酒)

26. 夜晚星星(Stars At Night)

Shot 2 oz. 杯,冰的

依序逐项注入:

1 oz. Goldschäger(瑞士制的肉桂香甜酒)

1 oz. Jägermeister Liqueur(德国狩猎大师鹿标香甜酒)

27. 砸了工作第一方(Blow Job 1)

Shot 2 oz. 杯,冰的

依序直接注入:

⅔ oz. Grand Marnier(法国柑橘干邑香甜酒)

⅔ oz. Crème de Banana(香蕉香甜酒)

⅔ oz. Tia Maria(牙买加咖啡香甜酒)

在酒面上放一点掼奶油(whipped cream)作装饰。

28. 砸了工作第二方(Blow Job 2)

Shot 2 oz. 杯,冰的

依序直接注入:

1 oz. Grand Marnier(法国柑橘干邑香甜酒)

1 oz. Baileys Irish Cream(贝利丝爱尔兰奶酒)

放一点打成泡沫状的鲜奶油/掼奶油(whipped cream)作装饰。

29. 外星人(E. T. 即 Extraterrestrial)

Shot 2 oz. 杯,冰的

依序直接注入:

⅔ oz. Midori(日本绿香瓜香甜酒)

⅔ oz. Baileys Irish Cream(贝利丝爱

尔兰奶酒）

⅔ oz. Vodka（可用高档著名的俄罗斯斯托莉奇娜娅伏特加酒，即 Stolichnaya）

30. 华氏 5 000 度（Fahrenheit 5 000）

Shot 2 oz. 杯，冰的

依序直接注入：

杯底先倒入墨西哥塔瓦斯科辣椒汁（Tabasco sauce）垫底

1 oz. Hot Damn Cinnamon Schnapps（令人异常兴奋的肉桂无色斯内普烈酒）

1 oz. Absolut Pepper Vodka 亚伯索露特辛辣伏特加酒

31. 国际梦（International Dream）

Shot 2 oz. 杯，冰的

依序直接注入：

½ oz. Kahlúa（墨西哥咖啡香甜酒）

½ oz. Godiva Chocolate Liqueur（戈黛娃巧克力香甜酒）

½ oz. Òro di Mazzetti Grappa（意大利金黄色葡萄渣香甜酒）

½ oz. 火球肉桂加拿大威士忌（Fireball Cinnamon Canadian Whisky）

32. 洛城警局（L. A. P. D.）

Shot 2 oz. 杯，冰的

（杯缘可沾盐或不沾盐）

依序直接注入：

1 oz. Tequila（龙舌兰/特奎拉酒）

½ oz. Blue Curaçao（蓝色库拉索酒）

½ oz. Raspberry（覆盆子香甜酒）

33. 麦当娜的胸罩（Madonna's Brassiere）

Shot 2 oz. 杯，冰的

依序直接注入：

½ oz Vodka（可用高档的亚伯索露特（Absolut）品牌）

½ oz. Dekuyper Raspberry Pucker（Dekuyper 公司生产的覆盆子无色烈酒）

½ oz. Watermelon Liqueur（西瓜香甜酒）

½ oz. Baileys Irish Cream（贝利丝爱尔兰奶酒）

34. 试管婴儿第一方（Test-Tube Baby 1）

Shot 2 oz. 杯，冰的

依序直接注入：

1 oz. Amaretto（意大利苦杏仁香甜酒）

1 oz. Tequila

在酒面上滴两滴爱尔兰贝利丝奶酒（Baileys Irish Cream）

35. 试管婴儿第二方（Test-Tube Baby 2）

Shot 2 oz. 杯，冰的

依序直接注入：

1 oz. Amaretto（意大利苦杏仁香甜酒）

1 oz. Southern Comfort（美国南方蜜桃香甜酒）

在酒面上滴 3 滴爱尔兰贝利丝奶酒（Baileys Irish Cream），中央放入一根小吸管。

17~4 酒吧国际专业术语

1. B. Y. O. B.（名词）：首字母缩略语，就是带自己的饮料进来（Bring Your Own Beverage）。

2. By the Neck（形容词）：不使用杯子的长颈瓶装啤酒。

3. Cafè（名词）：指提供咖啡、食物并可能供应酒精饮料的企业或单位。

4. Cage Dancer：为营造气氛在一个指定服务区域跳舞的女郎。

5. Buzzed：俚语，轻微的醉酒状态。

6. Call（形容词）：在某一饮料中指定一定品牌的酒来调制，比置于酒井中的普通烈酒的品质更佳。

7. Carefe（名词）：一个呈喇叭形展开的玻璃瓶，常用来盛白、红葡萄酒。

8. Cappuccino（名词）：意大利式的新鲜、强烈、浓郁的咖啡，在顶端加有蒸汽打成的牛奶和泡沫。

9. Carbonated（形容词）：有气泡的（effervescent）、有碳酸气的。

10. Check：餐厅或酒吧账单（Bill or Tab）。

11. Chew and Screw（名词）：就是吃完就跑（Dine and Dash）之意，即跑单、走单、没付账就跑的人。

12. Chill, Chill Out（动词）：俚语，即在外头轻松、休闲地打发时光。

13. Chimneyfish（名词）：指抽烟像是个大烟囱而喝酒却又像是条鱼的人。

14. Chug（动词）：以迅速或急促的方法来喝酒。

15. Choir Practice（名词）：俚语，用来告诉别人你很忙碌且不用透露你真正意图或企图的借口。

16. Chaser：酒精饮料旁的辅助饮料（通常为无酒精的饮料），又叫 Back，即支撑、支援的饮料。

17. Cerveza（名词）：西班牙语，即啤酒之意。

18. Campers：指逗留、徘徊在桌旁听人交谈甚至注视他人眼睛的人。

19. Clutch（形容词）：俚语，非常重要且非常好的意思。

20. Comp 即 Complimentarty（形容词）：免费由店家或企业招待之意。

问题探讨

如何调制下列各款国际知名鸡尾酒？

（1）Manhattan

（2）Horse's Neck

（3）Whisky Sour

（4）Sand Dance

（5）Commodore

（6）Everybody's Irish Cocktail

（7）B-52

（8）Golden Dream

（9）Toasted Almond

（10）Grasshopper

（11）Fuzzy Navel

（12）Banshee

（13）Boccie Ball

（14）Arise My Love

（15）Tikki Dream

（16）4th Of July Tooter

（17）Rattlesnake

（18）Melon Ball

（19）Between-The-Sheets

（20）Kamikaze

（21）International Dream

（22）Test-Tube Body 1

（23）Cherry Bomb

(24) Santa Claus Is Coming
(25) Test-Tube Baby 2
(26) Extraterrestrial
(27) Inoculation
(28) Watergate
(29) Sperm Bank
(30) Stars At Night

第十八章

雪泥鸡尾酒酒方

Recipes of Frozen Cocktails

☞学习目的

了解: 1. 对雪泥鸡尾酒(Frozen Cocktails)应有的认识

2. 雪泥鸡尾酒酒方(Recipes of Frozen Cocktails)

3. 国际上多种多样的凤梨椰乳(Piña Colada)酒方(Recipes)

4. 酒吧国际专业术语

18~1 对雪泥鸡尾酒(Frozen Cocktails)应有的认识

在炎炎夏日,人们最想要的是什么东西?绝大多数的人会选择清凉解渴、千变万化且令人立即精力充沛、生气盎然的雪泥鸡尾酒(Frozen Cocktails)。

雪泥鸡尾酒近15年来越来越流行,这种饮料原本起源于热带地区的度假旅馆(Resorts),现在这种饮料已不只是在炎炎夏日中享用,而早已成为一年四季全年供应的大众性饮料。早期这些饮料的忠实客户全是女士消费群体,现在却变成无论男女老少(在美国21岁以上者才允许喝酒精性饮料)都爱喝的饮料;原本是午后游泳池畔的饮料,或搭配甜点的鸡尾酒,现在则成为餐前、餐中的花式饮料。

雪泥饮料最适合在酷暑时节来开怀畅饮。有些充满寒意与清凉的鸡尾酒名几乎就已有降暑消热的功能,例如大风雪(The Blizzard)、大冷颤(The Big Chill)、结霜的头(Frosty Noggin)。许多这类酒本质上就有热带饮用之意,通常是烈酒加上香甜酒、果汁和碎冰等后,放入搅拌机(Blender)中打成柔顺的雪泥状,然后倒入大杯的高圆球杯、柯林斯杯或花式波可(Poco grande)酒杯中,再加上鲜艳可口的装饰。轻啜一杯这种热带雪泥美饮,神游如置身迈阿密洁白如糖的沙滩上,幻想着身旁比基尼泳装的辣妹或帅哥们,难道不是人生一大乐事吗?事实上许多雪泥类饮料是放入冰淇淋打成的,这些美味可口、变化万千的冰淇淋饮料,不正带给我们许多儿时买冰淇淋或冰棒的美好回忆吗?

以冰淇淋打底的雪泥饮料常加入香甜酒。例如,可可香甜酒、意大利苦杏仁香甜酒(Amaretto)、贝利丝爱尔兰奶酒等常加入冰淇淋中打成雪泥状后,再加上打成泡沫状的鲜奶油/掼奶油(Whipped Cream),并放上红、绿樱桃作装饰。这些美味至极的饮料甚至可用来替代甜点(Dessert),例如草莓酥饼(Strawberry Shortcake)、覆盆子乳酪蛋糕(Raspberry Cheesecake)和梅尔巴蜜桃果冻(Peach Melba Freeze)3款雪泥饮料,就具有强烈的吸引力!

调制雪泥鸡尾酒饮料是比较耗时和花功夫的,但是如果在一家以雪泥饮料为招牌的酒吧里工作,千万不要畏缩或逃避,只要依据酒方一步一个脚印地踏实操作,那么一杯又一杯的雪泥美酒就可呈献给永恒的上帝——顾客。雪泥鸡尾酒深受长居湿热地区朋友们所喜爱,所以本书特别详列了许多最受欢迎的酒方供调制与开店之用。

18~2 雪泥鸡尾酒酒方(Recipes of Frozen Cocktails)

1. 台湾泥石流(Taiwan Mudslide)

Poco Grande $13\frac{1}{4}$ oz.(波可杯),冰的

½ oz. Kao Liang(中国台湾特级高粱酒)

¾ oz. Kahlúa(墨西哥咖啡香甜酒)

¾ oz. Baileys Irish Cream(贝利丝爱尔兰奶酒)

2 oz. light cream(淡奶油)或 milk(鲜奶)

3 oz. 香草冰淇淋(两大球)

10 oz. 碎冰

将酒材倒入搅拌机内先以慢速打5秒钟,再改成快速,打成柔顺雪泥状后,倒入 Poco(波可杯)内,串一粒红樱桃与荔枝果放在酒面上作装饰。

2. 雪泥草莓代基里(Frozen Strawberry Daiquiri)

Poco Grande $13\frac{1}{4}$ oz.(波可杯),冰的

$1\frac{1}{2}$ oz. Light Rum(淡朗姆酒)

½ oz. Dark Rum(深色朗姆酒)

$1\frac{1}{2}$ oz. orange juice(橘子汁)

$2\frac{1}{2}$ oz. strawberry puree(草莓浓浆)

1 oz. lime juice(青柠檬汁)

10 oz. 碎冰(碎冰机的品牌很多,其中美国韦灵(Waring)的碎冰机品质甚佳)。

将酒材倒入搅拌机内先以慢速打5秒钟,再改成快速打10秒钟,打到柔顺为止,然后倒入 Poco 杯中,放一粒或挂一粒新鲜草莓作装饰。

3. 雪泥蜜桃代基里(Frozen Peach Daiquiri)

Poco Grande $13\frac{1}{4}$ oz.(波可杯),冰的

1 oz. Light Rum(酒嘴以美国 Magunson 公司专利生产的 Posi-Pour 为最佳)

1 oz. Peach Schnapps(桃子无色斯内普烈酒)

2 oz. orange juice(橘子汁)

3 片罐装半片水蜜桃

10 oz. 碎冰

将酒材倒入搅拌机内先以慢速打5秒钟,再改成快速打到柔顺为止,然后倒入 Poco 杯中,放水蜜桃片或时令水果作装饰。

4. 雪泥香蕉代基里(Frozen Banana Daiquiri)

Poco grande $13\frac{1}{4}$ oz.(波可杯),冰的

1 oz. Light Rum(淡朗姆酒)

1 oz. Crème de Banana(香蕉香甜酒)

1 oz. orange juice(橘子汁)

1 oz. lime juice(青柠檬汁)

加入一根非常熟的香蕉,越香越好

10 oz. 碎冰

将酒材倒入搅拌机中先以慢速打5秒钟,再改成快速,打到柔顺且致密为止,然后倒入 Poco 杯中,放香蕉旗作装饰。

5. 雪泥香瓜代基里(Frozen Honeydew Daiquiri)

Poco Grande $13\frac{1}{4}$ oz.(波可杯),冰的

1 oz. Light Rum(淡朗姆酒)

1 oz. Melon Liqueur(香瓜利口酒)

1 oz. orange juice(橘子汁)

3 oz. 新鲜切片香瓜(须削掉果皮)

1 oz. sugar syrup(糖浆)

10 oz. 碎冰

手法同上,放一个香瓜串或香瓜

(Honeydew)旗作装饰,果皮要削去,否则会生苦味与涩味。

6. 雪泥西瓜代基里(Frozen Watermelon Daiquiri)

Poco Grande 13$\frac{1}{4}$ oz.(波可杯),冰的

1 oz. Light Rum(淡朗姆酒)

1 oz. Crème de Watermelon(西瓜香甜酒)

1 oz. orange juice(橘子汁)

3 oz. 新鲜西瓜

1 oz. sugar syrup(糖浆)

10 oz. 碎冰

手法同上,放新鲜西瓜片或西瓜旗作装饰。各类水果雪泥饮料皆需加入同质水果香甜酒,以强化口感。

7. 潮汐波(Tidal Wave)

Poco Grande 13$\frac{1}{4}$ oz.(波可杯),冰的

1$\frac{1}{2}$ oz. Melon Liqueur(香瓜香甜酒)

½ oz. Light Rum(淡朗姆酒)

2$\frac{1}{2}$ oz. orange juice(橘子汁)

2$\frac{1}{2}$ oz. pineapple juice(凤梨汁)

½ oz. cream of coconut(椰乳)(美国 Coco Lopéz 牌的椰乳品质极佳,是世界上最好的椰乳)

1$\frac{1}{2}$ oz. lime juime(青柠檬汁)

10 oz. 碎冰

将酒材倒入搅拌机内高速打10秒钟左右,成为柔顺质坚的雪泥状后,倒入杯中,放青柠檬旗作装饰。

8. 有轨电车(Trolley Car)

Poco Grande 13$\frac{1}{4}$ oz.(波可杯),冰的

1$\frac{1}{2}$ oz. Amaretto(意大利苦杏仁香甜酒)

1$\frac{1}{2}$ oz. strawberry puree(草莓浓浆)

2 scoops(两球)香草冰淇淋(约3 oz.)

1 oz. lime juice(青柠檬汁)

10 oz. 碎冰

将酒材倒入搅拌机内先以慢速打5秒钟,再改成快速,打成柔顺的雪泥状后倒入杯中(中间可暂停,用酒吧匙检查其浓稠度)。挂新鲜草莓在杯口,并插上小纸伞作装饰。

9. 大风雪(The Blizzard)

Poco Grande 13$\frac{1}{4}$ oz.(波可杯),冰的

½ oz. Brandy(白兰地)

½ oz. Baileys Irish Cream(贝利丝爱尔兰奶酒)

½ oz. Kahlúa(墨西哥咖啡香甜酒)

½ oz. Light Rum(淡朗姆酒)

1 oz. milk(鲜奶)

4 oz.(两球半)香草冰淇淋

手法同上,打成雪泥状后倒入杯中,撒上一些肉豆蔻粉(Nutmeg)作装饰。

10. 厚着脸皮在胡扯(The Brass Fiddle)

Poco Grande 13$\frac{1}{4}$ oz.(波可杯),冰的

2 oz. Peach Schnapps(桃子无色斯内

普烈酒）

$\frac{1}{2}$ oz. Tennessee Whisky（田纳西州威士忌）

3 oz. pineapple juice（凤梨汁）

$1\frac{1}{2}$ oz. orange juice（橘子汁）

10 oz. 碎冰

将酒材倒入搅拌机中打成柔顺质坚的雪泥而非水汪汪的冰水状，杯中先倒入1 oz. 红石榴糖浆（grenadine），转动杯子让其沾满杯的内部后，再将雪泥倒入，放凤梨旗或橘子旗作装饰。

11. 大冷颤（The Big Chill）

Poco Grande $13\frac{1}{4}$ oz.（波可杯），冰的

$1\frac{1}{2}$ oz. Dark Rum（深色朗姆酒）

$1\frac{1}{2}$ oz. pineapple juice（凤梨汁）

$1\frac{1}{2}$ oz. orange juice（橘子汁）

$1\frac{1}{2}$ oz. cranberry juice（蔓越莓/蔓越橘汁）

1 oz. cream of coconut（椰乳）（马来西亚进口的椰乳有色却无味，品质甚差）

10 oz. 碎冰

将酒材倒入搅拌机中以快速打成雪泥状后，倒入杯中，倒入时应用酒吧匙把雪泥从搅拌机中挖入到杯中，放凤梨旗或橘子旗作装饰都可。

12. 香甜果馅饼（Sweet Tart）

Poco Grande $13\frac{1}{4}$ oz.（波可杯），冰的

2 oz. Vodka（伏特加酒）

3 oz. cranberry juice（蔓越莓/蔓越橘汁）

2 oz. pineapple juice（凤梨汁）

$\frac{1}{4}$ oz. lime juice（青柠檬汁）

10 oz. 碎冰

手法同上，放凤梨旗或青柠檬旗作装饰。

13. 草莓黎明（Strawberry Dawn）

Poco Grande $13\frac{1}{4}$ oz.（波可杯），冰的

$1\frac{1}{2}$ oz. Gin（杜松子酒）

1 oz. cream of coconut（椰乳）

$1\frac{1}{2}$ oz. lime juice（青柠檬汁）

$2\frac{1}{2}$ oz. strawberry puree（草莓浓浆）（美国 Daily 公司生产的草莓浓浆品质最佳）

10 oz. 碎冰

将酒材倒入搅拌机中搅拌成雪泥状后，倒入波可杯中，放上新鲜草莓或青柠檬旗作装饰。

14. 草莓亚历山德里亚（Strawberry Alexandria）

Poco Grande $13\frac{1}{4}$ oz.（波可杯），冰的

1 oz. Brandy（白兰地）

1 oz. White Crème de Menthe（无色薄荷香甜酒）

$2\frac{1}{2}$ oz. strawberry puree（草莓浓浆）

1 oz. lime juice（青柠檬汁）

$1\frac{1}{2}$ oz. vanilla ice cream（一大球）香草冰淇淋

10 oz. 碎冰

手法同上，打成雪泥后倒入杯中，再加入掼奶油(whipped cream)，然后在上面撒些巧克力碎片或小卷条(Curls)作装饰。插入两根吸管，同时也要给客人小茶匙。

15. 草莓酥饼(Strawberry Shortcake)

Poco Grande $13\frac{1}{4}$ oz. (波可杯)，冰的

1 oz. Amaretto(意大利苦杏仁香甜酒)

¾ oz. White Crème de Cacao(无色可可香甜酒)

$1\frac{1}{2}$ oz. strawberry puree(草莓浓浆)

$4\frac{1}{2}$ oz. (三大球)香草冰淇淋

10 oz. 碎冰

将酒材倒入搅拌机中打成雪泥状后，倒入杯中，再加入掼奶油/打成泡沫状的鲜奶油(whipped cream)，放上一粒新鲜草莓作装饰。

16. 冲向高浪(Surf's Up)

Poco Grande $13\frac{1}{4}$ oz. (波可杯)，冰的

¾ oz. Crème de Banana(香蕉香甜酒)

¾ oz. White Crème de Cacao(无色可可香甜酒)

5 oz. pineapple juice(凤梨汁)

½ oz. light cream or milk(淡奶油或鲜奶)

10 oz. 碎冰

手法同上，打成雪泥后倒入杯中，放凤梨旗作装饰。

17. 草莓鲜奶(Strawberries & Cream)

Poco Grande $13\frac{1}{4}$ oz. (波可杯)，冰的

$1\frac{1}{2}$ oz. Strawberry Schnapps(草莓无色斯内普烈酒)

2 oz. strawberry puree(草莓浓浆)

$3\frac{1}{2}$ oz. milk(鲜奶)

10 oz. 碎冰

将酒材倒入搅拌机内打成雪泥后，倒入Poco杯中，放一粒鲜草莓作装饰。

18. 覆盆子乳酪蛋糕(Raspberry Cheesecake)

Poco Grande $13\frac{1}{4}$ oz. (波可杯)，冰的

1 oz. White Crème de Cacao(无色可可香甜酒)

1 oz. Black Raspberry Liqueur(黑覆盆子香甜酒)

$4\frac{1}{2}$ oz. (三大球)香草冰淇淋

1 bsp cream cheese(一酒吧匙软化的奶油乳酪)(美国城牌乳酪质地十分优良)

10 oz. 碎冰

将酒材倒入搅拌机中打成雪泥状，倒入杯中后，放一粒樱桃作装饰。

19. 梅尔巴蜜桃果冻(Peach Melba Freeze)

Poco Grande $13\frac{1}{4}$ oz. (波可杯)，冰的

1 oz. Black Raspberry Liqueur(黑覆子香甜酒)

¾ oz. Peach Schnapps(桃子无色斯内普烈酒)

¾ oz. Hazelnut Liqueur（山榛果香甜酒）

1 oz. milk（鲜奶）

$4\frac{1}{2}$ oz.（三大球）香草冰淇淋

10 oz. 碎冰

将酒材打成雪泥状后，倒入杯中，放桃子片或桃子旗作装饰。

20. 橘子树（Orange Tree）

Poco Grande $13\frac{1}{4}$ oz.（波可杯），冰的

$1\frac{1}{2}$ oz. Amaretto（意大利苦杏仁香甜酒）

¾ oz. Crème de Noyaux（杏仁香甜酒）

$3\frac{1}{2}$ oz. orange juice（橘子汁）

$1\frac{1}{2}$ oz.（一大球）香草冰淇淋

10 oz. 碎冰

手法同上，但在加入掼奶油（whipped cream）后要再放一片薄薄的橘子片作装饰。

21. 薄荷企鹅（Peppermint Penguin）

Poco Grande $13\frac{1}{4}$ oz.（波可杯），冰的

¾ oz. Green Crème de Menthe（绿薄荷香甜酒）

¾ oz. White Crème de Menthe（无色薄荷香甜酒）

3 oz. light cream or milk（淡奶油或鲜奶）

3 块圆片夹心饼干（sandwich cookies），弄碎

10 oz. 碎冰

将酒材倒入搅拌机中先以慢速打 5 秒钟，再改成快速打成雪泥后，倒入杯中，加上掼奶油（whipped cream）后，再放上一块圆饼干和一个樱桃作装饰。

22. 南投泥流冲浪（Nantou Mudsurf）

Poco Grande $13\frac{1}{4}$ oz.（波可杯），冰的

¾ oz. 中国台湾绍兴酒

¾ oz. Southern Comfort（美国南方蜜桃香甜酒）

¾ oz. Kahlúa（墨西哥咖啡香甜酒）

1 oz. lime juice（青柠檬汁）

$4\frac{1}{2}$ oz.（三大球）香草冰淇淋

10 oz. 碎冰

手法同上，放一些拍碎的黑芝麻片装饰。破碎黑芝麻片代表被洪水冲垮的房屋。

23. 疯颠椰乳（Nutty Colada）

Poco Grande $13\frac{1}{4}$ oz.（波可杯），冰的

2 oz. Amaretto（意大利苦杏仁香甜酒）

2 oz. cream of coconut（椰乳）

$3\frac{1}{2}$ oz. pineapple juice（凤梨汁）

10 oz. 碎冰

将酒材倒入搅拌机中打成柔顺雪泥后，倒回杯中，放一个凤梨旗作装饰。

24. 孤寂夜（Lonely Night）

Poco Grande $13\frac{1}{4}$ oz.（波可杯），冰的

1 oz. Baileys Irish Cream（贝利丝爱尔兰奶酒）

1 oz. Hazelnut Liqueur(山榛果香甜酒)

½ oz. Kahlúa(墨西哥咖啡香甜酒)

1 oz. lime juice(青柠檬汁)

3 oz.(两大球)香草冰淇淋

将酒材倒入搅拌机中先以慢速打5秒钟,再改成快速打成雪泥后,倒入杯中,加上掼奶油(whipped cream),并放上刨碎的巧克力屑作装饰。

25. 毛伊微风(Maui Breeze)

Poco Grande $13\frac{1}{4}$ oz.(波可杯),冰的

½ oz. Amaretto(意大利苦杏仁香甜酒)

½ oz. Triple Sec(三干酒/柑橘香甜酒)

½ oz Brandy(白兰地)

2 oz. orange juice(橘子汁)

$2\frac{1}{2}$ oz. pineapple juice(凤梨汁)

1 oz. lime juice(青柠檬汁)

10 oz. 碎冰

将酒材倒入搅拌机中打成雪泥后,倒回杯中,放一个凤梨旗或一朵兰花(orchid)作装饰。

26. 牙买加香蕉(Jamaica Banana)

Poco Grande $13\frac{1}{4}$ oz.(波可杯),冰的

½ oz. Light Rum(淡朗姆酒)

½ oz. White Crème de Cacao(无色可可香甜酒)

½ oz. Crème de Banana(香蕉香甜酒)

1 oz. milk(鲜奶)

3 oz.(两大球)香草冰淇淋

一根十分成熟的香蕉,切下两小片留作装饰用

10 oz. 碎冰

将酒材倒入搅拌机中先用慢速打5秒钟,再改快速打成雪泥后,倒回杯中,放香蕉旗(两片香蕉夹红樱桃串在一起),并撒一些肉豆蔻粉作装饰。

27. 爱尔兰之梦(Irish Dream)

Poco Grande $13\frac{1}{4}$ oz.(波可杯),冰的

½ oz. Hazelnut Liqueur(山榛果香甜酒)

½ oz. Baileys Irish Cream(贝利丝爱尔兰奶酒)

¾ oz. Brown Crème de Cacao(棕色可可香甜酒)

1 oz. lime juice(青柠檬汁)

$4\frac{1}{2}$ oz.(三大球)香草冰淇淋

10 oz. 碎冰

手法同上,将酒材倒入杯内后,加上掼奶油(whipped cream),并撒上一些巧克力屑作装饰。

28. 杰克的果酱(Jack's Jam)

Poco Grande $13\frac{1}{4}$ oz.(波可杯),冰的

½ oz. Peach Schnapps(桃子无色斯内普烈酒)(以美国Dekuyper公司在俄亥俄州生产的产品品质最佳)

½ oz. Apple Schnapps(苹果无色斯内普烈酒)

½ oz. Strawberry Liqueur(草莓香甜酒)

½ oz. Banana Liqueur(香蕉香甜酒)

3 oz. lime juice(青柠檬汁)

$1\frac{1}{2}$ oz. orange juice(橘子汁)

1 oz. simple sugar syrup(简易糖浆)(自行熬制)

10 oz. 碎冰

将酒材倒入搅拌机中打成雪泥状后，倒入杯中，放鲜薄荷枝及一粒红樱桃作装饰。

29. 雪泥凤梨代基里(Frozen Pineapple Daiquiri)

Poco Grande $13\frac{1}{4}$ oz.(波可杯)，冰的

$1\frac{1}{2}$ oz. Light Rum(淡朗姆酒)

½ oz. lime juice(青柠檬汁)

5 oz. pineapple juice(凤梨汁)

½ oz. sugar syrup(糖浆)

10 oz. 碎冰

将酒材倒入搅拌机中以快速打成雪泥状后，倒入杯中，放凤梨旗(两片凤梨中夹樱桃以剑叉串在一起)作装饰。

30. 雪泥薄荷代基里(Frozen Mint Daiquiri)

Poco Grande $13\frac{1}{4}$ oz.(波可杯)，冰的

$1\frac{1}{2}$ oz. Green Crème Menthe(绿薄荷香甜酒)

½ oz. Light Rum(以巴卡迪淡朗姆酒品质最佳)

3 oz. lime juice(青柠檬汁)

$1\frac{1}{2}$ oz. sugar syrup(糖浆)

10 oz. 碎冰

将酒材倒入搅拌机中以快速打成雪泥状后，倒回杯中，放鲜薄荷枝与红樱桃作装饰。

31. 雪泥玛格丽塔(Frozen Margarita)

Margarita 12 oz. 杯，冰的

$1\frac{1}{2}$ oz. Tequila(龙舌兰/特奎拉酒)

½ oz. Triple Sec(三干酒/柑橘香甜酒)

3 oz. lime juice(青柠檬汁)

1 oz. sugar syrup(糖浆)

10 oz. 碎冰

将酒材倒入搅拌机中以快速打成雪泥状后，倒入杯中，在杯口挂一片青柠檬圆片作装饰，杯缘要先沾上青柠檬汁，再沾上盐后雪泥才可倒入。

32. 意大利雪泥卡普契诺牛奶咖啡(Frozen Cappuccino)

Margarita 12 oz. 杯，冰的

½ oz. Baileys Irish Cream(贝利丝爱尔兰奶酒)

½ oz. Kahlúa(墨西哥咖啡香甜酒)

½ oz. Hazelnut Liqueur(山榛果香甜酒)

$1\frac{1}{2}$ oz.(一大球)香草冰淇淋(无需使用哈根达斯(Hagan Dazs)等特高价品牌)

½ oz. light cream or milk(淡奶油或鲜奶)

8 oz. 碎冰

杯缘先沾上青柠檬汁，再沾上肉桂糖，酒材倒入搅拌机中先以慢速打5秒钟，

再改成快速，打成雪泥状后，倒入杯内，放一根肉桂棒及两根吸管。

33. 雪泥枸橼/香橼霓虹（Frozen Citron Neon）

Tulip Champagne 9 oz.（郁金香花形香槟杯），冰的

1 oz. Citrus Vodka（柑橘伏特加酒）

¾ oz. Melon Liqueur（西瓜香甜酒）

½ oz. Blue Curaçao（蓝色库拉索酒）

1 oz. lime juice（青柠檬汁）

½ oz. sugar syrup（糖浆）

6 oz. 碎冰

将酒材倒入搅拌机中，快速打成雪泥状后，倒回杯中，挂一个青柠檬旗作装饰。

34. 结霜的头（Frosty Noggin）

Poco Grande $13\frac{1}{4}$ oz.（波可杯），冰的

1 oz. Light Rum（淡朗姆酒）

½ oz. White Crème de Menthe（无色薄荷香甜酒）

1 oz. Bols Eggnog（蛋奶酒）

$4\frac{1}{2}$ oz.（三大球）香草冰淇淋

8 oz. 碎冰

将酒材倒入搅拌机中先以慢速打5秒钟，再改成快速打成雪泥后，倒入杯中，加上掼奶油（whipped cream），并滴上几滴绿薄荷酒，放一支糖果杖作装饰。

35. 巧克力噎死（Death By Chocolate）

Tulip Champagne 9 oz. 杯，冰的

1 oz. Baileys Irish Cream（贝利丝爱尔兰奶酒）

½ oz. Brown Crème de Cacao（褐色可可香甜酒）

½ oz. Vodka（伏特加酒）

3 oz.（两大球）巧克力冰淇淋

6 oz. 碎冰

将酒材倒入搅拌机中以慢速打5秒钟，再改成快速打成雪泥状后，倒入杯中，加上掼奶油（whipped cream），再撒上巧克力小卷丝作装饰。

36. 蔓越莓/蔓越橘凉饮（Cranberry Cooler）

Poco Grande $13\frac{1}{4}$ oz.（波可杯），冰的

$1\frac{1}{2}$ oz. Bourbon Whisky（波旁威士忌酒）

4 oz. cranberry juice（放½ oz. 蔓越莓/蔓越橘汁如 Crantasia 等，有提味的神效）

1 oz. lime juice（青柠檬汁）

½ oz. sugar syrup（糖浆）

10 oz. 碎冰

将酒材倒入搅拌机中，打成雪泥后，倒入杯中，放一个青柠檬旗作装饰。

37. 冷静的操作者（Cool Operator）

Poco Grande $13\frac{1}{4}$ oz.（波可杯），冰的

1 oz. Melon Liqueur（香瓜利口酒）

½ oz. Vodka（伏特加酒）

½ oz. Light Rum（淡朗姆酒）

3 oz. grapefruit juice（葡萄柚汁）

2 oz. orange juice（橘子汁）

1 oz. lime juice（青柠檬汁）

10 oz. 碎冰

将酒材倒入搅拌机内以快速打成雪泥状后，倒入杯中，放香瓜串红樱桃作装饰。

38. 漫步九云霄(Cloud 9)

Poco Grande $13\frac{1}{4}$ oz. (波可杯),冰的

1 oz. Amaretto(意大利苦杏仁香甜酒)

1 oz. Baileys Irish Cream(贝利丝爱尔兰奶酒)

½ oz. Black Raspberry Liqueur(黑覆盆子香甜酒)

6 oz. (四大球)香草冰淇淋

8 oz. 碎冰

将酒材倒入搅拌机中先以慢速打5秒钟,再改成以快速打成雪泥状,倒入杯内,加上掼奶油(whipped cream)后,再放上切成片的花生牛奶巧克力作装饰。

39. 奇奇(Chi-Chi)

Poco Grande $13\frac{1}{4}$ oz. (波可杯),冰的

$1\frac{1}{2}$ oz. Vodka

1 oz. cream of coconut(椰乳)(Coco Lopez 牌的椰乳是世界上最好的椰乳)

$4\frac{1}{2}$ oz. pineapple juice(凤梨汁)

10 oz. 碎冰

将酒材倒入果汁机中打成雪泥状后,倒入杯中,放一个凤梨旗作装饰。

40. 睡铺混合酒(Bunk Punch)

Poco Grande $13\frac{1}{4}$ oz. 杯,冰的

1 oz. Melon Liqueur(西瓜香甜酒)

1 oz. Peach Schnapps(桃子无色斯内普烈酒)

½ oz. Vodka(伏特加酒)

$1\frac{1}{2}$ oz. cranberry juice(美国 Ocean Spray 牌的蔓越莓/蔓越橘汁品质最佳)

2 oz. orange juice(橘子汁)

1 oz. lime juice(青柠檬汁)

10 oz. 碎冰

将酒材倒入搅拌机中打成雪泥后,倒入杯中,放橘子旗或青柠檬旗作装饰。

41. 香蕉栽培者(Banana Foster)

Poco Grande $13\frac{1}{4}$ oz. 杯,冰的

$1\frac{1}{2}$ oz. Spiced Rum(加香料的朗姆酒)(美国摩根船长(Captain Morgan's)辛辣朗姆酒最著名)

½ oz. Banana Liqueur(香蕉香甜酒)

3 oz. (两大球)香草冰淇淋

一根中等大小的十分成熟的香蕉切成片

8 oz. 碎冰

将酒材倒入搅拌机中先以慢速打5秒钟,再改成以快速打成雪泥状后,倒入杯中,撒上肉桂粉,插一根肉桂棒作装饰。

42. 蓝天鹅绒(Blue Velvet)

Poco Grande $13\frac{1}{4}$ oz. 杯,冰的

1 oz. Melon Liqueur(香瓜香甜酒)

1 oz. Black Raspberry Liqueur(黑覆盆子香甜酒)

1 oz. lime juice(青柠檬汁)

2 oz. pineapple juice(凤梨汁)

3 oz. (两大球)香草冰淇淋(无需使用哈根达斯(Hagan Dazs)那种特贵冰淇淋)

8 oz. 碎冰

将酒材倒入搅拌机中先以慢速打5秒

钟，再改以快速打成雪泥状，倒入杯中，加上掼奶油(whipped cream)后，再滴上几滴蓝色库拉索柑橘香甜酒(Blue Curaçao)，放一粒红或绿的樱桃作装饰。

43. 沙滩游民凉酒(Beach Rum's Cooler)

Poco Grande $13\frac{1}{4}$ oz. 杯，冰的

1 oz. Baileys Irish Cream(贝利丝爱尔兰奶酒)

¾ oz. Light Rum(淡朗姆酒)

¼ oz. Banana Liqueur(香蕉香甜酒)

½ oz. cream of coconut(椰乳)

$1\frac{1}{2}$ oz. pineapple juice(凤梨汁)

3 oz. (两大球)香草冰淇淋

¼ oz. milk

¼ 根成熟的中型香蕉切片

8 oz. 冰块

将酒材倒入搅拌机中先以慢速打5秒钟，再改成快速打成雪泥状后，倒入杯中，放一块凤梨片，插一个纸阳伞(parasol)作装饰。

44. 蓝云鸡尾酒(Blue Cloud Cocktail)

Tulip Champagne 9 oz. (郁金香花形香槟杯)，冰的

1 oz. Amaretto(意大利苦杏仁香甜酒)

½ oz. Blue Curaçao(蓝色库拉索酒)

3 oz. (两大球)香草冰淇淋

6 oz. 碎冰

手法同上，倒入杯内后加上一点掼奶油(whipped cream)，并放一粒红樱桃作装饰。

45. 苹果卡拉达(Apple Colada)

Tulip Champagne 9 oz. (郁金香花形香槟杯)，冰的

2 oz. Apple Schnapps(苹果无色斯内普烈酒)

1 oz. cream of coconut(椰乳)

1 oz. apple juice(苹果汁)

$1\frac{1}{2}$ oz. milk(鲜奶)

6 oz. 碎冰

将酒材倒入搅拌机中以快速打成雪泥状后，倒入杯内，放苹果旗(苹果片与樱桃串在一起)挂在杯口作装饰。

46. 海湾城市投弹手(Bay City Bomber)

Poco Grande $13\frac{1}{4}$ oz. 杯，冰的

½ oz. Vodka(美国斯米尔诺夫(Smirnoff)品牌伏特加酒是世界上销量最大的)

½ oz. Rum(朗姆酒)

½ oz. Tequila(龙舌兰/特奎拉酒)

½ oz. Gin(杜松子酒)

½ oz. Triple Sec(三干酒/柑橘香甜酒)

1 oz. orange juice(橘子汁)

1 oz. pineapple juice(凤梨汁)

1 oz. cranberry juice(蔓越莓/蔓越橘汁)

1 oz. lime juice(青柠檬汁)

½ oz. sugar syrup(糖浆)

10 oz. 碎冰

将酒材倒入搅拌机中快速打成雪泥状后，倒回杯内，再加上¼ oz. 巴卡迪151朗姆酒(Bacardi 151)，放橘子旗、凤梨旗

或青柠檬旗作装饰。

47. 田纳西华尔兹(Tennessee Waltz)

Poco Grande $13\frac{1}{4}$ oz.(波可杯),冰的

$1\frac{1}{2}$ oz. Peach Schnapps(桃子无色斯内普烈酒)

2 oz. pineapple juice(凤梨汁)

½ oz. passion fruit syrup(百香果糖浆)

½ oz. lime juice(青柠檬汁)

3 oz.(两大球)香草冰淇淋

8 oz. 碎冰

将酒材倒入搅拌机中先以慢速打5秒钟,再改成快速打成雪泥状后,倒回杯内,放鲜草莓或凤梨旗作装饰。

48. 开心薄荷冰淇淋(Pistachio Mint Ice Cream)

Margarita 12 oz. 杯,冰的

1 oz. Hazelnut Liqueur(山榛果香甜酒)

1 oz. Vodka(伏特加酒)

½ oz. Green Crème de Menthe(绿色薄荷香甜酒)

3 oz.(两大球)香草冰淇淋

8 oz. 碎冰

将酒材倒入搅拌机中先以慢速再改成快速打成雪泥状后,倒入杯内,插入一枝薄荷叶枝,放一粒红樱桃作装饰。

49. 雪泥代基里(Frozen Daiquiri)

Poco Grande $13\frac{1}{4}$ oz. 杯,冰的

$1\frac{1}{2}$ oz. Light Rum(淡朗姆酒)

4 oz. lime juice(青柠檬汁)

2 oz. sugar syrup(糖浆)

10 oz. 碎冰

将酒材倒入果汁机中以快速打成雪泥状后,倒回波可杯内,挂一片青柠檬圆片作装饰。

50. 南国椰情(Piña Colada)(南国椰情是市场上常用的酒名,也有用南海椰情或海岛椰情等酒名的)

Poco Grande $13\frac{1}{4}$ oz. 杯,冰的

$1\frac{1}{2}$ oz. Light Rum(淡朗姆酒)

2 oz. cream of coconut(椰乳)

3 oz. pineapple juice(凤梨汁)

1 oz lime juice(青柠檬汁)

10 oz. 碎冰

手法同上,在杯口放一个凤梨旗作装饰,插入两只长的吸管即可。

51. 雪泥绿香瓜卡拉达(Frozen Midori Colada)

Poco Grande $13\frac{1}{4}$ oz. 杯,冰的

$1\frac{1}{2}$ oz. Midori(日本制的绿香瓜香甜酒品质极佳)

½ oz. Light Rum(淡朗姆酒)

1 oz. cream of coconut(椰乳)

2 oz. pineapple juice(凤梨汁)

$1\frac{1}{2}$ oz. lime juice(青柠檬汁)

10 oz. 碎冰

手法同上,放青柠檬旗或凤梨旗作装饰。

52. 美国人的代基里(The All-American Daiquiri)

Squall 15 oz.(大风杯)

蓝色层:

¾ oz. Light Rum(淡朗姆酒)

½ oz. blueberry syrup(蓝莓糖浆)

1 oz. lime juice(青柠檬汁)

½ oz. sugar syrup(糖浆)

8 oz. 碎冰

将酒材倒入搅拌机中打成雪泥后,倒5 oz. 于杯中(底部)

红色层:

¾ oz. Light Rum(淡朗姆酒)

$1\frac{1}{2}$ oz. strawberry puree(草莓浓浆)(美国 Daily 公司生产的产品品质甚佳)

½ oz. lime juice(青柠檬汁)

8 oz. 碎冰

将酒材倒入搅拌机中打成雪泥后,倒5 oz. 于杯中(中间段)

白色层:

加上掼奶油/打成泡沫状的鲜奶油,放上红樱桃,并插上纸制美国国旗的小竹旗作装饰。若能再点根仙女棒,庆祝的气氛就更浓了。

18~3 国际上多种多样的凤梨椰乳(Piña Colada)酒方(Recipes)

1. 凤梨椰乳(Piña Colada)

Poco Grande $13\frac{1}{4}$ oz.(波可杯),冰的

2 oz. Light Rum(淡朗姆酒)

½ oz. half & half cream(可放,也可不放)

2 oz. cream of coconut(椰乳)

3 oz. pineapple juice(凤梨汁)

10 oz. 碎冰

将酒材倒入果汁机(Blender)中打成雪泥状后,倒入 Poco 杯中,放一个凤梨旗(凤梨角与红樱桃串在一起)作装饰。

2. 阿卡普尔科凤梨椰乳(Acapulco Piña Colada)

Poco Grande $13\frac{1}{4}$ oz.(波可杯),冰的

2 oz. Tequila(龙舌兰/特奎拉酒)

½ oz. Rose's lime juice(罗斯青柠檬汁)

2 oz. 椰乳

3 oz. 凤梨汁

10 oz. 碎冰

将酒材倒入搅拌机中,打成坚挺致密的雪泥状为止,倒入波可杯中,放一个凤梨旗作装饰。

3. 阿玛瑞图凤梨椰乳(Amaretto Piña Colada)(又叫意大利人的卡拉达,即 Italian Colada)

Poco Grande $13\frac{1}{4}$ oz.(波可杯),冰的

1 oz. Amaretto(意大利苦杏仁香甜酒)

1 oz. Bacardi Light Rum(巴卡迪淡朗姆酒)

2 oz. 椰乳

3 oz. 凤梨汁

½ oz. 鲜牛奶或 half & half cream(可放,也可不放)

10 oz. 碎冰

将酒材倒入果汁机(Blender)中打成致密的雪泥状后,倒入杯中放一个凤梨旗作装饰。

4. 澳洲人的凤梨椰乳卡拉达(Aussie Piña Colada)(又叫飞行袋鼠,Flying Kangaroo)

Poco Grande $13\frac{1}{4}$ oz. (波可杯),冰的

$1\frac{3}{4}$ oz. Bacardi Light Rum(巴卡迪淡朗姆酒)

½ oz. Galliano(意大利甘草香甜酒)

2 oz. 椰乳

3 oz. 凤梨汁

½ oz. 橘子汁

½ oz. 鲜牛奶(可放可不放)

10 oz. 碎冰

将酒材倒入果汁机中,打成坚挺致密的雪泥状后,倒入波可杯中,放入一个凤梨旗作装饰。

5. 巴哈马凤梨椰乳(Bahama Piña Colada)

Poco Grande $13\frac{1}{4}$ oz. (波可杯),冰的

$1\frac{1}{4}$ oz. Midori Melon(日本绿香瓜香甜酒)

1 oz. Crème de Banana(香蕉香甜酒)

1 oz. orange juice(橘子汁)

2 oz. 椰乳

2 oz. 凤梨汁

½ oz. half & half cream(可放,也可不放)

10 oz. 碎冰

将酒材倒入果汁机中,打成致密的雪泥状后,倒入波可杯中,放一个凤梨旗作装饰。

6. 百慕大凤梨椰乳(Bermuda Piña Colada)

Poco Grande $13\frac{1}{4}$ oz. (波可杯),冰的

2 oz. Bacardi Select(优等巴卡迪)

2 oz. 椰乳

3 oz. 凤梨汁

10 oz. 碎冰

将酒材倒入果汁机中,打成坚挺的雪泥状后,倒入波可杯中,放一个凤梨旗作装饰。

7. 黑珍珠凤梨椰乳(Black Pearl Piña Colada)

Poco Grande $13\frac{1}{4}$ oz. (波可杯),冰的

¾ oz. Bacardi Light Rum(巴卡迪淡朗姆酒)

½ oz. Bacardi Gold Rum(巴卡迪金色朗姆酒)

½ oz. Tia Maria(牙买加咖啡香甜酒)

2 oz. 椰乳

3 oz. 凤梨汁

10 oz. 碎冰

将酒材倒入果汁机中打成雪泥状后,倒入杯中,加入½ oz. 优等巴卡迪朗姆酒(Bacardi Select Rum)漂浮在上面,放一个凤梨旗作装饰。

8. 肯尼海湾凤梨椰乳(Canne Bay Piña Colada)

Poco Grande 13$\frac{1}{4}$ oz. (波可杯),冰的

1 oz. Cruzan Coconut Rum(圣克罗伊人的椰子朗姆酒)

1 oz. Cruzan Pineapple Rum(圣克罗伊人的凤梨朗姆酒)

½ oz. Rose's lime juice(罗斯青柠檬汁)

2 oz. 椰乳

3 oz. 凤梨汁

10 oz. 碎冰

将酒材倒入果汁机中打成雪泥状后,倒入波可杯中,放一个凤梨旗作装饰。

9. 乔科凤梨椰乳(Choco Piña Colada)

Poco Grande 13$\frac{1}{4}$ oz. (波可杯),冰的

½ oz. Bacardi Spiced Rum(加香料的巴卡迪朗姆酒)

½ oz. Kahlúa(墨西哥咖啡香甜酒)

½ oz. Bacardi Gold Rum(巴卡迪金色朗姆酒)

½ oz. Bacardi Select Rum(优等巴卡迪朗姆酒)

¾ oz. 巧克力糖浆

1$\frac{1}{2}$ oz. 椰乳

2 oz. 凤梨汁

3 oz. (两大球)香草冰淇淋

8 oz. 碎冰

将酒材倒入果汁机内,先以慢速打5秒钟,再改成快速打成雪泥状后,将饮料倒入波可杯中,再注入¼ oz. 陈年8年的巴卡迪朗姆酒(Bacardi 8 Reserva Rum)漂浮在酒面上,放一个凤梨旗作装饰(可用两块凤梨小块夹一粒樱桃以剑叉串在一起)。

10. 巧克力凤梨椰乳(Chocolate Piña Colada)

Poco Grande 13$\frac{1}{4}$ oz. (波可杯),冰的

1$\frac{3}{4}$ oz. Bacardi Gold Rum(巴卡迪金色朗姆酒)

1 oz. 巧克力糖浆

1$\frac{1}{2}$ oz. 椰乳

3 oz. 凤梨汁

3 oz. (两大球)巧克力冰淇淋

8 oz. 碎冰

将酒材倒入搅拌机中,先以慢速打5秒钟,再改成快速打成致密的雪泥状后,倒入杯内,再加入½ oz. 优等巴卡迪朗姆酒(Bacardi Select Rum)漂浮在酒面上,放一个凤梨旗作装饰。

11. 翡翠岛凤梨椰乳(Emerald Isle Piña Colada)

Poco grande 13$\frac{1}{4}$ oz. (波可杯),冰的

1 oz. Bacardi Light Rum(巴卡迪淡朗姆酒)

½ oz. Blue Curaçao(蓝色库拉索酒)

½ oz. Cruzan Coconut Rum(圣克罗伊人的椰子朗姆酒)

2 oz. 椰乳

3 oz. 凤梨汁

½ oz. (一大球)香草冰淇淋

10 oz. 碎冰

将酒材倒入果机汁中打成雪泥状后,倒入波可杯中,再注入½ oz. 巴卡迪金色

朗姆酒(Bacardi Gold Rum)漂浮在雪泥上,放一个凤梨旗作装饰。

12. 法国人的凤梨椰乳(French Piña Colada)

Poco Grande $13\frac{1}{4}$ oz.(波可杯),冰的

¾ oz. Bacardi Light Rum(巴卡迪淡朗姆酒)

1 oz. Cognac(干邑白兰地)

½ oz. Crème de Cassis(黑醋栗/黑茶藨子香甜酒)

1 oz. 椰乳

$1\frac{1}{2}$ oz. 橘子汁

2 oz. 凤梨汁

½ oz. 鲜奶或 half & half cream

10 oz. 碎冰

将酒材倒入果汁机中,打成柔滑的雪泥状后,倒入波可杯中,放一个凤梨旗作装饰。

13. 水果凤梨椰乳卡拉达(Fruit Piña Colada)

Poco Grande $13\frac{1}{4}$ oz.(波可杯),冰的

2 oz. Light Rum(淡朗姆酒)

2 oz. 椰乳

3 oz. 凤梨汁

4 oz. 客人或调酒师喜爱的新鲜水果

10 oz. 碎冰

将酒材倒入果汁机中先以慢速打 5 秒钟,再改成快速打成雪泥状后,倒入波可杯中,并以主题新鲜水果作装饰。

14. 金色巴卡迪凤梨椰乳(Golden Bacardi Piña Colada)

Poco Grande $13\frac{1}{4}$ oz.(波可杯),冰的

1 oz. Bacardi Gold Rum(巴卡迪金色朗姆酒)

¾ oz. Bacardi Light Rum(巴卡迪淡朗姆酒)

$1\frac{1}{2}$ oz. 橘子汁

2 oz. 椰乳

2 oz. 凤梨汁

10 oz. 碎冰

将酒材倒入果汁机中打成雪泥状后,倒入波可杯中,再注入½ oz. 意大利甘草香甜酒(Galliano)漂浮在雪泥上,放一个凤梨旗作装饰。

15. 夏威夷人的狮子凤梨椰乳(Hawaiian Lion Piña Colada)

Poco Grande $13\frac{1}{4}$ oz.(波可杯),冰的

1 oz. Bacardi Light Rum(巴卡迪淡朗姆酒)

¾ oz. Chambord(法国覆盆子香甜酒)

2 oz. 新鲜或冷冻的覆盆子

2 oz. 椰乳

3 oz. 凤梨汁

10 oz. 碎冰

将酒材倒入果汁机中打成雪泥状后,再倒回 Poco 杯中,加入½ oz. 墨西哥咖啡香甜酒漂浮在雪泥上,放一个凤梨旗作装饰。

16. 意大利人的凤梨椰乳(Italian Piña Colada)

Poco Grande $13\frac{1}{4}$ oz.(波可杯),冰的

$1\frac{1}{2}$ oz. Bacardi Light Rum(巴卡迪淡朗姆酒)

½ oz. Bacardi Gold Rum(巴卡迪金色朗姆酒)

½ oz. 鲜奶

2 oz. 椰乳

3 oz. 凤梨汁

10 oz. 碎冰

将酒材倒入果汁机中打成雪泥状后,倒入波可杯中,再加入½ oz. 意大利苦杏仁香甜酒(Amaretto)漂浮在雪泥上,放一个凤梨旗作装饰。

17. 可露亚凤梨椰乳(Kahlúa Piña Colada)(又叫墨西哥咖啡香甜酒椰乳,Kahlúa Colada)

Poco Grande $13\frac{1}{4}$ oz.(波可杯),冰的

1 oz. Bacardi Light Rum(巴卡迪淡朗姆酒)

¾ oz. Kahlúa(墨西哥咖啡香甜酒)

2 oz. 椰乳

3 oz. 凤梨汁

$1\frac{1}{2}$ oz.(一大球)香草冰淇淋

8 oz. 碎冰

将酒材倒入果汁机中先以慢速打5秒钟,再改成快速打成雪泥状后,倒入Poco杯中,再注入½ oz. 墨西哥咖啡香甜酒漂浮在酒面上,放一个凤梨旗作装饰。

18. 金斯顿凤梨椰乳(Kingston Piña Colada)

Poco Grande $13\frac{1}{4}$ oz.(波可杯),冰的

$1\frac{1}{4}$ oz. Bacardi Light Rum(巴卡迪淡朗姆酒)

¾ oz. Cointreau(法国康德露柑橘香甜酒)

$1\frac{1}{2}$ oz. 凤梨汁

$1\frac{1}{2}$ oz. 橘子汁

2 oz. 椰乳

10 oz. 碎冰

将酒材倒入果汁机中打成雪泥状后,倒入Poco杯中,再注入¼ oz. 牙买加咖啡香甜酒(Tia Maria)漂浮在雪泥上,放一个凤梨旗作装饰。

19. 柠檬凤梨椰乳第一方(Lemonada Piña Colada 1)

Poco Grande $13\frac{1}{4}$ oz.(波可杯),冰的

½ oz. Bacardi Light Rum(巴卡迪淡朗姆酒)

½ oz. Bacardi Gold Rum(巴卡迪金色朗姆酒)

$1\frac{1}{4}$ oz. Giori Lemoncillo Lemon(意大利柠檬香甜酒)

2 oz. 椰乳

2 oz. 凤梨汁

2 oz. cranberry juice(蔓越莓/蔓越橘汁)

10 oz. 碎冰

将酒材倒入果汁机中打成雪泥状后,倒入波可杯中,放一个凤梨旗作装饰。

20. 柠檬凤梨椰乳第二方(Lemonada

Piña Colada 2）

Poco grande $13\frac{1}{4}$ oz.（波可杯），冰的

1 oz. Bacardi Light Rum（巴卡迪淡朗姆酒）

¾ oz. Giori Lemoncillo（用意大利在树上长成熟的柠檬制成的香甜酒）

½ oz. Amaretto（意大利苦杏仁香甜酒）

2 oz. 椰乳

3 oz. 凤梨汁

一大球香草冰淇淋

将酒材倒入果汁机内先以慢速打5秒钟，再改成快速打成雪泥状后，倒入Poco杯中，放一个凤梨旗作装饰。

21. 科科莫乔凤梨椰乳（KoKoMo Joe Piña Colada）

Poco Grande $13\frac{1}{4}$ oz.（波可杯），冰的

¾ oz. Bacardi Light Rum（巴卡迪淡朗姆酒）

½ oz. Bacardi Gold Rum（巴卡迪金色朗姆酒）

½ oz. Bacardi Select Rum（优等巴卡迪朗姆酒）

½ oz. Crème de Banana（香蕉香甜酒）

1 oz. 橘子汁

2 oz. 椰汁

3 oz. 凤梨汁

10 oz. 碎冰

将酒材倒入果汁机内打成柔细的雪泥状后，倒入波可杯中，放一个凤梨旗作装饰。

22. 马利布橘子凤梨椰乳（Malibu Orange Piña Colada）

Poco Grande $13\frac{1}{4}$ oz.（波可杯），冰的

$1\frac{1}{4}$ oz. Malibu Rum（马利布朗姆酒）

1 oz. Triple Sec

$1\frac{1}{2}$ oz. 橘子汁

$1\frac{1}{2}$ oz. 椰乳

2 oz. 凤梨汁

10 oz. 碎冰

将酒材倒入果汁机中打成雪泥状后，倒入波可杯中，放一个凤梨旗作装饰。

23. 皇家波尔图凤梨椰乳（Port Royal Piña Colada）

Poco Grande $13\frac{1}{4}$ oz.（波可杯），冰的

$1\frac{1}{2}$ oz. Bacardi Light Rum（巴卡迪淡朗姆酒）

¾ oz. Chambord（法国覆盆子香甜酒）

$1\frac{1}{2}$ oz. 橘子汁

$1\frac{1}{4}$ oz. 凤梨汁

$1\frac{1}{2}$ oz. 草莓汁

2 oz. 椰乳

10 oz. 碎冰

将酒材倒入果汁机中打成雪泥状后，倒入Poco杯中，再加入¼ oz. 牙买加咖啡香甜酒（Tia Maria）漂浮在雪泥上，放一个

凤梨旗作装饰。

24. 香甜酒味的凤梨椰乳(Liqueur-Flavored Piña Colada)

Poco Grande 13$\frac{1}{4}$ oz.(波可杯),冰的

1$\frac{1}{4}$ oz. Bacardi Light Rum(巴卡迪淡朗姆酒)

1 oz. 客人要求或自选的香甜酒

2 oz. 椰乳

3 oz. 凤梨汁

½ oz. 鲜奶

10 oz. 碎冰

将酒材倒入果汁机中打成致密的雪泥状后,倒入 Poco 杯中,放一个凤梨旗作装饰。

25. 蒙卡拉达凤梨椰乳(Monkalada Piña Colada)

Poco Grande 13$\frac{1}{4}$ oz.(波可杯),冰的

¾ oz. Bacardi Select Rum(优等巴卡迪朗姆酒)

¾ oz. Bacardi Gold Rum(巴卡迪金色朗姆酒)

¾ oz. Cruzan Banana Rum(圣克罗伊人的香蕉朗姆酒)

2 oz. 椰乳

2 oz. 凤梨汁

3 oz.(两大球)香草冰淇淋

8 oz. 碎冰

将酒材倒入果汁机中先以慢速打 5 秒钟,再改成快速打成柔顺质坚的雪泥状后,倒入 Poco 杯中,再注入¼ oz. 牙买加咖啡香甜酒(Tia Maria)漂浮在酒面上,放一个凤梨旗作装饰。

26. 西班牙人的凤梨椰乳(Spanish Piña Colada)

Poco Grande 13$\frac{1}{4}$ oz.(波可杯),冰的

1$\frac{1}{4}$ oz. Bacardi Gold Rum(巴卡迪金色朗姆酒)

1 oz. Licor 43(西班牙产的使用 43 种原材料制成的香甜酒)

2 oz. 椰乳

3 oz. 凤梨汁

10 oz. 碎冰

将酒材倒入果汁机中打成坚挺致密的雪泥状后,倒入 Poco 杯中,放一个凤梨旗作装饰。

27. 草莓香蕉凤梨椰乳(Strawberry Banana Piña Colada)

Poco Grande 13$\frac{1}{4}$ oz.(波可杯),冰的

1 oz. Bacardi Light Rum(巴卡迪淡朗姆酒)

¾ oz. Cruzan Banana Rum(圣克罗伊人的香蕉朗姆酒)

¾ oz. Kahlúa(墨西哥咖啡香甜酒)

1$\frac{1}{2}$ oz. 椰乳

2 oz. 草莓泥/浓浆

2 oz. 凤梨汁

10 oz. 碎冰

将酒材倒入果汁机中打成雪泥状后,倒入 Poco 杯中,放一个凤梨旗作装饰。

28. 烘过的杏仁凤梨椰乳(Toasted Almond Piña Colada)

Poco Grande 13$\frac{1}{4}$ oz.（波可杯），冰的

1 oz. Bacardi Gold Rum（巴卡迪金色朗姆酒）

½ oz. Kahlúa（墨西哥咖啡香甜酒）

½ oz. Amaretto（意大利苦杏仁香甜酒）

2 oz. 椰乳

3 oz. 凤梨汁

½ oz. 鲜的浓牛奶

10 oz. 碎冰

将酒材倒入果汁机中打成雪泥状后，倒入 Poco 杯中，再注入¼ oz. 墨西哥咖啡香甜酒（Kahlúa）与¼ oz. 意大利苦杏仁香甜酒（Amaretto）漂浮在雪泥上，放一个凤梨旗作装饰。

29. 草莓杏仁凤梨椰乳（Seramaretto Piña Colada）

Poco Grande 13$\frac{1}{4}$ oz.（波可杯），冰的

1 oz. Bacardi Gold Rum（巴卡迪金色朗姆）

¾ oz. Amaretto（意大利苦杏仁香甜酒）

2 oz. strawberry puree（草莓浓浆）

2 oz. 椰乳

3 oz. 凤梨汁

10 oz. 碎冰

将酒材倒入果汁机中打成雪泥状后，倒入 Poco 杯中，再注入½ oz. 优等巴卡迪朗姆酒（Bacardi Select Rum）漂浮在酒面上，放一个凤梨旗作装饰。

30. 雷米椰乳（Rémy Colada）

Poco Grande 13$\frac{1}{4}$ oz.（波可杯），冰的

1$\frac{1}{4}$ oz. Rémy Martin V. S. Cognac（法国雷米·马丁公司生产的特级人头马干邑白兰地/超级科涅克白兰地）

1 oz. Bacardi Light Rum（巴卡迪淡朗姆酒）

2 oz. 椰乳

3$\frac{1}{2}$ oz. 凤梨汁

10 oz. 碎冰

将酒材倒入果汁机中打成雪泥状后，倒入 Poco 杯中，放一个凤梨旗作装饰。

31. 热带月亮凤梨椰乳（Tropical Moon Piña Colada）

Poco Grande 13$\frac{1}{4}$ oz.（波可杯），冰的

1 oz. Bacardi Light Rum（巴卡迪淡朗姆酒）

½ oz. Amaretto（意大利苦杏仁香甜酒）

½ oz. Blue Curaçao（蓝色库拉索酒）

2 oz. 椰乳

3 oz. 凤梨汁

3 oz. 两大球巧克力冰淇淋

8 oz. 碎冰

将酒材倒入果汁机中先以慢速打 5 秒钟，再改成快速打成浓稠的雪泥状后，倒入 Poco 杯中，加入¼ oz. 优等巴卡迪朗姆酒（Bacardi Select Rum）漂浮在酒面上，放一个凤梨旗作装饰。

32. 瀑惹岛凤梨椰乳（Pusser's Island Piña Colada）

Poco Grande 13$\frac{1}{4}$ oz.（波可杯），冰的

1$\frac{1}{4}$ oz. Pusser's British Navy Rum

(Pusser 牌英国海军朗姆酒)

¾ oz. Sloe Gin(黑刺李香甜酒)

2 oz. 椰乳

3 oz. 凤梨汁

10 oz. 碎冰

将酒材倒入果汁机中打成雪泥状后，倒入 Poco 杯中，再注入¼ oz. Pusser 牌朗姆酒(Pusser's Rum)漂浮在酒面上，放一个凤梨旗作装饰。

33. 热带飞溅凤梨椰乳(Tropical Splashes Piña Colada)

Poco Grande 13$\frac{1}{4}$ oz.(波可杯)，冰的

1$\frac{3}{4}$ oz. Bacardi Light Rum(巴卡迪淡朗姆酒)

2 oz. 椰乳

3 oz. 凤梨汁

1$\frac{1}{2}$ oz.(一大球)香草冰淇淋

8 oz. 碎冰

将酒材倒入果汁机中打成雪泥状后，倒入 Poco 杯中，再注入½ oz. 摩根船长朗姆酒(Captain Morgan)或加香料的巴卡迪朗姆酒(Bacardi Spiced Rum)漂浮在酒面上，放一个凤梨旗作装饰。

34. 拉丁情人(Latin Lover)

Poco Grande 13$\frac{1}{4}$ oz.(波可杯)，冰的

¾ oz. Myers's Dark Rum(迈尔斯深色朗姆酒)

¾ oz. Cruzan Banana Rum(圣克罗伊人的香蕉朗姆酒)

¾ oz. Chambord(法国覆盆子香甜酒)

1 oz. raspberry syrup(覆盆子糖浆)

1$\frac{1}{2}$ oz. 椰乳

3 oz. 凤梨汁

10 oz. 碎冰

将酒材倒入果汁机中打成雪泥状后，倒入波可杯中，放一个凤梨旗作装饰。

18-4 酒吧国际专业术语

1. Joint：指餐厅或酒吧之意。

2. Clip Joint：指一家过度收费或高收费的夜总会或酒吧，即专门压榨客人钞票的店家。

3. Clinky, Clinking：指两个玻璃杯轻碰的动作，碰后必须把酒杯放到唇上。

4. Clusterfest(名词)：俚语，指一种没有组织的、弄糟的情况，常发生在一大群人突然涌进店内时，店内却无法提供满意的餐饮服务。

5. Completely Wrecked(形容词)：指人已醉得一塌糊涂，沉醉不醒。

6. Cougar(名词)：原意美洲豹，俚语是指一位老女人吃定了较她年轻许多的男士们。

7. Deuces(名词)：指一张坐有两位客人的桌子或两位客人的意思。

8. Damages(名词)：指账单金额、成本、客人所花掉及所欠的钱总共是多少。

9. Cut the Rug(动词)：指跳舞。

10. Cut Off(动词)：调酒师中止为客人提供酒的服务，客人无法再喝酒而被断酒了。

11. Digits(名词)：数字，常指电话号码或账单的金额。

12. Curls，12 oz. Curls，16 oz. Curls：俚语，喝啤酒的意思。

13. Dine and Dash(名词)：指吃喝完了之后就走人却没付账(Chew and Screw)的客人。

14. Crocked：俚语，指因酒醉而无行动能力的人。

15. Distillation(名词)：指通过加热的过程来分离或净化某物质，即蒸馏之意。

16. Cover Charge：指每一个人的入场费、入门费，即个人的最低消费金额。

17. Dive(名词)：指一个较低水准的酒吧，通常店内服务比较热忱、友善或充满麻烦。

18. Coyote Ugly：将一位醉态尽现的人弄醒。

19. Dog Breath(名词)：俚语，指人呼吸的气息如同狗一样。

20. Covers(名词)：指用餐的客人数。

问题探讨

如何调制下列各款国际知名鸡尾酒？

(1) China's Taiwan Mudslide
(2) Frozen Strawberry Daiquiri
(3) Frozen Banana Daiquiri
(4) The Blizzard
(5) The Brass Fiddle
(6) Nantou Mudsurf
(7) Nutty Colada
(8) Maui Breeze
(9) Frozen Pineapple Daiquiri
(10) Cranberry Cooler
(11) Chi-Chi
(12) Cool Operator
(13) Pistachio Mint Ice Cream
(14) Frozen Midori Colada
(15) Tennessee Waltz
(16) The All-American Daiquiri
(17) Piña Colada
(18) Acapulco Piña Colada
(19) Black Pearl Piña Colada
(20) Bahama Piña Colada
(21) Fruit Piña Colada
(22) Chocolate Piña Colada
(23) Italian Piña Colada
(24) Spanish Piña Colada
(25) French Piña Colada

第十九章

乳状鸡尾酒酒方

Recipes of Creamy Cocktails

☞学习目的

了解： 1. 对乳状鸡尾酒应有的认识

2. 乳状鸡尾酒酒方(Recipes of Creamy Cocktails)

3. 国际上各种贝利丝爱尔兰奶酒(Baileys Irish Cream)酒方

4. 酒吧国际专业术语

19~1 对乳状鸡尾酒应有的认识

浓艳、柔美且充满乳脂芳香的乳状鸡尾酒原本是古典鸡尾酒中的主流与重要角色,然而近10年来在其他种种新潮饮料不断推陈出新的竞争下,它似乎已不再像过去那样常出现在吧台的聚光灯之下,这种衰退的原因多种多样而且繁杂。但是纵使今天这些乳状鸡尾酒饮料已不能再锋芒四射地抓住消费者的欢心,但仍有许多走过历史与经历了市场考验的著名鸡尾酒仍是值得我们认真学习研究与努力传承的。

乳状鸡尾酒所使用的鲜奶油(cream)常较清淡(light cream)或以牛奶来替代。若用牛奶,则常使用较浓的鲜奶如 Half-and-half 等这类,因牛奶与烈酒调拌在一起后会逐渐分离,所以一定要用迅猛摇荡(shake)的方法,使之彻底地融合在一起,只搅拌(stir)是绝对不够的。

在迅猛摇荡后放回橡胶调酒垫或轨道(rail)时,不锈钢的套筒要放在底端(而非将透明的调拌杯放在底端),然后拿开调拌杯放置在水槽中待洗,使用不锈钢金属套筒(Mental Sleeve)将饮料过滤倒入或连冰决一起直接倒入酒杯中。为何如此?因奶油或鲜牛奶经摇荡后会产生泡沫,有一小部分的乳液会流到玻璃杯外,致使调拌杯变得滑溜溜的(slippery),生手调酒师常容易失手把整个调拌杯给甩出去,不但把酒吧搞得一塌糊涂,有时还会砸到客人。

记住,调酒师一定要养成良好的习惯,调制乳状鸡尾酒时一定要由金属套筒倒入杯中(from metal to glass),而不可以由调酒玻璃杯倒入酒杯中。这看起来虽是件小事,但这许许多多强过他人的差异性“专业技法”,就足以明显地证明您是专业的(professional)而他人却是客串的、业余的(amateur)的调酒师。

19~2 乳状鸡尾酒酒方(Recipes of Creamy Cocktails)

1. 亲吻(The Kiss)

Cocktail $4\frac{1}{2}$ oz. 杯,冰的

$1\frac{1}{2}$ oz. Vodka

¾ oz. Chocolate Liqueur(瑞士金砖巧克力利口酒)

¾ oz. milk(鲜奶)

将酒材倒入已装¼满冰块的调拌杯内,迅猛摇荡后过滤,倒入杯中,在杯口上挂一粒红樱桃或草莓作装饰。

2. 饼干与浓鲜奶(Cookies & Cream)

Poco Grande $13\frac{1}{4}$ oz. (波可杯),冰的

$1\frac{1}{2}$ oz. Brown Crème de Cacao(棕色可可香甜酒)

1 oz. milk(鲜奶)

3 oz. (两大球)香草冰淇淋

用手将3块 Oreo 牌黑色圆饼干掰碎

8 oz. 碎冰

将酒材倒入果汁机中先以慢速打5秒钟，再改成快速打成雪泥状后，倒入杯中，放一块美国Oreo牌黑圆饼干作装饰，并插入两根吸管。

3. 意大利苦杏仁鲜奶（Amaretto Cream）

Rocks 7 oz. 杯，加满冰块

$1\frac{1}{2}$ oz. Amaretto（意大利苦杏仁香甜酒）

2 oz. cream or milk（奶油或鲜奶）

将酒材倒入加满冰块的Rocks杯中，拌匀或充分摇荡后，倒入杯中，放入短搅拌棒两小根。

4. 白兰地泡芙（Brandy Puff）

Highball 10 oz. 杯，加满冰块

$1\frac{1}{2}$ oz. Brandy（白兰地）

$1\frac{1}{2}$ oz. milk（鲜奶）

将酒材倒入装满冰块的高圆球杯中，倒入调拌杯内迅猛摇荡后，倒回原杯，再加上3 oz. 苏打水，在杯上挂一片青柠檬圆片作装饰。

5. 巴巴里海岸（Barbary Coast）

Cocktail $4\frac{1}{2}$ oz. 杯，冰的

¾ oz. Gin（杜松子酒）

¾ oz. J & B Scotch Whisky

¾ oz. Dark Crème de Cacao（深色可可香甜酒）

¾ oz. cream（奶油）

将酒材倒入已装¼满冰块的调拌杯中，迅猛摇荡后过滤，倒入杯中。

6. 香蕉报丧女妖（Banana Banshee）

Highball 10 oz. 杯，加满冰块

¾ oz. Crème de Banana（香蕉香甜酒）

¾ oz White Crème de Cacao（无色可可香甜酒）

$3\frac{1}{2}$ oz. milk（鲜奶）

将酒材倒入加满冰块的高圆球杯中，转倒入调拌杯中，迅猛摇荡后倒回原杯，放一个香蕉旗或香蕉片作装饰。

7. 泡泡糖（Bubble Gum）

Highball 10 oz. 杯，加满冰块

$1\frac{1}{4}$ oz. Southern Comfort（美国南方蜜桃香甜酒）

½ oz. Crème de Banana（香蕉香甜酒）

¼ oz. grenadine（红石榴糖浆）

3 oz. cream or milk（奶油或鲜奶）

调制手法同上，可放一片桃子片或香蕉片或一个绿樱桃来装饰，装饰时要求颜色对比鲜明、抢眼与美观。

8. 贝尔蒙特鸡尾酒（Belmont Cocktail）

Cocktail $4\frac{1}{2}$ oz. 杯，冰的

$1\frac{3}{4}$ oz. Gin（杜松子酒）

¼ oz. grenadine（红石榴糖浆）

1 oz. cream or milk（奶油或鲜奶）

将酒材倒入已装¼满冰块的调拌杯内，迅猛摇荡后倒回杯中，杯口挂上一粒绿樱桃作装饰。

9. 牛仔（Cowboy）

Cocktail $4\frac{1}{2}$ oz. 杯,冰的

$2\frac{1}{2}$ oz. Rye Whisky(黑麦威士忌)

½ oz. cream

调制手法同上,但不放樱桃。

10. F & B(Frangelico & Baileys)

Rocks 7 oz. 杯,加满冰块

$1\frac{1}{4}$ oz. Frangelico(意大利榛果香甜酒)

$1\frac{1}{4}$ oz. Baileys Irish Cream(贝利丝爱尔兰奶酒)

将酒材倒入加满冰块的 Rocks 杯中,拌匀即可,放入两根短搅拌棒。

11. 黑腐修士(Dirty Friar)

Highball 10 oz. 杯,加满冰块

$1\frac{1}{2}$ oz. Frangelico(意大利榛果香甜酒)

½ oz. Vodka(伏特加酒)

3 oz. cream or milk(奶油或鲜奶)

将酒材倒入加满冰块的高圆球杯中,再倒入调拌杯中,迅猛摇荡后倒回原杯,插入长吸管。

12. 凯拉·斯波拉(Cara Spora)

Rocks 7 oz. 杯,加满冰块

1 oz. Tequila(墨西哥龙舌兰/特奎拉酒)

1 oz. Triple Sec(三干酒/柑橘香甜酒)

$1\frac{1}{2}$ oz. cream or milk(奶油或鲜奶)

将酒材倒入加满冰块的 Rocks 杯中,拌匀后放入两根小塑胶棒。

13. 巧克力朗姆酒(Chocolate Rum)

Rocks 7 oz. 杯,加满冰块(美国 Libbey 玻璃公司的产品甚佳)

$1\frac{1}{2}$ oz. Light Rum(淡朗姆酒)

½ oz. White Crème de Cacao(无色可可香甜酒)

2 oz. cream or milk(奶油或鲜奶)

调制手法与前者相同。

14. 肮脏的白种妈(Dirty White Mother)

Rocks 7 oz. 杯,加满冰块

$1\frac{1}{2}$ oz. Brandy(白兰地)

¾ oz. Kahlúa(墨西哥咖啡香甜酒)

$1\frac{1}{2}$ oz. cream or milk(奶油或鲜奶)

调制手法与前者相同。

15. 女童子军饼干(Girl Scout Cookie)

Squall 15 oz. (大风杯)加满冰块

$1\frac{1}{2}$ oz. Kahlúa(墨西哥咖啡香甜酒)

1 oz. Peppermint Schnapps(薄荷无色斯内普烈酒)

$5\frac{1}{2}$ oz. milk(鲜奶)

将酒材倒入加满冰块的大风杯内,倒入调拌杯内,迅猛摇荡后倒回原杯,放一块美国 Oreo 牌黑圆饼干作装饰,插入两根长吸管。

16. 教子(Godchild)

Rocks 7 oz. 杯,加满冰块

$1\frac{1}{2}$ oz Vodka(伏特加酒)

½ oz. Amaretto(意大利苦杏仁香甜酒)

$1\frac{1}{2}$ oz. cream or milk(奶油或鲜奶)

将酒材倒入加满冰块的Rocks杯中，用酒吧匙由下而上地拌匀，放入两根短的塑胶搅拌棒。

17. 八掌溪谋杀(Murder of Eight Palms Creek)

Rocks 7 oz. 杯，加满冰块

1 oz. 中国台湾竹叶青

¾ oz. Kahlúa(墨西哥咖啡香甜酒)

¾ oz. Baileys Irish Cream(贝利丝爱尔兰奶酒)

调制手法与前者相同。

18. 青草蜢(Grasshopper)

Cocktail $4\frac{1}{2}$ oz. 杯，冰的

1 oz. Green Crème de Menthe(绿色薄荷香甜酒)

1 oz. White Crème de Cacao(无色可可香甜酒)

1 oz. cream or milk(奶油或鲜奶)

将酒材倒入已装¼满冰块的调拌杯内，迅猛摇荡后过滤，倒入杯中。

19. 金色梦幻(Golden Dream)

Cocktail $4\frac{1}{2}$ oz. 杯，冰的

$1\frac{1}{4}$ oz. Galliano(意大利甘草香甜酒)

¾ oz. Triple Sec(三干酒/柑橘香甜酒)(酒瓶上加装的酒嘴以美国Magnuson公司产的Posi-Pour为最佳)

½ oz. orange juice(橘子汁)

½ oz. cream or milk(浓鲜奶)

调制手法与前者相同。

20. 胡桃钳(Nutcracker)

Cocktail $4\frac{1}{2}$ oz. 杯，冰的

1 oz. Kahlúa(墨西哥咖啡香甜酒)

1 oz. Baileys Irish Cream(贝利丝爱尔兰奶酒)

1 oz. Frangelico(意大利榛果香甜酒)

调制手法与青草蜢相同。

21. 巴拿马鸡尾酒(Panama Cocktail)

Cocktail $4\frac{1}{2}$ oz. 杯，冰的

1 oz. Light Rum(淡朗姆酒)

1 oz. White Crème de Cacao(无色可可香甜酒)

1 oz. cream(奶油)

调制手法与前者相同。

22. 坚果与浆果(Nuts & Berries)

Cocktail $4\frac{1}{2}$ oz. 杯，冰的

¾ oz. Frangelico(意大利榛果香甜酒)

¾ oz. Chambord(法国覆盆子香甜酒)

$1\frac{1}{2}$ oz. cream or milk(奶油或鲜奶)

将酒材倒入已装¼满冰块的调拌杯内，迅猛摇荡后过滤，倒入杯中。

23. 粉红法裔佳人(Pink Creole)

Cocktail $4\frac{1}{2}$ oz. 杯，冰的

$1\frac{1}{2}$ oz. Light Rum(淡朗姆酒)

$1\frac{1}{2}$ oz. cream or milk(奶油或鲜奶)

一酒吧匙红石榴糖浆

将酒材倒入已装¼满冰块的调拌杯内,迅猛摇荡后过滤,倒入杯中,放一粒红樱桃或绿樱桃作装饰。

24. 粉红佳人(Pink Lady)

Cocktail $4\frac{1}{2}$ oz. 杯,冰的

2 oz. Gin(杜松子酒)

½ oz. cream or milk(奶油或鲜奶)

一酒吧匙红石榴糖浆

调制手法与前者相同。

25. 淡金黄色美发女(Platinum Blonde)

Cocktail $4\frac{1}{2}$ oz. 杯,冰的

1 oz. Light Rum(淡朗姆酒)

1 oz. Cointreau (法国康德露柑橘香甜酒)

¾ oz. cream or milk(奶油或鲜奶)

调制手法与前者相同。

26. 粉色松鼠(Pink Squirrel)

Cocktail $4\frac{1}{2}$ oz. 杯,冰的

1 oz. Crème de Noyaux(杏仁香甜酒)

1 oz. White Crème de Cacao(无色可可香甜酒)

1 oz. cream or milk(奶油或鲜奶)

调制手法与前者相同,杏仁香甜酒(Crème de Noyaux)是一种粉红色带核果与坚果风味的香甜酒。

27. 俄罗斯熊(Russian Bear)

Rocks 7 oz. 杯,加满冰块

$1\frac{1}{2}$ oz. Vodka(伏特加酒)

1 oz. White Crème de Cacao(无色可可香甜酒)

1 oz. cream or milk(奶油或鲜奶)

将酒材倒入加满冰块的 Rocks 杯中拌匀,放入两根短塑胶搅拌棒即可。

28. 女招待的签名簿(Tootle Roll)

Highball 10 oz. 杯,加满冰块

$1\frac{1}{2}$ oz. Kahlúa(墨西哥咖啡香甜酒)

3 oz. orange juice(橘子汁)

½ oz. cream or milk(奶油或鲜奶)

将酒材倒入加满冰块的高圆球杯中,再倒入调拌杯内,迅猛摇荡后倒回原杯,挂一片橘子圆片或橘子旗作装饰。

29. 雪球(Snowball)

Rocks 7 oz. 杯,加满冰块

$1\frac{1}{2}$ oz. Gin(杜松子酒)

½ oz. Anisette(茴香利口酒)

$1\frac{1}{2}$ oz. cream or milk(奶油或鲜奶)

将酒材倒入加满冰块的 Rocks 杯中拌匀,放入两根短的塑胶搅拌棒即可。

30. 史密斯和卡恩斯(Smith & Kearns)

Highball 10 oz. 杯,加满冰块

1 oz. Vodka(伏特加酒)

1 oz. Kahlúa(墨西哥咖啡香甜酒)

2 oz. cream or milk(奶油或鲜奶)

将酒材倒入已装¼满冰块的调拌杯内,迅猛摇荡后倒入高圆球杯中,再加上 2 oz. 苏打水漂浮在上端(由客人搅拌),插

入吸管即可。

31. 骑马的斗牛士(Toreador)

Cocktail $4\frac{1}{2}$ oz. 杯,冰的

$1\frac{1}{2}$ oz. Tequila(龙舌兰/特奎拉酒)

½ oz. Dark Crème de Cacao(深色可可香甜酒)

½ oz. cream or milk(奶油或鲜奶)

将酒材倒入已装¼满冰块的调拌杯中,迅猛摇荡后过滤,倒入鸡尾酒杯中,放上掼奶油(whipped cream)后,再放一粒红樱桃作装饰。

32. 天鹅绒槌子(Velvet Hammer)

Cocktail $4\frac{1}{2}$ oz. 杯,冰的

¾ oz. Triple Sec(三干酒/柑橘香甜酒)

¾ oz. White Crème de Cacao(无色可可香甜酒)

$1\frac{1}{2}$ oz. cream or milk(奶油或鲜奶)

将酒材倒入已装¼满冰块的调拌杯内,与冰块一起摇荡后过滤,倒入鸡尾酒杯内。

33. 白貂(White Mink)

Cocktail $4\frac{1}{2}$ oz. 杯,冰的

$1\frac{1}{2}$ oz. Galliano(意大利甘草香甜酒)

¼ oz. Brandy(白兰地)

¼ oz. White Crème de Cacao(无色可可香甜酒)

1 oz. cream or milk(奶油或鲜奶)

调制手法与前者相同。

34. 白色公牛(White Bull)

Rocks 7 oz. 杯,加满冰块

¾ oz. Tequila(龙舌兰/特奎拉酒)

¾ oz. Kahlúa(墨西哥咖啡香甜酒)

2 oz. cream or milk(奶油或鲜奶)

将酒材直接倒入加满冰块的Rocks杯中拌匀,放入两根短的搅拌棒即可。

35. 性高潮(Orgasm)

Highball 10 oz. 杯,加满冰块

½ oz. Vodka(伏特加酒)

½ oz. Triple Sec(三干酒/柑橘香甜酒)

½ oz. White Crème de Cacao(无色可可香甜酒)

½ oz. Amaretto(意大利苦杏仁香甜酒)

3 oz. cream or milk(奶油或鲜奶)

将酒材倒入加满冰块的高圆球杯中,再倒入调拌杯内,迅猛摇荡后倒回原杯,插入一根大吸管,两侧各放一粒樱桃作装饰。

36. 乳脂软糖镰刀(Fudgesickle)

Rocks 7 oz. 杯,加满冰块

1 oz. Vodka(伏特加酒)

1 oz. Dark Crème de Cacao(深色可可香甜酒)

$1\frac{1}{2}$ oz. cream or milk(奶油或鲜奶)

将酒材倒入加满冰块的Rocks杯内拌匀,放入两根短搅拌棒即可。

37. 墨西哥大宽帽(Sombrero)

Highball 10 oz. 杯,加满冰块

$1\frac{1}{2}$ oz. Kahlúa(墨西哥咖啡香甜酒)

$3\frac{1}{2}$ oz. cream or milk(奶油或鲜奶)

将酒材倒入加满冰块的高圆球杯中，再倒入调拌杯内，迅猛摇荡后倒回原杯，放一粒樱桃在冰块上作装饰，插入吸管。

38. 白俄罗斯人(White Russian)

Highball 10 oz. 杯，加满冰块

$1\frac{1}{4}$ oz. Vodka(伏特加酒)

¾ oz. Kahlúa(墨西哥咖啡香甜酒)

3 oz. cream or milk(奶油或鲜奶)

调制手法与前者相同。

39. 烘焙过的杏仁(Toasted Almond)

Highball 10 oz. 杯，加满冰块

¾ oz. Kahlúa(墨西哥咖啡香甜酒)

¾ oz. Amaretto(意大利苦杏仁香甜酒)

3 oz. cream or milk(奶油或鲜奶)

将酒材倒入加满冰块的高圆球杯内，再倒入调拌杯内，迅猛摇荡后倒回原杯，插入长吸管。

40. 烘烤过的杏仁(Roasted & Toasted Almond)

Collins 12 oz. 杯，加满冰块

¾ oz. Kahlúa(墨西哥咖啡香甜酒)

¾ oz. Amaretto(意大利苦杏仁香甜酒)

¾ oz. Vodka(伏特加酒)

$3\frac{1}{2}$ oz. light cream or milk(淡奶油或鲜奶)

调制手法与前者相同。

41. 亚历山大白兰地(Brandy Alexander)

Cocktail $4\frac{1}{2}$ oz. 杯，冰的

$1\frac{1}{2}$ oz. Brandy(白兰地)

½ oz. Dark Crème de Cacao(深色可可香甜酒)

$1\frac{1}{2}$ oz. light cream or milk(淡奶油或鲜奶)

将酒材倒入已装¼满冰块的调拌杯内，迅猛摇荡后过滤，倒入已冰过的鸡尾酒杯内，在酒面上撒一些肉豆蔻粉作装饰。

42. 乳色镰刀(Creamsickle)

Rocks 7 oz. 杯

$1\frac{1}{2}$ oz. Amarette(意大利苦杏仁香甜酒)

1 oz. orange juice(橘子汁)

1 oz. cream or milk(奶油或鲜奶)

半酒吧匙红石榴糖浆

将酒材倒入加满冰块的 Rocks 杯内，拌匀后放一个橘子旗作装饰。

酒吧工作站里必备的冰箱(Cooler)产制厂商很多，美国 Beverage-Air 公司的卧式工作台冰柜，品质甚佳。

19~3 国际上各种贝利丝爱尔兰奶酒(Baileys Irish Cream)酒方

1. 艾斯朋咖啡(Aspen Coffee)

Coffee Mug $8\frac{1}{2}$ oz.（有把咖啡杯），温的

直接倒入：

½ oz. Kahlúa（墨西哥咖啡香甜酒）

½ oz. Balieys Irish Cream（贝利丝爱尔兰奶酒）

½ oz. Frangelico（意大利榛果香甜酒）

$5\frac{1}{2}$ oz. 热咖啡

$1\frac{1}{2}$ oz. whipped cream（掼奶油/打成泡沫状的鲜奶油）

在起泡鲜奶油上撒一些刨碎的巧克力小碎片作装饰。

2. 贝利丝黄油球（Baileys Butterball）

Shot 2 oz.（吞饮杯），冰的

依序逐项倒入：

¾ oz. Baileys Irish Cream（贝利丝爱尔兰奶酒）

¾ oz. Dekuyper Buttershots Schnapps（美国 Dekuyper 公司生产的黄油威士忌风味的无色斯内普烈酒）

½ oz. Kahlúa（墨西哥咖啡香甜酒）

3. 贝利丝流星（Baileys Comet）

Rocks 7 oz. 杯，加满冰块

直接倒入：

$1\frac{1}{2}$ oz. Vodka（伏特加酒）

¾ oz. Baileys Irish Cream（贝利丝爱尔兰奶酒）

用酒吧匙由下而上地搅拌两三下，插入两根短小搅拌棒即可。

4. 贝利丝快车（Baileys Express）

Coffee Mug $8\frac{1}{2}$ oz.（有把咖啡杯），温的

直接倒入：

$1\frac{1}{2}$ oz. Baileys Irish Cream（贝利丝爱尔兰奶酒）

$1\frac{1}{2}$ oz. hot esprèsso coffee（用蒸汽加压煮出的浓咖啡）

$4\frac{1}{2}$ oz. steamed & frothed milk（蒸煮并起泡沫的牛奶）

喷 1 oz. 打成泡沫状的鲜奶油，撒一些可可粉作装饰。

5. 贝利丝菲兹（Baileys Fizz）

Highball 10 oz. 杯，加满冰块

直接倒入：

$1\frac{1}{2}$ oz. Baileys Irish Cream（贝利丝爱尔兰奶酒）

$3\frac{1}{2}$ oz. club soda（苏打水）或加满为止

6. 贝利丝薄荷吻（Baileys Mint Kiss）

Coffee Mug $8\frac{1}{2}$ oz.（有把咖啡杯），温的

直接倒入：

¾ oz. Bailey Irish Cream（贝利丝爱尔兰奶酒）

¾ oz. Rumple Mịnze Schnapps（薄荷无色斯内普烈酒）

½ oz. Kahlúa（墨西哥咖啡香甜酒）

5 oz. 热咖啡

喷上$1\frac{1}{2}$ oz. 掼奶油(whipped cream)或足够布满整杯咖啡表面,撒上一些可可粉作装饰。

7. 美丽事物(Beautiful Thing)

Rocks 7 oz. 杯,加满冰块

直接倒入:

$1\frac{1}{2}$ oz. Baileys Irish Cream(贝利丝爱尔兰奶酒)

1 oz. Rumple Minze Schnapps(薄荷无色斯内普烈酒)

用酒吧匙由下而上地搅拌两三下,插入两根短的小塑胶搅拌棒即可。

8. 柏林围墙(Berlin Wall)

Rocks 7 oz. 杯,加满冰块

直接倒入:

$1\frac{1}{2}$ oz. Rumple Minze Schnapps(薄荷无色斯内普烈酒)

¾ oz. Baileys Irish Cream(贝利丝爱尔兰奶酒)

9. 血腥脑袋(Bloody Brain)

Shot 2 oz. 杯,冰的

依序逐项倒入:

1 oz. Baileys Irish Cream(贝利丝爱尔兰奶酒)

1 oz. Peach Pucker(桃子无色烈酒)

4 滴红石榴糖浆

10. 滑雪橇人的报丧女妖(Bob-sledder's Banshee)

Poco Grande $13\frac{1}{4}$ oz. (波可杯),冰的

1 oz. Baileys Irish Cream(贝利丝爱尔兰奶酒)

1 oz. Rumple Minze Schnapps(薄荷无色斯内普烈酒)

½ oz. 浓鲜奶

3 oz. (两大球)香草冰淇淋

2 块美国 Oreo 牌巧克力饼干,弄碎

8 oz. 碎冰

将酒材倒入果汁机中,先以慢速打 5 秒钟,再改成快速打成柔顺雪泥状后,倒入波可杯中,再撒上一些美国 Oreo 牌巧克力圆饼干的碎片作装饰。

11. 黄油硬糖滑落(Butterscotch Slide)

Poco Grande $13\frac{1}{4}$ oz. (波可杯),冰的

¾ oz. Baileys Irish Cream(贝利丝爱尔兰奶酒)

¾ oz. Kahlúa(墨西哥咖啡香甜酒)

¾ oz. Buttershots Schnapps(黄油威士忌风味的无色斯内普烈酒)

4 oz. 浓鲜奶

10 oz. 碎冰

将酒材倒入果汁机中打成雪泥状后,倒入波可杯中,放一粒红樱桃作装饰。

12. 巧克力咖啡第一方(Café Chocolate 1)

Coffee Mug $8\frac{1}{2}$ oz. (有把咖啡杯),温的

直接倒入:

½ oz. Baileys Irish Cream(贝利丝爱尔兰奶酒)

½ oz. Kahlúa(墨西哥咖啡香甜酒)

½ oz. Grand Mainier(法国柑橘干邑

香甜酒)

½ oz. Dark Crème de Cacao(深色可可香甜酒)

1 oz. 巧克力糖浆

4 oz. 热咖啡

$1\frac{1}{2}$ oz. 打成泡沫状的鲜奶油/掼奶油(whipped cream)

在奶油表面上撒一些刨碎的巧克力碎片作装饰。

13. 巧克力咖啡第二方(Café Chocolate 2)

Coffee mug $8\frac{1}{2}$ oz.(有把咖啡杯),温的

直接倒入:

½ oz. Baileys Irish Cream(贝利丝爱尔兰奶酒)

½ oz. Kahlúa(墨西哥咖啡香甜酒)

½ oz. Triple Sec(三干酒/柑橘香甜酒)

½ oz. Dark Crème de Cacao(深色可可香甜酒)

1 oz. Hershey's chocolate syrup(赫尔希巧克力糖浆)

4 oz. 热咖啡

$1\frac{1}{2}$ oz. whipped cream(掼奶油)

撒上一些刨碎的巧克力碎片作装饰。

14. 峡谷地震第一方(Canyon Quake 1)

Poco Grande 12 oz.(波可杯),冰的

¾ oz. Baileys Irish Cream(贝利丝爱尔兰奶酒)

¾ oz. Kahlúa(墨西哥咖啡香甜酒)

¾ oz. Brandy(白兰地)

4 oz. 浓鲜奶

10 oz. 碎冰

将酒材倒入果汁机中打成雪泥状后,倒入波可杯中,挂一片青柠圆片作装饰。

15. 峡谷地震第二方(Canyon Quake 2)

Rocks 7 oz. 杯,加满冰块

¾ oz. Baileys Irish Cream(贝利丝爱尔兰奶酒)

¾ oz. Amaretto(意大利苦杏仁香甜酒)

¾ oz. Brandy(白兰地)

1 oz.(half & half cream)或浓鲜奶

将酒材倒入已装¼满冰块的调拌杯内,迅猛摇荡后过滤,倒入 Rocks 杯中,插入两根短搅拌棒。

16. 深沉嗓音(Deep Throat)

Shot 2 oz. 杯,冰的

依序逐项倒入:

¾ oz. Vodka(伏特加酒)

¾ oz. Tia Maria(牙买加咖啡香甜酒)

½ oz. Baileys Irish Cream(贝利丝爱尔兰奶酒)

在酒面上喷撒一点点掼奶油(whipped cream)作装饰。

17. 地狱来的垂死纳粹(Dying Nazi From Hell)

Shot 2 oz. 杯,冰的

依序逐项倒入:

⅓ Jägermeister(德国狩猎大师鹿标香甜酒)(由 56 种根茎、药草、香料制成)

⅓ Bailey Irish Cream(贝利丝爱尔兰奶酒)

⅓ Vodka(伏特加酒)

18. 电暴/雷暴(Electric Storm)

Shot 2 oz. 杯,冰的

依序逐项倒入:

½ oz. Baileys Irish Cream(贝利丝爱尔兰奶酒)

½ oz. Rumple Minze Schnapps(薄荷无色斯内普烈酒)

½ oz. Goldschläger(瑞士产的无色肉桂烈酒,酒中有24K金箔片)

½ oz. Jägermeister Liqueur(德国狩猎大师鹿标香甜酒)

19. 德国巧克力蛋糕(German Chocolate Cake)

Cocktail $4\frac{1}{2}$ oz. 杯,冰的

½ oz. Baileys Irish Cream(贝利丝爱尔兰奶酒)

½ oz. Kahlúa(墨西哥咖啡香甜酒)

½ oz. Frangelico(意大利榛果香甜酒)

$1\frac{1}{2}$ oz. 浓鲜奶

将酒材倒入已加¼满冰块的调拌杯内,摇荡后过滤,倒入杯中即可。

20. 大猩猩的牛奶(Gorilla Milk)

Poco Grande $13\frac{1}{4}$ oz. (波可杯),冰的

½ oz. Baileys Irish Cream(贝利丝爱尔兰奶酒)

½ oz. Kahlúa(墨西哥咖啡香甜酒)

½ oz. Bacardi Light Rum(巴卡迪淡朗姆酒)

½ oz. Crème de Banana(香蕉香甜酒)

3 oz. 浓鲜奶

$1\frac{1}{2}$ oz. (一大球)草莓冰淇淋

8 oz. 碎冰

将酒材倒入果汁机中先以慢速打5秒钟,再改快速打成雪泥状后,倒入Poco杯中,放入香蕉旗或凤梨串香蕉作装饰。

21. 姜饼人(Gingerbread Man)

Cocktail $4\frac{1}{2}$ oz. 杯,冰的

¾ oz. Baileys Irish Cream(贝利丝爱尔兰奶酒)

¾ oz. Goldshläger(瑞士产的一种有24K金箔片的无色肉桂烈酒)

¾ oz. Buttershots Schnapps(黄油威士忌风味的无色斯内普烈酒)

将酒材倒入已装¼满冰块的调拌杯内,迅猛摇荡后过滤,倒入鸡尾酒杯中。

22. 国际畸恋(International Affair)

Coffee Mug $8\frac{1}{2}$ oz. (有把咖啡杯),温的

直接倒入:

½ oz. Baileys Irish Cream(贝利丝爱尔兰奶酒)

½ oz. Grand Marnier(法国柑橘干邑香甜酒)

½ oz. Brandy(白兰地)

$5\frac{1}{2}$ oz. 热咖啡

$1\frac{1}{2}$ oz. whipped cream(掼奶油)

在雪白的泡沫状鲜奶油上撒一些可可粉作装饰。

23. 爱尔兰汽车炸弹(Irish Car Bomb)

Shot 2 oz. 杯,冰的

Beer Tankard 16 oz.（大啤酒杯），冰的

依序逐项倒入:

1 oz. Baileys Irish Cream(贝利丝爱尔兰奶酒)

1 oz. Jameson Irish Whisky(詹姆森爱尔兰威士忌)

先向大啤酒杯内直接倒入 12 oz. 吉尼斯烈性黑啤酒(Guinness Stout)或¾满的啤酒,然后把吞饮杯放入啤酒杯内的吉尼斯烈性黑啤酒中即成。

24. 爱尔兰巧克力之吻(Irish Chocolate Kiss)

Cocktail $4\frac{1}{2}$ oz. 杯,冰的

1 oz. 伏特加酒

¾ oz. 贝利丝爱尔兰奶酒

½ oz. 绿色薄荷香甜酒

½ oz. 无色可可香甜酒

将酒材倒入已加¼满冰块的调拌杯内,摇荡后过滤,挂一片橘子或放一片青柠檬圆片作装饰。

25. 爱尔兰玛丽亚(Irish Maria)

Rocks 7 oz. 杯,加满冰块

直接倒入:

1 oz. Bailey Irish Cream(贝利丝爱尔兰奶酒)

1 oz. Tia Maria(牙买加咖啡香甜酒)

用酒吧匙由下而上地搅拌两三下即可。

26. 左岸(Left Bank)

Rocks 7 oz. 杯,加满冰块

直接倒入:

$1\frac{1}{4}$ oz. Baileys Irish Cream(贝利丝爱尔兰奶酒)

$1\frac{1}{4}$ oz. Chambord(法国覆盆子香甜酒)

用酒吧匙由下而上地搅拌两三下,插入两根短搅拌棒即可。

27. 爱尔兰覆盆子(Irish Raspberry)

Poco Grande $13\frac{1}{4}$ oz.（波可杯）,冰的

¾ oz. 贝利丝爱尔兰奶酒

¾ oz. Jameson Irish Whisky(詹姆森爱尔兰威士忌)

¾ oz. Chambord(法国覆盆子香甜酒)

1 oz. 浓鲜奶

3 oz.（两大球)香草冰淇淋

8 oz. 碎冰

将酒材倒入果汁机中先以慢速打 5 秒钟,再改成快速打成雪泥状后,倒入 Poco 杯中,再加入掼牛奶(whipped cream)及浆果,并淋上½ oz. 墨西哥咖啡香甜酒。

28. 液体黄金(Liquid Gold)

Brandy Snifter 12 oz.（白兰地酒杯），加半满冰块

直接倒入:

$1\frac{1}{2}$ oz. Tequila(龙舌兰/特奎拉酒)

1 oz. Kahlúa(墨西哥咖啡香甜酒)

¾ oz. 贝利丝爱尔兰奶酒

¾ oz. Grand Marnier(法国柑橘干邑香甜酒)

放入刨成屑的巧克力碎片作装饰。

29. 健忘人的牛奶(Milk of Amnesia)

Shot 2 oz. 杯,冰的

依序逐项倒入:

1 oz. Jägermeister(德国狩猎大师鹿标香甜酒)(由56种材料制成)

1 oz. 贝利丝爱尔兰奶酒

30. 百万富翁的咖啡(Millionaire's Coffee)

Coffee Mug $8\frac{1}{2}$ oz. (有把咖啡杯),温的

直接倒入:

½ oz. 贝利丝爱尔兰奶酒

½ oz. Kahlúa(墨西哥咖啡香甜酒)

½ oz. Grand Marnier(法国柑橘干邑香甜酒)

$5\frac{1}{2}$ oz. 热咖啡

1 oz. whipped cream(掼奶油)

淋上½ oz. Frangelico(意大利榛果香甜酒)

31. 发疯的爱尔兰人(Nutty Irishman)

Rocks 7 oz. 杯,加满冰块

直接倒入:

$1\frac{3}{4}$ oz. Baileys Irish Cream(贝利丝爱尔兰奶酒)

¾ oz. Frangelico(意大利榛果香甜酒)

用酒吧匙由下而上地搅拌两三下,插入两根短搅拌棒即可。

32. 发疯的墨西哥人(Nutty Mexican)

Rocks 7 oz. 杯,加满冰块

直接倒入:

¾ oz. Tequila(龙舌兰/特奎拉酒)

¾ oz. 贝利丝爱尔兰奶酒

1 oz. Kahlúa(墨西哥咖啡香甜酒)

1 oz. Frangelico(意大利榛果香甜酒)

用酒吧匙搅拌,放入两根短的搅拌棒即可。

33. 燕麦饼干第一方(Oatmeal Cookie 1)

Cocktail $4\frac{1}{2}$ oz. 杯,冰的

½ oz. 贝利丝爱尔兰奶酒

½ oz. Amaretto(意大利苦杏仁香甜酒)

½ oz. Frangelico(意大利榛果香甜酒)

½ oz. Goldshläger(瑞士产的无色肉桂烈酒,酒中有24K金箔片)

½ oz. 浓鲜奶

将酒材倒入已加¼满冰块的调拌杯内,摇荡后过滤,倒入杯中即可。

34. 燕麦饼干第二方(Oatmeal Cookie 2)

Cocktail $4\frac{1}{2}$ oz. 杯,冰的

½ oz. 贝利丝爱尔兰奶酒

½ oz. Buttershots Schnapps(黄油威士忌风味的无色斯内普烈酒)

½ oz. Goldshläger(瑞士产的无色肉桂烈酒,酒中有24K金箔片)

½ oz. Jägermeister(德国狩猎大师鹿标香甜酒)

½ oz. half & half cream(浓鲜奶)

将酒材倒入已加¼满冰块的调拌杯内,摇荡后过滤,倒入酒杯中即可。

35. 性高潮第一方(Orgasm 1)

Collins 12 oz. 杯,加满冰块

直接倒入:

½ oz. 贝利丝爱尔兰奶酒

½ oz. Amaretto(意大利苦杏香甜酒)

½ oz. Kahlúa(墨西哥咖啡香甜酒)

2 oz. half & half cream

用酒吧匙由下而上地搅拌三下,再加入$2\frac{1}{2}$ oz. 苏打水或加满为止,挂一青柠檬圆片作装饰。

36. 性高潮第二方(Orgasm 2)

Shot 2 oz. 杯,冰的

依序逐项注入:1 oz. Peppermint Schnapps(薄荷无色斯内普无色烈酒)

1 oz. 贝利丝爱尔兰奶酒

37. 波音727(Seven Twenty-Seven)

Rocks 7 oz. 杯,加满冰块

直接倒入:

¾ oz. Vodka(伏特加酒)

½ oz. Kahlúa(墨西哥咖啡香甜酒)

¾ oz. 贝利丝爱尔兰奶酒

½ oz. Grand Marnier(法国柑橘干邑香甜酒)

用酒吧匙由下而上地搅拌两三下,插入两根小塑胶搅拌棒。

38. 性感巧克力(Sexual Chocolate)

Cocktail $4\frac{1}{2}$ oz. 杯,冰的

¾ oz. 贝利丝爱尔兰奶酒

¾ oz. Kahlúa(墨西哥咖啡香甜酒)

½ oz. Dark Crème de Cacao(深色可可香甜酒)

½ oz. Jägermeister(德国狩猎大师鹿标香甜酒)

将酒材倒入已加¼满冰块的调拌杯内,摇荡后过滤,倒入杯中。

39. 柔情的恩典(Tender Mercies)

Coffee Mug $8\frac{1}{2}$ oz. (有把咖啡杯),温的

直接倒入:

½ oz. Tuaca(意大利吐阿卡椰子香甜酒)

½ oz. Baileys Irish Cream(贝利丝爱尔兰奶酒)

½ oz. Tia Maria(牙买加咖啡香甜酒)

$5\frac{1}{2}$ oz. 热咖啡

$1\frac{1}{2}$ oz. whipped cream(掼奶油)

撒上一些可可粉在上面作装饰。

40. 38度纬线(38th Parallel)

Coffee Mug $8\frac{1}{2}$ oz. (有把咖啡杯),温的

直接倒入:

½ oz. 贝利丝爱尔兰奶酒

½ oz. Dark Crème de Cacao(深色可可香甜酒)

½ oz. Brandy(白兰地)

½ oz. Chambord(法国覆盆子香甜酒)

5 oz. 热咖啡

$1\frac{1}{2}$ oz. whipped cream(掼奶油)

撒上一些肉豆蔻粉(Nutmeg)作装饰。

41. 贸易赤字(Trade Deficit)

Coffee Mug $8\frac{1}{2}$ oz. (有把咖啡杯),温的

直接倒入:

½ oz. 贝利丝爱尔兰奶酒

½ oz. Kahlúa（墨西哥咖啡香甜酒）

½ oz. Peppermint Schnapps（薄荷斯内普烈酒）

½ oz. chocolate（巧克力香甜酒）

5 oz. hot coffee（热咖啡）

$1\frac{1}{2}$ oz. whipped cream（掼奶油）

撒上一些可可粉或肉桂粉作装饰。

42. 提拉米苏第一方（Tiramisu 1）

Poco Grande $13\frac{1}{4}$ oz.（波可杯），冰的

¾ oz. Kahlúa（墨西哥咖啡香甜酒）

¾ oz. Amaretto（意大利苦杏仁香甜酒）

¾ oz. Chocolate（巧克力香甜酒）

3 oz.（两大球）香草冰淇淋

1 oz. lime juice（青柠檬汁）

½ oz. 巧克力糖浆

8 oz. 碎冰

将酒材倒入果汁机中先以慢速打5秒钟，再改成快速打成雪泥状后，倒入Poco杯中，加入掼奶油（whipped cream），再撒上刨碎的巧克力屑作装饰。

43. 提拉米苏第二方（Tiramisu 2）

Poco Grande $13\frac{1}{4}$ oz.（波可杯），冰的

¾ oz. 贝利丝爱尔兰奶酒

¾ oz. White Crème de Cacao（无色可可香甜酒）

¾ oz. Myers's Dark Rum（迈尔斯深色朗姆酒）

¼ oz. chocolate syrup（巧克力糖浆）

3 oz.（两大球）香草冰淇淋

8 oz. 碎冰

将酒材倒入果汁机中先以慢速打5秒钟，再改成快速打成雪泥状后，倒入波可杯中，再洒上½ oz. 牙买加咖啡香甜酒（Tia Maria）。

44. 威士忌姜饼（Whisky Gingerbread）

Cocktail $4\frac{1}{2}$ oz. 杯，冰的

¾ oz. 贝利丝爱尔兰奶酒

¾ oz. Buttershots Schnapps（黄油威士忌风味的无色斯内普烈酒）

¾ oz. Cinnamon Canadian Whisky（加拿大肉桂威士忌）

将酒材倒入已加¼满冰块的调拌杯内，摇荡后过滤，倒入杯中即可。

45. 天真烂漫的方法（Winsome Way）

Rocks 7 oz. 杯，加满冰块

¾ oz. Baileys Irish Cream（贝利丝爱尔兰奶酒）

¾ oz. Frangelico（意大利榛果香甜酒）

¾ oz. Cointreau（法国康德露柑橘香甜酒）

用酒吧匙由下而上地搅拌两三下即可。

19~4 酒吧国际专业术语

1. Cutting Shapes（形容词）：俚语，指舞跳得很好，在舞池里看起来很棒。

2. Money Counter：俚语，指在速度店拿客人点菜单的工作人员。

3. Dance（动词）：指跳舞，依着音乐旋律而起舞，或打架、斗殴。

4. Eye Opener（名词）：指一位重度、

深度饮酒者每天的第一杯酒。

5. Dead Soldier：指已喝干的空啤酒瓶。

6. Faced, Shit Faced(形容词)：指已经喝醉了。

7. Doggie Bag(名词)：指装餐厅剩饭菜的纸袋。

8. Fermentation(名词)：指酵母产生化学反应后能把淀粉分解成酒精，即酒发酵之意。

9. Droddle, Drottle(名词)：指被抛弃的杯子里的东西与盛装物。

10. Fin(名词)：指美金纸钞5元。

11. Flea(名词)：指一位很糟、很坏的给小费的人。

12. Dressed for Drinks (D for D)(形容词)：指女士衣着穿得十分火辣、风骚或引人、诱人。

13. Draw(名词)：指已经使用的收银机的抽屉。

14. D. U. I, D. W. I. (名词)：首字母缩略语，即 Driving Under the Influence 和 Driving While Intoxicated，即在酒精影响下开车和在酒醉时开车之意。

15. Fire it(动词)：指开始烹调食物，是厨师与服务人员使用的厨房用语。

16. Fizzage(形容词)：俚语，指碳酸气。

17. Floaties(名词)：指不应该有的外来物或东西漂浮在酒面上。

18. Faded(形容词)：指喝醉后逐渐失去判断力、活力与意识(consciousness)。

19. Enophile 或 Oenophile(名词)：指一位热爱葡萄酒的人同时也是葡萄酒的鉴赏家、鉴定家与行家(connoisseur)。

20. Effervescent(形容词)：有气泡的、充满气泡的之意。

问题探讨

如何调制下列各款国际知名鸡尾酒?

(1) Amaretto Cream
(2) Dirty White Mother
(3) Banana Banshee
(4) Murder Of Eight Palms Creek
(5) Pink Lady
(6) Pink Squirrel
(7) Toreador
(8) Orgasm
(9) White Russian
(10) Brandy Alexander
(11) Aspen Coffee
(12) Baileys Express
(13) Berlin Wall
(14) Café Chocolate 2
(15) Bobsledder's Banshee
(16) Canyon Quake 2
(17) International Affair
(18) Irish Car Bomb
(19) Millionaire's Coffee
(20) Milk Of Amnesia
(21) Irish Raspberry
(22) Nutty Irishman
(23) Orgasm 1
(24) Tender Mercies
(25) Tiramisu 2

第二十章

高圆球杯鸡尾酒酒方

Recipes of Highball Cocktails

☞学习目的

了解： 1. 对高圆球杯鸡尾酒应有的认识

2. 高圆球杯鸡尾酒酒方

3. 高大的高圆球杯鸡尾酒酒方(Tall Highball Recipes)

4. 水果味鸡尾酒酒方(Recipes of Fruity Cocktails)

5. 酒吧国际专业术语

20-1　对高圆球杯鸡尾酒应有的认识

鸡尾酒的世界五彩缤纷，是一个多元、多变、多创意的美妙世界。高圆球(Highball)杯鸡尾酒则是古典鸡尾酒中一种感觉较为清凉与实惠的爽口美酒，通常这种饮料都盛放在10 oz.（约300 c. c.）的高圆球杯中，在经年累月的研发开创下逐渐成为一个自成体系、别有特色的鸡尾酒类别。调制这类酒首先需要将杯子装入冰块，然后倒入烈酒并加入调拌料。使用Highball杯时，酒材与冰块一定要加满到杯缘，不可偷斤少两少放酒材，否则调出来的酒必定清淡无味且弱软无力(weak)。高圆球杯鸡尾酒原本是应由客人亲自动手搅拌的，但现在已有许多先由调酒师把酒稍加搅拌，因此也更加便利客人来品享此款美酒，但最好还是不要搅拌。

高圆球杯鸡尾酒是一款特定的鸡尾酒，也是一种鸡尾酒的类型。许多其他鸡尾酒如 Whisky and Coke、Rum and Coke、Scotch and Soda、Bourbon and Ginger 等都是 Highballs，其调制方法也与 Highballs 完全相同。高圆球杯鸡尾酒调制时常被客人点叫特殊的品牌，如 JD(Jack Daniel's) and Coke, Dewar's and Soda, Bombay and Seven, T & T(Tanqueray and Tonic), Black Lable (Johnnie Walker Black) and Water。当客人点叫特殊高档品牌烈酒或特级品牌(Premium Brand)烈酒时，调酒师应当欣然从命地为其调制，同时也应收取额外的点叫品牌(Call Brand)费用。

高圆球杯饮料是流行饮料中的重要支柱，其典型调制方法是一种烈酒或香甜酒加上混合物如水、奎宁水、苏打水或果汁等。烈酒与调拌物常采用1∶2的比率，而且烈酒通常只放入1到$1\frac{1}{4}$ oz.。若比率是1∶1，则酒精浓度太高；若二者比率是1∶3或1∶4，那饮料就已过度稀释，味道必定淡而弱。高圆球饮料有下列4款非标准变化方法：

1. Double Highball：是指使用9 oz. 的标准高圆球杯调制，但却放入了两倍即2 oz. 的烈酒，这种手法导致酒的酒精浓度为常态饮料的两倍，调酒师不可这样调制。

2. Tall Highball：是指使用10 oz. 或12 oz. 较高一点的高圆球杯来调制，且杯中只放入1 oz. 烈酒或香甜酒，这种手法会使酒变得较淡、较弱。

3. Short Highball：是指使用较短、较矮的杯子来调制，若使用7 oz. 较低较短的圆杯，但同样放入1oz. 的基酒，其结果会使饮料的酒精浓度升高许多，故此手法也应避免。

4. Double Tall Highball：是指使用较高、较长的杯子如10 oz. 或12 oz. 杯来调制，但却放入2 oz. 即两倍的基酒于杯中，其结果是一杯饮料的烈酒含量等于两杯常态的饮料。换言之，其酒精浓度已大幅度提高。面对客人的类似要求时，调酒师应机灵地引领客人点喝常规高圆球杯饮料，以免客人酒醉肇事。

20~2 高圆球杯鸡尾酒酒方

1. 高圆球(The Highball)

Highball 10 oz. 杯,加满冰块

$1\frac{1}{4}$ oz. Rye Whisky(黑麦威士忌)

$3\frac{1}{2}$ oz. ginger ale(姜汁汽水)

将酒材倒入加满冰块的高圆球杯中,插入一根长吸管,挤放入一个青柠檬角作装饰。

2. 金奎宁水(Gin And Tonic 或 Rum And Tonic)

Highball 10 oz. 杯,加满冰块

$1\frac{1}{4}$ oz. Gin(杜松子酒)

$3\frac{1}{2}$ oz. tonic water(奎宁水)

将酒材倒入加满冰块的高圆球杯中,挤放一个青柠檬角(lime wedge)作装饰,插入一根长吸管。所有加入奎宁水的鸡尾酒,全都要挤放入一个青柠檬角,以强化风味。

3. 7 & 7(Seagram's 7 Crown & 7-up)

Highball 10 oz. 杯,加满冰块

$1\frac{1}{4}$ oz. Seagram's 7 Crown Blended Whisky(Seagram 公司生产的 7 皇冠调和威士忌)

$3\frac{1}{2}$ oz. 7-up(七喜汽水),直加到满

将酒材依序倒入加满冰块的高圆球杯中,放一粒红樱桃作装饰,插入一支长吸管。

4. 苏格兰威士忌酒加水(Scotch & Water)(Vodka, Bourbon, Whisky & Water)

Highball 10 oz. 杯,加满冰块

$1\frac{1}{4}$ oz. 苏格兰威士忌(伏特加酒、波旁威士忌、威士忌)

$3\frac{1}{2}$ oz. 饮用水

将酒材依序倒入加满冰块的高圆球杯中,插入一根吸管,放一粒樱桃作装饰。

5. 长老会教友(Presbyterian)

Highball 10 oz. 杯,加满冰块

$1\frac{1}{4}$ oz. Whisky(威士忌)

2 oz. club soda(苏打水)

2 oz. ginger ale(姜汁汽水)

将酒材依序倒入加满冰块的高圆球杯中,挤放一个青柠檬角作装饰,放入两根长吸管。

6. 朗姆加可口可乐(Rum & Coke)

Highball 10 oz. 杯,加满冰块

$1\frac{1}{4}$ oz. Light Rum(淡朗姆酒)

$3\frac{1}{2}$ oz. Coke(可口可乐)

调制手法与前者相同。

7. 苏格兰威士忌酒加苏打水(Scotch & Soda)

Highball 10 oz. 杯,加满冰块

$1\frac{1}{4}$ oz. Scotch(苏格兰威士忌酒)

$3\frac{1}{2}$ oz. club soda(苏打水)

调制手法与前者相同。

8. 自由古巴(Cuba Libre)

Highball 10 oz. 杯,加满冰块

$1\frac{1}{4}$ oz. Light Rum(淡朗姆酒)

$3\frac{1}{2}$ oz. Coke(可口可乐)

将酒材依序倒入加满冰块的高圆球杯中,挤放一个青柠檬角作装饰,插入两根长吸管。

9. 金巴克(Gin Buck)

Highball 10 oz. 杯,加满冰块

$1\frac{1}{4}$ oz. Gin(杜松子酒)

$3\frac{1}{2}$ oz. ginger ale(姜汁汽水)

调制手法与前者相同。

10. 金利琪(Gin Rickey)

Highball 10 oz. 杯,加满冰块

Highball 饮料使用大量冰块,因此酒吧里应该有一台好的制冰机。

$1\frac{1}{4}$ oz. Gin(杜松子酒)

$3\frac{1}{2}$ oz. club soda(苏打水)

调制手法与前者相同。

11. 橘子混合酒(Mandarin Punch)

Highball 10 oz. 杯,加满冰块

1 oz. Myers's Dark Rum(迈尔斯深色朗姆酒)

$\frac{1}{4}$ oz. Mandarine Napoléon(橘子拿破仑)

2 oz. orange juice(橘子汁)

2 oz. pineapple juice(凤梨汁)

调制手法与前者相同,放一个橘子旗作装饰。

12. 苏格兰落日(Scottish Sunset)

Highball 10 oz. 杯,加满冰块

$\frac{1}{2}$ oz. Scotch Whisky(苏格兰威士忌)

$\frac{1}{2}$ oz. Malibu Coconut Rum(马利布椰子朗姆酒)

$\frac{1}{4}$ oz. Grand Marnier(法国柑橘干邑香甜酒)

3 oz. orange juice(橘子汁)

$\frac{1}{2}$ oz. grenadine(红石榴糖浆)

调制手法与前者相同,放一个橘子旗作装饰。

13. 海上微风(Sea Breeze)

Highball 10 oz. 杯,加满冰块

$1\frac{1}{4}$ oz. Vodka(伏特加酒)

2 oz. grapefruit juice(葡萄柚汁)

2 oz. cranberry juice(蔓越莓/蔓越橘汁)

将酒材依序倒入加满冰块的高圆球杯中,挤入一个青柠檬角,挂一片青柠檬圆片作装饰,插入两根长吸管。

14. 波旁加可乐(Bourbon & Coke)

Highball 10 oz. 杯,加满冰块

$1\frac{1}{4}$ oz. Bourbon Whisky(波旁威士忌)

$3\frac{1}{2}$ oz. Coke(可口可乐)

将酒材依序倒入加满冰块的高圆球杯中,挤放一个青柠檬角作装饰,插入吸管。

15. 夏日微风(Summer Breeze)

Highball 10 oz. 杯,加满冰块

$1\frac{1}{4}$ oz. Rum(朗姆酒)

2 oz. grapefruit juice(葡萄柚汁)

2 oz. cranberry juice(蔓越莓/蔓越橘汁)

调制手法及饰物与前者相同。

16. 沙滩欢爱(Sex On The Beach)

Highball 10 oz. 杯,加满冰块

½ oz. Vodka(伏特加酒)

½ oz. Chambord(法国覆盆子香甜酒)

¼ oz. Tia Maria(牙买加咖啡香甜酒)

$3\frac{1}{2}$ oz. pineapple juice(凤梨汁)

将酒材依序倒入装满冰块的高圆球杯中,放一个凤梨旗或凤梨片作装饰。

17. 丝质内裤(Silk Panties)

Highball 10 oz. 杯,加满冰块

1 oz. Peach Schnapps(桃子无色斯内普烈酒)

¼ oz. Stolichnaya Vodka(俄罗斯斯托莉奇娜娅伏特加酒)

$3\frac{1}{2}$ oz. cranberry juice(蔓越莓/蔓越橘汁)

将酒材依序倒入加满冰块的高圆球杯中,放一粒绿樱桃作装饰。此酒又名 Woo! Woo!(求爱! 求爱!)。

18. 龙舌兰日出(Tequila Sunrise)

Highball 10 oz. 杯,加满冰块

$1\frac{1}{4}$ oz. Tequila(龙舌兰/特奎拉酒)

$3\frac{1}{2}$ oz. orange juice(橘子汁)

½ oz. 红石榴糖浆,漂浮在上端

将酒材依序倒入加满冰块的高圆球杯中,放橘子圆片或橘子旗作装饰。

19. 龙舌兰日落(Tequila Sunset)

Highball 10 oz. 杯,加满冰块

1 oz. Tequila(龙舌兰/特奎拉酒)

$3\frac{1}{2}$ oz. orange juice(橘子汁)

¼ oz. 黑莓白兰地(Blackberry Brandy)漂浮在上面

将酒材依序倒入加满冰块的杯中,挂柑橘圆片或橘子旗作装饰。

20. 毛绒绒的肚脐眼(Fuzzy Navel)

Highball 10 oz. 杯,加满冰块

$1\frac{1}{4}$ oz. Peach Schnapps(桃子无色斯内普利口酒极受女士们喜爱)

$3\frac{1}{2}$ oz. orange juice(橘子汁)

调制手法及饰物同上,别名又叫 Peach Fuzz(毛绒绒的桃子)。

21. 灰狗(Grey Hound)

Highball 10 oz. 杯,加满冰块

$1\frac{1}{4}$ oz. Vodka(伏特加酒)

$3\frac{1}{2}$ oz. grapefruit juice(葡萄柚汁)

将酒材倒入加满冰块的杯中,挤放入一个青柠檬角作装饰。此酒又名小狗(Puppy Dog)。

22. 搀意大利利口酒的伏特加橘子汁鸡尾酒(Harvey Wallbanger)

Highball 10 oz. 杯,加满冰块

1 oz. Vodka(伏特加酒)

$3\frac{1}{2}$ oz. orange juice(橘子汁)

¼ oz. 意大利甘草香甜酒(Galliano),漂浮在上面

将酒材依序倒入加满冰块的杯中,放橘子旗或青柠檬圆片与樱桃作装饰。调酒要大胆并且灵活地运用装饰物,绝对不要自我设限。

23. 螺丝起子(Screw Driver)

Highball 10 oz. 杯,加满冰块

$1\frac{1}{4}$ oz. Vodka(伏特加酒)

$3\frac{1}{2}$ oz. orange juice(橘子汁)

将酒材依序倒入加满冰块的杯中,挂一片柑橘圆片或放一个橘子旗作装饰。

24. 橘子花盛开(Orange Blossom)

Highball 10 oz. 杯,加满冰块

$1\frac{1}{4}$ oz. Gin(杜松子酒)

$3\frac{1}{2}$ oz. orange juice(橘子汁)

调制手法及饰物与前者相同,别名又叫左手拐的螺丝起子(Left-Handed Screw-drive)。

25. 黑眼苏珊(Black-Eyed Susan)

Highball 10 oz. 杯,加满冰块

$1\frac{1}{4}$ oz. Bourbon Whisky(波旁威士忌)

$3\frac{1}{2}$ oz. orange juice(橘子汁)

将酒材依序倒入加满冰块的高圆球杯中,挂一片橘子圆片作装饰。

26. 迈尔斯的螺丝钉(Myers's Screw)

Highball 10 oz. 杯,加满冰块

$1\frac{1}{4}$ oz. Myers's Dark Rum(迈尔斯深色朗姆酒)

$3\frac{1}{2}$ oz. orange juice(橘子汁)

调制手法与前者相同。

27. 鳕岬捕鱼人(Cape Codder)

Highball 10 oz. 杯,加满冰块

$1\frac{1}{4}$ oz. Vodka(伏特加酒)

$3\frac{1}{2}$ oz. cranberry juice(蔓越莓/蔓越橘汁)

将酒材依序倒入加满冰块的杯中,挤放一块青柠檬角作装饰,插入吸管。

28. 布希球(Bocci Ball)

Highball 10 oz. 杯,加满冰块

$1\frac{1}{4}$ oz. Amaretto(意大利苦杏仁香甜酒)

3 oz. orange juice(橘子汁)

将酒材依序倒入加满冰块的高圆球杯中,再淋上½ oz. club soda(苏打水),挂一片橘子圆片作装饰,插入吸管。

29. 加州螺丝钉(California Screw)

Highball 10 oz. 杯,加满冰块

$1\frac{1}{4}$ oz. Vodka(伏特加酒)

2 oz. orange juice(橘子汁)

2 oz. grapefruit juice(葡萄柚汁)

将酒材依序倒入加满冰块的高圆球杯中,挤放一个青柠檬角,挂一片柑橘圆片作装饰。

30. 迪瓦那螺丝钉(Tijuana Screw)

Highball 10 oz. 杯,加满冰块

$1\frac{1}{4}$ oz. Tequila(龙舌兰/特奎拉酒)

2 oz. orange juice(橘子汁)

2 oz. grapefruit juice(葡萄柚汁)

调制手法与前者相同。

20-3 高大的高圆球杯鸡尾酒酒方(Tall Highball Recipes)

1. 亚伯索露特橘子柠檬水(Absolut Mandrinade)

Collins 12 oz. 杯,加满冰块

直接倒入:

$1\frac{1}{2}$ oz. Absolut Mandrin Vodka(亚伯索露特橘子柠檬伏特加酒)

½ oz. Chambord(法国覆盆子香甜酒)

4 oz. 柠檬水或加到满

用酒吧匙由下而上地搅拌两三下,挂一片黄柠檬片作装饰。

2. 外星人分泌物(Alien Secretion)

Collins 12 oz. 杯,加满冰块

直接倒入:

1 oz. Midori Melon(日本绿香瓜香甜酒)

½ oz. Malibu Rum(马利布朗姆酒)

$4\frac{1}{2}$ oz. 凤梨汁

用酒吧匙由下而上地搅拌两三下,放一片凤梨片作装饰。

3. 百慕大三角区第一方(Bermuda Triangle 1)

Squall 15 oz.(大风杯),加满冰块

1 oz. Bacardi Gold Rum(巴卡迪金色朗姆酒)

1 oz. Peach Schnapps(桃子无色斯内普烈酒)

½ oz. Bacardi Spiced Rum(巴卡迪香朗姆酒)

5 oz. orange juice(橘子汁)或加到满

将酒材倒入已装¼满冰块的调拌杯内,迅猛摇荡后过滤,倒入大风杯中,放一个橘子旗作装饰。

4. 百慕大三角区(巴卡迪香朗姆酒)第二方(Bermuda Triangle 2)

Collins 12 oz. 杯,加满冰块

直接倒入:

$1\frac{1}{2}$ oz. Bacardi Gold Rum(巴卡迪金色朗姆酒)

$2\frac{1}{4}$ oz. cranberry juice(蔓越莓/蔓越橘汁)

$2\frac{1}{4}$ oz. 橘子汁

用酒吧匙由下而上地稍加拌匀,挂一片橘子作装饰。

5. 黑兰花(Blank Orchid)

Squall 15 oz.(大风杯),加满冰块

1 oz. Bacardi Light Rum(巴卡迪淡朗姆酒)

1 oz. Blue Curaçao(蓝色库拉索酒)

1 oz. grenadine(红石榴糖浆)

$4\frac{1}{2}$ oz. cranberry juice(蔓越莓/蔓越

橘汁）

将酒材倒入已装¼满冰块的调拌杯内，摇荡后过滤，再加入½ oz. 巴卡迪金色朗姆酒（Bacardi Gold Rum）漂浮在酒面上，放一个橘子旗作装饰。

6. 金发挑逗人第一方（Blonde Teaser 1）

Collins 12 oz. 杯，加满冰块

直接倒入：

¾ oz. Vodka（伏特加酒）

¾ oz. Buttershots Schnapps（黄油威士忌风味的无色斯内普烈酒）

$4\frac{1}{2}$ oz. Coca Cola（可口可乐）

用酒吧匙由下而上稍加拌匀，放一粒红樱桃作装饰。

7. 金发挑逗人第二方（Blonde Teaser 2）

Collins 12 oz. 杯，加满冰块

直接倒入：

¾ oz. Vanilla Rum（香草朗姆酒）（如产于夏威夷州的 Waler 牌等品牌）

¾ oz. Buttershots Schnapps（黄油威士忌风味的无色斯内普烈酒）

$4\frac{1}{2}$ oz. Coca Cola（可口可乐）

用酒吧匙由下而上稍加拌匀，放一粒红樱桃作装饰。

8. 蓝色珊瑚礁第一方（Blue Lagoon 1）

Squall 15 oz.（大风杯），加满冰块

直接倒入：

$1\frac{1}{4}$ oz. Cruzan Coconut Rum（圣克罗伊人的椰子朗姆酒）（产于美属维尔京群岛）

¾ oz. Cruzan Pineapple Rum（圣克罗伊人的凤梨朗姆酒）

5 oz. 凤梨汁

用酒吧匙由下而上地搅拌三五下，拌匀后再倒入½ oz. 蓝色库拉索酒（Blue Curaçao）漂浮在酒面上，放一个凤梨旗作装饰。

9. 蓝色珊瑚礁湖第二方（Blue Lagoon 2）

Collins 12 oz. 杯，加满冰块

直接倒入：

1 oz. Malibu Rum（马利布朗姆酒）

5 oz. 凤梨汁

用酒吧匙由下而上地搅拌三五下，拌匀后再倒入½ oz. 蓝色库拉索酒（Blue Curaçao）漂浮在酒面上，挂一个凤梨旗作装饰。

10. 蓝鲸（Blue Whale）

Squall 15 oz.（大风杯），加满冰块

直接倒入：

$1\frac{1}{2}$ oz. Peachtree Schnapps（桃子无色斯内普烈酒）

¾ oz. Blue Curaçao（蓝色库拉索酒）

$5\frac{1}{2}$ oz. 7-up（七喜汽水）

放一个橘子旗或桃子旗作装饰。

11. 孟买蜘蛛（Bombay Spider）

Collins 12 oz. 杯，加满冰块

直接倒入：

$1\frac{1}{4}$ oz. Bombay Sapphire Gin（孟买蓝宝石杜松子酒）

撒3下安戈斯图拉树皮苦精（Angostura Bitters）

$4\frac{3}{4}$ oz. ginger ale(姜汁汽水)

用酒吧匙稍加拌匀,挂一个青柠檬角作装饰。

12. 大炮弹(Cannonball)

Collins 12 oz. 杯,加满冰块

直接倒入:

$1\frac{1}{2}$ oz. Barard Gold Rum(巴卡迪金色朗姆酒)

¾ oz. Rose's lime juice(罗斯青柠檬汁)

$1\frac{1}{4}$ oz. 凤梨汁

$1\frac{1}{4}$ oz. 橘子汁

$1\frac{1}{4}$ oz. 蔓越莓/蔓越橘汁

用酒吧匙由下而上地搅拌两三下,挂一个青柠檬角作装饰。

13. 墨西哥奇瓦瓦(Chihuahua)

Collins 12 oz. 杯,加满冰块

直接倒入:

$1\frac{1}{2}$ oz. Sauza Gold Tequila(索扎金色龙舌兰/特奎拉酒)

$4\frac{1}{2}$ oz. 葡萄柚汁

用酒吧匙拌匀,挂一个青柠檬角作装饰。

14. 美国奇马约鸡尾酒(Chimayo Cocktail)

Squall 15 oz.(大风杯),加满冰块

$1\frac{1}{2}$ oz. Sauza Añejo Tequila(索扎陈年龙舌兰/特奎拉酒)

¾ oz. Crème de Cassis(黑醋栗/黑茶藨子香甜酒)

1 oz.. Rose's lime juice(罗斯青柠檬汁)

$4\frac{1}{2}$ oz. apple cider(苹果西打)

将酒材倒入已装¼满冰块的调拌杯内,摇荡后过滤倒入杯中,放一个青柠檬旗或苹果旗作装饰。

15. 蛤蛎采掘人(Clam Digger)

Collins 12 oz. 杯,杯缘沾盐(可沾,也可不沾),加满冰块

直接倒入:

$1\frac{1}{2}$ oz. Gin(杜松子酒)

倒3下塔瓦斯科(Tabasca)辣椒汁

$4\frac{1}{2}$ oz. 蛤蛎汁或加到满

用酒吧匙拌匀,挂一个青柠檬角作装饰。

16. 科罗拉多斗牛犬(Colorado Bull-dog)

Squall 15 oz.(大风杯),加满冰块

直接倒入:

$1\frac{1}{2}$ oz. Vodka(伏特加酒)

¾ oz. Kahlúa(墨西哥咖啡香甜酒)

3 oz. Coca Cola(可口可乐)

用酒吧匙拌匀后加入$2\frac{1}{2}$ oz. 浓鲜奶或(half & half cream),挂上黄柠檬圆片或青柠檬圆片作装饰。

17. 蔓越莓/蔓越橘挤汁(Cranberry

Squeeze)

Squall 15 oz.（大风杯），加满冰块

直接倒入：

$1\frac{1}{4}$ oz. Stolichnaya Limonnaya Vodka（斯托莉奇娜娅柠檬伏特加酒）

¾ oz. Chambord（法国覆盆子香甜酒）

$2\frac{1}{2}$ oz. Cranberry juice（蔓越莓/蔓越橘汁）

3 oz. 柠檬水

用酒吧匙拌匀后，挂一个黄柠檬角作装饰。

18. 处女之死（Death Of A Virgin）

Squall 15 oz.（大风杯），加满冰块

直接倒入：

¾ oz. Vodka（伏特加酒）

$1\frac{1}{4}$ oz. Dekuyper Peach Pucker（Dekuyper公司生产的桃子无色烈酒）

½ oz. Melon（香瓜香甜酒）

½ oz. Rose's lime juice（罗斯青柠檬汁）

$2\frac{1}{4}$ oz. 橘子汁

$2\frac{1}{4}$ oz. 七喜汽水或雪碧汽水

用酒吧匙拌匀后，放入一个橘子旗作装饰。

19. 沙漠日出（Desert Sunrise）

Squall 15 oz.（大风杯），加满冰块

直接倒入：

$1\frac{1}{4}$ oz. Bacardi Light Rum（巴卡迪淡朗姆酒）

¾ oz. Blue Curaçao（蓝色库拉索酒）

$2\frac{3}{4}$ oz. 橘子汁

$2\frac{3}{4}$ oz. lemonade（柠檬水）

用酒吧匙拌匀后，挂一个青柠檬角作装饰。

20. 梦想大镰刀第一方（Dreamsickle 1）

Squall 15 oz.（大风杯），加满冰块

直接倒入：

$1\frac{1}{2}$ oz. Amaretto（意大利苦杏仁香甜酒）

½ oz. 浓鲜奶

5 oz. 橘子汁

用酒吧匙由下而上地拌匀后，再倒入½ oz. 意大利甘草香甜酒（Galliano）漂浮在酒面上，放一个橘子旗作装饰。

21. 梦想大镰刀第二方（Dreamsickle 2）

Poco Grande $13\frac{1}{4}$ oz.（波可杯），冰的

$1\frac{1}{4}$ oz. Amaretto（意大利苦杏仁香甜酒）

¾ oz. Triple Sec（三干酒/柑橘香甜酒）

2 oz. 橘子汁

3 oz.（两大球）香草冰淇淋

8 oz. 碎冰

将酒材倒入果汁机中先以慢速打5秒钟，再改成快速打成雪泥状后，倒入Poco杯中，放橘子旗或香草薄脆饼（Vanilla Wafer）作装饰。

22. 1957 雷鸟挂亚利桑那州车牌('57 T-Bird With Arizona Plates)

Squall 15 oz.(大风杯),加满冰块

½ oz. Vodka

½ oz. Amaretto(意大利苦杏仁香甜酒)

½ oz. Midori(日本绿香瓜香甜酒)

½ oz. Triple Sec(三干酒/柑橘香甜酒)

½ oz. Dekuyper Peach Pucker(Dekuyper 公司生产的桃子无色烈酒)

½ oz. 红石榴糖浆

2 oz. 橘子汁

2 oz. 蔓越莓/蔓越橘汁

将酒材倒入已装¼满冰块的调拌杯内,迅猛摇荡后过滤,倒入大风杯内,放入一个柠檬角作装饰。

23. 1957 雷鸟挂佛罗里达州车牌('57 T-Bird With Florida Plates)

Collins 12 oz. 杯,加满冰块

直接倒入:

½ oz. Vodka(伏特加酒)

½ oz. Amaretto(意大利苦杏仁香甜酒)

½ oz. Grand Marnier(法国柑橘干邑香甜酒)

$4\frac{1}{2}$ oz. 橘子汁

用酒吧匙由下而上地搅拌两三下,拌匀后挂一片橘子作装饰。

24. 1957 雷鸟挂夏威夷车牌('57 T-Bird With Hawaiian Plates)

Collins 12 oz. 杯,加满冰块

直接倒入:

½ oz. Vodka(伏特加酒)

½ oz. Amaretto(意大利苦杏仁香甜酒)

½ oz. Grand Marnier(法国柑橘干邑香甜酒)

$4\frac{1}{2}$ oz. 凤梨汁

用酒吧匙由下而上地搅拌两三下,拌匀后放一块带皮凤梨作装饰。

25. 法国甜心(French Sweetheart)

Collins 12 oz. 杯,加满冰块

直接倒入:

$1\frac{1}{2}$ oz. Cointreau(法国康德露柑橘香甜酒)

2 oz. 橘子汁

$2\frac{1}{2}$ oz. 苏打水

挂一片柑橘圆片作装饰。

26. 鳄鱼汁(Gator Juice)

Squall 15 oz.(大风杯),加满冰块

直接倒入:

$1\frac{3}{4}$ oz. Southern Comfort(美国南方蜜桃香甜酒)

1 oz. Rose's lime juice(罗斯青柠檬汁)

5 oz. 橘子汁

用酒吧匙拌匀后,再加入½ oz. 蓝色库拉索酒(Blue Curaçao)漂浮在酒面上。

27. 海湾微风(Gulf Breeze)

Collins 12 oz. 杯,加满冰块

直接倒入:

$1\frac{1}{2}$ oz. Dry Gin(辛辣杜松子酒)

2 oz. 葡萄汁

2 oz. 蔓越莓/蔓越橘汁

用酒吧匙由下而上地搅拌两三下,拌匀后放葡萄串作装饰。

28. 意大利日出第一方(Italian Sunrise 1)

Squall 15 oz. (大风杯),加满冰块

直接倒入:

$1\frac{1}{4}$ oz. Amaretto(意大利苦杏仁香甜酒)

1 oz. Bacardi Gold Rum(巴卡迪金色朗姆酒)

$5\frac{1}{2}$ oz. 橘子汁

用酒吧匙拌匀后,放入一个橘子旗作装饰。

29. 意大利日出第二方(Italian Sunrise 2)

Squall 15 oz. (大风杯),加满冰块

直接倒入:

$1\frac{1}{2}$ oz. Amaretto(意大利苦杏仁香甜酒)

$5\frac{1}{2}$ oz. 橘子汁

用酒吧匙拌匀后,再加入½ oz. 黑醋栗/黑茶藨子香甜酒(Crème de Cassis)漂浮在酒面上,放一个橘子旗作装饰。

30. 奇奇踢人者(Kèkè Kicker)

Squall 15 oz. (大风杯),加满冰块

直接倒入:

$1\frac{1}{4}$ oz. Kèkè Beach Cream(美国产的一种青柠檬派饼风味的乳状香甜酒)

½ oz. Kahlúa(墨西哥咖啡香甜酒)

½ oz. Sauza Añejo Tequila(索扎陈年龙舌兰/特奎拉酒)

5 oz. 橘子汁

用酒吧匙拌匀后,放一个橘子旗作装饰。

31. 基拉戈岛礁(Key Largo)

Squall 15 oz. (大风杯),加满冰块

1 oz. Bacardi Light Rum(巴卡迪淡朗姆酒)

½ oz. Cruzan Coconut Rum(圣克罗伊人的椰子朗姆酒)

½ oz. Amaretto(意大利苦杏仁香甜酒)

将酒材倒入已装¼满冰块的调拌杯内,摇荡后过滤,再加入5 oz. 苏打水,并倒入½ oz. Conch Redkblic 深色朗姆酒漂浮在酒面上,若无此酒,则放迈尔斯朗姆酒(Myers's),挤放一个青柠檬角,挂一片青柠檬圆片或放一个橘子旗作装饰。

32. 清凉辅助第一方(Kool Aid 1)

Collins 12 oz. 杯,加满冰块

直接倒入:

½ oz. Absolut Kurant Vodka(瑞典产亚伯索露特醋栗伏特加酒)

½ oz. Midori(日本绿香瓜香甜酒)

½ oz. Amaretto(意大利苦杏仁香甜酒)

$4\frac{1}{2}$ oz. 蔓越莓/蔓越橘汁

用酒吧匙由下而上地搅拌三五下,拌

匀后挂一片青柠檬圆片作装饰。

33. 清凉辅助第二方(Kool Aid 2)

Squall 15 oz. (大风杯),加满冰块

直接倒入:

½ oz. Amaretto(意大利苦杏仁香甜酒)

½ oz. Midori(日本绿香瓜香甜酒)

½ oz. Vodka(伏特加酒)

½ oz. Southern Comfort 美国南方蜜桃香甜酒

½ oz. 红石榴糖浆

½ oz. lime juice(青柠檬汁)

$4\frac{1}{2}$ oz. 蔓越莓/蔓越橘汁

用酒吧匙由下而上地搅拌三五下,拌匀后放入青柠檬旗(lime flag)作装饰。

34. 马利布沙滩(Malibu Beach)

Squall 15 oz. (大风杯),加满冰块

直接倒入:

$1\frac{1}{2}$ oz. Malibu Rum(马利布朗姆酒)

¾ oz. Myers's Dark Rum(迈尔斯深色朗姆酒)

5 oz. 番木瓜汁

用酒吧匙拌匀后,放一个番木瓜旗作装饰。

35. 马利布菲兹(Malibu Fizz)

Squall 15 oz. (大风杯),加满冰块

直接倒入:

1 oz. Malibu Rum(马利布朗姆酒)

¾ oz. Midori(日本绿香瓜香甜酒)

$5\frac{1}{2}$ oz. 姜汁汽水

用酒吧匙拌匀后,再加入½ oz. 贝利丝爱尔兰奶酒(Baileys Irish Cream)漂浮在酒面上,放一个青柠檬旗作装饰。

36. 马利布跑步者(Malibu Runner)

Squall 15 oz. (大风杯),加满冰块

直接倒入:

1 oz. Malibu Rum(马利布朗姆酒)

¾ oz. Amaretto(意大利苦杏仁香甜酒)

$5\frac{1}{2}$ oz. 凤梨汁

用酒吧匙拌匀后,再加入½ oz. 覆盆子(Raspberry)香甜酒漂浮在酒面上,放一个凤梨旗作装饰。

37. 马利布滑动(Malibu Slide)

Squall 15 oz. (大风杯),加满冰块

$1\frac{1}{2}$ oz. Malibu Rum(马利布朗姆酒)

½ oz. Kahlúa(墨西哥咖啡香甜酒)

½ oz. 贝利丝爱尔兰奶酒

3 oz. 凤梨汁

2 oz. 浓鲜奶

将酒材倒入已装¼满冰块的调拌杯内,摇荡后过滤,倒入杯中,放一个凤梨旗作装饰。

38. 马利布日落(Malibu Sunset)

Squall 15 oz. (大风杯),加满冰块

直接倒入:

$1\frac{1}{2}$ oz. Malibu Rum(马利布朗姆酒)

½ oz. Dekuyper Peach Pucker(Dekuyper公司生产的桃子无色烈酒)

5 oz. orange juice(橘子汁)

用酒吧匙拌匀后,再注入并漂浮½ oz. Raspberry(覆盆子香甜酒),放入一个

橘子旗作装饰。

39. 摸鸡头第一方(Mojito 1)

Collins 12 oz. 杯

直接倒入:

¾ oz. 鲜青柠檬汁

½ oz. 糖浆

3~4 枝薄荷叶枝

两个青柠檬角

用捣碎棒捣碎青柠檬,挤出汁液后加满冰块,再倒入 2 oz. 淡朗姆酒并用苏打水加满,挤放一个青柠檬角并放薄荷叶枝作装饰。

40. 摸鸡头第二方(Mojito 2)

Collins 12 oz. 杯

直接倒入:

1 oz. 鲜青柠檬汁

两个青柠檬角(lime wedges)

撒 2~3 下苦精

4 片薄荷枝叶

½ oz. 糖浆

以捣碎棒捣碎所有材料后挤出汁液加满冰块,倒入 2 oz. 淡朗姆酒(Light Rum),再以苏打水(club soda)加到满,挤放入青柠檬角,以薄荷叶枝作装饰。

41. 偏执狂(Paranoia)

Squall 15 oz. (大风杯),加满冰块

直接倒入:

1 oz. Amaretto(意大利苦杏仁香甜酒)

1 oz. Cruzan Coconut Rum(圣克罗伊人的椰子朗姆酒)

$2\frac{1}{2}$ oz. 凤梨汁

$2\frac{1}{2}$ oz. 橘子汁

用酒吧匙拌匀后,再加入½ oz. 巴卡迪金色朗姆酒(Bacardi Gold Rum),放橘子旗或凤梨旗作装饰。

42. 完美合适(Perfect Fit)

直接倒入:

Collins 12 oz. 杯,加满冰块

$1\frac{1}{2}$ oz. Tequila(龙舌兰/特奎拉酒)

2 oz. grapefruit juice(葡萄柚汁)

2 oz. orange juice(橘子汁)

用酒吧匙由下而上地拌匀后,挂一片橘子圆片作装饰。

43. 粉色椰子(Pink Coconut)

Squall 15 oz. (大风杯),加满冰块

直接倒入:

$1\frac{1}{2}$ oz. Cruzan Coconut Rum(圣克罗伊人的椰子朗姆酒)

1 oz. Chambord(法国覆盆子香甜酒)

$2\frac{1}{2}$ oz. 橘子汁

$2\frac{1}{2}$ oz. 凤梨汁

用酒吧匙拌匀后,挤放入青柠檬角及橘子旗作装饰。

44. 粉红鳄鱼(Pink Gator)

Collins 12 oz. 杯,加满冰块

直接倒入:

$1\frac{1}{2}$ oz. Bacardi Select Rum(优等巴卡迪朗姆酒)

2 oz. 橘子汁

2 oz. 凤梨汁

用酒吧匙轻拌匀后，再倒入½ oz. 覆盆子香甜酒（Raspberry），挂一片柑橘圆片作装饰。

45. 粉红鹳（Pink Flamingo）

Squall 15 oz.（大风杯），加满冰块

2 oz. Dekuyper Raspberry Pucker（Dekuyper公司生产的覆盆子无色烈酒）或任何覆盆子香甜酒

2 oz. cranberry juice（蔓越莓/蔓越橘汁）

2 oz. Sweet & sour juice（甜酸酒）

将酒材倒入已装¼满冰块的调拌杯内，摇荡后过滤，倒入杯中，再撒一些苏打水在酒面上，放一个青柠檬旗作装饰。

46. 粉红落日（Pink Sunset）

Squall 15 oz.（大风杯），加满冰块

直接倒入：

$1\frac{1}{4}$ oz. Vodka（伏特加酒）

¾ oz. Mandarin Napoléon（拿破仑橘子香甜酒）

½ oz. 鲜黄柠檬汁

$2\frac{1}{2}$ oz. cranberry juice（蔓越莓/蔓越橘汁）

$2\frac{1}{2}$ oz. grapefruit juice（葡萄柚汁）

用酒吧匙由下而上地搅拌三五下，拌匀后挂奇异果片作装饰。

47. 鲨鱼攻击（Shark Attack）

Collins 12 oz. 杯，加满冰块

直接倒入：

1 oz. Bacardi Light Rum（巴卡迪淡朗姆酒）

$4\frac{1}{2}$ oz. Lemonade（柠檬水）

用酒吧匙拌匀后，再加入½ oz. 蓝色库拉索酒（Blue Curaçao）漂浮在酒面上，挂一片柠檬圆片作装饰。

48. 鲨之咬（Shark Bite）

Collins 12 oz. 杯，加满冰块

直接倒入：

$1\frac{1}{2}$ oz. Bacardi Gold Rum（巴卡迪金色朗姆酒）

4 oz. orange juice（橘子汁调拌杯）

用酒吧匙拌匀后，再注入½ oz. 红石榴糖浆漂浮在酒面上，挂橘子圆片作装饰。

49. 春假（Spring Break）

Collins 12 oz. 杯，加满冰块

直接倒入：

$1\frac{1}{2}$ oz. Malibu Rum（马利布朗姆酒）

2 oz. cranberry juice（蔓越莓/蔓越橘汁）

用酒吧匙拌匀，再加2 oz. 七喜汽水（7-up）到满为止，挂一片青柠檬圆片作装饰。

50. 俄罗斯斯托莉奇娜娅柠檬水（Stolichnaya Lemonade）

Squall 15 oz.（大风杯），加满冰块

直接倒入：

$1\frac{1}{2}$ oz. Stolichnaya Limonnaya Vodka（斯托莉奇娜娅柠檬伏特加酒）

½ oz. Grand Marnier（法国柑橘干邑

香甜酒）

$2\frac{1}{2}$ oz. sweet & sour juice（甜酸汁）

2 oz. 鲜黄柠檬汁

用酒吧匙拌匀，再加入2 oz. 香柠檬汽水（lemon-lime soda）到满为止，挂上一片柠檬圆片作装饰。

51. 痛苦的家伙（Suffering Bastard）

Squall 15 oz.（大风杯），加满冰块

直接倒入：

1 oz. Bacardi Gold Rum（巴卡迪金色朗姆酒）

½ oz. Bacardi Light Rum（巴卡迪淡朗姆酒）

½ oz. Crème de Noyaux（杏仁香甜酒）

½ oz. Cointreau（法国康德露柑橘香甜酒）

1 oz. simple syrup（简易糖浆）

2 oz. Rose's lime juice（罗斯青柠檬汁）

2 oz. pineapple juice（凤梨汁）

将酒材倒入已装¼满冰块的调拌杯内，摇荡后过滤，倒入杯中，放入切成长条状的大黄瓜条作装饰。

52. 特奎拉日出（Tequila Sunrise）

Collins 12 oz. 杯，加满冰块

直接倒入：

$1\frac{1}{2}$ oz. Tequila（龙舌兰/特奎拉酒）

$4\frac{1}{2}$ oz. 橘子汁调拌杯

用酒吧匙拌匀后，再加入¼ oz. 红石榴糖浆漂浮在酒面上，挂一个橘子圆片（orange wheel）作装饰。

53. 特奎拉日落（Tequila Sunset）

Collins 12 oz. 杯，加满冰块

直接倒入：

1 oz. Tequila（龙舌兰/特奎拉酒）

$4\frac{1}{2}$ oz. orange juice（橘子汁）

用酒吧匙拌匀后，再加入½ oz. 黑莓白兰地（Blackberry Brandy）漂浮在酒面上，挂一片橘子圆片（orange wheel）作装饰。

54. 海啸第一方（Tidal Wave 1）

Collins 12 oz. 杯，加满冰块

直接倒入：

$1\frac{1}{2}$ oz. Laird's Applejack Brandy（美国Laird工厂生产的苹果白兰地）

4 oz. 橘子汁

½ oz. 蔓越莓/蔓越橘汁

用酒吧匙拌匀，挂一片橘子圆片/片（orange wheel/slice）作装饰。

55. 海啸第二方（Tidal Wave 2）

Squall 15 oz.（大风杯），加满冰块

½ oz. Bacardi Gold Rum（巴卡迪金色朗姆酒）

½ oz. Bacardi Spiced Rum（加香料的巴卡迪朗姆酒）

½ oz. Crème de Banana（香蕉香甜酒）

3 oz. 橘子汁

$2\frac{1}{2}$ oz. 凤梨汁

将酒材倒入已装¼满冰块的调拌杯内，摇荡后过滤，倒入杯中，再加入½ oz.

意大利甘草香甜酒(Galliano)漂浮在酒面上,放一个橘子旗作装饰。

56. 海啸第三方(Tidal Wave 3)

Cocktail 4 $\frac{1}{2}$ oz. 杯,冰的

½ oz. Vodka(伏特加酒)

½ oz. Bacardi Gold Rum(巴卡迪金色朗姆酒)

½ oz. Captain Morgan 或 Bacardi Spiced Rum(摩根船长朗姆酒或加香料的巴卡迪朗姆酒)

½ oz. cranberry juice(蔓越莓/蔓越橘汁)

½ oz. sweet & sour juice(甜酸汁)

将酒材倒入已装¼满冰块的调拌杯内,摇荡后过滤,倒入鸡尾酒杯即可。

57. 日落裸泳(Swimming Naked At Sunset)

Squall 15 oz.(大风杯),加满冰块

直接倒入:

$1\frac{1}{2}$ oz. Bacardi Gold Rum(巴卡迪金色朗姆酒)

½ oz. Grand Marnier(法国柑橘干邑香甜酒)

½ oz. genadine(红石榴糖浆)

$3\frac{1}{2}$ oz. 葡萄柚汁

$1\frac{1}{2}$ oz. 橘子汁

用酒吧匙由下而上地搅拌三五下,拌匀后放一橘子旗作装饰即可。

58. 吸血鬼(Vampire)

Cocktail $4\frac{1}{2}$ oz. 杯,冰的

$1\frac{1}{4}$ oz. Vodka(伏特加酒)

¾ oz. Chambord(法国覆盆子香甜酒)

1 oz. cranberry juice(蔓越莓/蔓越橘汁)

将酒材倒入已装¼满冰块的调拌杯内,摇荡后过滤,倒入杯中即可。

59. 黄恶魔(Yellow Devil)

Collins 12 oz. 杯,加满冰块

直接倒入:

¾ oz. Galliano(意大利甘草香甜酒)

¾ oz. Bacardi Gold Rum(巴卡迪金色朗姆酒)

$4\frac{1}{2}$ oz. 橘子汁

用酒吧匙拌匀,挂一片橘子圆片(orange wheel)作装饰即可。

60. 辱马不马(Zuma Buma)

Squall 15 oz.(大风杯),加满冰块

直接倒入:

$1\frac{1}{2}$ oz. Absolut Citron Vodka(亚伯索露特枸橼/香橼伏特加酒)

½ oz. Chambord(法国覆盆子香甜酒)

5 oz. orange juice(橘子汁)

½ oz. cranberry juice(蔓越莓/蔓越橘汁)

用酒吧匙拌匀后,放一个橘子旗作装饰即可。

20~4 水果味鸡尾酒酒方(Recipes of Fruity Cocktails)

1. 海上微风(Sea Breeze)

Highball 10 oz. 杯,加满冰块

$1\frac{1}{4}$ oz. Vodka(伏特加酒)

2 oz. grapefruit juice(葡萄柚汁)

2 oz. cranberry juice(蔓越莓/蔓越橘汁)

将酒材依序倒入加满冰块的高圆球杯中,再倒入调拌杯内,迅猛摇荡后倒回原杯,挤放入一个青柠檬角作装饰,插入吸管。

2. 夏威夷人的海上微风(Hawaiian Sea Brezze)

Highball 10 oz. 杯,加满冰块

$1\frac{1}{2}$ oz. Vodka(伏特加酒)

2 oz. cranberry juice(蔓越莓/蔓越橘汁)

2 oz. pineapple juice(凤梨汁)

调制手法与前者相同,饰物可放一个橘子旗、樱桃或凤梨旗等。此酒别名又叫海湾微风(Bay Breeze)。

3. 花格子衬衫(Madras)

Highball 10 oz. 杯,加满冰块

$1\frac{1}{4}$ oz. Vodka(伏特加酒)

2 oz. orange juice(橘子汁)

2 oz. 蔓越莓/蔓越橘汁

将酒材倒入加满冰块的高圆球杯中,再转倒入调拌杯内,迅猛摇荡后倒回原杯,挂一个橘子旗作装饰,插入吸管。

4. 亚拉巴马苛评人(Alabama Slammer)

Squall 15 oz. (大风杯),加满冰块

1 oz. Southern Comfort(美国南方蜜桃香甜酒)

½ oz. Vodka(伏特加酒)

½ oz. Sloe Gin(黑刺李杜松子酒)

½ oz. Triple Sec(三干酒/柑橘香甜酒)

$4\frac{1}{2}$ oz. orange juice(橘子汁调拌杯)

将酒材倒入装满冰块的大风杯,再转倒入调拌杯内,迅猛摇荡后倒回原杯,挤放一块青柠檬角,放一个橘子旗作装饰,再插入两根长吸管。

5. 杏桃酸酒(Apricot Sour)

Highball 10 oz. 杯,加满冰块

$1\frac{1}{4}$ oz. Apricot Brandy(杏桃白兰地)

$2\frac{1}{2}$ oz. lime juice(青柠檬汁)

$1\frac{1}{2}$ oz. sugar syrup(糖浆)

将酒材倒入加满冰块的高圆球杯中,再转倒入调拌杯内,充分摇荡后倒回原杯,放上一个青柠檬旗作装饰。

6. 巴哈马妈妈(Bahama Mama)

Highball 10 oz. 杯,加满冰块

¾ oz. Malibu Rum(马利布椰子朗姆酒)

½ oz. Dark Rum(深色朗姆酒)

2 oz. pineapple juice(凤梨汁)

2 oz. 蔓越莓/蔓越橘汁

调制手法与前者相同，饰物改放入凤梨旗或青柠檬旗。

7. 蓝色夏威夷人（Blue Hawaiian）

Collins 12 oz. 杯，加满冰块

$1\frac{1}{4}$ oz. Light Rum（淡朗姆酒）

¼ oz. Blue Curaçao（蓝色库拉索酒）

4 oz. pineapple juice（凤梨汁）

调制手法及饰物皆与前者相同。

8. 布希球（Bocci Ball）

Highball 10 oz. 杯，加满冰块

$1\frac{1}{4}$ oz. Amaretto（意大利苦杏仁香甜酒）

4 oz. orange juice（橘子汁）

调制手法与前者相同，放一个橘子旗或一片橘子圆片作装饰。

9. 葡萄鲜果汁酒（Grape Crush）

Highball 10 oz. 杯，加满冰块

¾ oz. Chambord（法国覆盆子香甜酒）

½ oz. Vodka（伏特加酒）

2 oz. lime juice（青柠檬汁）

2 oz. sugar syrup（糖浆）

将酒材倒入加满冰块的高圆球杯中，再转倒入调拌杯内，迅猛摇荡后倒回原杯，挤放一个青柠檬角，挂一片青柠檬片作装饰，插入长吸管。

10. 金黄色的桃子（Golden Peach）

Collins 12 oz.（柯林斯杯），加满冰块

$1\frac{1}{4}$ oz. Peach Brandy（桃子白兰地）

½ oz. Gin（杜松子酒）

4 oz. orange juice（橘子汁）

调制手法与前者相同，放桃子片或桃子旗作装饰，若无就放橘子旗。

11. 毛绒绒的肚脐眼（Fuzzy Navel）

Highball 10 oz. 杯，加满冰块

$1\frac{1}{4}$ oz. Peach Schnapps（桃子无色斯内普烈酒）

4 oz. orange juice（橘子汁）

将酒材倒入加满冰块的高圆球杯中，再转倒入调拌杯内，迅猛摇荡后倒回原杯，放桃子片、桃子旗或橘子旗作装饰。桃子是毛绒绒的（Fuzzy），甜橙则是有脐的（Navel）。

12. 弗雷迪·法德帕克（Freddy Fudpucker）

Collins 12 oz.（柯林斯杯），加满冰块

$1\frac{1}{2}$ oz. Tequila（龙舌兰/特奎拉酒）

4 oz. orange juice（橘子汁）

½ oz. 意大利甘草香甜酒（Galliano）漂浮在酒面上

将前二者倒入加满冰块的柯林斯杯内，充分摇荡后倒回原杯，再加上½ oz. 意大利甘草香甜酒（Galliano）漂浮在上面，放一粒红樱桃作装饰，插入吸管即成。此道美酒与美国的掺意大利利口酒的伏特加橘子汁鸡尾酒（Harvey Wallbanger）极为类似。

13. 掺意大利利口酒的伏特加橘子汁鸡尾酒（Harvey Wallbanger）

Collins 12 oz.（柯林斯杯），加满冰块

$1\frac{1}{2}$ oz. Vodka（伏特加酒）

4 oz. orange juice（橘子汁）

½ oz. Galliano（意大利甘草香甜酒），漂浮在饮料上

调制及装饰手法与前者相同。Galliano 酒瓶造型特别狭长，所以常贴着墙面放置（Against the Wall）。

14. 又跳又蹦地成为裸体（Hop, Skip And Go Naked）

Squall 15 oz.（大风杯），加满冰块

1 oz. Vodka（伏特加酒）

1 oz. Rum（朗姆酒）

½ oz. Triple Sec（三干酒/柑橘香甜酒）

$2\frac{1}{2}$ oz. orange juice（橘子汁）

$2\frac{1}{2}$ oz. pineapple juice（凤梨汁）

将酒材倒入加满冰块的大风杯内，再转倒入调拌杯内，迅猛摇荡后倒回原杯，放上一个橘子旗或凤梨旗作装饰，插入两根长吸管。

15. 好莱坞（Hollywood）

Highball 10 oz. 杯，加满冰块

½ oz. Vodka（伏特加酒）

¾ oz. Chambord（法国覆盆子香甜酒）

4 oz. pineapple juice（凤梨汁）

调制手法与前者相同，放凤梨旗作装饰，插入吸管。

16. 夏威夷混合酒（Hawaiian Punch）

Collins 12 oz.（柯林斯杯），加满冰块

$1\frac{1}{2}$ oz. Vodka（伏特加酒）

¼ oz. Sloe Gin（黑刺李杜松子酒）

¼ oz. Southern Comfort（美国南方蜜桃香甜酒）

2 oz. pineapple juice（凤梨汁）

2 oz. orange juice（橘子汁调拌杯）

调制手法与前者相同，放入凤梨旗或橘子旗作装饰。

17. 公园大道（Park Avenue）

Cocktail $6\frac{1}{2}$ oz.（大鸡尾酒杯），冰的

2 oz. Gin（杜松子酒）

1 oz. Sweet Vermouth（甜苦艾酒/味美思酒）

1 oz. pineapple juice（凤梨汁）

将酒材倒入已装¼满冰块的调拌杯内，迅猛摇荡后过滤，倒入大鸡尾酒杯中，放一粒红樱桃作装饰。

18. 杀手冷却（Killer Kool-Aid）

Squall 15 oz.（大风杯），加满冰块

¾ oz. Vodka（伏特加酒）

1 oz. Midori（日本绿香瓜香甜酒）

¾ oz. Amaretto（意大利苦杏仁香甜酒）

5 oz. 蔓越莓/蔓越橘汁

将酒材倒入加满冰块的大风杯中，转倒入调拌杯内，迅猛摇荡后倒回原杯，挤放一个青柠檬角，挂一个圆的青柠檬旗作装饰，插入两根吸管。

19. 橘子鲜果汁酒（Orange Crush）

Squall 15 oz.（大风杯），加满冰块

1 oz. Absolut Citron Vodka（亚伯索露特枸橼/香橼伏特加酒）

¾ oz. Galliano（意大利甘草香甜酒）

¾ oz. Triple Sec（三干酒/柑橘香甜酒）

$2\frac{1}{2}$ oz. orange juice(橘子汁)

调制手法与前者相同,倒回原杯后再倒入3 oz. 七喜汽水或雪碧加满,放上一个橘子旗作装饰,插入吸管即成。

20. 迈太(Mai Tai)

Squall 15 oz.(大风杯),加满冰块

¾ oz. Dark Rum(深色朗姆酒)

¾ oz. Light Rum(淡朗姆酒)

½ oz. Triple Sec(三干酒/柑橘香甜酒)

½ oz. Apricot Brandy(杏桃白兰地)

1 oz. lime juice(青柠檬汁)

2 oz. pineapple juice(凤梨汁)

2 oz. orange juice(橘子汁)

将酒材倒入加满冰块的大风杯内,转倒入调拌杯内,迅猛摇荡后倒回原杯,再加入¼ oz. 红石榴糖浆(grenadine),放上凤梨旗或橘子旗作装饰,插入两根长吸管。

21. 珍珠港(Pearl Harbor)

Squall 15 oz.(大风杯),加满冰块

$1\frac{1}{2}$ oz. Vodka(伏特加酒)

1 oz. Midori(日本绿香瓜香甜酒)

$4\frac{1}{2}$ oz. pineapple juice(凤梨汁)

调制手法与前者相同,饰物可放香瓜片、凤梨旗或香瓜旗等。Midori是日本特产的绿香瓜香甜酒,凤梨是夏威夷的特产水果。

22. 圣胡安淡酒(San Juan Cooler)

Collins 12 oz.(柯林斯杯),加满冰块

$1\frac{1}{2}$ oz. Bacardi Light Rum(巴卡迪淡朗姆酒)

½ oz. Dry Vermouth(辛辣味美思/苦艾酒)

4 oz. pineapple juice(凤梨汁)

调制手法与前者相同,放凤梨旗作装饰。巴卡迪朗姆酒产于美属波多黎各(Puerto Rico),因其首府是圣胡安(San Juan),所以此酒主材一定要有朗姆酒。

23. 凤梨炸弹(Pineapple Bomb)

Highball 10 oz. 杯,加满冰块

¾ oz. Southern Comfort(美国南方蜜桃香甜酒)

½ oz. Amaretto(意大利苦杏仁香甜酒)

4 oz. pineapple juice(凤梨汁)

将酒材倒入加满冰块的高圆球杯中,再转倒入调拌杯内,迅猛摇荡后倒回原杯,放上凤梨旗作装饰,插入吸管。

24. 农夫混合酒(Planter's Punch)

Hurricane 22 oz.(飓风杯),加满冰块

$1\frac{1}{2}$ oz. Dark Rum(深色朗姆酒)

1 oz. Light Rum(淡朗姆酒)

2 dashes(倒两下)苦精

2 oz. orange juice(橘子汁)

2 oz. pineapple juice(凤梨汁)

2 oz. lime juice(青柠檬汁)

1 oz. sugar syrup(糖浆)

将酒材倒入装满冰块的飓风杯内,再转倒入调拌杯内,迅猛摇荡或使用搅拌机(Mixer)拌匀后倒回原杯内,再加苏打水约3 oz. 或到满,放上橘子旗作装饰,插入两

根长吸管。

25. 沙滩欢爱(Sex On The Beach)

Collins 12 oz. 杯,加满冰块

1 oz. Vodka

¾ oz. Peach Schnapps(桃子无色斯内普烈酒)

2 oz. cranberry juice(蔓越莓/蔓越橘汁)

2 oz. orange juice(橘子汁)

将酒材倒入加满冰块的柯林斯杯内,再转倒入调拌杯内,迅猛摇荡后倒回原杯,放一个橘子旗作装饰,插入吸管即成。

26. 特奎拉模仿鸟(Tequila Mockingbird)

Collins 12 oz. 杯,加满冰块

$1\frac{1}{2}$ oz. Tequila(龙舌兰/特奎拉酒)

½ oz. Triple Sec (三干酒/柑橘香甜酒)

2 oz. orange juice(橘子汁)

2 oz. cranberry juice(蔓越莓/蔓越橘汁)

调制手法及饰物与前者相同。

待洗杯子多时应使用电动洗杯机来刷洗杯子。

27. 奥哈拉的红袍(Scarlet O'Hara)

Highball 10 oz. 杯,加满冰块

$1\frac{1}{4}$ oz. Southern Comfort(美国南方蜜桃香甜酒)

4 oz. cranberry juice(蔓越莓/蔓越橘汁)

调制手法与前者相同,挤放一个青柠檬角,香味更加清香诱人。奥哈拉的红袍(Scarlet O'Hara)来自美国南方,南方蜜桃香甜酒(Southern Comfort)也是来自美国南方,蔓越莓汁的颜色是猩红色的,与scarlet(猩红的)是极类似的,这样联想并结合起来,有助于记忆与操作。

28. 靠墙的黑刺李舒适螺丝钉(Sloe Comfortable Screw Against The Wall)

Squall 15 oz. (大风杯),加满冰块

1 oz. Sloe Gin(黑刺李杜松子酒)

1 oz. Southern Comfort(美国南方蜜桃香甜酒)

5 oz. orange juice(橘子汁)

½ oz. Galliano(意大利甘草香甜酒),漂浮在上面

将前三者倒入加满冰块的大风杯,转倒入调拌杯内,迅猛摇荡后倒回原杯,再加入½ oz. 意大利甘草香甜酒(Galliano)漂浮在饮料上,插入两根吸管。Sloe 指的是 Sloe Gin, Comfortable 可令人联想到 Southern Comfort, Screw(可令人联想到 Screwdriver)(螺丝起子/螺丝钉)即 orange juice。靠墙(Against The Wall)指的就是高高长长的 Galliano(意大利甘草香甜酒),只要有联想力与组织能力,就很容易记住许多鸡尾美酒。

29. 环球(Universal)

Squall 15 oz. (大风杯),加满冰块

1 oz. Vodka(伏特加酒)

$1\frac{1}{2}$ oz. Midori(日本绿香瓜香甜酒)

5 oz. orange juice(橘子汁)

将酒材倒入加满冰块的大风杯中,再转倒入调拌杯内,迅猛摇荡后倒回原杯,

放一个橘子旗作装饰，插入吸管。

30. 西瓜(Watermelon)

Highball 10 oz. 杯，加满冰块

¾ oz. Midori(日本绿香瓜香甜酒)

½ oz. Vodka

4 oz. cranberry juice(蔓越莓/蔓越橘汁)

调制手法与前者相同，挤放一个青柠檬角作装饰，插入吸管。

31. 僵尸(Zombie)

Squall 15 oz. (大风杯)，加满冰块

1 oz. Dark Rum(深色朗姆酒)

½ oz. Amaretto(意大利苦杏仁香甜酒)

½ oz. Triple Sec(三干酒/柑橘香甜酒)

2 oz. orange juice(橘子汁)

2 oz. pineapple juice(凤梨汁)

1 oz. lime juice(青柠檬汁)

1 oz. sugar syrup(糖浆)

½ oz. Bacardi 151 Rum(巴卡迪 151 朗姆酒)，漂浮在酒面上

除了 Bacardi 151 外，将所有酒材倒入已加满冰块的大风杯内，再转倒入调拌杯内，迅猛摇荡或用 Mixer(搅拌机)拌匀后倒回原杯，再加上½ oz. 巴卡迪 151 朗姆酒(Bacardi 151 Rum)，放一个橘子旗作装饰，插入两根长吸管。

32. 77 落日余辉(77 Sunset Strip)

Squall 15 oz. 杯，加满冰块

½ oz. Rum(朗姆酒)

½ oz. Gin(杜松子酒)

½ oz. Vodka(伏特加酒)

½ oz. Triple Sec(三干酒/柑橘香甜酒)

3 oz. pineapple juice(凤梨汁)

2 oz. lime juice(青柠檬汁)

将酒材倒入加满冰块的大风杯内，再转倒入调拌杯内，迅猛摇荡后倒回原杯，加满苏打水(club soda)及¼ oz. 红石榴糖浆，并放上凤梨旗或青柠檬旗作装饰，插入吸管，端送给客人后由客人自行搅拌。

33. 美国林奇堡柠檬水(Lynchburg Lemonade)

Squall 15 oz. (大风杯)，加满冰块

$1\frac{1}{2}$ oz. Jack Daniel's Tennesse Whisky (杰克·丹尼尔的田纳西威士忌)

1 oz. Triple Sec(三干酒/柑橘香甜酒)

$2\frac{1}{2}$ oz. lime juice(青柠檬汁)

1 oz. sugar syrup(糖浆)

调制手法与前者相同，迅猛摇荡后倒回原杯内，再加 2 oz. 苏打水(club soda)到满为止，放一个青柠檬旗作装饰。

34. 热带葡萄淡酒(Tropical Wine Cooler)

Squall 15 oz. (大风杯)，加满冰块

1 oz. Dry Red or White Wine(辛辣葡萄酒，红白皆可)

½ oz. Amaretto(意大利苦杏仁香甜酒)

½ oz. Cherry Brandy(樱桃白兰地)

½ oz. Passion Liqueur (百香果香甜酒)

$2\frac{1}{2}$ oz. lime juice(青柠檬汁)

1 oz. sugar syrup(糖浆)

调制手法及饰物与前者相同,倒回原杯后再加满苏打水。百香果香甜酒的著名品牌有法国出产的爱丽丝(Alizé)及荒唐查理(Charlie Follie)。

35. 蔓越莓淡酒(Cranberry Cooler)

Squall 15 oz. (大风杯),加满冰块

2 oz. Amaretto(意大利苦杏仁香甜酒)

3 oz. cranberry juice(蔓越莓/蔓越橘汁)

1 oz. orange juice(橘子汁)

1 oz. lime juice(青柠檬汁)

将酒材倒入加满冰块的大风杯内,再转倒入调拌杯内,迅猛摇荡后倒回原杯,加满苏打水(club soda),放一个橘子旗作装饰。

36. 柑橘朗姆淡酒(Citrus Rum Cooler)

Squall 15 oz. (大风杯),加满冰块

$1\frac{1}{2}$ oz. Rum(朗姆酒)

½ oz. Triple Sec(三干酒/柑橘香甜酒)

2 oz. orange juice(橘子汁)

2 oz. lime juice(青柠檬汁)

调制手法与前者相同,饰物可放一个橘子旗或青柠檬旗,并再挤放一角青柠檬角。

37. 夏威夷混合酒(Hawaiian Punch)

Squall 15 oz. (大风杯),加满冰块

1 oz. Southern Comfort(美国南方蜜桃香甜酒)

1 oz. Amaretto(意大利苦杏仁香甜酒)

½ oz. Vodka(伏特加酒)

3 oz. pineapple juice(凤梨汁)

$1\frac{1}{2}$ oz. lime juice(橘子汁)

½ oz. grenadine(红石榴糖浆)

将酒材倒入加满冰块的大风杯内,再转倒入调拌杯内,迅猛摇荡后倒回原杯,放凤梨旗或凤梨串绿樱桃作装饰。

38. 中暑(Sunstroke)

Squall 15 oz. (大风杯),加满冰块

$1\frac{1}{2}$ oz. Vodka(伏特加酒)

1 oz. Triple Sec(三干酒/柑橘香甜酒)

$4\frac{1}{2}$ oz. grapefruit juice(葡萄柚汁)

½ oz. lime juice(青柠檬汁)

调制手法与前者相同,挤放一个青柠檬角,挂一片葡萄柚圆片或葡萄柚旗作装饰。

使用电动洗杯机(Electric Glass Washer)时仍要加入清洁剂(Detergent)。

39. 西印度群岛的黄莺(West Indies Yellowbird)

Squall 15 oz. (大风杯),加满冰块

1 oz. Banana Liqueur(香蕉香甜酒)

1 oz. Galliano(意大利甘草香甜酒)

½ oz. Rum(朗姆酒)

$2\frac{1}{2}$ oz. pineapple juice(凤梨汁)

$2\frac{1}{2}$ oz. orange juice(橘子汁)

调制手法与前者相同,放凤梨旗或橘子旗作装饰。

40. 朗姆酒走私客(Rum Runner)

Squall 15 oz. (大风杯),加满冰块

$1\frac{1}{2}$ oz. Myers's Dark Rum(迈尔斯深色朗姆酒)

½ oz. Banana Liqueur(香蕉香甜酒)

½ oz. Blackberry Brandy(黑莓白兰地)

3 oz. lime juice(橘子汁)

$1\frac{1}{2}$ sugar syrup(糖浆)

¼ oz. grenadine(红石榴糖浆)

将酒材倒入加满冰块的大风杯中,再转倒入调拌杯内,迅猛摇荡后倒回原杯,挤放一个青柠檬角与青柠檬旗作装饰,插入两根长吸管。

20~5 酒吧国际专业术语

1. Designated Drive(名词):指负责开车的人,这种人始终保持清醒而让其他人可纵情畅饮。

2. Eight Six, 86(形容词):指食品或饮料全卖完了且完全没有任何剩余。

3. Dough(名词):原指生面团,但俚语指的却是钱(Money)。

4. Down Low(形容词):俚语,秘密的、隐藏的、缄默的。

5. Four Top:俚语,指一张可坐4位客人的桌子或有4位客人之意。

6. Gassed(形容词):指肚中酒已装满到烂醉如泥的地步了。

7. Free Pour(动词):指调制酒时不用量测工具而只使用眼睛与记忆心算。

8. Giggle Juice, Giggle Water:指烈酒和酒精饮料。

9. Greenbacks(名词):指美国的绿色纸钞。

10. Happy Hour:指酒吧安排的一个时段提供特别的餐饮或买一送一的服务。

11. Fresh, Fresh One:俚语,指来一杯新饮料或再来一杯饮料。

12. FUBAR:首字母缩略语(Fouled Up Beyond All Recognition or Repair),指弄砸或弄糟到无法修补与补救的程度。

13. Hen Party(名词):指只限女性才能参加的舞会或聚会。

14. Gin Mill(名词):指一家专为劳工阶层或蓝领阶层人士服务的酒吧。

15. Hat Stand(名词):指一位老站着且不怎么移动、走动的客人,犹如墙上花似的不动人。

16. Front of the House(名词):指客人在餐厅里能看到的一切,如酒吧区、用餐区、带位区等。

17. Honky Tonk:可作名词与形容词用,指低档场所、廉价酒吧或有赌客出入的低级酒吧。

18. Ground Control(名词):指一位始终保持清醒并注意、关心与照顾其他狂饮者的人。

19. Free Zone(名词):俚语,指一位女郎喝别人为她买的免费酒,时间可能长达数年,那就是免费的时区了。

20. Hoopla:名词,指兴奋、喧闹的庆

祝或愉快的人潮骚动。

问题探讨

如何调制下列各款国际知名鸡尾酒?

(1) The Highball
(2) 7 & 7
(3) Presbyterian
(4) Sea Breeze
(5) Sex On The Beach
(6) Tequila Sunrise
(7) Harvey Wallbanger
(8) Orange Blossom
(9) Cape Codder
(10) Grey Hound
(11) Bermuda Triangle 1
(12) Blue Lagoon 1
(13) Blue Whale
(14) Colorado Bulldog
(15) '57 T-Bird with Arizona Plates
(16) Gator Juice
(17) Key Largo
(18) Malibu Beach
(19) Pink Gator
(20) Swimming Naked at Sunset
(21) Shark Bite
(22) Malibu Runner
(23) Paronoia
(24) Chimayo Cocktail
(25) Cranberry Squeeze

第二十一章

奇异热带鸡尾酒酒方

Recipes of Exotic Tropical Cocktails

学习目的

了解：1. 奇异热带鸡尾酒酒方(Recipes of Exotic Tropical Cocktails)
2. 高大的热带鸡尾酒酒方(Recipes of Tall Tropical Cocktails)
3. 酒吧国际专业术语

做化学实验时，常会产生意想不到的令人开心的结果，有时却也会产生致命的毒气或意外爆炸，但调酒时无论怎样调拌，永远不用担心会产生致命性的不幸后果。因此，只要调酒师敞开心扉并备妥各种专业的材料，就应让思维自由自在地尽情奔放，让双手无拘无束地随意调制，往往你就会创造出意想不到的顶级美饮（Fantastic Drinks）。中国人常说："实践出真知。"由这句话加以推理与延伸，说明调酒是一种属于实践和验证的应用美学，鸡尾酒常是一种属于"心灵解放"后的即席艺术作品，只要能尽情、尽性地勇于创作，往往就会在广大的鸡尾酒国度里，撞见无与伦比的喜悦小奇迹（A Little Miracle）。下面40道鸡尾酒，即是笔者5年来所研创的奇异热带鸡尾美酒，现呈献给您，期盼您能动手调制后与亲朋好友们开心分享！

21~1 奇异热带鸡尾酒酒方(Recipes of Exotic Tropical Cocktails)

1. 扬帆高歌的水手（Singing Windjammer）

Squall 15 oz.（大风杯），加满冰块

$1\frac{1}{4}$ oz. Chu Yeh Ching Liquor（台湾竹叶青）（酒精浓度45%，酒精度90度）

¾ oz. White Crème de Cacao（无色可可香甜酒）

3 oz. pineapple juice（凤梨汁）

1 oz. lime juice（青柠檬汁）

将酒材倒入加满冰块的大风杯内，再转倒入调拌杯中，迅猛摇荡后，倒回原杯，挤放一个青柠檬角作装饰，插入长吸管。台湾竹叶青烈酒（Chu Yeh Ching Liquor）曾荣获"世界酒类评选会"金质奖。

2. 黑腐台湾还魂尸（Black Taiwan Zombie）

Squall 15 oz.（大风杯），加满冰块

½ oz. Light Rum（淡朗姆酒）

½ oz. Dark Rum（深色朗姆酒）

½ oz. Apricot Brandy（杏桃白兰地）

$1\frac{1}{2}$ oz. pineapple juice（凤梨汁）

$1\frac{1}{2}$ oz. lime juice（青柠檬汁）

$1\frac{1}{2}$ oz. orange juice（橘子汁）

1 oz. sugar syrup（糖浆）

½ oz. 台湾特级高粱（酒精浓度58%）

除了Bacardi 151外，其他酒材全部倒入加满冰块的大风杯中，再转倒入调拌杯内，迅速摇荡后，倒回原杯中，再加上¼ oz. 151朗姆酒（Bacardi 151 Rum）漂浮在酒面上，放一个凤梨旗或青柠檬旗或橘子旗作装饰，然后点火燃烧。

3. 台湾精致之酒（Taiwan Chi-Chi）

Squall 15 oz.（大风杯），加满冰块

$1\frac{1}{2}$ oz. Chu Yeh Ching Liquor（台湾竹叶青）

1 oz. cream of coconut（椰乳）

5 oz. pineapple juice（凤梨汁）

将酒材倒入加满冰块的大风杯内，再转倒入调拌杯内，迅猛摇荡后，倒回原杯，

放一个凤梨旗作装饰。

4. 淫岛冰茶(Lewd Island Iced Tea)

Squall 15 oz. (大风杯),加满冰块

½ oz. Gin

½ oz. Light Rum(淡朗姆酒)

$1\frac{1}{4}$ oz. 台湾米酒头(酒精浓度为35%)

½ oz. Triple Sec(三干酒/柑橘香甜酒)

2 oz. lime juice(青柠檬汁)

2 oz. sugar syrup(糖浆)

调制手法与前者相同,倒回原杯后再加入1 oz. 可乐,挤放一个青柠檬角作装饰,插入吸管。将青柠檬汁及糖浆改为4 oz. 凤梨汁时,此酒就变成夏威夷冰茶(Hawaii Iced Tea);改为4 oz. 的葡萄柚汁时,此酒就成为加州冰茶(California Iced Tea);改为4 oz. 的橘子汁时,此酒就成为佛罗里达冰茶(Florida Iced Tea);改为4 oz. 的蔓越莓/蔓越橘汁时,此酒就成为长滩冰茶(Long Beach Iced Tea)。

5. 美丽岛邪毒人(Formosa Scorpion)

Squall 15 oz. (大风杯),加满冰块

½ oz. Light Rum(淡朗姆酒)

½ oz. 台湾特级高粱酒(酒精浓度58%)

½ oz. Gin(杜松子酒)

½ oz. Crème de Noyaux(杏仁香甜酒)

1 oz. lime juice(青柠檬汁)

1 oz. simple syrup(简易糖浆)

3 oz. orange juice(橘子汁)

将酒材倒入加满冰块的大风杯内,再转倒入调拌杯内,迅猛摇荡后,倒回原杯,放一个橘子旗或挂一个柑橘片作装饰。

6. 溪头竹叶青法佩(Hsitou Bamboo Frappé)

Cocktail $6\frac{1}{2}$ oz. (大鸡尾酒杯),冰的

$1\frac{1}{2}$ oz. 台湾竹叶青烈酒(酒精浓度45%)

½ oz. Crème de Banana(香蕉香甜酒)

½ oz. Green Crème de Menthe(绿薄荷香甜酒)

将碎冰装满杯子并压紧,酒材倒入已装¼满冰块的调拌杯内,迅猛摇荡后滤倒入杯中,插入九层塔,并放入一粒红樱桃作装饰。

7. 野柳微风(Yeh Liu Breeze)

Squall 15 oz. (大风杯),加满冰块

3 oz. 台湾稻香米酒(烧菜与做月子专用酒,有咸味,酒精浓度为20%)

½ oz. Crème de Banana(香蕉香甜酒)

$3\frac{1}{2}$ oz. pineapple juice(凤梨汁)

½ oz. lime juice(青柠檬汁)

2 dashes(倒两下)苦精

½ bsp(半酒吧匙)红石榴糖浆

将酒材倒入加满冰块的杯中,再转倒入调拌杯内,摇荡后倒回原杯,放一个台湾凤梨旗作装饰。

8. 狂野辣妹(Wild Spicy Girl)

Squall 15 oz. (大风杯),加满冰块

½ oz. Triple Sec(三干酒/柑橘香甜酒)

$1\frac{1}{2}$ oz. 周教授祖传秘方自制的甜酒酿(连同酒酿糯米粒一并倒入)

$4\frac{1}{2}$ oz. grapefruit juice(葡萄柚汁)

¾ oz. lime juice(青柠檬汁)

¼ oz. grenadine(红石榴糖浆)

将酒材倒入加满冰块的大风杯中,再转倒入调拌杯内,迅猛摇荡后,倒回原杯,放一个青柠檬旗作装饰。

9. 台中大地震(Shaking Taichung)

Squall 15 oz.(大风杯),加满冰块(杯子在采购时要求标准化与简单化)

$2\frac{1}{2}$ oz. 台湾稻香米酒(酒精浓度为20%)

$3\frac{1}{2}$ oz. pineapple juice(凤梨汁)

1 oz. orange juice(橘子汁)

½ oz. grenadine(红石榴糖浆)

调制手法与前者相同,放一个凤梨旗,或将新鲜凤梨头(⅛片)切成长条状挂在杯口作装饰。

10. 惊喜椰海恋情(Wow's Piña Colada)

Poco Grande $13\frac{1}{4}$ oz.(波可杯),冰的

2 oz. Light Rum(淡朗姆酒)

2 oz. cream of coconut(椰乳)

3 oz. pineapple juice(凤梨汁)

10 oz. crushed ice(碎冰)

将酒材倒入果汁机中,打成雪泥状后,用酒吧匙刮送雪泥进入Poco杯中,放凤梨旗,并插入一个纸伞作装饰,再插入长吸管。

11. 都市情圣最爱(City Bushwalker)

Poco Grande $13\frac{1}{4}$ oz.(波可杯),冰的

$1\frac{3}{4}$ oz. Kahlúa(墨西哥咖啡香甜酒)

½ oz. Bacardi Dark Rum(巴卡迪深色朗姆酒)

2 oz. cream of coconut(椰乳)(美国Coco Lopéz牌的椰乳品质最佳)

2 oz. milk(鲜奶)

10 oz. crushed ice(碎冰)

调制手法与前者相同,可放一粒红樱桃在雪泥上作装饰。

12. 博士的绮恋(Dr.'s Chi-Chi)

Squall 15 oz.(大风杯),加满冰块

$1\frac{1}{2}$ oz. Vodka(伏特加酒)

1 oz. Triple Sec(三干酒/柑橘香甜酒)

$1\frac{1}{2}$ oz. cream of coconut(椰乳)

3 oz. pineapple juice(凤梨汁)

1 oz. orange juice(橘子汁)

将酒材倒入加满冰块的大风杯内,再转倒入调拌杯内,迅猛摇荡后,倒回原杯中,放入凤梨旗或凤梨片作装饰。

13. 诱人屏东椰乳(Pingtung Colada)

Poco Grande $13\frac{1}{4}$ oz.(波可杯),冰的

$1\frac{1}{2}$ oz. Kahlúa(墨西哥咖啡朗姆酒)

½ oz. Light Rum(淡朗姆酒)

1 oz. cream of coconut(椰乳)(使用美国Coco Lopéz牌椰乳)

3 oz. pineapple juice(凤梨汁)

10 oz. crushed ice(碎冰)

将酒材倒入果汁机中,打成雪泥后,用酒吧匙刮送雪泥进入杯中,放凤梨旗作装饰。

14. 亚洲金融风暴(Asia Financial Storm)

Squall 15 oz.(大风杯),加满冰块

$1\frac{1}{2}$ oz. Vodka(伏特加酒)

1 oz. Cranberry Liqueur(蔓越莓/蔓越橘香甜酒)(美国 Dekuyper 公司产的 Crantasia)

5 oz. cranberry juice(蔓越莓/蔓越橘汁)

将酒材倒入加满冰块的大风杯内,再转倒入调拌杯内,迅猛摇荡后,倒回原杯,挤放一个青柠檬角,并挂一片青柠檬圆片作装饰,插入吸管。

15. 太麻里日出(Taimali Sunrise)

Squall 15 oz.(大风杯),加满冰块

1 oz. 台湾竹叶青

¾ oz. Rum(朗姆酒)

¾ oz. Triple Sec(三干酒/柑橘香甜酒)

$4\frac{1}{2}$ oz. orange juice(橘子汁)

½ oz. 红石榴糖浆(漂浮在酒面上)

8 oz. ice cubes(小方冰块)

将前四者倒入加满冰块的大风杯内,转倒入调拌杯内,摇荡后倒回原杯,再加入½ oz. 红石榴糖浆漂浮在上面,放一个橘子旗作装饰。

16. 佛州沙滩欢舞(Florida Sand Dance)

Squall 15 oz.(大风杯),加满冰块

$1\frac{1}{2}$ oz. Blended Whisky(混合威士忌)

1 oz. Cherry Brandy(樱桃白兰地)

$4\frac{1}{2}$ oz. cranberry juice(蔓越莓/蔓越橘汁)

½ oz. sugar syrup(糖浆)

½ oz. lime juice(青柠檬汁)

将酒材倒入加满冰块的大风杯中,转倒入调拌杯内,摇荡后倒回原杯,挤放一个青柠檬角,并挂一片青柠檬圆片作装饰。

17. 蓝水晶琢礁湖(Blue Crystal Lagoon)

Squall 15 oz.(大风杯),加满冰块

$1\frac{1}{2}$ oz. Vodka(伏特加酒)

½ oz. Blue Curaçao(蓝色库拉索酒)

½ oz. Triple Sec(三干酒/柑橘香甜酒)

$3\frac{1}{2}$ oz. lime juice(青柠檬汁)

$1\frac{1}{2}$ oz. sugar syrup(糖浆)

调制手法及装饰物皆与前者相同。

18. 性感阿里山妈妈(Sexy Alishan Mama)

Squall 15 oz.(大风杯),加满冰块

$1\frac{1}{2}$ oz. Kahlúa(墨西哥咖啡香甜酒)

1 oz. 台湾竹叶青烈酒

4 oz. pineapple juice(凤梨汁)

½ oz. cream of coconut(椰乳)

1 oz. lime juice(青柠檬汁)

调制手法与前者相同,放凤梨旗或凤梨块,再插入纸伞作装饰。

19. 洛佩斯口口乐口(Lopez Coco-Loco)

Squall 15 oz. (大风杯),加满冰块

$1\frac{1}{2}$ oz. Light Rum(淡朗姆酒)

½ oz. Tequila(龙舌兰/特奎拉酒)

½ oz. Gin(杜松子酒)

3 oz. pineapple juice(凤梨汁)

1 oz. lime juice(青柠檬汁)

$1\frac{1}{2}$ oz. cream of coconut(使用美国Coco Lopéz牌椰乳)

调制手法与装饰物皆与前者相同。

20. 求爱!求爱!(Woo! Woo!)

Squall 15 oz. (大风杯),加满冰块

$1\frac{1}{2}$ oz. Peach Schnapps(桃子斯内普香甜酒)

1 oz. Vodka(伏特加酒)

$4\frac{1}{2}$ oz. cranberry juice(蔓越莓/蔓越橘汁)

½ oz. lime juice(青柠檬汁)

½ oz. sugar syrup(糖浆)

将酒材倒入加满冰块的大风杯中,转倒入调拌杯内,迅猛摇荡后,倒回原杯,挤放一个青柠檬角,并挂一片青柠檬圆片作装饰,插入吸管。

21. 墨西哥阿卡普尔科日落美景(Acapulco Sunset Strip)

Squall 15 oz. (大风杯),加满冰块

½ oz. Rum(朗姆酒)

½ oz. Gin(杜松子酒)

½ oz. Vodka(伏特加酒)

1 oz. Triple Sec(三干酒/柑橘香甜酒)

3 oz. pineapple juice(凤梨汁)

1 oz. lime juice(青柠檬汁)

将酒材倒入已装¼满冰块的调拌杯内,迅猛摇荡后过滤,倒入大风杯中,加满苏打水(club soda)后再倒入¼ oz. 红石榴糖浆,放凤梨旗作装饰。

22. 坦帕海上微风(Tampa Sea Breeze)

Squall 15 oz. (大风杯),加满冰块

$1\frac{1}{2}$ oz. Vodka(伏特加酒)

1 oz. Triple Sec(三干酒/柑橘香甜酒)

2 oz. grapefruit juice(葡萄柚汁)

3 oz. cranberry juice(蔓越莓/蔓越橘汁)

½ oz. lime juice(青柠檬汁)

将酒材倒入加满冰块的大风杯中,转倒入调拌杯内,迅猛摇荡后,倒回原杯,挤放一个青柠檬角,挂一片青柠檬圆片作装饰,插入吸管。

23. 鳕岬捕鱼人(Cape Codder)

Squall 15 oz. (大风杯),加满冰块

$1\frac{1}{2}$ oz. Vodka(伏特加酒)

1 oz. cranberry liqueur(蔓越莓/蔓越橘香甜酒)

4 oz. cranberry juice(蔓越莓/蔓越橘汁)

1 oz. lime juice(青柠檬汁)

½ oz. sugar syrup(糖浆)

调制手法与装饰物皆与前者相同。

24. 俄罗斯谍报员(K. G. B.)

Squall 15 oz.(大风杯),加满冰块

$1\frac{1}{2}$ oz. Gin(杜松子酒)

1 oz. Apricot Brandy(杏仁白兰地)

4 oz. lime juice(青柠檬汁)

1 oz. sugar syrup(糖浆)

调制手法与装饰物皆与前者相同。

25. 沙滩欢爱(Sex On The Beach)

Squall 15 oz.(大风杯),加满冰块

½ oz. Vodka(伏特加酒)

½ oz. Chambord Liqueur(法国覆盆子香甜酒)

½ oz. Tia Maria(牙买加咖啡香甜酒)

1 oz. Peach Schnapps(桃子无色斯内普烈酒)

$2\frac{1}{2}$ oz. pineapple juice(凤梨汁)

$2\frac{1}{2}$ oz. cranberry juice(蔓越莓/蔓越橘汁)

调制手法与前者相同,放凤梨旗或以新鲜凤梨头(切成⅛或1/12长条状)作装饰,插入吸管。

26. 搀意大利利口酒的伏特加橘子汁鸡尾酒(Harvey Wallbanger)

Squall 15 oz.(大风杯),加满冰块

1 oz. Vodka(伏特加酒)

1 oz. Triple Sec(三干酒/柑橘香甜酒)

5 oz. orange juice(橘子汁)

½ oz. Galliano(意大利甘草香甜酒),(漂浮在酒面上)

将前三者倒入加满冰块的大风杯中,转倒入调拌杯内,迅猛摇荡后,倒回原杯,再加入½ oz. 意大利甘草香甜酒(Galliano),最后放入橘子旗或挂圆的橘子片作装饰。

27. 台湾头儿的兴奋(Taiwan Governor's Orgasm)

Squall 15 oz.(大风杯),加满冰块

½ oz. White Crème de Cacao(无色可可香甜酒)

½ oz. Triple Sec(三干酒/柑橘香甜酒)

½ oz. Amaretto(意大利苦杏仁香甜酒)

½ oz. Vodka(伏特加酒)

½ oz. 台湾竹叶青烈酒(酒精浓度45%)

2 oz. 凤梨汁

1 oz. 浓鲜奶

$1\frac{1}{2}$ oz. 草莓浓浆

1 oz. lime juice(青柠檬汁)

将酒材倒入加满冰块的大风杯中,再转倒入调拌杯中迅猛摇荡,或倒入金属套筒杯中用搅拌机(Mixer)搅拌一下(3 秒钟即可),倒回原杯,放凤梨旗或新鲜草莓或青柠檬旗作装饰。

28. 总统的玛格丽塔(President's Margarita)

Margarita 12 oz. 杯,冰的

$1\frac{1}{2}$ oz. Jose Cuervo 1800 Tequila

½ oz. Triple Sec(三干酒/柑橘香甜酒)

½ oz. Grand Marnier(法国柑橘干邑

香甜酒)

4 oz. lime juice(青柠檬汁)

$1\frac{1}{2}$ oz. sugar syrup(糖浆)

先将杯缘沾上青柠檬汁,再沾上盐。将上述酒材倒入已装¼满冰块的调拌杯内,迅猛摇荡后滤倒入杯中,挂一片青柠檬圆片作装饰。

29. 总统的松拉链(President's Loose Zipper)

Squall 15 oz.(大风杯),加满冰块

$1\frac{1}{2}$ oz. Chambord(法国覆盆子香甜酒)

1 oz. Vodka(伏特加酒)

3 oz. cranberry juice(蔓越莓/蔓越橘汁)

1 oz. lime juice(青柠檬汁)

将酒材倒入已装¼满冰块的调拌杯内,迅猛摇荡后过滤,倒入杯中,再加满苏打水(约3 oz. 左右),插入吸管后左右两侧各放一粒红樱桃作装饰。

30. 披肩里的甜吻(Cape Colada)

Poco Grande $13\frac{1}{4}$ oz.(波可杯),冰的

$1\frac{1}{4}$ oz. Peach Schnapps(桃子无色斯内普烈酒)

¾ oz. Vodka(伏特加酒)

2 oz. cream of coconut(椰乳)(使用美国 Coco Lopéz 牌的椰乳才香劲够味)

2 oz. cranberry juice(蔓越莓/蔓越橘汁)

1 oz. lime juice(青柠檬汁)

¼ oz. grenadine(红石榴糖浆)

10 oz. crushed ice(碎冰)

将酒材倒入果汁机或搅碎机中以高速打成雪泥后,倒入 Poco 杯中,放青柠檬旗作装饰,插入吸管。

31. 草莓代基里(Strawberry Daiquiri)

Poco Grande $13\frac{1}{4}$ oz.(波可杯),冰的

$1\frac{1}{4}$ oz. Bacardi Light Rum(巴卡迪淡朗姆酒)

¾ oz. Triple Sec(三干酒/柑橘香甜酒)

$2\frac{1}{2}$ oz. strawberry puree(草莓浓浆)(美国 Coco Lopéz 公司产制的品质甚佳)

2 oz. lime juice(青柠檬汗)

10 oz. crushed ice(碎冰)

将酒材倒入搅碎机(Blender)中,以快速打成柔顺的雪泥状后,倒回原杯,在杯口挂一粒新鲜草莓,并插入一个小纸伞作装饰。

32. 草莓椰乳魅影(Phantom of Strawberry Colada)

Poco Grande $13\frac{1}{4}$ oz.(波可杯),冰的

1 oz. Dark Rum(深色朗姆酒)

1 oz. Light Rum(淡朗姆酒)

2 oz. strawberry puree(草莓泥/草莓浓浆)

½ oz. cream of coconut(椰乳)(使用浓郁香纯的 Coco Lopéz 椰乳)

3 oz. pineapple juice(凤梨汁)

10 oz. 碎冰

调制手法与前者相同,装饰物可放凤梨旗或草莓等,当然也可再插上一个小纸伞(paper parasol)。

33. 绿尾龙(Green Tailed Dragon)

Poco Grande 13$\frac{1}{4}$ oz.(波可杯),冰的

1$\frac{1}{2}$ oz. Light Rum(淡朗姆酒)

1 oz. Midori(日本绿香瓜香甜酒)

2$\frac{1}{2}$ oz. pineapple juice(凤梨汁)

1 oz. lime juice(青柠檬汁)

1 oz. orange juice(橘子汁)

½ oz. sugar syrup(糖浆)

12 oz. 碎冰

调制手法与前者相同,放香瓜片或香瓜旗或凤梨旗作装饰。

34. 第一夫人的草莓鞭(First Lady's Strawberry Whip)

Poco Grande 13$\frac{1}{4}$ oz.(波可杯),冰的

2 oz. Banana Liqueur(香蕉香甜酒)

2 oz. strawberry puree(草莓浓浆)

3 oz.(两大球)香草冰淇淋(不要使用低档、廉价且低品质的冰淇淋)

1 oz. lime juice(青柠檬汁)

8 oz. 碎冰

将酒材倒入果汁机中先以慢速打5秒钟,再改成快速打成雪泥状后,倒入杯中,放新鲜草莓并插入小纸伞作装饰。

35. 蜜多里翡翠恋情(Midori Colada)

Poco Grande 13$\frac{1}{4}$ oz.(波可杯),冰的

1$\frac{1}{2}$ oz. Midori(日本绿香瓜香甜酒)

½ oz. Light Rum(淡朗姆酒)

3 oz. pineapple juice(凤梨汁)

1 oz. lime juice(青柠檬汁)

½ oz. sugar syrup(糖浆)

10 oz. crushed ice(碎冰)

将酒材倒入果汁机中以高速打成雪泥状后,用酒吧匙刮引倒入杯中,放凤梨旗或红樱桃作装饰。

36. 皇后的蜜桃代基里(Queen's Peach Daiquiri)

Poco Grande 13$\frac{1}{4}$ oz.(波可杯),冰的

1 oz. Peach Schnapps(桃子无色斯内普烈酒)

½ oz. Light Rum(淡朗姆酒)

½ oz. Triple Sec(三干酒/柑橘香甜酒)

1 oz. lime juice(青柠檬汁)

1 oz. sugar syrup(糖浆)

3 个半片罐装的水蜜桃片

10 oz. 碎冰

将酒材倒入果汁机中先以慢速打5秒钟,再以快速打成雪泥状后,倒入杯中,放一粒红樱桃,上面插入小纸伞作装饰。

37. 雪泥中的蚱蜢(Grasshopper Freeze)

Poco Grande 13$\frac{1}{4}$ oz.(波可杯),冰的

1$\frac{1}{2}$ oz. Green Crème de Menthe(绿薄荷香甜酒)

½ oz. White Crème de Menthe(无色薄荷香甜酒)

3 oz.(两大球)香草冰淇淋

1 oz. 浓鲜奶

8 oz. 碎冰

调制手法与前者相同,放新鲜薄荷叶枝与红樱桃作装饰。

38. 旗山香蕉代基里(Chishan Banana Daiquiri)

Poco Grande 13$\frac{1}{4}$ oz. (波可杯),冰的

1 oz. Light Rum(淡朗姆酒)

1 oz. Crème de Banana(香蕉香甜酒)

1 oz. lime juice(青柠檬汁)

1 oz. sugar syrup(糖浆)

1根十分成熟且已透出浓郁香味的台湾中型香蕉

10 oz. 碎冰

将香蕉掰断成六小块,与其他所有材料一起倒入果汁机中,先以慢速打5秒钟,再改成快速打成雪泥状,然后倒入杯中,放香蕉旗并插入小纸伞作装饰。

39. 牙买加艳皇后(Jamaican Queen)

Poco Grande 13$\frac{1}{4}$ oz. (波可杯),冰的

1$\frac{1}{4}$ oz. Light Rum(淡朗姆酒)

¾ oz. Banana Liqueur(香蕉香甜酒)

2 oz. strawberry puree(草莓浓浆)

3 oz. (两大球)香草冰淇淋

8 oz. crushed ice(碎冰)

调制手法与前者相同,放入草莓,并插上一个小纸伞作装饰。

40. 酷酷的吻(Cool Cool Kiss)

Poco Grande 13$\frac{1}{4}$ oz. (波可杯),冰的

2 oz. Amaretto(意大利苦杏仁香甜酒)

2 oz. strawberry puree(草莓浓浆)(请使用美国Daily公司生产的或Coco Lopéz公司生产的优质产品)

3 oz. (两大球)vanilla ice-cream(香草冰淇淋)

8 oz. 碎冰

调制手法与前者相同,可放入新鲜草莓或青柠檬旗作装饰。

21~2 高大的热带鸡尾酒酒方 (Recipes of Tall Tropical Cocktails)

1. 墨西哥阿卡普尔科(Acapulco)

Squall 15 oz. (大风杯),加满冰块

1 oz. Tequila(龙舌兰/特奎拉酒)

1 oz. Bacardi Light Rum(巴卡迪淡朗姆酒)

1 oz. Rose's lime juice(罗斯青柠檬汁)

1 oz. grapefruit juice(葡萄柚汁)

3 oz. pineapple juice(凤梨汁)

将酒材倒入已加¼满冰块的调拌杯内,摇荡后过滤,倒入大风杯中,放一个凤梨旗作装饰。

2. 再会了母亲(Adios Mother)

Squall 15 oz. (大风杯),加满冰块

½ oz. Vodka(伏特加酒)

½ oz. Gin(杜松子酒)

½ oz. Bacardi Light Rum(巴卡迪淡朗姆酒)

½ oz. Blue Curaçao(蓝色库拉索酒)

2 oz. 甜酸汁

将酒材倒入已装¼满冰块的调拌杯内,迅猛摇荡后过滤,倒入大风杯中,再以七喜汽水(7-up)加满,挂一片青柠檬圆片或柠檬圆片作装饰。

3. 美国佬的涂鸦(American Graffiti)

Squall 15 oz.(大风杯),加满冰块

1 oz. Bacardi Light Rum(巴卡迪淡朗姆酒)

½ oz. Sloe Gin(黑刺李香甜酒)

½ oz. Southern Comfort(美国南方蜜桃香甜酒)

½ oz. Bacardi Gold Rum(巴卡迪金色朗姆酒)

½ oz. Rose's lime juice(罗斯青柠檬汁)

3 oz. 凤梨汁

$1\frac{1}{2}$ oz. 甜酸汁

将酒材倒入已装¼满冰块的调拌杯内,摇荡后过滤,倒入大风杯中,放入一个橘子旗作装饰。

4. 巴哈马妈妈第一方(Bahama Mama 1)

Squall 15 oz.(大风杯),加满冰块

$1\frac{3}{4}$ oz. Bacardi Light Rum(巴卡迪淡朗姆酒)

3 oz. pineapple juice(凤梨汁)

2 oz. sweet & sour juice(甜酸汁)

将酒材倒入已装¼满冰块的调拌杯内,摇荡后过滤,倒入大风杯中,再注入下列漂浮:

¼ oz. Myers's Dark Rum(迈尔斯深色朗姆酒)

¼ oz. Bacardi Gold Rum(巴卡迪金色朗姆酒)

调制完成后,放一个凤梨旗作装饰。

5. 巴哈马妈妈第二方(Bahama Mama 2)

Squall 15 oz.(大风杯),加满冰块

1 oz. Bacardi Light Rum(巴卡迪淡朗姆酒)

½ oz. Bacardi 151 Rum(巴卡迪151朗姆酒)

½ oz. Cruzan Coconut Rum(圣克罗伊人的椰子朗姆酒)

½ oz. Kahlúa(墨西哥咖啡香甜酒)

½ oz. Rose's lime juice(罗斯青柠檬汁)

$1\frac{1}{2}$ oz. sweet & sour juice(甜酸汁)

3 oz. pineapple juice(凤梨汁)

将酒材倒入已装¼满冰块的调拌杯内,摇荡后过滤,倒入大风杯中,挤放一个青柠檬角,挂一片青柠檬圆片作装饰。

6. 沙滩的流浪拾荒白人第一方(Beach Comber 1)

Squall 15 oz.(大风杯),加满冰块

$1\frac{1}{2}$ oz. Light Rum(淡朗姆酒)

½ oz. Triple Sec(三干酒/柑橘香甜酒)

½ oz. Chambord(法国覆盆子香甜酒)

1 oz. Rose's lime juice(罗斯青柠檬汁)

2 oz. sweet & sour(甜酸汁)

2 oz. pineapple juice(凤梨汁)

将酒材倒入已装¼满冰块的调拌杯内,摇荡后过滤,倒入大风杯中,挤放一个

青柠檬角，并挂一片青柠檬圆片作装饰。

7. 沙滩的流浪拾荒白人第二方（Beach Comber 2）

Squall 15 oz.（大风杯），加满冰块

$1\frac{1}{4}$ oz. Bacardi Light Rum（巴卡迪淡朗姆酒）

¾ oz. Bacardi Gold Rum（巴卡迪金色朗姆酒）

½ oz. Triple Sec（三干酒/柑橘香甜酒）

½ oz. grenadine（红石榴糖浆）

½ oz. lime juice（青柠檬汁）

2 oz. sweet & sour juice（甜酸汁）

2 oz. pineapple juice（凤梨汁）

将酒材倒入已装¼满冰块的调拌杯内，摇荡后过滤，倒入大风杯中，挤放一个青柠檬角作装饰。

8. 大巴卡迪竹竿（Big Bacardi Bamboo）

Squall 15 oz.（大风杯），加满冰块

1 oz. Bacardi Gold Rum（巴卡迪金色朗姆酒）

¼ oz. Bacardi 151 Rum（巴卡迪 151 朗姆酒）

¾ oz. Chambord（法国覆盆子香甜酒）

2 oz. pineapple juice（凤梨汁）

2 oz. orange juice（橘子汁）

1 oz. 鲜青柠檬汁

将酒材倒入已装¼满冰块的调拌杯内，摇荡后过滤，倒入大风杯中，再注入½ oz. 法国柑橘干邑香甜酒（Grand Marnier）漂浮在酒面上，放一个凤梨旗或橘子旗作装饰。

9. 蓝色夏威夷人（Blue Hawaiian）

Squalls 15 oz.（大风杯），加满冰块

1 oz. Bacardi Light Rum（巴卡迪淡朗姆酒）

¾ oz. Blue Curaçao（蓝色库拉索酒）

½ oz. Bacardi Gold Rum（巴卡迪金色朗姆酒）

$1\frac{1}{2}$ oz. sweet & sour juice（甜酸汁）

$1\frac{1}{2}$ oz. coconut cream（椰乳）

2 oz. pineapple juice（凤梨汁）

将酒材倒入已装¼满冰块的调拌杯内，迅猛摇荡 10 次确定椰乳溶化后，过滤倒入大风杯中，放凤梨旗或挂橘子圆片作装饰。

10. 即兴歌唱公路（Calypso Highway）

Squall 15 oz.（大风杯），加满冰块

¾ oz. Bacardi Light Rum（巴卡迪淡朗姆酒）

¾ oz. Cruzan Banana Rum（圣克罗伊人的香蕉朗姆酒）

¾ oz. Blue Curaçao（蓝色库拉索酒）

1 oz. 椰乳

2 oz. 凤梨汁

2 oz. 橘子汁

倒两下香草精（vanilla extract）

将酒材倒入已装¼满冰块的调拌杯内，摇荡后过滤，倒入大风杯中，放凤梨旗作装饰。

11. 上尉的淡酒（Captain's Cooler）

Squall 15 oz.（大风杯），加满冰块

$1\frac{1}{4}$ oz. Captain Morgan Spiced Rum

(摩根船长香辣朗姆酒)

1 oz. Triple Sec(三干酒/柑橘香甜酒)

¾ oz. Rose's lime juice(罗斯青柠檬汁)

1 oz. cranberry juice(蔓越莓/蔓越橘汁)

1 oz. orange juice(橘子汁)

将酒材倒入已装¼满冰块的调拌杯内,摇荡后过滤,倒入大风杯中,再以七喜汽水(7-up)加满,挂一个青柠檬角作装饰。

12. 椰子微风(Coconut Breeze)

Squall 15 oz.(大风杯),加满冰块

$1\frac{1}{4}$ oz. Bacardi Light Rum(巴卡迪淡朗姆酒)

¾ oz. Cruzan Coconut Rum(圣克罗伊人的椰子朗姆酒)

2 oz. 椰乳

2 oz. 凤梨汁

1 oz. 鲜青柠檬汁

将酒材倒入已装¼满冰块的调拌杯内,快速摇荡10次,确定椰乳溶化后,过滤倒入大风杯中,挂一个青柠檬角作装饰。

13. 加勒比海浪漫韵事(Caribbean Romance)

Squall 15 oz.(大风杯),加满冰块

$1\frac{1}{4}$ oz. Bacardi Light Rum(巴卡迪淡朗姆酒)

¾ oz. Amaretto(意大利苦杏仁香甜酒)

$2\frac{1}{4}$ oz. orange juice(橘子汁)

$2\frac{1}{4}$ oz. pineapple juice(凤梨汁)

½ oz. grenadine(红石榴糖浆)

将酒材倒入已装¼满冰块的调拌杯内,摇荡后过滤,倒入大风杯中,再注入½ oz. 优等巴卡迪朗姆酒(Bacardi Select Rum)漂浮在酒面上,挤放入一个青柠檬角及一个黄柠檬角,并挂一个橘子角作装饰。

14. 牛仔杀手(Cowboy Killer)

Squall 15 oz.(大风杯),加满冰块

½ oz. Amaretto(意大利苦杏仁香甜酒)

½ oz. Dekuyper Cherry Pucker (Dekuyper公司生产的樱桃无色烈酒)

½ oz. Southern Comfort(美国南方蜜桃香甜酒)

½ oz. grenadine(红石榴糖浆)

2 oz. sweet & sour juice(甜酸汁)

$3\frac{1}{2}$ oz. orange juice(橘子汁)

将酒材倒入已装¼满冰块的调拌杯内,摇荡后过滤,倒入大风杯中,放一个橘子旗作装饰。

15. 库拉索淡酒(Curaçao Cooler)

Squall 15 oz.(大风杯),加满冰块

½ oz. Bacardi Light Rum(巴卡迪淡朗姆酒)

1 oz. Blue Curaçao(蓝色库拉索酒)

½ oz. Triple Sec(三干酒/柑橘香甜酒)

1 oz. fresh lime juice(鲜青柠檬汁)

$1\frac{1}{2}$ oz. orange juice(橘子汁)

$1\frac{1}{2}$ oz. sweet & sour juice(甜酸汁)

将酒材倒入已装¼满冰块的调拌杯内,摇荡后过滤,倒入大风杯中,再以苏打水(club soda)加到快要满,最后注入½ oz. 优等巴卡迪朗姆酒(Bacard Select Rhum)漂浮在酒面上,挂一个青柠檬角作装饰。

16. 深海潜水人(Deep Sea Diver)

Squall 15 oz.(大风杯),加满冰块

1 oz. Bacardi Light Rum(巴卡迪淡朗姆酒)

¾ oz. Bacardi Gold Rum(巴卡迪金色朗姆酒)

¾ oz. Triple Sec(三干酒/柑橘香甜酒)

½ oz. Rose's lime juice(罗斯青柠檬汁)

2 oz. orange juice(橘子汁)

2 oz. sweet & sour juice(甜酸汁)

将酒材倒入已装¼满冰块的调拌杯内,摇荡后过滤,倒入大风杯中,再倒入½ oz. 优等巴卡迪朗姆酒(Bacardi Select Rum)漂浮在酒面上,以青柠檬角、黄柠檬角或橘子旗作装饰。

17. 沙漠激情(Desert Passion)

Squall 15 oz.(大风杯),加满冰块

¾ oz. Alizé Red Passion(法国爱丽丝红色百香果开胃酒)

¾ oz. Alizé de France(法国爱丽丝香甜酒)

¾ oz. Midori(日本绿香瓜香甜酒)

½ oz. grenadine(红石榴糖浆)

½ oz. Rose's lime juice(罗斯青柠檬汁)

1 oz. orange juice(橘子汁)

3 oz. pineapple juice(凤梨汁)

将酒材倒入已装¼满冰块的调拌杯内,摇荡后过滤,倒入大风杯中,放凤梨旗或凤梨角(pineapple wedge)作装饰。

18. 爱情的万灵药(Elixir of Love)

Tulip Champagne 9 oz.(郁金香花形香槟杯),冰的

2 oz. Amaretto(意大利苦杏仁香甜酒)

2 oz. White Crème de Cacao(无色可可香甜酒)

1 oz. Bacardi Light Rum(巴卡迪淡朗姆酒)

2 oz. 浓鲜奶

将酒材倒入已装¼满冰块的调拌杯内,迅猛摇荡后过滤,倒入已冰过的郁金香花形香槟杯内,撒上一点巧克力粉或可可粉作装饰。

19. 红鹳第一方(Flamingo 1)

Collins 12 oz. 杯,加满冰块

直接倒入:

$1\frac{1}{2}$ oz. Bacardi Spiced Rum(加香料的巴卡迪朗姆酒)

½ oz. grenadine(红石榴糖浆)

3 oz. orange juice(橘子汁)

$2\frac{1}{2}$ oz. lemonade(柠檬水)

用酒吧匙拌匀后,再注入½ oz. 优等巴卡迪朗姆酒(Bacardi Select Rum)漂浮

在酒面上，挂一个黄柠檬角作装饰。

20. 红鹳第二方(Flamingo 2)

Squall 15 oz.（大风杯），加满冰块

$1\frac{1}{2}$ oz. Bacardi Select Rum(优等巴卡迪朗姆酒)

½ oz. grenadine(红石榴糖浆)

1 oz. Rose's lime juice(罗斯青柠檬汁)

2 oz. pineapple juice(凤梨汁)

2 oz. sweet & sour juice(甜酸汁)

将酒材倒入已加¼满冰块的调拌杯内，摇荡后过滤，倒入大风杯中，再加入½ oz. 加香料的巴卡迪朗姆酒(Bacardi Spiced Rum)漂浮在酒面上，挂一个青柠檬角或放凤梨旗作装饰。

21. 雾中小艇(Fogcutter)

Squall 15 oz.(大风杯)，加满冰块

¾ oz. Brandy(白兰地)

½ oz. Bacardi Light Rum(巴卡迪淡朗姆酒)

½ oz. Gin(杜松子酒/金酒)

$2\frac{1}{2}$ oz. orange juice(橘子汁)

$2\frac{1}{2}$ oz. sweet & sour juice(甜酸汁)

将酒材倒入已加¼满冰块的调拌杯内，摇荡后过滤，倒入大风杯中，再注入½ oz. 雪利(Sherry)漂浮在酒面上，放一个柠檬角或橘子旗作装饰。

22. 皇家海军雾中小艇(Royal Navy Fogcutter)

Squall 15 oz.（大风杯），加满冰块

$1\frac{1}{4}$ oz. Rum(朗姆酒)

½ oz. Brandy(白兰地)

½ oz. Gin(杜松子酒/金酒)

½ oz. orgeat syrup(杏仁糖浆)

$2\frac{1}{2}$ oz. 橘子汁

2 oz. 甜酸汁

将酒材倒入已加¼满冰块的调拌杯内，摇荡后过滤，倒入大风杯中，再加入½ oz. 不甜的/淡雪利(Dry Sherry)漂浮在酒面上，挂柠檬角或放橘子旗作装饰。

23. 金色龙(Golden Dragon)

Squall 15 oz.（大风杯），加满冰块

$1\frac{1}{2}$ oz. Bacardi Gold Rum(巴卡迪金色朗姆酒)

½ oz. Sweet Vermouth(甜苦艾酒/味美思)

1 oz. 杏仁糖浆

2 oz. 椰乳

2 oz. 浓鲜奶

将酒材倒入已装¼满冰块的调拌杯内，迅猛摇荡约10下，确定椰乳已溶化后，过滤倒入大风杯中，在酒面上撒一些肉桂粉或可可粉作装饰。

24. 夏威夷人的混合饮料(Hawaiian Punch)

Squall 15 oz.（大风杯）加满冰块

1 oz. Chambord(法国覆盆子香甜酒)

½ oz. Amaretto(意大利苦杏仁香甜酒)

½ oz. Southern Comfort(美国南方蜜桃香甜酒)

½ oz. Sloe Gin(黑刺李香甜酒)

1 oz. Rose's lime juice(罗斯青柠檬汁)

3 oz. 凤梨汁

将酒材倒入已加¼满冰块的调拌杯内,摇荡后过滤,倒入大风杯中,再以七喜汽水(7-up)加满,放一个凤梨旗作装饰。

25. 飓风第一方(Hurricane 1)

Squall 15 oz. (大风杯),加满冰块

$1\frac{1}{4}$ oz. Light Rum(淡朗姆酒)

$1\frac{1}{4}$ oz. Gold Rum(金色朗姆酒)

2 oz. orange juice(橘子汁)

2 oz. pineapple juice(葡萄柚汁)

½ oz. Rose's lime juice(罗斯青柠檬汁)

½ oz. grenadine(红石榴糖浆)

½ oz. simple syrup(简易糖浆)

将酒材倒入已加¼满冰块的调拌杯内,摇荡后过滤,倒入大风杯中,放橘子旗或凤梨旗或青柠檬角作装饰。

26. 飓风第二方(Hurricane 2)

Squall 15 oz. (大风杯),加满冰块

$1\frac{1}{4}$ oz. Light Rum(淡朗姆酒)

$1\frac{1}{4}$ oz. Gold Rum(金色朗姆酒)

$1\frac{1}{2}$ oz. 百香果汁

$1\frac{1}{2}$ oz. 凤梨汁

$1\frac{1}{2}$ oz. 鲜青柠檬汁

将酒材倒入已加¼满冰块的调拌杯内,摇荡后过滤,倒入大风杯中,再倒入¼ oz. 巴卡迪151朗姆酒(Bacardi 151 Rum)漂浮在酒面上,放青柠檬角或柠檬角作装饰。

27. 岛屿日落(Island Sunset)

Squall 15 oz. (大风杯),加满冰块

¾ oz. Absolut Vodka(亚伯索露特伏特加酒)

¾ oz. Malibu Rum(马利布朗姆酒)

½ oz. Blue Curaçao(蓝色库拉索酒)

$1\frac{1}{2}$ oz. 橘子汁

$1\frac{1}{2}$ oz. 凤梨汁

将酒材倒入已加¼满冰块的调拌杯内,摇荡后过滤,倒入大风杯中,再以七喜汽水加到快满,最后注入½ oz. 覆盆子香甜酒漂浮在酒面上,挤放一个青柠檬角,并挂一片橘子圆片作装饰。

28. 嫉妒之情(Jealousy)

Squall 15 oz. (大风杯),加满冰块

¾ oz. Midori(日本绿香瓜香甜酒)

¾ oz. Blue Curaçao(蓝色库拉索酒)

½ oz. Bacardi Light Rum(巴卡迪淡朗姆酒)

½ oz. Gin(杜松子酒)

½ oz. Bourbon Whisky(波旁威士忌)

1 oz. Rose's lime juice(罗斯青柠檬汁)

1 oz. pineapple juice(凤梨汁)

1 oz. sweet & sour juice(甜酸汁)

将酒材倒入已加¼满冰块的调拌杯内,摇荡后过滤,倒入大风杯中,再以姜汁汽水(ginger ale)加满,挂一个青柠檬角作

装饰。

29. 拉班巴(La Bamba)

Squall 15 oz. (大风杯),加满冰块

$1\frac{1}{4}$ oz. Sauza Añejo Tequila(索扎陈年龙舌兰/特奎拉酒)

¾ oz. Cointreau(法国康德露柑橘香甜酒)

$2\frac{1}{2}$ oz. 橘子汁

$2\frac{1}{2}$ oz. 凤梨汁

将酒材倒入已加¼满冰块的调拌杯内,摇荡后过滤,倒入大风杯中,再注入½ oz. 覆盆子香甜酒(Raspberry)漂浮在酒面上,放橘子旗或凤梨旗作装饰。

30. 拉丁情人(Latin Lover)

Squall 15 oz. (大风杯),加满冰块

$1\frac{1}{2}$ oz. Bacardi Light Rum(巴卡迪淡朗姆酒)

½ oz. Crème de Banana(香蕉香甜酒)

½ oz. grenadine(红石榴糖浆)

2 oz. 橘子汁

2 oz. 凤梨汁

将酒材倒入已加¼满冰块的调拌杯内,摇荡后过滤,倒入大风杯中,再注入½ oz. 陈年8年的朗姆酒(Bacardi 8 Reserva Rum)漂浮在酒面上,挤放两三条/片柠檬(lemon twists)作装饰。

31. 迈太第一方(Mai Tai 1)

Squall 15 oz. (大风杯),加满冰块

$1\frac{1}{2}$ oz. Bacardi Light Rum(巴卡迪淡朗姆酒)

½ oz. Crème de Noyaux(法国杏仁香甜酒)

½ oz. Triple Sec(三干酒/柑橘香甜酒)

$1\frac{1}{2}$ oz. Rose's lime juice(罗斯青柠汁)

$3\frac{1}{2}$ oz. sweet & sour juice(甜酸汁)

将酒材倒入已加¼满冰块的调拌杯内,摇荡后过滤,倒入大风杯中,放一个青柠檬旗或橘子旗作装饰。

32. 迈太第二方(Mai Tai 2)

Squall 15 oz. (大风杯),加满冰块

1 oz. Light Rum(淡朗姆酒)

¾ oz. Gold Rum(金色朗姆酒)

¾ oz. Triple Sec(三干酒/柑橘香甜酒)

¾ oz. grenadine(红石榴糖浆)

¾ oz. orgeat syrup(杏仁糖浆)

1 oz. Rose's lime juice(罗斯青柠檬汁或新鲜青柠檬汁)

2 oz. sweet & sour juice(甜酸汁)

将酒材倒入已加¼满冰块的调拌杯内,摇荡后过滤,倒入大风杯中,再加入¼ oz. 巴卡迪151朗姆酒漂浮在酒面上(Bacardi 151 Rum),放一个凤梨旗作装饰。

33. 迈太第三方(Mai Tai 3)

Squall 15 oz. (大风杯),加满冰块

¾ oz. Gold Rum(金色朗姆酒)

¾ oz. Light Rum(淡朗姆酒)

¾ oz. Triple Sec(三干酒/柑橘香甜

酒)

¼ oz. Bacardi 151 Rum(巴卡迪151朗姆酒)

½ oz. grenadine(红石榴糖浆)

2 oz. Rose's lime juice(罗斯青柠檬汁)

2 oz. orange juice(橘子汁)

将酒材倒入已加¼满冰块的调拌杯内,摇荡后过滤,倒入大风杯中,挤放一个青柠檬角,挂一片橘子片,并插入薄荷叶枝作装饰。

34. 莫贝迈太(Mobay Mai Tai)

Squall 15 oz.(大风杯),加满冰块

1 oz. Myers's Dark Rum(迈尔斯深色朗姆酒)

1 oz. Bacardi Select Rum(优等巴卡迪朗姆酒)

1 oz. Triple Sec(三干酒/柑橘香甜酒)

1 oz. orgeat syrup(杏仁糖浆)

¾ oz. grenadine(红石榴糖浆)

¾ oz. lime juice(青柠檬汁)

¾ oz. simple syrup(简易糖浆)

$1\frac{1}{2}$ oz. sweet & sour juice(甜酸汁)

将酒材倒入已加¼满冰块的调拌杯内,摇荡后过滤,倒入大风杯中,放入薄荷叶枝作装饰。

35. 止痛剂(Painkiller)

Squall 15 oz.(大风杯),加满冰块

2 oz. Rum(朗姆酒)

1 oz. orange juice(橘子汁)

1 oz. coconut cream(椰乳)

4 oz. 凤梨汁

将酒材倒入已装¼满冰块的调拌杯内,迅猛摇荡10下,确定椰乳溶化后,倒入大风杯中,撒些肉豆蔻粉,放一个橘子旗作装饰。

36. 激情水果(Passionate Fruit)

Squall 15 oz.(大风杯),加满冰块

1 oz. Alizé Red Passion(法国产的爱丽丝红色百香果开胃酒)

1 oz. 斯托莉奇娜娅橘子伏特加或亚伯索露特枸橼/香橼伏特加酒(Stolichnaya Orange Vodka 或 Absolut Citron Vodka)

½ oz. Dekuyper Peach Pucker(Dekuyper公司生产的桃子无色烈酒)

5 oz. lemonade(柠檬水)

将酒材倒入已加¼满冰块的调拌杯内,摇荡后过滤,倒入大风杯中,挂一片柠檬圆片,挤放一个柠檬角作装饰。

37. 激情燃点(Passionate Point)

Squall 15 oz.(大风杯),加满冰块

$1\frac{1}{2}$ oz. Rum(朗姆酒)

¾ oz. Grand Marnier(法国柑橘干邑香甜酒)

¾ oz. Dekuyper Peachtree Schnapps(Dekuyper公司生产的桃树无色斯内普烈酒)

2 oz. cranberry juice(蔓越莓/蔓越橘汁)

2 oz. orange juice(橘子汁)

½ oz. lime juice(青柠檬汁)

将酒材倒入已加¼满冰块的调拌杯内,摇荡后过滤,倒入大风杯中,再加入½

oz. 巴卡迪金色朗姆酒(Bacardi Gold Rum)漂浮在酒面上,放一个橘子旗作装饰。

38. 激情日落(Passionate Sunset)

Squall 15 oz.(大风杯),加满冰块

$1\frac{1}{2}$ oz. Alizé de France(法国产的爱丽丝百香果开胃酒)

1 oz. Tequila(龙舌兰/特奎拉酒)

½ oz. grenadine(红石榴糖浆)

$1\frac{1}{2}$ oz. orange juice(橘子汁)

$1\frac{1}{2}$ oz. grapefruit juice(葡萄柚汁)

1 oz. sweet & sour juice(甜酸汁)

将酒材倒入已加¼满冰块的调拌杯内,摇荡后过滤,倒入大风杯中,再加入½ oz. 法国柑橘干邑香甜酒(Grand Marnier)漂浮在酒面上,放一个橘子旗或挂一片橘子圆片作装饰。

39. 激情混合酒(Passion Punch)

Squall 15 oz.(大风杯),加满冰块

2 oz. Alizé de France(法国产的爱丽丝百香果开胃酒)

$2\frac{1}{2}$ oz. orange juice(橘子汁)

$2\frac{1}{2}$ oz. pineapple juice(凤梨汁)

½ oz. grenadine(红石榴糖浆)

撒2~3下安戈斯图拉树皮苦精(Angostura Bitters)

将酒材倒入已加¼满冰块的调拌杯内,摇荡后过滤,倒入大风杯中,挂一片橘子圆片作装饰。

40. 粉红乐园(Pink Paradise)

Squall 15 oz.(大风杯),加满冰块

¾ oz. Bacardi Light Rum(巴卡迪淡朗姆酒)

¾ oz. Bacadi Gold Rum(巴卡迪金色朗姆酒)

¾ oz. Amaretto(意大利苦杏仁香甜酒)

$2\frac{1}{2}$ oz. pineapple juice(凤梨汁)

3 oz. cranberry juice(蔓越莓/蔓越橘汁)

将酒材倒入已加¼满冰块的调拌杯内,摇荡后过滤,倒入大风杯中,放一个凤梨旗作装饰。

41. 粉红激情(Pink Passion)

Squall 15 oz.(大风杯),加满冰块

1 oz. Bacardi Spiced Rum(加香料的巴卡迪朗姆酒)

1 oz. Malibu Rum(马利布朗姆酒)

½ oz. grenadine(红石榴糖浆)

$2\frac{1}{2}$ oz. pineapple juice(凤梨汁)

$2\frac{1}{2}$ oz. orange juice(橘子汁)

将酒材倒入已加¼满冰块的调拌杯内,摇荡后过滤,倒入大风杯中,放一个橘子旗作装饰。

42. 农夫混合酒第一方(Planter's Punch 1)

Squall 15 oz.(大风杯),加满冰块

2 oz. Myers's Dark Rum(迈尔斯深色朗姆酒)

½ oz. grenadine(红石榴糖浆)

$2\frac{1}{2}$ oz. orange juice(橘子汁)

$2\frac{1}{2}$ oz. sweet & sour juice(甜酸汁)

倒两下安戈斯图拉树皮苦精(Angostura Bitters)

将酒材倒入已加¼满冰块的调拌杯内,摇荡后过滤,倒入大风杯中,放一个橘子旗作装饰。

43. 农夫混合酒第二方(Planter's Punch 2)

Squall 15 oz.(大风杯),加满冰块

1 oz. Myers's Dark Rum(迈尔斯深色朗姆酒)

¾ oz. Bacardi Light Rum(巴卡迪淡朗姆酒)

¾ oz. Triple Sec(三干酒/柑橘香甜酒)

½ oz. grenadine(红石榴糖浆)

½ oz. Rose's lime juice(罗斯青柠檬汁)

2 oz. pineapple juice(凤梨汁)

2 oz. orange juice(橘子汁)

2~3 dashes Angostura Bitters(倒2~3下安戈斯图拉树皮苦精)

将酒材倒入已加¼满冰块的调拌杯内,摇荡后过滤,倒入大风杯中,放入橘子旗或凤梨旗作装饰。

44. 农夫混合酒第三方(Planter's Punch 3)

Squall 15 oz.(大风杯),加满冰块

1 oz. Myers's Dark Rum(迈尔斯深色朗姆酒)

½ oz. Bacardi Light Rum(巴卡迪淡朗姆酒)

¾ oz. Triple Sec(三干酒/柑橘香甜酒)

1 oz. Rose's lime juice(罗斯青柠檬汁)

½ oz. grenadine(红石榴糖浆)

$1\frac{1}{2}$ oz. 凤梨汁

$1\frac{1}{2}$ oz. 橘子汁

撒2~3下苦精

将酒材倒入已加¼满冰块的调拌杯内,摇荡后过滤,倒入大风杯中,再倒入½ oz. 迈尔斯深色朗姆酒(Myers's Dark Rum)漂浮在酒面上,放橘子旗或凤梨旗作装饰。

45. 雷盖阳光溅酒(Reggae Sunplash)

Squall 15 oz.(大风杯),加满冰块

直接倒入:

$1\frac{1}{4}$ oz. Absolut Citron Vodka(亚伯索露特枸橼/香橼伏特加酒)

½ oz. Malibu Rum(马利布朗姆酒)

½ oz. Crème de Cassis(黑醋栗/黑茶藨子香甜酒)

½ oz. grenadine(红石榴糖浆)

2 oz. orange juice(橘子汁)

用酒吧匙由下而上地搅拌三五下,拌匀后再以苏打水(club soda)加满,放一个橘子旗作装饰。

46. 朗姆酒走私客第一方(Rum Runner 1)

Squall 15 oz.(大风杯),加满冰块

¾ oz. Bacardi Light Rum(巴卡迪淡

朗姆酒）

¾ oz. Myers's Dark Rum（迈尔斯深色朗姆酒）

¾ oz. Crème de Banana（香蕉香甜酒）

¾ oz. Blackberry Brandy（黑莓白兰地）

2 oz. orange juice（橘子汁）

2 oz. sweet & sour juice（甜酸汁）

将酒材倒入已加¼满冰块的调拌杯内，摇荡后过滤，倒入大风杯中，倒入½ oz. 迈尔斯深色朗姆酒（Myers's Dark Rum）漂浮在酒面上，放一个橘子旗作装饰。

47. 朗姆酒走私客第二方（Rum Runner 2）

Squall 15 oz.（大风杯），加满冰块

1 oz. Bacardi Select Rum（优等巴卡迪朗姆酒）

1 oz. Bacardi Gold Rum（巴卡迪金色朗姆酒）

¾ oz. Blackberry Brandy（黑莓白兰地）

¾ oz. Crème de Banana（香蕉香甜酒）

2 oz. orange juice（橘子汁）

2 oz. sweet & sour juice（甜酸汁）

将酒材倒入已加¼满冰块的调拌杯内，摇荡后过滤，倒入大风杯中，挂一片柑橘圆片（orange wheel）或放一个橘子旗作装饰。

48. 圣地亚哥第一方（Santiago 1）

Squall 15 oz.（大风杯），加满冰块

1 oz. Bacardi Light Rum（巴卡迪淡朗姆酒）

1 oz. Bacardi Select Rum（优等巴卡迪朗姆酒）

½ oz. Cointreau（法国康德露柑橘香甜酒）

½ oz. Rose's lime juice（罗斯青柠檬汁）

$2\frac{1}{2}$ oz. sweet & sour juice（甜酸汁）

撒两下苦精

将酒材倒入已加¼满冰块的调拌杯内，摇荡后过滤，倒入大风杯中，再以香槟酒加到满，挂一块青柠檬角作装饰。

49. 圣地亚哥第二方（Santiago 2）

Squall 15 oz.（大风杯），加满冰块

1 oz. Bacardi Light Rum（巴卡迪淡朗姆酒）

¾ oz. Bacardi Gold Rum（巴卡迪金色朗姆酒）

¾ oz. Triple Sec（三干酒/柑橘香甜酒）

1 oz. Rose's lime juice（罗斯青柠檬汁）

$3\frac{1}{2}$ oz. sweet & sour juice（甜酸汁）

撒2~3下苦精

将酒材倒入已加¼满冰块的调拌杯内，摇荡后过滤，倒入大风杯中，放一个青柠檬旗作装饰。

50. 新加坡斯林酒第一方（Singapore Sling 1）

Squall 15 oz.（大风杯），加满冰块

$1\frac{1}{2}$ oz. Gin(杜松子酒)

½ oz. grenadine(红石榴糖浆)

$1\frac{1}{2}$ oz. sweet & sour juice(甜酸汁)

将酒材倒入已加¼满冰块的调拌杯内,摇荡后过滤,倒入大风杯中,加入苏打水(club soda)到快满(剩下1 oz. 容积)时,再倒入¾ oz. 樱桃白兰地(Cherry Brandy)漂浮在酒面上,放一个橘子旗作装饰。

51. 新加坡斯林酒第二方(Singapore Sling 2)

Squall 15 oz. (大风杯),加满冰块

1 oz. Gin(杜松子酒)

½ oz. Cointreau(法国康德露柑橘香甜酒)

½ oz. Benedictine(本尼迪克特香甜酒)

½ oz. Cherry Brandy(樱桃白兰地)

1 oz. Rose's lime juice(罗斯青柠檬汁)

4 oz. pineapple juice(凤梨汁)

撒两下苦精

将酒材倒入已加¼满冰块的调拌杯内,摇荡后过滤,倒入大风杯中,放一个凤梨旗作装饰。

52. 热带渴望(Tropical Itch)

Squall 15 oz. (大风杯),加满冰块

1 oz. Bacardi Gold Rum(巴卡迪金色朗姆酒)

1 oz. Bacardi Select Rum(优等巴卡迪朗姆酒)

½ oz. grenadine(红石榴糖浆)

$1\frac{1}{2}$ oz. orange juice(橘子汁)

$1\frac{1}{2}$ oz. pineapple juice(凤梨汁)

$1\frac{1}{2}$ oz. grapefruit juice(葡萄柚汁)

将酒材倒入已加¼满冰块的调拌杯内,摇荡后过滤,倒入大风杯中,再注入¼ oz. 圣克罗伊人的香蕉朗姆酒(Cruzan Banana Rum)和¼ oz. 圣克罗伊人的凤梨朗姆酒(Cruzan Pineapple Rum)漂浮在酒面上,放一个橘子旗作装饰。

53. 热带感受(Tropical Sensation)

Squall 15 oz. (大风杯),加满冰块

$1\frac{1}{2}$ oz. Dry Gin(辛辣杜松子酒)

½ oz. Grand Marnier(法国柑橘干邑香甜酒)

1 oz. Rose's lime juice(罗斯青柠檬汁)

$1\frac{1}{2}$ oz. orange juice(橘子汁)

$2\frac{1}{2}$ oz. pineapple juice(葡萄柚汁)

将酒材倒入已加¼满冰块的调拌杯内,摇荡后过滤,倒入大风杯中,再加入½ oz. 亚伯索露特枸橼/香橼伏特加酒(Absolut Citron Vodka)漂浮在酒面上,挂一个青柠檬角作装饰。

54. 热带特殊事物(Tropical Special)

Squall 15 oz. (大风杯),加满冰块

$1\frac{1}{2}$ oz. Gin(杜松子酒)

½ oz. Triple Sec(三干酒/柑橘香甜酒)

½ oz. Rose's lime juice(罗斯青柠檬

汁)

2 oz. orange juice(橘子汁)

3 oz. grapefruit juice(葡萄柚汁)

将酒材倒入已加¼满冰块的调拌杯内,摇荡后过滤,倒入大风杯中,放一个橘子旗作装饰。

55. 僵尸第一方(Zombie 1)

Squall 15 oz. (大风杯),加满冰块

$1\frac{1}{2}$ oz. Bacardi Light Rum(巴卡迪淡朗姆酒)

¾ oz. Crème de Noyaux(杏仁香甜酒)

¾ oz. Triple Sec(三干酒/柑橘香甜酒)

2 oz. orange juice(橘子汁)

2 oz. sweet & sour juice(甜酸汁)

将酒材倒入已加¼满冰块的调拌杯内,摇荡后过滤,倒入大风杯中,再注入¼ oz. 巴卡迪151朗姆酒(Bacardi 151 Rum)漂浮在酒面上,放一个橘子旗作装饰。

56. 僵尸第二方(Zombie 2)

Squall 15 oz. (大风杯),加满冰块

$1\frac{1}{2}$ oz. Bacardi Select Rum(优等巴卡迪朗姆酒)

¾ oz. Bacardi Light Rum(巴卡迪淡朗姆酒)

¾ oz. Triple Sec(三干酒/柑橘香甜酒)

¾ oz. grenadine(红石榴糖浆)

1 oz. grapefruit juice(葡萄柚汁)

1 oz. orange juice(橘子汁)

1 oz. pineapple juice(凤梨汁)

将酒材倒入已加¼满冰块的调拌杯内,摇荡后过滤,倒入大风杯中,以酒吧枪打一些苏打水(club soda),再注入½ oz. 优等巴卡迪朗姆酒(Bacardi Select Rum)漂浮在酒面上,放一个橘子旗作装饰。

57. 粉红色行尸/僵尸(Pink Zombie)

Squall 15 oz. (大风杯),加满冰块

$1\frac{1}{4}$ oz. Myers's Dark Rum(迈尔斯深色朗姆酒)

¾ oz. Bacardi Limón Rum(巴卡迪利蒙朗姆酒)

1 oz. Crème de Banana(香蕉香甜酒)

½ oz. grenadine(红石榴糖浆)

1 oz. Rose's lime juice(罗斯青柠檬汁)

1 oz. passion fruit juice(西番莲子汁)

1 oz. pineapple juice(凤梨汁)

1 oz. pink grapefruit juice(粉红葡萄柚汁)

将酒材倒入已加¼满冰块的调拌杯内,摇荡后过滤,倒入大风杯中,再加入¼ oz. 巴卡迪151朗姆酒(Bacardi 151 Rum)漂浮在酒面上,放一个凤梨旗作装饰。

58. 热带欢爱(Sex In The Tropics)

Squall 15 oz. (大风杯),加满冰块

$1\frac{1}{4}$ oz. Alizé Red Passion(法国爱丽丝红色百香果开胃酒)

$1\frac{1}{4}$ oz. Malibu Rum(马利布朗姆酒)

$2\frac{1}{2}$ oz. pineapple juice(凤梨汁)

$2\frac{1}{2}$ oz. sweet & sour juice(甜酸汁)

将酒材倒入已加¼满冰块的调拌杯内,摇荡后过滤,倒入大风杯中,放一个凤

梨旗作装饰。

59. 威奇瓦奇求爱(WiKi WaKi Woo!)

Squall 15 oz.(大风杯),加满冰块

1 oz. Amaretto(意大利苦杏仁香甜酒)

½ oz. Vodka(伏特加酒)

½ oz. Tropico(产于波多黎各的香甜酒)

½ oz. Bacardi Light Rum(巴卡迪淡朗姆酒)

½ oz. Tequila(龙舌兰/特奎拉酒)

$1\frac{1}{2}$ oz. pineapple juice(凤梨汁)

$1\frac{1}{2}$ oz. orange juice(橘子汁)

$1\frac{1}{2}$ oz. cranberry juice(蔓越莓/蔓越橘汁)

将酒材倒入已加¼满冰块的调拌杯内,摇荡后过滤,倒入大风杯中,放一朵兰花(orchid)或一个橘子旗作装饰。

60. 巫毒散月舞(Voodoo Moondance)

Squall 15 oz.(大风杯),加满冰块

$1\frac{1}{4}$ oz. Bacardi 8 Reserva Rum(陈年8年的巴卡迪朗姆酒)

1 oz. Bacardi Select Rum(优等巴卡迪朗姆酒)

¾ oz. grenadine(红石榴糖浆)

$1\frac{1}{2}$ oz. pineapple juice(凤梨汁)

$1\frac{1}{2}$ oz. orange juice(橘子汁)

$1\frac{1}{2}$ oz. grapefruit juice(葡萄柚汁)

将酒材倒入已加¼满冰块的调拌杯内,摇荡后过滤,倒入大风杯内,放一个橘子旗作装饰。

21~3 酒吧国际专业术语

1. Flow(名词):指钱、现金、资金或基金。

2. Gone(形容词):指非常醉,醉到已无法挽回的地步。

3. Hook-up(动词):指为了一个共同的目的而与他人聚集在一起。

4. Groove(动词):俚语,指跳舞,当名词用时指处于在一个喜悦的市场地位。

5. Hammered(形容词):指大醉的意思,Honked 也是指酩酊大醉的意思。

6. Fly(形容词):指美丽的、潇洒的、时髦的、风骚的、酷魅的或灵通的等。

7. Glass Someone(动词):指拿一个玻璃瓶或酒杯打人。

8. Goobies(名词):俚语,指一个不应出现的外来物却漂浮在一杯饮料上。

9. Hair of the Dog(名词):指能解除醉酒或宿酒的自我安慰饮料。

10. Head(名词):指饮料上面的泡沫,若用在船上,则指船上的洗手间、盥洗室。

11. Hob Nob(动词):俚语,指到外头参加人群聚集以及摩肩擦肘的非常拥挤的活动。

12. Hook Me Up(动词):指提供或给予协助。

13. Hopping(形容词):俚语,指跃动的、活动正在进行的、正在随旋律摇摆的。

14. Ice Cream Habit(形容词):指某

人偶而会因情况而放纵或狂饮一下。

15. Grill Money(名词):俚语,指低价位的食物账单与费用,常指速食餐厅。

16. Gig(名词):俚语,指事先安排好聚在一起的活动,尤其指音乐会之类的活动。

17. Hullabaloo(名词、动词兼可用):指兴奋,一个喧闹的聚会或一个团体的混乱与骚动。

18. Grinder, Hoagie, Sub, Submarine, Hero, Torpedo, Pour Boy, Italian Sandwich, Sarney(名词):俚语,皆指拉长的、又长又细的可供多人食用的长条状三明治。

19. Lettuce(名词):原指生菜,但俚语却指美国纸币、纸钞。

20. Liquored Up, Lit, Loaded(形容词):皆指醉酒的。

问题探讨

如何调制下列各款国际知名鸡尾酒?

(1) Singing Windjammer
(2) Black Taiwan Zombie
(3) Formosa Scorpion
(4) Lewd Island Iced Tea
(5) Sexy Alishan Mama
(6) Yeh Liu Breeze
(7) Wild Spicy Girl
(8) Shaking Taichung
(9) Asia Financial Storm
(10) China's Taiwan Governor's Orgasm
(11) Green Tailed Dragon
(12) Chishan Banana Daiquiri
(13) Hsitou Bamboo Frappé
(14) Pingtung Colada
(15) Taimali Sunrise
(16) Acapulco
(17) Bahama Mama 1
(18) Blue Hawaiian
(19) Galypso Highway
(20) Carribean Romance
(21) Elixir Of Love
(22) Fogcutter
(23) Golden Dragon
(24) Mai Tai 1
(25) La Bamba
(26) Passionate Sunset
(27) Planter's Punch 1
(28) Singapore Sling 1
(29) Zombie 1
(30) Wiki Waki Woo!

第二十二章

热饮类鸡尾酒酒方

Recipes of Hot Cocktails

☞学习目的

了解： 1. 热饮类鸡尾酒简介

2. 热饮类鸡尾酒酒方(Recipes of Hot Cocktails)

3. 国际上各种热饮类鸡尾酒(Hot Cocktails)酒方

4. 酒吧国际专业术语

22~1 热饮类鸡尾酒简介

谈到热饮,中国人所喝的似乎非常单调,回忆由小到大笔者所喝的热饮不外乎是热牛奶、热豆浆、热咖啡、热绿茶、热米浆等几种。其中热咖啡我很少喝,热牛奶自打从我10岁懂事起就不喝了,因为先父曾言,在我小时候,喝“克林”牛奶每个月要花330元新台币,而当时他的薪水,一位少校军官上世纪60年代在台的饷俸却只有300元。据说因我喝得太凶,硬逼得先父不得不提早退伍另谋生计,为此我颇有“罪恶感”。也自打从那时起,我就再也没有主动去喝任何一杯冰的或热的牛奶。对于豆浆我只爱喝咸豆浆而不喝甜豆浆,但因早上工作较紧张,所以很少喝到咸豆浆。红茶与发酵茶我都不爱喝,现在我仍只喝一种热饮,即“热绿茶”。

比起西方人所喝的形形色色的热饮,我可是太单调了。每当寒风起、雪花飘之际,欧美人士回到家中点燃起壁炉后,就会弄杯热饮来暖暖劳累的身心。通常他们会在香甜酒或烈酒中加入糖、香料等物,并冲入热开水来饮用。早期这些饮料比较简单,被称为格罗格酒(Grog)或香甜热酒/热托地酒(Hot Toddy)。现在随着家用咖啡机的普遍化与大众化以及人们消费水准的提高,许多热饮逐渐变成以咖啡及香甜酒为主材的广受欢迎的饮料。另外,在酒吧、咖啡店主的研究发展之下,热饮已从古典的、风行甚久的爱尔兰咖啡(Irish Coffee)发展成华美诱人的狂想曲咖啡(Capriccio),甚至有些怪异到绝对不会想到尝试的热饮,如热金咖啡(Hot Gold)等。

许多热饮都是以咖啡作为基础饮料(Base),再添加上威士忌、朗姆酒、白兰地、利口酒或多种组合而成的。然而实质上许多饮料经过加热后,都可变成十分令人喜悦与开怀的饮料,例如热巧克力、热茶、热苹果西打(Apple Cider)、热牛奶,甚至连橘子汁都可加热来喝。笔者精挑细选了37道热饮类鸡尾酒酒方,只要调酒师抓住一项原则:只要使用高品质的新鲜材料,并采用正确的方法与器具来调制,不论哪一道酒,都可以调制出来。

喝热饮时最重要的原则是不要急促(No Rush)。手握着热杯先用鼻子轻闻一下饮料的芳香,接着一小口一小口地啜饮。要放轻松点(Relax)来品享手中的热饮,不但要让手中的热饮来温暖身体,更要让手中这杯热饮(Hot Drink)来温暖疲累的心灵。

22~2 热饮类鸡尾酒酒方 (Recipes of Hot Cocktails)

1. 阿玛雷托咖啡(Amaretto Café)

Coffee Mug $8\frac{1}{2}$ oz.(有把咖啡杯),温的

$1\frac{1}{2}$ oz. Amaretto(意大利苦杏仁香甜酒)

5 oz. hot black coffee(热浓咖啡/不加牛奶的热咖啡)

2 oz. whipped cream(掼奶油)

先加入酒再倒入热咖啡,然后放上已打成泡沫状的鲜奶油,放一根肉桂棒作搅拌之用。使用酒精炉来加热。使用虹吸式咖啡器是无比危险的错误方法,宜戒之!

2. 贝利丝和咖啡(Baileys & Coffee)

Coffee Mug $8\frac{1}{2}$ oz. (有把咖啡杯),温的

2 oz. Baileys Irish Cream(贝利丝爱尔兰奶酒)

5 oz. hot black coffee(热浓咖啡)

$1\frac{1}{2}$ oz. whipped cream(掼奶油)

将酒材依序倒入杯中,放一根肉桂棒作搅拌用。

3. 亚历山大咖啡(Coffee Alexander)

Coffee Mug $8\frac{1}{2}$ oz. (有把咖啡杯),温的

¾ oz. Brandy(白兰地)

¾ oz. Dark Crème de Cacao(深色可可香甜酒)

5 oz. hot black coffee(热浓咖啡)

$1\frac{1}{2}$ oz. whipped cream(掼奶油)

将酒材依序倒入杯中,加上掼奶油(whipped cream)后,再撒一些肉豆蔻粉作装饰,放一根肉桂棒作搅拌用。

4. 荷兰咖啡(Dutch Coffee)

Coffee Mug $8\frac{1}{2}$ oz. (有把咖啡杯),温的

$1\frac{1}{2}$ oz. Vandermint(荷兰薄荷香甜酒)

5 oz. hot black coffee(热浓咖啡)

$1\frac{1}{2}$ oz. whipped cream(掼奶油)

将酒材依序倒入杯中,加上掼奶油(whipped cream)后,再撒一些肉豆蔻粉作装饰,放一根肉桂棒作搅拌用。

5. 法兰西咖啡(French Coffee)

Coffee Mug $8\frac{1}{2}$ oz. (有把咖啡杯),温的

¾ oz. Cognac(法国干邑白兰地)

¾ oz/ Cointreau(法国康德露柑橘香甜酒)

5 oz. hot black coffee(热浓咖啡)

$1\frac{1}{2}$ oz. whipped cream(掼奶油)

制作手法同上。应使用美式咖啡机或意式蒸汽高压咖啡机制作咖啡。

6. 热黄油朗姆(Hot Buttered Rum)

Coffee Mug $8\frac{1}{2}$ oz. (有把咖啡杯),温的

$1\frac{1}{2}$ oz. Light Rum(淡朗姆酒)

1 bsp (一酒吧匙)砂糖

1 pat 一小块牛油或¼ oz. 黄油

6 oz. 热开水

1 根肉桂棒(cinnamon stick),5 英寸或 12.5~13 公分长的最佳

将酒材依序倒入杯中,放一根肉桂棒作搅拌用。

7. 香甜热酒/热托地酒(Hot Toddy)

Coffee Mug $8\frac{1}{2}$ oz. (有把咖啡杯),温

的

$1\frac{1}{2}$ oz. Whisky(威士忌)

1 bsp (一酒吧匙)砂糖

6 oz. 热开水

一个黄柠檬角

将酒材依序倒入杯中,挤放一块黄柠檬角作装饰。

8. 爱尔兰咖啡(Irish Coffee)

Coffee Mug $8\frac{1}{2}$ oz. (有把咖啡杯),温的

$1\frac{1}{2}$ oz. Irish Whisky(爱尔兰威士忌)

1 bsp (一酒吧匙)砂糖

5 oz. hot black coffee(热浓咖啡)

$1\frac{1}{2}$ oz. whipped cream(掼奶油)

⅛ oz. Green Crème de Menthe(绿色薄荷香甜酒)

将酒材依序倒入杯中,加上掼奶油(whipped cream)后,再淋上⅛ oz. 绿薄荷利口酒,插入一根肉桂棒作搅拌用。

9. 意大利咖啡(Italian Coffee)

Coffee Mug $8\frac{1}{2}$ oz. (有把咖啡杯),温的

$1\frac{1}{2}$ oz. Amaretto(意大利苦杏仁香甜酒)

5 oz. hot black coffee(热浓咖啡)

$1\frac{1}{2}$ oz. whipped cream(掼奶油)

将酒材依序倒入杯中,加上掼奶油(whipped cream,即打成泡沫状的鲜奶油)后,再放一根肉桂棒作搅拌用。

10. 牙买加咖啡(Jamaican Coffee)

Coffee Mug $8\frac{1}{2}$ oz. (有把咖啡杯),温的

1 oz. Tia Maria(牙买加咖啡香甜酒)

½ oz. Myers's Rum(迈尔斯朗姆酒)

5 oz. hot black coffee(热浓咖啡)

$1\frac{1}{2}$ oz. whipped cream(掼奶油)

调制手法同上。

使用美式及意式咖啡机,绝无致命性爆炸的危险。

11. 奇欧奇咖啡(Keoke Coffee)

Coffee Mug $8\frac{1}{2}$ oz. (有把咖啡杯),温的

¾ oz. Brandy(白兰地)

¾ oz. Kahlúa(墨西哥咖啡香甜酒)

¾ oz. Cointreau(法国康德露柑橘香甜酒)

5 oz. hot black coffee(热浓咖啡)

$1\frac{1}{4}$ oz. whipped cream(掼奶油)

调制手法同上 。

意式咖啡机市面种类甚多,但 Gaggia 厂的机器质优耐用。

12. 美西他利咖啡(Mexitaly Coffee)

Coffee Mug $8\frac{1}{2}$ oz. (有把咖啡杯),温的

¾ oz. Kahlúa(墨西哥咖啡香甜酒)

¾ oz. Amarette(意大利苦杏仁香甜酒)

5 oz. hot black coffee(热浓咖啡)

$1\frac{1}{2}$ oz. whipped cream(掼奶油)

杯子先沾上樱桃汁,再沾上肉桂糖粉。将酒材依序倒入杯中,加上掼奶油(whipped cream)后,再撒一些刨碎的巧克力丝作装饰,并放入一根肉桂棒作搅拌用。

13. 活泼又兴奋(Razzmotazz)

Coffee Mug $8\frac{1}{2}$ oz.(有把咖啡杯),温的

1 oz. Black Raspberry Liqueur(黑覆盆子利口酒)

½ oz. Crème de Cassis(黑醋栗/黑茶藨子香甜酒)

½ oz. Kahlúa(墨西哥咖啡香甜酒)

5 oz. hot black coffee(热浓咖啡)

$1\frac{1}{2}$ oz. whipped cream(掼奶油)

将酒材依序倒入杯中,加上掼奶油(whipped cream)后,再加上时令季节所产的新鲜切片浆果或莓类作装饰。

14. 热肉桂卷(Hot Cinnamon Roll)

Coffee Mug $8\frac{1}{2}$ oz.(有把咖啡杯),温的

$1\frac{1}{2}$ oz. Cinnamon Schnapps(肉桂无色斯内普烈酒)

5 oz. hot apple cider(热苹果西打)

$1\frac{1}{2}$ oz. whipped cream(掼奶油)

将酒材依序倒入杯中,放入一根肉桂棒(5英寸长的最好用)作搅拌用。

15. 雪中小兔(Snow Bunny)

Coffee Mug $8\frac{1}{2}$ oz.(有把咖啡杯),温的

$1\frac{1}{2}$ oz. Triple Sec(三干酒/柑橘香甜酒)

5 oz. hot chocolate(热巧克力)

$1\frac{1}{2}$ oz. whipped cream(掼奶油)

制作手法同上。

虹吸式咖啡壶必须使用酒精灯来烧,是有高度危险性的器材,宜淘汰!

16. 热吻(Hot Kiss)

Coffee Mug $8\frac{1}{2}$ oz.(有把咖啡杯),温的

1 oz. Irish Whisky(爱尔兰威士忌)

½ oz. White Crème de Menthe(无色薄荷香甜酒)

½ oz. White Crème de Cacao(无色可可香甜酒)

5 oz. hot black coffee(热浓咖啡)

$1\frac{1}{2}$ oz. whipped cream(掼奶油)

将酒材依序加入杯中后,放一小截薄荷枝与巧克力,或用沾了可可粉的薄荷枝作装饰。

17. 热金(Hot Gold)

Coffee Mug $8\frac{1}{2}$ oz.(有把咖啡杯),温的

2 oz. Amaretto(意大利苦杏仁香甜酒)

6 oz. 加热到很热的橘子汁

将酒材倒入杯中后,放一根长肉桂棒作搅拌用。

18. 热白兰地亚历山大(Hot Brandy Alexander)

Coffee Mug $8\frac{1}{2}$ oz.(有把咖啡杯),温的

¾ oz. Brandy(白兰地)

¾ oz. Brown Crème de Cacao(褐色可可香甜酒)

5 oz. 热牛奶

$1\frac{1}{2}$ oz. whipped cream(掼奶油/打成泡沫状的鲜奶油)

将酒材依序加入杯中后,撒一些巧克力屑或可可粉作装饰。

19. 双生薄荷(Doublemint)

Coffee Mug $8\frac{1}{2}$ oz.(有把咖啡杯),温的

$1\frac{1}{2}$ oz. Spearmint Schnapps(留兰香/绿薄荷无色斯内普烈酒)

5 oz. hot black coffee(热浓咖啡)

$1\frac{1}{2}$ oz. whipped cream(掼奶油)

一酒吧匙绿薄荷酒

将酒材依序加入杯中,加上掼奶油(whipped cream)后,再淋上⅛ oz.(一酒吧匙)绿薄荷酒。

20. 狂想曲咖啡(Capriccio)

Coffee Mug $8\frac{1}{2}$ oz.(有把咖啡杯),温的

1 oz. Amaretto(意大利苦杏仁香甜酒)

½ oz. Brandy(白兰地)

½ oz. Crème de Café(咖啡利口酒)

5 oz. hot black coffee(热浓咖啡)

$1\frac{1}{2}$ oz. whipped cream(掼奶油)

杯缘先沾青柠檬汁(lime juice),再沾上肉桂糖粉,将酒材依序倒入杯中后,加满掼奶油(whipped cream),然后撒一些烘焙过的杏仁片,并放一粒红樱桃作装饰。

21. 巧克力咖啡之吻(Chocolate Coffee Kiss)

Coffee Mug $8\frac{1}{2}$ oz.(有把咖啡杯),温的

¾ oz. Kahlúa(墨西哥咖啡香甜酒)

¾ oz. Baileys Irish Cream(贝利丝爱尔兰奶酒)

¼ oz. Brown Crème de Cocoa(棕色可可香甜酒)

¼ oz. Mandarine Napoléon(法国拿破仑柑橘香甜酒)

1 oz. choclate syrup(巧克力糖浆)

4 oz. hot black coffee(热浓咖啡)

$1\frac{1}{2}$ oz. whipped cream(掼奶油)

将酒材依序倒入杯中,加上掼奶油(whipped cream)后,再撒一些巧克力屑,并放一粒樱桃作装饰。

22. 美国佬格罗格酒(American Grog)

Coffee Mug $8\frac{1}{2}$ oz.(有把咖啡杯),温的

$1\frac{1}{2}$ oz. Light Rum(淡朗姆酒)

½ oz. lime juice(青柠檬汁)

½ oz. sugar syrup(糖浆)

5 oz. hot water(热水)

将酒材依序倒入杯中，稍加搅拌即可。

23. 黑金(Black Gold)

Coffee Mug $8\frac{1}{2}$ oz.（有把咖啡杯），温的

½ oz. Triple Sec(三干酒/柑橘香甜酒)

½ oz. Amaretto(意大利苦杏仁香甜酒)

½ oz. Baileys Irish Cream(贝利丝爱尔兰奶酒)

½ oz. Hazelnut Liqueur(山榛果香甜酒)

1 bsp Cinnamon Schnapps(一酒吧匙肉桂无色斯内普烈酒)

5 oz. hot black coffee(热浓咖啡)

$1\frac{1}{2}$ oz. whipped cream(掼奶油)

将酒材依序倒入杯中，加上掼奶油(whipped cream)后，再撒上一些巧克力屑作装饰，并放入一根肉桂棒作搅拌用。

24. 波士顿加勒比海咖啡(Boston Caribbean Coffee)

Coffee Mug $8\frac{1}{2}$ oz.（有把咖啡杯），温的

1 oz. Dark Rum(深色朗姆酒)

1 oz. Brown Crème de Cacao(棕色可可香甜酒)

5 oz. hot black coffee(热浓咖啡)

$1\frac{1}{2}$ oz. whipped cream(掼奶油)

杯缘先沾朗姆汁，再沾上糖，将酒材依序倒入杯中，加上 $1\frac{1}{2}$ oz. 掼奶油(whipped cream)后，撒些肉桂粉作装饰，并放一根肉桂棒作搅拌用。

25. 橘香咖啡(Café L'Orange)

Coffee Mug $8\frac{1}{2}$ oz.（有把咖啡杯），温的

1 oz. Mandarine Napoléon(法国拿破仑橘子香甜酒)

½ oz. Cognac(干邑/科涅克白兰地)

½ oz. Cointreau(法国柑橘干邑香甜酒)

5 oz. hot black coffee(热浓咖啡)

$1\frac{1}{2}$ oz. whipped cream(掼奶油)

将酒材依序倒入杯中，加上掼奶油(whipped cream)后，再放一些剁碎的橘子皮作装饰。

26. 苏格兰咖啡(Scotch Coffee)

Coffee Mug $8\frac{1}{2}$ oz.（有把咖啡杯），温的

$1\frac{1}{2}$ oz. Drambuie(苏格兰蜂蜜香甜酒)

½ oz. sugar syrup(糖浆)

5 oz. hot black coffee(热浓咖啡)

$1\frac{1}{2}$ oz. whipped cream(掼奶油)

将前三项倒入杯中，用酒吧匙拌匀后，再加入掼奶油(whipped cream)，撒一些肉豆蔻粉作装饰，插入一根肉桂棒作搅拌用。

27. 西班牙咖啡(Spanish Coffee)

Coffee Mug $8\frac{1}{2}$ oz.（有把咖啡杯），温的

$1\frac{1}{4}$ oz. Brandy(白兰地)

¾ oz. Tia Maria(牙买加咖啡香甜酒)

5 oz. hot black coffee(热浓咖啡)

$1\frac{1}{2}$ oz. whipped cream(掼奶油)

调制手法同上。又名 Calypso Coffee(卡利普索咖啡),Calypso 是西印度群岛的特立尼达岛(Trinidad)等土人跳舞时所唱的即兴歌曲。

28. 瑞士咖啡(Swiss Coffee)

Coffee Mug $8\frac{1}{2}$ oz. (有把咖啡杯),温的

$1\frac{1}{4}$ oz. Peppermint Schnapps(薄荷无色斯内普烈酒)

¾ oz. Dark Crème de Cacao(深色可可香甜酒)

5 oz. hot black coffee(热浓咖啡)

$1\frac{1}{2}$ oz. whipped cream(掼奶油)

调制手法及装饰物皆与前者相同。

29. 皇家咖啡(Café Royale)

Coffee Mug $8\frac{1}{2}$ oz. (有把咖啡杯),温的

2 oz. Brandy(白兰地)

$4\frac{1}{2}$ oz. hot black coffee(热浓咖啡)

$1\frac{1}{2}$ oz. whipped cream(掼奶油)

调制手法与前者相同。

目前市面上普遍使用意式 Esprèsso 蒸馏咖啡机。

30. 卧房闹剧(Bedroom Farce)

Coffee Mug $8\frac{1}{2}$ oz. (有把咖啡杯),温的

$1\frac{1}{2}$ oz. Dark Rum(深色朗姆酒)

½ oz. Bourbon Whisky(波旁威士忌)

5 oz. hot black coffee(热浓咖啡)

2 bsp Galliano(两酒吧匙意大利甘草香甜酒)

$1\frac{1}{2}$ oz. whipped cream(掼奶油)

将酒材倒入杯中,调拌匀后加上 $1\frac{1}{2}$ oz. 掼奶油(whipped cream),再撒上磨碎的巧克力碎片作装饰。

31. 舒适咖啡(Comfortable Coffee)

Coffee Mug $8\frac{1}{2}$ oz. (有把咖啡杯),温的

$1\frac{1}{2}$ oz. Southern Comfort(美国南方蜜桃香甜酒)

½ oz. Kahlúa(墨西哥咖啡香甜酒)

2 dashes Angostura Bitters(倒两次安戈斯图拉树皮苦精)

5 oz. hot black coffee(热浓咖啡)

$1\frac{1}{2}$ oz. whipped cream(掼奶油)

将酒材依序注入杯中后,撒上一些肉桂粉,并放上一些剁得碎碎的黄柠檬皮(可用刮皮器(Zester)来刮取)作装饰,再插入一根肉桂棒作搅拌用。

32. 热苹果派(Hot Apple Pie)

Coffee Mug $8\frac{1}{2}$ oz.（有把咖啡杯），温的

$1\frac{1}{2}$ oz. Tuaca（意大利吐阿卡椰子香甜酒）

½ oz. Apple Brandy（苹果白兰地）

5 oz. hot black coffee（热浓咖啡）

$1\frac{1}{2}$ oz. whipped cream（掼奶油）

将酒材依序倒入杯中，撒一些肉桂粉作装饰，插入一根肉桂棒作搅拌用。

33. 贝利丝之吻（Baileys Kiss）

Coffee Mug $8\frac{1}{2}$ oz.（有把咖啡杯），温的

$1\frac{1}{4}$ oz. Baileys Irish Cream（贝利丝爱尔兰奶酒）

¾ oz. Kahlúa（墨西哥咖啡香甜酒）

5 oz. hot black coffee（热浓咖啡）

$1\frac{1}{2}$ oz. whipped cream（掼奶油）

调制手法及装饰物皆与前者相同。

34. 僧侣的诱惑咖啡（Monk's Rope Coffee）

Coffee Mug $8\frac{1}{2}$ oz.（有把咖啡杯），温的

$1\frac{1}{2}$ oz. Frangelico（意大利榛果香甜酒）

½ oz. Dark Crème de Cacao（深色可可香甜酒）

5 oz. hot black coffee（热浓咖啡）

$1\frac{1}{2}$ oz. whipped cream（掼奶油）

将酒材依序倒入杯中，撒一些可可粉作装饰。

35. 南方咖啡（Southern Coffee）

Coffee Mug $8\frac{1}{2}$ oz.（有把咖啡杯），温的

$1\frac{1}{2}$ oz. Bourbon Whisky（波旁威士忌）

½ oz. Dark Crème de Cacao（深色可可香甜酒）

5 oz. hot black coffee（热浓咖啡）

$1\frac{1}{2}$ oz. whipped cream（掼奶油）

调制手法与前者相同，撒一些肉桂粉作装饰，放一根肉桂棒作搅拌用。

36. 查尔斯王子咖啡（Prince Charles Coffee）

Coffee Mug $8\frac{1}{2}$ oz.（有把咖啡杯），温的

2 oz. Drambuie（苏格兰蜂蜜香甜酒）

5 oz. hot black coffee（热浓咖啡）

$1\frac{1}{2}$ oz. whipped cream（掼奶油）

调制手法及装饰物皆与前者相同。

37. 喜马拉雅山快车（Himalaya Express）

Coffee Mug $8\frac{1}{2}$ oz.（有把咖啡杯），温的

$1\frac{1}{2}$ oz. Frangelico Liqueur（意大利榛果香甜酒）

½ oz. cream of coconut(椰乳)

4 oz. strong coffee(意式 Esprèsso 蒸馏浓缩咖啡)

$2\frac{1}{2}$ oz. whipped cream(掼奶油)

将酒材依序加入杯中,拌匀后再放入掼奶油/打成泡沫状的鲜奶油(whipped cream),最后撒一些肉桂粉作装饰。

松饼是一种经常搭配咖啡时享用的甜点(Dessert),为了制作金黄色的松饼,需采购松饼机,美国 CoBat CO 公司的松饼机品质极优。为了追求完美,就必须投入资金来强化设备,同时绝对要避免采购与使用有危险性的器材与设备。

22~3 国际上各种热饮类鸡尾酒(Hot Cocktails)酒方

1. 苹果有效(Apple Works)

Coffee Mug $8\frac{1}{2}$ oz. (有把咖啡杯),温的

直接倒入:

$1\frac{1}{4}$ oz. Bacardi Light Rum(巴卡迪淡朗姆酒)

¾ oz. Bacardi Gold Rum(巴卡迪金色朗姆酒)

½ oz. Laird's 12-Year-Old Apple Brandy(美国 Laird 工厂生产的陈年 12 年的白兰地)

$2\frac{1}{2}$ oz. 热的蔓越莓/蔓越橘汁

$2\frac{1}{2}$ oz. 热的苹果西打

将酒材用酒吧匙由下而上地搅拌两三下,放一根肉桂棒作搅拌与装饰用。

2. 滑雪后的聚会香甜酒(Après-Ski)

Coffee Mug $8\frac{1}{2}$ oz. (有把咖啡杯),温的

直接倒入:

$1\frac{1}{4}$ oz. Laird's Applejack Brandy(美国 Laird 工厂生产的苹果白兰地)

¾ oz. Laird's 12-Year-Old Apple Brandy(美国 Laird 工厂生产的陈年 12 年的苹果白兰地)

$5\frac{1}{2}$ oz. 热的苹果西打

将酒材用酒吧匙由下而上地搅拌两三下,放一根肉桂棒作搅拌与装饰用。

3. 节食主厨的苹果派鸡尾酒(Chef Dieter's Apple Pie Cocktail)

Coffee Mug $8\frac{1}{2}$ oz. (有把咖啡杯),温的

直接倒入:

1 oz. Laird's Applejack Brandy(美国 Laird 工厂生产的苹果白兰地)

1 oz. Yellow Chartreuse(黄色法国察吐士蜂蜜香甜酒)

$5\frac{1}{2}$ oz. hot apple cider(热的苹果西打)

将酒材拌匀,放入一根肉桂棒作搅拌与装饰用。

4. 乔治亚水果馅饼(Georgia Turnover)

Coffee Mug $8\frac{1}{2}$ oz. (有把咖啡杯),

温的

直接倒入:

2 oz. Peachtree Schnapps(桃树无色斯内普烈酒)

$1\frac{1}{2}$ oz. cranberry juice(蔓越莓/蔓越橘汁)

4 oz. hot apple cider(热的苹果西打)

拌匀后放入一根肉桂棒作搅拌与装饰用。

5. 收获时喝的烈酒(Harvest Grog)

Coffee Mug $8\frac{1}{2}$ oz.(有把咖啡杯),温的

直接倒入:

1 oz. Laird's Applejack Brandy(美国 Laird 工厂生产的苹果白兰地)

1 oz. Chambord(法国覆盆子香甜酒)

以平底锅盛 $5\frac{1}{2}$ oz. 苹果西打(apple cider),加入 3 粒丁香粒与两三片肉桂片,放在炉灶熬煮 5 分钟后倒入杯中,拌匀后放入一根肉桂棒作搅拌与装饰用。

6. 热的苹果派(Hot Apple Pie)

Coffee Mug $8\frac{1}{2}$ oz.(有把咖啡杯),温的

直接倒入:

2 oz. Tuaca(意大利吐阿卡椰子香甜酒)

5 oz. hot apple cider(热的苹果西打)

$1\frac{1}{2}$ oz. whipped cream(掼奶油)

撒一些肉豆蔻粉或可可粉,放入一根肉桂棒作搅拌与装饰用。

7. 热的苹果玫瑰(Hot Apple Rose)

Coffee Mug $8\frac{1}{2}$ oz.(有把咖啡杯),温的

直接倒入:

2 oz. Tequila Rose Cream(龙舌兰/特奎拉玫瑰香甜酒)

5 oz. hot apple cider(热的苹果西打)

$1\frac{1}{2}$ oz. whipped cream(掼奶油)

撒一些可可粉或肉桂粉,放一根肉桂棒作搅拌与装饰用。

8. 果园烟雾(Orchard Haze)

Coffee Mug $8\frac{1}{2}$ oz.(有把咖啡杯),温的

直接倒入:

1 oz. Dekuyper Pucker Sour Apple (Dekuyper 公司生产的酸苹果无色烈酒)

½ oz. Cinnamon Schnapps(肉桂无色斯内普烈酒)

½ oz. Light Rum(淡朗姆酒)

5 oz. hot apple cider(热的苹果西打)

$1\frac{1}{2}$ oz. whipped cream(掼奶油)

撒一些肉豆蔻粉或可可粉,插入一根肉桂棒作搅拌与装饰用。

9. 原罪(Original Sin)

Coffee Mug $8\frac{1}{2}$ oz.(有把咖啡杯),温的

直接倒入:

2 oz. Wild Apple Vodka(野生苹果伏特加酒)

5 oz. hot apple cider(热的苹果西打)

$1\frac{1}{2}$ oz. whipped cream(掼奶油)

撒一些肉豆蔻粉,放入一根肉桂棒作搅拌与装饰用。

10. 混合饮料(Rendezvous Punch)

Coffee Mug $8\frac{1}{2}$ oz. (有把咖啡杯),温的

直接倒入:

1 oz. Bacardi Gold Rum(巴卡迪金色朗姆酒)

1 oz. Chambord(法国覆盆子香甜酒)

$5\frac{1}{2}$ oz. hot spiced apple cider(热的香料苹果西打)

在小锅中放入丁香 3 粒、肉桂碎片三小片,用小火熬煮 5 分钟,放入一根肉桂棒作搅拌与装饰用。

11. 雪橇便车(Sleigh Ride)

Coffee Mug $8\frac{1}{2}$ oz. (有把咖啡杯),温的

直接倒入:

$1\frac{1}{4}$ oz. Canadian Whisky(加拿大威士忌)

¾ oz. Hawaiian Vanilla Rum(夏威夷香草朗姆酒)

½ oz. Cinnamon Canadian Whisky(加拿大肉桂威士忌)

$2\frac{1}{2}$ oz. 热的蔓越莓/蔓越橘汁

$2\frac{1}{2}$ oz. 热的苹果西打

放入一根肉桂棒即成。

12. 塞满的西打(Tighter Cider)

Coffee Mug $8\frac{1}{2}$ oz. (有把咖啡杯),温的

直接倒入:

1 oz. Myers's Dark Rum(迈尔斯深色朗姆酒)

¾ oz. Calvados Apple Brandy(卡尔瓦多斯苹果白兰地)

¾ oz. Apple Schnapps(苹果无色斯内普烈酒)

5 oz. hot apple cider(热的苹果西打)

以手指夹捏两次的肉桂粉

放入一个苹果角(apple wedge)作装饰,放入一根肉桂棒作搅拌用。

13. 阿伯丁-安格斯(Aberdeen Angus)

Coffee Mug $8\frac{1}{2}$ oz. (有把咖啡杯),温的

直接倒入:

$1\frac{1}{4}$ oz. Scotch Whisky(苏格兰威士忌)

¾ oz. Drambuie(苏格兰蜂蜜香甜酒)

½ oz. 鲜柠檬汁

¼ oz. 蜂蜜

5 oz. 热水

用酒吧匙拌匀,碟子上放一个黄柠檬角作装饰即成。

14. 阿西洛米亚(A Cillo Mia)

Coffee Mug $8\frac{1}{2}$ oz. (有把咖啡杯),

温的

直接倒入:

$1\frac{1}{4}$ oz. Giori Lemoncillo Cream(意大利产的柠檬乳香甜酒,酒精度是34度)

¾ oz. Cointreau(法国康露德柑橘香甜酒)

$5\frac{1}{2}$ oz. hot herbal tea(热的药草茶饮料)

碟子上放一个黄柠檬角作装饰。

15. 苹果托地(Apple Toddy)

Coffee Mug $8\frac{1}{2}$ oz.(有把咖啡杯),温的

直接倒入:

$1\frac{1}{2}$ oz. Laird's Applejack Brandy(美国Laird工厂生产的苹果西打)

½ oz. Apple Schnapps(苹果无色斯内普烈酒)

4 oz. hot apple cider(热的苹果西打)

$2\frac{1}{2}$ oz. hot frothed milk(以蒸汽打成泡沫状的热鲜奶)

撒一些肉豆蔻粉作装饰,放一根肉桂棒作搅拌用。

16. 碧阿姨的治百病热牛奶混合酒(Aunt Bea's Cure-All Hot Milk Punch)

Coffee Mug $8\frac{1}{2}$ oz.(有把咖啡杯),温的

直接倒入:

¾ oz. Brandy(白兰地)

¾ oz. 加香料的摩根船长香朗姆酒或巴卡迪香朗姆酒(Captain Morgan or Bacardi Spiced Rum)

½ oz. Vanilla Liqueur(香草香甜酒)

$5\frac{1}{2}$ oz. hot milk(热的鲜奶)

撒一些肉豆蔻粉或可可粉作装饰,放入一根肉桂棒作搅拌用。

17. 蓝色宽松运动衣(Blue Blazer)

Coffee Mug $8\frac{1}{2}$ oz.(有把咖啡杯),温的

直接倒入:

2 oz. Scotch Whisky(苏格兰威士忌)

¾ oz. honey(蜂蜜)

¼ oz. 鲜柠檬汁或罗斯青柠檬汁(Rose's lime juice)

$4\frac{1}{2}$ oz. hot water(热水)

用酒吧匙搅拌,溶化蜂蜜后,碟子上放一个黄柠檬角作装饰。

18. 暖身饮料(Body Warmer)

Coffee Mug $8\frac{1}{2}$ oz.(有把咖啡杯),温的

直接倒入:

$1\frac{1}{2}$ oz. Grand Marnier(法国柑橘干邑香甜酒)

½ oz. Kahlúa(墨西哥咖啡香甜酒)

$5\frac{1}{2}$ oz. hot milk(热的鲜奶)

用酒吧匙拌匀,连同一小杯(1 oz.)的蜂蜜放在杯侧供客人添加饮用。

19. 白兰地蛋奶酒(Brandy Egg Nog)

Coffee Mug $8\frac{1}{2}$ oz.（有把咖啡杯),温的

直接倒入:

1 oz. Brandy(白兰地)

1 oz. Dark Crème de Cacao(深色可可香甜酒)

$5\frac{1}{2}$ oz. hot milk(热的鲜奶)

撒上一些肉豆蔻粉或可可粉作装饰。

20. 肌肉发达的肉汤(Brawny Broth)

Coffee Mug $8\frac{1}{2}$ oz.（有把咖啡杯),温的

直接倒入:

$1\frac{1}{2}$ oz. Vodka(伏特加酒)

6 oz. beef bouillon(热牛肉汤)

撒一下柠檬胡椒粉

在碟子上放一个黄柠檬角作装饰。

21. 暗淡伯爵(Earl of Grey)

Coffee Mug $8\frac{1}{2}$ oz.（有把咖啡杯),温的

直接倒入:

2 oz. Scotch Whisky(苏格兰威士忌)

$5\frac{1}{2}$ oz. 伯爵红茶(Earl Grey Tea)

在碟子上放一个黄柠檬角作装饰。

22. 天堂般的托地(Heavenly Toddy)

Coffee Mug $8\frac{1}{2}$ oz.（有把咖啡杯),温的

直接倒入:

2 oz. Christian Brothers Brandy(克里斯蒂安兄弟白兰地)

$1\frac{1}{2}$ oz. 鲜柠檬汁

½ oz. honey(蜂蜜)

$3\frac{1}{2}$ oz. 热水

拧挤并放入两条黄柠檬作装饰。

23. 蜂蜜朗姆酒托地(Honey Rum Toddy)

Coffee Mug $8\frac{1}{2}$ oz.（有把咖啡杯),温的

直接倒入:

2 oz. Bacardi Gold Rum(巴卡迪金色朗姆酒)

½ oz. 蜂蜜

¼ oz. 鲜青柠檬汁

5 oz. 沸水

在碟子上放一个青柠檬角作装饰,杯内放一根肉桂棒作搅拌用。

24. 热牛奶混合饮料(Hot Milk Punch)

Coffee Mug $8\frac{1}{2}$ oz.（有把咖啡杯),温的

直接倒入:

2 oz. Bourbon Whisky(波旁威士忌)

½ oz. simple syrup(简易糖浆)

5 oz. hot milk(热的鲜奶)

撒些肉豆蔻粉或可可粉作装饰。

25. 热朗姆酒母牛(Hot Rum Cow)

Coffee Mug $8\frac{1}{2}$ oz.（有把咖啡杯),温的

直接倒入：

2 oz. Bacardi Gold Rum(巴卡迪金色朗姆酒)

½ oz. simple syrup(简易糖浆)

撒一下苦精

撒两下香草精(vanilla extract)

5 oz. 热鲜奶

捏两次肉豆蔻粉或可可粉放入杯中作装饰。

26. 爱尔兰人的茶(Irish Tea)

Coffee Mug $8\frac{1}{2}$ oz. (有把咖啡杯),温的

直接倒入：

1 oz. Irish Mist(爱尔兰米斯特,一种辛辣的爱尔兰蜂蜜香甜酒)

1 oz. Irish Whisky(爱尔兰威士忌)

$5\frac{1}{2}$ oz. hot tea(热茶)

放一个黄柠檬角于碟子上作装饰。

27. 原创的海军格罗格烈酒(Original Navy Grog)

Coffee Mug $8\frac{1}{2}$ oz. (有把咖啡杯),温的

直接倒入：

2 oz. Bacardi Gold Rum(巴卡迪金色朗姆酒)

1 oz. Brandy(白兰地)

1 oz. Rose's lime juice(罗斯青柠檬汁)

½ oz. simple syrup(简易糖浆)

6 粒丁香

$4\frac{1}{2}$ oz. 热水

一根肉桂棒

一片黄柠檬

用酒吧匙拌匀,在碟子上放一个黄柠檬角作装饰。

28. 橘子蔓越莓托地酒(Orange Cranberry Toddy)

Coffee Mug $8\frac{1}{2}$ oz. (有把咖啡杯),温的

倒入小锅或浅煎锅内熬煮：

1 oz. Grand Marnier(法国柑橘干邑香甜酒)

1 oz. Chambord(法国覆盆子香甜酒)

2 oz. cranberry juice(蔓越莓/蔓越橘汁)

4 oz. orange juice(橘子汁)

一粒丁香

一根肉桂棒

一酒吧匙细砂糖

小火慢熬 5 分钟后倒入马克杯中,放一片橘子于杯内作装饰。

29. 朗姆酒托地(Rum Toddy)

Coffee Mug $8\frac{1}{2}$ oz. (有把咖啡杯),温的

直接倒入：

2 oz. Bacardi Gold Rum(巴卡迪金色朗姆酒)

½ oz. simple syrup(简易糖浆)

5 oz. hot water(热水)

放一个黄柠檬角于碟子上作装饰。

30. 萨吉诺打盹(Saginaw Snooze)

Coffee Mug $8\frac{1}{2}$ oz. (有把咖啡杯),

温的

直接倒入小锅中:

$3\frac{3}{4}$ oz. cranberry juice(蔓越莓/蔓越橘汁)

$3\frac{3}{4}$ oz. apple juice(苹果汁)

一酒吧匙蜂蜜

小火加热,熬煮片刻,倒入杯中后放一片黄柠檬圆片及肉桂棒作装饰。

31. 银色阴影(Silver Shadow)

Coffee Mug $8\frac{1}{2}$ oz.(有把咖啡杯),温的

直接倒入:

$1\frac{1}{2}$ oz. Amaretto(意大利苦杏仁香甜酒)

6 oz. hot tea(热茶)

放一个黄柠檬角于碟子上作装饰。

32. 饮茶时间(Tea Time)

Coffee Mug $8\frac{1}{2}$ oz.(有把咖啡杯),温的

直接倒入:

1 oz. Irish Whisky(爱尔兰威士忌)

1 oz. Baileys Irish Cream(贝利丝爱尔兰奶酒)

$5\frac{1}{2}$ oz. hot tea(热茶)

放一个黄柠檬角于碟子上作装饰。

33. 所有威士忌全有(Whisky-All-In)

Coffee Mug $8\frac{1}{2}$ oz.(有把咖啡杯),温的

直接倒入:

$1\frac{1}{2}$ oz. Scotch Whisky(苏格兰威士忌)

¼ oz. fresh lemon juice(新鲜黄柠檬汁)

¼ oz. simple syrup(简易糖浆)

$5\frac{1}{2}$ oz. hot water(热水)

放一个黄柠檬角于碟子上作装饰。

34. 伍德寡妇的睡帽(Widow Wood's Nightcap)

Coffee Mug $8\frac{1}{2}$ oz.(有把咖啡杯),温的

直接倒入:

2 oz. Scotch Whisky(苏格兰威士忌)

1 oz. Dark Crème de Cacao(深色可可香甜酒)

4 oz. hot milk(热的鲜奶)

$1\frac{1}{2}$ oz. whipped cream(掼奶油)

撒一些可可粉作装饰。

35. 温妮的热蜂蜜锅(Winnie's Hot Honey Pot)

Coffee Mug $8\frac{1}{2}$ oz.(有把咖啡杯),温的

直接倒入:

$1\frac{1}{2}$ oz. Drambuie(苏格兰蜂蜜香甜酒)

½ oz. lemon juice(柠檬汁)

½ oz. honey(蜂蜜)

5 oz. hot tea(热茶)

放一个黄柠檬角(lemon wedge)于碟

子上作装饰。

36. 贝蒂瑰柏(Betty Grable)

Coffee Mug $8\frac{1}{2}$ oz.(有把咖啡杯),温的

直接倒入:

1 oz. Bacardi Light Rum(巴卡迪淡朗姆酒)

½ oz. Amaretto(意大利苦杏仁香甜酒)

½ oz. Chambord(法国覆盆子香甜酒)

5 oz. hot apple cider(热的苹果西打)

$1\frac{1}{2}$ oz. whipped cream(掼奶油)

撒一些肉豆蔻粉在呈泡沫状的鲜奶油/掼奶油上作装饰,放入一根肉桂棒作搅拌用。

22-4 酒吧国际专业术语

1. Esprèsso:指一种用咖啡机高压水及蒸汽冲出来的意大利高浓度咖啡,常带有淡棕色的泡沫头。

2. Americano:指由意大利蒸馏浓咖啡(Exprèsso)加上更多的热水稀释而成。

3. Breve:指在 Esprèsso 浓咖啡里加入用蒸汽打过的 half & half 鲜牛奶和一点点泡沫高度稀释而成。

4. Café Au Lait:指以等量的 Esprèsso 蒸馏浓咖啡和蒸汽打过的鲜奶一起倒入大咖啡杯中饮用。

5. Caffè Correcto:指改进的 Esprèsso 蒸馏浓咖啡,即再撒入一些干邑(Cognac)或格拉巴果渣白兰地(Grappa)而成。

6. Caffè Latte:指在 Esprèsso 浓咖啡里加入用蒸汽打过的牛奶和一些泡沫高度稀释而成。

7. Caffè Macchiato:指在 Esprèsso 蒸馏浓咖啡里加上一点点蒸汽打过的牛奶。

8. Caffè Mocha:指在 Esprèsso 蒸馏浓咖啡里加入蒸汽打过的牛奶和可可。

9. Caffè Ristretto:指制作 Esprèsso 蒸馏浓咖啡时把水量调低,以更少的水冲出更浓的咖啡。

10. Cappuccino:卡普契诺咖啡,指在 Esprèsso 蒸馏浓咖啡上面加上一层牛奶泡沫。

11. Cappuccino Chiaro:指用较少的 Esprèsso 蒸馏浓咖啡制成的较清淡的卡普契诺咖啡。

12. Cappuccino Scuro:用较多的 Esprèsso 蒸馏浓咖啡制成的深色、暗黑色卡普契诺咖啡。

13. Dry:指在 Latte 或 Cappuccino 咖啡里,泡沫放入的量比蒸汽牛奶量多。

14. Half-Caf:指咖啡因只有平常一半的咖啡。

15. Latte Macchiato:指蒸汽打过的鲜奶被 Esprèsso 蒸馏浓咖啡滴入或淋入或沾染到。

16. Mochaccino:指 Cappuccino 咖啡是用泡沫巧克力牛奶或可可制成的。

17. Rey Eye:指一杯正规常态咖啡中加入了 Esprèsso 浓咖啡。

18. Skinny:指一杯 Cappuccino 咖啡或 Latte 咖啡是以蒸汽打入脱脂牛奶(skim

milk)而制成。

19. Marry, Marring the Bottles(动词):俚语,指把两瓶或更多瓶酒倒入更少的瓶中。此为违法行为,但在酒吧中却常看到。

20. Jamming(形容词):指酒吧非常拥挤,非常忙碌,服务人员不停地在工作。

问题探讨

如何调制下列各款国际知名热饮类鸡尾酒饮料?

(1) Irish Coffee
(2) Amaretto Coffee
(3) Jamaican Coffee
(4) Hot Kiss
(5) Capriccio
(6) Black Gold
(7) Café Royale
(8) Spanish Coffee
(9) Baileys Kiss
(10) Comfortable Coffee
(11) Bedroom Farce
(12) Himalaya Express
(13) Apple Works
(14) Georgia Turnover
(15) Sleigh Ride
(16) Hot Apple Pie
(17) Tighter Cider
(18) Aunt Bea's Cure-All Hot Milk Punch
(19) Blue Blazer
(20) Honey Rum Toddy
(21) Original Navy Grog
(22) Orange Cranberry Toddy
(23) Whisky-All-In
(24) Winnie's Hot Honey Pot
(25) Orchard Haze

第二十三章

蛋奶酒和混合酒酒方

Recipes of Eggnogs and Punches

学习目的

了解： 1. 对蛋奶酒和混合酒应有的认识

2. 蛋奶酒酒方(Recipes of Eggnogs)

3. 冷的混合酒(Cold Punches)酒方

4. 热的混合酒(Hot Punches)酒方

5. 无酒精的混合饮料(Non-Alcoholic Punches)的调配法

6. 无牛奶的水果冰淇淋(Ice Cream or Sorbet)的调酒方

7. 酒吧国际专业术语

23~1 对蛋奶酒和混合酒应有的认识

看到蛋奶酒，人们就会联想到台湾西餐厅里常见的蛋蜜乳或蛋蜜汁之类的饮料以及姜母茶（即老姜加红糖熬煮的姜汤）等，但笔者喝过姜母茶，却从来没敢喝台湾市面上的蛋奶蜜乳或蛋酒之类的饮料。为什么？因为在台湾吃生鸡蛋是件危险的事，生蛋常带有沙门氏菌（Salmonella），会导致食用者食物中毒。

喝蛋奶酒在西方国家却是留传甚久的假日传统。早在美国仍为英国的殖民地时期，蛋奶酒（Eggnog）就已十分流行。蛋奶酒基本上是以牛奶、鸡蛋及烈酒调拌而成，传统上是以朗姆酒为基酒来调制，但现在也有人用威士忌及白兰地来调制。制作蛋奶酒时，调酒师必须注意新鲜鸡蛋的卫生安全，通常使用经专业处理与加工过的原料蛋奶酒（Eggnog）是较为安全的，因为加入调拌的威士忌以及经杀菌处理的蛋奶酒确实更为安全与方便，开瓶后也只需冷藏即可。著名的原料蛋奶酒品牌有荷兰的蛋奶酒（Bols Advacaat）及美国波士顿蛋奶酒（Mr. Boston Eggnog）。蛋奶酒通常都是大量调制，但也有个人分量的小杯调制。调制蛋奶酒所需的蛋奶酒乳（Dairy Eggnogs）是不含酒精的，在美国大型的杂货店或超级市场的乳品冷藏柜中常可找到。在后面的酒方中可发现，此种物美价廉的乳制品确实是被广泛使用的。

混合酒（Punches）是招待宾客人数较多时的最佳鸡尾酒饮料，一次调好一大缸就足供20人或30人饮用，另外调制用的基酒常是单一性的烈酒，所以其成本也较单杯调制的鸡尾酒低许多，因此最受有预算限制或有预算意识（Budget Conscious）的宴会主人的欢迎。

混合酒可用任何的烈酒来调制，也可用葡萄酒、香槟甚至啤酒来调制。冷的混合酒一年到头都很受欢迎，热的混合酒则只有在冬天聚会时才可能见到。还有一种不含酒精成分的无酒精混合酒，则是给儿童们享用的。当人少且调制量少时，可用水壶（Pitcher）来盛装；当调制量大且需给数十人分享时，常用大型的混合酒缸（Punch Bowl）来盛装，然后由宾客自行取用，或由鸡尾酒服务员在酒会中为其服务。酒缸中应使用整块的大冰块，而不宜使用调酒对采用的小方冰块（Ice Cubes），因为小冰块放在大混合酒缸中，很快就会融化而稀释了酒的风味。使用大冰块（Ice Block）时应加点细致的装饰，例如可放上果冻、水果切片或新鲜的水果雕花等，以求抓住宾客的视觉注意力。

23~2 蛋奶酒酒方(Recipes of Eggnogs)

1. 大使的晨间提神饮料（Ambassador's Morning Lift）

Punch Bowl（混合酒缸）1 加仑（即 8 Pints 或 128 oz.），放一大冰块

Punch Cup 8 oz.（混合酒有把杯）

64 oz. 大冰块一块

6 oz. Cognac(法国干邑白兰地)

$4\frac{1}{2}$ oz. Myers's Dark Rum(迈尔斯深色朗姆酒)

$4\frac{1}{2}$ oz. Brown Crème de Cacao(棕色可可香甜酒)

32 oz. prepared dairy eggnog(已调制好的蛋奶酒乳)

将上述酒材倒入大混合缸中拌匀,放入切成薄片的青柠檬片,再在酒面上撒些肉豆蔻粉作装饰,可供8~10人享用。

2. 巴尔的摩蛋奶酒(Baltimore Eggnog)

Punch Bowl(混合酒缸) 128 oz.,放一大冰块

Punch Cup 8 oz.(混合酒有把杯)

64 oz. 大冰块一块

5 oz. Brandy(白兰地)

5 oz. Myers's Dark Rum(迈尔斯深色朗姆酒)

5 oz. Madeira Wine(马德拉白葡萄酒)

32 oz. prepared dairy eggnog(已调制好的蛋奶酒乳)

调制方法与前者相同,大约供8~10人享用。

3. 纳什维尔蛋奶酒(Nashville Eggnog)

Punch Bowl(混合酒缸) 128 oz.,放一大冰块

Punch Cup 8 oz.(混合酒有把杯)

64 oz. 大冰块一块

6 oz. Bourbon Whisky(波旁威士忌)

$4\frac{1}{2}$ oz. Brandy(白兰地)

$4\frac{1}{2}$ oz. Myers's Dark Rum(迈尔斯深色朗姆酒)

32 oz. prepared dairy eggnog(已调制好的蛋奶酒乳)

调制方法与前者相同,盛入个人小杯内,可根据客人喜好再撒上一些肉豆蔻粉(Nutmeg)作装饰,大约供8~10人享用。

4. 早餐蛋奶酒(Breakfast Eggnog)

Punch Bowl(混合酒缸)1 加仑(128 oz.)放一大冰块

Punch Cup 8 oz.(混合酒有把杯)

64 oz. 大冰块一块

10 oz. Apricot Brandy(杏仁香甜酒)

5 oz. Triple Sec(三干酒/柑橘香甜酒)

32 oz. prepared dairy eggnog(已调制好的蛋奶酒乳)

调制手法与饮用方式皆与前者相同,大约供8~10人享用。

5. 圣诞节蛋奶酒(Christmas Yule Eggnog)

Punch Bowl(混合酒缸)128 oz.,放一大冰块

Punch Cup 8 oz.(混合酒有把杯)

64 oz. 大冰块一块

12 oz. Blended Whisky(混合威士忌)

3 oz. Light Rum(淡朗姆酒)

32 oz. prepared dairy eggnog(已调制好的蛋奶酒乳)

调制手法与饮用方式皆与前者相同,大约供8~10人享用。

6. 皇帝的蛋奶酒(Imperial Eggnog)

Punch Bowl(混合酒缸)128 oz.,放一大冰块

Punch Cup 8 oz.(混合酒有把杯)

64 oz. 大冰块一块

10 oz. Brandy(白兰地)

5 oz. Apricot Brandy(杏桃白兰地)

32 oz. prepared dairy eggnog(已调制好的蛋奶酒乳)

调制方法与饮用方式皆与前者相同,大约供8~10人享用。

7. 雪利蛋奶酒(Sherry Eggnog)

Punch Bowl(混合酒缸)128 oz.,放一大冰块

Punch Cup 8 oz.(混合酒有把杯)

18 oz. Cream Sherry(西班牙乳状雪利酒)

32 oz. prepared dairy eggnog(已调制好的蛋奶酒乳)

调制手法与饮用方式皆与前者相同,大约供10人享用。

8. 俄罗斯人蛋奶酒(Russian Nog)

Old-fashioned 7 oz. 杯,加满冰块

¾ oz. Vodka(伏特加酒)

¾ oz. Kahlúa(墨西哥咖啡香甜酒)

$1\frac{1}{2}$ oz. Bols Advacaat(荷兰的蛋奶酒)

将酒材倒入加满冰块的老式酒杯中,拌匀即可。

9. 打蛋者(Egg Crusher)

Cocktail $6\frac{1}{2}$ oz.(大鸡尾酒杯),冰的

¾ oz. Light Rum(淡朗姆酒)

¾ oz. Kahlúa(墨西哥咖啡香甜酒)

$2\frac{1}{2}$ oz. Bols Advacaat(蛋酒)

将酒材倒入已装¼满冰块的调拌杯内,迅猛摇荡后过滤倒入杯中,在酒面上撒一些肉豆蔻粉作装饰。

10. 可可蛋奶酒(Nog De Cacao)

Rocks 7 oz. 杯,加满冰块

2 oz. Bols Advacaat(荷兰的蛋奶酒)

$1\frac{1}{2}$ oz. Crème de Cacao(可可香甜酒)

将酒材倒入已加满冰块的Rocks杯中,拌匀即可享用。

11. 结霜蛋奶酒(Frosty Nog)

Poco Grande $13\frac{1}{4}$oz.(波可杯),冰的

4 oz. Bols Advocaat(荷兰的蛋奶酒)

1 oz. sugar syrup(糖浆)

10 oz. crushed ice(碎冰)

将酒材倒入果汁机中,以高速打成雪泥状后倒入杯中,撒一些肉豆蔻粉及切细的烘焙过的杏仁条作装饰,插入吸管。

最好用电动洗杯机(Electric Glass Washer)清洗盛放蛋酒的杯子,以确保清洁与卫生。

23~3 冷的混合酒(Cold Punches)酒方

1. 鳕岬捕鱼人混合酒(Cape Codder Punch)

Punch Bowl(大混合酒缸)$1\frac{1}{2}$加仑(192 oz.),放一大冰块

Punch Cup 8 oz.(混合酒有把杯)

64 oz. 大冰块一块

12 oz. Vodka(伏特加酒)

8 oz. orange juice(橘子汁)

6 oz. lime juice(青柠檬汁)

4 oz. sugar syrup(糖浆)

32 oz. cranberry juice(蔓越莓/蔓越橘汁)

16 oz. apple juice(苹果汁)

14 oz. mineral water(矿泉水)

将酒材倒入混合酒缸(Punch Bowl)中拌匀,切一些青柠檬片、橘子片、苹果片放在大缸中大冰块的上面作装饰,大约供20人享用。

2. 做爱混合酒(Boom-Boom Punch)

Punch Bowl(混合酒缸)1 加仑(128 oz.),放一大冰块

Cocktail $4\frac{1}{2}$ oz.(小鸡尾酒杯)

48 oz. 大冰块一块

32 oz. Light Rum(淡朗姆酒)

16 oz. orange juice(橘子汁)

$12\frac{1}{2}$ oz. Sweet Vermouth(甜苦艾酒/味美思)

$12\frac{1}{2}$ oz. chilled Champagne(冰过的香槟,漂浮在上面)

混合酒缸中先放入一块大冰块(large block of ice),放入前3项饮料拌匀后,再倒入冰过的香槟漂浮在酒面上,切一些橘子片及青柠檬片放在大冰块上作装饰,大约可供24人享用。

3. 孟买混合酒(Bombay Punch)

Punch Bowl(混合酒缸)1 加仑(128 oz.),放一大冰块

Punch Cup 8 oz.(有把杯)

48 oz. 大冰块一块

8 oz. Brandy(白兰地)

8 oz. Dry Sherry(辛辣雪利酒)

1 oz. Maraschino Liqueur(酒浸樱桃香甜酒)

1 oz. Triple Sec(三干酒/柑橘香甜酒)

4 oz. lime juice(青柠檬汁)

4 oz. sugar syrup(糖浆)

25 oz. chilled Champagne(一瓶冰过的香槟)

16 oz. chilled club soda(冰过的苏打水)

在大酒缸中先放入一块大冰块,然后把酒材依序放入大缸中,拌匀后放一些季节性的新鲜水果作装饰。此缸大约可供15人享用。

4. 杏桃橘子菲兹(Apricot Orange Fizz)

Pitcher(大水壶)60 oz.(约1.5L),装¼满冰块(ice cubes)

Collins 12 oz. 杯

15 oz. iced cubes(冰块)

4 oz. Apricot Brandy(杏桃白兰地)

8 oz. Light Rum(淡朗姆酒)

24 oz. orange juice(橘子汁)

4 oz. lime juice(青柠檬汁)

3 oz. club soda(每杯分别最后加入)

将前5项酒材加入大水壶中拌匀,饮用前先将柯林斯杯加满冰块,倒入约3oz.混合饮料后,再加上约3oz.苏打水,挂一片青柠檬圆片或挤放一个青柠檬角作

装饰。

5. 西打杯(Cider Cup)

Pitcher (大水壶) 1 加仑(128 oz.),加满冰块

Red Wine Glass 12 oz. (大圆球状红葡萄酒杯)

4 oz. Brandy(白兰地)

2 oz. Triple Sec (三干酒/柑橘香甜酒)

2 oz. sugar syrup(糖浆)

32 oz. apple cider(苹果西打)

12 oz. club soda(苏打水)

大水壶中先加满冰块,并放入小苹果片,将酒材依序倒入后拌匀,再放一把新鲜的薄荷叶枝作装饰,大约可供 12 人享用。

6. 香槟果冻混合酒(Champagne Sherbet Punch)

Punch Bowl(混合酒缸)128 oz.,放一大冰块

Punch Cup 8 oz. (混合酒有把杯)

64 oz. 大冰块一块

25 oz. chilled Champagne(一瓶冰过的香槟)

24 oz. orange juice(橘子汁)

5 oz. lime juice(青柠檬汁)

大酒缸中先放入一块大冰块,再倒入果汁拌匀,加入香槟拌匀后,切一些季节性新鲜水果放在大冰块上作装饰。饮用时备妥一盆 32oz. 橘子果冻冰淇淋(orange sherbet),先挖一球橘子果冻冰淇淋放入杯中,然后加入混合饮料。大约可供20 人享用。

7. 柑橘啤酒混合酒(Citrus Beer Punch)

Pitcher 128 oz. (大水壶)

Punch Cup 8 oz. (混合酒有把杯)

24 oz. chilled grapefruit juice(冰过的葡萄柚汁)

12 oz. lime juice(青柠檬汁)

24 oz. sugar syrup(糖浆)

18 oz. 饮用水

48 oz. (4 罐 12oz.)罐装清啤(Light Beer)

将酒材倒入大水壶中拌匀,冰过的啤酒在饮用前才加入,玻璃马克杯中加入 2oz. 冰块,并放一片青柠檬片作装饰,再倒入 6oz. 的混合酒,大约可供 20 人享用。

8. 爱之杯(Loving Cup)

Pitcher 128 oz. (大水壶),加满冰块(ice cubes)

Punch Cup 8 oz. (混合酒有把杯)

32 oz. 干红葡萄酒(Claret)或红葡萄酒(任何品牌皆可)

4 oz. Brandy(白兰地)

2 oz. Triple Sec(三干酒/柑橘香甜酒)

12 oz. club soda(苏打水)

4 oz. sugar syrup(糖浆)

将酒材倒入加满冰块的大水壶中,壶内先放入黄瓜皮,拌匀后放三四个薄荷叶枝作装饰,大约可供 12 人享用。

9. 珊格瑞亚(Sangria)

Punch Bowl 128 oz. (混合酒缸),加入 2oz. 小冰块

Red Wine Glass 12 oz. (大圆球状红葡萄酒杯)

15 oz. sparkling water (气泡矿泉水)

8 oz. sugar syrup(糖浆)

1 粒切成薄片的橘子

1 粒切成薄片的青柠檬

1 瓶 750mL 约 25oz. 的红葡萄酒或 Rosé Wine(粉红葡萄酒)

将酒材倒入已加½满冰块(2oz. 冰块)的大水壶中拌匀。饮用时要捞一些水果片放入杯中,大约可供 10 人享用。

10. 格外刺激的混合酒(Extra-Kick Punch)

Punch Bowl(混合酒缸)128 oz.,放一大冰块

Punch Cup 8 oz.(混合酒有把杯)

48 oz. 大冰块一块

8 oz. Dark Rum(深色朗姆酒)

4 oz. Brandy(白兰地)

2 oz. Peach Brandy(桃子白兰地)

8 oz. lime juice(青柠檬汁)

8 oz. pineapple juice(凤梨汁)

10 oz. sugar syrup(糖浆)

24 oz. 饮用水

将酒材倒入已放入大冰块的混合酒缸中,在大冰块上放一些凤梨片与青柠檬片作装饰,大约可供 12 人享用。

11. 薄荷朱力普混合酒(Mint Julep Punch)

Punch Bowl 128 oz.(混合酒缸),放一大冰块

Punch cup 8 oz.(混合酒有把杯)

48 oz. 大冰块一块

4 oz. mint jelly(薄荷果冻粉)

6 oz. water(饮用水)

14 oz. Bourbon Whisky(波旁威士忌)

24 oz. pineapple juice(凤梨汁)

6 oz. lime juice(青柠檬汁)

24 oz. club soda(苏打水)

首先把 4 oz. 的薄荷果冻粉加入到 6 oz. 的水中,以小火加温使之融化,放置一旁冷却定形后,再切成小粒状。上述前 4 项酒材倒入装有大冰块的大混合酒缸中拌匀,再把薄荷果冻粒倒入,并加入青柠檬片与新鲜薄荷叶枝作装饰,大约可供 20 人享用。

12. 西印度群岛人混合酒(West Indian Punch)

Punch Bowl(混合酒缸)$1\frac{1}{2}$加仑(192 oz.),放一大冰块

Punch cup 8 oz.(混合酒有把杯)

64 oz. 大冰块一块

32 oz. Light Rum(淡朗姆酒)

$12\frac{1}{2}$ oz. Crème de Banana(香蕉香甜酒)

16 oz. pineapple juice(凤梨汁)

16 oz. orange juice(橘子汁)

16 oz. lime juice(青柠檬汁)

6 oz. sugar syrup(糖浆)

½ bsp(半酒吧匙)肉豆蔻粉

½ bsp(半酒吧匙)肉桂粉

¼ bsp(¼ 酒吧匙)丁香碎片

将酒材倒入已放入大冰块的大混合酒缸中拌匀,在大冰块上放橘子片、青柠檬片、凤梨片与香蕉片作装饰,再撒上香料,大约可供 24 人享用。

23~4 热的混合酒(Hot Punches)酒方

1. 圣诞欢呼酒(Christmas Cheer)

Coffee Mug $8\frac{1}{2}$ oz.(有把咖啡杯),温的

6 oz. Rum(朗姆酒)

4 oz. Applejack Brandy(苹果白兰地)

3 oz. Apple Schnapps(苹果无色斯内普烈酒)

64 oz. apple cider(苹果西打)

4 根肉桂棒(cinnamon sticks)

先把苹果西打与肉桂棒放到小锅(sauce pan)中,以中火煮沸后,改成小火,加入烈酒,加热并拌匀。将 7 oz. 已调制好的酒倒入有把的爱尔兰咖啡杯(Irish Coffee Mug)中,插入一根肉桂棒作装饰,大约可供 10 人享用。

2. 热牛奶混合酒(Hot Milk Punch)

Coffee Mug $8\frac{1}{2}$ oz.(有把咖啡杯),温的

16 oz. Whisky(威士忌)

22 oz. milk(鲜奶)

4 oz. sugar syrup(糖浆)

先把牛奶倒入锅中以小火煮热,再加入糖浆煮沸后,加入威士忌立即熄火。将 7oz. 已调制好的酒倒入已温过的杯中,插入一根肉桂棒,并撒一些肉豆蔻粉作装饰,大约可供 6 人享用。

3. 热苹果白兰地(Hot Apple Brandy)

Coffee Mug $8\frac{1}{2}$ oz.(有把咖啡杯),温的

14 oz. Apricot Brandy(杏桃白兰地)

56 oz. apple juice(苹果汁)

3 根肉桂棒

½ bsp(半酒吧匙)搅碎的丁香

以小火将苹果汁、肉桂棒与丁香煮 10 分钟熬出原味,再加入白兰地(稍加热后立即熄火,以免酒香与酒精都流失),盛放 7 oz. 于杯中,大约可供 10 人享用。

4. 冬天西打(Winter Cider)

Coffee Mug $8\frac{1}{2}$ oz.(有把咖啡杯),温的

6 oz. Rum(朗姆酒)

4 oz. Peach Brandy(桃子白兰地)

3 oz. Peach Schnapps(桃子无色斯内普烈酒)

64 oz. apple cider(苹果西打)

3 根肉桂棒

先把肉桂棒与苹果西打放入锅中以中火煮沸,改成小火后加入 3 种烈酒,再加热并拌匀。将 7 oz. 已调制好的酒倒入杯中,插一根肉桂棒,放一片苹果片作装饰,大约可供10 ~ 11 人享用。

5. 热朗姆西打(Hot Rummed Cider)

Coffee Mug $8\frac{1}{2}$ oz.(有把咖啡杯),温的

12 oz. Light Rum(淡朗姆酒)

$1\frac{1}{2}$ oz. butter(黄油)

48 oz. apple cider(苹果西打)

$8\frac{1}{2}$ oz. sugar syrup(糖浆)

首先把苹果西打及糖浆倒入锅中,以中火加热到沸腾后,改成小火,放入黄油,黄油融化后再加入朗姆酒,稍加热10秒钟就熄火,将7 oz. 饮料倒入杯中,大约可供10人享用。

23～5 无酒精的混合饮料(Non-Alcoholic Punches)的调配法

1. 爱神的箭(Cupid's Arrow)

Punch Bowl (混合酒缸)128 oz.,装¼满冰块(32 oz.)

Punch Cup 8 oz. (混合酒有把杯)

32 oz. milk(鲜奶)

10 oz. strawberry puree(草莓浓浆)(美国Daily公司的产品甚佳)

30 oz. drinking water(饮用水)

8 oz. orange juice(橘子汁)

4 oz. lime juice(青柠檬汁)

将酒材倒入果汁机中,以慢速打30秒钟,彻底拌匀后倒入已装¼满冰块的酒缸中,在冰块上放一些草莓片、柠檬片或青柠檬片作装饰,然后盛7 oz. 的饮料于杯中,大约可供15人享用。

2. 爱斯基摩人之吻(Eskimo Kiss)

Punch Bowl (混合酒缸) 128 oz.,装¼满冰块(32 oz.)

Punch Cup 8 oz. (混合酒有把杯)

32 oz. orange juice(橘子汁)

12 oz. lime juice(青柠檬汁)

16 oz. club soda(苏打水)

24 oz. ginger ale(姜汁汽水)

16 oz. apricot syrup(杏桃浆)

24 oz. pineapple juice(凤梨汁)

将酒材倒入已加¼满冰块(ice cubes)的大缸内,用长酒吧匙拌匀,并放入大量青柠檬圆片在冰上作装饰。

3. 葡萄柚混合饮料(Grapefruit Punch)

Punch Bowl (混合酒缸) 2 加仑(256 oz.)

Punch Cup 8 oz. (混合酒有把杯)

48 oz. grapefruit juice(葡萄柚汁)

24 oz. pineapple juice(凤梨汁)

24 oz. orange juice(橘子汁)

12 oz. sugar syrup(糖浆)

12 oz. lime juice(青柠檬汁)

24 oz. club soda(苏打水)

大酒缸中放入¼满的小冰块(约64 oz.),然后把上述饮料逐项倒入缸中,拌匀后再在冰块上放一些青柠檬片、橘子片或凤梨片作装饰,大约可供30人享用。

4. 双莓混合饮料(Double Berry Punch)

Punch Bowl (混合酒缸),$1\frac{1}{2}$加仑(192 oz.),放一大冰块

Punch Cup 8 oz. (混合酒有把杯)

48 oz. 大冰块一块

32 oz. strawberry ice cream(草莓冰淇淋)

40 oz. cranberry juice(蔓越莓/蔓越橘汁)

10 oz. strawberry puree(草莓浓浆)

30 oz. drinking water(饮用水)

20 oz. club soda(苏打水)

将酒材倒入已放入大冰块的大混合酒缸中拌匀,饮用时先挖一球草莓冰淇淋放入杯中,再倒入 5 oz. 的饮料,大约可供 20 人享用。

5. 热带牛奶混合饮料(Tropical Cream Punch)

Punch Bowl(混合酒缸)2 加仑(256 oz.),放一大冰块

Punch Cup 8 oz.(混合酒有把杯)

64 oz. 大冰块一块

48 oz. 浓鲜奶

32 oz. orange juice(橘子汁)

32 oz. pineapple juice(凤梨汁)

32 oz. club soda(苏打水)

20 oz. sugar syrup(糖浆)

在大酒缸中放一块大冰块,倒入除了苏打水的其他饮料,仔细拌匀后,再在上面加入苏打水漂浮,放一些橘子片或凤梨片在大冰块上作装饰,大约可供 20 人享用。

23~6 无牛奶的水果冰淇淋(Ice Cream or Sorbet)的调酒方

1. 安第斯山顶峰(Andes Summit)

Poco Grande $13\frac{1}{4}$ oz.(波可杯),冰的

$1\frac{1}{2}$ oz. Peppermint Schnapps(薄荷无色斯内普烈酒)

¾ oz. Chocolate Liqueur(巧克力香甜酒)

3 oz. milk(鲜奶)

3 oz.(两大球)香草冰淇淋

8 oz. 碎冰

将酒材倒入果汁机中,先以慢速打 5 秒钟,再改成快速打成雪泥状后,倒入 Poco 杯中,再撒上刨碎的巧克力片作装饰。

2. 极地薄荷(Arctic Mint)

Poco Grande $13\frac{1}{4}$ oz.(波可杯),冰的

$2\frac{1}{4}$ oz. Peppermint Schnapps(薄荷无色斯内普烈酒)

½ oz. chocolate syrup(巧克力浆)

3 oz. milk(鲜奶)

3 oz.(两大球)香草冰淇淋

8 oz. 碎冰

将酒材倒入果汁机中,先以慢速打 5 秒钟,再改成快速打成雪泥状后,倒入Poco 杯中,再插入巧克力小棒或放上巧克力扭结状饼干(pretzel)作装饰。

3. 香蕉奶牛(Banana Cow)

Poco Grande $13\frac{1}{4}$ oz.(波可杯),冰的

$1\frac{1}{2}$ oz. Cruzan Banana Rum(圣克罗伊人的香蕉朗姆酒)

¾ oz. Cruzan Orange Rum(圣克罗伊人的橘子朗姆酒)

½ oz. grenadine(红石榴糖浆)

1 oz. half & half cream

3 oz.(两大球)香草冰淇淋

8 oz. 碎冰

将酒材倒入果汁机中,先以慢速打 5 秒钟,再改成快速打成雪泥状后,倒入Poco 杯中,放上切好的香蕉薄片和樱桃(sliced banana and cherry)作装饰。

4. 香蕉霜(Banana Frost)

Poco Grande 13$\frac{1}{4}$ oz.（波可杯),冰的

1 oz. Amaretto（意大利苦杏仁香甜酒)

1 oz. Hawaiian Vanilla Rum(夏威夷香草朗姆酒)

1 oz. 浓鲜奶或 half & half cream

3 oz.（两大球)香草冰淇淋

8 oz. 碎冰

将一条已十分熟的中型香蕉切成 8 小粒

将酒材倒入果汁机中,先以慢速打 5 秒钟,再改成快速打成雪泥状后,倒入Poco杯中,放一个香蕉旗作装饰。

5. 香蕉奶昔(Banana Milk Shake)

Poco Grande 13$\frac{1}{4}$ oz.（波可杯),冰的

1$\frac{1}{2}$ oz. Bacardi Gold Rum(巴卡迪金色朗姆酒)

¾ oz. Bacardi Select Rum(优等巴卡迪朗姆酒)

1 oz. milk(鲜奶)

1 oz. honey(蜂蜜)

3 oz.（两大球)香草冰淇淋

8 oz. 碎冰

将两条十分熟的小型香蕉各切成 8 小粒

将酒材倒入果汁机中,先以慢速打 5 秒钟,再改成快速打成雪泥状后,倒入 Poco 杯中,喷上掼奶油(whipped cream),再淋上巧克力糖浆作装饰。

6. 香蕉切开(Banana Split)

Poco Grande 13$\frac{1}{4}$ oz.（波可杯),冰的

¾ oz. White Crème de Menthe(无色薄荷香甜酒)

¾ oz. White Crème de Cacao(无色可可香甜酒)

¾ oz. Crème de Banana(香蕉香甜酒)

3 oz.（两大球)草莓冰淇淋

8 oz. 碎冰

将酒材倒入果汁机中,先以慢速打 5 秒钟,再改成快速打成雪泥状后,倒入Poco杯中,喷上掼奶油(whipped cream),再放上香蕉片与草莓片作装饰。

7. 香蕉支配你(Banana Over You)

Poco Grande 13$\frac{1}{4}$ oz.（波可杯),冰的

½ oz. Frangelico(意大利榛果香甜酒)

1¼ oz. Crème de Banana(香蕉香甜酒)

½ oz. White Crème de Cacao(无色可可香甜酒)

2 oz. 浓鲜奶

3 oz.（两大球)香草冰淇淋

8 oz. 碎冰

将一条十分熟的中小型香蕉切成8 小粒

将酒材倒入果汁机中,先以慢速打 5 秒钟,再改成快速打成雪泥状后,倒入Poco杯中,放香蕉旗作装饰。

8. 香蕉香草船(Banilla Boat)

Poco Grande 13$\frac{1}{4}$ oz.（波可杯），冰的

1 oz. B & B 香甜酒（本尼迪克特香甜酒和白兰地）

¾ oz. Crème de Banana（香蕉香甜酒）

3 oz.（两大球）香草冰淇淋

8 oz. 碎冰

将一条十分熟的中小型香蕉切成 8 小粒

将酒材倒入果汁机中，先以慢速打 5 秒钟，再改成快速打成雪泥状后，倒入Poco 杯中，再注入½ oz. 法国覆盆子香甜酒（Chambord）漂浮在酒面上，放香蕉旗作装饰。

9. 混合的青蛙（Blended Frog）

Poco Grande 13$\frac{1}{4}$ oz.（波可杯），冰的

1 oz. Dekuyper Raspberry Pucker（Dekuyper 公司生产的覆盆子无色烈酒）

½ oz. Vodka（伏特加酒）

¾ oz. Peachtree Schnapps（桃树无色斯内普烈酒）

3 oz. Granberry juice（蔓越莓/蔓越橘汁）

3 oz.（两大球）香草冰淇淋

8 oz. 碎冰

将酒材倒入果汁机中，先以慢速打 5 秒钟，再改成快速打成雪泥状后，倒入 Poco 杯中，挂一片青柠檬圆片或放一片青柠檬圆片作装饰。

10. 暴风雪（Blizzard）

Poco Grande 13$\frac{1}{4}$ oz.（波可杯），冰的

1$\frac{1}{4}$ oz. Myers's Dark Rum（迈尔斯深色朗姆酒）

¾ oz. Brandy（白兰地）

1 oz. 浓鲜奶

3 oz.（两大球）巧克力冰淇淋

8 oz. 碎冰

将酒材倒入果汁机中，先以慢速打 5 秒钟，再改成快速打成雪泥状后，倒入Poco 杯中，再淋上½ oz. Kahlúa（墨西哥咖啡香甜酒），同时撒上一些肉豆蔻粉作装饰。

11. 蓝色水草繁多的小河（Blue Bayou）

Poco Grande 13$\frac{1}{4}$ oz.（波可杯），冰的

1$\frac{1}{4}$ oz. Light Rum（淡朗姆酒）

1 oz. Blue Curaçao（蓝色库拉索酒）

1 oz. milk（鲜奶）

3 oz.（两大球）香草冰淇淋

8 oz. 碎冰

将酒材倒入果汁机中，先以慢速打 5 秒钟，再改成快速打成雪泥状后，倒入 Poco 杯中，放一个橘子旗作装饰。

12. 蓝色夏威夷（Blue Hawaii）

Poco Grande 13$\frac{1}{4}$ oz.（波可杯），冰的

¾ oz. Light Rum（淡朗姆酒）

1 oz. Blue Curaçao（蓝色库拉索酒）

½ oz. White Crème de Cacao（无色可可香甜酒）

1 oz. 浓鲜奶

3 oz.（两大球）香草冰淇淋

8 oz. 碎冰

将酒材倒入果汁机中,先以慢速打 5 秒钟,再改成快速打成雪泥状后,倒入 Poco 杯中,放一个橘子旗作装饰。

13. 棕色奶牛奶昔(Brown Cow Milkshake)

Poco Grande $13\frac{1}{4}$ oz. (波可杯),冰的

$2\frac{1}{4}$ oz. Bourbon Whisky(波旁威士忌)

$1\frac{1}{2}$ oz. Hershey's chocolate syrup(Hershey 牌巧克力糖浆)

1 oz. 浓鲜奶

3 oz. (两大球)香草冰淇淋

8 oz. 碎冰

将酒材倒入果汁机中,先以慢速打 5 秒钟,再改成快速打成雪泥状后,倒入 Poco 杯中,喷上掼奶油(whipped cream),再撒上刨碎的巧克力片作装饰。

14. 布哈拉咖啡(Bukhara Coffee)

Poco Grande $13\frac{1}{4}$ oz. (波可杯),冰的

1 oz. Vodka(伏特加酒)

¾ oz. Baileys Irish Cream(贝利丝爱尔兰奶酒)

½ oz. White Crème de Cacao(无色可可香甜酒)

2 oz. chilled coffee(冰过的咖啡)

3 oz. (两大球)香草冰淇淋

8 oz. 碎冰

将酒材倒入果汁机中,先以慢速再改成快速打成雪泥状后,倒入 Poco 杯中,喷上掼奶油(whipped cream),再撒上刨碎的巧克力片作装饰。

15. 黄油硬糖啤酒花(Butterscotch Hop)

Poco Grande $13\frac{1}{4}$ oz. (波可杯),冰的

¾ oz. Dekuyper Buttershots Schnapps(美国 Dekuyper 公司产的黄油威士忌风味无色斯内普烈酒)

¾ oz. Kahlúa(墨西哥咖啡香甜酒)

¾ oz. Hawaiian Vanilla Rum(夏威夷香草朗姆酒)

1 oz. Rose's lime juice(罗斯青柠檬汁)

3 oz. (两大球)香草冰淇淋

8 oz. 碎冰

将酒材倒入果汁机中,先以慢速再改成快速打成雪泥状后,倒入 Poco 杯中,挂一个青柠檬角作装饰。

16. 羊角状盛香槟器(Champagne Cornucopia)

Poco Grande $13\frac{1}{4}$ oz. (波可杯),冰的

$1\frac{1}{4}$ oz. Peachtree Schnapps(桃树无色斯内普烈酒)

½ oz. Vodka(伏特加酒)

2 oz. cranberry juice(蔓越莓/蔓越橘汁)

3 oz. (两大球)橘子无奶冰淇淋(orange sorbet)

8 oz. 碎冰

将酒材倒入果汁机中,先以慢速打 5 秒钟,再改成快速打成雪泥状后,倒入 Poco 杯中,再加入 2 oz. 冰香槟,放一个橘子

旗作装饰。

17. 巧克力杏仁之吻(Chocolate Almond Kiss)

Poco Grande 13$\frac{1}{4}$ oz. (波可杯),冰的

1$\frac{1}{4}$ oz. Frangelico(意大利榛果香甜酒)

½ oz. Dark Crème de Cacao(深色可可香甜酒)

½ oz. Vodka(伏特加酒)

3 oz. (两大球)香草冰淇淋

1 oz. sweet & sour juice(甜酸汁)

8 oz. 碎冰

将酒材倒入果汁机中,先以慢速再改成快速打成雪泥状后,倒入 Poco 杯中,撒上一些刨碎的巧克力片作装饰。

18. 巧克力包裹的香蕉第一方(Chocolate Covered Banana 1)

Poco Grande 13$\frac{1}{4}$ oz. (波可杯),冰的

1$\frac{1}{4}$ oz. Bacardi 8 Reserva(陈年 8 年的巴卡迪朗姆酒)

1 oz. Chocolate(巧克力香甜酒)

1 oz. 浓鲜奶

3 oz. (两大球)香草冰淇淋

8 oz. 碎冰

将一条十分熟的中小型香蕉切成 8 小粒

将酒材倒入果汁机中,先以慢速打 5 秒钟,再改成快速打成雪泥状后,倒入 Poco 杯中,喷上掼奶油(whipped crean),再淋上½ oz. 陈年 8 年的巴卡迪朗姆酒(Bacardi 8 Reserva Rum),撒一些刨碎的巧克力片作装饰。

19. 巧克力包裹的香蕉第二方(Chocolate Covered Banana 2)

Poco Grande 13$\frac{1}{4}$ oz. (波可杯),冰的

1 oz. Baileys Irish Cream(贝利丝爱尔兰奶酒)

1$\frac{1}{4}$ oz. Cruzan Banana Rum(圣克罗伊人的香蕉朗姆酒)

1 oz. chocolate syrup(巧克力糖浆)

3 oz. (两大球)香草冰淇淋

8 oz. 碎冰

将一条十分熟的中小型香蕉切成 8 小粒

将酒材倒入果汁机中,先以慢速再改成快速打成雪泥状后,倒入 Poco 杯中,淋上巧克力糖浆,放上香蕉旗作装饰。

20. 漂浮的巧克力冰淇淋(Chocolate Ice Cream Float)

Poco Grande 13$\frac{1}{4}$ oz. (波可杯),冰的

2$\frac{1}{4}$ oz. Whisky(威士忌)

2 oz. Hershey's chocolate syrup(Hershey 牌巧克力糖浆)

3 oz. (两大球)巧克力冰淇淋

6 oz. 碎冰

将酒材倒入果汁机中,先以慢速再改成快速打成雪泥状后,倒入 Poco 杯内,注入 2$\frac{1}{2}$ oz. 苏打水(club soda),再挖一球巧克力冰淇淋放入并漂浮于苏打水上,淋上

巧克力糖浆，插一块 Oreo 牌巧克力薄荷饼干作装饰。

21. 快点！我要朗姆酒（Come-On-I-Want-Rum）

Poco Grande 13$\frac{1}{4}$ oz.（波可杯），冰的

1 oz. Hawaiian Vanilla Rum（夏威夷香草朗姆酒）

½ oz. Cruzan Coconut Rum（圣克罗伊人的椰子朗姆酒）

½ oz. Cruzan Orange Rum（圣克罗伊人的橘子朗姆酒）

3 oz.（两大球）香草冰淇淋

8 oz. 碎冰

将酒材倒入果汁机中，先以慢速打 5 秒钟，再改成快速打成雪泥状后，倒入 Poco 杯中，喷上掼奶油（whipped cream），再淋上½ oz. 意大利苦杏仁香甜酒。

22. 饼干和鲜奶油（Cookies & Cream）

Poco Grande 13$\frac{1}{4}$ oz.（波可杯），冰的

2 oz. Dark Crème de Cacao（深色可可香甜酒）

1$\frac{1}{2}$ oz. half & half cream

3 oz.（两大球）香草冰淇淋

3 块美国 Oreo 牌圆饼干，弄碎

8 oz. 碎冰

将酒材倒入果汁机中，先以慢速再改成快速打成雪泥状后，倒入 Poco 杯中，插一块美国 Oreo 牌黑巧克力饼干作装饰。

23. 奶油大镰刀（Dreamsickle）

Poco Grande 13$\frac{1}{4}$ oz.（波可杯），冰的

1$\frac{1}{4}$ oz. Amaretto（意大利苦杏仁香甜酒）

¾ oz. Gran Gala Orange Liqueur（意大利盛宴橘子香甜酒）（80 度）

2 oz. orange juice（橘子汁）

1$\frac{1}{2}$ oz.（一大球）香草冰淇淋

1$\frac{1}{2}$ oz.（一大球）橘子无奶冰淇淋/橘子冰糕

8 oz. 碎冰

将酒材倒入果汁机中，先以慢速再改成快速打成雪泥状后，倒入 Poco 杯中，喷上掼奶油（whipped cream），再淋上½ oz. 意大利 Gran Gala 橘子香甜酒。

24. 巧克力致死（Death By Chocolate）

Poco Grande 13$\frac{1}{4}$ oz.（波可杯），冰的

¾ oz. Baileys Irish Gream（贝利丝爱尔兰奶酒）

¾ oz. Chocolate Liqueur（巧克力香甜酒）

½ oz. Vodka（伏特加酒）

3 oz.（两大球）巧克力冰淇淋

8 oz. 碎冰

将酒材倒入果汁机中，先以慢速再改成快速打成雪泥状后，倒入 Poco 杯中，喷上掼奶油（whipped cream），撒上刨碎的巧克力片，再插入一块美国 Oreo 牌黑巧克力饼干作装饰。

25. 高尔的甜点（De Gaulle's Dessert）

Poco Grande 13$\frac{1}{4}$ oz.（波可杯），冰的

2 oz. B & B Liqueur(本尼迪克特香甜酒和白兰地)

½ oz. Rose's lime juice(罗斯青柠檬汁)

1 oz. simple syrup(简易糖浆)

½ oz. grenadine(红石榴糖浆)

3 oz. (两大球)香草冰淇淋

8 oz. 碎冰

将酒材倒入果汁机中,先以慢速再改成快速打成雪泥状后,倒入 Poco 杯中,放一些刨碎的巧克力片作装饰。

26. 香草博士的梦想大镰刀(Dr. Vanilla Dreamsickle)

Poco Grande $13\frac{1}{4}$ oz. (波可杯),冰的

杯缘沾上可可粉(可沾,也可不沾)

2 oz. Dr. McGillicuddy's Vanilla Liqueur (McGillicuddy 博士研制的香草香甜酒)(酒精度是 48 度)

1 oz. orange juice(橘子汁)

3 oz. (两大球)香草冰淇淋

8 oz. 碎冰

将酒材倒入果汁机中,先以慢速再改成快速打成雪泥状后,倒入 Poco 杯中,放一个橘子旗或挂一片柑橘圆片作装饰。

27. 香草博士的花生黄油杯(Dr. Vanilla Peanut Butter Cup)

Poco Grande $13\frac{1}{4}$ oz. (波可杯),冰的

杯缘沾上可可粉(可沾,也可不沾)

2 oz. Dr. McGillicuddy's Vanilla Liqueur(McGillicuddy 博士研制的香草香甜酒)

1 oz. half & half cream

3 oz. (两大球)巧克力冰淇淋

8 oz. 碎冰

1 酒吧匙花生牛油酱

将酒材倒入果汁机中,先以慢速再改成快速打成雪泥状后,倒入 Poco 杯中,插入一块直立的 Craker 饼干作装饰。

28. 翡翠冰(Emerald Ice)

Poco Grande $13\frac{1}{4}$ oz. (波可杯),冰的

¾ oz. Cinnamon Schnapps(肉桂无色斯内普烈酒)

¾ oz. Green Crème de Menthe(绿色薄荷香甜酒)

$1\frac{1}{2}$ oz. half & half cream

3 oz. (两大球)香草冰淇淋

8 oz. 碎冰

将酒材倒入果汁机中,先以慢速再改成快速打成雪泥状后,倒入 Poco 杯中,放一粒红樱桃作装饰。

29. 夏娃的苹果(Eve's Apple)

Poco Grande $13\frac{1}{4}$ oz. (波可杯),冰的

1 oz. Dekuyper Sour Apple Pucker (Dekuyper 公司生产的酸苹果无色烈酒)

½ oz. Hot Damn Cinnamon Schnapps. (令人异常兴奋的肉桂无色斯内普烈酒,美国 Dekuyper 公司生产,酒精度是 30 度)

½ oz. Blue Curacao(蓝色库拉索酒)

½ oz. Rose's lime juice(罗斯青柠檬汁)

2 oz. apple juice(苹果汁)

3 oz. (两大球)香草冰淇淋

8 oz. 碎冰

将酒材倒入果汁机中，先以慢速再改成快速打成雪泥状后，倒入 Poco 杯内，挂上苹果旗或苹果角(apple wedge)作装饰。

30. 结霜的橘子(Frosty Navel)

Poco Grande $13\frac{1}{4}$ oz.（波可杯），冰的

$1\frac{3}{4}$ oz. Peachtree Schnapps(桃树无色斯内普烈酒)

$1\frac{1}{2}$ oz. orange juice(橘子汁)

$1\frac{1}{2}$ oz. half & half cream

3 oz.（两大球)香草冰淇淋

8 oz. 碎冰

将酒材倒入果汁机中，先以慢速再改成快速打成雪泥状后，倒入 Poco 杯中，插一块香草松饼干(vanilla wafer)作装饰。

31. 冰冻的卡普契诺带泡沫的牛奶咖啡(Frozen Cappuccino)

Poco Grande $13\frac{1}{4}$ oz.（波可杯），冰的

杯缘沾上肉桂粉(可沾，也可不沾)

¾ oz. Baileys Irish Cream(贝利丝爱尔兰奶酒)

¾ oz. Kahlúa(墨西哥咖啡香甜酒)

¾ oz. Frangelico(意大利榛果香甜酒)

3 oz.（两大球)香草冰淇淋

8 oz. 碎冰

将酒材倒入果汁机中，先以慢速打 5 秒钟，再改成快速打成雪泥状后，倒入 Poco 杯中，撒一些可可粉作装饰。

32. 永恒的虔诚(Frozen Devotion)

Poco Grande $13\frac{1}{4}$ oz.（波可杯），冰的

$1\frac{1}{4}$ oz. Bacardi Gold Rum(巴卡迪金色朗姆酒)

¾ oz. Amaretto(意大利苦杏仁香甜酒)

2 oz. strawberry puree(草莓浓浆)

3 oz.（两大球)香草冰淇淋

8 oz. 碎冰

将酒材倒入果汁机中，先以慢速再改成快速打成雪泥状后，倒入 Poco 杯中，挂一粒新鲜草莓作装饰。

33. 呆板的僧侣(Frozen Monk)

Poco Grande $13\frac{1}{4}$ oz.（波可杯），冰的

¾ oz. Frangelico(意大利榛果香甜酒)

¾ oz. Kahlúa(墨西哥咖啡香甜酒)

¾ oz. Dark Crème de Cacao(无色可可香甜酒)

1 oz. sweet & sour juice(甜酸汁)

3 oz.（两大球)香草冰淇淋

8 oz. 碎冰

将酒材倒入果汁机中，先以慢速再改成快速打成雪泥状后，倒入 Poco 杯内，挂一片黄柠檬圆片作装饰。

34. 忙碌人(Hummer)

Poco Grande $13\frac{1}{4}$ oz.（波可杯），冰的

¾ oz. Light Rum(淡朗姆酒)

¾ oz. Kahlúa(墨西哥咖啡香甜酒)

¾ oz. Dark Crème de Cacao(深色可可香甜酒)

3 oz.（两大球)香草冰淇淋

8 oz. 碎冰

将酒材倒入果汁机中,先以慢速再改成快速打成雪泥状后,倒入 Poco 杯中,注入½ oz. 巴卡迪金色朗姆酒(Bacardi Gold Rum)漂浮在酒面上,插入一块美国产的 Oreo 牌圆饼干作装饰。

35. 法西斯首领(IL Duce)

Poco Grande 13$\frac{1}{4}$ oz. (波可杯),冰的

杯缘沾上肉桂糖粉(可沾,也可不沾)

½ oz. Baileys Irish Cream(贝利丝爱尔兰奶酒)

½ oz. Frangelico(意大利榛果香甜酒)

½ oz. Kahlúa(墨西哥咖啡香甜酒)

½ oz. half & half cream

3 oz. chilled esprèsso coffee(冰过的意大利蒸馏浓咖啡)

3 oz. (两大球)香草冰淇淋

8 oz. 碎冰

将酒材倒入果汁机中,先以慢速再改成快速打成雪泥状后,倒入 Poco 杯中,喷上掼奶油(whipped cream),再撒上可可粉作装饰。

36. 牙买加人的朗姆奶牛(Jamaican Rum Cow)

Poco Grande 13$\frac{1}{4}$ oz. (波可杯),冰的

1$\frac{1}{4}$ oz. Myers's Dark Rum(迈尔斯深色朗姆酒)

¾ oz. Kahlúa(墨西哥咖啡香甜酒)

½ oz. chocolate syrup(巧克力糖浆)

2 oz. milk(鲜奶)

3 oz. (两大球)香草冰淇淋

8 oz. 碎冰

撒两下苦精

将酒材倒入果汁机中,先以慢速再改成快速打成雪泥状后,倒入 Poco 杯中,注入½ oz. 陈年 8 年的巴卡迪朗姆酒(Bacardi 8 Reverva Rum)漂浮在酒面上,放一个凤梨旗作装饰。

37. 朱利欧的黄油硬糖威士忌(Julio's Butterscotch)

Poco Grande 13$\frac{1}{4}$ oz. (波可杯),冰的

½ oz. Kahlúa(墨西哥咖啡香甜酒)

½ oz. Baileys Irish Cream(贝利丝爱尔兰奶酒)

½ oz. Dekuyper Buttershots Schnapps(美国 Dekuyper 公司产的黄油威士忌风味无色斯内普烈酒)

3 oz. (两大球)香草冰淇淋

1 oz. 甜酸汁

8 oz. 碎冰

将酒材倒入果汁机中,先以慢速再改成快速打成雪泥状后,倒入 Poco 杯中,再放一粒红樱桃作装饰。

38. 朱莉娅(Julia)

Poco Grande 13$\frac{1}{4}$ oz. (波可杯),冰的

1 oz. Bacardi Light Rum(巴卡迪淡朗姆酒)

1 oz. Amaretto(意大利苦杏仁香甜酒)

2 oz. strawberry puree(草莓浓浆)

3 oz. (两大球)香草冰淇淋

8 oz. 碎冰

将酒材倒入果汁机中，先以慢速再改成快速打成雪泥状后，倒入 Poco 杯中，注入½ oz. 优等巴卡迪朗姆酒(Bacardi Select Rum)漂浮在酒面上，挂一个鲜草莓作装饰。

39. 带笑的巴卡迪奶牛(Laughing Bacardi Cow)

Poco Grande $13\frac{1}{4}$ oz. (波可杯)，冰的

$1\frac{1}{2}$ oz. Bacardi Limón Rum(巴卡迪利蒙朗姆酒)

½ oz. Cointreau(法国康德露柑橘香甜酒)

½ oz. fresh lime juice(新鲜青柠檬汁)

1 oz. cranberry juice(蔓越莓/蔓越橘汁)

3 oz. (两大球)香草冰淇淋

8 oz. 碎冰

将酒材倒入果汁机中，先以慢速再改成快速打成雪泥状后，倒入 Poco 杯中，挂一个青柠檬圆片(lime wheel)作装饰。

40. 柠檬树撩人物(Lemon Tree Tantalizer)

Poco Grande $13\frac{1}{4}$ oz. (波可杯)，冰的

$1\frac{3}{4}$ oz. Stolichnaya Limonnaya Vodka(俄罗斯斯托莉奇娜娅柠檬伏特加酒)

¾ oz. fresh lemon juice(新鲜柠檬汁)

3 oz. (两大球)柠檬无奶冰淇淋

½ oz. simple syrup(简易糖浆)

8 oz. 碎冰

将酒材倒入果汁机中，先以慢速再改成快速打成雪泥状后，倒入 Poco 杯内，挂一片黄柠檬圆片作装饰。

41. 冰淇淋玛格丽塔(Ice Cream Margarita)

Margarita 12 oz. 杯，冰的

$1\frac{1}{4}$ oz. Sauza Añejo Tequila(索扎牌陈年特奎拉酒)

¾ oz. Crème de Banana(香蕉香甜酒)

½ oz. Triple Sec(三干酒/柑橘香甜酒)

2 oz. sweet & sour juice(甜酸汁)

3 oz. (两大球)香草冰淇淋

8 oz. 碎冰

将酒材倒入果汁机中，先以慢速再改成快速打成雪泥状后，倒入 Poco 杯中，放一个橘子旗或香蕉旗作装饰。

42. 阳光普照的玛格丽塔(Sunny Margarita)

Margarita 12 oz. 杯，冰的

$1\frac{1}{4}$ oz. Sauza Gold Tequila(索扎牌金色龙舌兰/特奎拉酒)

¾ oz. Triple Sec(三干酒/柑橘香甜酒)

½ oz. Rose's lime juice(罗斯青柠檬汁)

2 oz. sweet & sour juice(甜酸汁)

3 oz. (两大球)橘子无奶冰淇淋

8 oz. 碎冰

将酒材倒入果汁机中，先以慢速再改成快速打成雪泥状后，倒入 Poco 杯中，挂

上一个青柠檬角或青柠檬圆片作装饰。

43. 穆哈咖啡——我的眼睛(Mocha—My Eye)

Poco Grande $13\frac{1}{4}$ oz.(波可杯),冰的

1 oz. Kahlúa(墨西哥咖啡香甜酒)

1 oz. Vodka(伏特加酒)

¾ oz. chocolate syrup(巧克力糖浆)

3 oz.(两大球)香草冰淇淋

¼ oz. 香草酸乳酪/酸乳/酸奶(yogurt,yoghurt,yoghourt)

8 oz. 碎冰

将酒材倒入果汁机中,先以慢速再改成快速打成雪泥状后,倒入Poco杯中,喷上掼奶油(whipped cream),撒上刨碎的巧克力片,插入巧克力包裹的pretzel扭结状椒盐脆饼作装饰。

44. 温迪的巧克力黄油硬糖奶昔(Wendy's Chocolate Butterscotch Shake)

Poco Grande $13\frac{1}{4}$ oz.(波可杯),冰的

1 oz. Dekuyper Buttershots Schnapps(美国Dekuyper公司产的黄油威士忌风味无色斯内普烈酒,酒精度是30度)

1 oz. Kahlúa(墨西哥咖啡香甜酒)

½ oz. Bacardi Gold Rum(巴卡迪金色朗姆酒)

1 oz. chocolate syrup(巧克力糖浆)

2 oz. milk(鲜奶)

3 oz.(两大球)香草冰淇淋

8 oz. 碎冰

将酒材倒入果汁机中,先以慢速再改成快速打成雪泥状后,倒入Poco杯中,喷上掼奶油(whipped cream),再撒上刨碎的巧克力片作装饰。

45. 冻僵的爱尔兰人(Irish Freeze)

Poco grande $13\frac{1}{4}$ oz.(波可杯),冰的

$1\frac{1}{4}$ oz. Baileys Irish Cream Liqueur(贝利丝爱尔兰奶酒,酒精度是34度)

½ oz. Frangelicio(意大利榛果香甜酒)

½ oz. Kahlúa(墨西哥咖啡香甜酒)

3 oz.(两大球)香草冰淇淋

8 oz. 碎冰

将酒材倒入果汁机中,先以慢速再改成快速打成雪泥状后,倒入Poco杯中,挂一片黄柠檬圆片或青柠檬圆片作装饰。

46. Wendy's choc/PB/Nana Shake

Poco Grande $13\frac{1}{4}$ oz.(波可杯),冰的

$1\frac{1}{2}$ oz. Kahlúa(墨西哥咖啡香甜酒)

¾ oz. Bacardi Gold Rum(巴卡迪金色朗姆酒)

1 oz. chocolate syrup(巧克力糖浆)

2 oz. milk(鲜奶)

3 oz.(两大球)香草冰淇淋

8 oz. 碎冰

一条十分熟的香蕉切成8小粒

两酒吧匙的花生酱

将酒材倒入果汁机中,由慢转快地打成雪泥状后,倒回Poco杯中,喷上掼奶油(whipped cream),再撒上刨碎的巧克力片作装饰。

47. 朝圣的人(Pilgrim)

Poco Grande $13\frac{1}{4}$ oz.(波可杯),冰的

2 oz. Bacardi Light Rum(巴卡迪淡朗姆酒)

½ oz. grenadine(红石榴糖浆)

4 oz. cranberry juice(蔓越莓/蔓越橘汁)

$1\frac{1}{2}$ oz. (一大球)橘子无奶冰淇淋

8 oz. 碎冰

将酒材倒入果汁机中,先以慢速再改成快速打成雪泥状后,倒入 Poco 杯中,放一个橘子旗或挂一片柑橘圆片作装饰。

48. 朝圣者的骄傲(Pilgrim's Pride)

Poco Grande $13\frac{1}{4}$ oz. (波可杯),冰的

1 oz. Bacardi Light Rum(巴卡迪淡朗姆酒)

1 oz. Cruzan Orange Rum(圣克罗伊人的橘子朗姆酒)

½ oz. grenadine(红石榴糖浆)

3 oz. cranberry juice(蔓越莓/蔓越橘汁)

3 oz. (两大球)橘子无奶冰淇淋

8 oz. 碎冰

将酒材倒入果汁机中,先以慢速再改成快速打成雪泥状后,倒入 Poco 杯中,注入½ oz. 优等巴卡迪朗姆酒(Bacardi Select Rum)(陈年1~4年)漂浮在酒面上,放一个橘子旗或挂一片橘子圆片作装饰。

49. 度假岛屿的凤梨椰乳卡拉达(Holiday Isle Piña Colada)

Poco Grande $13\frac{1}{4}$ oz. (波可杯),冰的

¾ oz. Bacardi 151 Rum(巴卡迪 151 朗姆酒)

½ oz. Grand Marnier(法国柑橘干邑香甜酒)

1 oz. sweet & sour juice(甜酸汁)

3 oz. (两大球)香草冰淇淋

8 oz. 碎冰

将酒材倒入果汁机中,先以慢速打 5 秒钟,再改成快速打成雪泥状后,倒入 Poco 杯中,注入½ oz. 巴卡迪金色朗姆酒(Bacardi Gold Rum)漂浮在酒面上,放一个凤梨旗或橘子旗作装饰。

50. 极为舒适的普尔曼式火车行李员(Pullman Porters)

Poco Grande $13\frac{1}{4}$ oz. (波可杯),冰的

2 oz. Vodka(伏特加酒)

½ oz. grenadine(红石榴糖浆)

3 oz. lemonade(柠檬水)

3 oz. (两大球)覆盆子无奶冰淇淋(raspberry sorbet)

8 oz. 碎冰

将酒材倒入果汁机中,先以慢速再改成快速打成雪泥状后,倒入 Poco 杯中,放入新鲜小浆果作装饰。

51. 覆盆子奶油(Raspberry Cream)

Poco Grande $13\frac{1}{4}$ oz. (波可杯),冰的

¾ oz. Light Rum(淡朗姆酒)

½ oz. White Crème de Cacao(无色可可香甜酒)

½ oz. Chambord(法国覆盆子香甜酒)

$1\frac{1}{2}$ oz. raspberry yogurt(覆盆子酸乳酪)

$1\frac{1}{2}$ oz. half & half cream

3 oz. (两大球)覆盆子冰淇淋

8 oz. 碎冰

将酒材倒入果汁机中,先以慢速再改成快速打成雪泥状后,倒入 Poco 杯中,喷上掼奶油(whipped cream),再淋上½ oz. 覆盆子香甜酒(Chambord)。

52. 红色天空(Red Sky)

Poco Grande $13\frac{1}{4}$ oz. (波可杯),冰的

1 oz. Vodka(伏特加酒)

$1\frac{1}{2}$ oz. Rémy Red (法国产红色香甜酒)

2 oz. cranberry juice(蔓越莓/蔓越橘汁)

3 oz. (两大球)香草冰淇淋

8 oz. 碎冰

将酒材倒入果汁机中,先以慢速再改成快速打成雪泥状后,倒入 Poco 杯中,放一个凤梨旗作装饰。

53. 圣彼得堡圣代(St. Petersburg Sundae)

Poco Grande $13\frac{1}{4}$ oz. (波可杯),冰的

$1\frac{1}{4}$ oz. Stolichnaya Vanilla Vodka(俄罗斯首都香草伏特加酒/斯托莉奇娜娅香草伏特加酒)

¾ oz. Amaretto(意大利苦杏仁香甜酒)

1 oz. milk(鲜奶)

3 oz. (两大球)巧克力冰淇淋

8 oz. 碎冰

将酒材倒入果汁机中,先以慢速再改成快速打成雪泥状后,倒入 Poco 杯中,喷上掼奶油(whipped cream),淋上½ oz. 墨西哥咖啡香甜酒(Kahlúa),再撒上烤过的杏仁碎片作装饰。

54. 鲨鱼牙齿(Shark's Tooth)

Poco Grande $13\frac{1}{4}$ oz. (波可杯),冰的

1 oz. Bacardi Light Rum(巴卡迪淡朗姆酒)

¾ oz. Blue Curaçao(蓝色库拉索酒)

½ oz. White Crème de Cacao(无色可可香甜酒)

3 oz. (两大球)香草冰淇淋

1 oz. sweet & sour juice(甜酸汁)

8 oz. 碎冰

将酒材倒入果汁机中,先以慢速再改成快速打成雪泥状后,倒入 Poco 杯中,喷上掼奶油(whipped cream),淋上¼ oz. 红石榴糖浆。

55. 草莓香蕉分开(Strawberry Banana Split)

Poco Grande $13\frac{1}{4}$ oz. (波可杯),冰的

$1\frac{1}{4}$ oz. Bacardi Select Rum(优等巴卡迪朗姆酒)

¾ oz. Crème de Banana(香蕉香甜酒)

2 oz. strawberry puree(草莓浓浆)(鲜草莓需 4 oz.)

1 oz. half & half cream

3 oz. (两大球)香草冰淇淋

8 oz. 碎冰

½ 酒吧匙香草精(vanilla extract)

将酒材倒入果汁机中,先以慢速再改成快速打成雪泥状后,倒入 Poco 杯中,喷上掼奶油(whipped cream),再放香蕉旗作装饰。

56. 草莓玫瑰(Strawberry Rose)

Poco Grande 13$\frac{1}{4}$ oz. (波可杯),冰的

1$\frac{1}{4}$ oz. Tequila Rose Strawberry Cream Liqueur(特奎拉玫瑰草莓香甜酒)(美制香甜酒,酒精度是 34 度)

¾ oz. White Crème de Cacao(无色可可香甜酒)

2 oz. half & half cream

3 oz. (两大球)草莓冰淇淋

8 oz. 碎冰

将酒材倒入果汁机中,先以慢速再改成快速打成雪泥状后,倒入 Poco 杯中,放上鲜草莓作装饰。

57. 草莓坚果(Strawberry Nut)

Poco Grande 13$\frac{1}{4}$ oz. (波可杯),冰的

2 oz. Frangelico(意大利榛果香甜酒)

½ oz. half & half cream

2 oz. strawberry puree(草莓浓浆)

3 oz. (两大球)澳州坚果(Macadamia)冰淇淋

8 oz. 碎冰

将酒材倒入果汁机中,先以慢速再改成快速打成雪泥状后,倒入 Poco 杯中,喷上掼奶油(whipped cream),再撒上可可粉作装饰。

58. 扭结的橘子(Twist de L'Orange)

Poco Grande 13$\frac{1}{4}$ oz. (波可杯),冰的

1$\frac{1}{4}$ oz. Vodka(伏特加酒)

¾ oz. Grard Marnier(法国柑橘干邑香甜酒)

1 oz. fresh orange juice(新鲜橘子汁)

3 oz. (两大球)橘子无奶冰淇淋

8 oz. 碎冰

将酒材倒入果汁机中,先以慢速再改成快速打成雪泥状后,倒入 Poco 杯中,先放入一条切成螺旋状的橘子皮作装饰,再把饮料倒入杯中。

59. 西装背心口袋(Waistcoat Pocket)

Poco Grande 13$\frac{1}{4}$ oz. (波可杯),冰的

½ oz. Kahlúa(墨西哥咖啡香甜酒)

½ oz. Amaretto(意大利苦杏仁香甜酒)

½ oz. Chocolate Liqueur(巧克力香甜酒)

½ oz. half & half cream

3 oz. (两大球)香草冰淇淋

1 oz. 甜酸汁

8 oz. 碎冰

将酒材倒入果汁机中,打成雪泥状后,倒入 Poco 杯中,挂一片青柠檬圆片作装饰。

60. 覆盆子香蕉分开(Raspberry Banana Split)

Squall 15 oz. (大风杯),冰的

分三步骤:

第一步骤: ¾ oz. Kahlúa(墨西哥咖

啡香甜酒）

将酒材和一大球香草冰淇淋及4oz.碎冰一起倒入果汁机中，打成雪泥状后倒入杯中约⅓满。

第二步骤：¾ oz. Crème de Banana（香蕉香甜酒）

将酒材和一大球香草冰淇淋及4oz.碎冰一起倒入果汁机中，打成雪泥状后倒入杯中中段约近⅓的量。

第三步骤：¾ oz. Chambord（法国覆盆子香甜酒）

将酒材和一大球香草冰淇淋及4 oz.碎冰一起倒入果汁机中，由慢转快打成雪泥状后倒入杯上端的⅓空间。

最后在杯内喷上掼奶油（whipped cream），并淋上½ oz.法国覆盆子香甜酒（Chambord），放一个香蕉旗作装饰即可。

23~7 酒吧国际专业术语

1. Lace（动词）：指在饮料中加上某些额外的东西。

2. Juiced（形容词）：指喝醉了，喝得酩酊大醉。Looped也是醉酒的意思。

3. Intoxicoligist（名词）：指调酒师（Bartender）之意。

4. Jailbait（名词）：指未成年人，未到允许饮酒年龄的人。

5. Lambasted（形容词）：俚语，指喝醉了，被酒精饮料鞭打、鞭笞的人。

6. In Check（形容词）：指保持事情是对的，保持正常的营运。

7. Jammed（形容词）：俚语，指非常忙碌。

8. Killer（形容词）：指非常酷的、非常火辣的、非常棒的、棒极的。

9. Lavatory：指盥洗室、洗手间、厕所。Loo（名词）：也是Rest Room（厕所）之意。

10. Lip（动词）：俚语，指语言虐待、语言滥用。

11. Jug Bug（名词）：指那种常飞入甜香甜酒酒瓶里的水果苍蝇。

12. Knock Off（形容词）：指假的，伪造的便宜东西。

13. Last Call：指打烊前的最后可以点酒的通知，过此时间后就不再提供任何酒精饮料服务了。

14. Joint（名词）：指一个用餐或饮酒的地方，也可指大麻烟（Marijuana Cigarette）。

15. John（名词）：指男洗手间、厕所（Toilet），与Privy，Head，Lavatory等意思相同。

16. In the Alley（形容词）：指一道副菜或旁菜，是厨房用语。

17. Taking Inventory（动词）：指实施库存盘点、清点。

18. Jive（动词）：指零星的、锁碎的小冲突。

19. In the Weeds（形容词或名词）：指杂乱的、无比忙碌的，闹哄哄但却不愉快的工作气氛。

20. Joe，Cup of Joe（名词）：俚语，指咖啡。

21. Alcohol by Volume：首字母缩略语为ABV，用来测量饮料中酒精的含量与浓度。一瓶100度伏特加酒的酒精浓度为50%,而一瓶ABV为12%的葡萄酒的酒精度可换算成为24度。

问题探讨

如何调制下列各款国际知名鸡尾酒?

(1) Christmas Yule Eggnog
(2) Nog de Cacao
(3) Baltimore Eggnog
(4) Boom Boom Punch
(5) Champagne Sherbet Punch
(6) Mint Julep Punch
(7) Christmas Cheer
(8) Hot Milk Punch
(9) Double Berry Punch
(10) Eskimo Kiss
(11) Banana Milk Shake
(12) Dr. Vanilla Peanut Butter Cup
(13) Blue Hawaii
(14) Eve's Apple
(15) Banilla Boat
(16) Frozen Monk
(17) Jamaican Rum Cow
(18) Brown Cow Milkshake
(19) Sunny Margarita
(20) Champagne Cornucopia
(21) Mocha—My Eye
(22) Chocolate Ice Cream Float
(23) Pilgrim's Pride
(24) Death By Chocolate
(25) Shark's Tooth
(26) Raspberry Banana Split
(27) Strawberry Nut
(28) St. Petersburg Sundae
(29) Pullman Porter
(30) Lemon Tree Tantalizer

第二十四章

流行的啤酒及相关调酒方

Popular Served Beers And Related Recipes of Beer Cocktails

学习目的

了解：1. 啤酒的原料与产制方法
2. 啤酒的类别(Styles of Beer)
3. 台湾市场上常见的啤酒品牌
4. 生啤酒(Draft Beer)与啤酒的差异
5. 不良生啤酒形成的原因
6. 啤酒杯的清洗与生啤酒的注入法
7. 生啤酒酒桶衔接系统开关的图解步骤
8. 猛喝生啤酒或啤酒的不良后果
9. 以啤酒为基酒的鸡尾酒酒方(Recipes of Beer Cocktails)
10. 以国际上各种啤酒(Beers)为基酒的鸡尾酒酒方
11. 酒吧国际专业术语

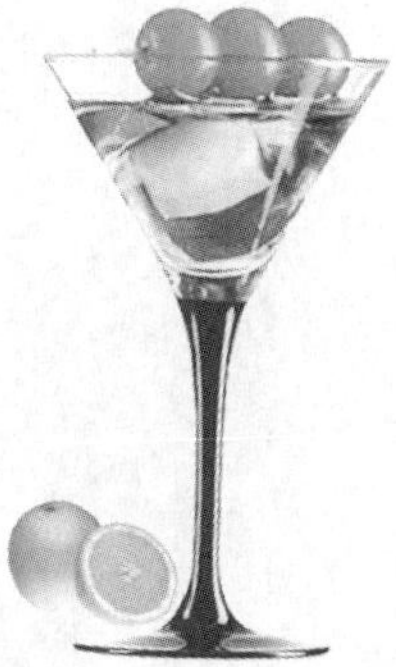

在炎夏消暑饮料中，最让人开怀欢畅的就是沁凉透心的冰啤酒。人人都能接受啤酒的亲切口感，其低价位、低酒精的特色，早已使它成为所向披靡的国际化饮料。随时随地喝上一杯或来上一罐啤酒，已成为世界各国广大群众的消费趋势。以嗜饮啤酒而出名的德国人不仅将每年10月17日定为啤酒节，更在慕尼黑近郊设立了一所专门授予啤酒酿造学博士学位的学校。

24~1　啤酒的原料与产制方法

啤酒的主要原料是大麦的麦芽(Malt)、蛇麻草(Hops)、水及酵母(Yeast)。大麦要选择颗粒大、淀粉质丰富的，并且发芽力越强越好。蛇麻草是桑科多年生藤本植物(perennial vine)，雌雄异株，能产生特殊的苦味和芳香泡沫，同时也有防腐作用。

啤酒的生产需经过三大步骤：

第一步：精制麦芽。将精选过的大麦按颗粒大小分别筛选，浸在槽中3天，再放在发芽室，在低温潮湿的空气中约一周后发出绿色的麦芽，然后把这些麦芽在热风中干燥24小时，这样就具备了啤酒必要的颜色和风味。

第二步：酿造(下料、发酵、储存)。将麦芽磨碎，并与适当温度的开水混合后，送进糖化槽，将加入米、淀粉煮成的糊再加温，这时麦芽酵素就可发挥功能，从而把淀粉化为糖，产生麦芽糖般的汁液，过滤之后，加入蛇麻草煮沸，提炼出芳香和苦味。麦汁冷却到5℃，加入酵母，在发酵槽中大部分的糖和酒精都被二氧化碳分解，经过8天左右，生涩的啤酒就诞生了。接着，它被送进储存槽，在0℃之下冷藏约两个月，在这段期间，啤酒慢慢成熟，二氧化碳逐渐溶解成调和的味道并带有芳香，同时渣滓沉淀而酒色透明。成熟后的啤酒用离心器去除杂质，过滤出完全透明的琥珀色液体，这就是所谓的“生啤酒”。

第三步：产品装瓶。产品装入瓶中后完全杀菌，经过温水淋洗，终止酵母作用，如此才能耐久储藏，再通过最后的检查，贴上标签即可出厂。

不同的国家，所用原料大麦和酵母各不同。发酵方式的不同，当然酿成的啤酒风味也不一样。大致说来，发酵方法可分下端发酵和上端发酵两种。现在许多国家的啤酒制作一般采用下端发酵法，即发酵时温度较低，在发酵后期，酵母沉淀。所谓上端发酵法是指发酵时温度较高，酵母不沉淀而上浮。下端发酵法产生的啤酒呈淡金色，口味较重，富有蛇麻草香味，日本啤酒多半采用此法。另外，像淡色的美国啤酒，或者含大量二氧化碳的德国“妙根”啤酒，苦味淡而颜色浓，麦芽味重，也是采用下端发酵法。至于上端发酵法的啤酒，因掺进烧焦的麦芽，色泽较深，酒精含量也较高。此外德国还产制一种带酸味的啤酒，是用大麦加上小麦、麦芽酿造而成的。总而言之，啤酒名目繁多，无奇不有。

24～2 啤酒的类别(Styles of Beer)

根据不同的发酵方法与不同的酵母过滤方式,啤酒可分为两大类别,即精酿淡啤酒(Lagers)与麦芽啤酒(Ales)。精酿淡啤酒是采用下端发酵法在冷槽中底端发酵、储存数周到数月后再装瓶。麦芽啤酒则是在温暖的温度中浮在槽的上端发酵,通常只储存几天就供饮用。麦芽啤酒的风味带有较浓郁的水果芳香,同时啤酒花香味与酒体浓度都较精酿淡啤酒浓。英国人特别偏好此类啤酒。

(一)精酿淡啤酒(Lagers)的主要类别

1. 比尔森啤酒(Pilsner Beer):是一种捷克比尔森产的柔和、辛辣、酒体清淡、颜色为琥珀色的啤酒。大部分美国产的啤酒都属此类,酒精含量通常在3.2%～4.5%。另外,低卡路里啤酒(Low-Calorie Beer)也属于比尔森啤酒(Pilsner),淡啤酒(Light Beer)的卡路里常在110卡以下,而酒精浓度也常在2.3%～3.6%。一般啤酒的热量常在135～170卡。一般比尔森啤酒的颜色为淡金黄色。

2. 麦芽烈酒(Malt Liquor):是一种精酿啤酒,但酒精浓度较高,常在5.5%～6%。此酒名有误导作用,实质上此款啤酒既无强烈的麦芽味,也更不是烈酒。

3. 乔麦啤酒(Bock Beer):是一种浓郁、深暗色、麦芽风味强烈且含较高酒精浓度的精酿淡啤酒,是德国的传统名产,但现在美国也有生产。在德国,此类酒秋天酿制冬天储存,而在春天的波克节(Bock Festival)时喝。至于Double Bock则是酒精含量高达7.5%～13.2%的一种更浓质的啤酒,颜色由淡铜色到深褐色。

4. 冰酿啤酒(Ice Beers):此类酒颜色从金黄色到琥珀色,口感柔顺,酒体均匀,酒精浓度大约在4.4%。

(二)麦芽啤酒(Ales)的主要类别

1. 乳状麦芽啤酒(Cream Ale):是一种柔和甜美的金黄色啤酒。

2. 澄澈麦芽啤酒(Pale Ale):是一种铜色且含有较多酵母与蛇麻草风味的啤酒。

3. 印度澄澈麦芽啤酒(India Pale Ale):是一种特别高级的英式麦酒,有浓郁的蛇麻草风味,并富涵活力与生气。

4. 苦味麦芽啤酒(Bitter):是英国最著名的麦芽啤酒(British Ale),酒色呈铜色且澄澈,酒精度低,但风味十足。

5. 脚夫啤酒(Porter):英国黑啤酒,即Porter's Ale的缩略。是一种深暗色、苦中带甜的特殊麦芽啤酒,酒色呈深棕黄色。搬运工常喝此黑啤,故名。

6. 英国烈性黑啤酒(Stout):是一种非常浓郁,麦芽风味甚强、酒色甚黑的啤酒,风味由苦到甜全都有,酒精浓度较高,常在3%～7.5%。

7. 小麦啤酒(Weiss Beer or Wheat Beer):在制造时,小麦占了原料的60%左右,而非以大麦为主。风味常带水果芳香,饮用时也常见放入樱桃或黑醋栗等类的水果来突显各自所好的水果风味,颜色由澄澈到云雾状。

24-3 台湾市场上常见的啤酒品牌

台湾产制的啤酒在外国啤酒开放进口20年以来,始终在台湾占有95%左右的市场占有率,2000年夏天尤以生啤酒的促销最为积极。各大品牌为争取在餐饮店、酒吧设置啤酒机而拼战激烈,其他促销活动则有举办划拳比赛、喝啤酒比赛等。进口啤酒在台湾的拓销非常积极,进口量不断增加,与此同时台湾省芋酒公卖局也积极推销台湾产品,希望台湾产制的啤酒能成为国际性品牌,早在1993年10月份就曾在日本百货公司、饭店、餐饮等场所举办产品试饮等促销活动,并计划铺货至一般零售点,且将以此为拓展重心使台湾产制的啤酒能打入日本啤酒市场。另外公卖局也透过南联公司,将台湾啤酒转销进入大陆市场,首批销售业绩尚称不错。台湾啤酒在中国大陆市场的销售点,以一般餐饮或特定的夜间KTV及夜总会为主。

综观台湾目前的啤酒市场,进口啤酒以积极争取通路、拓展市场占有率为首要目标。省产啤酒则朝西进大陆及向国际市场方向迈进,以使台湾啤酒成为国际性品牌,并维护国内市场占有率。但海峡两岸在经历加入WTO(世界贸易组织)的市场开放新冲击后,最后的赢家必然是广大的中华民族消费者。

目前台湾市场上常见的啤酒品牌及其产地简介如下:

(1) Taiwan Beer(台湾啤酒):中国台湾

(2) Heineken(海尼根):荷兰

(3) Foster's(福士德):澳洲

(4) Carlsbery(嘉士柏):丹麦

(5) San Miguel(生力):菲律宾

(6) Guinness(健力士):爱尔兰

(7) Tiger(老虎):新加坡

(8) Miller Lite(美乐):美国

(9) Miller Genuine Draft(美乐纯生啤酒):美国

(10) Miller Draft:(美乐生啤酒)美国

(11) Grolsch(葛兰斯):荷兰

(12) Corona(可乐那):墨西哥

(13) Labatts(枫叶):加拿大

(14) Kirin(麒麟):日本

(15) Sharp's Low-Alcoholic:(夏普/夏普低卡路里啤酒)美国

(16) Micholob(Dark)(黑麦格):美国

(17) Micholob(Dry)(辛辣麦格):美国

(18) Budweiser(百威):美国

(19) Beck's(锁匙):德国

(20) Molsons(摩尔森):加拿大

除了上述市场上可见的品牌外,下列著名国际品牌也必须知道:

(1) St. Pauli Girl(圣宝丽女孩):德国

(2) Corona Extra(可乐那格外):墨西哥

(3) Point Special Beer(特种啤酒):

美国威斯康星州

(4) Double Diamond Ale(双钻麦酒):英国

(5) Point Pale Ale(顶尖澄澈麦酒):美国威斯康星州

(6) Pilsner(比尔森啤酒):捷克波希米亚(Bohemia)

(7) Saké(日本清酒):日本

(8) Corona Light(低卡路里、低酒精度的淡啤酒):墨西哥

(9) St. Pauli HA(圣宝丽无酒精啤酒):德国(酒精含量低于0.5%)

(10) Tsingtao(青岛啤酒):中国青岛,但现在台湾屏东已设厂并投产。

(11) St. Pauli Girl (lager, dark, and nonalcoholic):德国产不含酒精的深色淡啤酒

(12) Modelo Especial, Negza Modelo, Pacifico(特种啤酒,Negza 牌啤酒,醇和啤酒):墨西哥

(13) Peroni(佩罗尼):意大利

(14) Point Bock, Point Classic Amber, Point Winter Spice and Point Maple Wheat:美国威斯康星州斯蒂文啤酒厂(Wisconsin Steven Point Brewery)生产。

除了各种瓶装啤酒的品牌越来越多之外,小型的生啤酒馆(Microbreweries)或迷你型小酒馆(Mini Pub)也爆炸性地在机场及购物中心纷纷设立。这种现场酿制生啤酒供食客享用的餐厅,不但在美国、加拿大十分普遍,连今日中国的北京、天津、长沙及台北等城市都可见到。啤酒与生啤酒的市场发展空间是不可估量的。

24~4 生啤酒(Draft Beer)与啤酒的差异

大麦芽和啤酒花是酿制啤酒与生啤酒的主要原料,但各国所使用的原料和酿造方法却各不相同。生产啤酒历史最久的德国有3种著名的特种啤酒,分别是黑啤酒、淡啤酒和波克啤酒,它们是以全麦芽和硬度为0.77的水经糖化后添加富有苦味和香味的啤酒花及发酵力强的酵母,以严格的技术酿造的,它们的质量极受世界各国的重视。世界啤酒生产量最多的美国所采用的啤酒原料却是中国大陆培育推广的大陆大麦,辅助原料是玉米的加工品,如玉米浆、玉米片等。据说这种添加玉米的啤酒味道比较柔和,不会太烈。

现在市面上常见的生啤酒、熟啤酒,其实两者的原料和生产过程完全一样,主要区别在于熟啤酒装瓶后经过杀菌,将酒内的活酵母杀死,保存期可达2~3个月;而生啤酒则没有经过高温杀菌,稳定性较差,一般只能保存一星期左右。至于生啤酒好还是熟啤酒好,这实在是见仁见智的问题。由于熟啤酒必须施行加热处理,所以被认为有异味,但实际上其成分并无什么变化,只能说因各人感觉而有不同的口感。

台湾产的啤酒及生啤酒的原料是大麦芽、蓬莱白米与啤酒花,从它曾荣获两次国际啤酒比赛金牌的纪录,可见其风味已受肯定。目前所使用的啤酒花均靠从德国、美国进口,大麦芽则有90%以上从澳洲及美国进口。

中国大陆的啤酒品牌甚多,最知名者要算青岛啤酒了,其他仍有许多优质啤酒与生啤酒,然而因交通不便无法为世人品尝,因而无法彰显于世。但青岛啤酒如今不但已在台湾设厂酿造,并且早在20世纪70年代就已畅销于美国的华人餐饮业中。

24~5 不良生啤酒形成的原因

1. 平淡无味的啤酒(Flat Beer)

(1) 使用的杯子有油渍

(2) 压力不足

(3) 夜间将压力关掉

(4) 冷藏库太冷或线圈太冷

(5) 压力线有漏洞或裂缝

(6) 栓子松动或连结接口漏气

(7) 迟缓的(sluggish)的压力调节器

(8) 管线中有障碍物或阻塞物

2. 猛烈的啤酒(Wild Beer)

(1) 不当地抽出啤酒

(2) 开关龙头破损或损坏

(3) 管线扭结、扭曲、缠绕或有其他障碍

(4) 啤酒管线中有气瓣或气泡

(5) 管线太长或管线绝缘不良

(6) 桶中或管线中啤酒温度太高

(7) 压力太高、太强、太大

(8) 蔓延的仪表造成太高压力

3. 错的啤酒头(False Head)

(1) 所需的压力与啤酒温度不一致

(2) 线圈或吸取啤酒管线的温度高于啤酒桶

(3) 小口径管线接上了大酒龙头(Faucet)柄

(4) 不当的汲取啤酒

(5) 啤酒顶端的泡沫圈太浅短

4. 云雾浊状啤酒(Cloudy Beer)

(1) 啤酒过度地冷藏

(2) 啤酒桶(Beer Keg)温度有时太高

(3) 啤酒管线有高温处

(4) 啤酒由龙头开关切断

(5) 啤酒管线不良

(6) 脏污的管线

(7) 啤酒曾经冷冻过

5. 味道坏的啤酒(Bad Taste Beer)

(1) 脏的龙头开关

(2) 老旧的、肮脏的啤酒管线

(3) 管线不曾适当的清理、清洁、清通

(4) 每次酒桶用完时不曾以水冲洗管线

(5) 酒吧不卫生的环境

(6) 管线中存有脏的空气或泥土

(7) 油质空气或油性的厨房空气

(8) 啤酒套装设施温度太高

(9) 啤酒温度太高不曾冷藏(unchilled)

24~6 啤酒杯的清洗与生啤酒的注入法

啤酒杯是否干净清洁可由啤酒杯顶头泡沫形状看出(如图24-1),洗杯时的正确手法是:

(1) 整个杯子要好好涮洗,而且涮洗时整个杯子要沉浸于水中。

图 24-1

(2) 净水清洗时,杯底(杯脚重的一头)先入水,并确定整个杯子被浸泡(如图 24-2)。

(3) 酒杯应在悬吊架上晾干,或置于空气流通且排水的扭曲板(Corrugated Drain Board)上,或在有皱纹与中空的软胶垫上风干、晾干。

(4) 绝不可用毛巾、干布来擦杯子,或放在垫布上等着变干。

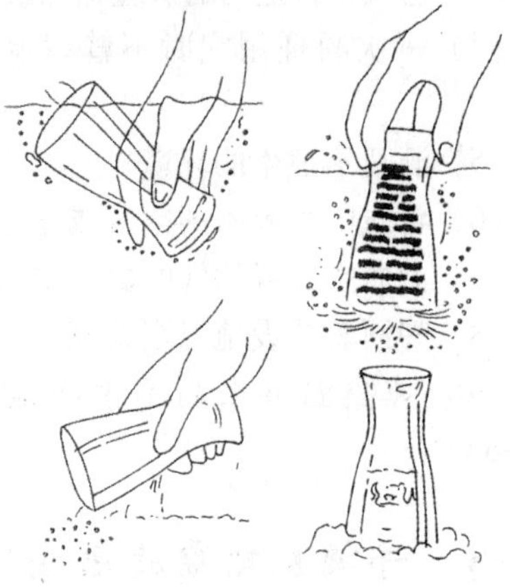

图 24-2

汲取生啤酒及生啤酒注入杯中的正确手法是:

(1) 使用干净且经冷藏、冰藏的啤酒杯。

(2) 杯子以 45°的前倾角度置于生啤酒龙头开关下端约 1 英寸(2.54 公分)处,杯子不可碰到金属制的龙头。

(3) 开酒栓时(龙头)动作要快,且要一口气开到底,动作必须连续且要迅猛。

(4) 为达到视觉与味觉的良好效果,好的啤酒泡沫顶端是必要的。

(5) 不可从酒栓中冒出“嘶嘶”的声音(Fizz)。

(6) 酒栓一次开到底且只开一次。

(7) 在酒杯快满前将酒杯扶正立直(如图 24-3)。

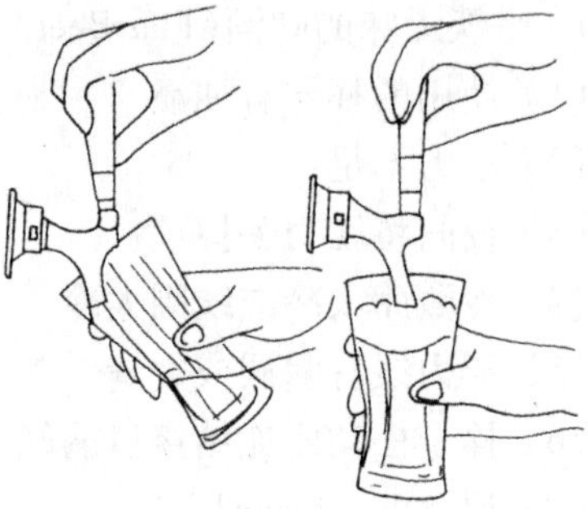

图 24-3

24~7 生啤酒酒桶衔接系统开关的图解步骤

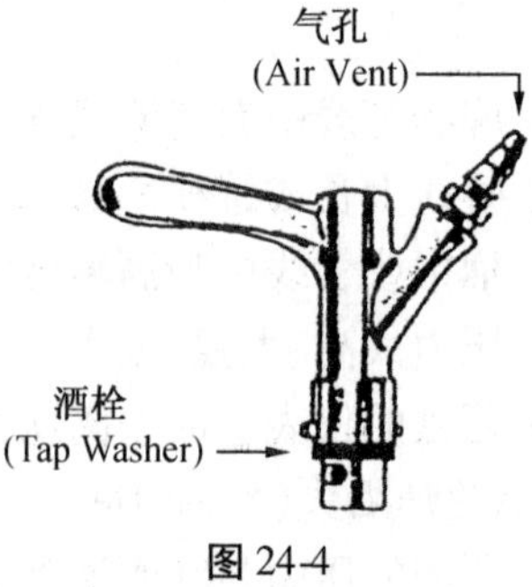

图 24-4

(1) 将气孔(Air Vent)与栓子联结器(Tap Coupling)连接二氧化碳管线以产生压力,装置在啤酒桶的上端(如图 24-4)。

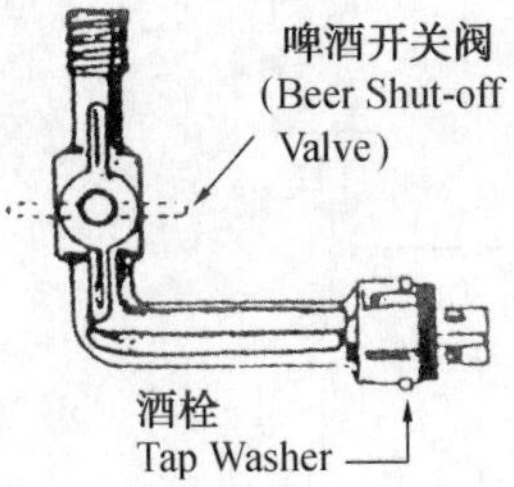

图 24-5

（2）啤酒阀（Lager Valve）、栓子联结器（Tap Coupling）与连接啤酒管线衔接，啤酒由酒桶中经此阀流入啤酒龙头（如图24-5）。

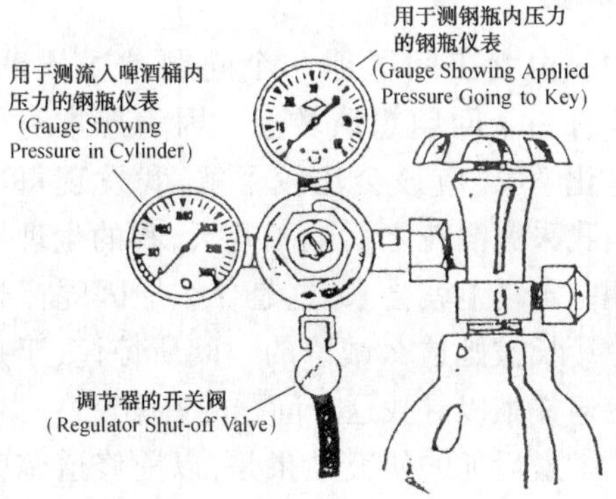

图 24-6

（3）双表调节器（Twin Gauge Regulator）。两个钢瓶仪表，一个用来测钢瓶内的压力，另一个则用来测流入啤酒桶（美国多使用铝桶）中的压力，下端则是调节器的开关阀（如图 24-6）。

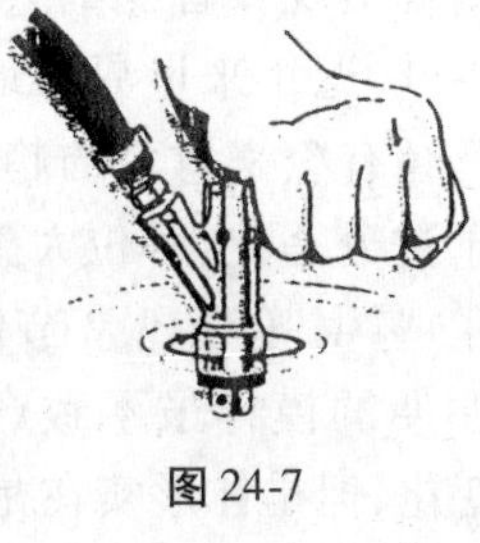

图 24-7

（4）插入气孔栓子关结器。将联结器插入啤酒桶上端的阀，顺时针（Clockwise）方向转¼转直到锁紧，打开调节器的压力阀，但调节器阀仍保持在关闭状态（如图 24-7）。

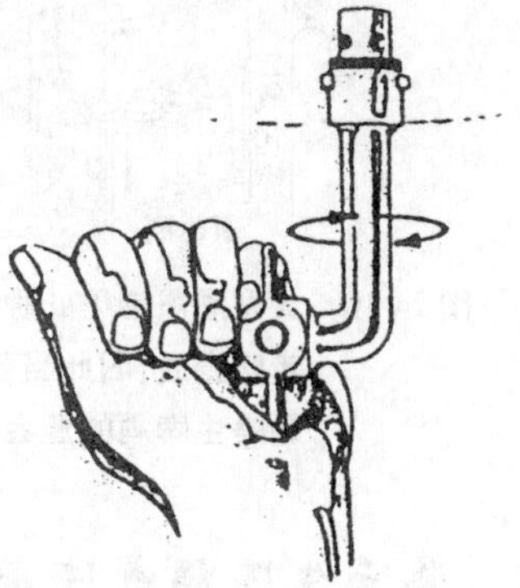

图 24-8

（5）插入啤酒阀栓子联结器。将联结器插入啤酒桶的底部阀，顺时针方向转¼直到锁紧，将啤酒阀置于打开位置（如图 24-8）。

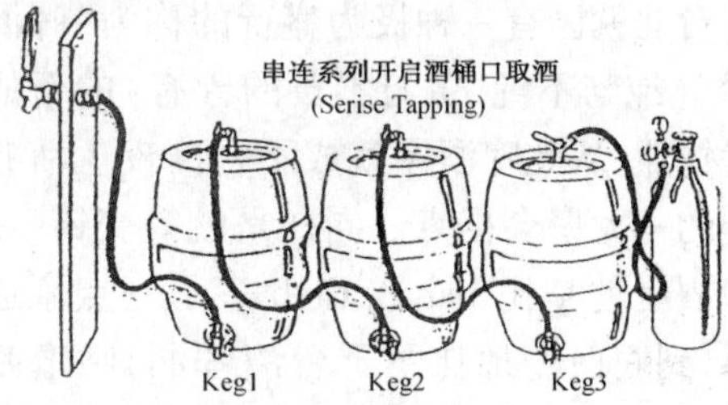

图 24-9

（6）系列酒栓的装置。3 个啤酒桶装成再补充（Replenishing）串连系列时，装有部分啤酒的酒桶应置于第三（如图 24-9）。

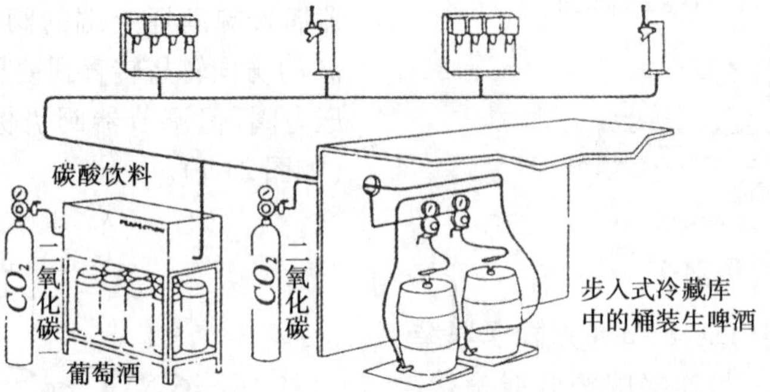

图 24-10　大型酒吧常见此种生啤酒、葡萄酒及苏打水的供应系统，但生啤酒极易走味变质，因此当营业额不是很大时，应考虑销售瓶装啤酒，至于营业主题是生啤酒的业者，自宜装设此种系统。

24~8　猛喝生啤酒或啤酒的不良后果

如果啤酒是炎炎夏日的最佳饮料，那么生啤酒可能就是酷暑中的极品饮料(Super Drink)了！早在20世纪80年代，在台北就已有一种极为盛行的称为“啤酒屋”(纯与不纯、黄与不黄的皆有)的新的餐饮业，从此啤酒屋就成了台湾夜生活族群的一大聚会据点。同样是觥筹交错，可啤酒屋就是比Bar或Club多了一点豪迈感，到底白兰地比不上台湾啤酒，咕噜咕噜喝一大杯台湾啤酒还能继续谈生意，“男子气概”就在此起彼落的“再来一杯”声中展现，当然也造就了酒客们那大大的啤酒肚。

但是各位酒国悍将可要注意了，多喝啤酒可能会产生女性化的倾向哦！有一位德国的化学家，也是啤酒的酿造业者，在他的啤酒厂里有不少女工。有一天其中一位女工问了他一个问题：“主人啊！我有一个问题想请教您。因为您本身也是化学家，应该会比较了解，我发现每次当我采完酒花之后隔了几天，我的生理周期一定马上就会来，这是什么原因呢？”这位厂长被她这么诚挚的一问所惊诧，于是翻遍文献以寻找这个问题的答案。

最后他的研究结果是，以前修道院曾经以煎煮酒花喝的方式来调节修道院里修女的生理周期。因为酒花里含有女性荷尔蒙，而啤酒的原料中也含有酒花的成分，所以喝啤酒可以影响女性的生理周期。当然酒花里的女性荷尔蒙(卵巢荷尔蒙)的含量并不非常多，男人偶尔喝啤酒是不会立刻就出现嗓音变细、皮肤变嫩的征兆的。不过，近年来世界各地女性化倾向的男性已经有愈来愈多的趋势，为了使情况不致于过分恶化，各位大款、老爷、公子、少爷们，喝生啤酒还是节制一点吧。毕竟大腹便便的模样虽不致产生娘娘腔的女性化变化，但是体形实在是与“孕妇”

的“妈妈味”相去无几啊!

24~9 以啤酒为基酒的鸡尾酒酒方(Recipes of Beer Cocktails)

1. 深水炸弹(Depth Bomb)

Beer Mug 12 oz. (有把啤酒杯)和 Shot 2 oz. (吞饮杯),冰的

$1\frac{1}{2}$ oz. Whisky(威士忌,倒入 Shot 杯内)

8 oz. Beer(啤酒,倒入有把啤酒杯内)

把吞饮杯放入啤酒杯内即成。

2. 黑与褐(Black And Tan)

Pilsner 12 oz. (比尔森型高脚啤酒杯),冰的

6 oz. Ale(麦酒)

6 oz. Guinness Stout(健力士/吉尼斯黑啤酒)

将酒材依序轻缓地倒入杯中,注意倒入麦酒(Ale)时不能产生太多泡沫。

3. 黑天鹅绒(Black Velvet)

Boot Mug 16 oz. (靴形有把大啤酒杯),冰的

12 oz. Guinnes Stout(健力士/吉尼斯黑啤酒)

4 oz. chilled Champagne or Sparkling Wine(冰过的香槟或气泡葡萄酒)

将酒材依序倒入冰过的靴形有把啤酒杯中,也可采用对半调法。

4. 胡椒博士第二代酒方(Dr. Pepper Ⅱ)

Beer Mug 12 oz. (有把啤酒杯)和 Shot 2 oz. (吞饮杯),冰的

$1\frac{1}{2}$ oz. Amaretto di Saronno(意大利萨龙诺产的苦杏仁香甜酒,倒入 Shot 杯中)

8 oz. Draft Beer(生啤酒),倒入 Mug 杯中

把盛装意大利苦杏仁香甜酒(Amaretto)的吞饮杯整个放入啤酒杯中的生啤酒里。

5. 淡啤酒和青柠檬(Lager And Lime)

Pilsner 12 oz. (比尔森型高脚啤酒杯),冰的

2 oz. lime juice(青柠檬汁)

10 oz. chilled Lager(冰过的淡啤酒)

将酒材依序倒入冰过的啤酒杯中。

6. 红眼(Red Eye)

Pilsner 12 oz. (比尔森型高脚啤酒杯),冰的

2 oz. tomato juice(番茄汁)

10 oz. Ale Lager(淡啤酒)

将酒材依序倒入冰过的啤酒杯中。

7. 香迪/搀柠檬汁的啤酒(Shandy)

Boot Mug 16 oz. (靴形有把大啤酒杯),冰的

1 oz. lime juice(青柠檬汁)

3 oz. club soda(苏打水)

12 oz. chilled Ale or Lager(冰过的麦酒或淡啤酒)

将酒材依序倒入冰过的靴形有把大啤酒杯中。

8. 黑啤酒和黑茶藨子糖浆(Stout And Black-currant Syrup)

Pilsner 12 oz. (比尔森型高脚啤酒杯),冰的

2 oz. black-currant syrup（黑茶藨子糖浆）

10 oz. Stout

将酒材依序倒入冰过的 Pilsner 啤酒杯中。

9. 黑色小天鹅绒（Black Velveteen）

Boot Mug 16 oz.（靴形有把大啤酒杯），冰的

12 oz. Guinness Stout（健力士/吉尼斯黑啤酒）

4 oz. apple cider（苹果西打）

将酒材依序倒入冰过的靴形大啤酒杯中，也可采用对半的调法。

10. 狗鼻子（Dog's Nose）

Pilsner 12 oz.（比尔森型高脚啤酒杯），冰的

1 oz. Gin（杜松子酒）

11 oz. Ale（麦酒）

将酒材依序倒入冰过的啤酒杯内。

11. 淡啤酒和黑茶藨子糖浆（Lager And Black-currant Syrup）

Pilsner 12 oz.（比尔森型高脚啤酒杯），冰的

2 oz. black-currant syrup 黑茶藨子糖浆

10 oz. chilled Lager（冰过的淡啤酒）

将酒材依序倒入冰过的啤酒杯中。

12. 薄荷淡啤酒（Peppermint Lager）

Pilsner 12 oz.（比尔森型高脚啤酒杯），冰的

1 oz. Peppermint Schnapps（薄荷斯内普无色烈酒）

11 oz. Lager（淡啤酒）

将酒材依序倒入冰过的啤酒杯内。

24～10 以国际上各种啤酒(Beers)为基酒的鸡尾酒酒方

1. 巴尔的摩动物园（Baltimore Zoo）

Squall 15 oz.（大风杯），加满冰块

½ oz. Vodka（伏特加酒）

¼ oz. Rum（朗姆酒）

¼ oz. Sloe Gin（美国黑刺李杜松子香甜酒）

½ oz. Triple Sec（三干酒/柑橘香甜酒）

½ oz. Rose's lime juice（罗斯青柠檬汁）

2 oz. orange juice（橘子汁）

将酒材倒入已加¼满冰块的调拌杯内，摇荡后过滤，倒入杯中，再以健力士/吉尼斯淡啤酒（Guinness Stout）加到满。

2. 啤酒小子（Beer Buster）

Beer Glass 12 oz.（啤酒杯），冰的

直接倒入：

1 oz Vodka（伏特加酒）

倒 3 下塔瓦斯科辣椒汁（Tabasco）

11 oz. Draft Beer（生啤酒）或加到满为止

3. 比利时松饼（Belgian Waffle）

Pilsner 12 oz.（比尔森高脚啤酒杯），冰的

直接倒入：

6 oz. Maple Nut Ale（枫叶坚果麦酒）

6 oz. Strawberry Blonde Ale（草莓金发美女麦酒）

4. 德国俾斯麦(Bismark)

Pilsner 12 oz.(比尔森型高脚啤酒杯),冰的

直接倒入:

8 oz. Beck's Dark Lager(贝克牌深色淡啤酒)

4 oz. Champagne(香槟)

也可采用对半的调法,但成本较高。

5. 黑色和棕色(Black and Brown)

Pilsner 12 oz.(比尔森型高脚啤酒杯),冰的

直接倒入:

6 oz. Guinness Stout(健力士/吉尼斯黑啤酒)

6 oz. Brown Ale(棕色麦酒)

6. 黑猿(Black Ape)

Pilsner 12 oz.(比尔森型高脚啤酒杯),冰的

直接倒入:

6 oz. Guinness Stout(健力士/吉尼斯黑啤酒)

6 oz. Pyramid Apricot Ale(皮拉米德杏桃麦酒)

7. 黑色死亡(Black Death)

Pilsner 12 oz.(比尔森型高脚啤酒杯),冰的

直接倒入:

6 oz. Guinness Stout(健力士/吉尼斯黑啤酒)

6 oz. Apple Cider(苹果西打)

8. 米奇拉塔红玛丽(Michilata Bloody Mary)

Squall 15 oz.(大风杯),加满冰块

杯缘沾上盐(可沾,也可不沾)

$1\frac{1}{2}$ oz. Tequila(龙舌兰/特奎拉酒)

$\frac{3}{4}$ oz. fresh lime juice(新鲜青柠檬汁)

$\frac{1}{2}$ oz. fresh lemon juice(新鲜柠檬汁)

$\frac{1}{4}$ oz. white wine vinegar(白醋)

倒4下塔瓦斯科辣椒汁(Tabasco Sauce)

用食指和拇指捏两次盐、黑胡椒

将酒材倒入已加$\frac{1}{4}$满冰块的调拌杯内,摇荡后过滤,倒入杯中,再以墨西哥产的Corona啤酒加满,挂一块青柠檬角作装饰。

9. 锅炉匠(Boilermaker)

Beer Mug 12 oz.(有把啤酒杯)和Shot 2 oz.(吞饮杯),冰的

直接倒入:

$1\frac{1}{2}$ oz. Whisky(威士忌,倒入吞饮杯中)

8 oz. Draft Beer(生啤酒,倒入有把啤酒杯中)

把吞饮杯放入有把啤酒杯中即成。

10. 棕色饮料(Brown Drink)

Squall 15 oz.(大风杯),加满冰块

直接倒入:

$1\frac{1}{2}$ oz. Stolichnaya Raspberry Vodka(斯托莉奇娜娅覆盆子伏特加酒)

3 oz. Dr. Pepper(胡椒博士碳酸饮料)

$3\frac{1}{2}$ oz. Guinness Stout(健力士/吉尼斯黑啤酒)

11. 棕色天鹅绒(Brown Velvet)

Pilsner 12 oz.(比尔森型高脚啤酒杯),冰的

直接倒入:

2 oz. Tawny Port(葡萄牙黄褐色波尔图葡萄酒)

10 oz. 青岛啤酒(Tsingtao Beer)

12. 笨拙的蜜蜂(Bumble Bee)

Pilsner 12 oz.(比尔森型高脚啤酒杯),冰的

直接倒入:

6 oz. Honey Lager(蜂蜜淡啤酒)

6 oz. Guinness Stout(健力士/吉尼斯黑啤酒)

13. 汽车炸弹(Car Bomb)

Shot(吞饮杯) 2 oz. 和 Beer Mug 12 oz.(有把啤酒杯),冰的

直接倒入:

$1\frac{1}{2}$ oz. Baileys Irish Cream(贝利丝爱尔兰奶酒,倒入吞饮杯内)

8 oz. Guinness Stout(健力士/吉尼斯黑啤酒,倒入有把啤酒杯内)

把吞饮杯放入黑啤酒杯 Guinness Stout 内即成。

14. 迪克红眼里的死眼(Dead Eye Of Dick's Red Eye)

Pilsner 12 oz.(比尔森型高脚啤酒杯),冰的

直接倒入:

8 oz. Draft Beer(生啤酒)

2 oz. Bloody Mary Mix(红玛丽预拌汁)

打一个鸡蛋漂浮在酒面上(可放,也可不放)

15. 深度收费(Depth Charge)

Shot(吞饮杯) 2 oz. 和 Beer Mug 12 oz.(有把啤酒杯),冰的

直接倒入:

$1\frac{1}{2}$ oz. Whisky(威士忌,注入吞饮杯内)

8 oz. Draft Beer(生啤酒,倒入啤酒杯内)

把吞饮杯连酒放入生啤酒中。此酒在台湾被称为深水炸弹。

16. 地狱来的胡椒博士(Dr. Pepper From Hell)

Shot glass 2oz.(吞饮杯)和 Beer Mug 12 oz.(有把啤酒杯),冰的

直接倒入吞饮杯内:

¾ oz. Amaretto(意大利苦杏仁香甜酒)

¾ oz. Bacardi 151 Rum(巴卡迪 151 朗姆酒)

直接倒入啤酒杯内:

8 oz. Draft Beer(生啤酒)

把盛酒的吞饮杯整个放入生啤酒中。

17. 姜汁啤酒香迪(Ginger Beer Shandy)

Beer Mug 12 oz.(有把啤酒杯),冰的

直接倒入:

9 oz. Amber Ale(琥珀色麦酒)

3 oz. Ginges Beer(姜汁啤酒)

18. 黄金和淡啤酒(Gold and Lager)

Pilsner 12 oz.(比尔森型高脚啤酒杯),冰的

直接倒入：

$1\frac{1}{4}$ oz. Goldschläger（含有24K金箔片的肉桂斯内普无色烈酒）

$10\frac{3}{4}$ oz. 比尔森啤酒（Pilsner）

19. 祖父（Grandfather）

Pilsner 12 oz.（比尔森型高脚啤酒杯），冰的

依序直接倒入：

4 oz. Harp Ale（爱尔兰人的麦酒）

4 oz. Bass Ale（巴斯麦酒）

4 oz. Guinness Stout（健力士/吉尼斯黑啤酒）

健力士/吉尼斯黑啤酒漂浮在铜黄色的巴斯啤酒上面，这种吸引人的层次感将可促销更多的啤酒，从而增加更多的利润。

20. 一半和一半第一方（Half & Half 1）

Cocktail $4\frac{1}{2}$ oz. 杯，冰的

$1\frac{1}{2}$ oz. Dry Vermouth（辛辣苦艾酒/味美思）

$1\frac{1}{2}$ oz. Sweet Vermouth（甜苦艾酒/味美思）

将酒材倒入已加¼满冰块的调拌杯内，搅拌后过滤，倒入杯中，拧挤放入一条/片黄柠檬作装饰。

21. 一半和一半第二方（Half & Half 2）

Pilsner 12 oz.（比尔森型高脚啤酒杯），冰的

直接倒入：

6 oz. Bitter Ale（苦麦酒）

6 oz. 比尔森啤酒（Pilsner）

22. 爱尔兰裔美国人（Irish American）

Pilsner 12 oz.（啤酒杯），冰的

直接倒入：

6 oz. Guinness Stout（健力士/吉尼斯黑啤酒）

6 oz. Budweiser（美国百威啤酒）

23. 爱尔兰汽车炸弹（Irish Car Bomb）

Shot 2 oz.（吞饮杯）和 Beer Mug 12 oz.（有把啤酒杯），冰的

直接倒入吞饮杯：

¾ oz. Baileys Irish Gream（贝利丝爱尔兰奶酒）

¾ oz. Jameson Irish Whisky（詹姆森爱尔兰威士忌）

直接倒入啤酒杯：

8 oz. Guinness Stout（健力士/吉尼斯黑啤酒）

把吞饮杯整个放入黑啤酒中。

24. 树袋熊/考拉第一方（Koala Bear 1）

Poco Grande $13\frac{1}{4}$ oz.（波可杯），冰的

1 oz. Crème de Banana（香蕉香甜酒）

1 oz. Dark Crème de Cacao（深色可可香甜酒）

1 oz. lime juice（青柠檬汁）

1 oz. simple syrup（简易糖浆）

3 oz.（两大球）香球冰淇淋

8 oz. 碎冰

将酒材倒入果汁机中，先以慢速打5秒钟，再改成快速打成雪泥状，倒入波可杯中，喷上掼奶油（whipped cream），并撒

上一些肉豆蔻粉作装饰。

25. 树袋熊/考拉第二方(Koala Bear 2)

Boot Mug 16 oz.（靴形有把大啤酒杯），冰的

直接倒入：

8 oz. Foster's Lager(福斯特牌淡啤酒)

8 oz. Guinness Stout(健力士/吉尼斯黑啤酒)

26. 淡啤酒和黑醋栗/黑茶藨子(Lager and Black-Currant)

Pilsner 12 oz.（比尔森型高脚啤酒杯），冰的

直接倒入：

$1\frac{1}{2}$ oz. Crème de Cassis(法国黑醋栗/黑茶藨子香甜酒)

$10\frac{1}{2}$ oz. Draft Lager(生淡啤酒)

27. 柠檬在上头(Lemon Top)

Pilsner 12 oz.（比尔森型高脚啤酒杯），冰的

直接倒入：

8 oz. Lager (淡啤酒)

4 oz. 7-up(七喜汽水)

挤放一个黄柠檬角作装饰。

28. 索扎米雪拉达(Sauza Michelada)

Boot Mug 16 oz.（靴形有把大啤酒杯），冰的

杯缘沾上盐(可沾，也可不沾)

直接倒入：

$1\frac{1}{2}$ oz. Sauza Tequila(索扎龙舌兰/特奎拉酒)

½ oz. Rose's lime juice(罗斯青柠檬汁)

12 oz. Corona Beer(Corona 啤酒)

挂一个青柠檬角作装饰。

29. 午夜油(Midnight Oil)

Pilsner 12 oz.（比尔森型高脚啤酒杯），冰的

直接倒入：

2 oz. Tawny Port (黄褐色葡萄牙波尔图葡萄酒)

10 oz. Guinness Stout(健力士/吉尼斯黑啤酒)

30. 阴影中华氏 110 度(110 Degrees In The Shade)

Pilsner 12 oz.（比尔森型高脚啤酒杯），冰的，加满冰块

直接倒入：

$1\frac{1}{4}$ oz. Absolut Pepper Vodka(亚伯索露特辛辣伏特加酒)

$4\frac{3}{4}$ oz. Corona Beer(Corona 啤酒)

挤放入一个青柠檬角及一片青辣椒作装饰。

31. 粉红豹第一方(Pink Panther 1)

Pilsner 12 oz.（比尔森型高脚啤酒杯），冰的

直接倒入：

6 oz. Guinness Stout(健力士/吉尼斯黑啤酒)

6 oz. Raspberry Ale(覆盆子风味的麦酒)

32. 粉红豹第二方(Pink Panther 2)

Tulip Champagne 9 oz.（郁金香形香槟杯），冰的

$1\frac{1}{4}$ oz. Amaretto(意大利苦杏仁香甜酒)

¼ oz. grenadine(红石榴糖浆)

1 oz. orange juice(橘子汁)

$1\frac{1}{2}$ oz. cranberry juice(蔓越莓/蔓越橘汁)

将酒材倒入已装¼满冰块的调拌杯内,摇荡后过滤,倒入杯中,再以冰过的香槟酒加满酒杯,挂一片橘子圆片作装饰。

33. 紫色之死(Purple Death)

Boot Mug 16 oz.(靴形有把大啤酒杯),冰的

直接倒入:

12 oz. Bass Ale(巴斯麦酒)

1 oz. Chambord(法国覆盆子香甜酒)

3 oz. Blackthorn cider(暗紫色黑刺李制成的西打果汁)

34. 疯狗(Rabid Dog)

Boot Mug 16 oz.(靴形有把大啤酒杯),冰的

直接倒入:

¾ oz. Amaretto(意大利苦杏仁香甜酒)

¾ oz. Bourbon Whisky(波旁威士忌)

$14\frac{1}{2}$ oz. Draft Beer(以生啤酒加满)

35. 红啤酒(Red Beer)

Pilsner 12 oz.(比尔森型高脚啤酒杯),冰的

直接倒入:

10 oz. Draft Beer(生啤酒)

2 oz. Bloody Mary Mix(红玛丽预拌汁)或 tomato juice(番茄汁)

36. 克雷格牧师(Reverend Craig)

Squall 15 oz.(大风杯),加满冰块

$1\frac{1}{2}$ oz. Bourbon Whisky(波旁威士忌)

$1\frac{1}{2}$ oz. sweet & sour juice(甜酸汁)

将酒材倒入已装¼满冰块的调拌杯内,摇荡后过滤,倒入杯中,再以生啤酒(Draft Beer)加满。

37. 香迪手钩(Shandy Gaff)

Boot Mug 16 oz.(靴形有把大啤酒杯),冰的

直接倒入:

8 oz. Draft Beer(生啤酒)

8 oz. Ginger Ale(姜汁汽水)

38. 跳成裸体(Skip And Go Naked)

Squall 15 oz.(大风杯),冰的

$1\frac{1}{2}$ oz. Gin(杜松子酒)

½ oz. grenadine(红石榴糖浆)

2 oz. sweet & sour juice(甜酸汁)

将酒材倒入已装¼满冰块的调拌杯内,摇荡后过滤,倒入杯中,再以生啤酒(Draft Beer)加满。

39. 蛇之吻第一方(Snake Bite 1)

Rocks 7 oz. 加满冰块

直接倒入:

$1\frac{1}{2}$ oz. Yukon Jack Liqueur(育空产的杰克香甜酒)

½ oz. Rose's lime juice(罗斯青柠檬汁)

用酒吧匙由下而上地搅拌两三下，挤放入一个青柠檬角作装饰。

40. 蛇之吻第二方(Snake Bite 2)

Pilsner 12 oz.（比尔森型高脚啤酒杯），冰的

8 oz. Draft Beer(生啤酒)

4 oz. Hard Cider(即苹果酒，酒精浓度约 2.5%~14%)

41. 蛇之吻第三方(Snake Bite 3)

Shot 2 oz.（吞饮杯），冰的

依序倒入：

1 oz. White Crème de Cacao(无色可可香甜酒)

1 oz. Southern Comfort(美国南方蜜桃香甜酒)

42. 鱼雷砰的一声(Torpedo Slam)

Shot 2 oz.（吞饮杯）和 Beer Mug 12 oz.（有把啤酒杯），冰的

直接倒入吞饮杯：

$1\frac{1}{2}$ oz. Bourbon Whisky(美国波旁威士忌)

直接倒入啤酒杯：

8 oz. Draft Beer(生啤酒)

用酒吧枪打一些或撒一些七喜汽水在生啤酒面上，再把装有波旁威士忌(Bourbon Whisky)的 Shot 杯放入生啤酒中。

43. 煤区欢爱(Sex In The Coal Region)

Squall 15 oz.（大风杯），加满冰块

直接倒入：

1 oz. Vodka(伏特加酒)

½ oz. Dekuyper Raspberry Pucker(美国 Dekuyper 公司产的覆盆子香甜酒)

½ oz. Blackberry Brandy(黑莓白兰地)

¼ oz. 7-up(七喜)和 club soda(苏打水)

$4\frac{1}{2}$ oz. Draft Beer(生啤酒)

注入½ oz. 马利布朗姆酒(Malibu Rum)使之漂浮在酒面上，挂一个青柠檬角或一片青柠檬片作装饰。

44. 跑跳成裸体(Run, Skip And Go Naked)

Squall 15 oz.（大风杯），加满冰块

½ oz. Brandy(白兰地)

½ oz. Light Rum(淡朗姆酒)

½ oz. Gin(杜松子酒/金酒)

½ oz. Triple Sec(三干酒/柑橘香甜酒)

½ oz. lime juice(青柠檬汁)

1 oz. simple syrup(简易糖浆)

将酒材倒入已加¼满冰块的调拌杯内，摇荡后过滤，倒入杯中，再以生啤酒加满，挂一个青柠檬角作装饰。

24~11 酒吧国际专业术语

1. Kegger, Keg Party(名词)：指喝生啤酒的聚会。

2. Loly Water(名词)：澳洲人指苏打水、奎宁水、碳酸饮料等软性饮料。

3. Lounge Lizard(名词)：酒廊蜥蜴，指一位常泡时髦酒吧或餐厅的人，这些时髦人士同时也可能是一位追求女色的人

(womanizer)。

4. Knock Boots(动词):指接近、亲近到面对面的情况。

5. Lush(名词):指一位喝很多酒、纵情饮酒的人。

6. Knackered(形容词):指疲惫不堪的、精疲力尽的。

7. La La Land(名词):指彻底酒醉的状态。

8. O. U. I:首字母缩略语,即 Operating Under the Influence,在酒精影响下操作之意。

9. Niteries:俚语,指夜总会。

10. Mob Scene:俚语,形容极端忙碌的酒吧、夜总会或企业。

11. Nursing a Drink:指以非常缓慢的方式喝酒,使酒杯中的酒始终保持鲜活和生命力。

12. OSHA:首字母缩略语,美国联邦政府的职业安全及卫生管理局,即 Occupational Safety and Health Administration。

13. Perfect:指一杯酒精饮料是由等量的甜苦艾酒和辛辣苦艾酒(Vermouth)所调成。

14. On the House:俚语,指免费招待。

15. On the Rocks:俚语,指饮料中有冰块(ice cubes)。

16. Octoberfest(名词):指德国在每年10月所举办的为期两周的啤酒节,这是世界上最大的公共节日,每年有600万人参与此项庆祝活动。

17. Out of Order(形容词):指身体不适的或有病的,形容因饮酒过度而丧失了行为能力的人。

18. Popped:俚语,被逮捕之意。

19. Premium, Super Premium:高级、特级,是依烈酒的成本而加以分类的指定称号。

20. Pickled:指醉得如同经过彻底浸泡与腌渍的泡菜。

问题探讨

如何调制下列各款国际知名鸡尾酒?

(1) Depth Bomb
(2) Black Velvet
(3) Red Eye
(4) Dog's Nose
(5) Peppermint Lager
(6) Shandy
(7) Baltimore Zoo
(8) Machilata Bloody Mary
(9) Bumble Bee
(10) Dead Eye Of Dick's Red Eye
(11) Irish Car Bomb
(12) Lager And Black
(13) Depth Charge
(14) Run, Skip And Go Naked
(15) Torpedo Slam
(16) Bismark
(17) Michilata Bloody Mary
(18) Dr. Pepper From Hell
(19) Reverend Craig
(20) Boilermaker

第二十五章

对葡萄酒的基本认识与相关的鸡尾酒酒方

Knowing Popular Served Wines and Related Recipes of Wines' Cocktails

☞学习目的

了解： 1. 葡萄酒的酿制与酒名由来

2. 葡萄酒的饮用方法、品酒与贮存
3. 美国著名葡萄酒及深受美国人喜爱的葡萄酒简介
4. 葡萄的种类及描述葡萄酒的专业术语
5. 葡萄酒的服务流程(Wine Serving Procedures)
6. 以葡萄酒为基酒的鸡尾酒酒方(Recipes of Wines' Cocktails)
7. 国际上以各种葡萄酒为基酒的鸡尾酒酒方
8. 酒吧国际专业术语

在20世纪80年代，葡萄酒仍是台湾大旅馆和高级西餐厅的附属品，而饮用红白葡萄酒的大部分是外国人或极少数懂得享受葡萄酒的人，当时可供选择的酒类也不多。然而从1992年以来，葡萄酒在各类酒公司不断推广并且全方位地介绍和宣传下，开始饮用或懂得享受葡萄酒的人士立即迅猛增加了许多。

市场上的葡萄酒大致可分四大类，现说明如下：

1. 白酒：可用各种葡萄酿制，非常适合搭配中西餐的开胃菜或海产类食物，需要冰镇后饮用。口味柔顺爽口，并且怡神增趣。

2. 红酒：用红葡萄酿制，辅以牛肉类餐点，口味甘纯浓郁，而且齿颊留香。

3. 玫瑰红酒：用红葡萄酿制，可搭配任何食物，宜于冰镇后饮用，极受女士们喜爱。

4. 香槟或气泡酒：可用各类葡萄酿制，适合任何大小或高低档场合，喜庆宴会上如果用它来庆祝会倍添气氛与情趣。

25~1 葡萄酒的酿制与酒名由来

葡萄酒最简单的定义就是已发酵过的新鲜葡萄汁。每年9月至10月初是葡萄的收获季节，把收获后的葡萄放在榨汁机内压榨，流出的汁液灌注入发酵桶内等候发酵。葡萄中的酵母菌与葡萄糖分解成碳酸及酒精，碳酸会分解，排出二氧化碳气体，经数星期后，发酵过程全部完成。当然可能仍有糖分有待分解，但当酒精浓度达到9%~12%时，发酵作用就会自动停止，因为过多的酒精会把酵母菌杀死而成为桶底的沉淀。刚酿成的葡萄酒颜色浑浊，并不适合饮用，须存放在橡木桶内贮藏。储藏橡木桶的最佳地方当然是酿酒厂恒温恒湿的地窖了，因为地窖不受外界天气的影响，而且温度可以长期保持稳定。

当葡萄酒灌注入橡木桶打上或封上木塞平放于酒库时，葡萄酒的香郁、丰润或细致等独特品质就在悠悠岁月的蕴酿下逐渐散发出来，最后再适当陈年后，酿酒商便会把储藏的葡萄酒装瓶、封盖、贴上标签、入箱，葡萄酒的酿制便完成了。

葡萄酒酒名的由来有4种原因：

1. 地区：大部分法国葡萄酒是以地区来命名的。例如：法国波尔多（Bordeaux）地区著名的酿酒区有梅多克（Médoc）、圣爱米伦（St. Emilion）、波默罗尔（Pomerol）、格拉弗斯（Graves）和素泰内（Sauternes）；勃艮第（Burgundy）地区著名酿酒区有宝酒力（Beaujolais）、沙布利（Chablis）、曲当（Cotesdor）、马孔（Mâacon）、普尔富尔斯（Pouilly-Fuisse）及龙谷（Côtes de Rhône）等。

2. 葡萄品种：除了法国酒外，很多其他国家出产的葡萄酒（例如西班牙、美国、澳洲等）是以葡萄品种来标示的，这样就比较易于区别。例如：美国加州的白富美（Fume Blanc）、黑比诺葡萄（Pinot Noir）、澳洲的加比纳索维浓(Carbernet Sauvignon)、法国夏尔多内白葡萄(Chardonnay)、法国白索维浓(Sauvignon Blanc)、法国麝香葡萄(Muscadet)、美国加州的白津芬德尔(White Zinfandel)等。

3. 酒厂商标(品牌):很多酿酒厂以他们的多年经验和声誉酿制出一些以不同地区或不同品种的葡萄为原料的葡萄酒,并用另外一个新商标发行,亦很受欢迎。例如王朝(Dynasty)、碧加露(Pigalle)、Fetzer、Robert Mondavi 及 Louis Latour 等。

4. 经销商名:很多经销商因为信誉良好,历史悠久,所以采用自己公司的名字出品葡萄酒。例如帝露(De Luze)和路易拉图(Louis Latour)的Bougogne, Cuvee Latour 等均是驰誉国际的著名葡萄酒品牌。

25~2 葡萄酒的饮用方法、品酒与贮存

喝葡萄酒时不必过分注重繁文缛节,因为葡萄酒并非金银珠宝,而是让人们喝进口里供人们娱情悦性享受人生的。然而如果人们能对酒温、酒杯等细节也讲究一点的话,则滋味必定更佳。在喝酒时,下列两点需要注意:

(1)温度:红酒在室内温度或稍低于室内温度时饮用味道最佳,若提早一小时拔开瓶塞,让酒接触空气呼吸呼吸,就会更加增添生气与酒香。

(2)酒杯:酒香扑鼻是享受美酒的一个重要环节,但酒杯应该是口窄肚子大的,这样酒香不易流失与挥发,斟酒最多只倒⅔杯满,以便为摇晃出香气预留出空间。

葡萄酒的饮用方法大致可归纳为下列13点来加以说明:

1. 使用无色玻璃杯,以便饮用者能确实见到酒的色泽及清澈度。

2. 将酒瓶展示于客人的面前,一瓶好酒足以增加主人的颜面。

3. 西方人习惯进餐时喝葡萄酒,用以增加菜色滋味。何种酒搭配何种菜事实上并无一定的死规则,但习惯上一般都是先喝不含甜味的(dry)白酒,然后再喝较浓郁的红酒。还有习惯上(事实上并无强制性)在食用家禽、鸟类、鱼贝海鲜、白肉等时,常搭配饮用白酒;食用牛肉、羊肉及乳酪时,常搭配饮用红酒。然而只要喜欢,在吃汉堡包时来杯白酒,或以红酒搭配烤鸡,又有何妨?没人说这样做是错的。

4. 白酒及粉红葡萄酒在饮用前要先冰镇,但不能太冷,理想的温度是7~10℃,太冷了酒的芳香味(Bouquet)无法散发出来。饮用红酒是不需冰镇的,一般常在室温下饮用,但在天气炎热的地方像台湾,在饮用法国产的博若莱葡萄酒(Beaujolais)时最好略加冰镇到12~13℃,否则喝入一口热呼呼的红酒有啥口感?

5. 开葡萄酒瓶时先用小刀沿瓶口突出圆圈下方切除塑胶封,这样可以避免酒被落下的细碎杂屑所污染。德国酒通常有一条开封带,用手将开封带拉开即可,

无需用刀切。

6. 打开软木塞后需用清洁的布巾将瓶口及里面擦拭干净。

7. 有时一瓶陈年葡萄美酒在开瓶后会在软木塞边及瓶内发现少许发亮的结晶体，此等美丽晶体实际是酒质最佳的证明，因为只有陈年佳酿才含有颇多水果成分（Fruit），方能产生此等酒石结晶，斟倒此种酒时须特别小心，以减少酒石注入杯中。

8. 仔细闻一下瓶塞，因为那样可以闻到酒的味道是否纯正，是否已经走味变成了醋，若已走味发酸就不能喝了。

9. 酒杯最好使用大一点的，最好有12盎司的容量或者更大些，斟酒半满，则酒可在杯中摇晃而使酒香溢出。

10. 顶级的红酒可以转倒入水晶瓶中，再倒入酒杯中或者将酒瓶置于酒篮内。

11. 每开任何一瓶新酒喝前都须加以试酒（Tasting）。

12. 饮用法国波尔多（Boxdeaux）红酒或法国勃艮第（Burgundy）红酒，最好提早一小时开启瓶塞，使酒液与空气接触而激发与苏醒酒香。

13. 酒香是饮酒之乐的一个重要环节，酒杯应采用大肚子窄口的，使得酒香不致那么轻易地溜走。斟酒最好只倒½杯满，应为香气留出飞舞空间。

品酒（Wine Tasting）时须专注下列3件事：

1. 酒色：清澈的大酒杯，盛上⅓杯葡萄酒，首先观察酒的颜色，美酒的色泽应该是清澈、明亮、无杂质的。

2. 酒香：在尚未开始饮用前，酒香会提升品酒的乐趣，分3次由远而近地嗅嗅，用鼻子品闻酒的香味，勤加练习定会大大提高辨识酒质的能力。

3. 品尝：要轻轻地含一口，决不可一下子就吞下，先用舌头卷一下把酒散布在整个口腔里，要让舌尖及舌根的味蕾发挥一下品享的作用，这样就渐入品酒佳境了。标准品酒杯子最多只斟到½杯满。

葡萄酒贮存时要注意下列6件事：

（1）最理想的储酒处当然是地窖或地下室，因为那里气温常年稳定不变，理想的储酒温度是14～15℃，气温上下变化太大会使酒质受损。

（2）如果没有适当的地窖储酒，可选择阴凉及潮湿的处所，但应避免在朝向西面的房间储酒，否则日落阳光会自窗户射入使酒瓶遭受西晒。

（3）避免在储酒区放置任何有难闻气味的物品，例如汽油、柴油、溶剂、油漆及工业用油剂等。

（4）噪音、光线与高温等皆易伤害储酒，地震也会导致瓶破满地、心血全废的悲惨结局。

（5）储酒处的照明尽可能使用柔和灯光，除避免日光照射外，日光灯也最好不要用。

（6）酒瓶须常年横置使瓶塞保持湿润，否则瓶塞干燥会导致空气侵入，使葡萄酒氧化、走味与变质。

25~3 美国著名葡萄酒及深受美国人喜爱的葡萄酒简介

美国著名的葡萄酒及其贮存温度至少有32款,现简介如下:

1. Beaujolais: Red Wine, room temperature

2. Burgundy: Red Wine, room temperature

3. Cabernet Sauvignon: Red Wine, room temperature

4. Chablis: White Wine, chilled

5. Chardonnay: White Wine, chilled

6. Chenin Blanc: White Wine, chilled

7. Chianti: Red Wine, room temperature

8. Claret: White Wine, chilled

9. Cocktail Sherry: Dry Wine, room temperature

10. Concord: Sweet Wine, chilled

11. Crackling Rosé: Sparkling Wine, chilled

12. Cream Sherry: Sweet Wine, room temperature

13. Dubonnet: Sweet Bar Wine, room temperature

14. Gamay: Red Wine, room temperature

15. Gewürztraminer: White Wine, chilled

16. Green Hungarian: White Wine, chilled

17. Grenache Rosé: Sweet Pink Wine, chilled

18. Grignolino: Red Wine, room temperature

19. Haute Sauterne: White Wine, chilled

20. Johannesburg Riesling: White Wine, chilled

21. Liedfraumilch: White Wine, chilled

22. Pinot Blanc: White Wine, chilled

23. Port: Sweet Red Wine, room temperature

24. Rhine Wine: Dry White Wine, chilled

25. Riesling: Dry White Wine, chilled

26. Sauterne: Dry White Wine, chilled

27. Semillon: White Wine, room temperature

28. Sylvaner: White Wine, chilled

29. Tawny Port: Sweet Wine, room temperature

30. Tokay: Sweet Wine, room temperature

31. Vin Rosé: Sweet Wine, chilled

32. Zinfandel: Pink Wine, chilled

深受美国人喜爱的葡萄酒有近35款,现简介如下:

1. Aperitifs(开胃葡萄酒)

(1) Sherry (Dry to Sweet)

(2) Vermouth (Dry to Sweet)

2. White Wines(白葡萄酒)

(1) Chablis (Dry)

(2) Chardonnay

(3) Follie Blanche

(4) Pinot Blanc

(5) Rhine Wine (Dry)

(6) Riesling

(7) Sylvaner

(8) Traminer

(9) Sauterne (Dry to Sweet)

(10) Sauvignon Blanc (Dry to Sweet)

(11) Semillon (Dry to Sweet)

(12) Haute or Chateau Sauterne (Dry to Sweet)

(13) White Chianti (Dry to Sweet)

(14) Catawba (Dry to Semi-Sweet)

(15) Delaware (Dry)

3. Red Wines(红葡萄酒)

(1) Burgundy (Dry)

(2) Barbera

(3) Charbonnet

(4) Gamay

(5) Pinot Noir

(6) Red Pinot

(7) Claret (Dry)

(8) Cabernet

(9) Gringnolino

(10) Zinfandel

(11) Rosé (Pink; Dry to Sweet)

(12) Vino Rosso (Semi-Sweet)

(13) Red Chianti (Dry)

(14) Concord (Sweet)

4. Sparkling Wines(气泡葡萄酒)

(1) Champagne (Gold or Pink)

(2) Sparkling Burgundy (Semi-Sweet to Sweet)

(3) Sparkling Muscat (Sweet)

(4) Sparkling Rosé (Dry to Semi-Sweet)

注：特别辛辣的香槟，有时标识印有Brut或Extra-Dry等字样。英文的semi-dry如同法文的sec，就是较甜之意。至于demi-sec(法文)，就是指酒类不含甜味者(但在香槟酒中指有甜味之意)。

25~4 葡萄的种类及描述葡萄酒的专业术语

(一)酿制红葡萄酒的葡萄品种最重要的有下列10种：

1. Cabernet Sauvignon
2. Pinot Noir
3. Merlot
4. Gamay
5. Zinfandel
6. Syrah
7. Grenache
8. Sangiovese
9. Nebbiolo
10. Barbera

(二)酿制白葡萄酒的葡萄品种最重要的有下列10种：

1. Chardonnay
2. Riesling
3. Sauvignon Blanc
4. Fumé Blanc
5. Semillon
6. Chenin Blanc

7. Gewürztraminer

8. Pinot Blanc

9. Muscat

10. Trebbiano

（三）葡萄酒常用的专业术语简介如下：

1. Agreeable：十分匀称、平衡的葡萄酒，常令人愉悦地欢饮。

2. Astringent：酒中含有太多的单宁酸，有辛涩味。

3. Austere：十分酸的，极为酸苦的。

4. Balanced：匀称的，和谐的，恰如其分的。

5. Clean：精心酿造的葡萄酒，没有任何怪异的气味或口感。

6. Complex：表现出各种细致的风味与芳香，并有复杂的、综合性的感觉。

7. Delicate：细致的，常用来描述新鲜、清淡的白葡萄酒。

8. Dry：没有甜味的，辛辣的，酒中没有残余的糖分。

9. Elegant：优雅的、典雅的，以精密、灵巧的技术制造出来的顶级葡萄酒。

10. Flabby：走气，走味了，缺乏应有的酒感，毫无特色的，微弱的，无活力的，没气力的。

11. Flinty：辛辣的，清爽的，锐利的，硬脆的，常用来形容 Chablis。

12. Flowery：一种诱惑人的芳香，与花香极似。

13. Fresh：新鲜的，年轻的，充满活力的，清新感的。

14. Generous：一种高品质、高纯度的浓郁葡萄酒。

15. Grassy：刚割过干草与新鲜草皮的味道，常用来描述有烟熏味的白葡萄酒（Fumé Blanc）。

16. Green：青涩的，未成熟的，不均匀的酸度，有浓厚生涩味的。

17. Quaffing：一种清淡易饮的葡萄酒，常在周日中午饮用，可大口地喝或一口气喝干。

18. Round：浑厚的、匀称的、成熟的，且没有粗涩味的葡萄酒。

19. Supple：柔顺的或带有点单宁酸，且十分爽口的一种高品质葡萄酒。

20. Tart：十分酸的，因为太酸会使人把嘴都给噘起来的（Mouth Pucker）。

21. Light：清淡的，不论颜色、酒精或酒体都较稀薄，但饮之却令人十分愉悦的。

22. Hard：因为酒中所含单宁酸太高以致产生严重的酸涩味。

23. Thin：淡薄的，酒精度与酒体本身十分稀薄的，再怎么陈年窖存都无法改善其品质。

24. Velvety：在口中的感觉是无比的柔顺、精美、细腻，如同天鹅绒般的滑柔顺口，常用来描述顶级美酒。

25. Lively：充满活力的，常指新鲜、充满果香味并带有一点点二氧化碳的葡萄酒。

25~5 葡萄酒的服务流程 (Wine Serving Procedures)

在餐厅中促销葡萄酒不但获利丰厚，并且是一项必须紧紧抓住且要求不断成长的重要业务，因此所有调酒师及餐饮服务人员都必须懂得如何正确地为顾客提供葡萄酒服务。其步骤有一定流程，但却简单易学，现详细说明如下：

（一）葡萄酒酒杯的放置

在餐桌上摆置酒杯最简单的原则就是：所有的酒杯都放在水杯的右方，如果有两个以上的酒杯，则依使用的顺序自右至左排列。这样的排列方式，一则方便服务员将酒倒进最近的酒杯中，再则便于顾客用完酒时，服务员将酒杯收走。

酒杯及水杯实际的摆放情形（自右至左）大致如下：

1. 气沫酒杯、佐餐酒杯、酒杯、冰水杯。

2. 气沫酒杯、白葡萄酒杯、红葡萄酒杯、冰水杯。

3. 白葡萄酒杯、红葡萄酒杯、饭后酒杯、冰水杯。

若是在餐宴开始前客人先点一种酒，然后又点同类型但不同的酒，在上第二种酒前服务员应换上新的酒杯。

在需要3种以上酒的宴会中，传统上任何时候桌上都只能有3个酒杯。通常的做法是，在摆放杯时只放第一种酒和最后两种酒的酒杯，当一道菜结束时，将此道菜所搭配的酒杯收走，并立即再放上下一道菜的酒杯。

倒酒前，将附有标签的酒瓶拿到主人或点酒人的面前请其过目，以便让客人验明这就是其所要的酒。

（二）开葡萄酒的方法

1. 当顾客已确认此酒是他所点要的酒之后，服务员立即在桌旁开酒。首先将瓶顶的铝箔封口割开，然后用干净的餐巾布擦拭酒瓶的顶端。

2. 用服务员专用的螺旋形起子开酒器来开酒，开酒器的尖端应以45°角从瓶塞的中央直接转钻下去。

3. 分两阶段转入软木塞起子，第一次先转入八成，留下两螺旋间距，稍加拔出软木塞后，再转入剩下的两螺距，在拉出软木瓶塞后，再度用干净的餐巾布擦拭瓶口。

4. 先倒大约一盎司的酒给主人或是点酒者，让其先品尝，如果他认为这酒不错，服务员应先为在座主客服务，最后才为这位尝酒的主人倒酒。

5. 服务员在给客人倒酒时，应沿着桌子自主人处按逆时针方向顺序倒酒，但在极为正式的餐宴上，服务员应以逆时针方向先为女士倒酒，然后再按顺时针方向为男士倒酒。要从每位客人的右边倒酒，以预防突发的碰撞。

6. 拿酒瓶时应注意让每位好奇的客人都能看到酒瓶上的标签，所以握瓶时酒瓶上的标签要显现出来。

7. 为避免酒滴到桌布上，服务员可用另一只手将卷起的餐巾布围在瓶颈上，或用左手拿着随时擦拭。

8. 不要把酒杯注满，酒杯上方的空间可使酒香凝聚，以供顾客细细品味酒香，同时也可避免酒向外溅出。适当的酒量约在杯子的½~⅔（小杯倒⅔杯满，大杯如12 oz. 杯只倒一半）。

9. 倒完一轮酒后，可将酒置于桌上或

置入桌旁的冰酒桶中，可由顾客自行再斟酒，或是由服务员在客人酒尚未喝完前再倒酒或加酒。

10. 陈年酒，尤其是陈年红葡萄酒常会有沉淀物，通常是有色泽的沉淀或是酒石酸盐晶体。倒酒时要小心处理陈年酒，以免沉淀物倒入酒杯中。沉淀物对人体无害，不过会影响喝酒时的视觉与口感享受，而且喝起来在牙齿间会有沙沙的不舒服感觉。

11. 陈年酒从贮藏室里拿出来时应尽量避免摇晃，瓶身要与地面垂直，然后以水平方向移动拿出。要小心地送到餐桌上，愈早拿出来愈好，这样经震动的浮悬物，可以慢慢地沉淀至瓶底。在餐桌上，无论是倒酒或是将酒瓶放回篮里或桌上，都应该轻而慢，绝对避免摇晃太厉害。

12. 缓缓倒酒是一种艺术，特别是在一些奢华的高档餐厅里，服务员都应知道如何展现优雅的倒酒艺术。

13. 只要服务员知道如何小心地斟酒，并避免瓶中剩余的酒前后摇晃，那么酒篮通常只具有虚荣的装饰效果。然而，在把酒从贮藏室里拿到餐桌前，用酒篮装酒确实可使震动减至最少。

14. 将酒瓶轻轻地直放在桌面与放在酒篮里具有相同的效果，务必要经常提醒自己细心开酒与用心倒酒。

（三）开气泡酒与香槟酒的方法

因为香槟酒及其他气泡酒的酒瓶中含有大量的二氧化碳，所以不能用开瓶器来开，而需要一些特别的技巧。服务员必须学会这些技巧，以避免蹦出的瓶塞伤击到人，并避免昂贵的名酒流失。

1. 若瓶塞是由金属帽固定的，先把旋紧的铁丝网放开以解开金属帽（有些气泡酒使用一种金属安全瓶帽，开瓶说明就印在瓶帽上）。迅速地将瓶帽及箔片除去，同时用拇指按住瓶塞，以避免它蹦出。

2. 用一只手的拇指和食指紧握瓶塞，然后将酒瓶倾斜至45°左右，在瓶塞转出来之前不要松手。

3. 用另一只手握住瓶子底部轻轻旋转，通常稍微转动一下瓶塞就会向外冲出。

4. 当瓶塞开始松动时，仍旧将酒瓶保持约45°倾斜，酒的表面积愈大，冒泡的速度就愈慢。

5. 倒香槟酒的动作分为两个步骤：先倒满⅕杯，它会剧烈地起泡，等泡沫较安定时，再把香槟酒注入至⅔杯满。

6. 香槟酒应始终放在冰酒桶里，温度越低，汽泡消失的速度就越慢，酒的清新质感也越佳。

25~6 以葡萄酒为基酒的鸡尾酒酒方（Recipes of Wines' Cocktails）

1. 安达卢西亚（Andalusia）

Cocktail $4\frac{1}{2}$ oz. 杯，冰的

$1\frac{1}{2}$ oz. Dry Sherry（辛辣雪利）

½ oz. Brandy（白兰地）

½ oz. Light Rum（淡朗姆酒）

将酒材倒入已装$\frac{1}{4}$满冰块的调拌杯内，迅猛摇荡后过滤，倒入杯中。

2. 大主教(Bishop)

Highball 10 oz. 杯，加满冰块

4 oz. Burgundy Red Wine(勃艮第产的红葡萄酒)

$\frac{1}{2}$ oz. lime juice(青柠檬汁)

$\frac{1}{2}$ oz. orange juice(橘子汁)

$\frac{1}{2}$ oz. sugar syrup(糖浆)

将酒材倒入已加满冰块的高圆球杯中，转倒入调拌杯内，迅猛摇荡后再倒回原杯，挂青柠檬圆片或柑橘圆片作装饰。

3. 破马刺鸡尾酒(Broken Spur Cocktail)

Cocktail $4\frac{1}{2}$ oz. 杯，冰的

$1\frac{1}{2}$ oz. Port(葡萄牙波尔图葡萄酒)

$\frac{3}{4}$ oz. Sweet Vermouth(甜苦艾酒)

$\frac{1}{4}$ oz. Triple Sec(三干酒/柑橘香甜酒)

将酒材倒入已装$\frac{1}{4}$满冰块的调拌杯内，迅猛摇荡后过滤，倒入鸡尾酒杯中。

4. 克列瑞特柯布勒(Claret Cobbler)

Red Wine Glass. 12 oz. (大圆球状红葡萄酒杯)，加满冰块

3 oz. Claret(红葡萄酒)

1 oz. sugar syrup(糖浆)

2 oz. club soda(苏打水)

将酒材依序倒入已加满冰块的大圆球状红葡萄酒杯中，拌匀后放入季节性的新鲜水果作装饰，并插入吸管。

5. 皇家基尔(Kir Royale)

Tulip Champagne 9 oz. (郁金香花形香槟杯)，冰的

$5\frac{1}{4}$ oz. Champagne(香槟)

$\frac{3}{4}$ oz. Crème de Cassis (黑醋栗/黑茶藨子香甜酒)

将酒材依序倒入已冰过的香槟杯中拌匀，拧挤一条黄柠檬条放入杯中作装饰。

6. 波尔图葡萄酒鸡尾酒(Port Wine Cocktail)

Cocktail $4\frac{1}{2}$ oz. 杯，冰的

$2\frac{1}{2}$ oz. Port(葡萄牙波尔图葡萄酒)

$\frac{1}{4}$ oz. Brandy(白兰地)

将酒材倒入调拌中，摇荡后过滤，倒入杯中。

7. 波尔图葡萄酒珊格瑞(Port Wine Sangaree)

Highball 10 oz. 杯，加满冰块

2 oz. Port(葡萄牙波尔图葡萄酒)

$\frac{1}{2}$ oz. sugar syrup(糖浆)

$2\frac{1}{2}$ oz. club soda(苏打水)

1 bsp (一酒吧匙)白兰地漂浮在酒面上

将前3种酒材依序倒入已加满冰块的杯中，稍加调拌后再加入一酒吧匙的白兰地漂浮在酒面上，撒一些肉豆蔻粉作装饰。

8. 含羞草(Mimosa)

Tulip Champagne 9 oz. (郁金香花形香槟杯)，冰的

5 oz. Brut Champagne(辛辣香槟)

$2\frac{1}{2}$ oz. orange juice(橘子汁)

½ oz. lime juice(青柠檬汁)

将酒材依序倒入冰过的香槟杯中,并轻加拌匀,放橘子旗作装饰。此酒又名Buck's Fizz(巴克菲兹)。

9. 银色奔驰汽车(Silver Mercedes)

Poco Grande $13\frac{1}{4}$ oz.(波可杯),冰的

3 oz. Brut Champagne(辛辣香槟)

1 oz. Vodka(伏特加酒)

2 oz. cranberry juice(蔓越莓/蔓越橘汁)

2 oz. orange sherbet(橘子雪泥冰淇淋)

8 oz. 碎冰

将酒材倒入果汁机中,先以慢速打5秒钟,再改成快速打成雪泥状后,倒入波可杯中,放橘子旗或挂橘子片作装饰。

10. 圣诞红/一品红(Poinsettia)

Tulip Champagne 9 oz.(郁金香花形香槟杯),冰的

4 oz. Brut Champagne(辛辣香槟)

1 oz. Triple Sec(三干酒/柑橘香甜酒)

3 oz. cranberry juice(蔓越莓/蔓越橘汁)

将酒材依序倒入冰过的香槟杯中并拌匀。

11. 桃露香槟(Bellini)

Tulip Champagne 9 oz.(郁金香花形香槟杯),冰的

4 oz. Brut Champagne(辛辣香槟)

1 oz. Peach Schnapps(桃子斯内普无色烈酒)

2 片罐装切成半片的水蜜桃片

4 oz. 碎冰

将后3项酒材倒入果汁机中,以慢速打成雪泥状后,把已打好的桃子浆倒入冰过的香槟杯中,最后再倒入4 oz.的香槟酒。

12. 雪泥桃露香槟(Frozen Bellini)

Poco Grande $13\frac{1}{4}$ oz.(波可杯),冰的

1 oz. Vodka(伏特加酒)

1 oz. Peach Schnapps(桃子斯内普香甜酒)

3 个半片(罐装切成半片的水蜜桃片)

8 oz. 碎冰

将上述酒材倒入搅拌机内,先以慢速打5秒钟,再改成快速打成雪泥后倒入杯中,然后加上2 oz.的辛辣香槟(Brut Champagne)漂浮在酒面上,放桃子片或桃子旗作装饰。

13. 草莓香槟(Rosini)

Poco Grande $13\frac{1}{4}$ oz.(波可杯),冰的

$1\frac{1}{2}$ oz. Vodka(伏特加酒)

2 oz. strawberry puree(草莓浓浆)

$1\frac{1}{2}$ oz. lime juice(青柠檬汁)

10 oz. 碎冰

将酒材倒入搅拌机内,打成雪泥状后倒入杯中,再加上2 oz.辛辣香槟(Brut Champagne)漂浮在酒面上,挂放一粒草莓在杯口作装饰,插入吸管。

14. 凤梨香槟(Pineapple Champagne)

Tulip Champagne 9 oz.（郁金香花形香槟杯），冰的

$4\frac{1}{2}$ oz. Brut Champagne（辛辣香槟）

$3\frac{1}{2}$ oz. pineapple juice（凤梨汁）

将酒材倒入冰过的香槟杯中拌匀，放凤梨旗或凤梨块作装饰。

15. 太平洋断崖（Pacific Palisades）

Tulip Champagne 9 oz.（郁金香花形香槟杯），冰的

$1\frac{1}{2}$ oz. Campari（堪培利/金巴利酒）

1 oz. orange juice（橘子汁）

将酒材倒入已放入4粒冰块的香槟杯中，再加入4 oz. 辛辣香槟（Brut Champagne），挂上一片柑橘圆片作装饰。

16. 红葡萄清凉淡酒（Red Wine Cooler）

White Wine Glass 12 oz.（大的白葡萄酒杯），加满冰块

3 oz. Burgundy or Rosé Wine or White Zinfandel（法国勃艮第产的红葡萄酒或粉红葡萄酒或美国加州产的津芬德尔白葡萄酒）

3 oz. 七喜汽水（7-up）或加满

将酒材依序倒入已加满冰块的大的白葡萄酒杯中，轻加拌匀，放一粒红樱桃作装饰。

17. 索诺马奖杯（Sonoma Cup）

Squall 15 oz.（大风杯），加满冰块

3 oz. Dry White Wine（辛辣白葡萄酒）

½ oz. Cointreau（法国康德露柑橘香甜酒）

3 oz. orange juice（橘子汁）

将酒材倒入已装¼满冰块的调拌杯内，迅猛摇荡后过滤，倒入杯中，再加满苏打水（club soda），放橘子旗作装饰。

18. 白葡萄酒史普利惹（White Wine Spritzer）

White Wine Glass 12 oz.（大的白葡萄酒杯），加满冰块

3 oz. White Wine Chablis（夏布利/沙布利白葡萄酒）或 Chardon(n)ay（夏敦埃葡萄酒/夏尔多内白葡萄酒）

3 oz. club soda 或加满

将酒材依序倒入已加满冰块的大的白葡萄酒杯中，轻加拌匀，挤放一个黄柠檬条作装饰。

19. 法国75式（French 75）

Tuplip Champagne 9 oz.（郁金香花形香槟杯），冰的

$1\frac{1}{2}$ oz. Cognac Brandy（干邑白兰地）

2 oz. lime juice（青柠檬汁）

1 oz. sugar syrup（糖浆）

$3\frac{1}{2}$ oz. Brut Champagne（辛辣香槟）

将酒材依序倒入已冰过的香槟杯中轻加拌匀，挤放入一个青柠檬角作装饰。

20. 绽放的含羞草（Grand Mimosa）

Tulip Champagne 9 oz.（郁金香花形香槟杯），冰的

4 oz. Brut Champagne（辛辣香槟）

3 oz. orange juice（橘子汁）

1 oz. Grand Marnier（法国柑橘干邑香甜酒）

将酒材依序倒入冰过的香槟杯中，再

加入 1 oz. 法国柑桔干邑香甜酒(Grand Marnier)漂浮在酒面上,放一个橘子旗作装饰。

21. 基尔(Kir)

White Wine Glass 12 oz.(大的白葡萄酒杯),冰的

直接倒入:

6 oz. White Wine(白葡萄酒)

加入¾ oz. 黑醋栗/黑茶藨子香甜酒(Crème de Cassis)使之漂浮在酒面上,拧挤一条/片黄柠檬放入杯中作装饰。

25-7 国际上以各种葡萄酒为基酒的鸡尾酒酒方

1. 勃艮第主教(Burgundy Bishop)

Squall 15 oz.(大风杯),加满冰块

$1\frac{1}{2}$ oz. Bacardi Light Rum(巴卡迪淡朗姆酒)

1 oz. Rose' lime juice(罗斯青柠檬汁)

2 oz. sweet & sour juice(甜酸汁)

3 oz. Dry Red Wine(干红葡萄酒)

将酒材倒入已装¼满冰块的调拌杯内,迅猛摇荡后过滤,倒入大风杯中,挂放一个青柠檬角作装饰。

2. 勃艮第鸡尾酒(Burgundy Cocktail)

Cocktail $6\frac{1}{2}$ oz.(大鸡尾酒杯),加满冰块

3 oz. Dry Red Wine(干红葡萄酒)

1 oz. Cognac(干邑/科涅克白兰地)

½ oz. Chambord(法国覆盆子香甜酒)

将酒材倒入已装¼满冰块的调拌杯内,摇荡后过滤,倒入杯中,拧挤放入一条/片黄柠檬作装饰。

3. 科罗拉多河淡酒(Colorado River Cooler)

White Wine Glass 12 oz.(大的白葡萄酒杯),加满冰块

直接倒入:

4 oz. White Zinfandel Wine(美国加州产的津芬德尔白葡萄酒)

1 oz. Midori(日本绿香瓜香甜酒)

再以苏打水(club soda)加满,放一粒红樱桃作装饰。

4. 加冕典礼(Coronation)

White Wine Glass 12 oz.(大的白葡萄酒杯),加满冰块

直接倒入:

½ oz. Dry Vermouth(辛辣苦艾酒)

1 oz. Dry Sherry(辛辣雪利)

$4\frac{1}{2}$ oz. White Wine(白葡萄酒)

撒一下樱桃香甜酒

撒两下安戈斯图拉树皮苦精(Angostura Bitters)

用酒吧匙由下而上地搅拌两三下,拌匀后再以苏打水(club soda)加满,放一粒红樱桃作装饰。

5. 热的加糖、加辛香料熬煮的葡萄酒(Hot Mulled Wine)

有盖小锅 64 oz. 和 Coffee Mug $8\frac{1}{2}$ oz.(有把咖啡杯)

36 oz. Dry Red Wine(干红葡萄酒)

12 oz. cranberry juice(蔓越莓/蔓越橘汁)

4 oz. sugar(糖)

2 oz. mulling spices(捣碎的香料)

将酒材倒入小锅中加热,以低于沸点的温度熬煮10分钟,可供6~8人享用。

6. 肯提娜葡萄酒玛格丽塔(Cantina Wine Margarita)

Squall 15 oz. (大风杯),加满冰块

杯缘沾上盐(可沾,也可不沾)

直接倒入:

3 oz. Dry White Wine(辛辣白葡萄酒)

1 oz. Triple Sec(三干酒/柑橘香甜酒)

½ oz. Rose's lime juice(罗斯青柠檬汁)

2 oz. sweet & sour juice(甜酸汁)

拌匀后,再以苏打水(club soda)加满,挂一个青柠檬角(lime wedge)作装饰。

7. 酒商的玛格丽塔(Vintner's Margarita)

Squall 15 oz. (大风杯),加满冰块

杯缘沾上盐(可沾,也可不沾)

3 oz. Dry White Wine(辛辣白葡萄酒)

1 oz. Triple Sec(三干酒/柑橘香甜酒)

½ oz. Rose's lime juice(罗斯青柠檬汁)

1 oz. orange juice(橘子汁)

$2\frac{1}{2}$ oz. sweet & sour juice(甜酸汁)

将酒材倒入已加¼满冰块的调拌杯内,摇荡后过滤,倒入杯中,挂一个青柠檬角和一片柑橘圆片作装饰。

8. 幸福玛格丽塔(Zinful Margarita)

Squall 15 oz. (大风杯),加满冰块

杯缘沾上盐(可沾,也可不沾)

1 oz. Tequila(龙舌兰/特奎拉酒)

3 oz. White Zinfandel(美国加州产的津芬德尔白葡萄酒)

½ oz. Chambord(法国覆盆子香甜酒)

1 oz. sweet & sour juice(甜酸汁)

½ oz. Rose's lime juice(罗斯青柠檬汁)

$1\frac{1}{2}$ oz. orange juice(橘子汁)

将酒材倒入已装¼满冰块的调拌杯内,摇荡后过滤,倒入杯中,挂一个青柠檬角及一片柑橘圆片作装饰。

9. 玛丽亚珊格瑞塔(Maria Sangarita)

Squall 15 oz. (大风杯),加满冰块

杯缘沾上盐(可沾,也可不沾)

直接倒入:

$1\frac{1}{2}$ oz. Tequila

1 oz. fresh lime juice(新鲜青柠檬汁)

1 酒吧匙剁碎的红洋葱

捏两次盐及黑胡椒放入

5 oz. Sangarita Mix(珊格瑞塔调拌料)

用酒吧匙由下而上地搅拌三五下,拌匀后挂上青柠檬角作装饰。

10. 珊格瑞塔调拌料(Sangarita Mix)(又名 Sangarita Camino Real

Pitcher 64 oz. (水壶),装入¼满冰块

直接倒入:

8 oz. tomato juice(番茄汁)

8 oz. orange juice(橘子汁)

4 oz. grenadine(红石榴糖浆)

4 oz. fresh lime juice(新鲜青柠檬汁)

5 oz. Worcestershire sauce(伍斯特辣酱油)

½ 酒吧匙黑胡椒

1 酒吧匙盐

撒 12 下辣椒汁 Tabasco sauce

一酒吧匙剁碎的红洋葱

捏一下综合香料

用酒吧匙由下而上地彻底搅拌 3 分钟,服务时需加入冰块,可供 6~8 人饮用。

11. 新英格兰夏日气泡饮料(New England Summer Spritzer)

Squall 15 oz.(大风杯),加满冰块

直接倒入:

$1\frac{1}{2}$ oz. Bacardi Limón Rum(巴卡迪柠檬朗姆酒)

3 oz. White Zinfandel(美国加州产的津芬德尔白葡萄酒)

3 oz. cranberry juice(蔓越莓/蔓越橘汁)

用酒吧匙拌匀后,挂一个黄柠檬角作装饰。

12. 暴风雨中的海港(Port In A Storm)

Squall 15 oz.(大风杯),加满冰块

2 oz. Tawny Port(黄褐色波尔图特强化葡萄酒)

¾ oz. Brandy(白兰地)

5 oz. Dry Red Wine(干红葡萄酒)

将酒材倒入已装¼满冰块的调拌杯内,摇荡后过滤,倒入杯中,放鲜绿薄荷叶枝作装饰。

13. 恢复(Restoration)

Squall 15 oz.(大风杯),加满冰块

4 oz. Dry Red Wine(干红葡萄酒)

¾ oz. Brandy(白兰地)

¾ oz. Chambord(法国覆盆子香甜酒)

2 oz. sweet & sour juice(甜酸汁)

将酒材倒入已装¼满冰块的调拌杯内,摇荡后过滤,倒入杯中,拧挤一条/片黄柠檬放入,挂一个黄柠檬角作装饰。

14. 珊格瑞亚(Sangria)

Squall 15 oz.(大风杯),加满冰块

直接倒入:

3 oz. Dry Red Wine(干红葡萄酒)

¾ oz. Peachtree Schnapps(桃树斯内普香甜酒)

½ oz. grenadine(红石榴糖浆)

¾ oz. Rose's lime juice(罗斯青柠檬汁)

$1\frac{1}{2}$ oz. orange juice(橘子汁)

$1\frac{1}{2}$ oz. sweet & sour juice(甜酸汁)

将酒材拌匀后挂上青柠檬角或放入橘子旗作装饰。

15. 玛格丽塔珊格瑞亚(Margarita Sangria)

Pitcher 64 oz.(水壶),装¼满冰块

直接倒入:

20 oz. Dry Red Wine(干红葡萄酒)

12 oz. Tequila(龙舌兰/特奎拉酒)

5 oz. Dekuyper Peachtree Schnapps(美国 Dekuyper 公司产的桃树斯内普无色酒)

2 oz. Rose's lime juice(罗斯青柠檬汁)

1 oz. grenadine(红石榴糖浆)

4 oz. 橘子汁

4 oz. 甜酸汁

青柠檬、黄柠檬及橘子各切一圆片，放入并漂浮于饮料上，可供6~10人饮用。

16. 新世界混合珊格瑞亚(New World Punch Sangria)

Squall 15 oz.(大风杯)，加满冰块

$2\frac{1}{2}$ oz. Dry Red Wine(干红葡萄酒)

½ oz. Peachtree Schnapps(桃树斯内普香甜酒)

1 oz. Brut Champagne(辛辣香槟)

½ oz. cranberry juice(蔓越莓/蔓越橘汁)

½ oz. grenadine(红石榴糖浆)

½ oz. Rose's lime juice(罗斯青柠檬汁)

1 oz. orange juice(橘子汁)

1 oz. sweet & sour juice(甜酸汁)

将酒材倒入已装¼满冰块的调拌杯内，摇荡后过滤，倒入杯中，再加入½ oz. Crème de Cassis(黑醋栗/黑茶藨子香甜酒)漂浮在酒面上，挤放一个青柠檬角，挂一片柑橘圆片作装饰。

17. 索诺马冷却物(Sonoma Chiller)

White Wine Glass 12 oz.(大的白葡萄酒杯)，加满冰块

直接倒入：

$1\frac{1}{4}$ oz. Vodka(伏特加酒)

¾ oz. Rose's lime juice(罗斯青柠檬汁)

4 oz. Chardonnay Wine(夏敦埃葡萄酒/夏尔多内白葡萄酒)

以白葡萄酒加满为止，拌匀后挂一个黄柠檬角(lemon wedge)作装饰。

18. 气泡饮料(Spritzer)

White Wine Glass 12 oz.(大的白葡萄酒杯)，加满冰块

直接倒入：

$3\frac{1}{2}$ oz. White Wine(白葡萄酒)

3 oz. club soda(苏打水)

挂上一个青柠檬角或黄柠檬角作装饰。

注：此酒也可按客人的要求改以红葡萄酒(Red Wine)或粉红葡萄酒(Rosé Wine)来调制。

19. 葡萄酒柯布勒(Wine Cobbler)

White Wine Glass 12 oz.(大的白葡萄酒杯)，加满冰块

直接倒入：

3 oz. Dry White Wine(辛辣白葡萄酒)

1 oz. Triple Sec(三干酒/柑橘香甜酒)

1 oz. 橘子汁

¾ oz. 甜酸汁

用酒吧枪打一些或撒一些苏打水(club soda)漂浮在酒面上，拧挤两条/片黄柠檬放入杯中作装饰。

20. 葡萄酒清凉淡酒(Wine Cooler)

White Wine Glass 12 oz.(大的白葡萄酒杯)，加满冰块

直接倒入：

4 oz. White Wine(白葡萄酒)

3 oz. 7-up(七喜汽水)

拧挤黄柠檬条/片放入杯中作装饰。

注：此酒若用红葡萄酒(Red Wine)来调制，酒名就叫红葡萄酒清凉淡酒(Red Wine Cooler)；若用粉红色葡萄酒(Rosé)来调，酒名就叫粉红葡萄酒清凉淡酒(Rosé Cooler)。

21. 浆果新珊格瑞亚混合酒(Berry New Sangria Punch)

Pitcher 64 oz.（大水壶），装¼满冰块

直接倒入：

22 oz. Dry Red Wine(干红葡萄酒)

3 oz. Dekuyper Peachtree Schnapps(美国Dekuyper公司产的桃树斯内普香甜酒)

12 oz. cran-raspberry juice(覆盆子蔓越莓汁)或蔓越莓汁

3 oz. 覆盆子浓浆(已甜化)

3 oz. 草莓浓浆(已甜化)

2 oz. 甜酸汁

2 oz. 葡萄柚汁

2 oz. 橘子汁

用酒吧匙由下而上地搅拌两三分钟，彻底拌匀后放入冰箱冰2~3小时，饮用前再放入切成薄片的青柠檬、黄柠檬及柑橘圆片作装饰，饮用时要放入冰块。

25~8 酒吧国际专业术语

1. M. I. A：首字母缩略语，即Missing in Action或Missing in Alcohol。

2. Name Your Poison：青柠檬、黄柠檬及橘子，指您想喝什么。(What do you want to drink?)

3. No Dice：指拒绝，不可以，不行的。

4. On the Q. T.：意指安静，不要广播，不要宣传，要谨慎小心。

5. One for the Road：俚语，指离开前再来一杯饮料。

6. Pasteurization：巴斯德低温杀菌法，是一种防腐的加热处理方法。

7. Phat(形容词)：指棒极的，非常好，吸引人的，诱人的，好到令人受不了的。

8. Pie Eyed：指喝醉后眼睛成为派饼的狭长切缝与裂缝状，即睛睛都张不开了。

9. Ploughed, Plowed, Polluted：都是指喝醉了的意思。

10. Pop, Soda Pop：指已甜化了的碳水化合物，不含酒精的饮料。

11. Meat Market(名词)：指酒吧里的男女经常互相借机攀谈认识与追求一夜情的欢爱。

12. Mojo：与周围的环境同步或同时发生的事务，常是常规的、老套的例行性事务。

13. Mull(动词)：指碾碎、搅碎、压碎之意。

14. Nooner(名词)：指中午时段喝的饮料，也可指午间的性爱伴侣。

15. Off the Hook, Off the Hinges：形容词，指棒极的，伟大的，疯狂的，迷人的。

16. On a Leash(形容词)：厨房俚语，指外带、外包的食物。

17. On the Fly(形容词)：厨房俚语，意指我现在马上需要它，加急之意。

18. Packy, Package Store：指烈酒零

售店。

19. NFL(形容词)：意指点酒时告诉调酒师不要青柠檬,即 No Frigging Lime 的字头语。

20. Nip(名词)：指给少量的烈酒。

21. Nighteen Hole, 19th Hole：指邻近高尔夫球场的酒吧或俱乐部。

22. Ocenology 或 Enology(名词)：指葡萄酒的酿造与生产科学及专业知识等。

问题探讨

如何调制下列各款国际知名鸡尾酒?

(1) Kir Royale

(2) Andalusia

(3) Mimosa

(4) Silver Mercedes

(5) Poinsettia

(6) Bellini

(7) Rosini

(8) French 75

(9) Sonoma Cup

(10) Pacific Palisades

(11) Coronation

(12) Colorado River Cooler

(13) Cantina Wine Margarita

(14) Maria Sangarita

(15) Sonoma Chiller

(16) Port In A Storm

(17) Wine Cooler

(18) Restoration

(19) New England Summer Sprizer

(20) Hot Mulled Wine

第二十六章

流行的无酒精饮料调配法

Recipes of Popular Non-Alcoholic Drinks and Virgin Cocktails or Mocktails

☞学习目的

了解： 1. 低酒精鸡尾酒简介

2. 低酒精鸡尾酒酒方(Recipes of Low-Alcoholic Cocktails)
3. 流行的无酒精饮料简介
4. 流行的无酒精饮料调配法(Recipes of Popular Non-Alcoholic Drinks)
5. 流行的无酒精浓缩咖啡饮料调配法(Recipes of Popular Non-Alcoholic Esprèsso Drinks)
6. 国际上流行的无酒精饮料调配法
7. 酒吧国际专业术语

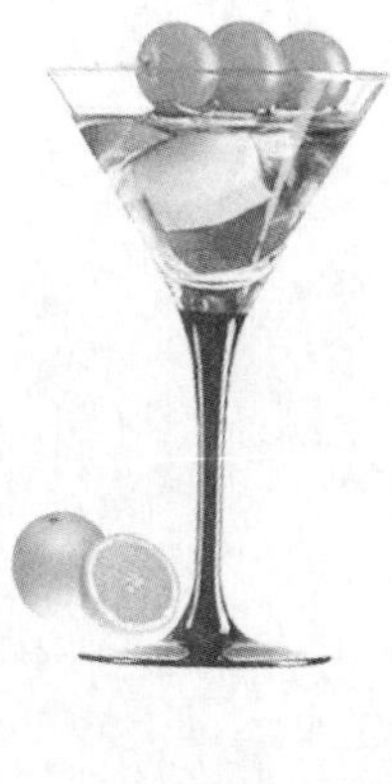

26~1　低酒精鸡尾酒简介

当主办一个小聚会(Party)时,来宾中一定有小部分是偏好低酒精混合饮料(Low-Alcoholic Concoctions)的,甚至有人只喝无酒精的饮料(Non-Alcoholic Beverage)。与喝烈酒的人相比,当然是喝低酒精饮料的人更多,尤其是每天下班后同事们的小聚,或黄昏时与情人的聚会(Soireés),为了避免酒后失态或破坏气氛,许多人都只想品尝低酒精的饮料。

如果你正属于此类有所节制的绅士或淑女,你就会发现本单元所提供的各类酒方似乎是为你量身制作的(Tailor-made)。这些低酒精饮料所含的酒精只有标准酒精饮料的一半,甚至只有⅓。所谓标准的一杯酒精饮料系指下列之一:(1)一罐 12 oz. 铝罐装的啤酒;(2)一杯 4oz. 的红白葡萄酒;(3)一杯纯的或调制的饮料,里面放了$1\frac{1}{4}$ oz. 酒精度为 80 度(即酒精浓度为 40%)的烈酒;(4)一杯纯的或调制的鸡尾酒里放了 1 oz. 酒精度为 100 度(即酒精浓度为 50%)的烈酒。换言之,每杯饮料中所含纯酒精达 0.5 oz. 的,就是一杯标准的酒精性饮料。

有些广受消费者喜爱的古典饮料就属于低酒精饮料,如 Bellini(桃露香槟),Spritzer(气泡饮料),Mimosa(含羞草)和某些选择性的提神饮料。值得一提的是,前面各单元所介绍的调酒酒方,只要依据个人及宾客的喜爱来调低用酒量或倒酒量,就可以调制出令人喜爱与满足的(Gratifying)的低酒精(Low-Alcohol)美妙饮料。调酒师可尽管放心大胆地使用本书的酒方来编写或组合调酒的全套酒单(Repertoire)。当调酒师细心地调制并在宾客品享之后,会发现自己是位受人喜爱的欢乐"调酒天使"!

26~2　低酒精鸡尾酒酒方(Recipes of Low-Alcoholic Cocktails)

1. 天使脸(Angel Face)

Cocktail $4\frac{1}{2}$ oz. 杯,冰的

$1\frac{1}{2}$ oz. Gin(杜松子酒)

½ oz. Apricot Brandy(杏桃白兰地)

½ oz. Apple Brandy(苹果白兰地)

将酒材倒入加有¼满冰块的调拌杯内,迅猛摇荡后过滤,倒入杯中。

2. 竹笋鸡尾酒(Bamboo Cocktail)

Cocktail $4\frac{1}{2}$ oz. 杯,冰的

$1\frac{3}{4}$ oz. Dry Sherry(辛辣雪利)

¾ oz. Dry Vermouth(辛辣苦艾酒)

1 dash bitters(倒一次苦精)

摇荡后过滤,倒入杯中。

3. 苦精高球杯(Bitter Highball)

Highball 10 oz. 杯,加满冰块

¼ oz. bitters(苦精)

$5\frac{1}{4}$ oz. ginger ale(姜汁汽水)或 club

soda(苏打水)

将酒材依序倒入加满冰块的高圆球杯中,轻加拌匀后再挤放一条黄柠檬皮作装饰。

4. 桃露香槟(Bellini)

Tulip Champagne 9 oz.(郁金香花形香槟杯),冰的

4 oz. 冰的白桃汁或桃子汽水、桃子果露

¾ oz. lime juice(青柠檬汁)

¼ oz. 红石榴糖浆

3 oz. 冰过的 Dry Sparkling Wine(辛辣气泡葡萄酒)

将酒材依序倒入已冰过的香槟杯中。若使用桃子果露(peach nectar)时,黄、青柠檬汁要加倍放入。

5. 多泡泡的阿罗哈(Aloha Bubbly)

Zombie 16 oz.(长高形的窄圆杯)

3 oz. pineapple juice(凤梨汁)

1 oz. sugar syrup(糖浆)

2 oz. club soda(苏打水)

2 oz. Dry White Wine(辛辣白葡萄酒)

将前三者倒入杯中拌匀,再加入碎冰 8 oz.,接着加入 2 oz. 辛辣白葡萄酒,最后用苏打水(club soda)加满,轻加拌匀后,放新鲜季节水果作装饰。若有兰花,放一小朵漂浮在酒面上更佳。

6. 日蚀鸡尾酒(Eclipes Cocktail)

Cocktail $6\frac{1}{2}$ oz.(大鸡尾酒杯),冰的

¼ oz. grenadine(红石榴糖浆)

1 oz. Gin(杜松子酒)

2 oz. Sloe Gin(黑刺李杜松子香甜酒)

¼ oz. lime juice(青柠檬汁)

先在杯底放一粒橄榄,倒入¼ oz. 或足够盖住橄榄的红石榴糖浆,将其他 3 项倒入已装¼满冰块的调拌杯内,摇荡后过滤,倒入杯中,不要与红石榴糖浆混合。

7. 基尔(Kir)

Old-fashioned 7 oz. 杯,加满冰块

3 oz. Dry White Wine(辛辣白葡萄酒)

¼ oz. Crème de Cassis(黑醋栗/黑茶藨子香甜酒)

将酒材倒入加满冰块的老式酒杯中,挤放一条黄柠檬后拌匀。

8. 乡村俱乐部淡酒(Country Club Cooler)

Collins 12 oz. 杯,放入一条切成螺旋状的橘子皮

¼ oz. grenadine(红石榴糖浆)

$1\frac{3}{4}$ oz. club soda(苏打水)或 ginger ale(姜汁汽水)

将酒材倒入杯中拌匀后,加满冰块,再加入 2 oz. 辛辣苦艾酒(Dry Vermouth),接着再用苏打水(club soda)或姜麦酒(ginger ale)加满,放入一条螺旋状的橘子皮或黄柠檬皮挂在杯缘上作装饰。

9. 湖上微风(Lake Breeze)

Squall 15 oz.(大风杯),加满冰块

½ oz. coconut liqueur(椰乳香甜酒)

$2\frac{1}{2}$ oz. pineapple juice(凤梨汁)

4 oz. cranberry juice(蔓越莓/蔓越橘汁)

1 oz. lime juice(青柠檬汁)

将酒材倒入已装¼满(4 oz.)冰块的调拌杯中,迅猛摇荡过滤掉冰块后,倒入

大风杯中，再以 club soda 加满，挤放入一个青柠檬角作装饰，插入吸管。

10. 含羞草（Mimosa）

Tulip Champagne 9 oz.（郁金香花形香槟杯），冰的

4 oz. chilled Champagne（冰过的香槟）

4 oz. orange juice（橘子汁）

将酒材依序倒入已冰过的香槟杯中，轻加拌匀即可。

11. 姜汁啤酒（Shandy Gaff）

Pilsner 12 oz. 杯，冰的

6 oz. Beer（啤酒）

6 oz. ginger ale（姜汁汽水）

将酒材倒入已冰过的比尔森型高脚啤酒杯（Pilsner）中，轻加拌匀即可。

12. 顽皮姑娘（Tomboy）

Highball 10 oz. 杯，冰的

$4\frac{1}{2}$ oz. tomato juice（冰过的番茄汁）

$4\frac{1}{2}$ oz. cold beer（冰啤）

先倒入番茄汁，再加入啤酒，不放冰块，拌匀即可。

13. 凤梨清凉淡酒（Pineapple Cooler）

Squall 15 oz.（大风杯），加满冰块

2 oz. Dry White Wine（辛辣白葡萄酒）

$2\frac{1}{2}$ oz. pineapple juice（凤梨汁）

2 oz. club soda（苏打水）

½ oz. sugar syrup（糖浆）

2 oz. club soda

将前 4 项倒入加满冰块的大风杯中，充分摇荡后倒回原杯内，再加入 2 oz. 苏打水（加满为止），挤放一个青柠檬角及一个凤梨旗作装饰。

14. 曙光初现（Aurora）

Poco Grande $13\frac{1}{4}$ oz.（波可杯），冰的

½ oz. Amaretto（意大利苦杏仁香甜酒）

½ oz. Rose's lime juice（罗斯青柠檬汁）

½ oz. Triple Sec（三干酒/柑橘香甜酒）

4 oz. pineapple juice（凤梨汁）

2 oz. cream of coconut（美国 Coco Lopèz 公司的椰乳是世界第一的名牌商品）

10 oz. crushed ice（碎冰）

将酒材放入果汁机中，打成雪泥状后倒入杯中，放凤梨旗作装饰。

15. 苹果蔓越莓的欢呼（Crana-pple Cheer）

Poco Grande $13\frac{1}{4}$ oz.（波可杯），冰的

$1\frac{1}{4}$ oz. Apple Schnapps（苹果斯内普香甜酒）

3 oz. cranberry juice（蔓越莓/蔓越橘汁）

3 oz. milk（鲜奶）

10 oz. crushed ice（碎冰）

调制手法与前者相同，挂一片苹果片或放一个苹果旗作装饰。

16. 有兴奋作用的椰乳香甜酒（Cordial Colada）

Poco Grande $13\frac{1}{4}$ oz.（波可杯），冰的

$1\frac{1}{4}$ oz. Strawberry Liqueur(草莓香甜酒)

4 oz. pineapple juice(凤梨汁)

2 oz. cream of coconut(椰乳)

10 oz. crushed ice (碎冰)

将酒材倒入果汁机中,以高速打成雪泥状后倒入杯中,放凤梨旗或草莓作装饰。

17. 凤梨香蕉(Piña Banana)

Poco Grande $13\frac{1}{4}$ oz. (波可杯),冰的

$1\frac{1}{4}$ oz. Crème de Banana(香蕉香甜酒)

4 oz. pineapple juice(凤梨)

2 oz. cream of coconut(椰乳)

10 oz. crushed ice(碎冰)

调制方法与前者相同,放凤梨旗作装饰。

18. 草莓蜂蜜(Straw Honey)

Poco Grande $13\frac{1}{4}$ oz. (波可杯),冰的

$1\frac{1}{4}$ oz. Strawbeery Schanpps(草莓斯内普香甜酒)

2 oz. strawberry puree(草莓浓浆)

3 oz. milk(鲜奶)

1 oz. honey(蜂蜜)

10 oz. crushed ice (碎冰)

调制方法与前者相同,放新鲜草莓作装饰。

19. 考拉/无尾熊椰乳(Koala Colada)

Poco Grande $13\frac{1}{4}$ oz. (波可杯),冰的

$\frac{3}{4}$ oz. Peach Schnapps(桃子斯内普香甜酒)

$\frac{1}{2}$ oz. Melon Liqueur(香瓜香甜酒)

2 oz. cream of coconut(使用美国Coco Lopèz公司的特级椰乳)

1 oz. orange juice(橘子汁)

2 oz. pineapple juice(凤梨汁)

1 oz. 小凤梨块

半个新鲜去皮的奇异果(Kiwi)

10 oz. 的碎冰

将酒材倒入果汁机中,以慢速先打5秒钟,再改成快速打成雪泥状后,倒入杯中,挂上奇异果圆片,放红樱桃作装饰。

20. 加州漩涡(California Swirl)

Poco Grande $13\frac{1}{4}$ oz. (波可杯),冰的

1 oz. Blue Curaçao(蓝色库拉索酒)

$\frac{1}{2}$ oz. Peach Schnapps(桃子斯内普香甜酒)

$1\frac{1}{2}$ oz. cream of coconut(椰乳)

$\frac{1}{2}$ oz. Rose lime juice(罗斯牌青柠檬汁)

$\frac{1}{2}$ oz. sugar syrup(糖浆)

8 oz. crushed ice(碎冰)

3 oz. pineapple juice(凤梨汁)

$\frac{1}{2}$ oz. lime juice(青柠檬汁)

8 oz. 碎冰

将前6种酒材倒入果汁机中,打成雪泥状,再把后4种也倒入另外一台果汁机中打成雪泥状,用双手同时把两种雪泥一起倒入一个杯子里,就产生蓝白两色的漩涡,放一个凤梨旗作装饰。

26~3 流行的无酒精饮料简介

近20年在健康意识与安全意识日益增强的时代潮流下，人们经常会发现身旁的朋友与亲人中，的确有人是滴酒不沾的，他们绝非是受到宗教因素的制约，而是自发性的向酒精性饮料说“不”。

为了款待这类不喝酒的食客，商业餐厅自然也需准备一些非酒精性饮料，经常听到的有Shirley Temple、Virgin Mary（纯洁玛丽）。另外还有一些是由非常流行的鸡尾酒经过改变而成的饮料，如Unfuzzy Navel、Punchless Piña Colada、Summertime Barbarian、Yellow Jacket等，这些不含酒精的饮料较一般软性饮料更是好喝，因此常可见人们大口大口地喝着（Quaffs）。

在前面介绍低酒精度饮料时提出，在调制饮料时，调酒师一定要解放思想、拆除框篱，一定要让思想奔放、心灵飞扬，才能收放自如地调制出令人惊喜的无酒精饮料。这一市场，目前正以惊人的速度在成倍增长。美国联邦政府机构国家环境卫生科学研究所在2000年5月15日公布了一份最新致癌物名单，此份最新研究报告已把糖精从名单上删除，但却增加了阳光、太阳灯、矽石尘、治乳癌的药物三苯氧胺及含酒精的饮料等14种物质。酒精会致癌，您知道吗？

凡事过犹不及，喝过多的烈酒与摄入过多的酒精可能会导致口腔、咽喉与食道等方面的癌症，甚至与肝癌、乳癌等也有关系，酒精可能致癌已经是由“疑似”升级到“明确”。

这份最新研究报告的公布，无疑会使无酒精饮料的需求在21世纪迅猛增长。因此，特别温馨推介流行的52款非酒精性饮料，相信在调制与品尝后，一定会有许多人深深地爱上它们！

26~4 流行的无酒精饮料调配法（Recipes of Popular Non-Alcoholic Drinks）

1. 黄夹克（Yellow Jacket）

Old-fashioned 12 oz.（大的老式酒杯），加满冰块

$2\frac{1}{2}$ oz. orange juice（橘子汁）

$2\frac{1}{2}$ oz. pineapple juice（凤梨汁）

1 oz. lime juice（青柠檬汁）

将酒材倒入加满冰块的老式酒杯中，拌匀或充分摇荡后，挤入一个青柠檬角作装饰并放入小搅拌棒。

2. 纯洁玛丽（Virgin Mary）

White Wine Glass 12 oz.（大的白葡萄酒杯），加满冰块

$4\frac{1}{2}$ oz. tomato juice（番茄汁）

$1\frac{1}{2}$ oz. lime juice（青柠檬汁）

½ bsp Worcestershire sauce（半酒吧匙伍斯特辣酱油）

倒两滴塔瓦斯科辣椒汁（Tabasco Sauce）

撒一点盐及胡椒粉

将上述酒材倒入加满冰块的大的白葡萄酒杯中，拌匀后挤放一个青柠檬角及一根芹菜秆作装饰。

3. 番茄凉饮(Tomato Cooler)

Squall 15 oz.（大风杯），加满冰块

5 oz. tomato juice)(番茄汁)

1 oz. lime juice(青柠檬汁)

1 oz. sugar syrup(糖浆)

将酒材倒入加满冰块的大风杯中，转倒入调拌杯内，迅猛摇荡后，倒回原杯，再加满 tonic water(奎宁水)，挤放一块青柠檬角及一条长黄瓜条作装饰。

4. 没毛的甜橙脐带(Unfuzzy Navel)

Balloon Red Wine Glass 12 oz.（大圆球状红葡萄酒杯），加满冰块

3 oz. peach nectar(桃汁)

½ oz. lime juice(青柠檬汁)

3 oz. orange juice(橘子汁)

1 dash 倒一次红石榴糖浆(grenadine)

将酒材倒入加满冰块的大圆球状红葡萄酒杯中拌匀，放橘子旗或挂柑橘圆片作装饰。

5. 夏日野人(Summertime Barbarian)

Poco Grande $13\frac{1}{4}$ oz.（波可杯），冰的

2 oz. strawberry puree(草莓浓浆)

$2\frac{1}{2}$ oz. pineapple juice(凤梨汁)

$2\frac{1}{2}$ oz. grapefruit juice(葡萄柚汁)

10 oz. crushed ice(碎冰)

将酒材倒入果汁机中，以高速打成雪泥状后倒回杯中，放草莓、凤梨或奇异果圆片作装饰。

6. 草莓幻境(Strawberry Wonderland)

Poco Grande $13\frac{1}{4}$ oz.（波可杯），冰的

1 oz. cream of coconut(椰乳)

2 oz. strawberry puree(草莓浓浆)

3 oz. pineapple juice(凤梨汁)

1 oz. lime juice(青柠檬汁)

10 oz. crushed ice(碎冰)

调制方法与前者相同，雪泥倒回杯中后，再加上打成泡沫状的鲜奶油/掼奶油(whipped cream)，并放粒草莓作装饰。

7. 阳光下的水花(Sunshine Splash)

Squall 15 oz.（大风杯），加满冰块

3 oz. pineapple juice(凤梨汁)

3 oz. orange juice(橘子汁)

½ oz. lime juice(青柠檬汁)

½ oz. sugar syrup(糖浆)

½ oz. grenadine(红石榴糖浆)

2 oz. club soda(苏打水)

将酒材倒入加满冰块的大风杯中，拌匀或充分摇荡后倒回原杯，放凤梨旗、橘子旗或青柠檬旗作装饰。

8. 没混合酒的凤梨椰乳(Punchless Piña Colada)

Poco Grande $13\frac{1}{4}$ oz.（波可杯），冰的

2 oz. cream of coconut(椰乳)

4 oz. pineapple juice(凤梨汁)

1 oz. lime juice(青柠檬汁)

10 oz. crushed ice (碎冰)

将酒材倒入果汁机中，以高速打成雪泥状后倒入杯中，放凤梨旗或新鲜凤梨作装饰。

9. 小工程师(Little Engineer)

Squall 15 oz. （大风杯），加满冰块

$3\frac{1}{2}$ oz. pineapple juice（凤梨汁）

$3\frac{1}{2}$ oz. orange juice（橘子汁）

½ oz. grenadine（红石榴糖浆）

将酒材倒入加满冰块的大风杯中，挤放一个青柠檬角，并插上一个纸伞或纸旗作装饰。

10. 橘子和奎宁水（Orange & Tonic）

Hurricane 22 oz. （飓风杯），加满冰块

6 oz. orange juice（橘子汁）

1 oz. lime juice（青柠檬汁）

4 oz. tonic water（奎宁水）

将酒材倒入加满冰块的飓风杯中拌匀，挤入一个青柠檬角作装饰，插入吸管即可。

11. 熔岩流溢（Lava Flow）

Poco Grande $13\frac{1}{4}$ oz. （波可杯），冰的

½ oz. cream of coconut（椰乳）

3 oz. pineapple juice（凤梨汁）

半条成熟的香蕉

3 oz. milk（使用较浓稠的全脂牛奶）

10 oz. crushed ice （碎冰）

将酒材倒入果汁机中，以慢速打成雪泥状，杯中先加入 $1\frac{1}{2}$ oz. 草莓浓浆，然后再把打成雪泥状的饮料迅猛地倒入杯中，以便产生爆发或迸裂的造形与感觉。

12. 柠檬水（Lemonade）

Collins 12 oz. 杯，加满冰块

1 oz. lemon juice （新鲜柠檬挤出来的汁）

$3\frac{1}{2}$ oz. water（饮用水）

$1\frac{1}{2}$ oz. sugar syrup（糖浆）

将酒材倒入已加满冰块的柯林斯杯中，轻倒入调拌杯中迅猛摇荡后，倒回原杯，放一粒红樱桃，挂一片圆柠檬片作装饰。

13. 覆盆子柠檬水（Raspberry Lemonade）

Collins 12 oz. 杯，加满冰块

1 oz. lemon juice（青柠檬汁）

1 oz. raspberry syrup（覆盆子糖浆）

4 oz. water（饮用水）

调制手法与饰物皆与前者相同，加入不同水果糖浆自然产生不同风味的柠檬水。

14. 葡萄柚小红莓（Grapeberry）

Red Wine Glass 12 oz. （大的红葡萄酒杯），加满冰块

3 oz. cranberry juice（蔓越莓/蔓越橘汁）

3 oz. grapefruit juice（葡萄柚汁）

将酒材倒入加满冰块的大的红葡萄酒杯中拌匀，挤放一个青柠檬角作装饰，插入吸管。

15. 红鹳（Flamingo）

Squall 15 oz. （大风杯），加满冰块

4 oz. cranberry juice（蔓越莓/蔓越橘汁）

2 oz. pineapple juice（凤梨汁）

½ oz. lime juice（青柠檬汁）

2 oz. 苏打水漂浮在酒面上

将前 3 项倒入加满冰块的大风杯中，

拌匀或充分摇荡后倒回原杯，再加满苏打水(club soda)，挤放入一个青柠檬角作装饰，插入吸管。

16. 乌鸦的巢(Crow's Nest)

Old-fashioned 12 oz. (大的老式酒杯)，加满冰块

4 oz. orange juice(橘子汁)

1 oz. cranberry juice(蔓越莓/蔓越橘汁)

½ oz. lime juice(青柠檬汁)

¼ oz. grenadine(红石榴糖浆)

将酒材倒入加满冰块的老式酒杯中拌匀，放一片青柠檬片作装饰。

17. 蔓越莓凉饮(Cranberry Cooler)

Squall 15 oz. (大风杯)，加满冰块

5 oz. cranberry juice(蔓越莓/蔓越橘汁)

1 oz. lime juice(青柠檬汁)

½oz. sugar syrup(糖浆)

2 oz. 苏打水(club soda)漂浮在酒面上

将前3项倒入加满冰块的大风杯内，充分摇荡后倒回原杯，再加满苏打水(club soda)，挤放一个青柠檬角，挂一片青柠檬圆片作装饰。

18. 勤务兵鸡尾酒(Batman Cocktail)

Squall 15 oz. (大风杯)，加满冰块

6 oz. orange juice

½ oz. grenadine(红石榴糖浆)

3 oz. 苏打水漂浮在酒面上

将前两项倒入加满冰块的大风杯中，充分摇荡后倒回原杯，再加满苏打水，挂橘子片或放橘子旗作装饰，插入吸管。

19. 香蕉椰乳(Banana Colada)

Poco Grande 13$\frac{1}{4}$ oz. (波可杯)，冰的

2 oz. cream of coconut(椰乳)

1 oz. lime juice(青柠檬汁)

一条中等大小的成熟香蕉切成8小粒

10 oz. 碎冰

将酒材倒入果汁机中，以慢速先打5秒钟，再改成快速打成雪泥状后，倒入波可杯中，放香蕉旗或香蕉片作装饰。

20. 巧克力龙(Chocolate Dragon)

Squall 15 oz. (大风杯)，不加冰块

8 oz. milk(鲜奶)

2 oz. chocolate syrup(巧克力糖浆)

1 oz. sugar syrup(糖浆)

3 oz. (两大球)香草冰淇淋

大风杯中不加冰，将酒材倒入果汁机中，打到十分柔和状后倒回杯中，放些巧克力碎片在液面作装饰。

21. 意大利葡萄柚刨冰(Grapefruit Granita)

Squall 15 oz. (大风杯)，加满冰块

1$\frac{1}{2}$ oz. grapefruit juice(葡萄柚汁)

½ oz. sugar syrup(糖浆)

6 oz. ginger ale(姜汁汽水)

将酒材倒入加满冰块的大风杯中，拌匀放入红樱桃作装饰。

22. 胡拉奶昔(Hula Shake)

Poco Grande 13$\frac{1}{4}$ oz. (波可杯)，冰的

3 oz. pineapple juice(凤梨汁)

½ oz. chocolate syrup(巧克力糖浆)

$1\frac{1}{2}$ oz. cream of coconut（使用顶级 Coco Lopèz 椰乳）

1 oz. milk（鲜奶）

1.5 oz. 香草冰淇淋约一大球

8 oz. 碎冰

将酒材倒入果汁机中，以慢速先打5秒钟，再改成快速打成雪泥状后，倒回杯中，放凤梨旗作装饰。

23. 花生牛奶（Peanut Butter Milk）

Collins 12 oz.（柯林斯杯），不加冰块（亦可使用 Margarita 12 oz. 杯或大的白葡萄酒杯 12 oz.）

10 oz. cold milk（冷牛奶）

1 oz. peanut butter（花生黄油）

1 oz. sugar syrup（糖浆）

将酒材倒入果汁机中打匀，打至花生酱全溶入牛奶中为止，倒入杯中。冷热皆宜，极富营养。

24. 薄荷巧克力柔冰（Minty Chocolate Smoothie）

Poco Grande $13\frac{1}{4}$ oz.（波可杯），冰的

1 oz. cream of coconut（椰奶）

1 oz. chocolate syrup（巧克力糖浆）

1 oz. chocolate milk（巧克力牛奶）

3 oz. milk（鲜奶）

1 oz. mint syrup（薄荷糖浆）

10 oz. crushed ice（碎冰）

将酒材倒入果汁机中，打成雪泥状后，倒入杯中，再加上掼奶油（whipped cream）及一粒红樱桃作装饰，插入吸管。

25. 凤梨胡萝卜鸡尾酒（Piña Carrot Cocktail）

Poco Grande $13\frac{1}{4}$ oz.（波可杯），冰的

$4\frac{1}{2}$ oz. pineapple juice（凤梨汁）

1 oz. sugar syrup（糖浆）

½ oz. lime juice（青柠檬汁）

一条中等大小的胡萝卜去皮，切或刨成薄片

10 oz. 碎冰

将酒材倒入果汁机中，先以慢速打5秒钟，再改成快速打成雪泥状后，倒入杯中，放胡萝卜条或凤梨旗作装饰。

26. 粉红象（Pink Elephant）（又名开眼界、见世面）

Squall 15 oz.（大风杯），加满冰块

4 oz. grapefruit juice（葡萄柚汁）

3 oz. lime juice（青柠檬汁）

1 oz. sugar syrup（糖浆）

将酒材倒入加满冰块的大风杯中，转倒入调拌杯中，迅猛摇荡后倒回原杯，挤入一个新鲜的青柠檬角作装饰，插入吸管。

27. 草莓汽水/汽酒（Strawberry Spritzer）

White Wine Glass 12 oz.（大的白葡萄酒杯），加满碎冰

2 oz. strawberry puree（草莓糖浆）

2 oz. water（饮用水）

草莓浓浆加水稀释并彻底拌匀，倒入已加满碎冰的大的白葡萄酒杯内，再加苏打水（club soda）到满为止，放一粒新鲜草莓作装饰。

28. 阳光普照（Sun Shine）

Hurricane 22 oz.（飓风杯），加满冰块

6 oz. apple juice(苹果汁)

4 oz. orange juice(橘子汁)

1 oz. lime juice(青柠檬汁)

将酒材倒入加满冰块的飓风杯中,再挖一球草莓冰淇淋放在上端杯口,挂上一片柑橘圆片作装饰,插入两根吸管。

29. 高家伙(Tall Guy)

Poco Grande $13\frac{1}{4}$ oz.(波可杯),冰的

4 oz. orange juice(橘子汁)

2 oz. milk(鲜奶)

半条十分成熟的中等长度香蕉切成小粒

10 oz. 碎冰

将酒材倒入果汁机中,先以慢速打5秒钟,再改成快速打成雪泥后,倒入杯中,放橘子旗作装饰。

30. 纯洁草莓玛格丽塔(Virgin Strawberry Margarita)

Margarita 12 oz. 杯,冰的

2 oz. strawberry puree(草莓浓浆)

3 oz. lime juice(青柠檬汁)

1 oz. sugar syrup(糖浆)

10 oz. crushed ice

将酒材倒入果汁机中,以快速打成雪泥状后,倒入杯中,挂一片青柠檬片作装饰。

31. 西瓜凉饮(Watermelon Cooler)

Poco Grande $13\frac{1}{4}$ oz.(波可杯),冰的

1 杯 8 oz. 西瓜去子切丁

3 oz. vanilla ice cream(香草冰淇淋)(Häagan Dazs 及 Blue Bunny 皆是著名冰淇淋品牌)

1 oz. watermelon syrup(西瓜糖浆)(美国有 Torani, DaVinci 等著名糖浆品牌)

2 oz. water(饮用水)

10 oz. 碎冰

将酒材倒入果汁机中,先以慢速打5秒钟,再改成快速打成雪泥状后,倒入杯中,挂片西瓜,插一个纸阳伞作装饰,并插入吸管。

32. 喜悦凤梨(Pineapple Sunshine)

Hurricane 22 oz.(飓风杯),加满冰块

3 oz. pineapple juice(凤梨汁)

2 oz. orange juice(橘子汁)

2 oz. lime juice(青柠檬汁)

1 oz. passion syrup(百香果糖浆)(法国最著名的糖浆名牌是 Monin)

1 oz. sugar syrup

2 oz. 苏打水(club soda)漂浮在酒面上

将前5项酒倒入加满冰块的飓风杯内,再转倒入调拌杯内,迅猛摇荡后,倒回原杯,最后再加满苏打水(club soda),挤入一个青柠檬角,以凤梨旗或凤梨块作装饰。

33. 11月的海上微风(November Seabreeze)

Hurricane 22 oz.(飓风杯),加满冰块

4 oz. cranberry juice(蔓越莓/蔓越橘汁)

2 oz. apple juice(苹果汁)

2 oz. lime juice(青柠檬汁)

2 oz. sugar syrup(糖浆)

2 oz. 苏打水(club soda)漂浮在酒面上

将前 4 项酒材倒入加满冰块的飓风杯内，充分摇荡后倒回原杯，再加满苏打水，挤放一个青柠檬角，挂一片青柠檬片作装饰，插入两支长吸管。

34. 凉爽三藩市(Cool San Francisco)

Hurricane 22 oz.（飓风杯），加满冰块

6 oz. grapefruit juice(葡萄柚汁)

2 oz. orange juice(橘子汁)

2 oz. lime juice(青柠檬汁)

2 oz. 苏打水(club soda)

将前 3 项酒材倒入加满冰块的飓风杯内，充分摇荡后倒回原杯，再加满苏打水，漂浮在酒面上，挤放一个青柠檬角与红樱桃作装饰。

35. 太平洋博拉博拉岛屿的美饮(Bora-Bora Brew)

Hurrican 22 oz.（飓风杯），加满冰块

5 oz. pineapple juice(凤梨汁)

5 oz. ginger ale (姜汁汽水)

½ oz. grenadine(红石榴糖浆)

将酒材倒入加满冰块的飓风杯内，再转倒入调拌杯内，迅猛摇荡后倒回原杯，放凤梨旗或新鲜凤梨棒、凤梨头作装饰。

36. 得州摘桃人(Texas Peach Lifter)

Poco Grande $13\frac{1}{4}$ oz.（波可杯），冰的

2 oz. apple juice(苹果汁)

2 oz. lime juice(青柠檬汁)

$1\frac{1}{2}$ oz. cream of coconut（使用 Coco Lopèz 公司的极品椰乳）

3 oz.（两大球）vanilla ice cream(香草冰淇淋)

3 片罐装的水蜜桃片

6 oz. 碎冰

将酒材倒入果汁机中，先以慢速打 5 秒钟，再改成快速打成雪泥状后，倒入波可杯中，挂青柠檬圆片或插入薄荷叶枝作装饰，插入吸管。

37. 十全十美(Perfect Ten)

Poco Grande $13\frac{1}{4}$ oz.（波可杯），冰的

2 oz. orange juice(橘子汁)

2 oz. pineapple juice(凤梨汁)

2 oz. honey(蜂蜜)

两片罐装半片的水蜜桃片

3 oz.（两大球）香草冰淇淋

6 oz. 碎冰

将酒材倒入果汁机中，调制手法与前者相同，放凤梨旗或橘子旗作装饰。

38. 金奖得主(Gold Medalist)

Hurricane 22 oz.（大的飓风杯）

$1\frac{1}{2}$ oz. cream of coconut(椰奶)

3 oz. pineapple juice(凤梨汁)

3 oz. sliced fresh papaya(新鲜番木瓜薄切片)

3 oz. orange juice(橘子汁)

$1\frac{1}{2}$ oz. strawberry puree(草莓浓浆)

半条十分成熟的香蕉

半酒吧匙红石榴糖浆

12 oz. 碎冰

调制手法与前面得州摘桃人相同，放任何新鲜的季节性水果作装饰都可以。

39. 夏日脚踏车骑士(Summer Cyclist)

Poco Grande 13$\frac{1}{4}$ oz.（波可杯），冰的

1$\frac{1}{2}$ oz. strawberry puree（草莓浓浆）

3 oz. grapefruit juice（葡萄柚汁）

3 oz. pineapple juice（凤梨汁）

10 oz. 碎冰

将酒材倒入果汁机中，以高速打成雪泥状后倒回杯内，再挖一大球约 1.5 oz. 香草冰淇淋或橘子雪球/橘子冰糕（orange sherbet）放在饮料上，并放草莓或凤梨块作装饰。

40. 草莓惊奇（Strawberry Surprise）

Poco Grande 13$\frac{1}{4}$ oz.（波可杯），冰的

2 oz. strawberry puree（草莓浓浆）

2 oz. pineapple juice（凤梨汁）

2 oz. sliced fresh papaya（新鲜番木瓜薄切片）

2 oz. apple juice（苹果汁）

10 oz. 碎冰

将酒材倒入果汁机中，先以慢速打 5 秒钟，再改成快速打成雪泥后，倒回杯中，放新鲜草莓或薄荷叶枝作装饰。

41. 热带慢跑者（Tropical Runner）

Poco Grande 13$\frac{1}{4}$ oz.（波可杯），冰的

5 oz. pineapple juice（凤梨汁）

1 oz. cream of coconut（使用国际第一流品牌 Coco Lopèz 椰乳）

一条成熟的中型香蕉切 8 小块

10 oz. 碎冰

制作手法与前者相同，放凤梨旗或新鲜凤梨头作装饰。

42. 蜂蜜香草奶昔（Honey Vanilla Shake）

Poco Grande 13$\frac{1}{4}$ oz.（波可杯），冰的

2 oz. honey（蜂蜜）

3 oz. milk（鲜奶）

3 oz.（两大球）香草冰淇淋

8 oz. 碎冰

制作手法与前者相同，放薄荷叶枝或挂青柠檬圆片作装饰。

另外一种做法不放碎冰，但要增放酒材。

5 oz. milk（鲜奶）

5 oz. vanilla ice cream（香草冰淇淋）

2 oz. honey（蜂蜜）

将酒材倒入果汁机中打匀，倒入杯中即可。后者的营养价值当然更高，但成本亦更高。

43. 草莓橘子香蕉（Strawberry Orangeana）

Poco Grande 13$\frac{1}{4}$ oz.（波可杯），冰的

2 oz. strawberry puree（草莓浓浆）

4 oz. orange juice（橘子汁）

一条十分熟的大香蕉掰成或切成 8 小块

8 oz. 碎冰

将酒材倒入果汁机中，先以慢速打 5 秒钟，再改成快速打成雪泥后，倒入杯中，放新鲜草莓、橘子旗或香蕉作装饰。

44. 无酒精的南海凤梨椰乳（Virgin Piña Colada）

Poco Grande 13$\frac{1}{4}$ oz.（波可杯），冰的

6 oz. pineapple juice(凤梨汁)

2 oz. coconut cream (使用Coco Lopez椰乳)

10 oz. crushed ice(碎冰)

制作手法与前者相同,放凤梨旗或新鲜凤梨头作装饰。

45. 无酒精的南海草莓椰乳(Virgin Strawberry Colada)

Poco Grande $13\frac{1}{4}$ oz. (波可杯),冰的

2 oz. strawberry puree(草莓浓浆)

4 oz. pineapple juice(凤梨汁)

$1\frac{1}{2}$ oz. cream of coconut(椰乳)

10 oz. 碎冰

制作手法与前者相同,放草莓或凤梨旗作装饰。

46. 蔓越莓恋人(Cranberry Lassi)

Poco Grande $13\frac{1}{4}$ oz. (波可杯),冰的

4 oz. cranberry juice(蔓越莓/蔓越橘汁)

1 oz. lime juice(青柠檬汁)

1 oz. sugar syrup(糖浆)

3 oz. (两大球)vanilla ice cream(香草冰淇淋)

8 oz. 碎冰

将酒材倒入果汁机中,先以慢速打5秒钟,再改成快速打成雪泥后,倒入杯中,放绿樱桃或挂青柠圆片作装饰。

47. 橘子水(Orangeade)

Squall 15 oz. (大风杯),加满冰块

1 oz. lime juice(青柠檬汁)

$4\frac{1}{2}$ oz. orange juice(橘子汁)

1 oz. 糖浆(sugar syrup)(即简易糖浆(simple syrup))

2 oz. 苏打水最后加入

将前3项酒材倒入加满冰块的大风杯内,充分摇荡后,倒回原杯,再加满苏打水,挂一片柑橘圆片或放一个橘子旗作装饰。

48. 原子猫(Atomic Cat)

Squall 15 oz. (大风杯),加满冰块

4 oz. orange juice(橘子汁)

4 oz. tonic water(奎宁水)

将酒材依序倒入装满冰块的大风杯内拌匀,放橘子片或橘子旗作装饰。

49. 迈阿密罪恶第一方(Miami Vice 1)

Collins 12 oz. 杯,加满冰块

½ oz. chocolate syrup(巧克力糖浆)

2 oz. Root Beer(不含酒精的)根汁汽水/啤酒

2 oz. half & half

将酒材依序倒入加满冰块的柯林斯杯中拌匀,再加满cola(可乐),插入吸管。

50. 迈阿密罪恶第二方(Miami Vice 2)

Collin 12 oz. (柯林斯杯),加满冰块

直接倒入:

½ oz. 巧克力糖浆

2 oz. Root Beer(不含酒精的麦根汽水/啤酒)

2 oz. 浓鲜奶

将酒材倒入杯中,拌匀后再以可乐(Cola)加满。

51. 纯洁的玛格丽塔(Virgin Margarita)

Cocktail $6\frac{1}{2}$ oz.（大鸡尾酒杯），冰的

2 oz. orange juice（橘子汁）

$2\frac{1}{2}$ oz. lime juice（青柠檬汁）

1 oz. sugar syrup

将酒材倒入已装¼满冰块的调拌杯内，迅猛摇荡后倒入杯口已沾妥盐的大鸡尾酒杯内，挤放一个青柠檬角作装饰。

52. 孩童鸡尾酒（Kiddy Cocktail）

Cocktail $4\frac{1}{2}$ oz. 杯，冰的

2 oz. lime juice（青柠檬汁）

¾ oz. sugar syrup（糖浆）

¼ oz. grenadine（红石榴糖浆）

将酒材倒入调拌杯内，摇荡后过滤，倒入鸡尾酒杯，再放粒红樱桃作装饰即成。

53. 萨吉诺小睡（Saginaw Snooze）

Coffee Mug $8\frac{1}{2}$ oz.（有把咖啡杯），温的

4 oz. cranberry juice（蔓越莓/蔓越橘汁）

$3\frac{1}{2}$ oz. apple juice（苹果汁）

½ oz. honey（蜂蜜）

将酒材依序倒入平底锅中加热，或拌匀后放入微波炉中加热，然后倒入杯中，再放入一片柠檬与一根肉桂棒作装饰。

26~5 流行的无酒精浓缩咖啡饮料调配法（Recipes of Popular Non-Alcoholic Esprèsso Drinks）

1. 美式卡普契诺带泡沫的牛奶咖啡（American Cappuccino）

Coffee Mug 12 oz.（有把咖啡杯），温的

$1\frac{3}{4}$ oz. esprèsso（one shot）（意大利蒸馏咖啡）

5 oz. steamed milk（蒸汽打过的牛奶）

5 oz. thick velvet foam（天鹅绒般的厚厚牛奶泡）

将酒材依序倒入杯中，再依饮者的喜好，撒上一些肉桂粉或巧克力粉、肉豆蔻粉作装饰即成。依上述酒方调制的称为Wet Cappuccino，若全使用浓细奶泡而不加入蒸汽打过的热牛奶调制的，则称为Dry Cappuccino。

2. 爱尔兰奶泡咖啡（Irish Cream Latté）

Coffee Mug 12 oz.（有把咖啡杯），温的

¾ oz. Irish Cream Syrup（爱尔兰浓鲜奶油）

$1\frac{3}{4}$ oz. esprèsso（意大利蒸溜咖啡）

8 oz. steamed milk（蒸汽打过的牛奶）

将酒材依序加入杯中并拌匀，再加上$1\frac{1}{2}$ oz. 打成泡沫状的鲜奶油/掼奶油

(whipped cream),并撒上肉桂粉作装饰,亦可放一根5英寸长的肉桂棒作为搅拌棒。

3. 山榛果穆哈咖啡(Hazelnut Mocha)

Coffee Mug 12 oz.(有把咖啡杯),温的

½ oz. hazelnut syrup(山榛果糖浆)

¼ oz. chocolate syrup(巧克力糖浆)

$1\frac{3}{4}$ oz. esprèsso(蒸馏咖啡)

8 oz. steamed milk(蒸汽打过的牛奶)

将酒材依序加入杯中并拌匀,在顶端喷放$1\frac{1}{2}$ oz. 打成泡沫的鲜奶油/掼奶油,再淋上¼ oz. 山榛果糖浆。若客人要求多放山榛果糖浆时,应额外收费。

4. 香草穆哈咖啡(Vanilla Mocha)

Coffee Mug 12 oz.(有把咖啡杯),温的

½ oz. vanilla syrup(香草糖浆)

¼ oz. chocolate syrup(巧克力糖浆)

$1\frac{3}{4}$ oz. esprèsso(意大利蒸馏咖啡)

8 oz. steamed milk(蒸汽打过的牛奶)

将酒材依序加入杯中拌匀后,再喷上打成泡沫状的鲜奶油/掼奶油$1\frac{1}{2}$ oz.。

5. 肉桂蜂蜜奶泡咖啡(Cinnamon & Honey Latté)

Coffee Mug 12 oz.(有把咖啡杯),温的

½ oz. cinnamon syrup(肉桂糖浆)

¼ oz. honey(蜂蜜)

$1\frac{3}{4}$ oz. esprésso(意大利蒸馏咖啡)

8 oz. steamed milk(蒸汽打过的牛奶)

将酒材依序加入杯中并拌匀,再喷上$1\frac{1}{2}$ oz. 掼奶油(whipped cream)即可。这是杯棒极了的热咖啡饮料!

6. 山榛果奶泡咖啡(Hazelnut Latté)

Coffee Mug 12 oz.(有把咖啡杯),温的

¾ oz. hazelnut syrup(山榛果糖浆)

$1\frac{3}{4}$ oz. esprésso(意大利蒸馏咖啡)

8 oz. steamed milk(蒸汽打过的牛奶)

将酒材依序加入杯中拌匀后,再加上$1\frac{1}{2}$ oz. 打成泡沫状的鲜奶油/掼奶油即可。

7. 香草奶泡咖啡(Vanilla Latté)

Coffee Mug 12 oz.(有把咖啡杯),温的

¾ oz. vanilla syrup(香草糖浆)

$1\frac{3}{4}$ oz. esprésso(意大利蒸馏咖啡)

8 oz. steamed milk(蒸汽打过的牛奶)

将酒材依序倒入杯中拌匀后,再加上$1\frac{1}{2}$ oz. 打成泡沫状的鲜奶油/掼奶油(whipped cream),撒上一些香草粉(powdered vanilla)作装饰。

8. 草莓香草奶泡咖啡(Strawberry & Vanilla Latté)

Coffee Mug 12 oz.(有把咖啡杯),温的

½ oz. strawberry syrup(草莓糖浆)或strawberry puree(草莓浓浆)

¼ oz. vanilla syrup(香草糖浆)

$1\frac{3}{4}$ oz. esprèsso(意大利蒸馏咖啡)

8 oz. steamed milk(蒸汽打过的牛奶)

将酒材依序倒入杯中拌匀后,加上$1\frac{1}{2}$ oz. 打成汽泡状的鲜奶油。

9. 桑果香料牛奶(Raspberries & Spice Latté)

Coffee Mug 12 oz.(有把咖啡杯),温的

½ oz. raspberry syrup(覆盆子糖浆)

¼ oz. cinnamon syrup(肉桂糖浆)

$1\frac{3}{4}$ oz. espréssο(意大利蒸馏咖啡)

8 oz. steamed milk(蒸汽打过的牛奶)

将酒材依序倒入杯中拌匀后,加入$1\frac{1}{2}$ oz. 打成泡沫状的鲜奶油/掼奶油,再撒一些肉桂粉作装饰。

10. 爱尔兰乳穆哈咖啡(Irish Cream Mocha)

Coffee Mug 12 oz.(有把咖啡杯),温的

½ oz. Irish Cream Syrup(爱尔兰浓奶油)

¼ oz. chocolate syrup

$1\frac{3}{4}$ oz. espréssο(意大利蒸馏咖啡)

8 oz. steamed milk(蒸汽打过的牛奶)

将酒材依序倒入杯中拌匀后,加上$1\frac{1}{2}$ oz. 打成泡沫状的鲜奶油/掼奶油,再撒上一些巧克力粉或巧克力碎片作装饰,不放饰物也可以,可依客人喜好来制作。

11. 澳洲坚果穆哈咖啡(Macadamia Nut Mocha)

Coffee Mug 12 oz.(有把咖啡杯),温的

½ oz. macadamia nut syrup(澳洲坚果糖浆)

¼ oz. chocolate syrup(巧克力糖浆)

$1\frac{3}{4}$ oz. esprèsso(意大利蒸馏咖啡)

8 oz. steamed milk(蒸汽打过的牛奶)

将酒材依序倒入杯中拌匀后,加上$1\frac{1}{2}$ oz. 打成泡沫状的鲜奶油/掼奶油,再放上夏威夷皇帝干果碎粒作装饰。

12. 冰胡桃穆哈咖啡(Iced Praline Mocha)

Squall 15 oz.(大风杯)或16 oz. 塑胶外卖杯

½ oz. chocolate syrup(巧克力糖浆)

¾ oz. praline syrup(胡桃糖浆)

$1\frac{3}{4}$ oz. espréssο(意大利蒸馏咖啡)

将酒材依序倒入杯中拌匀后,加入7 oz. 冰牛奶,再加入5 oz. 冰块拌匀后,插入两支吸管。

26~6 国际上流行的无酒精饮料调配法

1. A·S·麦克弗森(A. S. Macpherson)

Squall 15 oz.(大风杯),加满冰块

3 oz. orange juice(橘子汁)

3 oz. apple cider(苹果西打)

$1\frac{1}{2}$ oz. sweet & sour juice(甜酸汁)

撒3下安戈斯图拉树皮苦精(Angostura Bitters)

将酒材倒入已装¼满冰块的调拌杯内,摇荡后过滤,倒入杯中,再以苏打水(club soda)加满,放一个橘子旗作装饰。

2. 纯洁红玛丽(Virgin Bloody Mary)(又名Bloody Shame)

Squall 15 oz.(大风杯),加满冰块

杯缘沾上盐(可沾,也可不沾)

直接倒入:

$6\frac{1}{2}$ oz. Bloody Mary Mix(红玛丽预拌汁)

1 oz. Rose's lime juice(罗斯青柠檬汁)

将酒材拌匀,挂上一个青柠檬角,插入一根长芹菜梗作装饰。

3. 什么?我担心红玛丽(What? Me Worry Bloody Mary)

Squall 15 oz.(大风杯),加满冰块

杯缘沾上盐(可沾,也可不沾)

直接倒入:

4 oz. 无酒精的啤酒

$3\frac{1}{2}$ oz. Bloody Mary Mix(红玛丽预拌汁)

将酒材用酒吧匙拌匀,挂上一个青柠檬角及带尾壳中虾作装饰。

4. 红玛丽调拌汁(Bloody Mary Mix)

Pitcher with cover 64 oz.(带盖水壶)

直接倒入:

46 oz. 番茄汁

2 oz. 英国伍斯特辣酱油(Worcestershire Sauce)

½汤匙的盐

撒6次塔瓦斯科/塔巴斯科辣椒汁(Tabasco)

2汤匙的芹菜盐

1汤匙的黑胡椒粉

撒2次苦精

将酒材用酒吧匙由下而上地搅动到彻底拌匀,或倒入果汁机中搅拌15秒钟。测试味道时必须加入冰块,须置于冰箱中冷藏备用。

5. 蓝莓柠檬菲兹(Blueberry Lemon Fizz)

Poco Grande $13\frac{1}{4}$ oz.(波可杯),冰的

6 oz. blueberry yogurt(蓝莓酸乳酪/酸奶)

½ oz. grenadine(红石榴糖浆)

1 oz. club soda(苏打水)

½ oz. lime juice(青柠檬汁)

$1\frac{1}{2}$ oz.(一大球)黄柠檬无奶冰淇淋,即Sorbet

8 oz. 碎冰

将酒材倒入果汁机中,先以慢速打5秒钟,再改成快速打成雪泥状后,倒入波可杯中,放一个凤梨旗或一个青柠檬角作装饰。

6. 卡迪纳莉(Cardinali)

Collins 12 oz.(柯林斯杯),加满冰块

直接倒入:

4 oz. cranberry juice(蔓越莓/蔓越橘

汁）

2 oz. sweet & sour juice（甜酸汁）

用酒吧匙由下而上地搅拌三五下，拌匀后挂一片青柠檬圈片作装饰。

7. 红衣主教混合饮料（Cardinal Punch）

Squall 15 oz.（大风杯），加满冰块

4 oz. cranberry juice（蔓越莓/蔓越橘汁）

$1\frac{1}{2}$ oz. 橘子汁

1 oz. 甜酸汁

将酒材倒入已装¼满冰块的调拌杯内，迅猛摇荡后过滤，倒入大风杯中，再以姜汁汽水（ginger ale）加满，放一个橘子旗作装饰。

8. 卡特兰德疗方（Cartland Cure）

Poco Grande $13\frac{1}{4}$ oz.（波可杯），冰的

3 oz. 浓牛奶

1 条成熟的香蕉切成 8 小粒

2 汤匙原味酸乳酪（yogurt）

1 汤匙可可粉

1 酒吧匙蜂蜜

1 酒吧匙小麦胚/小麦芽

1 个鲜鸡蛋（可放，可不放，但为了身体安全最好是不放）

10 oz. 碎冰

将酒材倒入果汁机中，先以慢速打 5 秒钟，再改成快速打成雪泥状后，倒入 Poco 杯中，放一个美国 Oreo 牌饼干作装饰。

9. 灰姑娘（Cinderella）

Poco Grande $13\frac{1}{4}$ oz.（波可杯），冰的

¾ oz. grenadine（红石榴糖浆）

2 oz. orange juice（橘子汁）

2 oz. sweet & sour juice（甜酸汁）

2 oz. pineapple juice（凤梨汁）

10 oz. 碎冰

将酒材倒入果汁机中，打成雪泥状后，倒入 Poco 杯中，再以苏打水（club soda）加满，放橘子旗或凤梨旗作装饰。

10. 可可穆哈咖啡（Coco Mocha）

Poco Grande $13\frac{1}{4}$ oz.（波可杯），冰的

5 oz. cold coffee（冷咖啡）

¼ oz. chocolate syrup（巧克力糖浆）

2 oz. 椰乳

10 oz. 碎冰

将酒材倒入果汁机中，打成雪泥状后，倒入波可杯中，喷上 1 oz. 打成泡沫状的鲜奶油/掼奶油（whipped cream），再撒上一些肉豆蔻粉作装饰。

11. 结霜的草莓茶（Frosted Strawberry Tea）

Poco Grande $13\frac{1}{4}$ oz.（波可杯），冰的

3 oz. cold black tea（冷红茶）

$1\frac{1}{2}$ oz. strawberry puree（草莓浓浆）

1 oz. simple syrup（简易糖浆）

2 oz. sweet & sour juice（甜酸汁）

10 oz. 碎冰

将酒材倒入果汁机中，打成雪泥后，倒入 Poco 杯中，放上鲜草莓作装饰。

12. 乔治亚州自有的（Georgia's Own）

Poco Grande $13\frac{1}{4}$ oz.（波可杯），冰的

3 oz. peach nectar(桃子汁)

$1\frac{1}{2}$ oz. (橘子汁)

$\frac{3}{4}$ oz. (甜酸汁)

10 oz. (碎冰)

将酒材倒入果汁机中,打成雪泥状后,倒入 Poco 杯中,再以苏打水(club soda)加满。

13. 覆盆子苏打水(Raspberry Soda)

Highball 10 oz. 杯,加满冰块

直接倒入:

$1\frac{1}{2}$ oz. raspberry syrup (覆盆子糖浆)

4 oz. club soda(苏打水)

放入薄荷叶枝或挂一个青柠檬角作装饰。

14. 泽西莉莉(Jersey Lilly)

White Wine Glass 12 oz. (大的白葡萄酒杯),冰的

直接倒入:

8 oz. 有碳酸气的苹果汁

1 oz. 简易糖浆

撒3下橘子苦精(Orange Bitters)(不含酒精成分的苦精)

用酒吧匙由下而上地搅拌三五下,拌匀后放入橘子旗或苹果旗作装饰。

15. 慢跑者(Jogger)

Collins 12 oz. 杯,加满冰块

直接倒入:

1 oz. Rose's lime juice(罗斯青柠檬汁)

1 oz. simple syrup(简易糖浆)

将酒材倒入杯中,拌匀后再以苏打水加满,挂一个青柠檬角作装饰。

16. 孩童鸡尾酒(Kiddy Cocktail)

Cocktail $4\frac{1}{2}$ oz. 杯,冰的

$\frac{1}{2}$ oz. grenadine(红石榴糖浆)

$2\frac{1}{2}$ oz. sweet & sour juice(甜酸汁)

将酒材倒入已装$\frac{1}{4}$满冰块的调拌杯内,摇荡后过滤,倒入杯中,放入一粒樱桃作装饰。

17. 纯洁玛格丽塔第一方(Virgin Margarita 1)

Cocktail $6\frac{1}{2}$ oz. (大鸡尾酒杯),冰的

2 oz. sweet & sour juice(甜酸汁)

1 oz. 无酒精的柑橘糖浆,如 D. J. Dotson Tirple Sec(多斯顿三干酒/柑橘香甜酒)

$1\frac{1}{2}$ oz. (橘子汁)

$\frac{1}{2}$ oz. Rose's lime juice(罗斯青柠檬汁)

将酒材倒入已装$\frac{1}{4}$满冰块的调拌杯内,摇荡后过滤,倒入杯中,挂一个青柠檬角作装饰。

18. 纯洁玛格丽塔第二方(Virgin Margarita 2)

Squall 15 oz. (大风杯),加满冰块

2 oz. D. J. Dotson Triple Sec (不含酒精成分的苦精)

4 oz. sweet & sour juice(甜酸汁)

1 oz. Rose's lime juice(罗斯青柠檬汁)

1 oz. orange juice(橘子汁)

将酒材倒入已装$\frac{1}{4}$满冰块的调拌杯内,摇荡后过滤,倒入杯中,挂一个青柠檬

角作装饰。

19. 牙买加蒙特哥贝第二方(Montego Bay 2)

Squall 15 oz.（大风杯）,加满冰块

2 oz. 橘子汁

2 oz. 甜酸汁

½ oz. Rose's lime juice(罗斯青柠檬汁)

½ oz. grenadine(红石榴糖浆)

一个蛋黄(可放,也可不放,但最好不要放)

将酒材倒入已装¼满冰块的调拌杯内,摇荡后过滤,倒入杯中,再以苏打水加满,挂一个青柠檬角作装饰。

20. 尼可拉斯(Nicolas)

Squall 15 oz.（大风杯）,加满冰块

$2\frac{1}{2}$ oz.（橘子汁）

2 oz.（甜酸汁）

$2\frac{1}{2}$ oz.（葡萄柚汁）

½ oz. grenadine(红石榴糖浆)

一个蛋白(可放,也可不放,但最好不放)

将酒材倒入已装¼满冰块的调拌杯内,摇荡后过滤,倒入杯中,再以苏打水加满。

21. 牧师的讲究(Parson's Particular)

White Wine Glass 12 oz.（大的白葡萄酒杯）,加满冰块

4 oz.（橘子汁）

$2\frac{3}{4}$ oz.（甜酸汁）

¾ oz. grenadine(红石榴糖浆)

一个蛋黄(可放,也可不放,但最好不放)

将酒材倒入已装¼满冰块的调拌杯内,摇荡后过滤,倒入杯中,放一个橘子旗作装饰。

22. 多管高射机关炮(Pom-Pom)

White Wine Glass 12 oz.（大的白葡萄酒杯）,加满冰块

$5\frac{1}{2}$ oz. lemonade(柠檬水)

$1\frac{1}{2}$ oz. sweet & sour juice(甜酸汁)

½ oz. grenadine(红石榴糖浆)

一个蛋白(可放,也可不放,建议最好不要放)

将酒材倒入已装¼满冰块的调拌杯内,摇荡后过滤,倒入杯中,挂一个黄柠檬角作装饰。

23. 玛格丽特公主(Princess Margaret)

Poco Grande $13\frac{1}{4}$ oz.（波可杯）,冰的

杯缘沾上红石榴糖浆和糖(可沾,也可不沾)

2 oz. strawberry puree(草莓浓浆)

2 oz. orange juice(橘子汁)

$1\frac{1}{2}$ oz. sweet & sour juice(甜酸汁)

½ oz. raspberry syrup(覆盆子糖浆)

$1\frac{1}{2}$ oz. pineapple juice(凤梨汁)

10 oz. crushed ice(碎冰)

将酒材倒入果汁机中,打成雪泥状后,倒入波可杯中,放一个鲜草莓作装饰。

24. 覆盆子之吻(Raspberry Kiss)

Squall 15 oz.（大风杯），加满冰块

5 oz. cran-raspberry juice（蔓越莓覆盆子汁）（美国Ocean Spray公司产的果汁品质甚佳）

1 oz. orange juice（橘子汁）

½ oz. Rose's lime juice（罗斯青柠檬汁）

将酒材倒入已装¼满冰块的调拌杯内，摇荡后过滤，倒入杯中，再以苏打水加满，挂一个青柠檬角或放一个橘子旗作装饰。

25. 粉红甜苹果（Rosy Pippin）

White Wine Glass 12 oz.（大的白葡萄酒杯），加满冰块

$4\frac{1}{2}$ oz. apple juice（苹果汁）

½ oz. grenadine（红石榴糖浆）

½ oz. sweet & sour juice（甜酸汁）

将酒材倒入已装¼满冰块的调拌杯内，摇荡后过滤，倒入杯中，再以姜汁汽水（ginger ale）加满，放一个苹果角（apple wedge）作装饰。

26. 罗伊-罗杰斯（Roy Rogers）

Collins 12 oz.（柯林斯杯），加满冰块

直接倒入：

$5\frac{1}{2}$ oz. Cola（可乐）

倒入¾ oz. 红石榴糖浆漂浮在酒面上，放入一粒樱桃作装饰。

27. 三藩市（San Francisco）

Squall 15 oz.（大风杯），加满冰块

2 oz. orange juice（橘子汁）

2 oz. pineapple juice（凤梨汁）

2 oz. grapefruit juice（葡萄柚汁）

1 oz. sweet & sour juice（甜酸汁）

½ oz. grenadine（红石榴糖浆）

将酒材倒入已装¼满冰块的调拌杯内，摇荡后过滤，倒入杯中，再以苏打水加满，可放任何新鲜水果作装饰。

28. 秀兰邓波尔饮料/女孩饮料（Shirley Temple）

Collins 12 oz.（柯林斯杯），加满冰块

直接倒入：

$5\frac{1}{2}$ oz. 7-up or sprite（七喜汽水或雪碧）

倒入½ oz. 红石榴糖浆漂浮在酒面上，放入一粒红樱桃作装饰。

29. 南方美女（Southern Belle）

Rocks 17 oz. 杯，冰的

2~3 片薄荷叶枝

直接倒入：

½ oz. sweet & sour juice（甜酸汁）

½ oz. simple syrup（简易糖浆）

用捣碎器（Muddler）捣压挤碎薄荷叶枝，加满冰块后，再以姜汁汽水（ginger ale）加满，放一个鲜翠薄荷叶枝作装饰。

26~7 酒吧国际专业术语

1. Prohibition：指1920年到1933年美国实施的禁绝喝酒精饮料的禁酒令一事。

2. RSVP：法文，原文是Répondez S'il Vous Plaît，指收到信请赐回音之意。

3. Scalper：名词，指私下以更高或较高价格转售入场券、门票、车票以求营利与赚钱的人，也就是卖黄牛票的掮客。

4. Service Bar：指餐饮服务人员到酒吧台某一特定区域可拿取餐桌客人所点的饮料。服务酒吧可从主要酒吧分离出来，或同

属于一个酒吧。同属一个酒吧较常见。

5. Shotgun, Shotgunning a Beer(动词):以极端迅猛的方法喝酒。

6. Skulled(形容词):指喝醉了,喝到脑袋瓜子都空了的程度。

7. Pub Crawl:指一些客人由这家店喝到另外一家店,其转往他店的行动有时是即兴的,但有时也是有组织的。

8. Pushing Tin:俚语,指喝很多罐装啤酒。

9. Sauce(名词):俚语,指酒精饮料。Sauced 意指喝酒,On the Sauce 意指已喝醉。

10. Raincheck:俚语,指一张书面证明,保证在他日货到时以今日价格提供今日已售罄的产品。

11. Scoff(动词):指以很快的方式吃东西。

12. Puma(名词):俚语,指一位在酒吧里积极寻找爱情或一夜情的年轻女子。

13. Roadie, Road Soda:名词,指带在路上喝的饮料。

14. Rummy:俚语,指被视为愚蠢的习惯性重度饮酒者。

15. Sawbuck:俚语,指10元美金纸钞。

16. Regulars(名词):指经常光顾与莅临的客人。

17. Sea Monster(名词):俚语,指一位非常非常醉的女客人,她已醉到没有条理与缠着别人不放的程度了。

18. Sediment(名词):指在葡萄酒瓶底端常可见到的自然沉淀物。

19. Shark, Pool Shark(名词):指一位非常精于打台球(弹子)的高手,他人皆无法赢过此高手。

20. Shindig(名词):俚语,指一个有跳舞的很大且很吵的节庆聚会或嘈杂舞会。

问题探讨

如何调制下列各款国际上流行的无酒精饮料?

(1) Tomato Cooler
(2) Strawberry Wonderland
(3) Lemonade
(4) Punchless Piña Colada
(5) Flamingo
(6) Cranberry Cooler
(7) Chocolate Dragon
(8) Grapefruit Granita
(9) Piña Carrot Cocktail
(10) Minty Chocolate Smoothie
(11) Peanut Butter Milk
(12) Hula Shake
(13) Watermelon Cooler
(14) Pineapple Sunshine
(15) Perfect Ten
(16) Gold Medalist
(17) Texas Peach Lifter
(18) Honey Vanilla Shake
(19) Strawberry Orangeana
(20) Cranberry Lassi
(21) Virgin Bloody Mary
(22) Frosted Strawberry Tea
(23) Blueberry Lemon Fizz
(24) Princess Margarita
(25) Raspberry Kiss

第二十七章

专业的餐饮服务与建议性的促销技巧

Professional Dining Room Service & Suggestive Marketing Skills

☞学习目的

了解： 1. 专业的餐饮服务(Professional Dining Room Service)

2. 了解顾客的心理需求与生理需要
3. 迅速养成良好的餐饮服务习惯
4. 餐饮服务流程的种类
5. 中餐餐饮服务流程的实例解析
6. 西餐餐饮服务流程的实例解析
7. 调酒师必须贯彻执行的基本服务态度与事项
8. 调酒师服务客人时必须牢记的32项秘诀
9. 对酒精饮料建议性的促销(Suggestive Marketing for Drinks)的认知
10. 建议性的促销技巧与务实做法(Skills and Pragmatic Steps of Suggestive Marketing)
11. 国际上各种纯饮酒(Neat)酒方
12. 酒吧国际专业术语

27~1 专业的餐饮服务(Professional Dining Room Service)

一位专业的餐饮服务工作人员必须知道如何为来宾提供专业的服务,了解并掌握餐厅中专业餐饮服务的流程与应有的技能。全方位的专业餐饮服务必定涵盖了下列各核心服务项目与重要细节:

1. 完成一切与服务相关的准备工作

① 服务人员自己要先准备好。

② 工作区域(Station)完成准备。

③ 所有餐桌完成准备。

2. 热忱迎接并问候来宾

① 给客人一个好的第一印象。

② 友善且真诚地欢迎来宾。

③ 提供迅速敏捷的服务。

3. 点写酒单与点写菜单

① 了解你的产品:"酒"和"菜"。

② 使用周密且有组织的整合技巧。

③ 迅速提供相关资讯。

④ 优先服务女士或小姐。

⑤ 对产品要有丰厚的相关知识。

⑥ 灵活运用建议性销售技巧。

⑦ 清晰的沟通,使用多样化且生动化的叙述方式。

⑧ 态度亲切且温文尔雅。

⑨ 提供完整的套装服务。

⑩ 了解客人的需求(Wants)、需要(Needs)与期望(Expectation)。

4. 拿取客人所点的酒或菜

① 拿取酒或菜前一定要查对服务人员自己所写的酒单和菜单,力求一次就拿齐所要上的酒或要出的菜。

② 准备好想要用的大的或小的托盘。

③ 使用托盘时绝对知道如何保持平衡。

5. 妥当的服务技巧

① 清除桌上多余的器物与盘皿。

② 了解客人并预知客人的需要。

③ 以体贴的心及敏锐的感应来服务来宾。

④ 小心谨慎地提供服务。

⑤ 传送食物时用左手从左边上菜。

⑥ 端送酒时用右手从右边上酒。

⑦ 用心服务并且注意细节。

⑧ 上每道菜前都要先把餐桌准备妥当。

⑨ 控制分量(Portion Control),避免无谓的浪费。

⑩ 主菜置放于靠近用餐人之处。

⑪ 工作要有组织、有效率、有系统。

⑫ 服务过程中经常检查,要确实提供温馨的服务。

6. 为客人留下完善的用餐体验

① 服务过程中要提供彻头彻尾的全方位专业服务。

② 账单结算完毕呈给客人时,先问一下客人要如何结账。

③ 感谢来宾(因他们是酒吧的衣食父母)。

④ 留下一个好的最后印象(Last Impression)。

27~2 了解顾客的心理需求与生理需要

明白餐饮消费行为的类别，从而洞悉来宾的需求是什么，需要又是什么，如何来了解它、满足它并超越它。因为只有超越它，才能使上门的顾客变成忠贞的老顾客(Regular Customers)。

下列几项常为顾客的需求(Wants)和需要(Needs)：

(1) 地点的交通便利性。

(2) 交通与进出的情况：停车位是否易找。

(3) 环境的安全性(Security Problems)。

(4) 餐厅或酒吧的清洁与卫生。

(5) 餐饮食品的营养性。

(6) 食品与饮料的健康性。

(7) 高品质的餐饮食品。

(8) 体贴及有效率的服务。

(9) 浪漫的气氛(Romantic Atmosphere)。

(10) 舒适的湿度(Humidity)及温度(Temperature)。

(11) 渴望受到尊重与礼遇。

(12) 希望能被尊敬地对待。

(13) 也想让其虚荣心(Vanity)获得满足。

(14) 寻找怪异且激情的事件(Events)。

(15) 充满喜悦的服务人员。

(16) 欢欣的用餐或饮酒环境。

(17) 无限乐趣(Fun)的小解放世界。

(18) 内心能获得真正的满足与喜悦(Happy)。

(19) 合理合情，中规中矩的消费价格。

(20) 永远能获得意想不到的服务与乐趣。

(21) 价有所值，甚至值超所付的价格。服务人员永远提供额外的、特殊的、超前的服务。

27~3 迅速养成良好的餐饮服务习惯

专业的餐饮工作人员必须迅速养成专业的餐饮服务习惯(Hospitality Habits)，下列21项务必牢记于脑，并彻底身体力行以养成良好的餐饮服务习惯：

(1) 永远要给人留下一个好的第一印象(不论是客人、同事或老板)。

(2) 了解产品，不论是吃的或喝的，充实专业餐饮知识。

(3) 了解公司及老板的爱好与习惯。

(4) 熟知所居住的社区或城市及其发展动态。

(5) 能清晰地与人沟通，记住“倾听(Listening)是沟通的第一步”。

(6) 有效地处理问题及客人的抱怨。

(7) 友善且有礼地待人处事。

(8) 工作必须有效率。

(9) 做一切力所能及的事，尽量让来宾开心并快乐(Happy)。

(10) 记住客人的名字与职务，同时

也让他们记住自己。

（11）提供自然且热忱的服务。

（12）开创自身独特的个性、特征或特质。

（13）时时吸收新知识与新技术，应如同一块喜悦的海绵（A Happy Sponge）随时吸收专业新知。

（14）给客人留下一个好的最后印象，创造并赢得重复性客人（Repeated Customers）。

（15）永远是一位勤快的新知识学习者与吸收者。

（16）洞彻、体悟专业餐饮管理者应具备的专业知识与能力（如图 27-1 所示）。

（17）了解大环境对调酒师、经理及业主可能带来的冲击，并事先做妥准备与防范工作。

（18）积极追求新知识，保持不断的成长。

（19）注意饮食与健康，常做运动，以保持旺盛的体力。

（20）做好心理调整，注意心理卫生，避免焦躁（Burned Out）。

（21）经常保持喜悦的心来服务有缘相聚的乡亲与天地的游人（Be happy all the times）。

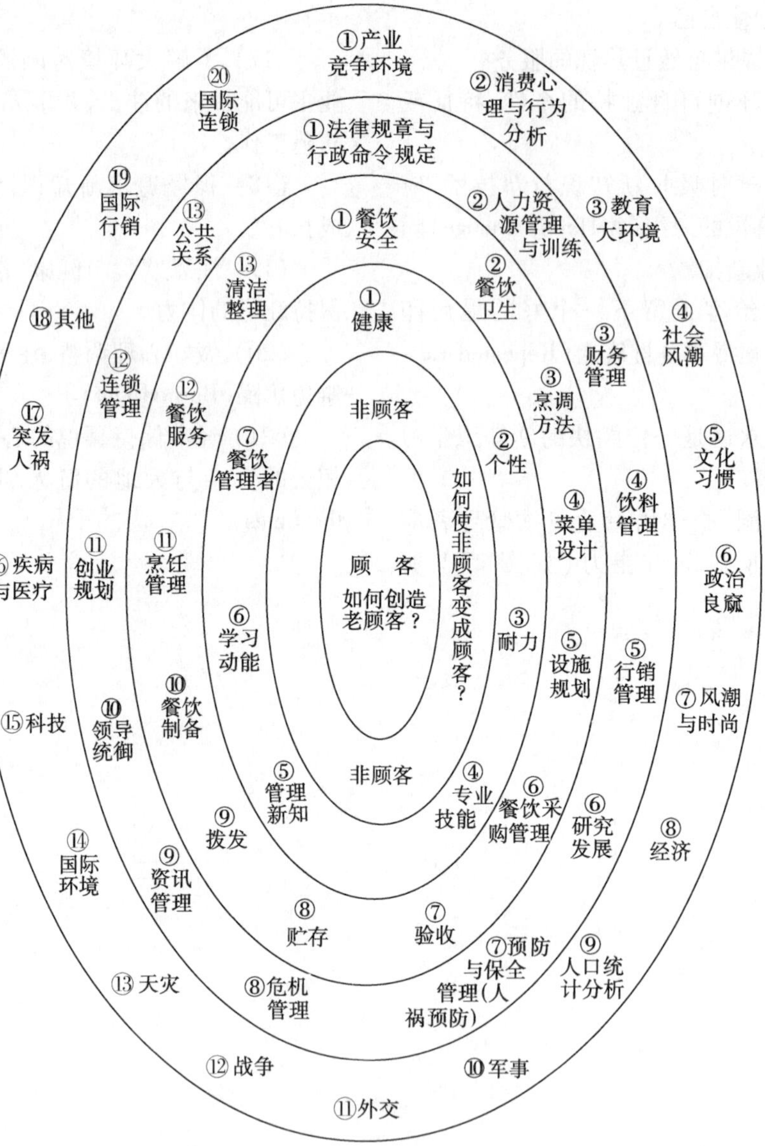

图 27-1　专业餐饮管理者应具备的知识及对工作大环境应有的认识图解

27-4　餐饮服务流程的种类

餐饮服务流程分为饮料服务流程、西餐或中餐西吃服务流程、中餐单点服务流程和中餐酒宴服务(包厢)流程,分别如图 27-2、27-3、27-4、27-5 所示。

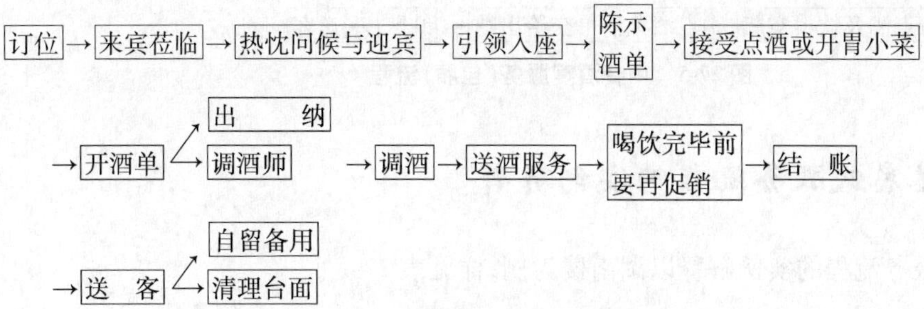

图 27-2　饮料服务流程

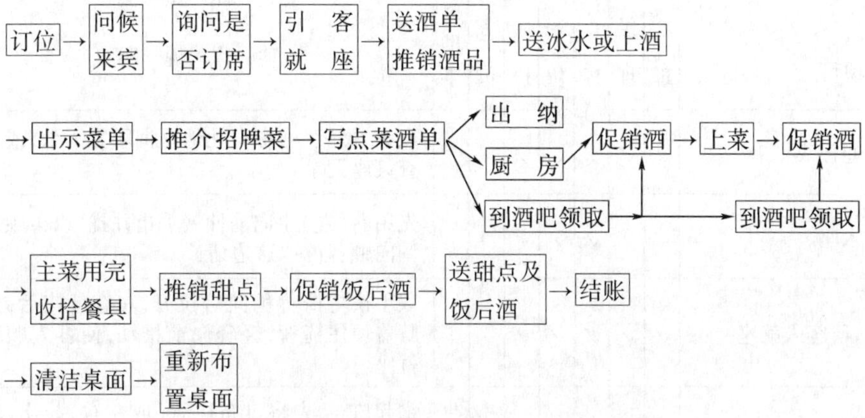

图 27-3　西餐或中餐西吃服务流程

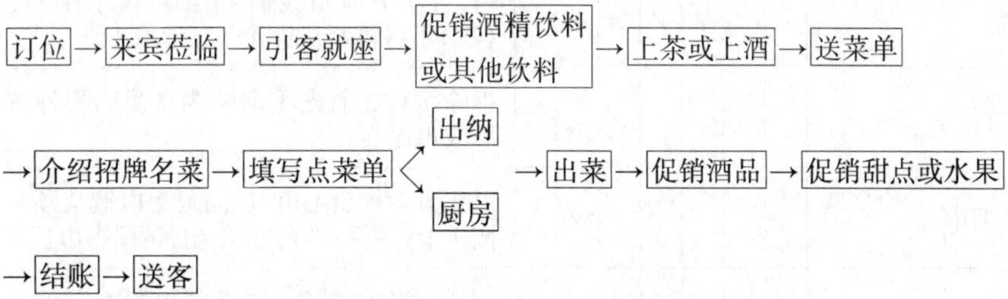

图 27-4　中餐单点服务流程

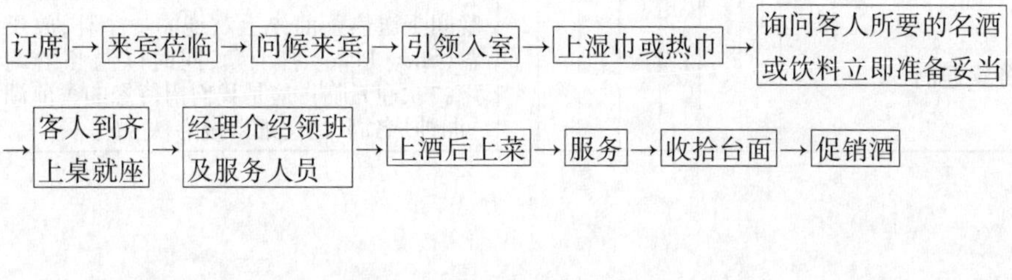

→上茶→清点酒及饮料空瓶→点酒菜清单交给出纳→结账→送客

图 27-5　中餐酒宴服务(包厢)流程

27~5　中餐餐饮服务流程的实例解析

中餐餐饮服务流程的实例解释以湖南楼为例,详见表 27-1。

表 27-1　中餐餐饮服务流程的实例解析

流程编号	服务项目＼相关人员	经理	副经理	主任	带位	领班	服务员	服务助手	具体做法 动作说明
1	热忱迎佳宾	✓	✓	✓	✓	✓			点头、微笑、彬彬有礼地垂询顾客人数,或检查订座记录。
2	带客入座	✓	✓	✓	✓	✓			先用右(左)手向前伸展手指并拢,以柔顺语调向顾客说:“这边请!”
3	拉椅,请客人就座	✓	✓	✓	✓	✓	✓		双手扶持椅背稍向后拉开,宾客就座后,用膝盖顶住椅背,轻轻向前推动,使客人顺利就座。
4	拆口布或餐巾布			✓	✓	✓	✓		拿起口布,先将口布往后(或左右)拉出,然后把口布整个取出,顺手将口布平摊于顾客膝上。
5	除筷套			✓	✓	✓	✓		右(左)手拇指及食指拿起筷子中央,左(右)手将筷套从银筷子顶部取出。
6	垂询饮料			✓		✓	✓		拆除筷套之前先垂询顾客喜爱喝哪种餐前酒或鸡尾酒。
7	服务热毛巾						✓		以托盘置放热毛巾,连同置毛巾篮从顾客左侧送上,并说:“先生/小姐,请用香巾!”
8	服务热茶						✓		用托盘将盖碗茶连同茶杯由顾客右手边送上,同时将热茶倒于茶杯内。
9	服务欢迎酒	✓	✓	✓		✓	✓		晚间于送热茶前先上欢迎酒一小杯,放于餐盘(Show Plate)右上角,同时以温和语调道声:“欢迎光临! 这是我们招待您的餐前湖南‘湘神’名酒,请您细斟慢酌,好好享受!”

（续表）

流程编号	服务项目（相关人员）	经理	副经理	主任	带位	领班	服务员	服务助手	具体做法 动作说明
10	餐前小菜服务					✓	✓		餐前小菜4种，放于16 cm骨盘里；小菜放于客席中央，小菜盘放于餐盘上，并说：“各位来宾，您好！这是招待您的餐前小菜，请慢用！”
11	递送酒单及菜单		✓	✓	✓	✓	✓		呈送菜单及套餐菜单给予客人，并有礼貌地说：“××先生您好，这是本店的招牌名酒酒单及独特菜单，请参考！”
12	服务饮料	✓	✓	✓		✓	✓		服务时注意只能触摸水杯及酒杯的下半部，名酒应放靠近客人处。
13	接受点菜		✓	✓	✓	✓			必须介绍本餐厅菜肴特色和当日特别推荐名菜，聆听来宾点餐时，绝不能一心二用或心浮气燥，以免影响服务品质。
14	送递点菜单（入厨单）		✓	✓	✓	✓	✓		点菜单时书写必须清楚，写明部门分类、台号、人数及分量、价格等，第一联交柜台，第二联交厨房主厨处理，第三联交服务员检查核对及准备。
15	随时注意加添热茶			✓		✓	✓		用托盘准备热茶，缓步至客席，取起茶碗盖，加至七分满，顺将热茶壶换壶，若顾客杯中热茶已冷却，注意要立刻更换温茶杯。
16	送呈特别佐料与酱料					✓	✓	✓	当顾客点完菜后，立刻上辣椒佐料及客人特别要求的佐料，并简单介绍，如这是本厅自调的XO Sauce朝天椒、湖南生辣椒，如有不喜辣味的客人，可倒少许酱油于小碟中。
17	递送酒单	✓	✓	✓	✓	✓	✓		将酒单打开第一面双手递送给主人，适当介绍与所点菜肴较对味的葡萄酒，点完酒后将酒单送回酒吧部。
18	准备分菜桌（或服务架）					✓	✓	✓	顾客点完菜后，必须准备可移动的分菜桌，设置于客席旁，并准备分菜匙6把及3套餐盘。
19	上菜服务					✓	✓	✓	服务助手协助将菜点传送至客席旁的分菜桌上，服务员利用分菜匙均分于餐盘中，操作时要注意清洁及卫生。
20	调味料服务					✓	✓	✓	调味料于分菜时置放于餐盘左上角。

（续表）

流程编号	相关人员 服务项目	经理	副经理	主任	带位	领班	服务员	服务助手	具体做法 动作说明
21	收拾小菜盘及餐盘					✓	✓	✓	服务第一道菜式前，必须先清理桌上的小菜盘及餐盘。
22	鱼翅服务		✓	✓		✓	✓		鱼翅上桌后，必须将盖子轻轻掀起，同时将桌上汤匙放于鱼翅右边位置，并有礼貌地询问顾客是否需要添加一些红醋。
23	红醋服务（鱼翅调味料）		✓	✓		✓	✓		添加红醋于鱼翅内时，必须从顾客右方位置服务，利用茶匙将红醋以顺时针画圆手法倾注于鱼翅表面。
24	餐刀叉服务					✓	✓	✓	部分餐点必须使用餐刀叉，员工须从顾客右边先放置餐刀，再从顾客左边放置餐叉。
25	收拾不洁餐具					✓	✓	✓	顾客用餐完毕后必须将不洁餐具收去，务必小心防止汁液滴至顾客衣物，在顾客用餐期间内避免打搅顾客享用。
26	垂询顾客意见		✓	✓	✓	✓	✓		把握适当良机垂询并聆听顾客对餐饮的建议，随后适时呈报上级。
27	介绍餐后酒		✓	✓		✓	✓		顾客用餐完毕后应向其介绍餐后甜酒或香甜酒。
28	整理餐桌					✓	✓	✓	确认顾客餐点全部用完后，必须收拾桌上不需要的餐具，并准备更换上“君山茗茶”等热茶。
29	服务餐后“君山茗茶”		✓	✓		✓	✓		“君山茗茶”上桌前先收拾桌上的盖碗茶具，然后才可更换，并须有礼地向顾客解说：“××先生，这是本店自配的餐后极品‘君山茗茶’，请慢用！”
30	服务水果及甜点					✓	✓		餐后茶服务后必须立刻补上甜点叉或水果刀叉，待客人用完水果即可收拾水果刀、叉及盘子，接着更换小骨碟（16cm）给顾客，使其能享用甜点或点心。
31	热毛巾更换					✓	✓		热毛巾必须于汤羹鱼翅后及用餐后立刻更换，新香巾更换时，用托盘先将桌上不洁毛巾连同毛巾篮一同收起，方可将新毛巾连篮放下。

（续表）

流程编号	服务项目（相关人员）	经理	副经理	主任	带位	领班	服务员	服务助手	具体做法 动作说明
32	准备结账单，客人买单结账		✓	✓		✓			确认顾客不再加添酒菜时，即可立刻通知收银员将账单列印，同时要检查各项明细正确无误后才可送至顾客面前。
33	送客前索要名片存档，感谢并恭送来宾	✓	✓	✓	✓	✓	✓		务必给客人留下一个好的最后印象，全体服务人员笑脸送客。

27-6 西餐餐饮服务流程的实例解析

西餐餐饮服务流程的实例解析以美国得州牛仔牛排餐厅（Texas Cowboy's Steak House）为例。

一、餐饮服务流程（Flow of Service: Lunch and Dinner）

1. Greet the guest.

Receptionist/MGR

2. Guide the guest to a table.

Receptionist/Manager(MGR)

3. Seat the guest.

Receptionist/Manager/Captain/Waiter/Waitress

4. Unfold the napkin and drape across the guest's laps.

Manager/Receptionist/Captain/Waiter/Waitress

5. Serve the ice water within 10 seconds.

Waiter/Busboy/Busgirl

6. Present the wine list or cocktail menu.

Hostess/Receptionist/Waiter/Waitress

7. Take the cocktail order or wine order.

Manager/Assistant Manager/Captain/Waiter/Waitress

8. Serve the cocktail or wine.

Captain/Waiter/Receptionist

9. Present the menu.

Captain/Waiter/Waitress

10. Take the food order when the guest is ready and recommend wine or beverages to complement the guest's selection.

Manager/Assistant MGR/Captain/Waiter/Waitress

11. Receive the captain order.

Waiter/Waitress

12. Pick up the soup and serve.

Waiter/Waitress

13. At all times, refill water, wine, beverages and change the ashtray.

Captain/Waiter/Busperson

14. Collect and serve the wine.

Waiter/Captain

15. Clear the soup course and advise the guest to use the salad bar.

Waiter/Captain

16. Adjust covers for the main course.

Waiter/Busperson

17. Offer the pepper mill for salad when the guest returns to the table.

Waiter/Captain

18. Call for the entree.

Waiter/Waitress

19. Clear the salad plates and tidy the table.

Waiter/Busboy

20. Present the lemon for fish.

Waiter/Captain

21. Serve the entree and offer sour cream and mustard trays immediately.

Captain/Waiter

22. Check the guest's satisfaction.

Captain/Waiter

23. Clear the entree and crumb the table.

Waiter/Captain

24. Set the dessert knife and fork on the table.

Waiter/Captain

25. Collect and serve the tea and coffee, present it with sugar, milk etc.

Waiter/Captain

26. Clear the dessert plates and move cups in front of the guests for their convenience.

Waiter/Captain

27. Serving after-dinner drinks for dinner only, the presentation of liquor can be done in many different ways.

Captain/Waiter/Waitress

For example:

① In the captain's left hand, carry two bottles of liquor(one popular brand and one popular lady type of liqueur).

In the capain's right hand, take two or three oversized brandy shifters according to the number of guests. This way does not match with the upgrade restaurant.

② Presentation is done casually by displaying the bottle on the guest table and saying "would you like an after-dinner drink tonight? We suggest ... ".

③ In the case of a large party, the captain will present the bottle to each guest and the waiter will follow with a tray of glasses and will place a glass in front of each guest who requests a glass of wine and the captain will pour the wine.

28. After guests finish their coffee and after-dinner drinks, the captain keeps an eye on the table in case of additional service needed.

Captain/Waiter

29. Prepare the guest check.

Captain/Waiter

30. Whenever the guest requests the check the captain presents it.

Captain/Waiter

31. The waiter, the captain, the hostess and the manager thank the guest on his way out.

All concerned

32. As soon as the guest leaves, clear the table, change the table cloth and reset it.

Busboy/Busgirl/Busperson

二、西餐或中餐西吃餐具的摆设方式

西餐或中餐西吃餐具的摆设方式(如图 27-6、27-7、27-8)。

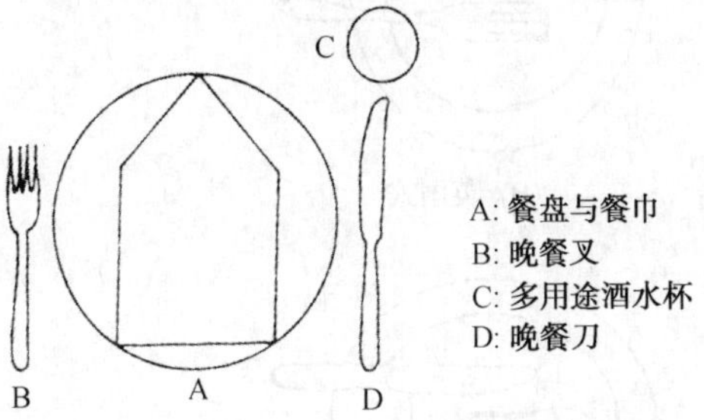

图 27-6　简单式西餐及中餐西吃餐具的摆设

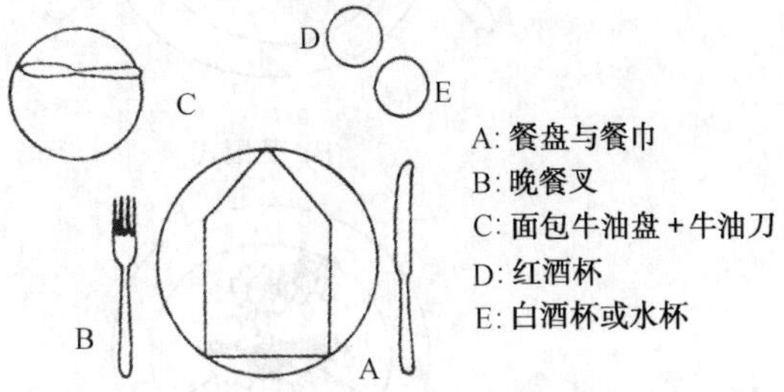

图 27-7　单点式西餐或中餐西吃餐具的摆设

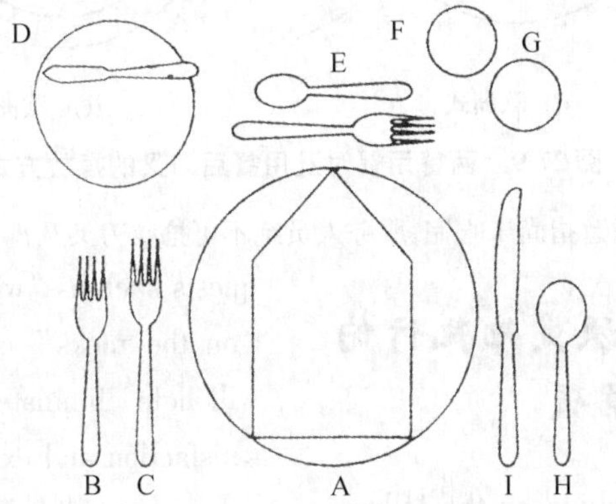

A：餐盘与餐巾　B：沙拉叉　C：正餐叉　D：面包及牛油盘和牛油刀　E：甜点匙、甜点叉　F：红酒杯　G：白葡萄酒杯或水杯　H：汤匙　I：正餐刀

图 27-8　西餐或中餐西吃套餐餐具的摆设

西餐用餐时及用餐后刀叉的摆放方式(如图 27-9)。

用餐时刀叉的摆放位置

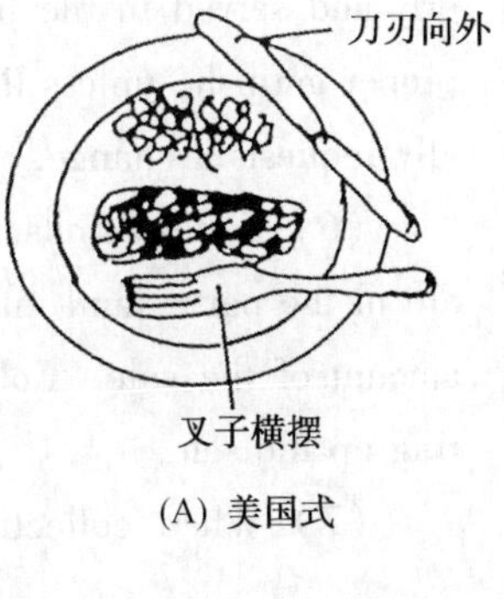

(A) 美国式

用餐后刀叉的摆放位置

(A) 美国式

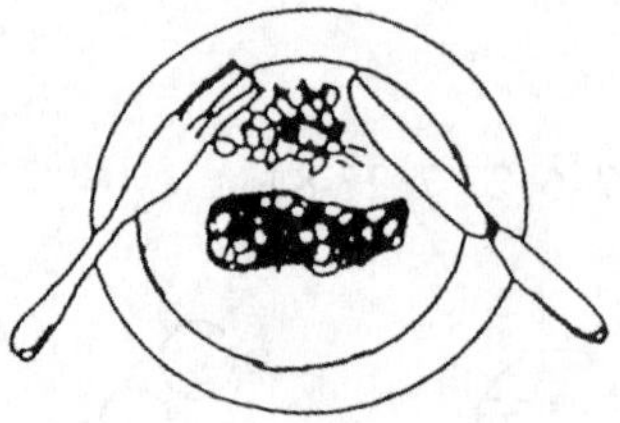

(B) 英国式

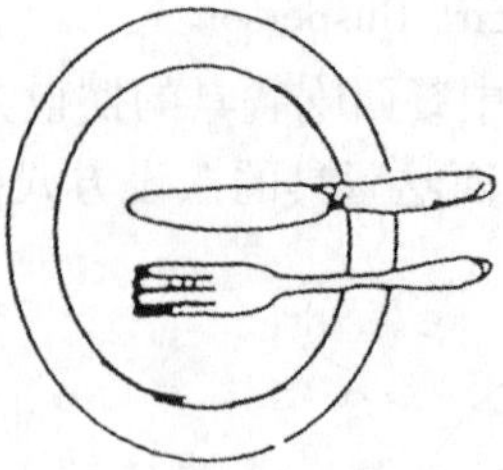

(B) 英国式

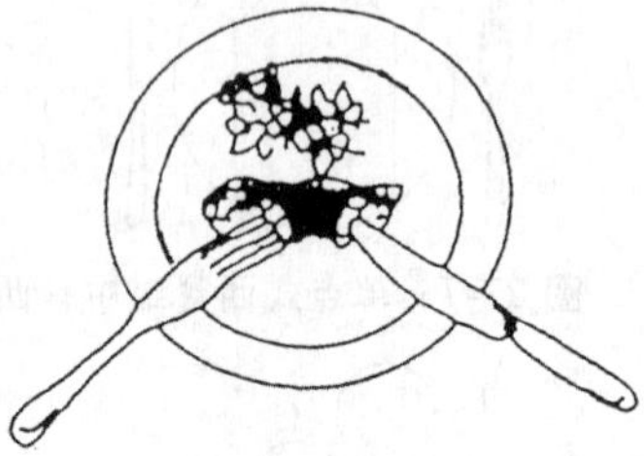

(C) 欧洲式

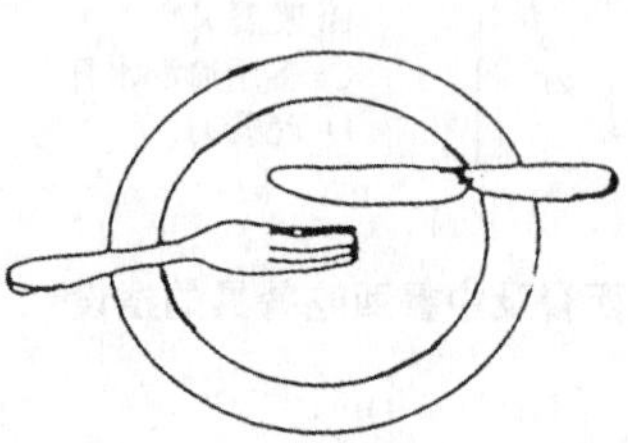

(C) 欧洲式

图 27-9　西餐用餐时及用餐后刀叉的摆放方式

注：刀子放在盘的边缘意指尚未吃完，服务人员绝不可抢收刀叉及盘子。

27~7　调酒师必须贯彻执行的基本服务态度与事项

A bartender has to abide by the following basic drink service steps:

(1) Place the napkin in front of the guest with the logo facing the guest, smile and extend a greeting such as, "Good Evening!" and ask the guest "What can I serve you?"

(2) If there is more than one person, preferably take orders from left to right. If ladies are in the party, take their orders first. In order to help prevent mistakes, repeat orders to the customers.

(3) Pay close attention to specific requests such as "with a twist", "no garnish", "on the rocks" or "very, very dry". This will help eliminate mistakes, customers' dissatisfaction and extra steps.

(4) A jigger should be used for measuring all drinks. There is no free pouring at any time. Do not overpour or underpour. Try to pour without spillage.

(5) Drinks are to be constructed properly and served in the proper glass with the proper garnish, unless the customer specifically requests a change.

(6) Serve drinks, ladies first if they are in the party, and inform guests as to the amount of the sale. Collect the money and ring up the sale.

(7) When collecting money from the

customer, always remind him of the denomination of the bill and the amount of the check. This can save you trouble since many times a patron thinks he has put out a bill of a higher denomination.

(8) As soon as possible, the bar area should be cleaned and wiped after the guests depart. Ashtrays should be cleaned or replaced. Do not leave dirty glassware in the bar gutter. If it cannot be washed immediately, store on the drainboard under the bar.

(9) Never use hands for handling ice. Use a scoop or tongs. Never attempt to scoop ice up in a glass. This invariably results in chipped glass with serious problems.

(10) Return each bottle to its proper place after using it so that you and other bartenders can reach for it without losing time looking for that particular bottle.

(11) Stay alert so the customer does not have to strive to catch your eye for another drink.

(12) Never fill a glass so full it spills over when the customer attempts to pick it up.

(13) Always thank the customers and invite them to return.

(14) Customers are always right, make people happy and make happy tips.

(15) Polish your mind and skill. Be an aggressive and happy bartender.

27~8 调酒师服务客人时必须牢记的32项秘诀

调酒师服务客人时的秘诀:

1. Be friendly(友善的).

2. Be polite/Be courteous(有礼貌的).

3. Be sociable(爱社交的).

4. Be neat(整洁的).

5. Be efficient(有效率的).

6. Be alert(机敏的).

7. Collect for each drink as it is served(当每杯酒一端上,就应立刻收款结账).

8. Serve ladies first(女士优先服务).

9. Always check identifications(永远要检查身份证件).

10. Obey all states and local liquor laws(遵守地方及中央的卖酒法规).

11. Carefully count change(找零时要仔细计算).

12. Keep good posture(保持良好姿势).

13. Don't become involved in anything controversial(不要卷入任何争论).

14. Never argue(绝对不与人争论).

15. Don't drink on the job(不可在工作时喝酒).

16. Don't allow anyone to buy you a drink(不接受任何人的买酒招待).

17. Don't give away free drinks(不赠送免费饮料).

18. Don't play favorites(不偏爱某客

人,要公平服务).

19. Don't loan customers money(不借钱或贷款给顾客).

20. Don't gossip(不说闲话).

21. Don't be nosey(不要管闲事).

22. Don't gamble(不可赌博).

23. Don't allow customers to become rowdy or use profanity(不准许客人喧哗胡闹或说脏话).

24. Don't serve anyone who has had too much to drink(不对已饮酒过度的人提供任何酒精饮料).

25. Don't give a customer a hard time(不可让客人难堪困窘下不了台).

26. Lighting the customer's cigarettes(要为客人点烟).

27. Never eat behind the bar(不可在酒吧工作区内吃东西).

28. Be sure to use a tissue or handkerchief for coughing(打喷嚏或咳嗽一定要用手帕遮住).

29. Don't smoke(不可抽烟).

30. Know what is going on(了解当前政府、社区及公司动态).

31. Don't solve other people's problems(不可解决他人的私人问题).

32. Don't make a customer wait(不可让客人等待).

27~9 对酒精饮料建议性的促销(Suggestive Marketing for Drinks)的认知

在酒吧和餐厅里常见下列几项促销酒精饮料的技巧与做法:

1. 在菜单上附上盒子、夹子或其他促销美酒的装置。

2. 当顾客一入座,应立刻把酒单与菜单一起送到顾客手中。

3. 将酒杯与其他餐具一起摆在桌上。

4. 举办特价酒或促销酒活动,例如"好酒论杯计"或"每周一酒"等。

5. 在桌子上放置宣传酒卡或桌上酒帐蓬(Table Tent)。

对饮酒尚未成为餐饮习惯的国家和地区来说,上述技巧很有帮助。当服务员向顾客建议用酒时,这些技巧用心策划便能发挥作用。当然,这也意味着拥有丰富专业知识的餐饮服务人员是经营成功的重要一环。

一旦服务人员发现只要他每次当班时能卖出4瓶15美元的葡萄酒,按照每瓶15%的小费标准来计算,他一年的收入就会增加2250美元,他一定很乐意接受售酒训练。在一个有完善销酒计划的餐厅里,一个具有酒类知识的服务人员是能在1小时内就卖出4瓶酒的。如果服务人员知道如何读标签,如何割开瓶颈的箔纸,如何使用开瓶器,如何将酒与冰块放入冰桶中,以及如何倒酒等,那么他一定会有好的售酒成绩,这样就有助于整个餐厅的业绩。因此,若经理与服务人员都能付出额外的努力,其报酬率必定更大。

最有效的训练方式是要求经理及服务人员能熟悉菜单及酒单,并且知道酒与菜如何搭配。为达到这个目的,让经理和服务人员亲自品尝店中的酒和菜是最好的方法，这样可以使服务人员更有信心地为顾客搭配酒与菜。品尝不需要太正式，可以在某一班开始或结束前抽出半小时来举行，用少量的酒和菜就可以了，一瓶酒可倒24杯，每杯可与一口分量的菜相搭配。此项工作的关键在于让服务人员知道餐厅所推荐的酒与菜搭配起来味道的实体感。还有一项重要事项是服务人员应该学会使用推荐美酒的专业说明文字，这样他们才能够向顾客表达他们对酒的认识与热爱。

持续不断的训练，可使服务人员显现出非常有知识和非常专业的能力。训练中同时应包括酒名的发音、各种酒的产地以及其他相关事项，经理应该收集酒类文献及杂志，以供服务人员阅读。奖励是鼓舞士气的好办法，对于那些销售业绩达到标准以上，或是每日、每周、每月销售成绩最好的员工，要给予红利或奖金，这可使员工对训练课程更感兴趣。心理上的训练也很重要，服务人员对酒单上的酒绝对要有信心，这样才能以肯定的态度向顾客提供建议。

服务人员的建议绝对是一种推销艺术，但是建议的本质比起艺术更为重要。在餐厅中我们常可听到下列的话语：

"需要一杯红葡萄酒搭配牛排吗?"(或是白葡萄酒搭配鱼)。

"我们的大厨师推荐以Zinfandel来搭配什锦砂锅。"

"我想这道菜配上Sauvignon Blanc会很好。"(上述3种推荐说法哪种最好？可自行认真思索一下。)

27~10　建议性的促销技巧与务实做法(Skills and Pragmatic Steps of Suggestive Marketing)

1. 了解产品与服务

(1) 彻底了解酒单与菜单。

(2) 知道每日特餐、特酒与招牌名酒及名菜。

(3) 知道所有酒与菜所使用的材料。

(4) 知道所有酒与菜的调配方法与制作流程。

(5) 知道生产与调制所需的时间。

2. "解读"客人(Read Your Guests)

(1) 观察客人。

(2) 感觉客人是什么样的人物。

(3) 提出问题。

(4) 了解客人的需要、需求与期望。

3. 倾听(Listening)

(1) 从谈话中捕捉住客人意旨。

(2) 从行为语言(Body Language)中捕捉来宾内心意图。

(3) 了解来宾特殊饮食的限制或要求。

(4) 决定来宾是否匆忙或正在赶时间(In Rush)。

4. 建议(Suggestions)

(1) 招牌名酒与名菜。

(2) 特价优待的餐饮食品。

(3) 特优品质的餐饮食品。

(4) 特优分量(Portion)的餐饮食品。

(5) 有提供特别服务的酒菜。

5. 使用令客人胃口大开的说明(Appetizing Descriptions)

（1）以生动的言辞来推荐餐饮食品。

（2）以活泼的词汇启发食客的想象力，运用身体语言以强化说服力。

（3）以绘声绘色的解说促使食客胃口大开。

（4）以新鲜诱人的字眼与意念来说服食客大胆尝试新式餐饮食品。

6. 提供选择

（1）为客人提供2个到3个的选择项目。

（2）解说清晰后，问客人偏爱何者。

（3）提供选择后绝不要求客人继续点（Order）任何其他餐饮项目。

7. 引领客人

（1）倾听客人言语，引领其步入服务人员的促销方向。

（2）引领并协助客人作选择，使用自然点头的身体语言，来达到推销目的。

（3）避免为客人所干扰而产生反被客人操控或引领的现象。

8. 要求决定点酒或点菜

（1）解说之后要求客人立即点酒或点菜。

（2）热忱有礼地要求客人点酒菜（给单或下单）。

（3）提出适当的暗示与联想以帮助客人迅速作出决定。

（4）在服务人员的引领与主控下，完成沟通并迅猛取得订单（Orders）。

27～11　国际上各种纯饮酒(Neat)酒方

1. 琥珀云（Amber Cloud）

Brandy Snifter 9 oz. 杯，温的

直接倒入：

$1\frac{1}{2}$ oz. V. S. Cognac（特级干邑/科涅克白兰地）

¾ oz. Galliano（意大利甘草香甜酒）

2. 艾丽斯在仙境中（Alice in Wonderland）（又叫 Dallas Alice）

Brandy Snifter 9 oz. 杯，冰块（可加，也可不加）

直接倒入：

¾ oz. Tia Maria（牙买加咖啡香甜酒）

¾ oz. Grand Marnier（法国柑橘干邑香甜酒）

¾ oz. Jose Cuervo Especial Tequila（苦威欧牌特级龙舌兰/特奎拉酒）

3. 安达卢西亚（Andalusia）

Brandy Snifter 9 oz. 杯，温的

直接倒入：

$1\frac{1}{2}$ oz. Bacardi Gold Rum（巴卡迪金色朗姆酒）

½ oz. V. S. Cognac（特级干邑/科涅克白兰地）

½ oz. Dry Sherry（辛辣雪利酒）

撒两下苦精

拧挤一条/片黄柠檬放入杯中作装饰。

4. 婴儿的伟大鸡尾酒（Baby Grand Cocktail）

Brandy Snifter 9 oz. 杯，温的

直接倒入：

$1\frac{1}{4}$ oz. B & B Liqueur（本尼迪克特香

甜酒加白兰地）

1 oz. Baileys Irish Cream（贝利丝爱尔兰奶酒）

5. 美女与野兽（Beauty And The Beast）

Brandy Snifter 9 oz. 杯，温的

直接倒入：

$1\frac{1}{2}$ oz. B & B（本尼迪克特香甜酒和白兰地）

¾ oz. Black Sambuca（意大利桑布卡黑色茴香利口酒）

6. 美国波拿巴（Bonaparte）

Brandy Snifter 9 oz. 杯，温的

直接倒入：

$1\frac{1}{2}$ oz. Courvoisier V. S. O. P. Cognac（库瓦齐埃牌最佳陈年佳酿（20～30 年）干邑/科涅克白兰地）

¾ oz. Mandarine Napoléon（拿破仑柑橘香甜酒）

7. C & C（Cognac & Green Chartreuse）（法国干邑和绿色察吐士蜂蜜香甜酒）

Brandy Snifter 9 oz. 杯，温的

直接倒入：

$1\frac{1}{2}$ oz. V. S. Cognac（特级干邑/科涅克白兰地）

¾ oz. Green Chartrense（法国绿色察吐士香甜酒）

8. 永远的琥珀色（Forever Amber）

Brandy Snifter 9 oz. 杯，温的

直接倒入：

$1\frac{1}{2}$ oz. Tuaca（意大利吐阿卡椰子香甜酒）

¾ oz. Brandy（白兰地）

9. 法国覆盆子之吻（Framboise Kiss）

Brandy Snifter 9 oz. 杯，温的

直接倒入：$1\frac{1}{2}$ oz. Otard XO Cognac（Otard 牌格外陈年（60～70 年）的干邑/科涅克白兰地）

¾ oz. Chambord（法国覆盆子香甜酒）

10. 法国关系（French Connection）

Brandy Snifter 9 oz. 杯，温的

直接倒入：

$1\frac{1}{4}$ oz. V. S. Cognac（特级干邑/科涅克白兰地）

$1\frac{1}{4}$ oz. Grand Marnier（法国柑橘干邑香甜酒）

11. 法式橘子（French Mandarine）

Brandy Snifter 9 oz. 杯，温的

直接倒入：

$1\frac{1}{2}$ oz. Armagnac（法国阿马尼亚克白兰地）

¾ oz. Mandarine Napoléon（拿破仑柑橘香甜酒）

12. 法式扭结（French Twist）

Brandy Snifter 9 oz. 杯，温的

直接倒入：

$1\frac{1}{4}$ oz. Courvoisier V. S. O. P. Cognac

(库瓦齐埃牌最佳陈年佳酿(20~30年)干邑/科涅克白兰地)

$1\frac{1}{4}$ oz. Mandarine Napoléon Liqueur(拿破仑柑橘香甜酒)

13. 法式皇家祝酒(French Toast Royale)

Brandy Snifter 9 oz. 杯,温的

直接倒入:

$1\frac{1}{4}$ oz. Courvoisier V. S. O. P. Cognac(库瓦齐埃牌最佳陈年佳酿(20~30年)干邑/科涅克白兰地)

$1\frac{1}{4}$ oz. Chambord Liqueur(法国覆盆子香甜酒)

14. 满月(Full Moon)

Brandy Snifter 9 oz. 杯,温的

直接倒入:

$1\frac{1}{4}$ oz. Amaretto(意大利苦杏仁香甜酒)

$1\frac{1}{4}$ oz. Grand Marnier(法国柑橘干邑香甜酒)

15. 绅士的制锅师傅(Gentleman's Boilermaker)

Brandy Snifter 9 oz. 杯,温的

直接倒入:

$1\frac{1}{4}$ oz. Armagnac(法国阿马尼亚克白兰地)

$1\frac{1}{4}$ oz. Tawny Port(黄褐色葡萄牙波尔图葡萄酒)

16. 黄金和财富(Gold And Riches)

Brandy Snifter 9 oz. 杯,温的

直接倒入:

$1\frac{1}{4}$ oz. Cognac(法国干邑)

½ oz. Chocolate (巧克力香甜酒)

½ oz. Grand Marnier(法国干邑柑橘香甜酒)

为突显此酒的特色,可放入两个金箔纸包的巧克力硬币于酒杯内作装饰。

17. 法国马赛长筒袜(Marseilles Stockings)

Brandy Snifter 9 oz. 杯,温的

直接倒入:

$1\frac{1}{2}$ oz. Courvoisier V. S. O. P. Cognac(库瓦齐埃牌最佳陈年佳酿(20~30年)干邑/科涅克白兰地)

¾ oz. Extase XO Liqueur(法国产的格外陈年(60~70年)柑橘干邑香甜酒)

18. 金色箴言(Golden Max)

Brandy Snifter 9 oz. 杯,温的

直接倒入:

$1\frac{1}{2}$ oz. Rémy Martin V. S. O. P. Cognac(法国雷米·马丁公司产的最佳陈年佳酿(20~30年)干邑/科涅克白兰地,亦称人头马白兰地)

¾ oz. Cointreau(法国康德露柑橘香甜酒)

19. 红磨坊(Moulin Rouge)

Brandy Snifter 9 oz. 杯,温的

直接倒入:

$1\frac{1}{2}$ oz. Crème de Cassis（黑茶藨子/黑醋栗香甜酒）

½ oz. Courvoisier V. S. O. P. Cognac

½ oz. Dry Sherry（辛辣雪利酒）

倒两下苦精

拧挤一条黄柠檬条放入酒中作装饰。

20. 脱了法衣的修女（Nun Out of Habit）

Brandy Snifter 9 oz. 杯，温的

直接倒入：

$1\frac{1}{2}$ oz. Courvoisier V. S. O. P. Cognac（库瓦齐埃牌最佳陈年佳酿（20～30 年）干邑/科涅克白兰地）

½ oz. Chocolate（巧克力香甜酒）

½ oz. Baileys Irish Cream（贝利丝爱尔兰奶酒）

21. 燃烧的巴黎（Paris Burning）

Brandy Snifter 9 oz. 杯，温的

直接倒入：

$1\frac{1}{4}$ oz. V. S. Cognac（特级干邑/科涅克白兰地）

$1\frac{1}{4}$ oz. Chambord（法国覆盆子香甜酒）

22. 朗姆酒球（Rumball）

Brandy Snifter 9 oz. 杯，温的

直接倒入：

$1\frac{3}{4}$ oz. Bacardi Gold Rum（巴卡迪金色朗姆酒）

¾ oz. Chocolate Liqueur（巧克力香甜酒）

23. 海上露水（Sea Dew）

Brandy Snifter 9 oz. 杯，温的

直接倒入：

$1\frac{3}{4}$ oz. Myers's Dark Rum（迈尔斯深棕色朗姆酒）

¾ oz. Mandarine Napoléon Liqueur（拿破仑柑橘香甜酒）

27～12 酒吧国际专业术语

1. Shit-faced（形容词）：指喝醉后的嘴脸已全然无法代表清醒时的仪容，不能看的醉脸。

2. Sausage Party, Sword Fight（名词）：男人用俚语，指一个聚会或店里的男人比女人多得多了。

3. R & R（名词）：军方俚语，指休息和娱乐（Rest and Recreation 或 Relaxation）。

4. Rave（名词）：指通宵达旦喧闹的灯光闪烁的疯狂舞会。

5. Rot Gut：指廉价的或低水准的酒精饮料。

6. Sarnie 的名词，指三明治（Sandwich）。

7. See a Man about a Horse（动词）：俚语，你必须原谅我之意。

8. Seedy（形容词）：指疲累的、精疲力竭的、穷困的、衣衫褴褛的、堕落的等意。

9. Shimmy, Shimmie（动词）：俚语，指跳舞。

10. Shoot the Breeze, Shit, Bull（动

词)：指打发时间的闲聊与扯蛋。

11. Shenanigans(名词)：俚语，指不经心的愚蠢行为。

12. Shellacked, Sideways(形容词)：皆指酒喝到失去平衡与没有行为能力的醉状了。

13. Short-Changed：指找钱时有意或无心地短少应付给客人的钱。

14. Sketchy(形容词)：有可疑的、小气的、吝啬的、危险的等意。

15. Skip Out, Chew and Screw, Dine and Dash, Walk Out：皆指那些吃喝完后没有付钱结账就走人的白吃白喝客人。

16. Stiff(名词)：指那些不给小费的可恨醉客。

17. Soldier(名词)：指整瓶仍是满的啤酒瓶。

18. Soak(动词)：指过度收费、超收费用、诈取、骗取与敲竹杠等意。

19. Stag Party(名词)：指限于男士参加的聚会，只准单身汉而不准女士参加的聚会。

20. Super Size：系指高杯、大杯的饮料。

问题探讨

1. 专心完成专业的餐饮服务所有相关准备工作，其中最重要的为何？

2. 如何做才能使上门的顾客变成忠诚的老顾客(Repeated Customer)？

3. 迅速养成良好的餐饮服务习惯是极为重要的，但这些好习惯指的又是哪些？

4. 每一位成功的餐饮管理者必须具备哪3项必要条件？

5. 调酒师必须牢记的32项服务顾客秘诀为何？

6. 良好的双向沟通(Communication)的第一步是什么？

7. 身体语言(Body Language)中，哪一个动作是促销与说服时绝对必要的动作？

8. 服务的流程与技巧经常随着社会的进步而演变，为了抓住社会脉搏，我们必须常常阅读最新的专业杂志或期刊，请问在餐饮管理领域方面，美国最专业且发行量最大的杂志为何？

9. 餐饮服务人员若只知道把自己定位在“餐饮服务”的小框框里，那是非常悲哀的一件事，请问餐服人员应把自己提升并定位成何类专业人士才是正确的思维？

10. 建议性促销的具体务实做法与技巧有哪八大要项？

11. 如何调制下列10款国际知名纯饮酒：

(1) Beauty And The Beast
(2) Andalusia
(3) Moulin Rouge
(4) Gold And Riches
(5) Nun Out Of Habit
(6) Rumball
(7) French Connection
(8) Framboise Kiss
(9) Gentleman's Boilermaker
(10) Paris Burning

第二十八章

防止酒醉肇事的策略

Strategies for Intoxication Intervention

☞学习目的

了解：1. 对鸡尾酒酒精浓度的核算与认识

2. 对饮酒极限与血液酒精浓度（BAC）的认识

3. 防止酒醉（Intoxication Intervention）肇事的策略

4. 国际酒精饮料认知训练自我测试

5. 国际上各种牙买加蓝山咖啡香甜酒（Tia Maria）酒方

6. 酒吧国际专业术语

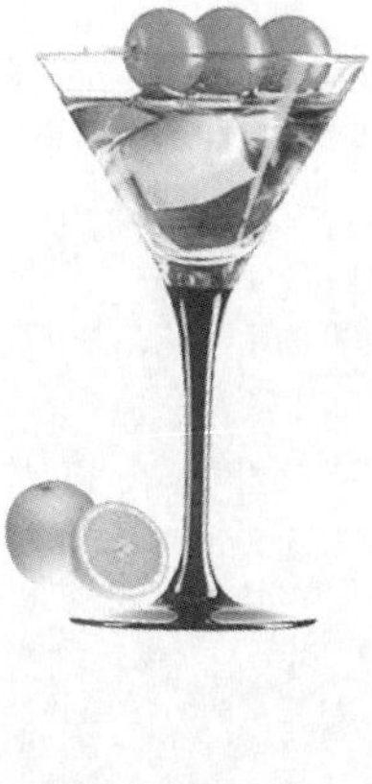

从1990年到2006年，台湾每年因酒醉驾车肇事而死伤的人数均超过700多人，社会成本及相关周边损失高达新台币300亿元以上。因此，如何防止酒醉驾车已成社会安全的重要任务。防止酒醉的策略在酒吧、酒精饮料产业界里扮演着重要作用。经营者当然希望能扩大促销美酒以获得最高的利润，但酒精饮用的增加，也带来极为严重的社会问题，即醉客酒后驾车（Drunk Driving）所造成的车祸，以及少数没有详加检查青少年年龄证明（Identification）的业者将酒精饮料卖给未成年的青少年（Minors）后所产生的各种人祸。回想20世纪80年代初期，一位酒醉后仍驾车的醉汉Clarence Busch先生撞死了一位年仅13岁的少女卡里·莱特纳（Cari Lightner）。布希（Busch）先生在案发时的前4年已有5次酒醉驾车被捕的记录，凯瑞姑娘的冤死使其母亲Candy Lightner女士对司法体系的无效与无能感到极为恼怒，因此在其女死亡4天后，她筹建了一个名叫“母亲反对酒醉驾车”（Mother Against Drunk Driving）的组织（MADD）。在这个组织的推动下，美国各州开始采取越来越严格的措施来惩处酒醉驾车的行为及卖酒给青少年的酒商，同时美国联邦政府也将最低饮酒年龄提升为21岁，以减少青少年酒后肇事的机会与损失。各州风起云涌地响应MADD运动，25年来至少挽救了25万人的性命，并节省了上千亿美金的财产损失。作为一位专业调酒师及餐饮服务人员当然应该知道如何防止客人在酒精影响下（DWI，Driving Within Influence）驾车以及如何防止将酒卖给未成年的青少年。

28~1　对鸡尾酒酒精浓度的核算与认识

为防止客人酒醉闹事或肇事，调酒师必须了解每杯鸡尾酒中所含的纯酒精浓度。任何一杯鸡尾酒的酒精浓度核算法与其所使用酒杯的容量大小有关系，酒杯越大放的冰块越多，鸡尾酒的酒精浓度就必然降低。为计算酒精浓度，应将所使用酒材的液体总量作为基本单位100%，然后换算出各酒材用量占总量的百分比，接着各酒材再乘以其酒精浓度（%），最后逐项加起来就是此鸡尾酒的酒精浓度（%）。现举两例说明：

1. X，Y，Z Cocktail（X，Y，Z鸡尾酒）

Cocktail $4\frac{1}{2}$ oz. 杯

1 oz. Light Rum（淡朗姆酒）

½×40% =0.2 =20%

½ oz. Triple Sec（三干酒/柑橘香甜酒）

¼×39% =0.0975 =9.75%

½ oz. lime juice（青柠檬汁）

¼×0% =0

摇荡后过滤。

此鸡尾酒酒精浓度是29.75%，则四舍五入为30%。

2. Tropical Cocktail（热带鸡尾酒）

Hurricane 22 oz. 杯

2 oz. Light Rum（淡朗姆酒）

$0.2 \times 40\% = 0.08$

5 oz. pineapple juice（凤梨汁）

$0.5 \times 0\% = 0$

$2\frac{1}{2}$ oz. grapefruit juice（葡萄柚汁）

$0.25 \times 0\% = 0$

½ oz. grenadine（红石榴糖浆）

$0.05 \times 0\% = 0$

将酒材倒入已加满冰块的飓风杯中，迅猛摇荡后倒回原杯，放入凤梨旗作装饰。

鸡尾酒酒精浓度0.08即8%，但实际浓度比0.08还要低，因一搅拌，冰块就会融化，冰块一融化，酒精浓度就会下降。

由上述两例可发现小杯的鸡尾酒酒精浓度竟比量较其多六七倍的大杯鸡尾酒还要高出三四倍，近15年来为何热带大杯鸡尾酒饮料非常流行，其中的原因应该不言而喻了吧。表28-1为市场常见饮料所含的酒精量。

表28-1 市场常见饮料所含的酒精量

饮料名称	酒精含量（盎司数）	被计算成杯数
1. 啤酒和葡萄酒（Beer and Wine）		
（1）低酒精啤酒（Reduced Alcohol Beer 12 oz.）	0.28	½
（2）低卡路里啤酒（Light Beer 12 oz.）	0.50	1
（3）进口啤酒（Imported Beer 12 oz.）	0.54	1
（4）一般常态啤酒（Beer 12 oz.）	0.54	1
（5）佐餐葡萄酒（Table Wine 5 oz.）	0.55	1
（6）香槟（Champagne 5 oz.）	0.60	1
（7）强化或甜点葡萄酒（Fortified or Dessert Wine 5 oz.）	1.0	2
2. 调制的鸡尾酒（Mixed Drinks）		
（1）红玛丽（Bloody Mary）	0.60	1
（2）金酒和奎宁水（Gin and Tonic）	0.60	1
（3）高圆球杯（Highball）	0.60	1
（4）爱尔兰咖啡（Irish Coffee）	0.60	1
（5）老式酒杯加冰块饮料（On the Rocks）	0.60	1
（6）南海椰情/凤梨椰乳（Piña Colada）	0.60	1
（7）镙丝起子（Screwdriver）	0.60	1
（8）汤姆柯林斯（Tom Collins）	0.60	1

（续表）

饮料名称	酒精含量（盎司数）	被计算成杯数
（9）威士忌酸性酒（Whisky Sour）	0.60	1
（10）玛格丽塔（Margarita）	0.70	$1\frac{1}{2}$
（11）飞机里的迷你瓶烈酒（Airline Miniature 2 oz.）	0.70	$1\frac{1}{2}$
（12）金利特（Gimlet）	0.80	$1\frac{1}{2}$
（13）老时尚（Old-fashioned）	0.80	$1\frac{1}{2}$
（14）薄荷朱力普（Mint Julep）	0.90	$1\frac{1}{2}\sim 2$
（15）黑俄罗斯人（Black Russian）	1.0	2
（16）辛辣马提尼（Dry Martini）	1.0	2
（17）曼哈顿（Manhattan）	1.15	2
（18）罗布·罗伊酒（Rob Roy）	1.15	2
（19）冰块里加双份酒（Double On the Rocks）	1.20	$2\sim 2\frac{1}{2}$
（20）雪泥代基里（Frozen Daiquiri）	1.20	$2\sim 2\frac{1}{2}$

注：上述各酒所含酒精量只是大概数值，调制饮料时是依据常态下的酒方并使用80度（Proof）即40%酒精浓度的烈酒来调制的，各餐厅、酒吧烈酒的使用量是有差异的。

28~2　对饮酒极限与血液酒精浓度(BAC)的认识

酒精在血液中的含量常以血液酒精浓度（Blood Alcohol Concentration，BAC）来表示。调酒师必须知道常态下男女能喝多少杯，超过什么极限他们就会成为醉客（Drunker）。查看表28-2，可看到，一位120磅重的男士若在一小时内喝了3罐美乐啤酒（每罐12盎司），他的血液酒精浓度（BAC）即为0.11，也就是他身上每1000滴血中有11滴是酒精，或者说他的血液中有11‰是酒精，这表明他已明显地属于醉汉了。同样地，一位100磅重的小姐若在一小时内喝了4杯白葡萄酒（每杯4盎司），则她的BAC为0.18，即18‰，十分肯定的是，她早已是位女醉鬼了。这张分析表调酒师应将之放大，并陈列于酒吧的洗手间、走道与工作区域中，如此一来，客人会有所警觉。同时负有社会责任与第三方责任的调酒师也应明确知悉顾客所能载负的酒量，以避免酒醉肇事等意外事件的发生。

自己喝酒的最高极限及血液中的酒精浓度（BAC）如表28-2和表28-3所示。

表 28-2　血液酒精浓度大概值

体重(磅) \ 杯数	1	2	3	4	5	6	7	8
100	.04	.09	.13	.18	.22	.26	.31	.35
120	.04	.07	.11	.15	.18	.22	.26	.29
140	.03	.06	.09	.13	.16	.19	.22	.25
160	.03	.06	.08	.11	.14	.17	.19	.22
180	.02	.05	.07	.10	.12	.15	.17	.20
200	.02	.04	.07	.09	.11	.13	.15	.18
220	.02	.04	.06	.08	.10	.12	.14	.16
240	.02	.04	.06	.07	.09	.11	.13	.15

鲜受影响　　可能已受酒精影响　　明确受到酒精影响

注：1. 一杯饮料的定义是：A. 12 oz. 罐装的啤酒一罐；B. 4 oz. 佐餐葡萄酒一杯；C. $1\frac{1}{4}$ oz. 80 度(40%)的烈酒；D. 1 oz. 100 度(50%浓度)烈酒。

2. "安全"是回家最好的路，最安全的做法是绝不酒后驾车，更别说酒醉驾车了！

3. 此表是为常常酒后驾车的高危险人士所制。

表 28-3　了解自己喝酒的最大极限及血液中的酒精浓度(BAC)

体重(公斤)	喝入体内的杯数(以两小时内所喝入的杯数计算)									
45.5 kgs	1	2	3	4	5	6	7	8	9	10
54.5 kgs	1	2	3	4	5	6	7	8	9	10
63.6 kgs	1	2	3	4	5	6	7	8	9	10
72.7 kgs	1	2	3	4	5	6	7	8	9	10
81.8 kgs	1	2	3	4	5	6	7	8	9	10
91 kgs	1	2	3	4	5	6	7	8	9	10
100 kgs	1	2	3	4	5	6	7	8	9	10
109.1 kgs	1	2	3	4	5	6	7	8	9	10

小心驾驶(驾驶已受到酒精影响)　绝对不可驾驶

1. BAC已达0.05%　2. BAC已达0.05%~0.09%　3. BAC已达0.10%或更高

注：1. 美国部分州州法规定，BAC达0.08%者即属酒醉(Intoxication)。

2. 美国政府正推动新立法，要求把 BAC 0.10% 才属酒醉的标准调整为 0.08%，并即将通过。

3. 此表仅提供一般参考用，因为每个人体质的差异及其他因素如疲劳、服用药物、吃太多食物、沮丧等都会影响或改变一个人对酒精的承受力与容忍力。

28~3 防止酒醉(Intoxication Intervention)肇事的策略

酒精从口腔喝入进到胃、肠、肝脏、血液及神经系统后，开始对人体产生各种作用。微量的酒可以加速血液循环，增进人体的新陈代谢，但酒精量过多而延伸出的副作用有下述4种：

1. 降低了抑制力(Reduces Inhibitions)；
2. 伤害了判断力(Impairs Judgement)；
3. 伤害了反应力(Impairs Reactions)；
4. 伤害了协调力(Impairs Coordination)。

事实上，几杯黄汤或烈酒下肚后，酒精对人体很快就会产生影响，并显现如下八大征兆：

1. Drinks make you talk！酒使你话多，并且酒后常吐真言，造成“祸从口出”的后果！

2. Drinks make you bragging！酒使你吹牛，酒使你成为一位能吹能唬的大盖仙！

3. Drinks make you bluffing！酒使你虚张声势，让你向不可能发起挑战！

4. Drinks make you dreaming！酒使你作梦，但美梦绝不会成真，而恶梦却一定会迅速兑现！

5. Drinks make you high！酒使你兴奋忘形，并失去自制力！

6. Drinks make you fly！酒使你错认为你能飞翔，从高楼一跳，却是飞向永恒的死亡！

7. Drinks make you hallucinating！酒使你产生幻觉，使你以为自己是超人，因而导致意外与死亡！

8. Drinks make you die！酒会让你死亡，会让你后悔地步上意外死亡的不归路！

酒醉肇祸的结果常常是死亡！因此，必须防止酒醉肇事案件的发生。为了防止酒醉肇事，调酒师及所有餐饮服务人员必须遵照中央、省、市及地方政府的相关规定来卖酒与服务酒，法令规章非常复杂与繁锁，但归纳起来主要涵盖下列五大范围：

1. 最低饮酒年龄(Minimum Drinking Age)是21岁还是18岁？

2. 什么人可以进入酒吧、鸡尾酒店或啤酒屋？

3. 对已明显酒醉(Intoxicated)的人若仍提供酒品，将会遭受何种处分？

4. 酒吧的营业时间(Hours of Business)与最后叫酒时间最晚(Last call)是何时？

5. 产品的原样性(Integrity)与真实性为何？如何区别伪劣假酒与毒酒？

为防止青少年(Teenagers)进入不当场所而取得酒精性饮料，酒吧经理、门卫与调酒师必须查核有问题客人的身份证(Identification)，以确认其年龄是否已达法定饮酒年龄。美国目前规定21岁以上才可买烈酒，台湾虽规定18岁以上才可购买酒类，但规定归规定，根本无人执行，所以常可见孩童由杂货店中抱着米酒或高粱酒回家。

查验青少年的身份证件在美国酒吧业里是件严肃且认真执行的大事，没有身份证件就不准步入酒吧，必须具有有效的身份证件，且证明年龄超过21岁才可在酒吧里点酒，有效的身份证件系指下列3项法律文件：

1. 有效的驾驶执照（Driver License），相片清晰，没有变造迹象。

2. 贴有相片的护照（Passport），并在有效期之内。

3. 军人身份证明卡（Armed Forces Identification），相片清晰，并与本人一致。

除了上述3项身份证明文件外，市面上仍可见到许多形形色色的证明文件，例如下列5种文件：

1. 出生证明书（Birth Certificate）。
2. 公司行号的辨识证。
3. 各大学的学生证卡。
4. 社会安全卡。
5. 各类信用卡。

但这些没有照片的"识别证"，不能单独用作采购烈酒的证明文件，都必须伴随其他文件，来证明其真实性和有效性。为了善尽社区公民的义务，为了保护顾客，防止当事人及无辜的第三者受到伤害，查验身份证及绝不能让客人喝醉两件事，是绝对要细心落实与贯彻的大事！

在采用了交通标志"绿、黄、红"灯及SIR（Size，Interview，Rate）系统来防止客人喝醉后，难免还会有醉鬼出现，或许此醉客来自他处，但当观察到一位客人已很明显喝醉时，必须立即采行下列10项措施：

1. 立即提供免费的（Complimentary）非酒精性饮料或食物。

2. 告诉客人，警察正在外面巡逻，正在逮捕酒后驾车的醉汉，请其勿离开以免被捕。

3. 告诉来宾，会叫辆计程车送其回府，车钱店东会体贴地支付（如果来宾已无钱支付的话）。

4. 处理醉客时，要通过经理与同事，并要保持警觉性。

5. 叫好计程车后，立即将醉客送入车内，避免任其泡在店内喧嚷闹事，甚至制造意外事端。

6. 如果醉客拒不上车，也不打电话叫家人或朋友载回，立即叫经理出面依法处理。

7. 若醉客是游客，立即叫计程车将其送回旅馆，驾车的司机应是受过专业训练的指定的驾驶者。

8. 若醉客是过路客，在市区并无居所与朋友，应在附近找家旅馆代订一房间，然后叫指定的司机（Designated Dirver）送其入房休息。

9. 状况不易处理时，立即打电话叫警察或保卫人员前来支援。

10. 处理闹事醉客时，要冷静、理性，注意安全与物证、人证等的收集。

为防止酒醉后可能发生的意外事端，

酒吧经理、业主及调酒师们，必须要拟订一个可行的防止策略（Intervention Strategies），而一个周全的策略必须涵盖下列7个领域：

1. 降低酒醉者产生的风险（Risk）。

2. 降低酒醉者酒醉驾车的风险。

3. 切断未成年青少年的饮酒渠道与机会。

4. 提升员工士气（Morale），强化专业训练，以提升员工的反应力、判断力及处理事务的能力。

5. 维持既订利润水平。

6. 发展良好的社区关系。

7. 必须守法购买第三方责任险（Third Party Liability Insurance），以防万一。

调酒师及餐饮服务人员的职责是制造轻松与愉快，而非制造死亡。因此，必须用心且踏实地来执行公司所规定的防止酒后肇事策略。现在请根据下列20题"酒精饮料认知训练测验"作一个自我检测，看看自己确实已了解多少。

28-4 国际酒精饮料认知训练自我测试

"酒精饮料认知训练测验"是所有国际认证专业调酒师都必须接受的专业测试。

TEST ON ALCOHOL AWARENESS TRAINING

1. How old must a person be to legally drink in China?

A. 18. B. 19. C. 21. D. 16.

2. What should you do, as a server, when checking identification?

A. Match the description and picture with the customer.

B. Have the customer remove identification from the wallet.

C. Look for the tampering of date, picture, state seals.

D. All of the above.

3. What should you do if a customer presents a temporary identification?

A. Serve the patron if the birth date shows 19.

B. Ask for a second identification.

C. Refuse service.

4. For which of the following can a server be fined?

A. Serving an intoxicated customer.

B. Serving a person under 19.

C. Serving after hours.

D. All of the above.

5. What should a server do if an intoxicated guest enters the dining room or lounge?

A. Serve the guest as long as he is nice.

B. Serve the guest if he is drinking beer or wine.

C. Have another server take the drink order.

D. Notify the manager.

6. What should you do if a guest complains about the service?

A. Tell him to leave.

B. Buy him a drink.

C. Investisgate the problem and notify the manager.

D. Forget about it, guests are mean.

7. What should you do if a guest complains about the quality, appearance or flavour of drinks?

A. Replace drink.

B. Give drink to him for free.

C. Explain what the drink is made from and how it is supposed to be.

D. Tell him you will make sure it is right at the next time.

8. What should you do if a guest complains about the drink price?

A. Tell him this is a luxury hotel.

B. Check the price to make sure it is correct and tell the customer we try to keep our prices in line with our costs.

C. Have the manager void the check.

D. Tell him it is on the house.

9. An 80-proof drink is what percentage alcohol?

A. 160. B. 20. C. 40. D. 80.

10. Carbonated drinks tend ________.

A. to slow down the absorption rate of alcohol

B. not to affect the absorption rate of alcohol

C. to speed up the absorption rate of alcohol

D. to sit in the stomach longer

11. What factors can affect the absorption of alcohol?

A. Weight, sex, physical fitness.

B. Height, occupation, marital status.

C. Marital status, sex, political affiliation.

D. Coordination, vocation, time of day.

12. To reduce the likelihood of intoxication, which general factors need to be considered?

A. Amount of alcohol the patron drinks, not the number of types.

B. Size, weight, fitness and sex.

C. Presence of food before and during drinking.

D. Time between drinks.

E. All of the above.

13. What should a server do if a customer is drinking and ordering rapidly?

A. Do not worry about it as long as he is not intoxicated.

B. Do not worry about it if the customer is not drinking doubles.

C. Slow down service.

D. Wait to see if this is being ruded.

14. When you refuse to serve a patron who is intoxicated, you should ______.

A. send him to another lounge or restaurant

B. let another server wait on the customer

C. inform other servers and bartenders that you have refused service to the customer because the customer is intoxicated

D. forget about it

15. When a server is in the process of stopping service ______.

A. a server should lecture the customer on the perils of drinking

B. embarrass the customer so he won't do it again

C. don't judge or embarrass the customer, be friendly, quiet and firm

D. tell the customer's friends

16. How many drinks can a small person(100 lb female) drink safely per hour if the customer is sober to start with?

A. 3 – 4 drinks per hour.

B. 2 – 3 drinks per hour.

C. 1 – 2 drinks per hour.

17. What four considerations are effective in controlling over service?

A. Warn, lecture, serving coffee, refusal.

B. Sizing, interview, rate of service, individuality.

C. Rate of service, doubles, types of drinks.

18. When will you rate your patron with the traffic signal system?

A. Red: means stop service.

B. Yellow: means slow down service and monitor the customer closely.

C. Green: everything seems normal and the patron is acceptable to serve.

D. All of the above.

19. If a patron is intoxicated and wants to drive home, ______.

A. you should let him as long as he is nice

B. be glad he's leaving

C. call the manager or security, attempt to find the customer an alternative transportation or lodging

D. lecture him

20. When a server has any questions regarding alcoholic service ______.

A. a server should ask later

B. consult a manager immediately

C. ask other customers

28~5 国际上各种牙买加蓝山咖啡香甜酒（Tia Maria）酒方

1. 艾丽斯在仙境中(Alice In Wonderland)(又名 Dallas Alice)

Cocktail $4\frac{1}{2}$ oz. 杯,冰的

¾ oz. Tia Maria(牙买加咖啡香甜酒)

¾ oz. Grand Marnier(法国柑橘干邑香甜酒)

¾ oz. Añejo Tequila(陈年龙舌兰/特奎拉酒)

将酒材倒入已装¼满冰块的调拌杯内,搅拌后过滤,倒入杯中。

2. 斑比(Bam Be)

Shot 2 oz. 杯,冰的

依序逐项注入:

⅔ oz. Tia Maria(牙买加咖啡香甜酒)

⅔ oz. Baileys Irish Gream(贝利丝爱

尔兰奶酒)

⅔ oz. B & B(本尼迪克特香甜酒加白兰地)

3. 比基尼直线(Bikini Line)

Shot 2 oz. 杯,冰的

依序逐项注入:

⅔ oz. Tia Maria(牙买加咖啡香甜酒)

⅔ oz. Chambord(法国覆盆子香甜酒)

⅔ oz. Vodka(伏特加酒)

4. 黑牙买加人(Black Jamaican)

Rocks 7 oz. 杯,加满冰块

直接倒入:

$1\frac{1}{2}$ oz. Myers's Dark Rum(迈尔斯深棕色朗姆酒)

¾ oz. Tia Maria(牙买加咖啡香甜酒)

用酒吧匙由下而上地搅拌两三下,拌匀即可。

5. 黑玛丽亚(Black Maria)

Coffee Mug $8\frac{1}{2}$ oz.(有把咖啡杯),温的

直接倒入:

$1\frac{1}{4}$ oz. Tia Maria(牙买加咖啡香甜酒)

¾ oz. Bacardi Light Rum(巴卡迪淡朗姆酒)

½ oz. Dark Crème de Cacao(深色可可香甜酒)

$4\frac{1}{2}$ oz. hot coffee(热咖啡)

$1\frac{1}{2}$ oz. whipped cream(掼奶油)

撒上一些可可粉或肉桂粉作装饰。

6. 因袭过去的热闹聚会(Blast From The Past)

Cappuccino(意大利卡普契诺有把咖啡杯)12 oz. 温的

直接倒入:

½ oz. Tia Maria(牙买加咖啡香甜酒)

½ oz. Grand Marnier(法国柑橘干邑香甜酒)

½ oz. Chambord(法国覆盆子香甜酒)

$1\frac{1}{2}$ oz. hot esprèsso coffee(意大利热蒸馏咖啡)

$4\frac{1}{2}$ oz. steamed milk(蒸汽打过的鲜牛奶)

4 oz. thick velvet foam(frothed milk)(鲜奶泡沫)

撒上一些刨碎的巧克力碎片或可可粉作装饰。

7. 印度教梵天神的公牛(Brahma Bull)

Rocks 7 oz. 杯,加满冰块

直接倒入:

$1\frac{1}{2}$ oz. Sauza Añejo Tequila(索扎陈年龙舌兰/特奎拉酒)

1 oz. Tia Maria(牙买加咖啡香甜酒)

用酒吧匙由下而上地拌匀即可。

8. 艾摩咖啡(Café Amore)

Coffee Mug $8\frac{1}{2}$ oz.(有把咖啡杯),温的

直接倒入：

½ oz. Tia Maria（牙买加咖啡香甜酒）

½ oz. Amaretto（意大利苦杏仁香甜酒）

½ oz. Chocolate Liqueur（巧克力香甜酒）

½ oz. V. S. Cognac（特级干邑/科涅克白兰地）

5 oz. hot coffee（热咖啡）

$1\frac{1}{2}$ oz. whipped cream（掼奶油）

撒上一些可可粉或柠檬皮小碎粒作装饰。

9. 盖茨咖啡（Café Gates）

Shot 2 oz. 杯，冰的

依序逐项注入：

⅔ oz. Grand Marnier（法国柑橘干邑香甜酒）

⅔ oz. Tia Maria（牙买加咖啡香甜酒）

⅔ oz. Dark Crème de Cacao（深色可可咖啡）

10. 京士顿咖啡（Café Kingston）

Coffee Mug $8\frac{1}{2}$ oz.（有把咖啡杯），温的

直接倒入：

½ oz. Tia Maria（牙买加咖啡香甜酒）

½ oz. Myers's Dark Rum（迈尔斯深棕色朗姆酒）

½ oz. Cruzan Rum Cream（圣克罗伊人的朗姆奶酒）

½ oz. Hershey's chocolate syrup（美国 Hershey 牌巧克力糖浆）

5 oz. hot coffee（热咖啡）

$1\frac{1}{2}$ oz. whipped cream（掼奶油）

撒上一些刨碎的巧克力小碎片作装饰。

11. 瑞给咖啡（Café Reggae）

Coffee Mug $8\frac{1}{2}$ oz.（有把咖啡杯），温的

直接注入：

¾ oz. Bacardi Gold Rum（巴卡迪金色朗姆酒）

½ oz. Tia Maria（牙买加咖啡香甜酒）

½ oz. Dark Creème de Cacao（深色可可香甜酒）

$4\frac{1}{2}$ oz. hot coffee（热咖啡）

$1\frac{1}{2}$ oz. whipped cream（掼奶油）

淋上½ oz. 优等巴卡迪朗姆酒（Bacardi Spiced Rum）。

12. 即兴歌唱咖啡（Calypso Coffee）（又叫 Spanish Coffee）

Coffee Mug $8\frac{1}{2}$ oz.（有把咖啡杯），温的

直接倒入：

1 oz. Bacardi Light Rum（巴卡迪清淡朗姆酒）

1 oz. Tia Maria（牙买加咖啡香甜酒）

5 oz. hot coffee

$1\frac{1}{2}$ oz. whipped cream（掼奶油）

撒上一些刨碎的巧克力碎片作装饰。

13. 卡帕 21（Cappa 21）

Cappuccino 12 oz.（意大利卡普契诺有把咖啡杯），温的

直接倒入：

$1\frac{1}{2}$ oz. Bacardi Gold Rum（巴卡迪金色朗姆酒）

½ oz. Tia Maria（牙买加咖啡香甜酒）

½ oz. Brandy（白兰地）

½ oz. chocolate syrup（巧克力糖浆）

$1\frac{1}{2}$ oz. hot esprèsso coffee（意大利热蒸馏咖啡）

4 oz. steamed milk（蒸汽打过的牛奶）

3 oz. thick velvet foam（鲜奶泡沫）

撒上一些刨碎的巧克力碎片作装饰。

14. 图提卡皮卡普契诺咖啡（Cappo de Tutti Cappi）

Cappuccino 12 oz.（意大利卡普契诺有把咖啡杯），温的

直接倒入：

½ oz. Tia Maria（牙买加咖啡香甜酒）

½ oz. Brandy（白兰地）

½ oz. Bacardi Gold Rum（巴卡迪金色朗姆酒）

½ oz. chocolate syrup（巧克力糖浆）

$1\frac{1}{2}$ oz. hot esprèsso coffee（意大利热蒸馏咖啡）

$4\frac{1}{2}$ oz. steamed milk（蒸汽打过的牛奶）

4 oz. thick velvet foam（鲜奶泡沫）

撒上一些刨碎的巧克力碎片。

15. 加勒比海日落（Caribbean Sunset）

Shot 2 oz.（吞饮杯），冰的

依序逐项注入：

⅔ oz. Kahlúa（墨西哥咖啡香甜酒）

⅔ oz. Chambord（法国覆盆子香甜酒）

⅔ oz. Tia Maria（牙买加咖啡香甜酒）

16. 加勒比的日落（Caribe Sunset）

Shot 2 oz.（吞饮杯），冰的

依序逐项注入：

½ oz. Chambord（法国覆盆子香甜酒）

½ oz. Dark Crème de Cacao（深色可可香甜酒）

½ oz. Tia Maria（牙买加咖啡香甜酒）

½ oz. hot coffee（热咖啡）

17. 卡特尔企业联盟小子（Cartel Buster）

Shot 2 oz.（吞饮杯），冰的

依序逐项注入：

⅔ oz. Tia Maria（牙买加咖啡香甜酒）

⅔ oz. Grand Marnier（法国柑橘干邑香甜酒）

⅔ oz. Sauza Añejo Tequila（索扎陈年龙舌兰/特奎拉酒）

18. 覆盆子安宁（Chanbord Repose）

Coffee Mug $8\frac{1}{2}$ oz.（有把咖啡杯），温的

直接倒入：

¾ oz. Chambord（法国覆盆子香甜酒）

½ oz. Dark Crème de Cacao（深色可可香甜酒）

½ oz. Tia Maria(牙买加咖啡香甜酒)

$5\frac{1}{4}$ oz. hot coffee(热咖啡)

$1\frac{1}{2}$ oz. whipped cream(掼奶油)

撒上一些刨碎的巧克力碎片作装饰。

19. 椰子咖啡壶(Coconut Coffee Pot)

Cocktail $4\frac{1}{2}$ oz. 杯,冰的

$1\frac{3}{4}$ oz. Vodka(伏特加酒)

½ oz. Cruzan Coconut Rum(圣克罗伊人的椰子朗姆酒)

½ oz. Tia Maria(牙买加咖啡香甜酒)

将酒材倒入已装¼满冰块的调拌杯中,搅拌后过滤,倒入杯中。

20. 脏哈里(Dirty Harry)

Shot 2 oz. (吞饮杯),冰的

直接注入:

1 oz. Tia Maria(牙买加咖啡香甜酒)

1 oz. Grand Marnier(法国柑橘干邑香甜酒)

21. 猎人咖啡(Hunter's Coffee)

Coffee Mug $8\frac{1}{2}$ oz. (有把咖啡杯),温的

直接倒入:

¾ oz. Tia Maria(牙买加咖啡香甜酒)

¾ oz. Cointreau(法国康德露柑橘香甜酒)

5 oz. hot coffee(热咖啡)

$1\frac{1}{2}$ oz. whipped cream(掼奶油)

淋上½ oz. 牙买加咖啡香甜酒(Tia Maria)。

22. 牙买加令我疯狂(Jamaica Me Craze)

Collins 12 oz. (柯林斯杯),加满冰块

直接倒入:

$1\frac{1}{4}$ oz. Bacardi 8 Reserva Rum(陈年8年的巴卡迪朗姆酒)

¾ oz. Tia Maria(牙买加咖啡香甜酒)

4 oz. pineapple juice(凤梨汁)

用酒吧匙拌匀后,挂一片凤梨片或放一个凤梨旗作装饰。

23. 牙买加咖啡(Jamaican Coffee)

Coffee Mug $8\frac{1}{2}$ oz. (有把咖啡杯),温的

直接倒入:

$1\frac{1}{4}$ oz. Myers's Dark Rum(迈尔斯深棕色朗姆酒)

¾ oz. Tia Maria(牙买加咖啡香甜酒)

5 oz. hot coffee(热咖啡)

$1\frac{1}{2}$ oz. whipped cream(掼奶油)

撒上一些刨碎的巧克力片作装饰。

24. 牙买加尘粉(Jamaican Dust)

Shot 2 oz. (吞饮杯),冰的

直接注入:

⅔ oz. Myers's Dark Rum(迈尔斯深棕色朗姆酒)

⅔ oz. Tia Maria(牙买加咖啡香甜酒)

⅔ oz. pineapple juice(凤梨汁)

25. 牙买加假期(Jamaican Holiday)

Shot 2 oz. (吞饮杯),冰的

直接注入：

$\frac{2}{3}$ oz. Myers's Dark Rum(迈尔斯深棕色朗姆酒)

$\frac{2}{3}$ oz. Tia Maria(牙买加咖啡香甜酒)

$\frac{2}{3}$ oz. Crème de Banana(香蕉香甜酒)

26. 牙买加摇匀混合饮料(Jamaican Shake)

Poco Grande $13\frac{1}{4}$ oz.(波可杯)，冰的

$1\frac{1}{4}$ oz. Myers's Dark Rum(迈尔斯深棕色朗姆酒)

$\frac{3}{4}$ oz. Tia Maria(牙买加咖啡香甜酒)

$\frac{1}{2}$ oz. Amaretto(意大利苦杏仁香甜酒)

1 酒吧匙香草精

3 oz.(两大球)香草冰淇淋

8 oz. 碎冰

将酒材倒入果汁机中，先以慢速打5秒钟，再改成快速打成雪泥状后，倒入波可杯中，喷上掼奶油(whipped cream)，再撒上一些刨碎的巧克力片作装饰。

27. 中途背信者第一方(Midway Rat 1)

Cocktail $4\frac{1}{2}$ oz. 杯，冰的

$\frac{1}{2}$ oz. Bacardi Light Rum(巴卡迪淡朗姆酒)

$\frac{1}{2}$ oz. Amaretto(意大利苦杏仁香甜酒)

$\frac{1}{2}$ oz. Tia Maria(牙买加咖啡香甜酒)

$\frac{1}{2}$ oz. pineapple juice(凤梨汁)

将酒材倒入已加$\frac{1}{4}$满冰块的调拌杯内，摇荡后过滤，倒入杯中。

28. 中途背信者第二方(Midway Rat 2)

Squall 15 oz.(大风杯)，加满冰块

直接倒入：

1 oz. Bacardi Light Rum(巴卡迪淡朗姆酒)

$\frac{3}{4}$ oz. Amaretto(意大利苦杏仁香甜酒)

$\frac{3}{4}$ oz. Tia Maria(牙买加咖啡香甜酒)

1 oz. Rose's lime juice(罗斯青柠檬汁)

4 oz. pineapple juice(凤梨汁)

用酒吧匙由下而上地搅拌三五下，拌匀后放入凤梨旗作装饰。

29. 曼哈顿-米德韦(Midway Manhattan)

Squall 15 oz.(大风杯)，加满冰块

$\frac{3}{4}$ oz. Bacardi Light Rum(巴卡迪淡朗姆酒)

$\frac{3}{4}$ oz. Myers's Dark Rum(迈尔斯深棕色朗姆酒)

$\frac{1}{2}$ oz. Tia Maria(牙买加咖啡香甜酒)

$\frac{1}{2}$ oz. Amaretto(意大利苦杏仁香甜酒)

2 oz. orange juice(橘子汁)

2 oz. sweet & sour juice(甜酸汁)

将酒材倒入已装$\frac{1}{4}$满冰块的调拌杯内，摇荡后过滤，倒入杯中，放一个橘子旗作装饰。

30. 多重性高潮(Multiple Orgasm)

Cocktail $4\frac{1}{2}$ oz. 杯，冰的

$1\frac{1}{2}$ oz. Tia Maria(牙买加咖啡香甜酒)

¾ oz. Amaretto（意大利苦杏仁香甜酒）

½ oz. 浓鲜奶

将酒材倒入已装¼满冰块的调拌杯内，摇荡后过滤，倒入杯中。

31. 彼得药方（Peter Prescription）

Coffee Mug $8\frac{1}{2}$ oz.（有把咖啡杯），温的

直接倒入：

1 oz. Myers's Dark Rum（迈尔斯深棕色朗姆酒）

½ oz. Tia Maria（牙买加咖啡香甜酒）

½ oz. Grand Marnier（法国柑橘干邑香甜酒）

½ oz. Chambord（法国覆盆子香甜酒）

$4\frac{1}{2}$ oz. hot coffee（热咖啡）

$1\frac{1}{2}$ oz. whipped cream（掼奶油）

撒上一些刨碎的巧克力片作装饰。

32. 海盗之爱（Pirate Love）

Poco Grande $13\frac{1}{4}$ oz.（波可杯），冰的

1 oz. Bacardi Gold Rum（巴卡迪金色朗姆酒）

¾ oz. Tia Maria（牙买加咖啡香甜酒）

½ oz. Amaretto（意大利苦杏仁香甜酒）

一酒吧匙香草精

3 oz.（两大球）香草冰淇淋

8 oz. 碎冰

将酒材倒入果汁机中，先以慢速打5秒钟，再改成快速打成雪泥状后，倒入Poco杯中，喷入掼奶油（whipped cream），再撒上刨碎的巧克力片作装饰。

33. 顶级白俄罗斯人（Premium White Russian）

Rocks 7 oz. 杯，加满冰块

直接倒入：

$1\frac{1}{2}$ oz. Vodka（伏特加酒）

¾ oz. Tia Maria（牙买加咖啡香甜酒）

¾ oz. Baileys Irish Cream（贝利丝爱尔兰奶酒）

用酒吧匙由下而上地搅拌两三下，拌匀即成。

34. 纪念品珍藏室（Trophy Room）

Coffee Mug $8\frac{1}{2}$ oz.（有把咖啡杯），温的

直接倒入：

½ oz. Amaretto（意大利苦杏仁香甜酒）

½ oz. Myers's Dark Rum（迈尔斯深棕色朗姆酒）

½ oz. Vandermint（荷兰薄荷香甜酒）

5 oz. hot coffee（热咖啡）

$1\frac{1}{2}$ oz. whipped cream（掼奶油）

淋上½ oz. 牙买加咖啡香甜酒（Tia Maria）。

35. 热带忧郁（Tropical Depression）

Coffee Mug $8\frac{1}{2}$ oz.（有把咖啡杯），温的

直接倒入：

1 oz. Myers's Dark Rum（迈尔斯深棕色朗姆酒）

½ oz. Amaretto(意大利苦杏仁香甜酒)

½ oz. Chocolate(巧克力香甜酒)

$4\frac{1}{2}$ oz. hot coffee(热咖啡)

$1\frac{1}{2}$ oz. whipped cream(掼奶油)

淋上½ oz.(牙买加咖啡香甜酒)

36. 瑞给行人(Reggae Walker)

Poco Grande $13\frac{1}{4}$ oz.(波可杯),冰的

$1\frac{3}{4}$ oz. Peachtree Schnapps(桃子斯内普香甜酒)

5 oz. pineapple juice(凤梨汁)

10 oz. 碎冰

将酒材倒入果汁机中,打成雪泥状后,倒入Poco杯中,再注入½ oz.(牙买加咖啡香甜酒)漂浮在酒面上,放一块凤梨旗作装饰。

37. 缎面枕头(Satin Pillow)

Cocktail $4\frac{1}{2}$ oz. 杯,冰的

¾ oz. Tia Maria(牙买加咖啡香甜酒)

½ oz. Frangelico(意大利榛果香甜酒)

½ oz. Triple Sec(三干酒/柑橘香甜酒)

½ oz. Raspberry(覆盆子香甜酒)

将酒材倒入已装¼满冰块的调拌杯内,摇荡后过滤,倒入杯中。

38. 遂心的伴侣(Smooth Screw)

Poco Grande $13\frac{1}{4}$ oz.(波可杯),冰的

¾ oz. Bacardi Light Rum(巴卡迪淡朗姆酒)

¾ oz. Bacardi Gold Rum(巴卡迪金色朗姆酒)

¾ oz. Tia Maria(牙买加咖啡香甜酒)

2 oz. pineapple juice(凤梨汁)

2 oz. orange juice(橘子汁)

10 oz. 碎冰

将酒材倒入果汁机中,打成雪泥状后,倒入Poco杯中,再注入½ oz. 迈尔斯深棕色朗姆酒(Myers's Dark Rum)或优等巴卡迪朗姆酒(Bacardi Select Rum)漂浮在酒面上。

39. 主权(Sovereignty)

Cappuccino 12 oz.(卡普契诺咖啡杯),温的

直接倒入:

1 oz. Chambord(法国覆盆子香甜酒)

½ oz. Tia Maria(牙买加咖啡香甜酒)

½ oz. White Crème de Cacao(无色可可香甜酒)

$1\frac{1}{2}$ oz. hot esprèsso coffee(意大利热蒸馏咖啡)

$4\frac{1}{2}$ oz. steamed milk(蒸汽打过的牛奶)

$3\frac{3}{4}$ oz. thick velvet foam(泡沫牛奶)

撒上一些刨碎的巧克力片或可可粉作装饰。

40. 罗浮宫孤独人(Louvre Me Alone)

Cappuccino 12 oz.(卡普契诺咖啡杯),温的

直接倒入：

½ oz. Grand Marnier（法国柑橘干邑香甜酒）

½ oz. V. S. Cognac（特级干邑/科涅克白兰地）

½ oz. Tia Maria（牙买加咖啡香甜酒）

$1\frac{1}{2}$ oz. hot esprèsso coffee（意大利热蒸馏咖啡）

5 oz. steamed milk（蒸汽打过的牛奶）

$3\frac{1}{2}$ oz. thick velvet foam（泡沫牛奶）

撒上一些刨碎的巧克力片作装饰。

28~6 酒吧国际专业术语

1. Tapped（形容词）：指钱已花光了，没有钱了。

2. Taste（名词）：指试酒时会倒¼盎司的葡萄酒或烈酒给客人免费品尝。

3. Ten（形容词）：10分，在评鉴一个样品的等级中，成绩最高、最完美的就是10分。

4. Speed Rack：指不锈钢做的快速取酒架，通常放置最常使用的基酒或调酒材料。

5. Speakeasy（名词）：指在禁酒法令期间违法营业的饮酒企业与酒吧等。

6. Spuckie, Grider, Hoagie, Sub, Submarine, Hero, Torpedo, Poor Boy, Italian Sandwich, Sarney：俚语，皆指很长很长的三明治食品。

7. Spun, Soused, Stewed, Tanked（形容词）：皆指喝醉了的、烂醉的。

8. Tart Full（名词）：俚语，指年轻女士们爱喝的饮料，通常都相当甜。

9. Teetotaler（名词）：指不喝酒的人或拒绝酒精的人。

10. Tie One On：美俚语，指喝到醉，意指把酒杯绑在脖子上自然会一直不断地喝下去。

11. Tear（动词）：俚语，指饮酒作乐，而且长时间地把杯畅饮，醉中狂乐。

12. Tapping（动词）：两个酒杯轻碰干杯之意，碰后不喝点酒是十分失礼的行为。

13. Talent（名词）：俚语，指貌美的女郎或俊帅的男士。

14. Tailgate Party（名词）：指一个以社交、音乐或运动为焦点的聚会，而且需车辆才能聚集的活动。

15. Tag and Release（动词）：指在酒吧里会见、追求可能的爱人，在短暂试探不成后就立即中止寻伴行为。

16. Tab（名词）：指账单、损害、花费总金额及是否已欠账款。

17. Swilly（形容词）：指因烂醉而变得不再迷人、不诱人。

18. Stoned（形容词）：指喝醉的。

19. Stoked（形容词）：指兴奋的、狂喜的、惊喜的。

20. Stoinkered（形容词）：指宿醉、醉得不省人事或醉得看来十分憔悴。

问题探讨

1. 2000年10月25日台湾省警政署统

计指出,2000年1~9月取缔酒醉驾车违规案件共140096件,比去年同期的120780件多出近19300件。另外2000年的酒醉驾车肇事致人伤亡案件共207件,造成234人死亡,170人受伤,比1999年同期196件多出11件,死亡人数多出48人。台湾警政署的酒醉驾车大执法工作是依据道路交通管理处罚条例,以当场开罚单及禁止驾驶、代保管车辆为执行重点。警政署表示,经“吐气”检测含酒精成分逾每公升0.55毫克,或血液中酒精浓度达0.11%者,即予以录音、照相、录影,检具相关具体事证,依规定移送法办。但是究竟怎么做才能降低“酒醉驾车”的肇事率呢?

2. 2000年12月10日星期日凌晨3时,高你固(44岁)酒后驾驶汽车搭载女子陈金桃(45岁),行经台湾省北部新店市、乌来乡间的新乌路时,两度追撞6辆机车,造成同行夜游的8名17岁少年受伤,最后撞上花园新城警卫亭受伤昏迷。警方接报赶往处理,分送伤者就医。高你固被送往台北市万芳医院急救,陈金桃与其他8名伤者被送往新店市耕莘医院急救。其中高你固、陈金桃、蓝姓少年伤势较重,手术后送入加护病房观察。警方案发后测试高你固“呼吸酒精浓度”达“0.75毫克”,超出法定上限“0.55毫克”。高你固涉嫌酒后驾车连续肇事,被警方依杀人未遂罪嫌函送法办。像这样的恶性事件又该怎样去防止其再次发生呢?

3. 新竹建明客运公司司机黄金龙于2000年12月10日凌晨在朋友家饮酒聊天,清晨又带着醉意到公司开早班车,出发没多久就在南大路接连擦撞路边停放的十多辆轿车,警方到场测出他的酒精浓度值高达1.86毫克,依公共危险、毁损罪嫌函送法办。警方说,黄金龙(33岁)在友人家喝完酒后到公司发第一班车,清晨5点20分,他驾驶的“飞狗”巴士在南大路六百七十二巷口附近陆续擦撞十多辆停放在路边的轿车,其中两辆被挤压全毁,附近民众听到巨大的撞击声,出外查看后立即报警。像这样的事件又该如何防止其再次发生呢?

4. 英国已去世多年的黛安娜王妃是怎么死的?她是死在什么人的手中?你知道真相吗?

5. 20世纪90年代在美国阿拉斯加海域发生一起海上油轮撞上礁岩事件,造成20世纪最大的海洋污染事件。这起事件是何原因造成的?

6. 美国的法定饮酒年龄是满21岁以上,那么台湾是几岁?中国大陆又是几岁?颁布法令后真能有效地执行吗?

7. 美国大众酒吧的业主必须投保第三方责任险(Liability Insurance)来保护无辜的犯罪受害人(Crime Victim),台湾和大陆有此种法律与法规吗?

8. 2000年10月31日,新加坡航空公司的飞美班机在台湾中正国际机场的跑道中因撞到停放在一旁的怪手(起重吊车的吊杆)而爆炸,在这荒谬的意外发生12小时之后,台湾检调人员押着3名机师接受酒精测试,请问这样的作法有实质意义吗?酒醉后可驾驶飞机吗?酒醉之后可开车、驾船吗?

9. 台北县一位饮酒过量的祖父级男士葛永顺,因劝阻女友吴婉萍不要喝酒未果,一气之下对吴拳打脚踢。在2000年12月18日凌晨,葛将奄奄一息的被害人送医院急救,但终告死亡。如何防止这种醉汉杀人事件的再次发生?

10. 1999年末,台中市警局交通队统计,前6个月每月取缔酒醉驾车上千件,8月份2619件为最高,一共造成车辆损毁381件,4人死亡、190人受伤、"移送法办"者有318人。如何教育人民群众知法守法地骑车或开车?如何有效地杜绝酒醉驾车事件的持续发生?

11. 2000年12月19日,15岁少年陈文裕凌晨驾驶轿车搭载4名友人,行经台湾省道台十七线芳苑乡沿海公路时,因酒后驾车车速过快,摔落路旁水沟,造成陈文裕死亡,4名友人也分别受伤。正好二林分局汉实派出所主管刘承昌率员在附近巡逻,警员赶紧把卡在车内的少年救出,送彰化基督教医院二林分院急救,经医师抽验发现陈文裕的血液酒精浓度超出标准值。类似陈文裕伤重不治身亡的案例至今仍不断出现,请问人们该怎样做才能防止这类酒后驾车而伤人的行为?

12. 为报复妻子离家出走,2000年12月25日晚上,陈永清在吸毒又喝酒后失去理智,带儿女跳河,造成儿子溺死。警方依杀人、毒品危害防制条例罪嫌将他移送高雄地检署侦办,他溺死的儿子尸体次日早上在高雄港浮出。陈犯先吸食安非他命毒品又借酒狂欢消愁,结果毒和酒(Drug & Liquor)使他失去理智而犯下荒谬罪行。人们该如何同心协力地来防止这类凄悲命案再次发生呢?

13. 秉持"以酒为媒、心灵为根、守法为本"的饮酒准则,人们日常的休闲生活才能显现出应有的文化深度和法纪厚度。中国自古就不乏善饮者,李白斗酒诗百篇,东坡醉中留清名,许多伟大的诗词文学作品几乎都离不开酒的酝酿与催生。在心灵美酒的诱导下,与知心好友随性、随喜地来个两三杯,或许偶会开怀微醺,但绝不至于烂醉、泥醉。长夜欢饮,一觉醒来之后,心爱人儿仍在,真情也就更浓郁了。人生果若如此,夫复何求?请反思一下自己的"酒品"如何?酒后行为是否仍在思想制约范围之内?酒后的飞扬心灵是否仍知安全是你生活的基本要求?

14. 如何调制下列15款以Tia Maria为基酒的国际知名鸡尾酒?

(1) Smooth Screw
(2) Trophy Room
(3) Jamaican Shake
(4) Multiple Orgasm
(5) Hunter's Coffee
(6) Chambord Repose
(7) Calypso Coffee
(8) Café Amore
(9) Bam Be
(10) Alice In Wonderland
(11) Blast From The Past
(12) Tropical Depression
(13) Premium White Russian
(14) Reggae Walker
(15) Pirate Love

第二十九章

成功办好鸡尾酒会的秘诀

Tips of Successful Party Bartending

☞学习目的

了解：1. 成功办好鸡尾酒会的秘诀

2. 承办鸡尾酒会常需备妥的调酒材料

3. 承办鸡尾酒会前调酒师应注意的事项

4. 调酒师在酒会上应注意的事项

5. 鸡尾酒会的采购要领

6. 国际上各种墨西哥咖啡香甜酒(Kahlúa)酒方

7. 酒吧国际专业术语

29~1 成功办好鸡尾酒会的秘诀

如果准备周全,并提早两小时到达酒会场地展开准备工作,举办鸡尾酒会将是件非常容易且充满极大乐趣的事情。如果你接到通知前往主办一个鸡尾酒会,或老师为你介绍或提供一个承办酒会的机会时,你应遵照下列20个工作秘诀(Tips)来办好鸡尾酒会:

1. 与酒会主办人尽快取得联系,以确认取得承办该酒会的业务。

2. 言语沟通时要显现出自信、友善,并愿热诚提供协助与服务。

3. 起初不要讨论价格(Price),这是非常敏感的,应放在最后讨论。

4. 先了解酒会规模是多大,举办场地在何处,什么性质的酒会,酒会时间有多长,是否提供其他相关服务等。如果是老师介绍的业务,通常会提供这方面资料。

5. 在报价(Quote)之前,要彻底了解酒会的性质及主人的特殊要求与品味。通常4小时的酒会报价工资低的可由200~300美元,高的可达到800~1500美元(材料费用另计)。

6. 与酒会主人议妥价格后要立下书面合约,并注明其他相关服务事项。

7. 千万不可到现场开始办事时才开始谈价格,这样会把主人逼得任你榨取,但你也会再也接不到任何生意了,如此不仅坏了你的信用,也作贱了老师与学校的名誉。

8. 价格谈妥后,相关的服务人员、器皿、原材料就要立即展开准备,这样到了会场才能有效地展开作业。

9. 不要调配复杂的鸡尾酒,只用Rocks杯、老式酒杯或高球杯(Highball or Old-fashioned),力求单纯化与简洁化,而绝非复杂化与多样化。

10. 要单纯化,因没有时间及场所来清洗那些杯子。

11. 黑长裤、白衬衫、黑领结(Bowtie)及黑背心(Vest)是最标准的传统工作服。你是去办酒会的,不是去做客的,因此,身着可明显辨认的工作服才是对主人、对来宾有礼的穿着。

12. 携带自备的专用调酒器皿、砧板、刀子、倒酒器(Speed Pourer)及量杯(Jigger)等,处处要显示出你是位专业调酒师。

13. 提早到达场地,并向相关人士自我介绍,随后展开布置工作,并立即检查主人或你所备的调酒材料与冰块是否足够,没有足够冰块的酒会,将是件恐怖的灾难(Disaster)。

14. 运用您的想象力与创意尽一切可能把酒调得诱人尝试、引人多喝,主客尽欢之后,人们是会感谢你的。

15. 调配客人所点的酒,不要给过多杯酒或过量酒,避免导致客人酒醉,尤其要注意来宾的言行,若已有酒醉(Drunk)的现象,必须中止为其提供鸡尾酒服务。

16. 若主人要求提供酒会前供应点心(Canapé)的服务,你应该拒绝接受此种服务员性质的工作,否则将致使"临时小酒吧"因无人看管而可能产生大混乱(Chaos)。

17. 酒会高潮渐退后，应逐步开始清理房间、烟灰缸、杯子及相关器皿等。

18. 在收拾酒吧及结束酒吧服务前，一定要向来宾宣布“最后一杯通知”(Last Call)，或者要求主人向来宾作此宣告。

19. 你只负责酒吧区域的清理与整洁工作，其他区域非你职责。

20. 与主人结完账收了服务费后，应留下名片并保持联系。

承包酒会的事前推广与营销工作极为重要，因此，调酒师在处理鸡尾酒会业务推广方面应注意下列5件营销(Marketing)事务：

1. 在各大饭店里注册登记成为宴会及会议(Banquet/Convention)时可雇用的调酒师。

2. 将名片广加散布给亲朋好友，除公告周知外，请求推介业务。

3. 与地方重要社团取得联系，如扶轮社、狮子会、同济会等商务性联谊机构，要拓广人面，以求开拓服务大众的商机。

4. 在商会(Chamber of Commerce)或世贸中心(World Trade Center)注册登记，以求拓展商机。

5. 与专办到府办席者(Caterers)合作挂钩，或与专办办桌酒宴者联线，即可抓住到府或到公司承办鸡尾酒会的商机。

29~2 承办鸡尾酒会常需备妥的调酒材料

一般情况下，一个30~40位来宾的小型鸡尾酒会，每位来宾将饮用3~6杯饮料，平均下来，这类小型鸡尾酒会将消耗如下酒量：

1. 烈酒(Liquors)：

2~3升的Scotch Whisky

2~3升的Vodka

2~3瓶的White Wine

2~3升的Whisky

1~2升的Gin

1~2瓶的Burgundy(法国勃艮第产的红葡萄酒)

1~2升的Bourbon Whisky

1~2升的Rum

2. 调拌料(Mixes)：

4~6升的club soda(苏打水)

4~6升的Coke

2~3升的7-up

1升的tomato juice

3~4升的tonic water(奎宁水)

3~4升的Ginger Ale

1升的dry Vermouth

2升的orange juice

1升的grapefruit juice

1升的sweet Vermouth

除了上述调拌汁(Mixes)外，不要忘了准备两壶(Pitcher)冰水。

3. 装饰物(Garnish)：

樱桃(cherries)：2 jars(瓶)

鸡尾酒洋葱(cocktail onions)：1 jar(瓶)

黄柠檬(lemons)：4~8粒

橄榄(olives)：1 jar(瓶)

橘子(orange)：4(粒)

青柠檬(limes)：4~8粒

4. 其他原材料(Other Materials)：

搅拌棒(sip sticks)

牙签(toothpicks)

酒杯垫巾(cocktail napkins)

冰块(ice cubes):须为每位客人准备1磅正方体的小冰块

29-3 承办鸡尾酒会前调酒师应注意的事项

1. 取得酒会主人的姓名、电话、地址及行动电话号码。

2. 与酒会主办人取得联系并保持沟通顺畅。

3. 问清楚地址及如何到达会场。

4. 将自己的电话及行动电话号码告诉对方以便联系。

5. 了解酒会的场地,若有必要,应先前往观察场地。

6. 与其他调酒师及服务人员取得联系,每人都应有一张如何到达酒会场地的地图。

7. 如果可能,可先在某处会合或在某地集合,再一起前往酒会会场。

8. 坚持服务方面的要求,全体服装必须协调一致。

9. 自备专业器材与调酒用具。

10. 常用调酒器皿必须携带前往会场的有:

(1) 调拌玻璃杯(Mixing Glass)

(2) 金属套筒(Metal Shaker)

(3) 滤冰器(Strainer)

(4) 酒吧匙(Stir Spoon,Bar Spoon)

(5) 量杯(Jigger)

(6) 冰铲(Ice Scoop)

(7) 节流阀,倒酒器(Pour Spouts)

(8) 毛巾(Towel)半打

(9) 水果刀(Knife for Fruit)

(10) 打火机(Cigarette Lighter)

(11) 名片(Business Cards)

(12) 笔(按压式)(Pen)

(13) 软木塞起子(Corkscrew)

(14) 粘板(Cutting Board)

(15) 开瓶器(Bottle Opener)

(16) 水壶3个(Pitchers)

(17) 冰桶(Ice Bucket)

(18) 开罐器(Can Opener)

29-4 调酒师在酒会上应注意的事项

1. 提早两小时到达会场,并立即展开布置。

2. 展开调酒准备工作(切水果、装饰物、放置冰块等)。

3. 使用指定的出入口进出会场。

4. 向酒会主人及相关人士作自我介绍,并要求主人或相关人士惠赐名片。

5. 询问主人所期盼执行的其他服务或工作。

6. 工作到合约明确规定的时间为止,当然在经双方同意后晚走也是可以的。

7. 工作时绝不可抽烟,更不可喝酒。

8. 工作时绝对不可早退,当然更不可以迟到。

9. 工作时不可与主人的来宾有亲密交往(Fraternize)的言行。

10. 酒会结束前,核算酒会主人(Partygiver)应支付的总金额,当主人询问时,立即将账单交付主人,并留下名片以便后续服务的延伸、业务的推广及知名度的提升。

29~5　鸡尾酒会的采购要领

开办酒会宴请亲朋好友或招待公司干部时,须注意“人、事、时、地、物”这五大要项。其工作细目有:酒会由何人负责,何时举办,何处举办,何种形式与何种性质的酒会,所需原料与器材为何,谁负责开列采购清单,谁应邀请,何时寄出邀请卡等各项。其中最困扰酒会主人与调酒师的是酒单的开列。然而台湾早在1992年9月即已开放烈酒进口,迄今已超过14年,所以大街小巷已处处可见由世界各地进口的洋酒,采购洋酒已是非常方便。而各色烈酒的特性,相信多加翻阅这本专业调酒书后,一定会有清晰的认识。但有关采购量的多少,除应接受专家的下列建议外,还请牢记“宁可多备,不可缺少”的原则,多余的酒仍可储放,但若万一欠缺美酒,除会对来宾招待不周外,恐怕也会有损专业声誉。

1. 每瓶烈酒能调制的饮料杯数(每杯鸡尾酒中放1.5 oz.烈酒)如表29-1所示。

表29-1　每瓶烈酒能调制的饮料杯数

瓶数	1	2	4	6	8	10	12
750毫升瓶装	16	33	67	101	135	169	203
1升瓶装	22	45	90	135	180	225	270
1.5升瓶装	33	66	99	198	264	330	396

2. 每瓶葡萄酒、香槟及气泡酒能供饮用的杯数(每杯酒量5 oz.)如表29-2所示。

表29-2　每瓶葡萄酒、香槟及气泡酒能供饮用的杯数

瓶数	1	2	4	6	8	10	12
750毫升瓶装	5	10	20	30	40	50	60
1升瓶装	6	13	27	40	54	67	81
1.5升瓶装	10	20	40	60	81	101	121
3升瓶装	20	40	80	121	161	202	242

3. 晚餐应准备的葡萄酒数量(常态每人喝两杯,每杯酒量是5 oz.)如表29-3所示。

表29-3　晚餐应准备的葡萄酒数量

人数	4	6	8	10	12	20
750毫升瓶装酒	2	3	4	4	5	8
1.5升瓶装酒	1	2	2	2	3	4

4. 面对不同人数与不同场合时酒精饮料消耗数的专业规划如表29-4所示。

表 29-4　面对不同人数与不同场合时酒精饮料消耗数的专业规划

人数＼场合	午餐	鸡尾酒会	晚餐	晚会
4	6 杯鸡尾酒 6 杯葡萄酒 4 杯香甜酒	开始两个小时供应 8 杯鸡尾酒或 8 杯葡萄酒,之后每小时供应 6 杯饮料	8 杯鸡尾酒,8 杯葡萄酒,4 杯香甜酒,晚餐后每小时供应 4 杯酒精饮料	16 杯鸡尾酒或葡萄酒
6	10 杯鸡尾酒 10 杯葡萄酒 6 杯香甜酒	开始两个小时供应 12 杯鸡尾酒或 12 杯葡萄酒,之后每小时供应 9 杯饮料	12 杯鸡尾酒,12 杯葡萄酒,6 杯香甜酒,餐后每小时供应 6 杯酒精饮料	24 杯鸡尾酒或葡萄酒
10	15 杯鸡尾酒 15 杯葡萄酒 10 杯香甜酒	开始两小时供应 20 杯鸡尾酒或 20 杯葡萄酒,之后每小时供应 15 杯饮料	20 杯鸡尾酒,20 杯葡萄酒,10 杯香甜酒,晚餐后每小时供应 10 杯酒精饮料	40 杯鸡尾酒或葡萄酒,即每人喝 4 杯左右

29~6　国际上各种墨西哥咖啡香甜酒(Kahlúa)酒方

1. 爱比道路(Abbey Road)

Coffee Mug $8\frac{1}{2}$ oz. (有把咖啡杯),温的

直接倒入:

¾ oz. Chambord(法国覆盆子香甜酒)

½ oz. Kahlúa(墨西哥咖啡香甜酒)

½ oz. Amaretto(意大利苦杏仁香甜酒)

$5\frac{1}{4}$ oz. hot coffee(热咖啡)

$1\frac{1}{2}$ oz. whipped cream(掼奶油)

撒上一些可可粉作装饰。

2. 疼痛的背(Aching Back)

Shot 2 oz. (吞饮杯),冰的

直接倒入:

⅔ oz. Brandy(白兰地)

⅔ oz. Kahlúa(墨西哥咖啡香甜酒)

⅔ oz. Tequila(龙舌兰/特奎拉酒)

3. 炉头后(Afterburner)

Shot 2 oz. (吞饮杯),冰的

直接倒入:

¾ oz. Kahlúa(墨西哥咖啡香甜酒)

¾ oz. Jägermeister(德国狩猎大师鹿标香甜酒)(由 56 种材料炼制而成)

½ oz. Bacardi 151 Rum(巴卡迪 151 朗姆酒)

4. 八之后(After Eight)

Shot 2 oz. (吞饮杯),冰的

依序逐项注入:

⅔ oz. Kahlúa(墨西哥咖啡香甜酒)

⅔ oz. Green Crème de Menthe(绿色薄荷香甜酒)

⅔ oz. 浓鲜奶或 half & half cream

5. 五之后(After Five)

Shot 2 oz. (吞饮杯),冰的

依序逐项注入:

⅔ oz. Kahlúa(墨西哥咖啡香甜酒)

⅔ oz. Peppermint Schnapps(薄荷斯

内普无色烈酒）

$\frac{3}{2}$ oz. Baileys Irish Cream（贝利丝爱尔兰奶酒）

6. 激怒（Aggravation）

Rocks 7 oz. 杯，加满冰块

直接倒入：

$1\frac{1}{2}$ oz. Scotch Whisky（苏格兰威士忌）

$\frac{1}{2}$ oz. Kahlúa（墨西哥咖啡香甜酒）

$\frac{1}{2}$ oz. half & half cream

用酒吧匙由下而上地拌匀即可。

7. 151 地区（Area 151）

Rocks 7 oz. 杯，加满冰块

直接倒入：

$\frac{3}{4}$ oz. Sauza Añejo Tequila（索扎陈年龙舌兰/特奎拉酒）

$\frac{1}{2}$ oz. Bacardi 151 Rum（巴卡迪 151 朗姆酒）

$\frac{1}{2}$ oz. Kahlúa（墨西哥咖啡香甜酒）

$\frac{1}{2}$ oz. Peppermint Schnapps（薄荷斯内普无色烈酒）

8. 香蕉三明治（Banana Sandwich）（又叫 Monkey's Lunch）

Shot 2 oz.（吞饮杯），冰的

依序逐项注入：

$\frac{2}{3}$ oz. Kahlúa（墨西哥咖啡香甜酒）

$\frac{2}{3}$ oz. Crème de Banana（香蕉香甜酒）

$\frac{2}{3}$ oz. Baileys Irish Cream（贝利丝爱尔兰奶酒）

9. 海湾地区吊袜带（Bay Area Garter）

Coffee Mug $8\frac{1}{2}$ oz.（有把咖啡杯），温的

直接倒入：

$\frac{1}{2}$ oz. Kahlúa（墨西哥咖啡香甜酒）

$\frac{1}{2}$ oz. Frangelico（意大利榛果香甜酒）

$\frac{1}{2}$ oz. Chocolate（巧克力香甜酒）

$\frac{1}{2}$ oz. 巧克力糖浆

5 oz. hot coffee（热咖啡）

$1\frac{1}{2}$ oz. whipped cream（掼奶油）

撒上一些可可粉作装饰。

10. 斯考蒂使我眉开眼笑（Scottie Beams Me Up）

Shot 2 oz.（吞饮杯），冰的

依序逐项注入：

$\frac{2}{3}$ oz. Kahlúa（墨西哥咖啡香甜酒）

$\frac{2}{3}$ oz. Crème de Banana（香蕉香甜酒）

$\frac{2}{3}$ oz. Baileys Irish Cream（贝利丝爱尔兰奶酒）

11. 本森轰炸机（Benson Bomber）

Squall 15 oz.（大风杯），加满冰块

直接倒入：

$\frac{1}{2}$ oz. Dark Crème de Cacao（深色可可香甜酒）

$\frac{1}{2}$ oz. Brandy（白兰地）

$\frac{1}{2}$ oz. Kahlúa（墨西哥咖啡香甜酒）

$\frac{1}{2}$ oz. Amaretto（意大利苦杏仁香甜酒）

3 oz. Cola（可乐）

3 oz. 浓鲜奶或 half & half cream

用酒吧匙由下而上地拌匀，放 7 粒红樱桃作装饰。

12. 黑俄罗斯人(Black Russian)

Rocks 7 oz.(冰块杯),加满冰块

直接倒入:

$1\frac{1}{2}$ oz. Vodka(伏特加酒)

¾ oz. Kahlúa(墨西哥咖啡香甜酒)

用酒吧匙拌匀即可。

13. 带珠宝的黑俄罗斯人(Black Jeweled Russian)

Rocks 7 oz. 杯,加满冰块

直接倒入:

$1\frac{1}{2}$ oz. Vodka(伏特加酒)

½ oz. Kahlúa(墨西哥咖啡香甜酒)

½ oz. Drambuie(苏格兰蜂蜜香甜酒)

14. 露天看台的扭结观众(Bleacher's Twist)

Shot 2 oz.(吞饮杯),冰的

依序逐项注入:

⅔ oz. Kahlúa(墨西哥咖啡香甜酒)

⅔ oz. Chambord(法国覆盆子香甜酒)

⅔ oz. Baileys Irish Cream(贝利丝爱尔兰奶酒)

15. 勇敢的公牛(Brave Bull)

Rocks 7 oz. 杯,加满冰块

直接倒入:

$1\frac{1}{2}$ oz. Tequila(龙舌兰/特奎拉酒)

¾ oz. Kahlúa(墨西哥咖啡香甜酒)

16. 丛林搔痒物(Bush Tickler)

Poco Grande $13\frac{1}{4}$ oz.(波可杯),冰的

1 oz. Bacardi Light Rum(巴卡迪淡朗姆酒)

½ oz. Myers's Dark Rum(迈尔斯深棕色朗姆酒)

¾ oz. Dark Crèm de Cacao(深色可可香甜酒)

2 oz. 椰乳

3 oz. 凤梨汁

10 oz. 碎冰

将酒材倒入果汁机中,打成雪泥状后,倒入Poco杯中,再注入½ oz.墨西哥咖啡香甜酒漂浮在雪泥面上,放一个凤梨旗作装饰。

17. 内陆居民(Bushwalker)

Poco Grande $13\frac{1}{4}$ oz.(波可杯),冰的

$1\frac{1}{4}$ oz. Bacardi Light Rum(巴卡迪淡朗姆酒)

1 oz. Bacardi Gold Rum(巴卡迪金色朗姆酒)

1 oz. 浓鲜奶

2 oz. 椰乳

10 oz. 碎冰

将酒材倒入果汁机中,打成雪泥状后,倒入Poco杯中,再倒入½ oz.墨西哥咖啡香甜酒(Kahlúa)漂浮在酒面上,挂一个青柠檬角作装饰。

18. 查理咖啡(Café Charles)

两个Irish coffee $8\frac{1}{2}$ oz.(爱尔兰有把咖啡杯),温的

直接倒入其中一杯中:

¾ oz. 希腊迈塔克琴五星白兰地(Metaxa 5 Star Brandy)

$\frac{3}{4}$ oz. Galliano(意大利甘草香甜酒)

$\frac{3}{4}$ oz. Kahlúa(墨西哥咖啡香甜酒)

用点火枪点火,将燃烧的酒液分倒入另一杯中,每杯加入 $5\frac{1}{2}$ oz. 热咖啡并将火焰淹灭,打上 $1\frac{1}{2}$ oz. 掼奶油(whipped cream),撒上一些刨碎的巧克力片作装饰。

19. 肖邦咖啡(Café Chopin)

Cocktail $4\frac{1}{2}$ oz. 杯,冰的

$1\frac{3}{4}$ oz. Chopin Polish Vodka(肖邦波兰伏特加酒)

$\frac{1}{2}$ oz. Kahlúa(墨西哥咖啡香甜酒)

$\frac{1}{2}$ oz. Ballylarkin Irish(巴利拉金爱尔兰香甜酒)

将酒材倒入已装$\frac{1}{4}$满冰块的调拌杯内,迅猛摇荡后过滤,倒入杯中。

20. 都柏林咖啡(Café Dublin)

Coffee Mug $8\frac{1}{2}$ oz. (有把咖啡杯),温的

直接倒入:

1 oz. Irish Whisky(爱尔兰威士忌)

1 oz. Irish Mist(爱尔兰米斯特)

$\frac{1}{2}$ oz. Kahlúa(墨西哥咖啡香甜酒)

$4\frac{1}{2}$ oz. hot coffee(热咖啡)

$1\frac{1}{2}$ oz. thick velvet foam(鲜奶泡沫)

撒上一些可可粉作装饰。

21. 加州麦根啤酒(California Root Beer)

Collins 12 oz. (柯林斯杯),加满冰块直接倒入:

$\frac{3}{4}$ oz. Kahlúa(墨西哥咖啡香甜酒)

$\frac{3}{4}$ oz. Galliano(意大利甘草香甜酒)

拌匀,再加入 $4\frac{1}{2}$ oz. 苏打水或加到满。

22. 加拿大人暖脚器(Canadian Foot Warmer)

Coffee Mug $8\frac{1}{2}$ oz. (有把咖啡杯),温的

直接倒入:

$1\frac{1}{4}$ oz. Canadian Whisky(加拿大威士忌)

$\frac{3}{4}$ oz. Cinnamon Canadian Whisky(肉桂加拿大威士忌)

$\frac{1}{2}$ oz. Kahlúa(墨西哥咖啡香甜酒)

$4\frac{1}{2}$ oz. hot coffee(热咖啡)

$1\frac{1}{2}$ oz. whipped cream(掼奶油)

撒上一些可可粉作装饰。

23. 船长咖啡第一方(Captain's Coffee 1)

Coffee Mug $8\frac{1}{2}$ oz. (有把咖啡杯),温的

直接倒入:

1 oz. Bacardi Spiced Rum(加香料的巴卡迪朗姆酒)

1 oz. Kahlúa(墨西哥咖啡香甜酒)

$4\frac{1}{2}$ oz. hot coffee(热咖啡)

$1\frac{1}{2}$ oz. whipped cream(掼奶油)

再淋上½ oz. 墨西哥咖啡香甜酒

24. 船长咖啡第二方(Captain's Coffee 2)

Coffee Mug $8\frac{1}{2}$ oz. (有把咖啡杯),温的

直接倒入:

1 oz. Captain Morgan Spiced Rum(加香料的摩根船长朗姆酒)

1 oz. Kahlúa(墨西哥咖啡香甜酒)

撒两下苦精

5 oz. hot coffee(热咖啡)

$1\frac{1}{2}$ oz. whipped cream(掼奶油)

撒上肉豆蔻粉作装饰。

25. 卡玛莉塔(Camalita)

Cocktail $4\frac{1}{2}$ oz. (杯),冰的

½ oz. Vodka(伏特加酒)

½ oz. Baileys Irish Cream(贝利丝爱尔兰奶酒)

½ oz. Frangelico(意大利榛果香甜酒)

½ oz. Kahlúa(墨西哥咖啡香甜酒)

将酒材倒入已装¼满冰块的调拌杯中,摇荡后过滤,倒入杯中。

26. 冰透的咖啡(Chill-Out Café)

Squall 15 oz. (大风杯),加满冰块

直接倒入:

½ oz. Kahlúa(墨西哥咖啡香甜酒)

½ oz. Amaretto(意大利苦杏仁香甜酒)

½ oz. Dark Creme de Cacao(深色可可香甜酒)

6 oz. 冰咖啡(iced coffee)或加到满

放一个薄荷叶枝作装饰。

27. 加勒比海游轮遨游第一方(Carribean Cruise 1)

Poco Grande $13\frac{1}{4}$ oz. (波可杯),冰的

¾ oz. Bacardi Light Rum(巴卡迪淡朗姆酒)

¾ oz. Myers's Dark Rum(迈尔斯深棕色朗姆酒)

¾ oz. Kahlúa(墨西哥咖啡香甜酒)

½ oz. 浓鲜奶

2 oz. 椰乳

3 oz. 凤梨汁

10 oz. 碎冰

将酒材倒入果汁机中,打成雪泥状后,倒入Poco 杯中,再注入½ oz. 陈年8年的巴卡迪朗姆酒(Bacardi 8 Reserva Rum)漂浮在酒面上,放一个凤梨旗作装饰。

28. 加勒比海游轮遨游第二方(Carribean Cruise 2)

Squall 15 oz. (大风杯),加满冰块

$1\frac{1}{4}$ oz. Bacardi Gold Rum(巴卡迪金色朗姆酒)

¾ oz. Cruzan Orange Rum(圣克罗伊人的柑橘香甜酒)

3 oz. orange juice(橘子汁)

$2\frac{1}{2}$ oz. sweet & sour juice(甜酸汁)

将酒材倒入已装¼满冰块的调拌杯中,摇荡后过滤,倒入杯中,再注入½ oz. 迈尔斯深棕色朗姆酒(Myers's Dark Rum)漂浮在酒面上,挂一片柑橘圆片作装饰。

29. 加勒比海游轮遨游第三方(Carribean Cruise 3)

Cocktail $4\frac{1}{2}$ oz. 冰,冰的

$1\frac{1}{2}$ oz. Bacardi Light Rum(巴卡迪淡朗姆酒)

¾ oz. Gran Gala Orange Liqueur(意大利产的盛宴柑橘香甜酒)

¾ oz. sweet & sour juice(甜酸汁)

将酒材倒入已装¼满冰块的调拌杯中,摇荡后过滤,倒入杯中,拧挤两条/片黄柠檬放入杯中作装饰。

30. 巧克力牛奶淡酒(Chocolate Milk Cooler)

Poco Grande $13\frac{1}{4}$ oz.(波可杯),冰的

$1\frac{1}{2}$ oz. Kahlúa(墨西哥咖啡香甜酒)

1 oz. Christian Brothers Brandy(天主教平生徒社团白兰地)

5 oz. 巧克力牛奶

一酒吧匙香草精

10 oz. 碎冰

将酒材倒入果汁机中,打成雪泥状后,倒入 Poco 杯中,喷上掼奶油(whipped cream),撒一些刨碎的巧克力片作装饰。

31. 咖啡坚果蛋糕(Coffee Nut Cake)

Poco Grande $13\frac{1}{4}$ oz.(波可杯),冰的

1 oz. Kahlúa(墨西哥咖啡香甜酒)

¾ oz. Frangelico(意大利榛果香甜酒)

½ oz. Dark Crème de Cacao(深色可可香甜酒)

¼ oz. grenadine(红石榴糖浆)

3 oz.(两大球)香草冰淇淋

8 oz. 碎冰

将酒材倒入果汁机中,先以慢速打5秒钟,再改成快速打成雪泥状后,倒入 Poco 杯中,再注入½ oz. 墨西哥咖啡香甜酒漂浮在酒面上。

32. 科罗拉多雪崩(Colorado Avalanche)

Coffee Mug $8\frac{1}{2}$ oz.(有把咖啡杯),温的

½ oz. Kahlúa(墨西哥咖啡香甜酒)

½ oz. Dark Crème de Cacao(深色可可香甜酒)

½ oz. Chambord(法国覆盆子香甜酒)

$5\frac{1}{2}$ oz. 热的雀巢白色可可饮料

$1\frac{1}{2}$ oz. whipped cream(掼奶油)

撒上一些可可粉作装饰。

33. 乳状公牛(Cream Bull)

Cocktail $6\frac{1}{2}$ oz.(大鸡尾酒杯),冰的

1 oz. Kahlúa(墨西哥咖啡香甜酒)

1 oz. Tequila(龙舌兰/特奎拉酒)

$2\frac{1}{2}$ oz. 浓鲜奶

将酒材倒入已装¼满冰块的调拌杯内,摇荡后过滤倒入杯中。

34. 脏老妈(Dirty Mother)(又名 Dirty White Mother)

Rocks 7 oz. 杯,加满冰块

直接倒入：

$1\frac{1}{2}$ oz. Brandy(白兰地)

¾ oz. Kahlúa(墨西哥咖啡香甜酒)

½ oz. 浓鲜奶或 half & half cream

用酒吧匙拌匀。

35. 医生劝告(Doctor's Advice)

Cocktail $4\frac{1}{2}$ oz. 杯，冰的

1 oz. Kahlúa(墨西哥咖啡香甜酒)

1 oz. Dekuyper Peppermint Schnapps (Dekuyper 公司产的薄荷斯内普无色烈酒)

1 oz. White Crème de Cacao(无色可可香甜酒)

将酒倒到入已装¼满冰块的调拌杯内，摇荡后过滤，倒入杯中。

36. 龙(Dragon)

Liqueur 2 oz. (有脚香甜酒杯)，冰的

直接注入：

⅔ oz. Black Sambuca(黑桑布卡香甜酒)

⅔ oz. Kahlúa(墨西哥咖啡香甜酒)

⅔ oz. Baileys Irish Cream(贝利丝爱尔兰奶酒)

37. 面容擦拭器(Face Eraser)

Squall 15 oz. (大风杯)，加满冰块

直接倒入：

1 oz. Vodka(伏特加酒)

1 oz. Kahlúa(墨西哥咖啡香甜酒)

拌匀，加入 $5\frac{1}{2}$ oz. 7-up 或加到满，挂一个青柠檬角作装饰。

38. 五美元玛格丽特(Five Dollars Margaret)

Cocktail $6\frac{1}{2}$ oz. (大鸡尾酒杯)，冰的

1 oz. Kahlúa(墨西哥咖啡香甜酒)

1 oz. Chambord(法国覆盆子香甜酒)

1 oz. Amaretto(意大利苦杏仁香甜酒)

1 oz. 浓鲜奶

将酒材倒入已装¼满冰块的调拌杯内，摇荡后过滤，倒入杯中。

39. 燃烧的犰狳(Flaming Armadillo)

Cocktail $4\frac{1}{2}$ oz. (鸡尾酒杯)，冰的

¾ oz. Kahlúa(墨西哥咖啡香甜酒)

¾ oz. Amaretto(意大利苦杏仁香甜酒)

¾ oz. Grand Marnier(法国柑橘干邑香甜酒)

¾ oz. Bacardi Gold Rum(巴卡迪金色朗姆酒)

将酒材倒入已装¼满冰块的调拌杯内，摇荡后过滤，倒入杯中。

40. 冷冻的意大利榛果香甜酒(Frangelico Freeze)

Poco Grande $13\frac{1}{4}$ oz. (波可杯)，冰的

¾ oz. Frangelico(意大利榛果香甜酒)

½ oz. Chocolate Liqueur(巧克力香甜酒)

½ oz. Kahlúa(墨西哥咖啡香甜酒)

3 oz. (两大球)香草冰淇淋

2 oz. 甜酸汁

8 oz. 碎冰

将酒材倒入果汁机中，先慢速打 5 秒

钟，再改成快速打成雪泥状后，倒入 Poco 杯中，插上一片香草松饼，挂一个青柠檬角作装饰。

41. 马尼尔法佩咖啡(Coffee Marnier Frappé)

Cocktail $6\frac{1}{2}$ oz.（大鸡尾酒杯），冰的

先把碎冰放入杯中，并用酒吧匙或半个空橘子将之压成圆丘状

直接倒入：

1 oz. Kahlúa(墨西哥咖啡香甜酒)

1 oz. Grand Marnier(法国柑橘干邑香甜酒)

½ oz. Orange juice(橘子汁)

挂一片柑橘圆片作装饰，插入一根短吸管。

42. 冰镇穆哈(Mocha Frappé)

Cocktail $6\frac{1}{2}$ oz.（大鸡尾酒杯），冰的

先把碎冰放入杯中，并用酒吧匙将之压成圆丘状

直接倒入：

1 oz. Kahlúa(墨西哥咖啡香甜酒)

½ oz. White Crème de Menthe(无色薄荷香甜酒)

½ oz. White Crème de Cacao(无色可可香甜酒)

½ oz. Cointreau(法国康德露柑橘香甜酒)

挂一片青柠檬圆片作装饰，插入一根短吸管。

43. 冰镇桑布卡-穆哈(Sambuca Mocha Frappé)

Cocktail $6\frac{1}{2}$ oz.（大鸡尾酒杯），冰的

先把碎冰放入杯中，并用酒吧匙将之压成圆丘状。

直接倒入：

$1\frac{1}{4}$ oz. Kahlúa(墨西哥咖啡香甜酒)

$1\frac{1}{4}$ oz. Sambuca(意大利西西里岛桑布卡茴香利口酒)

放 3 粒烤过的咖啡豆作装饰，插入一根短吸管。

44. 国际卡普契诺咖啡(International Cappuccino)

Cappuccino 12 oz.（意大利卡普契诺有把咖啡杯），温的

直接倒入：

½ oz. Kahlúa(墨西哥咖啡香甜酒)

½ oz. Amaretto(意大利苦杏仁香甜酒)

½ oz. Baileys Irish Cream(贝利丝爱尔兰奶酒)

½ oz. Vandermint(荷兰薄荷香甜酒)

$1\frac{1}{2}$ oz. hot esprèsso coffee(意大利热蒸馏咖啡)

$4\frac{1}{2}$ oz. steamed milk(蒸汽打过的牛奶)

4 oz. thick velvet foam(鲜奶泡沫)

撒上肉豆蔻粉或可可粉作装饰。

45. 国际天鹅绒咖啡(International Velvet Café)

Cappuccino cup 12 oz.（意大利卡普

契诺有把咖啡杯)，温的

直接倒入：

¾ oz. Cointreau(法国康德露柑橘香甜酒)

¾ oz. Kahlúa(墨西哥咖啡香甜酒)

½ oz. Baileys Irish Cream(贝利丝爱尔兰奶酒)

$1\frac{1}{2}$ oz. hot esprèsso coffee(意大利热蒸馏咖啡)

$4\frac{1}{2}$ oz. steamed milk(蒸汽打过的牛奶)

4 oz. thick velvet foam(鲜奶泡沫)

撒上可可粉或肉豆蔻粉作装饰。

46. 可露啊俱乐部(Kahlúa Club)

Highball 10 oz. (高圆杯)，加满冰块

直接倒入：

$1\frac{1}{4}$ oz. Kahlúa(墨西哥咖啡香甜酒)

4 oz. club soda(苏打水)或加满为止

挂一片青柠檬圆片(lime wheel)，插入一根长吸管即成。

47. 墨西哥咖啡薄荷(Kahlúa Mint)

Cocktail $4\frac{1}{2}$ oz. 杯，冰的

$1\frac{1}{2}$ oz. Kahlúa(墨西哥咖啡香甜酒)

½ oz. White Crème de Menthe(无色薄荷香甜酒)

1 oz. 浓鲜奶或 half & half cream

将酒材倒入已加¼满冰块的调拌杯内，摇荡后过滤，倒入杯中。

48. 墨西哥可可(Mexican Cocoa)

Coffee Mug $8\frac{1}{2}$ oz. 杯，温的

直接倒入：

1 oz. Kahlúa(墨西哥咖啡香甜酒)

¾ oz. Brandy(白兰地)

$5\frac{1}{4}$ oz. hot coffee(热咖啡)

$1\frac{1}{2}$ oz. whipped cream(掼奶油)

撒上肉豆蔻粉作装饰。

49. 墨西哥青草蜢(Mexican Grasshopper)

Cocktail $4\frac{1}{2}$ oz. 杯，冰的

¾ oz. White Crème de Cacao(无色可可香甜酒)

¾ oz. Green Crème de Menthe(绿色薄荷香甜酒)

¾ oz. Kahlúa(墨西哥咖啡香甜酒)

¾ oz. 浓鲜奶或 half & half cream

将酒材倒入已加¼满冰块的调拌杯内，摇荡后过滤，倒入杯中。

50. 墨西哥僧侣(Mexican Monk)

Coffee Mug $8\frac{1}{2}$ oz. (有把咖啡杯)，温的

直接倒入：

1 oz. Kahlúa(墨西哥咖啡香甜酒)

1 oz. Frangelico(意大利榛果香甜酒)

½ oz. Dark Crème de Cacao(深色可可香甜酒)

$4\frac{1}{2}$ oz. hot coffee(热咖啡)

$1\frac{1}{2}$ oz. whipped cream(掼奶油)

撒上一些可可粉作装饰。

51. 薄荷雪泥(Mint Freeze)

Poco Grande $13\frac{1}{4}$ oz.(波可杯),冰的

$1\frac{1}{4}$ oz. Irish Whisky(爱尔兰威士忌)

¾ oz. Green Crème de Menthe(绿薄荷香甜油)

3 oz.(两大球)香草冰淇淋

1 oz. lime juice(青柠檬汁)

8 oz. 碎冰

将酒材倒入果汁机中,先以慢速打5秒钟,再改成快速打成雪泥状后,倒入Poco杯中,再淋上½ oz.墨西哥咖啡香甜酒。

52. 坚果加蜂蜜(Nut & Honey)

Cocktail $4\frac{1}{2}$ oz. 杯,冰的

½ oz. Vodka(伏特加酒)

½ oz. Kahlúa(墨西哥咖啡香甜酒)

½ oz. Baileys Irish Cream(贝利丝爱尔兰奶酒)

½ oz. Frangelico(意大利榛果香甜酒)

½ oz. Tuaca(意大利吐阿卡椰子香甜酒)

将酒材倒入已装¼满冰块的调拌杯内,摇荡后过滤,倒入杯中。

53. 发狂的教授(Nutty Professor)

Rocks 7 oz. 杯,加满冰块

直接倒入:

$1\frac{1}{2}$ oz. Tequila(龙舌兰/特奎拉酒)

½ oz. Amaretto(意大利苦杏仁香甜酒)

½ oz. Kahlúa(墨西哥咖啡香甜酒)

54. 富裕阔绰的咖啡(Opulent Coffee)

Coffee Mug $8\frac{1}{2}$ oz.(有把咖啡杯),温的

直接倒入:

½ oz. Cointreau(法国康德露柑橘香甜酒)

½ oz. Kahlúa(墨西哥咖啡香甜酒)

½ oz. Frangelico(意大利榛果香甜酒)

½ oz. Baileys Irish Cream(贝利丝爱尔兰奶酒)

5 oz. hot coffee(热咖啡)

$1\frac{1}{2}$ oz. whipped cream(掼奶油)

撒上一些可可粉或肉桂粉作装饰。

55. 开心果薄荷冰淇淋(Pistachio Mint Ice Cream)

Poco Grande $13\frac{1}{4}$ oz.(波可杯),冰的

¾ oz. Kahlúa(墨西哥咖啡香甜酒)

¾ oz. Green Crème de Menthe(绿色薄荷香甜酒)

¾ oz. Frangelico(意大利榛子香甜酒)

2 oz. 甜酸汁

3 oz.(两大球)香草冰淇淋

8 oz. 碎冰

将酒材倒入果汁机中,先以慢速打5秒钟,再改成快速打成雪泥状后,倒入Poco杯中,放入薄荷叶枝作装饰。

56. 总统的酒(Presidential Juice)

Rocks 7 oz. 杯,加满冰块

直接倒入:

$1\frac{1}{2}$ oz. Sauza Gold Tequila(索扎金色龙舌兰/特奎拉酒)

$\frac{3}{4}$ oz. Kahlúa(墨西哥咖啡香甜酒)

$\frac{3}{4}$ oz. Baileys Irish Cream(贝利丝爱尔兰奶酒)

用酒吧匙由下而上地拌匀即可。

57. 皇家街咖啡(Royal Street Coffee)

Coffee Mug $8\frac{1}{2}$ oz. (有把咖啡杯),温的

直接倒入:

$\frac{3}{4}$ oz. Kahlúa(墨西哥咖啡香甜酒)

$\frac{3}{4}$ oz. Amaretto(意大利苦杏仁香甜酒)

$5\frac{1}{2}$ oz. hot coffee(热咖啡)

$1\frac{1}{2}$ oz. whipped cream(掼奶油)

撒上一些肉豆蔻粉作装饰。

58. 辉煌的加拿大人(Royal Canadian)

Shot 2 oz. (吞饮杯),冰的

依序逐项注入:

$\frac{2}{3}$ oz. Kahlúa(墨西哥咖啡香甜酒)

$\frac{2}{3}$ oz. Amaretto(意大利苦杏仁香甜酒)

$\frac{2}{3}$ oz. Crown Royal Canadian Whisky(皇冠加拿大威士忌酒)

59. 传闻谣言第一方(Whisper 1)

Highball 10 oz. (高圆球杯),加满冰块

$\frac{3}{4}$ oz. Amaretto(意大利苦杏仁香甜酒)

$\frac{3}{4}$ oz. Kahlúa(墨西哥咖啡香甜酒)

$1\frac{1}{2}$ oz. 浓鲜奶或 half & half cream

$1\frac{1}{2}$ oz. club soda(苏打水)

60. 传闻谣言第二方(Whisper 2)

Poco Grande $13\frac{1}{4}$oz. (波可杯),冰的

$\frac{3}{4}$ oz. Kahlúa(墨西哥咖啡香甜酒)

$\frac{3}{4}$ oz. Dark Crème de Cacao(深色哥可香甜酒)

$\frac{3}{4}$ oz. Brandy(白兰地)

1 oz. 浓鲜奶

3 oz. (两大球)香草冰淇淋

8 oz. 碎冰

将酒材倒入果汁机中,先以慢速打5秒钟,再改成快速打成雪泥状后,倒入Poco杯中,喷上掼奶油(whipped cream),再撒上刨碎的巧克力片作装饰。

61. 墨西哥蒂华纳斗牛犬(Tijuana Bulldog)

Collins 12 oz. (柯林斯杯),加满冰块

直接倒入:

1 oz. Tequila(龙舌兰/特奎拉酒)

$\frac{3}{4}$ oz. Kahlúa(墨西哥咖啡香甜酒)

2 oz. 浓牛奶

2 oz. 可乐(cola)或加到满

62. 甜蜜爱人(Sugar Baby)

Cocktail $4\frac{1}{2}$ oz. 杯,冰的

$\frac{3}{4}$ oz. Kahlúa(墨西哥咖啡香甜酒)

$\frac{3}{4}$ oz. Dekuyper Buttershots Schnapps(Dekuyper公司生产的黄油威士忌风味无色斯内普烈酒)

¾ oz. Vanillia(香草香甜酒)

¾ oz. Baileys Irish Cream(贝利丝爱尔兰奶酒)

将酒材倒入已装¼满冰块的调拌杯中,摇荡后过滤,倒入杯中。

63. 甜蜜老爹(Sugar Daddy)

Rocks 7 oz. 冰块杯,加满冰块

直接倒入:

$1\frac{1}{4}$ oz. Courvoisier V. S. O. P. Cognac(库瓦齐埃牌 V. S. O. P 干邑/库瓦齐埃牌最佳陈年佳酿(20~30 年)科涅克白兰地)

$1\frac{1}{4}$ oz. Kahlúa(墨西哥咖啡香甜酒)

拧挤一条片黄柠檬放入作装饰。

64. 瑞维艾若(Xaviera)

Cocktail $4\frac{1}{2}$oz. 杯,冰的

½ oz. Kahlúa(墨西哥咖啡香甜酒)

½ oz. Crème de Noyaux(杏仁香甜酒)

½ oz. Triple Sec(三干酒/柑橘香甜酒)

$1\frac{1}{2}$ oz. 浓鲜奶

将酒材倒入已装¼满冰块的调拌杯中,摇荡后过滤,倒入杯中。

65. 天空般高(Sky High)

Poco Grande $13\frac{1}{4}$ oz. (波可杯),冰的

1 oz. Vodka(伏特加酒)

½ oz. Frangelico(意大利榛果香甜酒)

½ oz. Baileys Irish Cream(贝利丝爱尔兰奶酒)

½ oz. Grand Marnier(法国柑橘干邑香甜酒)

3 oz. 浓鲜奶

10 oz. 碎冰

将酒材倒入果汁机中,打成雪泥状后,倒入 Poco 杯中,再淋上½ oz. 墨西哥咖啡香甜酒。

66. 海岸小船(Shore Boat)

Coffee Mug $8\frac{1}{2}$ oz. (有把咖啡杯),温的

直接倒入:

1 oz. Bacardi Light Rum(巴卡迪淡朗姆酒)

½ oz. Captain Morgan Spiced Rum(加香料的摩根船长朗姆酒)

½ oz. Myers's Dark Rum(迈尔斯深棕色朗姆酒)

½ oz. Kahlúa(贝利丝爱尔兰奶酒)

$4\frac{1}{2}$ oz. hot coffee(热咖啡)

$1\frac{1}{2}$ oz. whipped cream(掼奶油)

撒上一些刨碎的巧克力片作装饰。

29~7 酒吧国际专业术语

1. Soiree(名词):指一个夜间的聚会、会面或舞会。

2. Snork(动词):指喝酒时意外地把酒吸入鼻腔之中。

3. Slamming(形容词):指非常吸引人的,风骚的,耀眼的,美丽的,热情的。

4. Slammed(形容词)：指非常忙碌的，十分紧凑的。

5. Spent，Smashed(形容词)：俚语，皆指喝酒的，烂醉的。

6. Spotters(名词)：指被雇来到店中假装客人消费，但实际却是来观察并写生产与服务评监报告的专家。

7. Two-fisted(形容词)：俚语，指一位同时喝两杯酒精饮料的人。

8. Verbal Diarrhea(名词)：俚语，指一位不停说话的人。

9. Walking Papers(名词)：指解雇通知或中止就业通知，通常是粉红色的书面文件。

10. Watering Holes(名词)：指一个能获得酒精饮料的地方，通常指酒吧或小酒馆。

11. Wet Goods(名词)：俚语，指包装的可令人酒醉的饮料。

12. Weeper(名词)：指一瓶软木塞会漏酒的葡萄酒。

13. Trip the Light Fantastic：指跳舞。

14. Under the Table：指醉到躺在地板上。

15. Wasted(形容词)：指醉到成废物状的。

16. Help Turn Over：指员工的流动率、汰换率、周转率。

17. Tables Turn Over：指餐桌的周转率、使用率与翻台率。

18. Trashed(形容词)：酒喝到人都没用了，人都成垃圾的地步了。

19. Train Wreck(名词)：指一位醉客遭人狠狠地殴打并身受多重伤害。

20. Top Shelf：指放在最高、最上端架子上的最好的烈酒或香甜酒。

21. Tipple：名词，指服务一杯单一饮料。

22. Toasted(形容词)：指喝醉的(drunk)。

问题探讨

1. 办好鸡尾酒会的秘诀是什么？

2. 调酒师在推广鸡尾酒会业务方面应注意哪些事项？

3. 承办鸡尾酒会前调酒师应注意的事项是什么？

4. 在酒会上调酒师应注意的事项是什么？

5. 采购鸡尾酒会材料时要紧紧抓住什么原则？

6. 调制 Chi-Chi 时应使用哪种品牌的椰乳(Cream of Coconut)？

7. 为求不断进步，调酒师必须阅读专业杂志，请问美国最著名的调酒师专业杂志是哪个？

8. 开红、白葡萄酒时使用哪种开瓶器(Corkscrew)最方便？

9. 酒会服务时的关键时刻(Moment of Truths)指的究竟是什么？

10. 推广营销与抓住商机时，要掌控"五 W 及一 H"，请说明这个营销管理与营运的六大要事为何？

11. 如何调制下列 19 款含 Kahlúa 的国际知名鸡尾酒？

(1) Aggravation

(2) Benson Bomber
(3) Bushwacker
(4) Mexican Monk
(5) Café Chopin
(6) Sky High
(7) Pistachio Mint Ice Cream
(8) Chill-Out Café
(9) Dragon
(10) Chocolate Milk Cooler
(11) Mint Freeze
(12) Frangelico Freeze
(13) International Cappuccino
(14) Kahlúa Mint
(15) Sugar Baby
(16) Tijuana Bulldog
(17) Mexican Grasshopper
(18) Presidential Juice
(19) Shore Boat

第三十章

觅得工作及就业后如何快速成长

Finding A Job & Growing Up As Quick As Possible

☞学习目的

了解: 1. 个人如何自行觅职就业

2. 面谈四大类问题的详实准备
3. 面谈前要注意的10项要点
4. 面谈时要抓住的20项要点
5. 面谈后要留心的10项要点
6. 就业后在职场上快速成长的成功之道
7. 必须知道的调酒师常用行话与术语(Bartenders' Slang)
8. 加入专业组织以求扩大人际面与发展空间
9. 瑞士肉桂24K金箔无色烈酒(Goldschläger)的国际知名调酒方
10. 酒吧国际专业术语

本章是学习的最重要的单元。接受训练与再教育并认真学习的目的是为了就业或创业。创业前必须先就业与工作一段期间,以便深刻了解并体悟经营实况以及管理方面所遭遇的各种大小问题。因此,寻觅工作并获得就业是投入餐饮业界的首件要事。学校的就业辅导单位大多已规划好就业计划来协助与辅导学员就业。但在达成"就业目标"这项使命上,学员自身扮演了最重要的角色,因为学员必须:(1) 有工作意愿;(2) 具备就业的专业知识与技能;(3) 积极地投入觅寻工作的活动中。许多学员完成训练离开学校后就立即踏上全职工作岗位,但也有部分人无所事事,投闲置散地虚度自己宝贵的光阴。无法获得工作的主要原因有以下10点:

1. 没有积极投入到校内、校外的就业觅职渠道或网络。

2. 虽已在校内登记求职,却不主动查询就业网站(Job Website)来获得就业的最新资讯。

3. 虽去电查询有无就业的机会,却因电话占线或无新职出现就在挫折感下放弃寻职。

4. 随时都会有新的征才聘人单位出现,所以只要是真心在找工作,就要经常不断地与就业辅导室人员联络。

5. 千万不要轻易地放弃学校已布建的良好就业渠道与专业就业关系网。

6. 主动到所喜爱的餐厅或酒吧填写工作申请表,务必留下正确的电话、地址与姓名,许多学员就是这样很轻松地找到自己喜爱的工作的。

7. 不要把自己局限于调酒师的工作,"骑驴找马"才是上策,因此服务员(Waiting Stuffs)的工作也应接受,积累工作经验是觅得更好工作的最大本钱。

8. 报纸、杂志及网络上的就业机会未详加注意。

9. 应征工作时,表格填写不全,文件准备不当。

10. 面试时回答草率,举止行为不良,以致无法获致聘雇。

30~1 个人如何自行觅职就业

自行觅职就业其实很简单,最重要的是自己要准备妥当,对专业的知识与技能要有十足信心,然后搭配以适当的穿着与应对,自然就会顺利地找到好工作。有效的自行觅职方法可分两大类。

(一) 每天查阅报纸、求才通报、杂志及就业网站

每家报纸上的求才、征才版面都布满了各种招聘广告,把几家大报的报纸一大早买齐,然后准备纸、笔、刀、胶水等,把看到的招聘广告割下整理好,然后立即一家家打电话,问清楚地址以及周边相关地标以便寻找,并马上约好面谈的时间。觅职时必须注意其时效性,故当日报纸的求才广告最有时效性,而杂志上的人事广告的时效就甚差,毕竟已登了一个月甚至仅一周的招聘广告,其职缺的可能性早已为人所补满了。

(二) 经常上门自我推销

酒吧及餐饮服务业是个劳动力密集

产业(Labor Intensive Industry),长时间的工作,工作时段的歧异,外加不怎么理想的待遇及福利制度,使得人员流动率非常高。日出日落间,那些毫无制度与章法的公司行号,可能已有人员流失;但有规章、有制度,甚至有福利制度的好公司,照常也因各种原因而有人员流失。因为干才在经历磨练之后,必然会招友聚资地去开店创业了。餐饮业是个人员高流动的产业,因此,只要选定几家中意的餐厅或酒吧,步入店里面填写工作申请表,就有可能找到工作。在从事沿门(Door-by-Door)推销自己时应注意下列13件事:

1. 选择不忙的时段,登门入内推销自己。

2. 找到主管或经理或有招聘雇员工大权的主管来努力推销自己。

3. 见到经理或人事主管,问安问好后,要求填妥工作申请表。

4. 将工作申请表和自己备妥的履历表(Resume)及相关专业证照交给主管。

5. 以诚挚的心、喜悦的笑容、有信心的表情来回答问题。

6. 若主管忙,应将资料留下,并请求延时约见。

7. 经理若告知其店不缺人,应作下述两件事:

(1) 留下自己的名字、电话及相关书面资料,恳求经理在出缺时,立即赐电告知。

(2) 询问经理是否知道其他餐厅或酒吧缺人,恳求经理告知其他就业机会。

8. 沿门推销务必注意服装与仪表的整洁与得体。

9. 干净的脸与手是必须的,女性适度的化妆是必要的。

10. 保持平静心,多加观察,谨慎且诚实地回答问题。

11. 莫过度劳累,不可满脸灰尘似的以一副落魄面孔去见人或去见经理。

12. 心里要保持平静,不可过分急躁或激昂,脚踏实地地努力自然而然就会心想事成。

13. 仔细分辨该公司、行号、餐厅与酒吧,绝不可自投黑店或误入贼窟。

30~2 面谈四大类问题的详实准备

求职者在面谈时必将面对许多必须回答的问题,这些常见的问题在整理、归纳与分类后主要可分4种:

1. 与工作背景相关的问题(Job Background)。

2. 与教育及智力有关的问题(Education and Intelligence)。

3. 与身体及心理有关的问题(Physical and Mental Factors)。

4. 与个人个性及特质相关的问题(Personal Traits)。

求职者必须先将可能遇到的问题,作详尽的准备与预演(Role Playing),如此一来在面谈时必定得心顺口,能平顺流畅地超越他人而赢得工作。现将面谈或面试时常提出的问题整理列于下面,敬请用心准备,并多加演练(Rehearsal)。

（一）工作背景方面的问题

1. 你为何选择这个行业？

2. 在这个行业里，你期望得到什么？

3. 你希望得到什么职务？

4. 什么是你能接受的最低职务？

5. 每周你希望工作多少小时？

6. 你是白天型人物（Morning Person）还是夜猫型（Night Person）人物？

7. 你有可靠的交通工具吗？

8. 你有机车或汽车驾照吗？

9. 哪种工作时段（Shift）你最喜欢？哪个时段你不能工作？

10. 你认为一月旷职或迟到多少次是可以接受的？

11. 你现在的毛收入（税前）是多少？税后的净收入剩多少？

12. 你每周工作多少小时？你超时工作的时数有多少？

13. 你的社会福利如何？你又需支付多少费用呢？

14. 你期望的起薪是多少？你能接受的最低薪水是多少？

15. 你何时开始那份旧工作？何时离开？

16. 你的起薪是多少？离职时薪水是多少？加薪你是怎么办到的？

17. 有多少人给你命令或指挥你？

18. 你前份工作的最重要职责为何？

19. 在接任新工作前，你最想避免的事情有哪些？

20. 长时间的工作，你能适应吗？你喝酒吗？你抽烟吗？

（二）教育及智力方面的问题

1. 什么科目你最喜欢？

2. 什么科目你最讨厌？

3. 成绩单上的分数能代表你的实质能力吗？

4. 你是否想要继续学业？比如念研究生等？

5. 你为何选择那所学校？

6. 你目前念的那所学校与科系好吗？好的话请说明。

7. 在过去两年里，你曾学到的最重要东西为何？

8. 你喜欢阅读吗？为什么？

9. 在过去的半年里，你曾学到的最重要东西为何？

10. 你的成绩很好，请说明你如此好的原因。

11. 你接受过IQ（智商）测验吗？你的成绩是多少？

12. 文凭重要还是实力重要？

13. 学历重要还是“学力”重要？

14. 若有机会让你回学校再来一遍，你有兴趣吗？

15. 学习历程中给你印象最深刻的事是什么？最深刻的人是谁？

（三）身体与心理方面的问题

1. 在校期间你迟到或旷课有多少次？你认为合理吗？你的理由与原因为何？

2. 一个好的睡眠重要吗？你每晚睡多少钟头？

3. 在上份工作期间，你的出勤状况如何？

4. 你有健康证明书（Health Certifi-

cate)吗?

5. 你的背部可曾受伤?

6. 你可以长时间站立工作吗?

7. 你的心理健康吗?

8. 你喜爱与人打交道并为人服务吗?

9. 身心平衡在复杂的社会价值体系下是极为重要的,你平衡吗?

10. 可曾想发出心中的呐喊吗? 有无时常往来沟通的朋友?

11. 想摔杯子或丢瓶子吗? 心中怨气或不满可有宣泄渠道?

(四) 个人特质(Personal Traits)方面的问题

1. 你曾遇到最有趣的事情为何?

2. 你曾做过并觉得最骄傲的事为何?

3. 5 年后你希望成为什么样的人物?

4. 你最强悍的 3 项个人资产为何?

5. 你个人最脆弱的 3 个要害又是什么?

6. 3 年后你希望变成什么样的人物?

7. 目前你最想改进的缺点是什么?

8. 目前的职务与收入令你满意吗? 与同事比起来合理吗? 公平吗?

9. "青春有梦,筑梦踏实!"你的梦是啥? 你有何具体的逐梦行动?

10. 在学校里你学到的最重要东西为何?

11. 从上次的工作经验里,你学到些什么?

12. 你以前的同事及老板怎么评价你?

13. 调酒师的工作为何很重要?

14. 收银员(兼带位领台)与服务员二者相较,你认为何者职责较重?

15. 你会不会觉得服务员彼此竞争得很厉害? 调酒师彼此会竞争吗?

16. 你可曾感受到近年来客人留下的小费(Tips)越来越少? 还是越来越多?

17. 服务一位绝不给小费的客人,你会怎么处理此状况?

18. 工作时你会口吐怨言(Chewed Out)或抱怨老板的不公不义(Criticized Unjustly)吗?

19. 主厨经常罢工离职,你认为可能的原因为何? 调酒师离职的原因又可能为何?

20. 面对一位一直抱怨不停的客人,你如何使他平静下来?

21. 当你面对一位老是偏袒其他同事的主管时,你该怎么办? 你会怎么做?

22. 你最想进入服务的公司是哪一家? 为什么?

23. 你能为本公司做些什么? 并为公司带来哪些效益?

24. 与其他工作申请者相较,你认为你强过他人之处有哪些?

25. 你曾经自己作决策吗? 作决策花了多少时间? 投入餐饮业是你自己的抉择吗?

30~3 面谈前要注意的 10 项要点

1. 结训或毕业外出面谈前,应与校方就业辅导室人员或任课专业老师实施一个深度的一对一的面谈,在模拟的面谈情境中,将会有巨大收获。

2. 应填写一份毕业生资料卡交与就业辅导主管,以便就业辅导工作的推展。

3. 提供的资料越多,越详实,就越有利于就业。

4. 必须参加校内的校园征才活动,无故不参加的将失去就业的机会。

5. 提供正确的住址电话或手机号码,并以书面存档,以便联系。

6. 随时注意校方公布的求才要闻(Job Leads)或征才快讯等公告。

7. 严格要求自己的服装与仪容,75%求职失败者皆因漫不经心的服装与仪容。

8. 要养成敏捷迅速的工作习性与生活习惯。

9. 积极地来思考工作与人生,精明地回答问题(Think Smart, Speak Smart, and Work Smart)。

10. 诚实、正直并且要守时,手表必须永远调快10分钟以上。

30~4 面谈时要抓住的20项要点

1. 不要带朋友去面谈,若有陪伴者,将其留于车内或接待处等待。

2. 不要以外表来判断一家餐厅或酒吧的营运状况。

3. 进入店里与经理面谈时,应用心感触这家店的优点。

4. 不要提出愚蠢的问题,例如:我每周是否能只工作4天或5天?

5. 不要提出要求。例如,每晚我必须有100美元的收入,或台币3000元的收入等。

6. 以适当的穿着、中肯的言语及十足的信心来促销你自己。

7. 以正面且肯定(Positive)的言辞来回答所有问题。

8. 遇到狐疑成性的老板或经理时,不妨提出挑战性(Challenge)的要求,如工作一晚不用付薪,但容许留下小费等"试工"的做法。

9. 工作期间的务实学习将极有利于成长。因此,不可挑三拣四地任性挑选工作,只要工作还可以就应上班干活。

10. 要跨出第一步!工作上的体悟与心灵验证是极为重要的,放宽自己的标准,扩大自己的弹性,你将很容易找到一份工作。

11. 要注意细节,严格要求自己的行为与言语。

12. 保持眼睛的诚挚接触(Eye Contact),可有拉近彼此距离的功效。

13. 诚实地回答问题,绝不可信口开河,胡言乱语。

14. 用心听、仔细听,明确了解问题后,精简扼要地、一言中的地回答问题。

15. 面谈务必要提早30分钟到场,因为会有许多表格要填写。

16. 目前交通状况比较拥挤,最好提前一小时出门,如果迟到,就业机会就可能丢了(Never Late)。

17. 诚实是最好的策略,不要撒谎,不要欺骗,因为你是绝对骗不了行家的。

18. 遇到开放性的问题,要注意不要

多话,言多必失。

19. 面谈结束时要给予诚挚的谢意,并恳求多多指教、栽培与爱护。

20. 以柔和有礼的动作将椅子放回原位,并含笑地将门带上后离开主管办公室,离去时若见到秘书或助理也要一并致谢。

30~5　面谈后要留心的10项要点

1. 觅得好工作时不要过分兴奋,而应立即于24小时内通知校方,以节省校方及其他同学的宝贵时光。

2. 在上班前应温习并再次强化自己的专业知识及技能。

3. 强化工作所需具备的服装或器材。

4. 准备报到时所需文件的正本与影印本。

5. 若需办理离职或移交,应明确处理妥当并厘清权责。

6. 若要搬家迁居,一定要留足时间来处理租赁与迁居事宜。

7. 面谈后若未获录取,不要泄气,要再接再厉地检讨改进,向目标勇敢迈进。

8. 要从失败中发现缺点与失误之处,并立即改进与提升自我。

9. 虚心检讨,改进再改进,强化再强化,并咨询校方就业辅导专业人员,以求迅猛突破。

10. 实现求职就业目标后,应立即通知校方就业辅导员,以利于后续双方的互动成长与情谊联系。

30~6　就业后在职场上快速成长的成功之道

获得全职工作后在职场上能否胜任与迅速成功,完全取决于个人的四大要素:(1) 专业知识水平。(2) 独特专业风格。(3) 调酒及全面工作的速度与效率。(4) 周全细腻的服务礼节。

专业知识水平的提升是十分简单的。只要熟读、熟记、熟用这本书,并用心思索与体悟即成。周全细腻的服务礼节,则需从日常生活中的自我要求与实践做起,时时将心比心地多为他人、多为客人着想,自然就会呈现出温馨、细腻、专业的极品礼节。若工作场所有很多的外国旅客或顾客,就需多加阅读有关国际礼仪与国际文化与民俗风情方面的书刊,以求迅猛缩短与外籍顾客的距离,从而能立即提供符合国情、人文、风俗的国际化专业服务。至于独特风格的养成与调酒速度的极大化,特别详加分段说明于下。

培育独特专业风格(Style)的核心要项共计有10点:

1. 神采奕奕、精神焕发地在酒吧里工作。

2. 绝对要把自己整理并打扮得看来很棒、很好才行。

3. 专注在顾客身上,把握一开始的头3秒,给客人留下好印象。

4. 要友善地、喜悦地、愉快地服务客人,要把欢乐与喜悦带给客人。

5. 提供迅速正确的服务,一出手、一

开口都要呈现出行家的风范。

6. 倒酒、调酒时酒量与酒材都要正确与适量,要拿捏得十分精准。

7. 摇荡时要迅猛有力,要有精神、有风格、有品味,要有个人特色与专业手法。

8. 装饰时要有创意,服务时要细腻,贴心,外加“快、好、轻、柔”。

9. 清理台面时要“多、快、轻、净”,送账单与结账时要“精、准、好、棒”。

10. 面对“黑腐恶客”或“猖狂暴客”时,要能“柔、软、活、巧”地将大事化小,小事化无。

调酒速度极大化的关键要素共计有10项:

1. 提高专业知识,要熟背各类鸡尾酒的酒方。

2. 不但要有健康的身体,并且要保持旺盛的体力。每日做适当的运动,如:(1) 伏地挺身20次;(2) 仰卧起坐20次;(3) 交互蹲跳20次;(4) 握力器握松20次;(5) 跳绳持续跳10分钟;(6) 10磅哑铃左右摆动各20次;(7) 慢跑30分钟,同时左右手腕各扎上5磅或10磅的沙袋;(8) 到健身馆使用健腿机、健臂机等健身机械30分钟。

3. 熟悉酒吧的布局与陈列,明确知道各种烈酒的放置定位,脑中有一幅清晰的置酒图。

4. 采取归类法来调制鸡尾酒,双手同步调制同质性的鸡尾酒,依序再服务葡萄酒与啤酒。

5. “凡事预则立,不预则废!”事前做好周全的准备,到时自然忙而不乱。

6. 了解客人所点叫的各种酒名,并有系统地将之归类、记忆,然后调制出来。

7. 结账、收账、找零时要“精、准、快、好”,绝不可短收,也无需溢拿。

8. 调酒师除了调酒外,绝不可忘了客人的存在,时时注意提供迅速且周全的服务。

9. 激发自身的学习潜能,避免介入客人的交谈,绝不说闲话、不多舌(Gossip),专注地把工作做好。

10. 掌握自己的精神状态,保持一颗喜悦、积极、向上的心,好了还要求更好;快了还要求更快。力求调酒精准化、效益极大化及小费收入极大化。

30~7 必须知道的调酒师常用行话与术语(Bartenders' Slang)

1. Aisle:原意是过道、走廊、侧堂、侧廊,这里是指宴会厅后的宴会设施。服务人员在该区域准备、操作以及储放各种烈酒与备用相关物品。

2. Badaboom:当你有意、故意或无意地侮辱到一位客人时,微笑地说出“Badaboom!(被打不?)”这样就可脱出困境了。

3. Ball and A Beer;系指 a highball and a beer,即有些客人在点酒时同时点两种饮料,一杯高圆球杯饮料加啤酒,或一杯啤酒加一杯威士忌吞饮酒。

4. Barfly:酒吧苍蝇,系指花许多时间泡在酒吧里的人。

5. Barred:因为无法接受的行为而被

禁止进入某一特定的酒吧。

6. Barrel：大桶。原是指葡萄酒厂里的大橡木桶，但在酒吧产业里指的是大的生啤酒桶。

7. Bonus：是指晚上下班前，调酒师们所得小费均分后的红利。

8. Beer & Shot Joint：一种提供酒精饮料的企业，街角常见的小型、简单的小酒吧即属此类。这种简单酒馆不会提供复杂的雪泥鸡尾酒。

9. Belly Up：走到吧台并站在吧台前准备付账之意。如"Hey, David, belly up to the bar. Next round's on you."

10. Big Brother：大哥级人物，并非指黑道人物，而是指老板、业主所聘雇的侦探、间谍或消费者，前来店内消费并评估调酒师的服务水平，以及查看是否有盗取物资、盗藏现金的行为，然后写出一份专业报告给业主。从事这行的餐饮管理专业人士又名为 Spotter, Shopper 或 Spy。

11. Black：系指 Scotch Whisky 中的 Johnie Walker Black Label。

12. Blush：红色、赤色及粉红色等，意指津芬德尔白葡萄酒（White Zinfandel）或粉红葡萄酒（Rosé Wine）。

13. Bleed：原意指流血，这里是指打开生啤酒的龙头，让陈腐走味的生啤酒先冲出、排出流一会儿。

14. Bouncer：在酒馆、Disco Pub 或酒吧、酒店门口及店中维持秩序的壮硕威武的保镖。

15. Break Down：在下班前把工作区清洁干净，并将物品、食材、器材等放回定位。

16. Buca：系 Sambuca Romana（意大利罗马桑布卡茴香酒）的简称。

17. Buck：美金 100 元整的行话。

18. Bucket of Blood：血桶，意指一个喝酒的场所，经常以不定期发生暴力事件而著称。

19. Build：每次加入一样材料到杯中，如同盖房子似的。

20. Bump：稍微多倒酒的描述，如"She gave the cocktail a little bump!"

21. Camper：原意指露营者，这里系指在酒吧中泡很久酒却喝得很少，并且常泡到关店时间，甚至已过关门时间却仍不走的酒客。

22. Card：要求客人出示身份证或驾驶执照之意。

23. Century Note：指 100 元美钞纸币。

24. Chief Financial Officer：指来宾中接受账单准备付款的 Party 主人。

25. Cash Out：下班前把收银机中的收入结清，所有现金及信用卡单据交给经理或店主的工作已经完成，就是 Cash Out，也就是可轻松地下班了。

26. Carry：当别的调酒师很疲惫不堪时，你接下他的工作，支援他人，去照顾、服务他人区域的客人，这种多做、多干的行为叫 Carry。

27. Chits：是指进入私人俱乐部或舞厅前，必须购买的门票或支付的入场费。

28. Chump Change：金额十分低的小费，木头人般的低小费或蠢蛋傻瓜般的低小费。

29. Contact：在一个人数众多的宴会中负责支付账单的主人。

30. Crank：在一段长时间里机械式地不停生产、调制鸡尾酒饮料。

31. Cuff：免费的饮料之意。如"Dr. Bartender, this one's on the cuff, okay?"

32. Damage：账单之意。如"Hey, bartender, what's the damage over here?"

33. Dead Soldiers：指已喝干的空啤酒瓶。

34. Sawbuck：指10元美钞纸币。

35. Double Sawbuck：指20元美金纸币。

36. Dope Slap：指吊儿郎当的人或同事所给的意外的一击或一撞。

37. Drag-Pour：指虽使用量酒杯倒酒，但倒酒时仍持续、拖延不停地加入烈酒。

38. Draw：点叫生啤酒之意。如"Bartender, draw me one of them Coors!"

39. Drawer：收银机中的抽屉。如"Check under the drawer for any large bills."

40. Dupe：是Duplicate（复本）的简写，指服务人员所开出、写出并交给服务吧台（Service Bar）的点酒单复本或复联单，以便向调酒师取酒服务来宾。

41. Ear Bender：指那些老把调酒师耳朵搞弯的无聊、烦人、自言自语的不入流酒客。

42. Eighty-six：某一食材、酒材已耗尽的宣告。如"Eight-six the Bloody Mary mix. Yahoo!"，"Eighty-six the Mu-Shu Pork. Yahoo!"

43. Five-Spot：指一张5美元的纸币。

44. Floor：指餐厅里的用餐区域，即楼面、膳房之意。

45. Float：漂浮，指将烈酒倒在鸡尾酒面上。如"Bartender, float some Grand Marnier on that!"

46. Flat Out：以最流畅的速度来专注地工作。如"We were flat out for six hours!"

47. Fire in the Hole!：当调酒师要一大桶冰块入冰槽时所喊出的警告用语。

48. Feeding the Till：窃取现金之意，即将收自客人的现金放入收银机里的抽屉或钱箱后却未操作机器输入并打印交易金额单，因此结账时产生溢收的窃盗行为。

49. Foo-foo Drinks：指那些较费时间调制的雪泥饮料，如凤梨椰乳（Piña Colada）等。

50. Free-Pour：指不使用量杯的自由倒酒手法，多数店家是禁止调酒师这样做的。

51. Gun：通常指的是苏打水枪（Soda Gun），并常挂在枪套（Holster）中。美国制造苏打枪或酒吧枪（Bar Gun）的厂商中以Wunder-Bar的品质最佳。

52. Hair of the Dog：在民俗疗法中，有拔取狗毛来防治被该狗所咬后可能产生感染的做法。在酒吧业里则是指饮用任何的酒精性饮料来治疗宿醉（Hangover）。事实上，醉后只有以时间来解除宿醉，绝不能以毒攻毒地以酒来解酒，否则，不但醉后肇事机率大增，而且很可能在酒醉后步入鬼门关。

53. Head：是指啤酒或摇荡过的鸡尾酒顶端上的泡沫。

54. Hatchet Man：指精于、擅长于开革员工的酒吧经理或餐厅经理。

55. Happy Hour：欢乐时光之意。店家常在每天下午 5:00~6:30 期间，提供买一送一的饮料，或提供免费开胃点心。

56. Hit：再调制一杯鸡尾酒。如“Bartender, hit me again, will you?”

57. House Pour：指倒一杯特定店家所选的特定烈酒或葡萄酒。

58. Igloo：冰的白葡萄酒用的桌上型小冰酒桶。Igloo 原意指爱斯基摩人（Eskimo）所居住的圆顶小冰屋。

59. In the Weeds：在忙碌无比的时候调酒师心里所产生的无助与惊慌感。

60. Jack：指的就是 Jack Daniel's Sour Mash Whisky（杰克·丹尼尔酸味麦芽威士忌）。

61. Jamming：在酒客如云的忙碌状态下奋力拼搏地工作。

62. Jar：指放在酒吧后的罐子，常用来盛放客人所给的小费，又称 Tip Jar。

63. Johnny Jingo：令人烦恼、使人困扰、老是打搅调酒师的客人。

64. Kick：指生啤酒酒桶中的酒已用尽。

65. Kill：撕掉复联单，以避免酒吧服务区的调酒师重复调酒。这是早期的手法，如今在管理上，不但严禁员工擅自撕掉生产传票联，并且早已把一切交易生产资料全数输入电脑内。

66. Lace：把调酒原料倒在鸡尾酒酒面的上端，并由其自然地掺入酒中。

67. Layer：在小香甜酒杯中依比重倒酒，重的先倒入，逐步形成层次感的倒入手法。

68. Lines：管线，常指生啤酒或苏打水酒吧枪的管线。

69. Marry：指将两瓶同质、同牌的烈酒合并成一瓶后可抛弃一个空瓶子。这种做法在某些州或某些特定地区是被禁止的。

70. Milking the Clock：意指在值班完毕并且工作已做完后仍然不打卡下班离开，硬是要从打卡钟里挤出牛奶是痴人做梦的。

71. Well Liquor, Middle Shelf, and Top Shelf：指酒井（Well）中所放置的各种店选基酒，中间架上放置点叫品牌烈酒，在高架子上放置特级品牌烈酒。

72. Neat：指纯饮且未经冰过的烈酒。如“Bartender, give me a Chivas Regal neat!”

73. Nurse：手中抱一杯鸡尾酒或啤酒喝很久很久就是不喝完它。如“That guy is going to nurse that beer all night again!”

74. Plastic：指以信用卡来付款结账。如“Bartender, I am going to put that on plastic again!”

75. Poco Grande：波可杯，一种郁金花形但容量较大的杯子，本书作者即采用 $13\frac{1}{4}$ oz. 的 Poco 杯作为雪泥饮料专用杯。

76. Poison：原指毒药，但在酒吧中指的是烈酒，如“Name your poison!”

77. Point：指在一个马蹄形或 U 字形酒吧的突出并伸入群众的区域，是面对最多酒客与来宾的工作区，因此常需派高手负责此一重要区域的服务。如“Okay, who is going to take care the point tonight?”

78. Pony Up：指支付账单中所消费并且应支付的部分的金额。

79. Pounding：指在短时间内连续不断地一杯接一杯地猛喝。

80. Pouring Cost：指对每杯烈酒的成本及每卖一杯烈酒的毛利收益等进行成本分析。

81. Pull：再倒一杯生啤酒之意。如“Bartender, pull me a Coor's Lite!”

82. Red：即指 Johnnie Walker Red Label Scotch。

83. Ring Up：因操作收银机时必会产生铃声，所以产生了 Ring Up 一词。但近年来的有些新式收银机已不发出声音，因此将钱收好后分别放入钱柜中找零完即可关机。

84. Rail：原意指轨道，指调酒时放置调拌杯、酒杯的软胶垫，或酒吧台上较低且成长条状的浅沟操作区域。

85. Rockfeller：经常留下很少、很低小费的客人（洛克菲勒是美国的巨富），是讽刺小气鬼与吝啬鬼之意。如“He is a real Rockfeller!”

86. Rocking Chair：在一个有 3 位调酒师的忙碌酒吧里，有两位在忙着招呼服务客人，另一位却偷懒地在一旁休息或打混，如同坐在摇椅上乘凉的观看者，这种鬼混者就叫 Rocking Chair。

87. Round：每人再来一杯同样的酒叫 one more round，也就是再来一回合之意。

88. Rubberneck：指小气、吝啬、十分难伺候的客人，这种人往往将找零一扫而空，不留任何小费。如“Jesus Christ, that stiff is really rubbernecking tonight.”。

89. Running：指在恶客的引领下，做出许多无谓的动作。如：“That Johnny Jingo is really running me.”。

90. Shift Drink：指赏给工作完下班的员工喝的饮料，常见的是慰劳以一杯生啤酒。

91. Shooter：指将小杯纯烈酒一口吞下去（Gulp）的喝法及饮料。

92. Short-arm：原意指短手臂，这里指抢不到也拿不到账单去结账。如“Don't short-arm me on this one. It's your turn tonight.”。

93. Shut Off：原意指关闭，即拒绝再提供任何酒精饮料给某一特定客人。

94. Skip：开溜，溜走，即没有支付应付的账单就闪人或开溜之意。

95. Slammed：指突然、仓促间上门来的一大票客人。

96. Slip：指调酒师接自服务人员的点酒副联单或复本，与 dupe 或 duplicate 同意。

97. Spike：取消点酒复本或副联单，以避免调酒师重复调制。

98. Spotter's Report：店东或老板所聘雇的暗中考评服务人员与调酒师的专家，经实地视察后写给雇主的书面评估报告。

99. Stiff：僵硬、死板，不留小费的吝啬顾客。

100. Suds：指啤酒。如"Hey, Bartender, give me another glass of suds."。

101. Tap：指酒吧生啤酒桶的开关栓嘴。

102. Three Deep：指非常非常忙碌，一拨又一拨的人群不断地挤向酒吧。

103. Tighten：指再点叫鸡尾酒或再加一回合的酒。如"Hey, Dr. Bartender, tighten me up over here, will you?"

104. Till：指收银机或收银机里的钱柜。

105. Tin Roof Special：指免费的饮料。

106. Tower：指独立装置的生啤酒头及其供酒系统。

107. Walkout：指客人开溜、跑单后所留下的未支付的账单。

108. War Debt：战债之意，当一笔高额账单送到客人面前时，客人往往惨叫一声说"这是战债"。

109. White Label：通常指的是苏格兰所产威士忌中的Dowar's White Label。如"Bartender, give me a triple white label on the rocks, splash or soda, twist, and water back."。

110. Splash：原意是溅洒，但在调酒时系指按半秒苏打枪所流出的量，或指在鸡尾酒面上再加入任何少量烈酒的动作。

30~8 加入专业组织以求扩大人际面与发展空间

就业入行之后，即使工作愉快，得心应手，也绝不要自鸣得意而不知持续充实自己。在日新月异且迅猛进步的餐饮界里，坚持不断地学习及坚定地"终身学习"是成功者必须踏实贯彻的基本生存与发展守则。如有机会应尽量加入产业公会或调酒师协会，并且要多参加研讨会(Seminar)、讲习操作会(Workshop)或大型的全国性会议(Convention)，只有加入专业组织中，才能有机会经常接触到专业新资讯，才能永远领先他人一步！下面的证书是本书作者的美国调酒师协会会员证书。希望各位同仁主动加入美国调酒师协会(USBG)，笔者David Chou非常乐意与各位结识，并愿意推荐各位尽早加入美国调酒师协会中，更盼能与各位合作研究，早日为故乡、为祖国研创出具有中华饮食文明特色的华夏鸡尾美酒。

United States Bartenders' Guild

Be It known that

David Wen-Wei Chou

Having demonstrated his skill and proficiency as a professional bartender, by satisfying his peers as to his consumate capabilities, and having met the rigid qualifications, both personal and professional, of length of experience and proven capabilities, is herewith elected, with full rights and privileges, to

FULL MEMBERSHIP

Granted this 1st day of June 1996

FIRST VICE PRESIDENT

PRESIDENT

30~9 瑞士肉桂24K金箔无色烈酒(Goldschläger)的国际知名调酒方

1. 贝弗利乡巴佬(Beverly Hillbilly)

Shot 2 oz.（吞饮杯），冰的

依序逐项注入：

1 oz. Goldschläger(瑞士肉桂24K金箔无色烈酒)(90度)

1 oz. Jägermeister(德国狩猎大师鹿标香甜酒)(70度)

2. 英国邓纳姆善人(Dunham Good)

Shot 2 oz.（吞饮杯），冰的

依序逐项注入：

$1\frac{1}{4}$ oz. Goldschläger(瑞士肉桂24K金箔无色烈酒)

¾ oz. Amaretto(意大利苦杏仁香甜酒)

3. 电暴/雷暴(Electrical Storm)

Liqueur 2 oz.（有脚彩虹小酒杯），冰的

依序逐项注入：

½ oz. Baileys Irish Cream(贝利丝爱尔兰奶酒)

½ oz. Rumple Minze Schnapps(德国薄荷斯内普无色烈酒)

½ oz. Goldschläger(瑞士肉桂 24K 金箔无色烈酒)

½ oz. Jägermeister(德国狩猎大师鹿标香甜酒)

4. 蠢人的黄金(Fool's Gold)

Cocktail $4\frac{1}{2}$ oz. 杯,冰的

¾ oz. Cinnamon Canadian Whisky(肉桂加拿大威士忌)

¾ oz. Goldschläger(瑞士肉桂 24K 金箔无色烈酒)

¾ oz. Captain Morgan Spiced Rum(加香料的摩根船长朗姆酒)

¾ oz. sweet & sour juice(甜酸汁)

将酒材倒入已装¼满冰块的调拌杯内,摇荡后过滤,倒入杯中。

5. 法国愉人者(French Tickler)

Shot 2 oz.(吞饮杯),冰的

依序逐项注入:

$1\frac{1}{4}$ oz. Goldschläger(瑞士肉桂 24K 金箔无色烈酒)

¾ oz. Grand Marnier(法国柑橘干邑香甜酒)

6. 姜饼人(Gingerbread Man)

Liqueur 3 oz.(彩虹酒杯),冰的

依序逐项注入:

¾ oz. Goldschläger(瑞士肉桂 24K 金箔无色烈酒)

¾ oz. Baileys Irish Cream(贝利丝爱尔兰奶酒)

¾ oz. Dekuyper Buttershots Schnapps(Dekuyper 公司产的黄油威士忌风味无色斯内普烈酒)

7. 金黄色淡啤酒(Gold And Lager)

Pilsner 12 oz.(啤酒杯),冰的

直接倒入:

$1\frac{1}{4}$ oz. Goldschläger(瑞士肉桂 24K 金箔无色烈酒)

$10\frac{3}{4}$ oz. Pilsner(捷克比尔森啤酒)

8. 黄金壁炉(Gold Furnace)

Shot 2 oz.(吞饮杯),冰的

直接注入:

$1\frac{3}{4}$ oz. Goldschläger(瑞士肉桂 24K 金箔无色烈酒)

撒两下塔巴斯科辣椒汁

9. 淘金热第一方(Gold Rush 1)

Cocktail $4\frac{1}{2}$ oz. 杯,冰的

杯缘沾上盐(可沾,也可不沾)

$1\frac{1}{2}$ oz. Sauza Añejo Tequila

½ oz. Grand Marnier(法国柑橘干邑香甜酒)

½ oz. Rose's lime juice

10. 淘金热第二方(Gold Rush 2)

Shot 2 oz.(吞饮杯),冰的

依序逐项注入:

1 oz. Goldschläger(瑞士肉桂 24K 金箔无色烈酒)

1 oz. Gold Tequila(金色龙舌兰/特奎拉酒)

将酒材倒入已装¼满冰块的调拌杯

内，摇荡后过滤，倒入杯中，挂一个青柠檬作装饰。

11. 淘金热第三方（Gold Rush 3）

Cocktail $4\frac{1}{2}$ oz. 杯，冰的

$1\frac{1}{4}$ oz. Sauza Gold Tequila（索扎金色龙舌兰/特奎拉酒）

¾ oz. Licor 43（西班牙产的以43种香料制成的香甜酒）

½ oz. Rose's lime juice（罗斯青柠檬汁）

将酒材倒入已装¼满冰块的调拌杯内，摇荡后过滤，倒入杯中，挂一个青柠檬角（lime wedge）作装饰。

12. 三重黄金玛格丽塔（Triple Gold Margarita）

Margarita 12 oz. 杯，加满冰块

杯缘沾上盐（可沾，也可不沾）

$1\frac{1}{2}$ oz. Sauza Añejo Tequila（索扎陈年龙舌兰/特奎拉酒）

½ oz. Cointreau（法国康德露柑橘香甜酒）

1 oz. Rose's lime juice（罗斯青柠檬汁）

$2\frac{1}{2}$ oz. sweet & sour juice（甜酸汁）

将酒材倒入已装¼满冰块的调拌杯内，摇荡后过滤，倒入杯中，注入¾ oz. 瑞士肉桂24K金箔无色烈酒漂浮在酒面上，挂一个青柠檬角作装饰。

13. 燕麦饼干第一方（Oatmeal Cookie 1）

Cocktail $4\frac{1}{2}$ oz. 杯，冰的

½ oz. Goldschläger（瑞士肉桂24K金箔无色烈酒）

½ oz. Frangelico（意大利榛果香甜酒）

½ oz. Baileys Irish Cream（贝利丝爱尔兰奶酒）

½ oz. Amaretto（意大利苦杏仁香甜酒）

½ oz. 浓鲜奶或half & half cream（可放，也可不放，笔者偏好不放，但须把其他酒量提高到¾ oz.）

将酒材倒入已装¼满冰块的调拌杯内，摇荡后过滤，倒入杯中。

14. 燕麦饼干第二方（Oatmeal Cookie 2）

Cocktail $4\frac{1}{2}$ oz. 杯，冰的

½ oz. Goldschläger（瑞士肉桂24K金箔无色烈酒）

½ oz. Jägermeister（德国狩猎大师鹿标香甜酒）

½ oz. Bailey Irish Cream（贝利丝爱尔兰奶酒）

½ oz. Dekuyper Buttershots Schnapps（Dekuyper公司产的黄油威士忌风味无色斯内普烈酒）

½ oz. 浓鲜奶（可放，也可不放，笔者偏好不放）

将酒材倒入已装¼满冰块的调拌杯内，摇荡后过滤，倒入杯中。

15. 满盆黄金（Pot of Gold）

Shot 2 oz.（吞饮杯），冰的

依序逐项注入：

1 oz. Goldschläger（瑞士肉桂24K金箔无色烈酒）

1 oz. Baileys Irish Cream(贝利丝爱尔兰奶酒)

16. 夜间星星(Stars At Night)

Shot 2 oz.(吞饮杯),冰的

依序逐项注入:

1 oz. Goldschläger(瑞士肉桂24K金箔无色烈酒)

1 oz. Jägermeister(德国狩猎大师鹿标香甜酒)

17. 24K金恶梦(24-Karat Nightmare)

Shot 2 oz.(吞饮杯),冰的

依序逐项注入:

1 oz. Goldschläger(瑞士肉桂24K金箔无色烈酒)

1 oz. Rumple Minze Schnapps(德国薄荷斯内普无色烈酒)

30~10 酒吧国际专业术语

1. White Lightning(名词):指非法私酿、销售的玉米威士忌酒。

2. Working Girl(名词):指在酒吧里招揽生意的妓女(Prostitute)。

3. Wounded Beer(名词):指一瓶已打开并已喝了一部分的啤酒,但剩余啤酒因走气坏掉了。

4. Wrecked(形容词):被酒饮料给毁灭了,即大醉、特醉、烂醉之意。

5. Zigzagged(形容词):指在酒精的影响下已神智恍惚、心醉神迷、烂醉如泥。

6. Wiped Out(形容词):指烂醉的且精疲力竭的。Twisted也含烂醉的之意。

7. Wingding(名词):指一个欢乐的舞会、聚会或节庆活动。

8. Windbag(名词):指夸夸其淡的人,喋喋不休的人。

9. Zonked(形容词):指已喝醉的,已服用毒品的,已到高潮兴奋点的。

10. Wise Ass, Weisenheimer(名词):指某些自认为其玩笑或妙语是高人一等的,但他人及听众却不认为如此的自视高明者。

11. Wasabi(名词):芥末酱,即日式绿色的辣根沾料,其味道很冲,较白色的辣根(Horseradish)效果更强。

12. Tight(形容词):两种含义一指形容一位小费给的很低的客人,二指形容某位很亲近的亲友。

13. Tired(形容词):形容一个娱乐场所是十分无聊的、差劲的,没有玩头与搞头的。

14. Top Off(动词):指把酒杯装满或再倒满杯新鲜的生啤酒、啤酒、烈酒或葡萄酒。

15. Trolling(动词):指到酒吧里去吸引或诱惑一位异性来一道喝醉、跳舞、调情。

16. Tweak(动词):指操控、掌控以使品质变得更好。例如“Good chefs are always tweaking recipes”。

17. Vibes, Vibrations(名词):指没有用话语说出来的本能感情或感觉。

18. Weeded(形容词):原意为“杂草丛生的”,但此处指在混乱中,在极端忙碌中试图把工作追赶上赶快做好工作之意。

19. Underground(形容词):指反传统

的、先锋派的、秘密的、隐蔽的、地下的等意。

20. Toss Cookies：指抛弃、扔掉、赶走，或呕吐(to upchuck)之意。

问题探讨

1. 觅职时，在工作背景方面可能会面对哪些提问？

2. 面谈时要注意的事项有哪些？

3. 培育个人的独特专业风格必须涵盖哪些核心要项？

4. 提升个人调酒速度的关键要素有哪些？

5. 调酒师常用行话与术语非常多，请解释下述5个名词的意义。

① Camper ② Belly Up ③ Eighty-six ④ Flat Out ⑤ Jamming

6. 美国出版的众多葡萄酒专业杂志中，哪本最专业且发行量最大、发行面最广？您见过或阅读过该专业杂志吗？

7. 加入产业组织或专业公会组织是提升自我的一条大道，知道如何在中国加入美国调酒师公会(USBG)吗？

8. 想要发扬中华民族的酒文化与特色调酒文明，研究与发展是极为重要的，但更重要的却是实践。“实践出真知”这句话对不对？

9. 专业证照对就业、创业是绝对有帮助的，但面对专业考试中众多似是而非的错误考题时，您将如何调整自我的应试思维？

10. 实力重要，还是学历重要？实力重要，还是证照重要？有证照就一定有实力吗？有实力就一定有证照吗？您有一颗强化实力的上进心吗？

11. 工作经验与职场智慧需要岁月的磨练与心灵的沉淀，每晚入睡前，您可曾反省、思考、检讨这紧张忙碌的一天是怎么流逝而去的，有何瑕疵之处需加以修正与改进吗？

12. “发展是硬道理”、“耐力是成功石”、“拼搏是开创基”、“笑脸是服务本”，这些睿智的话语您是否已体悟并牢记于心？但更重要的是，您是否拥有充满拼搏力的思想与心灵(Mind & Soul)？

13. 您能了解自我、建立自信、确立目标并迅速行动吗？

14. 您能分辨是非、理性抉择、自我反省、自我鞭策吗？

15. 您能一步一个脚印、坚韧不拔地奔向目标吗？您能勤劳踏实地去圆您的梦吗？勤实圆梦必须立足于什么样的基础之上？

16. 如何调制下列10款含瑞士肉桂24K金箔无色烈酒(Goldschläger)的国际知名鸡尾酒？

(1) Fool's Gold
(2) Triple Gold Margarita
(3) Gingerbread Man
(4) Stars At Night
(5) Oatmeal Cookie 1
(6) 24-Karat Nightmare
(7) Gold Furnace
(8) Beverly Hillbilly
(9) Gold and Lager
(10) Pot Of Gold

附录一：调酒师应做的各种烈酒产品知识自我测试

1. 何种香甜酒在其标签上有D. O. M.这个首字母缩略语？

2. Laird's 是国际知名的何种烈酒的品牌领导者？

3. 请写出瑞典产的一款带有细致黑醋栗风味的伏特加酒的名称。

4. 字头语 V. S. O. P 代表的是什么意思？

5. 以 William, Bartlett 和 Anjou 等桃子的发酵酒液蒸馏出来的芳香、辛辣水果白兰地(eau de vie)的专业名称是什么？

6. 如果你在某一瓶酒的标签上看到"X. X. O."字头语,你知道是什么意思吗？

7. Blue Curaçao(蓝色库拉索柑橘香甜酒)和 Triple Sec(三干酒/柑橘香甜酒)二者除了颜色的差异外,还有其他哪些差异？

8. 贝利丝爱尔兰奶酒(Baileys Irish Cream)是由巧克力、咖啡、奶油及何种蒸馏的烈酒所制成的？

9. 调酒专业名词"Straight-up"指何意？

10. 奎宁水(Quinine)的另外一个常用名称是什么？

11. 法国覆盆子香甜酒(Chambord)带有哪种浓郁水果的风味？

12. 杜松子酒(Gin)里带有哪些主要植物或风味媒介剂？

13. 法文"Marc"是什么意思？常指什么烈酒？

14. 红葡萄酒的颜色因何而来？

15. Brandy 是什么东西？是以什么食材制造出来的？

16. 哪种烈酒可由马铃薯、大米、谷物、葡萄、甜菜等物蒸馏而得？

17. Chivas Regal 和 Glenfiddich 这两款威士忌酒的主要差别是什么？

18. 朗姆酒(Rum)是由什么东西蒸馏而成的？

19. 龙舌兰酒(Tequila)是由什么东西蒸馏而成的？

20. 一款以野生接骨木浆果为原料、在意大利产制并带有茴香味的香甜酒酒名是什么？

21. 麦酒(Ales)和淡啤酒(Lagers)在制造上的主要差异是什么？

22. 德国有一款著名的香甜酒是由56种药草、根茎、水果和龙胆属植物所制成,请问其酒名是什么？

23. 第一个小批量生产的美国波旁特级威士忌酒的品牌是什么？

24. 早在18世纪初期已在英国生产London Dry Gin 的一家伦敦杜松子酒厂的酒标名称是什么？

25. 蜂蜜香甜酒(Drambuie)是以哪种酒为基酒制成的？

附录二：国际上各种鸡尾酒源起和调制方法自我测试

1. 哪道鸡尾酒与肯塔基州大赛马(Kentucky Derby)的竞赛有密切关系？

2. 二战时期在威尼斯(Venice)的哈

瑞酒吧里首次发明了哪道气泡饮料(Effervescent Concoction)?

3. 1954 年在 Caribe 希尔顿酒店里创造的一道以朗姆酒为基酒的著名饮料是什么?

4. 一款以法国第戎(Dijon)市长的名字命名的以葡萄酒为基酒的著名饮料是什么?

5. 1874 年在纽约的一家高级会员俱乐部里推出一款著名的古典鸡尾酒是什么?

6. 把法国佩诺茴香酒(Pernod)与香槟酒组合在一起来喝并变得十分流行,这是由哪位美国大作家所创造的?

7. 在英国伦敦的 Zanzibar 俱乐部里首创的一款多彩的热带饮料名称是什么?

8. 在美国三藩市渔人码头(Fisherman's Wharf)的比尤纳维斯塔咖啡馆(Buena Vista Cafe)里,首创并推动了流行风潮的一款著名热饮是什么?

9. 有一款古典热带饮料是由 Mr. Trader Vic Bergeron 所发明,这款饮料原先是以新鲜兰花作装饰的,该鸡尾酒名是什么?

10. 19 世纪 80 年代在美国三藩市起源了一款原叫"Martinez Coctail"的古典鸡尾酒,请问此酒现名是什么?

11. 第一次世界大战期间在法国原创了一种饮料,此饮料系以著名大炮的零件来命名的,请问此杯饮料的名称是什么?

12. 1924 年法国巴黎的哈瑞纽约酒吧里一位名叫 Fernand Petiot 的创造家发明了哪一款著名的鸡尾酒?

13. 20 世纪初期,在古巴圣地亚哥首创了一款古典朗姆酒饮料,此酒系以附近一个矿坑的名称命名的,请问此款饮料的名称是什么?

14. 有一款古典鸡尾酒饮料始创于 Louisville Pendernis 俱乐部,并且把第一杯饮料提供给了著名的美国波旁威士忌生产商 Colonel James Pepper,这款著名鸡尾酒的名称是什么?

15. 在一杯高杯的螺丝起子饮料上端加上何种香甜酒就可将此酒转变成美国哈韦伏特加橙汁鸡尾酒(Harvey Wallbanger)?

16. 若以 Triple Sec 来调制 Vodka Gimlet,此鸡尾酒应称为什么?

17. Frappé 的调制方法是什么?

18. 清淡葡萄酒(Wine Cooler)和葡萄酒(Wine Spritzer)的调制区别是什么?

19. 马提尼酒中若放入鸡尾酒小洋葱球作装饰物,此酒的名称是什么?

20. 一个可容双倍份量的老式酒杯被更普遍称为什么?

附录三:国际上各种调酒学专业知识自我测试

1. 如何将红玛丽预拌料转变成血腥公牛预拌料?

2. 红啤酒(Red Beer)是如何调制出来的?

3. 以桃子浓浆与冰的香槟酒调制而成的鸡尾酒叫什么?

4. 甜曼哈顿这款鸡尾酒是怎样调制

成的？

5. 在酒吧里最常使用的两款强化葡萄酒是什么？

6. 调味的冰块(Seasoned Ice)是什么意思？

7. 鸡尾酒 Bourbon and Branch 里有哪些酒材？

8. 苏打水倒入一个空杯子里可以发现杯子的什么现象？

9. Kir 和 Kir Royale 这两款鸡尾酒的主要差异是什么？

10. 调酒名词"Over and Up"是指什么意思？

11. Magnum 这个计量单位有多少升？合多少盎司(oz.)？

12. 有一种饮法将一种烈酒与冰块一起饮用,在美洲大陆形容此种饮法的专业名词是什么？

13. 美国新奥尔良地区的古典鸡尾酒常使用哪类苦精？

14. 调酒名词"Mist"是什么意思？

15. 哪一款酒是美国第一个酒厂产制和包装的香甜酒？

16. 以黑醋栗为原料且产于法国勃艮第地区的一款知名香甜酒是什么？

17. 何种强化葡萄酒与 Solera 陈年法有着密切的关系？

18. 在希腊及塞浦路斯岛盛产的一款较茴香酒更为辛辣与强烈的茴香香甜酒是什么？

19. 为纪念英国女皇伊丽莎白 1939 年访问加拿大而推出的著名加拿大威士忌是什么？

20. 英国皇家海军水手在航行中所饮用的调和加勒比海朗姆酒为哪种酒？

21. Poire William 梨子酒酒瓶中的梨子是怎么装入的？

22. Bacardi 第一个蒸馏酒厂位于哪个国家？哪个城市？

23. 世界上的伏特加酒主要是由哪种食材蒸馏而成的？

24. 意大利桑布卡茴香香甜酒(Sambuca)、希腊茴香酒(Ouzo)和法国佩诺茴香酒(Pernod)等香甜酒与冰块接触时会变成浑浊状,这是什么原因？

25. 公元 1745 年查理王子(Bonnie Prince Charles)把哪种香甜酒的酒方带入了苏格兰？

附录四：国际调酒师应做的自我测试

Name：______________________ Dept Head：______________________

Date：______________________ Score：__________________________

Bar Service Exam

(1) Are you responsible for all tickets rung on the register?

____

(2) Are you responsible for any errors on your tickets?

(3) When do you have a ticket signed?

(4) What is a bank and what will it contain?

(5) What happens if your bank or deposit comes up short?

(6) When listing credit cards on your checkout sheet, do you include the tip in the total?

(7) Can you ever add a tip to a bill?

(8) What procedure do you follow when a guest forgets to total or sign a credit card vouchers?

(9) What steps will you follow if a guest pays his/her guest check with a credit card?

①

②

③

④

⑤

⑥

⑦

⑧

⑨

⑩

(10) What will you do if the credit card verifier "declines" a card?

(11) Can a guest transfer a bar tab to the dining room? Explain why.

(12) What things will you bring to the manager at the end of your shift?

(13) How do you handle all guest complaints?

(14) What is the bartenders' "number one priority"?

(15) Why is it important to acknowledge new guests when you are busy?

(16) How often should you change an ashtray?

(17) What is meant by capping an ashtray?

(18) How do you pick up all glassware?

(19) When delivering cocktails, do you always give the guest a fresh cocktail napkin?

(20) What should you check before you start your shift?

(21) What three items are you required to carry with you at all times?

①

②

③

(22) Explain how you feel guest service.

(23) Discuss the procedure to follow when a guest orders a drink and you are not familiar with the recipe?

(24) When do you ring up guest drinks? Are there any exceptions?

(25) When do you place cash in the cash register? Are there any exceptions?

(26) What is our policy on giving comp drinks?

(27) What is the procedure on re-issuing spilled/mistake drinks?

(28) What type of tabs do we run at the bar? How are they handled?

(29) Are drinks rung into the register as one total sum or separately? Are there any exceptions?

(30) What must be given to the guests when drinks are delivered?

(31) Who determines the price of a special drink that is not listed on our drink price list?

(32) Who is served first, cocktail server, food server or guests seated at the bar?

(33) What is the proper call order?

①

②

③

④

(34) List five things you could be doing when the bar is not busy.

①

②

③

④

⑤

(35) What are the closing procedures in the bar?

①

②

③

④ ______________________________

⑤ ______________________________

(36) What is it meant by stacking glasses and why is it discouraged?

____

(37) Why is it important for you to have a good working knowledge of all products carried and served in the restaurant?

____

(38) For the following, give complete recipe, garnish and glass.

① Tom Collins

Price	Glass	Ingredients	Garnish
________	________	________	________

Recipe ______________________________

____

② Brandy Alexander

Price	Glass	Ingredients	Garnish
________	________	________	________

Recipe ______________________________

____

③ Black Russian

Price	Glass	Ingredients	Garnish
________	________	________	________

Recipe ______________________________

____

④ Margarita

Price	Glass	Ingredients	Garnish
________	________	________	________

Recipe ______________________________

____

⑤ Manhattan

Price	Glass	Ingredients	Garnish
________	________	________	________

Recipe ______________________________

____

⑥ Kamikaze

Price ________ Glass ________ Ingredients ________ Garnish ________

Recipe ____

⑦ Strawberry Daquiri

Price ________ Glass ________ Ingredients ________ Garnish ________

Recipe ____

⑧ Mai Tai

Price ________ Glass ________ Ingredients ________ Garnish ________

Recipe ____

⑨ Irish Coffee

Price ________ Glass ________ Ingredients ________ Garnish ________

Recipe ____

⑩ B-52

Price ________ Glass ________ Ingredients ________ Garnish ________

Recipe ____

⑪ Tequila Sunrise

Price ________ Glass ________ Ingredients ________ Garnish ________

Recipe ____

⑫ Whisky Sour

Price ________ Glass ________ Ingredients ________ Garnish ________

Recipe ____

____

⑬ Piña Colada:

Price	Glass	Ingredients	Garnish
______	______	______	______

Recipe ____

____

(39) Give the Base Liquor, Garnish, Glass and Price for the Following:

Drink/Cocktail	Glass	Base Liq/Mix	Garnish	Price
① Bourbon/Water	______	______	______	______
② Jack Daniel's/Water	______	______	______	______
③ Glenlivet on Rocks	______	______	______	______
④ Southern Comfort Manhattan	______	______	______	______
⑤ Stinger	______	______	______	______
⑥ Beefeater/Tonic	______	______	______	______
⑦ Old Fashion	______	______	______	______
⑧ Bloody Mary	______	______	______	______
⑨ Carlsberg	______	______	______	______
⑩ Vodka Sour	______	______	______	______
⑪ Screwdriver	______	______	______	______
⑫ Grasshopper	______	______	______	______
⑬ Daiquiri Up	______	______	______	______
⑭ Tequila Sour	______	______	______	______
⑮ Rob Roy	______	______	______	______
⑯ Virgin Mary	______	______	______	______
⑰ Gin Gimlet	______	______	______	______
⑱ Gin Martini Very Dry	______	______	______	______
⑲ Vodka Martini	______	______	______	______
⑳ Virgin Strawberry Daiquiri	______	______	______	______
㉑ Gibson	______	______	______	______
㉒ Grand Marnier	______	______	______	______
㉓ 7-up Back	______	______	______	______
㉔ Rum And Coke	______	______	______	______

㉕ Long Island Iced Tea ________ ________ ________ ________
㉖ Apricot Sour ________ ________ ________ ________
㉗ Baileys & Coffee ________ ________ ________ ________
㉘ Tequila/O. J. ________ ________ ________ ________
㉙ Pussy Foot ________ ________ ________ ________
㉚ Sloe Gin Screwdriver ________ ________ ________ ________
㉛ Tomato Juice ________ ________ ________ ________
㉜ Amaretto Sour ________ ________ ________ ________
㉝ Soda ________ ________ ________ ________
㉞ Johnny Walker Black
W/Splash Soda ________ ________ ________ ________
㉟ Pink Lady ________ ________ ________ ________
㊱ Rusty Nail ________ ________ ________ ________
㊲ Coffee W/Shot Kahlúa ________ ________ ________ ________
㊳ Iced Tea(Long Island) ________ ________ ________ ________
㊴ Strawberry Margarita ________ ________ ________ ________
㊵ Coffee ________ ________ ________ ________
㊶ Haineken ________ ________ ________ ________
㊷ Gllen Allen Chardonay ________ ________ ________ ________
㊸ Cobernet Sauvingnon Of
Robert Mondavi ________ ________ ________ ________
㊹ Dom Perignon ________ ________ ________ ________
㊺ With Zinfendel Fetzer ________ ________ ________ ________
㊻ Moét & Chandon ________ ________ ________ ________
㊼ Beck's Dark ________ ________ ________ ________
㊽ Zombie ________ ________ ________ ________
㊾ Poinsettia ________ ________ ________ ________
㊿ Wine Cooler ________ ________ ________ ________

附录五：国际鸡尾酒3种自我测试答案

自我测试一答案：

1. Benedictine D. O. M 2. American Applejack Brandy 3. Absolut Kurant 4. Very Special 或 Superior Old Pale(澄澈透明之意) 5. Poire William 或 Eau de Vie de Poire 6. Extra,Extra Old 是陈年甚久的 Cognac Brandy 之意 7. Blue Curaçao 是一种橘子香甜酒，其甜度较 Triple Sec 稍甜些 8. Irish Whisky 9. Straigh-Up 是先倒入调拌杯中搅拌或摇荡，然后过滤冰块，倒入酒杯中的一种喝法 10. Tonic Water 11. 法国黑覆盆子水果的风味 12. 杜松子浆果(Juniper Berries) 13. 果渣之意，常指以残渣蒸馏而得到强烈水果白兰地 14. 由红色果皮的红色素而来 15. Brandy 是蒸馏烈酒，是由已发酵的葡萄或水果酒体蒸馏而得 16. Vodka 17. Chivas Regal 是一款调和的 Scotch Whisky，而 Glenfiddich 是一款产于高地(Highland)地区的单一麦芽 Scotch Whisky 18. 甘蔗、糖蜜或已发酵的甘蔗汁液 19. Agave 或 Blue Agave 20. Sambuca 21. 淡啤酒是以底端发酵法制成，麦酒则是以顶端发酵法制成 22. Jägermeister 23. Make's Mark Bourbon Whisky 24. Beefeater London Dry Gin 25. Drambuie 是由单一高地麦芽和纯谷物威士忌酒制成

自我测试二答案：

1. Mint Julep 2. Belini 3. Piña Colada 4. Kir 5. Manhattan 6. Ernest Hemingway 7. Blue Hawaiian 8. Irish Coffee 9. Mai Tai 10. Martini 11. French 75 12. Bloody Mary 13. Daiquiri 14. Old Fashioned 15. 漂浮在上的是 Galliano 甘草香甜酒 16. Kamikazi 17. 把香甜酒或按酒方将饮料倒在碎冰上的手法即为法佩(Frappé) 18. Wine Cooler 是由等量的葡萄酒和七喜汽水所组成，Wine Spritzer 是由等量的苏打水和葡萄酒所组成 19. Gibson 20. Bucket Glass

自我测试三答案：

1. 加入牛肉清汤 2. 加入一些番茄汁 3. The Belini 4. 加入额外¼oz. 的樱桃汁 5. Dry and Sweet Vermouth 6. 客人把鸡尾酒液喝完后残留在杯中的冰块 7. 指 Highball 杯中加入波旁威士忌(Bourbon)和矿泉水(Spring Water) 8. 杯子若有油渍或脏污，苏打水中的二氧化碳会产生泡沫流溢的现象 9. Kir 是由白葡萄酒(White Wine)和黑醋栗/黑茶藨子(Crème de Cassis)调成，Kir Royale 是由香槟酒(Champagne)和黑醋栗/黑茶藨子香甜酒(Creme de Cassis)所调成 10. 指饮料倒入装了冰块的调拌杯内处理，然后过滤掉冰块的手法 11. 1.5 升，两瓶葡萄酒瓶量(750mL)，约 50.4 盎司 12. 烈酒倒入或加在冰块上的手法叫 over 13. Peychaud Bitters 14. 把杯中加入碎冰并压紧成形后加入烈酒(Liquor)的手法 15. 美国南方蜜桃香甜酒(Southern Comfort) 16. 黑醋栗/黑茶藨子香甜酒(Crème de Cassis) 17. Sherry(雪利)

18. 希腊茴香酒(Ouzo)　19. 皇冠加拿大威士忌(Crown Royal Canadian Whisky)　20. 英国普塞海军朗姆酒(Pusser's British Navy Rum)　21. 梨子小花苞装入酒瓶中,酒瓶与梨树枝绑结在一起,经光合作用梨子花苞仍可在酒瓶内长大　22. 古巴的圣地亚哥(Santiago, Cuba)　23. 玉米(Corn)　24. 因茴香油造成的缘故　25. Drambuie(蜂蜜香甜酒)

参考书目

Bibliography

(1) Amerine, M. A. , and E. B. Roessler. Wines: Their Sensory Evaluation. San Francisco: Freeman, 1984.

(2) Anderson, Burton. Vino, the Wines and Winemakers of Italy. Boston: Atlantic-Little, Brown, 1980.

(3) Allison, Norman, and Sonia Allison. Drinks Dictionary. London: Collins, 1984.

(4) Adams, Leon D. The Wines of America. New York: McGraw-Hill, 1985.

(5) Ambrosi, Hans. Where the Great German Wines Grow. New York: Hastings House, 1985.

(6) Anheuser-Busch. The Modern Bartender. St. Louis, Mo. , 1990.

① Bartender's Guide. St. Louis, Mo. , 1990.

② Fact Book, 1989 – 1990. St. Louis, Mo. , 1991.

(7) American Bartenders' Association Inc. Bartending. Florida: American Bartenders' Association, 1991.

(8) Broadbent, Michael. The Great Vintage Wine Book. New York: Knopf, 1980.

(9) Broadbent, Michael. The Complete Guide to Wine Tasting and Wine Cellars. New York: Simon & Schuster, 1984.

(10) Bob Sennett. Complete World Bartender Guide. Tamarac: Bantam Books, 1988.

(11) Bell, Donald A. Wine and Beverage Standards. New York: Van Nostrand Reinhold, 1989.

(12) Coltman, Michael M. Beverage Management. New York: Van Nostrand Reinhold, 1989.

(13) Cotton, Leo. The Official Bartender's Guide. Boston: Mr. Boston Distillers Inc., 1993.

(14) Dittmer, Paul R., and Gerald G. Griffin. 4th ed. Principles of Food, Beverage, and Labor Cost Controls. New York: Van Nostrand Reinhold, 1989.

(15) David Wheelhouse. Managing Human Resources in the Hospitality Industry. Michigan: Educational Institute of American Hotel & Motel Association, 1989.

(16) Educational Institute of the American Hotel & Motel Association. Serving Alcohol with Care. 2d ed. East Lansing, Mich., 1988.

(17) Evans, Len. Complete Book of Australian Wine. Sydney: Hamlyn, 1991.

(18) Frank E. Johnson. The Professional Wine Reference. New York: Beverage Media Ltd., 1982.

(19) Fadiman, Clifton, and Sam Aaron. The Joys of Wine. New York: Abrams, 1992.

(20) Gary Regan. The Bartender's Bible. New York: Harper Collins Publishers, 1991.

(21) Gold, Alec, ed. Wines and Spirits of the World. Coulsdon, England: Virtue, 1992.

(22) Grossman, Harold J. Grossman's Guide to Wines, Beers, and Spirits. New York: Scribner, 1992.

(23) Hannum, Hurst, and Robert S. Blumberg. Brandies and Liqueurs of the World. New York: Doubleday, 1992.

(24) Johnson, Hugh. The World Atlas of Wine. New York: Simon and Schuster, 1985.

(25) Jack D. Ninemeier. Planning and Control for Food and Beverage Operations. Michigan: Educational Institute of the American Hotel & Motel Association, 1986.

(26) Johnson, Hugh. Hugh Johnson's Pocket Encyclopedia of Wine. New York: Simon & Schuster, 1988.

(27) Johnson, Hugh. The World Atlas of Wine. New York: Simon & Schuster, 1992.

(28) John J. Poister. The New American Bartender's Guide. New York: Penguin Books USA Inc., 1989.

(29) Kubicki, Victor J. Distillery Training Course Manual. 14th ed. Detroit, Mich: Hiram Walker, 1990.

(30) Katsigris, Costas, and Mary Porter. The Bar and Beverage Book. 2nd ed. New York: Wiley, 1991.

(31) Lionel Braun and Marion Gorman. The Drink Directory. New York: The Bobbs-Merrill Company Inc., 1982.

(32) Lichine, Alexis. Alexis Lichine's Guide to the Wines and Vineyards of France. New York: Knopf, 1985.

(33) Lichine, Alexis. New Encyclopedia of Wines and Spirits. New York: Knopf, 1985.

(34) Lipinski, Robert A., and Kathleen A. Lipinski. Professional Guide to Alcoholic Beverages. New York: Van Nostrand Reinhold, 1989.

(35) Marvel, Tom. A Pocket Dictionary of Wines. New York: Party Book Publishers, 1983.

(36) Muscatine, Doris, Maynard A. Amerine, and Bob Thompson, eds. Book of California Wine. Berkeley and Los Angeles: University of California Press/Sotheby, 1984.

(37) Misch, Robert Jay. Quick Guide to the Wines of All the Americans. New York: Doubleday, 1986.

(38) Marie Simmons & Barbara J. Lagowski. The Bartender's Guide to Alcohol-Free Drinks. New York: Penguin Books USA Inc., 1986.

(39) Michael M. Coltman. Cost Control for the Hospitality Industry. New York: Van Nostrand Reinhold, 1989.

(40) Michael M. Coltman. Beverage Management. New York: Van Nostrand Reinhold, 1989.

(41) Mary U. Tanke. Human Resources Management for the Hospitality Industry. New York: Delmar Publishers Inc, 1990.

(42) Mn Boston Official Bartenders and Party Guide. 64th Edition. New York: Barton Incorporated, 1994.

(43) Mark Barrett. The Art of Bartending. New York: Berkley Books, 1997

(44) Ninemeier, Jack D. Planning and Control for Food and Beverage Operations. 2nd ed. East Lansing, Mich.: Educational Institute of the American Hotel & Motel Association, 1991.

(45) Osterland, Edmund. Wine and the Bottom Line. Washington, D. C.: National Restaurant Association, 1988.

(46) Penning-Rowsell, E. The Wines of Bordeaux. London: Penguin, 1982.

(47) Robards, Terry. The New York Times Books of Wine. New York: New York Times, 1982.

(48) Roncari, Bruno. Viva Vina—200 +. London: Wine and Spirit Publishers, 1986.

(49) Read, Jan. The Wines of Spain and Portugal. London: Faber, 1988.

(50) Raymond Peter Foley. The Ultimate Little Shooter Book. Livingston, New Jersey: Bartender Magazine, 1995.

(51) Robert D. Reid. Hospitality Marketing Management. 2nd ed. New York: Van Norstrand Reinhold, 1991.

(52) Sutcliffe, Serena. Andre Simon's Wines of the World. New York: McGraw-Hill, 1981.

(53) Spurrier, Steven, Michel Dovaz. Academie du Vin, Complete Wine Course. New York: Putnam, 1983.

(54) Schoonmaker, Frank. The Wines of Germany, Revised by Peter Sichel. New York: Hastings House, 1983.

(55) Sally Ann Berk. The New York Bartender's Guide. Köln, Germany: Könemann, 1994.

(56) Seagram's Bartending Guide. New York: Penguin Books USA Inc., 1995.

(57) Sex on the Beach and Other Wild Drinks. New York: Gramercy Books, 1997.

(58) T. G. I. Friday's Drink Menu. Dallas: T. G. I. Friday's Inc., 1990.

(59) Thomas A. Bloom, Ph. D. and Johnathan Robi Nette. Executive Chef Cooking at the Academy. San Francisco: KQED, 1991.

(60) Wildman, Frederick S., Jr. A Wine Tour of France. New York: Vintage, 1988.

(61) Lendal H. Kotschevar, Mary L. Tanke. Managing Bar and Beverage Operations. Michigan: Educational Institute of American Hotel & Motel Association, 1991.

(62) The History of Wine. New York: Simon and Schuster, 1990.

(63) 周文伟.调酒师的圣经.中国台湾屏东国立屏东科技大学屏技书轩,1995.

(64) 福西英三,花崎一夫,山崎正信编著.酒吧经营及调酒师手册.香港九龙:饮食天地出版社,1999.

(65) 周文伟.心灵调酒学.中国台湾:台北市五南出版公司,2001.

(66) 52 Ways to Maximize Your Bar Profits. Colorado: Pencom International, 1996.

(67) Service That Sells! Colorado: Pencom International, 2004.

(68) Lori Marcus. Bartender Inside-Out. Nevada: Cadillac Press, 2003.

(69) Robert Plotkin. The Original Guide to the American Cocktails and Drinks. Arizona: Bar Media, 2005.

(70) Stephen Kittredge Cunningham. The Bartender's Black Book. California: The Wine Appreciation Guild, 2005.

名词汇编

调酒学常见中英文专业词汇

A

A Brand-New Mixing Method	一种最新的调拌方法
A Few Drops	几滴
A Fresh Mix	一种新鲜的混合
A Wine Goblet	有脚葡萄酒杯
Abbreviation	缩写
Aerosol Whipped Cream	喷出式鲜奶罐
Air Dry	晾干
Alcoholic Beverages	酒精饮料
Ale	麦酒
All-Phase Service Strategy	全方位服务策略
All Stuffs	所有的原材料
Almond	杏仁
Almond Syrup	杏仁糖浆
Almost	几乎
Alter Suggestion	修改的建议
Amaretto	意大利苦杏仁香甜酒
Anchovy-Stuffed Olives	填塞鳀鱼酱的橄榄
Angostura Bitters	安戈斯图拉树皮苦精
Anisette	茴香香甜酒
Aperitif	开胃酒
Apple Juice	苹果汁
Apricot Brandy	杏桃白兰地

Aquavit	香菜子香甜酒
Automatic Glasswasher	自动洗杯机

B

B & B	白兰地加本尼迪克特(Bénédictiné)香甜酒
Back Bar	酒吧工作站的后面区域
Backup Drinks	辅助的水或其他软性饮料
Baileys Irish Cream	贝利丝爱尔兰奶酒
Bar	酒吧
Bar Counter Gutter	酒吧台的排水轨道
Bar Gun	酒吧枪
Bar Rail(Shelf)	酒吧置酒架
Bar Spoon	酒吧匙
Bar Station	酒吧工作站
Bartender	调酒师
Base	基酒(基本原材料)
Beer	啤酒
Bénédictiné	本尼迪克特香甜酒
Beverage Menu	饮料单
Bistro	小酒馆
Bitters	苦精
Blackherry Brandy	黑莓白兰地
Blend Until Smooth	用机器搅打至柔顺为止
Blended Whisky	调和威士忌
Blended Wine	调和葡萄酒
Blender	搅碎用的果汁机
Blending	搅碎法(搅成雪泥状)
Bloody Mary Mix	红玛丽预拌汁
Bonded Whisky	保税威士忌
Bottle Inserts	置瓶井
Bottle Opener	开瓶器
Bouquet	花束,酒的芳香

Bourbon Whisky	波旁威士忌
Brain Storming	脑力激荡术/头脑风暴法
Brand Abbreviation	品牌缩写
Brandy	白兰地
Brandy Snifter	白兰地肚大口狭酒杯
Breeze	微风酒杯
Brut	最辛辣的香槟
Budget Pours	预算控制倒酒
Building	层层倒入法
Busboy	餐厅服务员中的男清洁助手
Busgirl	餐厅服务员中的女清洁助手
Busperson	餐厅服务员中的清洁助手

C

Call Brand	点叫品牌
Canadian Whisky	加拿大威士忌
Candy Canes	小手杖形的糖果棒
Cash Register Machine	收银机
Celery Salt	芹菜盐
Celery Stalk	芹菜秆
Charged Water	收费的饮用水
Chartreuse	法国察吐土/蜂蜜香甜酒
Chaser	伴随饮料
Cherry Brandy	樱桃白兰地
Chinaware	瓷制的餐具
Chocolate Sprinkles	散撒及装饰用的巧克力小粒
Cider	西打
Cinnamon Schnapps	肉桂斯内普香甜酒
Cinnamon Sticks	肉桂棒
Citrus	柑橘酒
Club Soda	苏打水
Coarse Salt	粗盐
Coaster	厚质杯垫

Coat the Rim	将杯缘沾上东西
Cobra Head	眼镜蛇头的形状
Coca Cola	可口可乐
Cock	雄鸡
Cocktail Glass	鸡尾酒杯
Cocktail Napkins	放在鸡尾酒杯下的正方形纸垫
Cocktail Olive	鸡尾酒用橄榄
Cocktail Shaker	鸡尾酒摇酒器,荡酒器
Cocktail Spears	鸡尾酒签,串物叉
Coconut Flakes	椰子碎片
Coconut Milk	椰子奶
Coffee Bean	咖啡豆
Congnac Brandy	法国干邑/科涅克白兰地
Cointreau	法国康德露柑橘香甜酒
Coloring Agent	颜色媒介物
Combine Suggestion	组合的建议
Combine Together	组合在一起
Combine With	和……组合
Commercial Bar	商业酒吧
Complimentary	免费招待
Cookies	饼干
Cooler	清淡饮料,冰箱
Cooling Temperatures	冷藏温度
Cordial Glass	香甜酒酒杯
Cordials	香甜酒
Coriander	胡荽子
Corkscrew	软木塞起子
Corn Whisky	玉米制的威士忌
Cotton Towels	棉毛巾
Counter	柜台
Coupette	双层大圆形酒杯
Cranberria	美国蔓越莓香甜酒
Cranberry Juice	蔓越莓/蔓越橘果汁

Cream	鲜奶油
Crème de Almond	杏仁香甜酒
Crème de Ananas	凤梨香甜酒
Crème de Banana	香蕉香甜酒
Crème de Cacao	可可香甜酒
Crème de Café	咖啡香甜酒
Crème de Cassis	黑醋栗/黑茶藨子香甜酒
Crème de Menthe	薄荷香甜酒
Crème de Noyaux	杏仁香甜酒
Crème de Strawberry	草莓香甜酒
Crushed Ice	碎冰
Cubed Ice	冰块
Cappuccino	意大利卡普契诺咖啡
Curaçao	库拉索柑橘香甜酒
Cutting Board	砧板

D

Decanter	置酒器(盛酒器)
Denomination	纸钞的面额
Dessert Wine	甜点葡萄酒
Detergent	清洁剂
Diet Coke	健宜可乐
Dinner Wines	佐餐酒
Dip Into	浸一下,沾一下
Discard	抛弃,丢掉
Dishwasher	洗盘碗工人(洗盘员)
Disinfect	消毒
Disinfectant	杀菌剂
Dissolve	溶解
Draft Beer	生啤酒
Drain Board	酒吧台的滴水台面
Drambuie	蜂蜜香甜酒
Drape	悬挂

Drier Cocktail	口味较辛辣的鸡尾酒
Drinks	饮料(常指酒精饮料)
Drop Into	放入,掉入
Dry Vermouth	辛辣苦艾酒
Dump Sink	倾倒水槽
Dump Ice	倒掉冰块
Dust With	轻撒,撒上
Dutch Gin	荷兰杜松子酒

E

Effective Communication	有效沟通
Egg Beater	打蛋器
Eggwhite	蛋白
Electronic Liquor Dispensing System	电动烈酒分配系统
Except	除了……之外
Exotic Drinks	怪异新奇的饮料
Exotic Polynesian Mug	怪异的玻利尼西亚陶制有把杯
Extractor	香精萃取物,抽出器,分离器

F

Fantastic	妙不可言的,极棒的
Fermented Wine	发酵的酿造酒
Fiesta Grande	伟大祭祀酒杯
FIFO	先进先出存货管理法
Filled With	装满
Fine Sugar	细砂糖
Flaming Volcano	燃烧的火山
Flare	牵牛花形啤酒杯
Flatware	扁平的刀叉餐具
Flavored Brandy	加味白兰地
Flavoring Agent	有风味的媒介物
Float on the Top	漂浮在上端
Floating	漂浮法
Flute Champagne	长笛状香槟酒杯

Footed Ale	有脚啤酒杯
For Twisting	拧挤之用
Fortified Wine	烈酒强化的葡萄酒
Frangelico	意大利榛果香甜酒
Frappé	法佩:高脚鸡尾酒杯先加入碎冰
Front Bar	酒吧的前面区域
Fruit Carving	果雕,水果切割
Fruit Cutting	水果切割
Fruit Extractor	水果挤汁器

G

Galliano	意大利甘草香甜酒
Garfield Goblet	加菲猫形有脚啤酒杯
Garnish	装饰物
Garnish on Picks	牙签装饰
Garnish Tray	盛放装饰物的盒子
Garnish With	以……装饰
Gin	杜松子酒/金酒
Ginger Schnapps	姜汁斯内普无色烈酒
Gingle Ale	姜汁汽水
Glass Is Frosted	杯子已结霜(因冰冷的缘故)
Glassware	玻璃杯皿
Goal Setting	目标订立
Goblet	高脚杯
Grand Marnier	法国柑橘干邑香甜酒
Grape Juice	葡萄汁
Grapefruit Juice	葡萄柚汁
Grated Nutmeg	磨碎的肉豆蔻
Green Olive	绿色橄榄
Grenadine	红石榴糖浆
Guest Check	来宾账单
Guide	指南,须知

H

Half & Half Cream	搀入牛奶等的稀奶油
Health-Conscious	健康意识
Heavy Base Pilsner	底部重的啤酒杯
High Employee Turnover Rate	高员工流动率
Highball	高圆球杯
Horseradish Sauce	辣根所调制的又辣又冲的调味汁
House	企业或餐厅自身的称唤
House Brands	店选的酒类品牌
Hurricane	飓风酒杯

I

Ice Bin	冰柜
Ice Cubes	冰块
Ice Machine	制冰机
Ice Scoop	冰铲
Ice Tongs	冰夹
Imagination	想象力
Improvement Methods	改进方法
In the Bottom Of	在底部,在下面
Ingredients	原材料
Invisible	隐形的,看不见的
Irish Coffee Cup	爱尔兰咖啡杯
Irish Mist	爱尔兰之雾香甜酒
Irish Whisky	爱尔兰威士忌

J

Jalapeño Pepper	哈拉帕鲜绿辣椒
Jamaica	牙买加
Jigger	量酒器,量酒杯
Jockey Box	冰槽里的小柜
Juniper Berry	杜松莓浆果

K

Kahlúa	墨西哥咖啡香甜酒
Koumiss or Kümss	乳酒

L

Labor Intensive	劳动力密集
Lemon Peel	柠檬皮
Lemon Pepper	柠檬胡椒粉
Lemon Squeezer	柠檬挤汁器
Lemon Twist	切成长条状的柠檬皮,小柠檬条
Licorice	甘草
Lime Juice	青柠檬汁
Lime Wedge	楔形青柠檬/青柠檬角
Liqueurs	香甜酒
Liqueurs or Cordials	香甜酒
Liquor	烈酒
Liquor Dispenser	烈酒分配器
Liquor Gun	烈酒枪
Liquor Stock	烈酒存量
Litre, Liter	升,1000cc
Lobster	龙虾
Lochan Ora	苏格兰威士忌香甜酒
Logo	商标
London Dry Gin	伦敦辛辣杜松子酒
Look Forward To	期待,盼望
Lounge	酒吧

M

Main Sink	主要水槽
Maine Lobster	美国缅因州龙虾
Maple Syrup	槭树汁,槭糖浆
Maraschino Liqueur	酒浸樱桃香甜酒
Maraschino Cherry	马拉斯奇诺酒浸樱桃

Mason Jar	泥水匠用的大口酒瓮,大口容器
Mass-Produced	大量产制的
Mat	软胶垫
Measuring Jigger	度量用量酒杯
Measuring Spoon	量匙
Memorization	记忆
Metal Mixing Tin	金属调拌罐
Metal Sleeve	金属套筒
Midori	日本绿香瓜香甜酒
Mineral Water	矿泉水
Miniature	一口之量,2 oz. 小瓶装烈酒
Mint Leave	薄荷叶
Mint Sprigs	薄荷小枝(带叶)
Mist	矮胖杯里先加入碎冰后产生的雾
Mix All Ingredients	混合所有材料
Mixer	混合机
Mixes	调拌料(调拌汁)
Mixing	调拌,混合
Mixing Cup	调拌杯
Mixing Glass	调拌杯
Mixologist	调酒师
Mixology	调酒学
Mixture	混合物,混合
Mocktail	无酒精的鸡尾酒饮料
Modifier	改变物
Mopping	以拖把拖地
Mothods of Mixology	调酒方法
Motivation	激励
Muddle	捣碎,压碎
Muddling	捣碎法
Mug	有把杯
Mulled Wine	加香料调味后温热的葡萄酒

N

Napkins	纸巾,布餐巾
Neat	酒不经冰冷直接倒入酒杯中饮用
Nectar	甘露,花蜜,甜美饮料
Nitrogen	氮气
No Garnish	不要装饰物
Non-Alcoholic Drinks	非酒精性饮料
Nutmeg	肉豆蔻粉

O

Offbeat Suggestion	离奇的建议
Old-Fashioned Glass	老式酒杯
Olive	橄榄
On and Over	经摇荡调拌,然后过滤倒入盛有冰块的矮胖杯中
On the Rocks	矮胖杯里先加入冰块
One Dash Bitters	倒一次苦精
Opening Checklist	开始工作时的检查事项
Orange Flag	橘子水果旗
Orange-Flavored Water	柑橘风味水
Orange Juice	橘子汁/橙汁
Orange Wheel	橘子圈/柑橘圆片
Orchid	兰花
Orgeat	杏仁糖浆
Orzata	意大利杏仁糖浆
Ouzo	希腊茴香香甜酒
Overloading Bustray	大量堆叠杯皿于收盘碗的塑胶大盆中或拖盘中

P

Palm	棕榈树
Papaya Juice	番木瓜汁
Par	基本存量

Parfait	冰冻甜点酒杯,冰淇淋上加香甜酒的吃法
Paring Knife	削皮刀
Passion Fruit Juice	百香果汁
Peach Brandy	桃子白兰地
Pear Brandy	梨子白兰地
Pearl Onion	珍珠洋葱
Peppermint Schnapps	薄荷斯内普无色烈酒
Perfect	十全十美,完美无瑕
Perishable	易毁坏的
Pernod	法国佩诺茴香利口酒
Perry	梨子酒
Peter Heering	丹麦樱桃香甜酒
Piano Bar	钢琴酒吧
Picks	牙签
Pimento	多香果干果
Piña Colada Mix	椰香饮料预拌汁
Pineapple Flag	凤梨水果旗
Pineapple Juice	凤梨汁
Pineapple Wedge	楔形凤梨块
Pitcher	水壶
Plastics Swords	塑胶剑签
Poco Grande	波可酒杯
Pony	1 oz. 的最小型酒杯
Pop	碳酸饮料的总称
Porter	英国黑啤酒/脚夫啤酒
Potential Customers	潜在顾客
Pots	缸形大酒杯,酒缸
Pour Into	倒入
Pour Spout	酒嘴
Pouring	直接倒入法
Pousse Café	彩虹酒杯
Powdered Cocoa	可可粉

Praise	赞美
Praline	胡桃香甜酒
Prawn	明虾,大虾
Preheat the Glass	杯子预先温热
Preserved Gingerroot	调制好的姜粉
Productivity	生产力
Proof	标准酒精度(例如,151 proof/度除以2即酒精浓度为75.5%)
Pub	休闲小酒馆
Punch Bowls	装混合酒的大缸

Q

Quinine Water	奎宁水

R

Rail	酒吧台前的轨道或沟槽
Raspberry Canes	覆盆子藤或茎
Raspberry Vinegar	覆盆子制作的醋
Reach-In Cooler	伸手可取式冷藏柜
Refrigerator	冰箱
Repetition	重复背诵
Requisition Sheet	补货请求单
Raspberry Syrup	覆盆子果浆
Rim	边缘
Rimmed Glass	杯缘沾湿的杯子
Rinse	浸润,清洗
Rocks Glass	盛放冰块的大口矮酒杯
Rock Lobster	温水海域所产无螯龙虾
Rock Salt	岩盐
Rocks	冰块
Rub the Rim Of	磨擦沾湿酒杯的
Rum	朗姆酒
Rye Whisky	裸麦威士忌

S

Sabra	以色列柑橘香甜酒
Saké	日本米酒,日本清酒
Salt & Pepper	盐及胡椒
Salt and Sugar Container	盐糖容器
Salt Rimmer	盐盒
Salted Pretzels	沾了盐的扭结状饼干
Salud Grande	伟大的干杯酒杯
Sambuca	意大利桑布卡茴香香甜酒
Sanitize	杀菌
Saucepan	熬制调味汁的平底浅锅
Saucer	平底的浅碟子
Saucer Champagne	碟状香槟酒杯
Scallions	青葱
Schooner	大的圆球形的啤酒杯
Scotch Whisky	苏格兰威士忌
Seltzer Water	塞尔兹碳酸水
Serve With	用……来服务客人
Service Station	服务工作站
Set Up the Bar	备妥酒吧
Set-Up of Flag	做好水果旗
Seven-Up(7-Up)	七喜汽水
Shake Well	充分摇荡
Shaker	摇荡器
Shaking	摇荡法
Shamrock Café	三叶草(爱尔兰国花)咖啡酒杯
Shaved Ice	刨冰
Shavings	刨削物,刨削碎片
Sherbet Sorbet	无牛奶成分的水果冰淇淋
Sherry Glasses	雪利酒杯
Short Straw	短的吸管
Shot Glass	吞饮酒杯

Shrimp	小虾
Silly	愚蠢
Simple Syrup	简易糖浆
Sip-Stick	吸管
Sip-Stick Glass	盛放吸管的杯子
Sliced Apricot	杏桃片,切片的杏桃
Sliced Cucumber	切片的大黄瓜
Sliced Honeydew	切片的绿香瓜
Sliced Kiwi	切片的奇异果
Sloe Gin	美国黑刺李杜松子香甜酒
Smart Bars Concept	精明的酒吧概念
Smear	涂上,擦上,抹于……之上
Snacks	点心
Soda Dispenser	苏打分配器
Soda Gun	苏打水枪
Soda Water	苏打水
Soft Drinks	软性饮料
Sour Glass	果酸味酒杯
Southern Comfort	美国南方蜜桃香甜酒
Sparkler	小烟火柱,仙女棒
Sparkling Wine	气泡葡萄酒
Speared Olive	刺穿的橄榄
Spearmint Schnapps	薄荷斯内普无色烈酒
Specialty Drinks	特殊饮料
Speed Gun	快速酒吧枪
Speed Pourer	快速倒酒的酒嘴
Speed Pouring	快速倒酒手法
Speed Rack	快速取放酒架
Speed Wells	快速取放酒井
Spices	各类香料
Spill Mat	溅酒软胶垫
Spill Rail	溅溢的轨道
Spillage	溅溢

Spiral Citrus Peels	螺旋状的橘子皮
Splash	喷洒少量的调拌饮料
Sprite	雪碧汽水
Squall	大风酒杯
Squeezer	挤汁用的小水果块
Stack Glasses	重叠堆置杯子
Standardization	标准化
Star Anise	八角
Stein	陶制啤酒壶
Stemmed Cherries	带秆的樱桃
Still Wine	不起泡的葡萄酒
Stir Rods	搅拌杆
Stir Well	充分搅拌
Stirring	搅匀法
Stout	黑麦酒,浓烈黑啤酒,烈性黑啤酒
Straight Brandy	纯浓白兰地
Straight-Up	酒加冰摇荡过后喝纯酒的方法
Strain	过滤掉冰块
Strain Into	冰块过滤后倒入
Strainer	过滤器
Straw	吸管
Strawberry Schnapps	草莓斯内普无色烈酒
Strawberry Puree	草莓浓浆
Sugar Cane	甘蔗
Sugar Powder	糖粉
Sugar Rimmer	糖盒,沾糖器
Sugar Syrup	糖浆
Superfine Sugar	特细砂糖
Sweet & Sour Juice	甜酸汁
Sweet Vermouth	甜味苦艾酒
Sweetened Lemon Juice	甜化柠檬汁
Swizzle Stick	扭结状搅拌棒
Sword of Fruit Pick	水果剑叉

T

Tab	客人账单
Tabasco Sauce	塔瓦斯科/塔巴斯科辣椒汁
Tale	故事,传说
Tangible	有形的
Tankard	有把手及杯盖的大啤酒杯
Tavern	酒吧
Teamwork	团队合作
Tennessee Whisky	田纳西威士忌
Tequila	龙舌兰酒,特奎拉酒
Thistle	蓟花形酒杯
Tia Maria	牙买加咖啡香甜酒
Tomato Juice	番茄汁
Tonic Water	奎宁水
Top With	顶层加上,上端加上或放入
Triple Sec	三干酒,柑橘香甜酒
Tuaca	意大利吐阿卡椰子香甜酒
Tulip Champagne	郁金香花形香槟酒杯

U

Unique	独特,特异
Unique Garnish	独特装饰物

V

Vandermint	荷兰薄荷香甜酒
Virgin	无酒精的饮料
Vodka	伏特加酒

W

Waiter's Corkscrew	服务员专用的软木塞起子
Walk-In Cooler	步入式冷藏柜(冰柜)
Walk-In Freezer	步入式冷冻柜

Wheel	圆圈状的饰物
Whipped Cream	打成泡沫状的鲜奶油/掼奶油
Wine	葡萄酒
Wine Bar	葡萄酒酒吧
Wooden Muddler	木制捣碎棒
Worcestershire Sauce	伍斯特辣酱油
Word of Mouth	口头宣传,口碑
Work Shift	工作时段,上班时段

Y

Yield Management	效益管理
Yolk	蛋黄

Z

Zombie Glass	僵尸酒杯,高窄长圆酒杯

一位国际调酒师的心灵告白（代后记）

这是献给我思念的永恒故乡——台湾暨我祝祷的永恒祖国——中国的所有餐旅朋友的一本关于调酒学与酒吧管理的专业用书。

16年来，咱把“思无邪”的心灵，献给了海峡两岸的同胞！

16年来，咱把“教无类”的小校，献给了宝岛台湾的文化城！

16年来，咱把“爱无界”的教育，献给了中华民族的新生命！

然而，此时此刻，

我该做的却又是——心灵的反思与方向的聚焦！

在反思中要迅速理出正确的新方向，

面对即将到来的漂泊，我仍有一个无悔的坚持——

那就是咱文伟永远愿为您、为故乡、为祖国写出最专业的著作，并说出最诚挚的心灵告白！

然而，文伟不得不诚挚且荣耀地告诉您——

在科学的旗帜下，我仍将坚定地投入真理的怀抱，咱不但要走出台湾餐旅高教校园，更盼迅速地为祖国大陆广大餐旅青年点亮一盏国际性的调酒学明灯！

在专业的良知下，我仍将坚定地在餐旅战线上拼搏，盼望能为祖国餐旅青年树立一个专业的典范！

坚守良知与勤实精进原本就是所有华夏餐旅教育良师应恪守的基本教学信条！精壮的16年过去了，16年来为了我思、我念的故乡——台湾，为了我祝、我祷的腾飞祖国——中国，我在故乡台湾为培养餐族青年打完了最后一仗！这场餐旅教育战虽然打得十分艰辛、无比孤寂，但却打得绝对荣耀（Glory）！

现在，咱又转往另一个伟大的新舞台。在对故乡台湾感恩、谢恩之后，在赞美祖国无锡太湖湖畔江南大学的柔美情怀中，在勇往迈进与勤实耕耘信念中，我恒信勤实者必定圆梦！最后，文伟愿把咱近30年来的“国际调酒秘方”与您一道喜悦分享，那就是：

只要您练就一颗专业的心，再加上以愉人的爱所修得的喜悦的灵，就绝对能调出许多可以紧紧抓住国际消费者身、心、灵的极品国际鸡尾酒来！

国际调酒培训师周文伟教授
于中国无锡太湖畔江南大学
2007.5.10